古城 新貌

夏都——西宁（张胜邦摄）

塔尔寺全景（张胜邦摄）

科学
决策

1 展望未来　（许国海摄）
2 科学考察启动仪式
　　　　　（张胜邦摄）
3 张新时院士答记者问
　　　　　（张胜邦摄）

1 调查研究 （张胜邦摄）

2 山龙院士答记者问

　　　　　　 （张胜邦摄）

3 科学考察 （张胜邦摄）

4 考察营地 （张胜邦摄）

1 水土流失 （张胜邦摄）
2 植被退化 （张胜邦摄）
3 河水浑浊 （张胜邦摄）
4 过度放牧 （张胜邦摄）

生态退化

1 省委书记强卫参加义务植树　（许国海摄）

2 省长宋秀岩参加义务植树　（许国海摄）

3 海东地区春季人工造林　（张胜邦摄）

4 绿色使者　（张胜邦摄）

5 种植　（张胜邦摄）

生态建设

青海

1 青海云杉人工林
　　　　　（张胜邦摄）

2 青杨人工林
　　　　　（张胜邦摄）

3 人工栽植的柠条
　　　　　（董旭摄）

4 温室育苗（张胜邦摄）

1 林草带状混交 （张胜邦摄）	**3** 西宁南北山绿化 （张胜邦摄）	**5** 华北落叶松人工林 （张胜邦摄）
2 农果间作 （张胜邦摄）	**4** 山杏人工林 （张胜邦摄）	

1 护路林 （张胜邦摄）

2 农田林网 （张胜邦摄）

3 仿天然人工造林 （张胜邦摄）

4 封山育林 （张胜邦摄）

珍稀动物

野生植物

1 长花马先蒿 （张胜邦摄）
2 点地梅 （张胜邦摄）
3 百里香杜鹃 （张胜邦摄）
4 紫菀 （张胜邦摄）

柳兰　（张胜邦摄）　1
细叶百合　（张胜邦摄）　2
青海杜鹃　（张胜邦摄）　3
马蔺　（张胜邦摄）　4

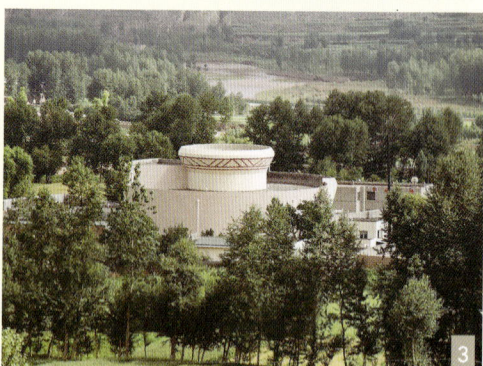

生态旅游

1 水峡小溪 （张胜邦摄）
2 森林旅游 （张胜邦摄）
3 柳湾彩陶遗址 （董旭摄）
4 林区瀑布 （董旭摄）

1 土族之乡 （张胜邦摄）
2 南禅寺 （张胜邦摄）
3 西宁南山公园 （张胜邦摄）
4 夏都之春 （张胜邦摄）

青海

高原
秀色

1 梨花盛开 （张胜邦摄）　　3 枯木逢春 （张胜邦摄）

2 郁金香 （张胜邦摄）　　4 沙漠变绿洲 （张胜邦摄）

美丽
家园

1 人与自然 （张胜邦摄）
2 家园 （张胜邦摄）
3 水源涵养 （张胜邦摄）

1 西宁南山园林　（张胜邦摄）

2 硕果累累　（张胜邦摄）

3 和谐　（董旭摄）

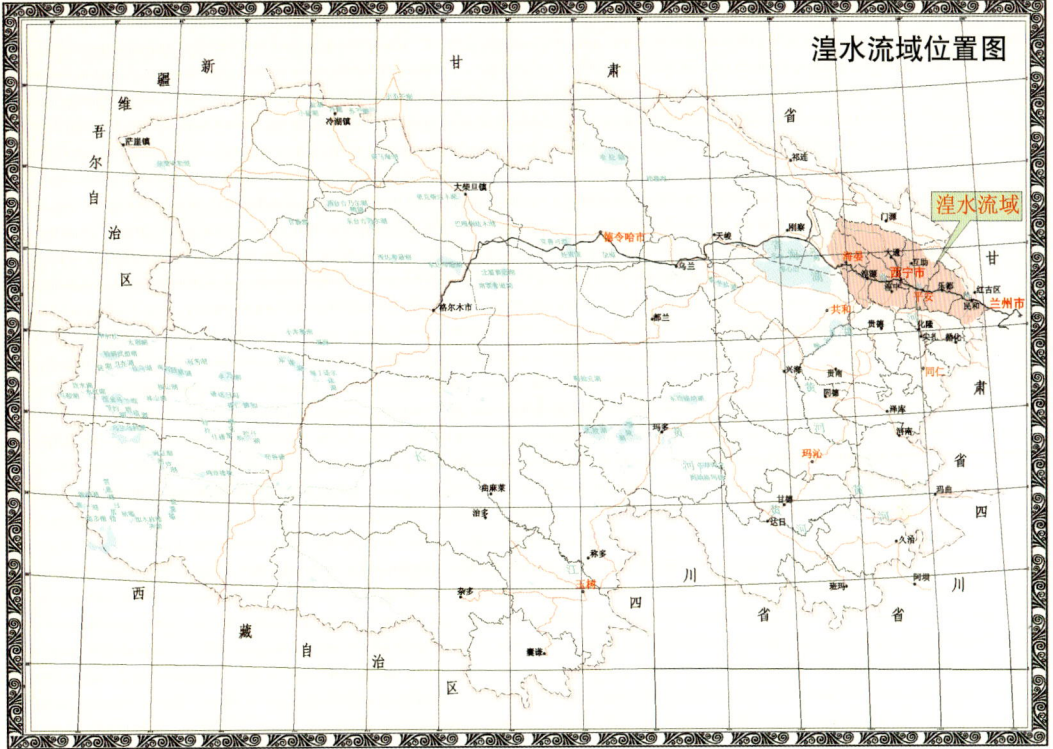

湟水流域位置图

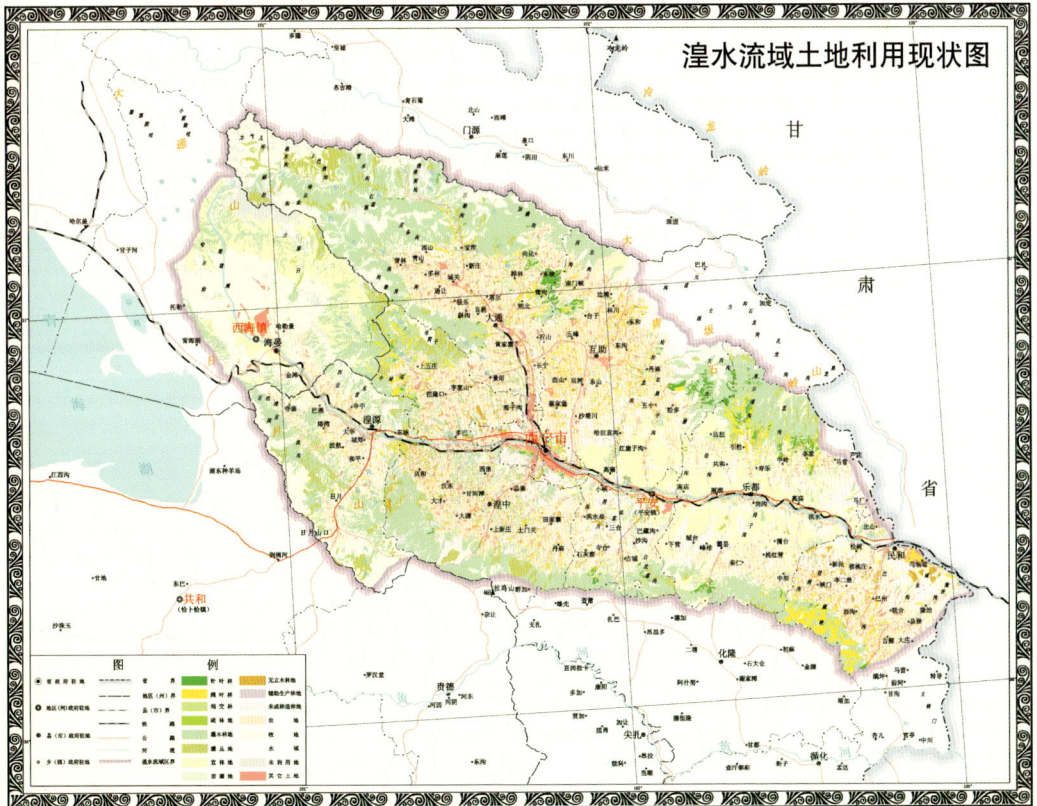

湟水流域土地利用现状图

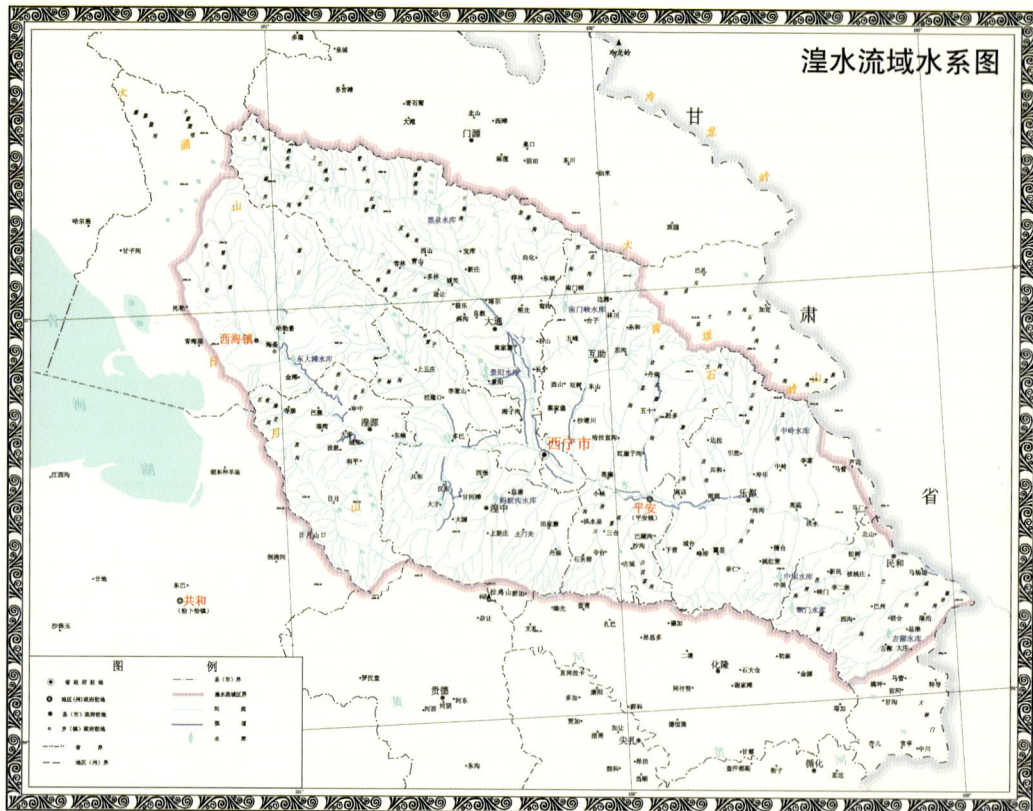

湟水流域水系图

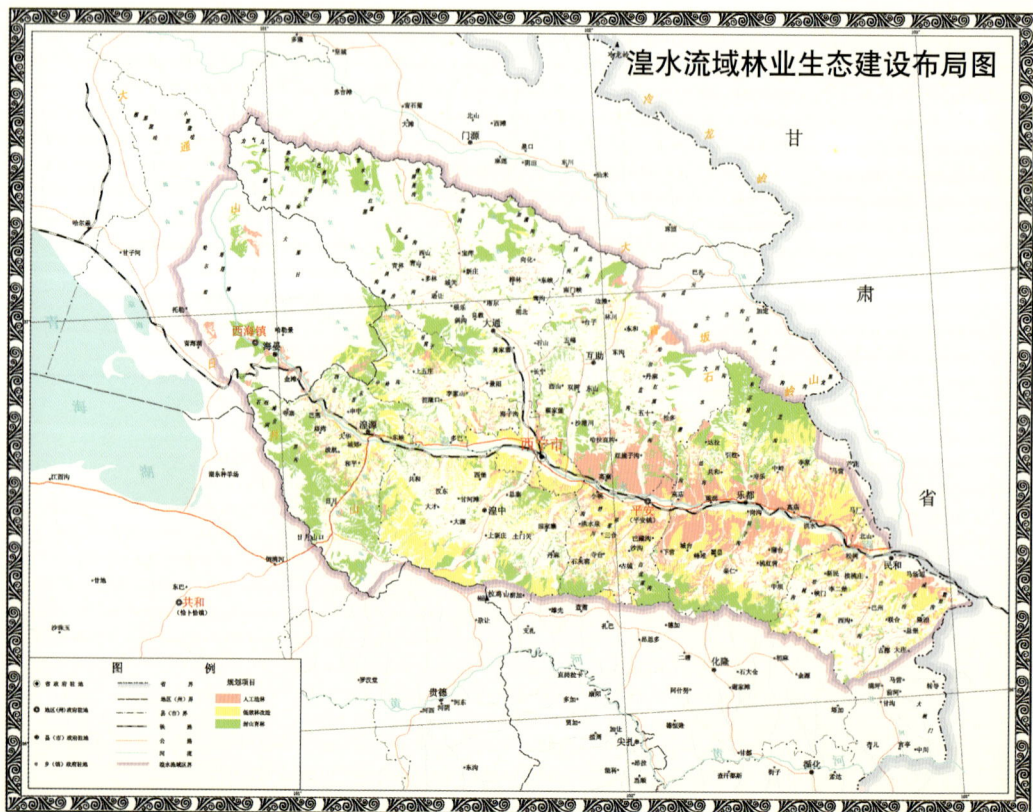

湟水流域林业生态建设布局图

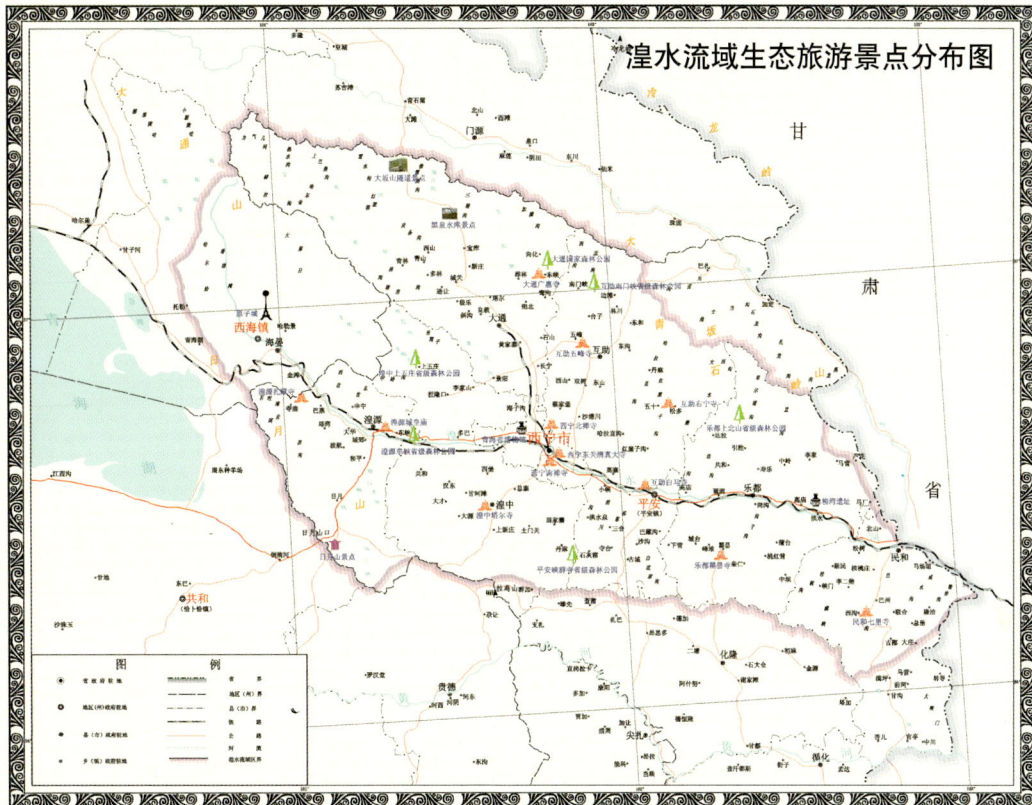

湟水流域生态旅游景点分布图

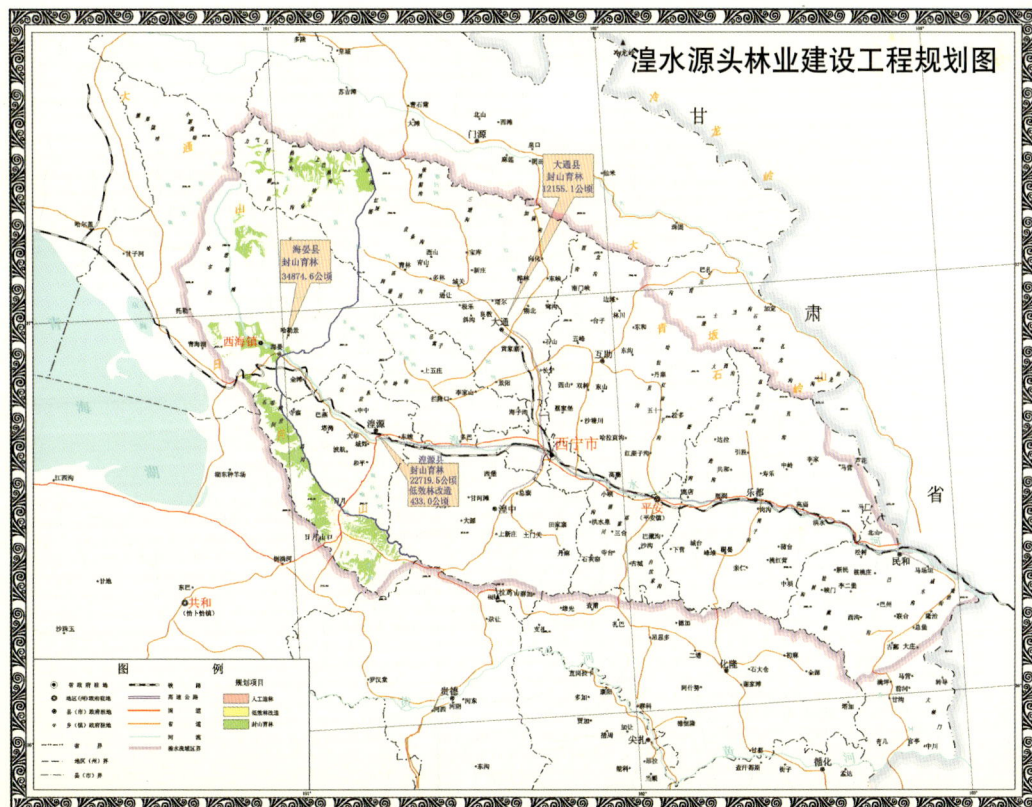

湟水源头林业建设工程规划图

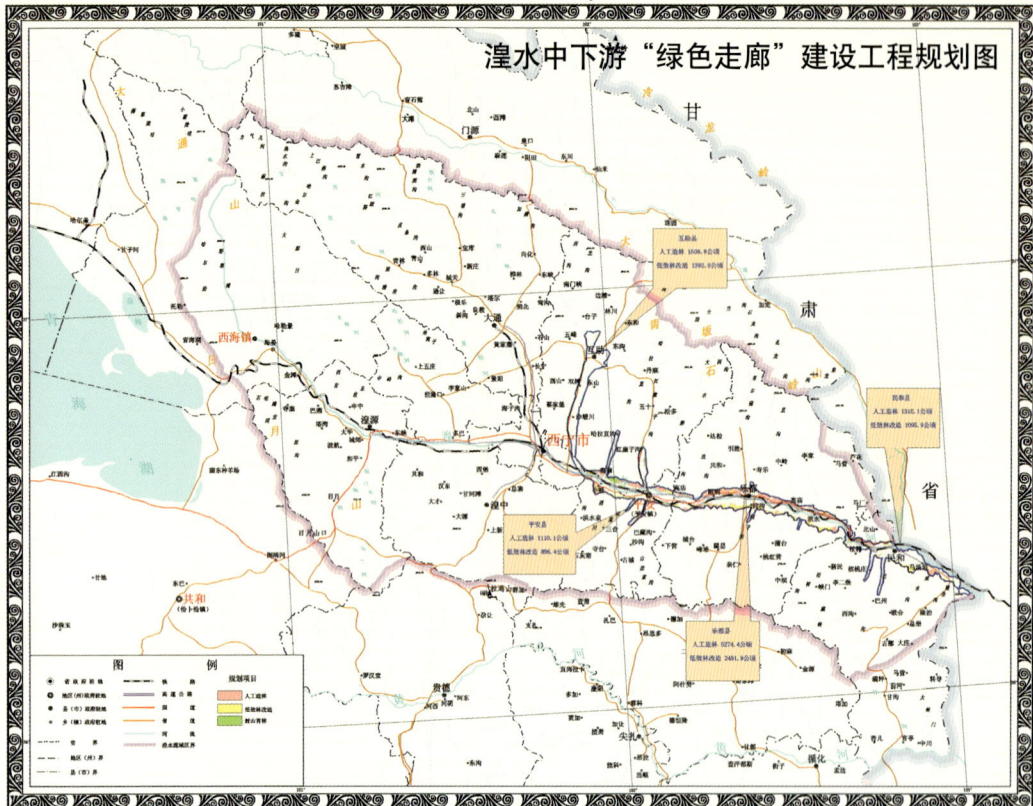

湟水中下游"绿色走廊"建设工程规划图

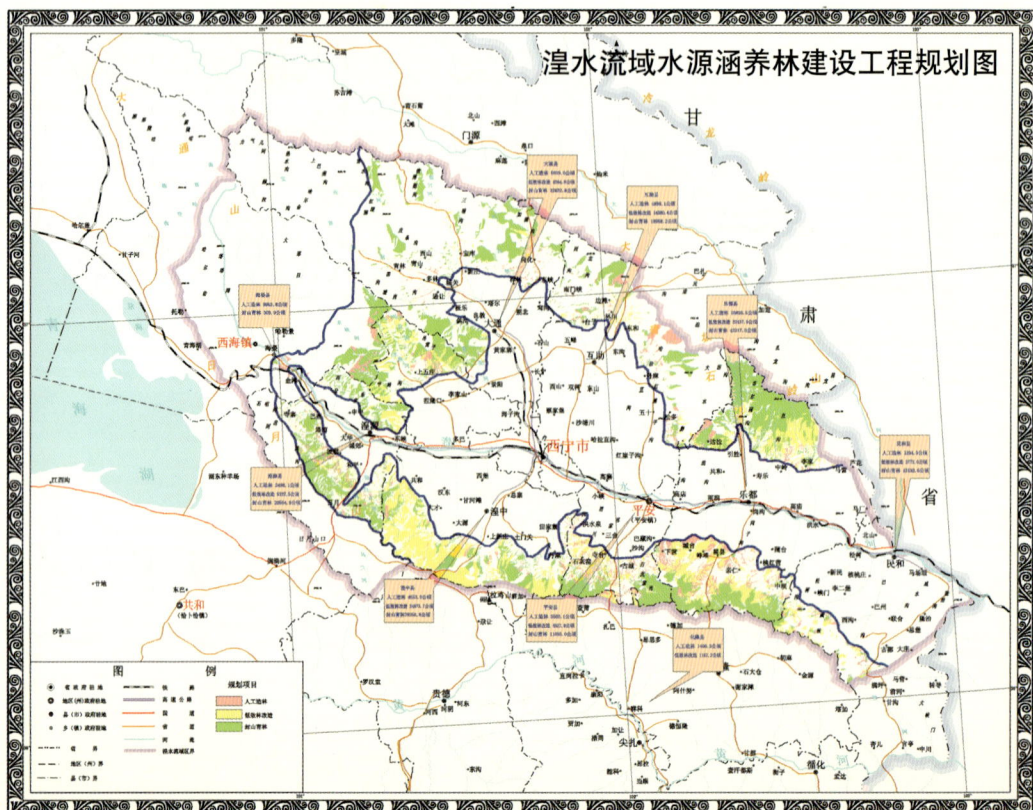

湟水流域水源涵养林建设工程规划图

湟水流域水土保持建设工程规划图

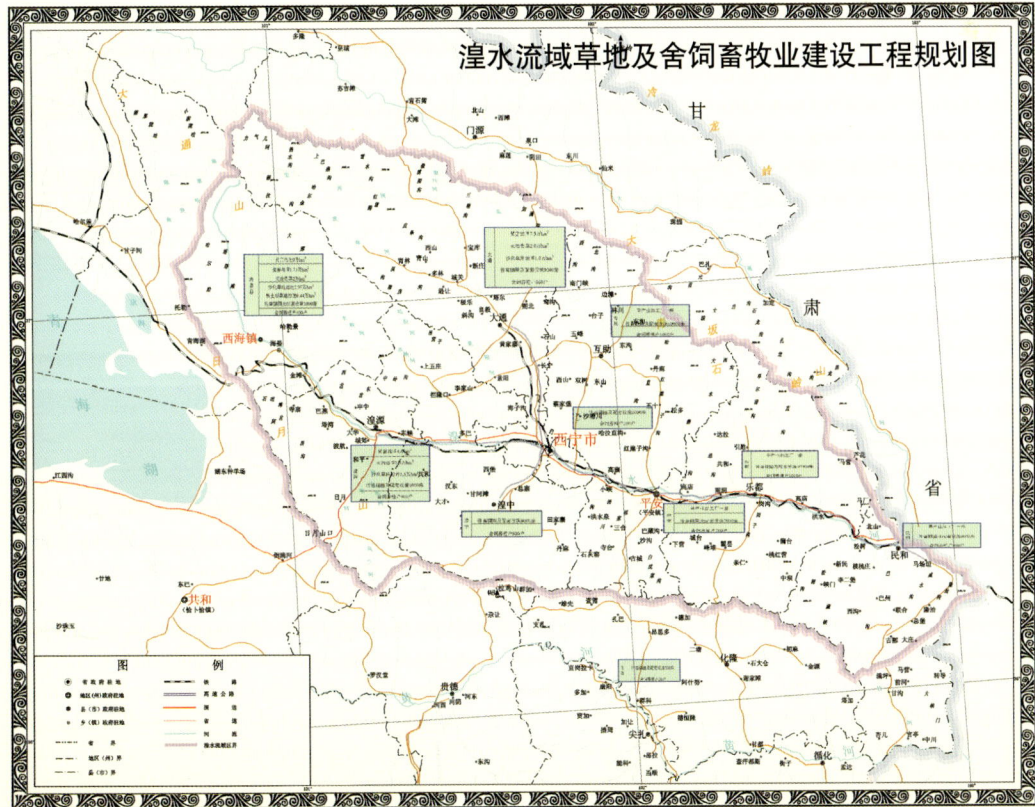

湟水流域草地及舍饲畜牧业建设工程规划图

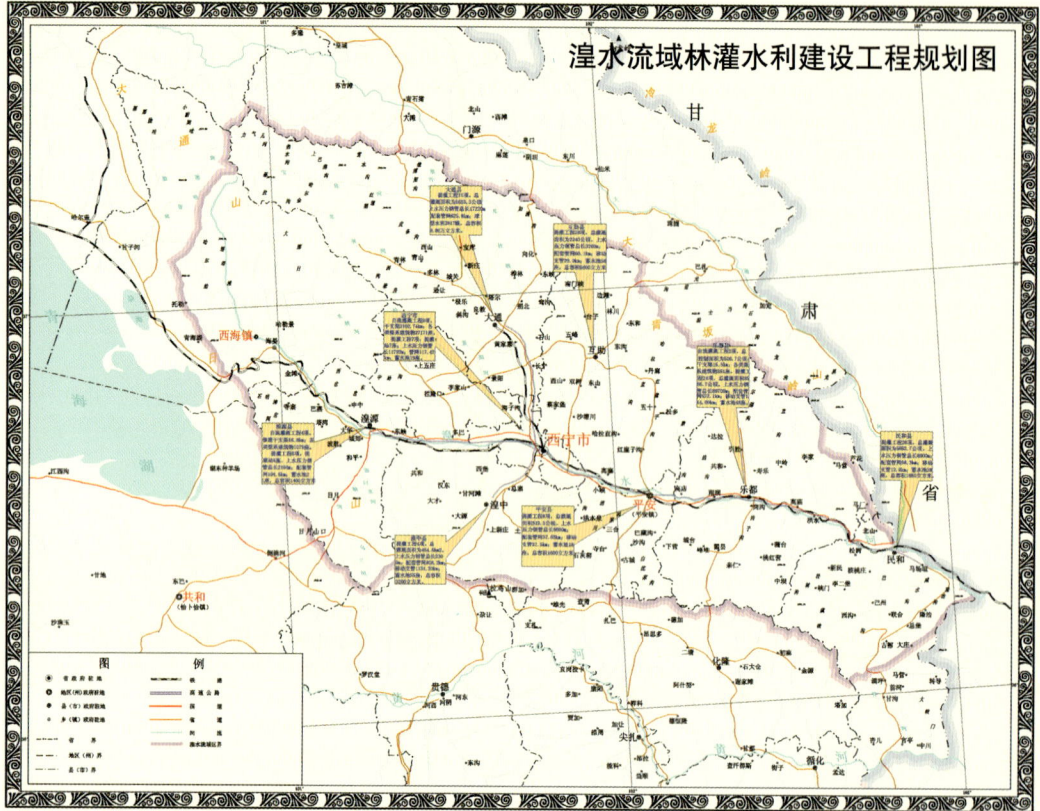

湟水流域林灌水利建设工程规划图

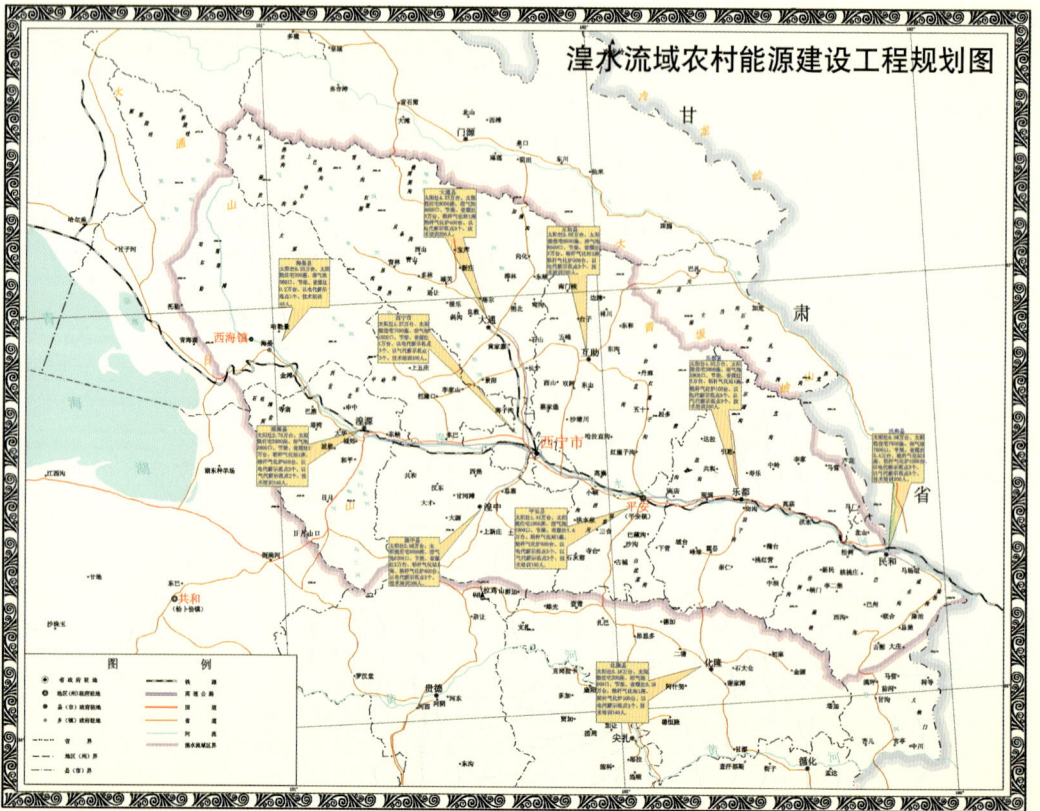

湟水流域农村能源建设工程规划图

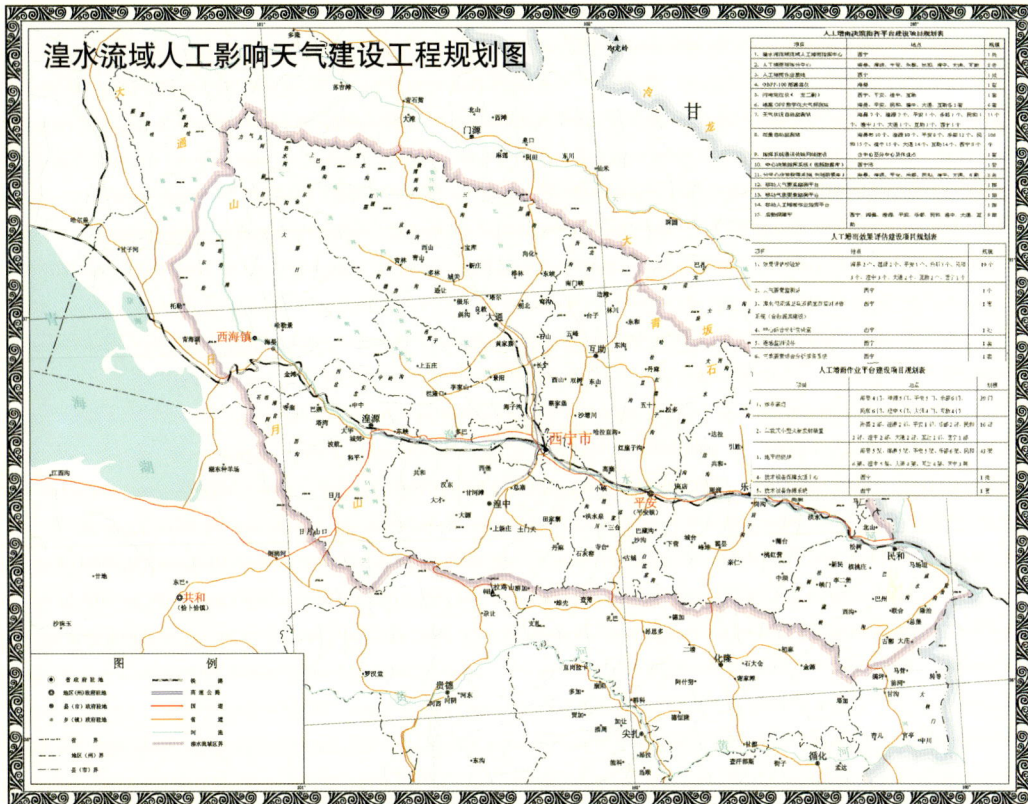

湟水流域人工影响天气建设工程规划图

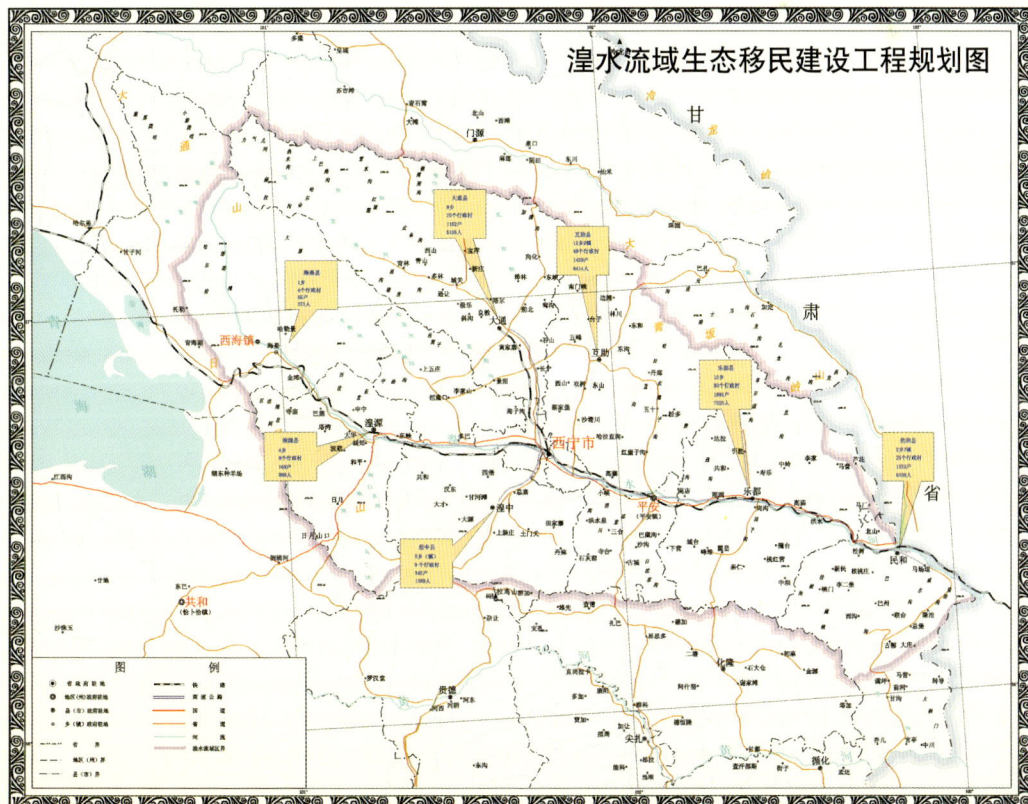

湟水流域生态移民建设工程规划图

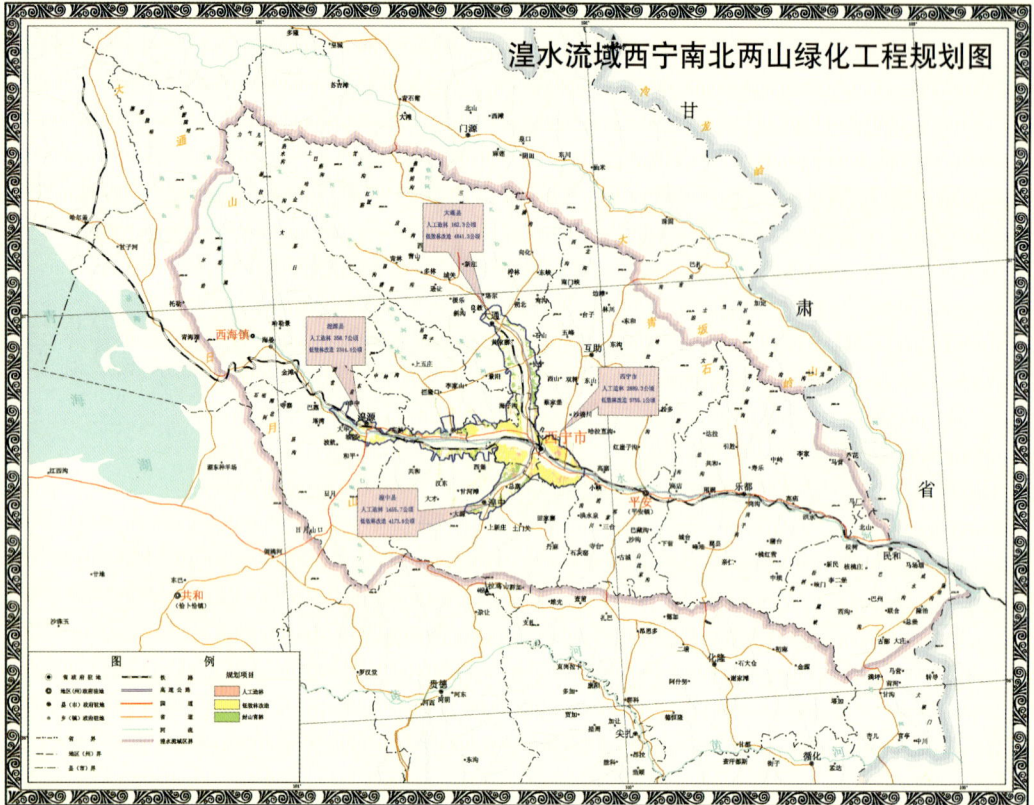

湟水流域西宁南北两山绿化工程规划图

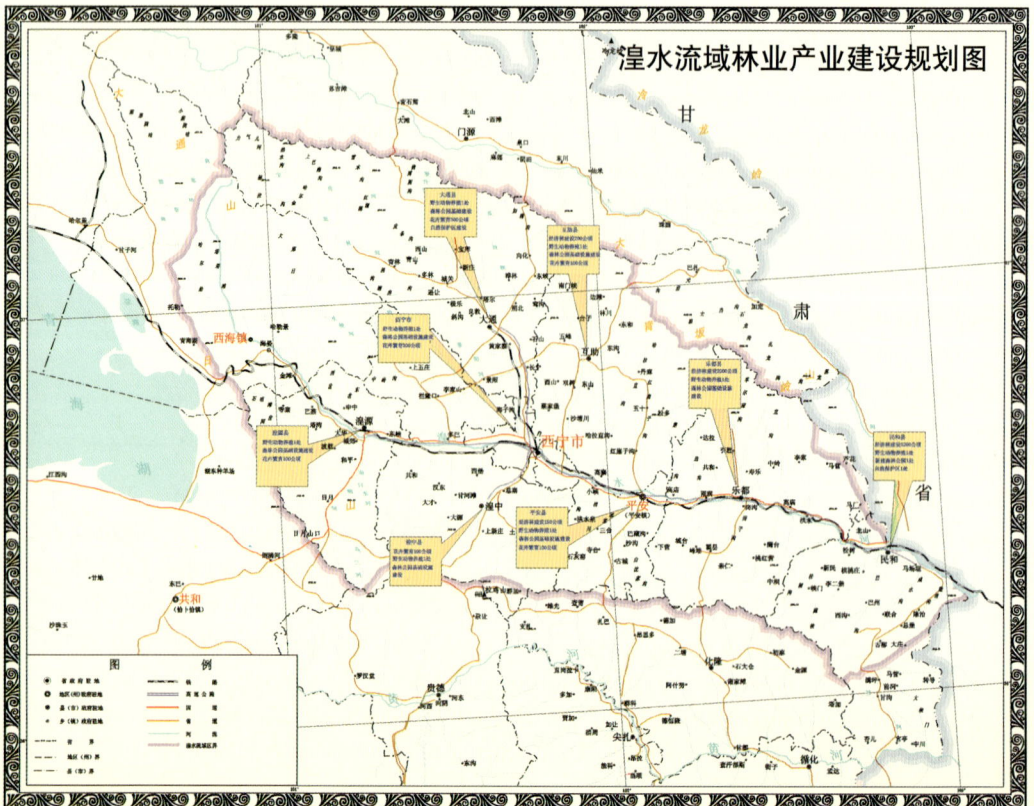

湟水流域林业产业建设规划图

青海湟水流域生态保护与建设发展战略研究

董旭　张胜邦　张更权　主编

中国林业出版社

图书在版编目(CIP)数据

青海湟水流域生态保护与建设发展战略研究/董旭,张胜邦,张更权主编.
—北京:中国林业出版社,2008.5

ISBN 978 - 7 - 5038 - 5210 - 7

Ⅰ. 青…

Ⅱ. ①董…②张…③张…

Ⅲ. ①流域 – 生态环境 – 环境保护 – 研究 – 青海省②流域 – 生态环境 – 建设 – 发展战略 – 研究 – 青海省

Ⅳ. X171. 1

中国版本图书馆 CIP 数据核字 (2008) 第 049632 号

出　　版:中国林业出版社 (100009　北京西城区德内大街刘海胡同7号)
网　　址:www. cfph. com. cn
E - mail:cfphz@ public. bta. net. cn　　电话:(010) 66184477
发　　行:新华书店北京发行所
印　　刷:三河市和达印务有限公司
版　　次:2008 年 6 月第 1 版
印　　次:2008 年 6 月第 1 次
开　　本:787mm×1092mm　1/16
印　　张:31. 25
字　　数:780 千字
印　　数:1~1000 册

青海湟水流域生态保护与建设发展战略研究

编辑委员会

青海湟水流域生态保护与建设发展战略研究领导小组

组　长　李三旦　青海省林业局(局长)

副组长　郑　杰　青海省林业局(副局长)

成　员　董　旭　青海省林业调查规划院(院长)

　　　　张胜邦　青海省天然林保护工程管理办公室(主任)

　　　　李红林　青海省林业局计划与资金管理处(处长)

　　　　何　灿　青海省西宁市林业局(局长)

　　　　马德拉　青海省海东地区林业局(局长)

青海湟水流域生态保护与建设发展战略研究咨询专家

张新时　北京师范大学(中国科学院院士)

山　仑　中国科学院水土保持与生态环境研究中心(中国工程院院士)

李新荣　中国科学院寒区旱区环境与工程研究所(教授　博士生导师)

王得祥　西北林业科技大学林学院(教授　博士生导师)

陈桂琛　中国科学院西北高原生物研究所(教授　博士生导师)

黄　生　国家林业局西北林业调查规划设计院(教授)

唐海萍　北京师范大学资源学院(副教授　博士生导师)

吴建海　青海省农牧业区划研究所(研究员)

丁学刚　青海省环境科学研究院(高级工程师)

范楚林　青海省水利厅(高级工程师)

张艳得　青海省水土保持局(高级工程师)

前　言

　　随着全球性资源与环境问题的加剧，世界各国政府普遍重视生态环境的研究，尤其是发展中国家，有限的资源承载力和脆弱的生态环境之间的矛盾日益尖锐。协调积极发展与资源环境的关系，寻求社会经济的可持续发展，已成为当今科学界所关注的一个重要课题。

　　湟水西起青海省海北州海晏县，东至甘肃省永靖县，穿越青海9个县（市），是中华民族母亲河——黄河的一级支流。早在5000年前，就有先民在湟水两岸繁衍生息，湟水孕育了中外闻名的马家窑、孙家窑、卡约和祁家古代文化，创造了灿烂的河湟文明，在这里有日月山、塔尔寺、柳湾彩陶遗址等众多名胜古迹。

　　湟水流经的河湟谷地自古以来就是青海省经济、文化、政治最为发达，人口最为集中，产业最为繁荣，社会最为进步的地区。省会城市西宁市像青藏高原上的一颗明珠，镶嵌在湟水岸边，是青海政治、经济、文化和产业的中心，也是青海人流、物流、商流、信息流和资源流最为集中和活跃的地区。湟水流域集中了全省近60%的人口和工农业产业，可以说，湟水流域的生态安全事关全省的生态安全，湟水流域的经济社会发展决定着全省的经济社会发展，没有湟水也就没有今天欣欣向荣的青海。青海省委、省人民政府历来重视这一区域的生态建设和保护工作，特别是西部大开发以来，通过实施退耕还林还草、天然林保护、"三北"防护林建设、小流域综合治理、农村新能源建设、人工增雨等一系列生态保护与建设工程，使湟水流域局部地区的生态环境有了明显的转变，群众的生产生活条件有了明显的改善。但是由于历史、气候和人为等综合原因，湟水流域各级政府和农牧民投入能力有限，生态治理规模小、见效慢，治理速度远远赶不上恶化速度，无法从根本上改变湟水流域生态整体恶化的趋势，湟水流域森林资源少，分布不均，水源涵养能力下降、水土严重流失、水质遭受污染、自然灾害频繁等生态问题依然十分突出，严重地制约了青海经济、社会的可持续发展，将影响到青海东部地区的生态安全。湟水流域生态建设整体规划，综合治理已迫在眉睫。

　　湟水是孕育青海河湟文明的母亲河，是支撑青海经济社会发展和构建和谐青海的重要基础。美丽的湟水犹如一条玉带，把青海东部最重要的城镇像珍珠一样串在了一起，建设湟水生态安全屏障就是建设我们的家园，保护湟水就是保护我们的生命源。

　　改革开放以来，湟水流域经济社会得到了快速发展，特别是西部大开发以来，流域生态治理力度不断加大，有效地促进了流域经济社会的发展和进步，取得了可喜成绩。但由于湟水流域属于黄土高原向青藏高原的过渡地带，随着气候的变暖，水土流失仍在加剧，水源涵养功能不断下降，河流断流，灾害性天气频繁发生，加之这一地区是青海省城镇化水平最高的地区，随着流域人口的逐年增加、城市的增容扩能改造以及工业的大发展，一些环境污染也给流域生态带来了极大影响，原本脆弱的生态和极少的森林植被已无法满足流域经济社会可持续发展和构建人与自然和谐发展的需要。

面对构建青海和谐社会，实现人与自然和谐相处的新形势，2005年5月，青海省委书记赵乐际同志在视察西宁南北山绿化工作时强调指出："湟水流域作为我省一个重要的地区，居住着全省近60%的人口，随着基础设施建设的不断完善和三江源自然保护区、青海湖生态保护区等项目陆续规划实施，当前要把整个湟水流域的绿化和生态保护工作提上议事日程，把这项工作作为'十一五'规划中全省绿化、环保的重点，认真做好项目规划和前期工作。争取用20年左右的时间，建成湟水河南北两岸绿色走廊"。"要将西宁建设成为山川秀美，山花烂漫，和谐文明，人心向往的高原花园城市。要搞好西宁南北山风景区项目的规划，建设一个走廊式的大南山公园，做到南山一体化，把南北山绿化融入到整个城市建设中。"

为了落实科学发展观，构建湟水流域人与自然和谐发展，推进流域生态治理步伐，加快实现全面建设小康社会的宏伟目标，结合青海省"十一五"规划工作的全面展开，青海省组织了湟水流域科学考察活动。

2006年12月，由青海省科学技术厅主持，对"青海湟水流域生态保护与建设发展战略研究"进行了成果评价，对与会专家提出的建议和意见，进一步做了深入细致的修改和完善。为了便于服务生产，促进流域的生态保护和建设，让更多的国内外人士了解青海湟水流域，决定正式出版《青海湟水流域生态保护与建设发展战略研究》一书。

在考察和报告编制过程中，得到中国科学院水土保持与生态环境研究中心、中国科学院寒区旱区环境与工程研究所、中国科学院西北高原生物研究所、北京师范大学、西北农林科技大学、国家林业局西北林业调查规划设计院及省内有关厅局的大力支持和帮助，在此深表感谢。

因编者水平和时间所限，书中难免有许多漏误之处，敬请专家、学者批评指正。

编　者

2008年6月

目 录

第一章　自然地理

第一节　地理位置

一、位置

湟水流域位于青海省东北部，省会西宁市位于流域中部湟水河两岸，是青海省政治、经济和文化的中心。湟水河是黄河上游最大的一级支流，主要由湟水干流及其支流大通河组成，流域总面积32 863km²。其中湟水干流位于北纬36°02′~37°28′，东经100°42′~103°01′之间，发源于青海省海晏县达坂山南坡，自西向东流经海晏、西宁、平安、民和等县（市）和甘肃省兰州市红古区、永靖县，于永靖县上车村注入黄河，全长374km。湟水干流流域北依达坂山与支流大通河相隔，南靠拉脊山与黄河干流分水，西依日月山、大通山、托勒山与青海湖流域毗邻，东与甘肃境内庄浪河流域接壤。

本书研究范围特指青海省境内的湟水干流，流域面积16 120 km²，占青海省总面积（69.78 万 km²）的2.3%。

二、行政区划

湟水流域行政区域包括海北藏族自治州的海晏县，西宁市的大通、湟源、湟中县和城北、城西、城中、城东、城南新区，海东地区的互助、平安、乐都、民和县。全流域所辖乡（镇）名称见表1-1。

表1-1　湟水流域生态建设行政区域名称

自治州	县（区）	所辖乡（镇）名称
海北藏族自治州	海晏县	哈勒景、三角城、金滩、七四牧场
西宁市	大通县	宝库、西山、青林、青山、多林、逊让、城关、新庄、极乐、良教、斜沟、塔尔、向化、东峡、桦林、鸢沟、朔北、石山、桥头、长宁、景阳、黄家寨
	湟源县	巴燕、寺寨、塔湾、申中、大华、波航、城郊、东峡、和平、日月
	湟中县	李家山、海子沟、拦隆口、多巴、共和、甘沟滩、西堡、总寨、土门关、田家寨、丹麻、大才、汉东、大源、鲁沙尔、上新庄、上五庄
	市　区	城中、城东、城西、城北、城南新区
海东地区	互助县	南门峡、边滩、林川、东和、东沟、丹麻、五十、松多、台子、威远、西山、双树、蔡家堡、沙塘川、哈拉直沟、红崖子沟、高寨
	平安县	平安、小峡、洪水泉、三合、石灰窑、寺台、古城、沙沟、巴藏沟

（续）

自治州	县（区）	所辖乡（镇）名称
海东地区	乐都县	引胜、达拉、共和、寿乐、中岭、李家、马营、芦花、马厂、高店、雨润、碾伯、岗沟、高庙、洪水、下营、城台、峰堆、亲仁、蒲台、中坝
	民和县	满坪、硖门、塘二垣、松树、川口、李二堡、核桃庄、西沟、巴州、古鄯、马场垣、马营、北山、新民、联合、总堡、隆治、大庄
	化隆县	扎巴

第二节　地貌地形

一、地貌地形概述

湟水流域在青海地貌分区上属北部山地大区、祁连山地区、东祁连山小区。大体上由达坂山—湟水谷地—拉脊山组成。地势西北高、东南低，地形最高处达海拔4898m，最低为湟水入黄河口处的谷地，海拔1650m，相对高差达3250m。境内高山、丘陵交错分布，起伏高差悬殊，地形复杂多样。

湟水干流南北两岸支沟发育，地形切割破碎，支沟之间多为黄土或石质山梁，地表大部分为疏松的黄土覆盖于第三纪红层之上。沟底与山梁顶部的高差一般都在300~400m之间，坡势较陡，山梁平地较少，多为坡地。干流峡盆相间，状如串珠，自上而下有海晏盆地、湟源盆地、西宁盆地、平安盆地、乐都盆地、民和盆地等六大河谷盆地，河谷海拔在1650~2400m之间，两岸有宽阔的河谷阶地，水热条件较好，耕地肥沃，农业生产历史悠久，当地称为川水地区，是青海省东部地区主要农业生产基地。河谷两侧海拔在2200~2700m之间的丘陵和低山地区，分布有大量的旱耕地，由于干旱和水土流失严重，当地称为浅山地区。在靠近南北分水岭山坡一带（大部分海拔在2700m以上），地势高，气候阴湿寒冷，当地称为脑山地区，分布有一定的旱耕地、草地和天然林次生林，是湟水流域主要的水源涵养和林业生产基地。

二、地貌分区

（一）河谷平原

该区沿湟水干流及其一级支流呈带状分布，海拔1650~3000m，当地群众称"川水"。由河漫滩和1~5级阶地洪积扇群组成。河谷阶地以一、三、五级较为完整，三级分布广泛，以及一级支流的下游河谷阶地，土壤肥沃，地势平坦，气候温和，渠系纵横，灌溉方便，林网覆盖，是农作物和工副业生产基地，也是河谷内主要的城镇、居民区和交通干支线。

（二）黄土丘陵

该区地貌表现为深谷峁状的低山丘陵，海拔2000~2800m，当地群众称"浅山"。沟谷呈"V"形，但南山与北山略有不同，南山多为凹形岗地，南高北低，以阴坡为主；北山多为凸形岗地，北高南低，以阳坡为主。不论南山或北山，山势走向明显，岭谷分明，坡度多在 15°~35° 之间。黄土属中更新世和马兰期黄土，厚度 100~200m，现代侵蚀作用强烈，局部侵入红层之内，滑坡、崩塌等较为发育，土地资源丰富，气候干燥，土壤熟化程度好，保水、保肥性能差，干旱缺水，植被稀疏，水土流失严重，年侵蚀模数每平方千米 2000~5000t。是全流域面积最大的旱农区。

（三）石质高山

该区地貌表现为沟谷深切，山体陡峭，局部岩石裸露，海拔 2700~4400m，当地群众称"脑山"。地层主要由变质岩和花岗岩组成，切割深度 200~350m，局部达 450~700m，坡度 30°~45°，沟谷呈"U"形。谷地广泛分布着残积物和坡积物，土层较薄，20~50cm，水土流失较轻，年侵蚀模数 400~800t/km^2。天然植被较好，森林、灌木、草原和耕地镶嵌分布。海拔 3300m 以下分布着青海云杉、白桦和山杨。气候冷凉湿润，降水量在 500mm 左右，适宜林业发展，是湟水流域重要的水源涵养林建设区。

第三节　地　质

湟水流域南以拉脊山为屏障，北侧是达坂山，西部超覆于湟源北山之上，东延入甘肃境内，呈西大东小的四边形，是我国西北黄土高原西缘盆地。盆地南缘受控于拉脊山北缘断裂，北缘被达坂山断裂制约。盆地基底由前震旦系组成，其上有地台型三叠系分布。陆相盆地沉积始于侏罗纪，其沉积零星出露，由含煤碎屑岩组成，厚 1122~1557m。白垩系上、下统俱全，为河流—滨湖相红色砂岩、砾岩，厚 1213~1376m，上、下统之间为角度不整合接触。古近系是内陆湖相含盐碎屑岩，一般厚 700~1000m，与上白垩统角度不整合接触。新近系角不整合于古近系之上，下部为河湖相碎屑岩，上部为山麓洪积相砂砾岩，总厚达 1395m。第四系缺失下更新统，中更新统至全新统总厚仅 110m。

一、地层

（一）前第四纪地质

区内分布最广的前第四纪地层有：元古代变质较深的地层，古生界的寒武系、奥陶系、志留系、泥盆系、二叠系，中生界的三叠系等变质较浅的及中—新生界侏罗系、白垩系、古近系、新近系的碎屑岩层。在地史演变过程中古生代地层缺失了寒武系下统、奥陶系下统、石炭系及二叠系下统（表 1-2、表 1-3）。

在中—新生代碎屑岩中不少岩层具有含盐建造。上白垩统凸镜状含盐建造出露于西宁盆地付家寨—小峡一带，向四周延伸不远即迅速尖灭。新近系贵德群广泛分布于盆地区，除盆地边缘沿断裂带的局部地区，地层受拖拉挠曲影响倾角较大外，大多数地区倾角 2°~5°，由盆地边缘微向盆地中央倾斜。在西宁、民和盆地贵德群直接裸露地表或以侵蚀不整合关系被中、上更新统所覆盖。

（二）第四纪地质

第四纪地层按四分法划分出：下更新统、中更新统、上更新统及全新统。考虑到上更新统和全新统的成因类型和堆积形式都比较复杂的特点，对它们进一步分三分、四分。

1. 下更新统

未出露地表，仅在钻孔中有揭露，为褐黄色黄土状亚砂土和砂卵砾石层。

2. 中更新统

为冰碛、冰水堆积层，冰碛层多分布在日月山、拉脊山等中、高山区多年冻土区的古冰斗内，主要由分选性、磨圆度均差的花岗岩、片麻岩碎石和岩块组成。冰水堆积多分布于山前地带，多被黄土、黄土状土覆盖，与下伏新近系呈不整合接触关系。

表1-2 西宁幅 J-47-（36）前第四纪地层

界	系	统	地方性地层名称		符号	厚度（m）	岩性描述
新生界	新近系		贵德群		Ngd	264~1237	橘黄色砂砾岩
	古近系		西宁群		Exn	1033	橘红、棕红色砂岩、粉砂岩、黏土夹石膏层
						1007~1295	
中生界	白垩系	上统	民和群		K_2m	261~1752	紫红色砾岩、砂岩夹含砾粗砂岩
		下统	河口群		K_1h	>1511	紫红色砾岩、砂砾岩、石英硬砂质页岩
	侏罗系	中下统	窑街群		$J_{1-2}yj$	213~238	灰至灰黑色砂岩、砂质页岩、炭质页岩夹黏土岩、煤层及油页岩
	三叠系	中统	相曲村组		T_2xq	257	灰紫色中细粒硬砂质长石砂岩、细粒长石砂岩
			香阿洞组		T_2xa	950~1286	灰绿色硬砂质长石砂岩，硬砂质长石石英砂岩
		下统	龙羊峡群	上亚组	T_1l_2	>2534	灰绿色蚀变安山岩
				下亚组	T_1l_1	>4844	灰绿色长石硬砂质石英砂岩
古生界	二叠系	上统	甘家群		P_2g	>310	暗红色砾岩、灰黄色硬砂质长石砂岩、灰白色石英岩
	泥盆系				D	>517	上部：灰紫色、灰黄色砾岩 下部：灰绿色砾岩
	奥陶系	上统	药水泉群		O_3ys	>734	灰绿色火山砾岩、凝灰质砂岩、硬砂岩
		中统	查甫群		O_2ch	312~345	上部：灰色安山岩； 下部：绿色安山岩
	寒武系	上统	六道沟群		C_3ld	>1209	灰绿至暗绿色安山岩、安山质凝灰岩
		中统	泥旦山群		C_3nd	>2332	灰绿色变安山岩
上元古界		中岩组	北门峡组		Pt_2^bb	817	灰白色白云岩
			克素尔组		Pt_2^bk	991	灰白色结晶灰岩
		下岩组	青石坡组		Pt_2^aq	>2402	灰色千枚岩、泥质结晶灰岩夹千枚岩
			磨石沟组		Pt_2^am	670	乳白色、灰色厚层块状石英岩
下元古界			湟源群	东岔沟组	Pt_1d	1544~4400	银灰至灰色片岩、大理岩
				刘家台组	Pt_1l	917~2452	大理岩、斜长角闪岩夹石英角闪片岩
			化隆群		Pt_1hl	>5862	上部：深灰色石英片岩、角闪岩、大理岩； 下部：片麻岩、石英片岩、大理岩

表1-3 乐都幅 J-48-（31）前第四纪地层

界	系	统	地方性地层名称		符号	厚度（m）	岩性描述
新生界	新近系		贵德群		Ngd	>366	上部：砂砾岩夹含砾泥岩 下部：以棕黄色泥岩为主夹砾岩
	古近系		西宁群		Exn	112～1564	上部：棕红色泥岩夹石膏、砂岩及泥灰岩 下部：为橘红、棕红色泥岩夹砂岩
中生界	白垩系	上统	民和群		K₂m	648～2025	为橘红色砾岩、砂岩为主夹泥岩
		下统	河口群		K₁hk	2606	上部：褐色棕色砾岩；下部：灰棕、灰绿色页岩、底砾岩
	侏罗系	上统	享堂群		J₃xt	660	上部：为棕红色紫色泥岩、砂岩 下部：灰绿、棕色砂岩夹泥岩
		中下统	窑街群		J₁₋₂yj	>396	上部：砂岩、页岩夹薄煤层 下部：煤层含油页岩等
	三叠系	上统	南营儿群		T₃ny	>1103	紫红色灰绿色砂岩为主夹有泥质砂岩、砂质页岩
古生界	泥盆系	上统			D₃	>1000	紫红色砾岩、砂砾岩及长石石英砂岩
	志留系	下统			S₁	>1100	灰绿色紫色巨厚层砾岩、夹细砂岩板岩等
	奥陶系	上统	药水泉群		O₃ys	>1206	灰色中厚层状变砂岩、砂砾岩、板岩夹凝灰岩
		中统	查甫群		O₂ch	503	灰绿色中厚层状凝灰质砂岩、含砾砂岩、灰色板岩
		下统	阿伊山组		O₁a	>1888	杂色安山岩、玄武岩、石英角斑岩、凝灰岩夹砂岩
			花抱山组		O₁h	>4764	灰绿色硅质砂岩、砾岩、含砾砂岩夹安山岩、火山砾岩
	寒武系	上统	六道沟群		C₃ld	>3433	上部：斜长角闪岩；下部：凝灰岩
		中统	泥旦山群		C₂nd	1369～2292	上部：灰黑色硅质板岩夹结晶灰岩； 下部：灰绿灰紫色安山岩
上元古界		中岩组	花石山群	北门峡组	Pt₂ᵇb	>713	灰色结晶灰岩、白云岩、大理岩夹千枚岩、板岩及砂岩
				克素尔组	Pt₂ᵇk	>1618	以灰色中厚层块状白云岩为主，顶部千枚岩、底部角砾状灰岩
		下岩组		青石坡组	Pt₂ᵃq	2841	灰白色千枚岩、硅质千枚岩，板岩、石英岩、少量结晶灰岩等
				磨石沟组	Pt₂ᵃm	>643	以灰绿色、乳白色石英岩为主，夹少量片岩，千枚岩
下元古界			湟源群	东岔沟组	Pt₁d	>3432	以石榴石云母片岩为主、夹石英片岩，石英岩和大理岩
				刘家台组	Pt₁l		含炭质云母片岩
			化隆群		Pt₁hl	>500	上部：以黑云母石英片岩为主夹两层厚700～800m的石英岩；下部：黑云斜长片麻岩、花岗片麻岩为主，夹大理岩

日月山、野牛山北坡一带的冰碛—冰水堆积分布在海拔 3600m 以上的山前地带。表层为约 1m 的草皮及腐植土,下部为厚达百米的泥质砂砾卵石混杂的冰碛层。为浅灰白色、分选差、磨圆不好、砾径约 1m 的扁平状或长条状块石,表面有压坑。主要成分为花岗闪长岩。冰碛层表面广泛发育着冰土沼泽。

拉脊山北麓及山前地带的冰水堆积层,下部为青灰色砾石层,砂泥质充填,泥质及钙质胶结,结构紧密,层理不明显,磨圆中等,而分选较差,粒径一般 3~7cm,大者 25cm 以上,成分以花岗闪长岩、变安山岩为主,其次为片麻岩及石英岩,厚 5~15m,中部为冰水相黄土状土,呈淡橘红—灰黄色,固结好,不具层理,常夹有数层古土壤层,厚约 10m 左右;上部为中、上更新统风成黄土。

3. 上更新统

冲积、洪积堆积,广泛分布于湟水河及主要支沟两侧Ⅲ、Ⅳ级阶地之上,多以冲洪积高阶地或洪积扇等形式出现。一般高出现代河床数十米,高者可达百米以上。岩性有砂砾石、黄土状土及黄土层。冲积物中常见水平层理及交错层理,砾石磨圆及分选较好,具定向排列,夹砾质透镜体;洪积物一般颗粒成分较冲积物单一,分选及磨圆较差,定向排列不明显,为粗细混杂堆积;冲洪积混合堆积,在水平方向上离山区越远,砾石的分选及磨圆越好,定向排列和层理越明显,砂砾石层数越多

4. 全新统

(1) 冲积砂砾卵石层 广泛分布于现代河谷地带,是组成河漫滩及Ⅰ至Ⅲ级阶地的基本堆积物,其岩性特征及分布规律较复杂。湟水河谷砂砾卵石层厚度变化较大,一般 2~15m。砾石的分选性及磨圆度较好,多呈浑圆—次圆状,砾石成分复杂,二元结构完整,与下伏新近系呈不整合接触。

(2) 冲积、洪积层 在湟水及各大支沟的两侧和边缘均有分布,多组成扇形地。岩性主要为棕灰色泥质砂砾石层,泥质含量 15% 左右,分选较差,一般为次棱角状、次圆状,具层理,表面有一层厚 1m 左右的含砾亚砂土。

(3) 洪积物 多呈扇形分布于各大支沟沟口阶地表面,结构松散、堆积混杂,砾石或砂砾石层中夹有亚砂土透镜体。厚度变化较大,一般 2~50m 不等。

(4) 坡积层 主要分布于山麓地带及丘陵山区沟谷阶地后缘地带,岩性为含泥碎石,堆积混杂,粒径相差悬殊;厚度变化较大,一般小于 10m;分布面积不大,多与洪积物伴生。

5. 黄土

本区地处陇西黄土高原的西部边缘地带,黄土主要分布在日月山以东,拉脊山两侧,西宁、民和等各盆地海拔 3000m 以下的湟水两岸低山丘陵区。黄土多披覆在早期冰水、冲洪积砂砾卵石层、红色砂砾岩或其他古老基岩之上,黄土自西向东有从零星分布向大面积过渡和由薄变厚的趋势。

(1) 中更新世风成黄土 中更新世风成黄土广泛分布于西宁、民和盆地低山丘陵区。黄土呈灰黄色,具孔隙,孔隙常为碳酸钙充填,质地均匀,固结较坚实,局部可见微薄层理及数层褐红色古土壤。富含碳酸钙,加酸强烈起泡。黄土中未石化的陆生蜗牛,多为四圈左旋,壳面有螺纹。黄土矿物成分以石英、长石、云母为主,含少量暗色矿物,厚 40~180m,自盆地边缘向中心增厚。

（2）晚更新世风成黄土 晚更新世风成黄土是黄土低山丘陵区分布最广的堆积物。它披覆于河谷谷坡的梁峁之上。厚度在东西向上背风坡往往要较迎风坡为厚。浅灰黄色，质地疏松，手搓易碎，有明显砂感，一般含粉砂量高达70%以上。具大孔隙，垂直节理发育，湿陷性强，较普遍地含有直径0.5～1.5cm的平卷蜗牛残壳。矿物成分以长石、石英、云母为主，厚度各地变化不一，一般为5～30m，最厚可逾百米。在不少地区与下伏中更新世黄土之间无明显分界，但其岩性较下伏者松散，固结微弱，色较浅，多为浅灰黄色，不似中更新世黄土常具有的褐黄色；大孔隙显著，孔中常有植物根系。

第四纪地层见表1-4。

表1-4 第四纪地层

系	统	代号	厚度（m）西宁幅/乐都幅	分层依据及岩性
第四系	全新统（Q₄）	Q_4^4	<40/ <20	河漫滩冲积砂砾石及河谷两侧现代扇形洪积物和冲积、坡积物
		Q_4^3		I级阶地冲积及冲洪积砂卵砾石、亚砂土
		Q_4^2		II级阶地冲洪积砂卵砾石、黄土状土及泥质砂卵砾石层
		Q_4^1		III级阶地冲洪积砂砾石、黄土状土、冲积、洪泥质砂砾卵石
	上更新统（Q₃）	Q_3^3	20～110/17～40	IV级阶地冲洪积砂砾石、黄土状土、风成黄土，含蜗牛化石
		Q_3^2		V级、V级以上阶地冲积砂砾石、黄土状和黄土及山前洪积，冰水堆积砂砾石
		Q_2		低山丘陵冲洪积砂卵砾石和黄土及底砾石、冰碛、冰水堆积、泥质砂砾卵石
	中更新统（Q₂）	Q_1	5～120/5～200	低山丘陵山前冰碛、冰水或冲积砂砾卵石及风成黄土（老黄土）
	下更新统（Q₁）			仅见于钻孔，河湖相砂质黏土、中细砂、粗砂及砾石互层，具大型交错层理、含蜗牛化石

二、断裂构造

（一）大地构造位置

本区位于祁连地槽褶皱系一级大地构造单元内，跨越北祁连地向斜、中祁连地背斜、南祁连地向斜三个二级构造带。

（二）断裂构造

1. 北祁连山深断裂系

该系位于甘青两省交界的北祁连山，呈北西及北西西向延展，具规模大、断裂深、持续时间长等特点。由3条断裂带组成，即北祁连北缘深断裂带、黑河深断裂带和中祁连北缘深断裂带。各断裂带平行分布，相间2～10km不等，均由若干次级断裂配套而成。其中北祁连北缘深断裂带位于甘肃境内，黑河深断裂带横跨甘青边界地区。

主体位于本区的是中祁连北缘深断裂带，主断裂西始托来河谷，东经托来南山、达坂山南坡入甘肃境内，呈北西—北西西延展，省内长450km，地表构成中祁连中间隆起带与北祁连优地槽褶皱带的分界。断裂表征明显，发育破碎带，水系及谷地呈线性分布。断裂初始于兴凯末期，由拉张而成，成为早古生代时期祁连南隆北拗的分界；北侧发育了巨厚的早古生代优地槽型沉积，南侧主要为隆起区，仅在边缘部分有过渡型中寒武统毛家沟群沉积。沿断裂展布方向有基性—超基性岩出露。这些构造岩类在空间上的分布极不对称，西段较东段发育，表明断裂的始发及强度有西早东晚、西强东弱的特点。加里东晚期，北侧地槽褶皱回返，断裂进入强烈挤压阶段。与此同时，有中酸性岩侵入，沿断裂带形成串珠状岩浆岩带，中祁连中间隆起带重新与中朝准地台联为一体。华力西期—印支期，断裂活动大减，两侧以差异升降运动为主，但南侧的沉降幅度较大，致使北侧形成晚古生代至三叠纪以陆相为主，南侧以浅海相为主的沉积。燕山期—喜马拉雅期，断裂再次复活，控制了托来河谷、大通河谷的形成和演化，性质再变为张性。挽近时期盆地继续沉降，其间山地断块上升，形成山、谷相间的地貌格局。断裂带成为地震多发带。

断裂带地球物理场特征明显，沿带发育大型磁、重力梯度带。

此断裂带在加里东早期形成，具岩石圈断裂特征，加里东期后的活动只限于地壳表层。

2. 拉脊山深断裂系

该系位于拉脊山，呈北西—北西西向延展，长240km，宽2～14km不等。由2条东宽西窄近于平卧的"S"形断裂带组成，控制着拉脊山加里东优地槽褶皱带的形成和发展。带内各地层单元多呈断裂接触，有大量超基性岩分布，计岩体50余个，成带出露。

拉脊山北缘深断裂带由数条大小不一，平行排列的断裂组成。主断裂西始甘子河北，东经黄茂树、石壁沿、抵古都之南，伏于第四系之下。断裂呈北西—北西西向延展，省内长240km。断面倾向南，倾角小于30°，地表构成拉脊山早古生代优地槽带的北界。南侧发育寒武系—奥陶系巨厚海相中基性火山岩岩系，并有超基性岩侵入，表明断裂已深切岩石圈。随地槽回返，断裂转为压性，形成线性褶皱及挤压破碎带。与此同时，沿断裂带有中酸性花岗岩类侵入。华力西期—印支期断裂活动不明显；燕山期—喜马拉雅期断裂复活，控制北侧西宁—民和盆地的生成和演化；中新世末，拉脊山向北逆冲于盆地红层之上，形成推覆构造。断裂倾向西南，倾角20°～50°，在民和小岭附近断裂下盘为上新世砾岩、泥岩，但中更新世砾石层未见变动。拉脊山北麓大断裂是山区与西宁—民和盆地的分界线。

拉脊山南缘深断裂带西起甘子河北与拉脊山北缘深断裂相并接，东经雄先、查甫、迄民和官亭被第四系覆盖。总体呈北西—北西西—北西向延长，与北缘深断裂相呼应，平面上呈"S"形。本带由一组密集排列的断裂组成，主断裂倾向北东，倾角65°～85°，长约240km，构成拉脊山早古生代地槽带南界。

本断裂带于兴凯旋回末期因拉张而成，使统一的前寒武纪地台解体，北侧断陷下降形成早古生代优地槽带，南侧为隆起，缺失古生代沉积。断裂已切穿岩石圈，成为基性—超基性地幔岩的上升通道。加里东中晚期，断裂转变为压性，使早古生代地层褶皱，挤压破碎带极为发育。与此同时，沿断裂带有花岗岩生成。华力西期—印支期，断裂似处于息止状态，无明显活动迹象。燕山期再次复活，北侧大幅度上升，南侧断陷下降，生成化隆—贵德盆地，后期还向南逆冲，生成山前推覆构造。

3. 达坂山南坡深断裂

北西走向，长500km，是一逆断层，是北祁连地向斜和中祁连地背斜两个二级构造单元地分界线使二者在地层、构造形态和地质发展史方面都有所不同。沿断裂带有多期岩浆活动，并在南侧形成 5~10km 的片麻岩带，该断裂发生在早古生代末，到新近纪末仍有活动。

第四节 气 候

一、气候特征

湟水流域有海晏、湟源、大通、西宁、湟中、互助、平安、乐都、民和 9 个气象台、站，各站位置、建站时间见表 1-5。从表 1-5 看出除海晏、平安建站较迟外，其余各站均积累了 40 多年的气象资料，这些资料可以反映湟水流域气候的基本特征。

表 1-5 湟水流域气象站位置

站名	地址	海拔（m）	纬度	经度	建站时间
海晏	海晏县银滩乡（乡村）	3010.0	36°55′	100°59′	1976.01
大通	大通县桥头镇景阳路	2450.0	36°57′	101°41′	1956.11
湟源	湟源县城关镇湟家路 5 号	2634.3	36°41′	101°14′	1956.11
湟中	湟中县鲁沙尔镇（城镇）	2667.5	36°31′	101°34′	1958.11
西宁	西宁市五四大街 19 号	2261.2	36°37′	101°46′	1954.01
互助	互助县威远镇（乡村）	2480.0	36°49′	101°57′	1955.10
平安	平安县平安镇湟源路 84 号	2125.0	36°30′	102°06′	1989.01
乐都	乐都县碾伯镇	1979.7	36°29′	102°23′	1956.10
民和	民和县川口镇东垣滩杨家大庄	1813.9	36°19′	102°51′	1956.11

湟水流域位于青藏高原与黄土高原的交错地带，山峦起伏，沟壑纵横，山川相间。大部分地区海拔在 2200~3000m 之间，受地形、海拔以及水、热条件的影响，形成了川水、浅山、脑山三个不同的生态区，冬、春季干旱和夏、秋季湿润的气候特点非常明显。本区除有少部分牧业外，大部分地区以农业为主，是青海的主要产粮区。由于海拔高度及地理、地形等因素，形成独特的气候特征。祁连山南缘的大通、互助、海晏和拉脊山附近的湟中降水偏多，年降水量在 491.2~537.8mm 之间，而靠近湟水河谷的西宁、平安、乐都等 5 站降水偏少，年降水量在 329.6~405.5mm 之间；气温的分布情况随海拔高度升高而降低，年平均气温 0.5~7.9℃，民和最高，海晏最低，自西向东气温依次升高，青海≥30℃的高温热害天气主要集中在本流域内，全省民和高温天气最多，1961~2000 年共出现 63 次。本流域的主要气象灾害是干旱、霜冻、冰雹、洪水。

二、气温

（一）气温的空间分布

湟水流域各台站月、年平均气温如表 1-6。湟水流域内的气温分布受海拔高度和地理、地形的影响十分明显。位于湟水河谷、海拔高度较低的民和、乐都、平安、西宁年平均气温

6.1～7.9℃，气温较高一些；祁连山南缘的大通、互助、海晏、湟源和拉脊山附近的湟中年平均气温0.5～4.7℃，气温较低一些。图1-1为湟水流域年平均气温空间分布图。

湟水流域最热月出现在7月，在12.1～19.7℃之间，最高、最低分别出现在民和和海晏，最冷月出现在1月，在-6.2～-13.5℃之间。最热月、最冷月出现时间跟全省一致。

表1-6 湟水流域各台站月、年平均气温（℃）

站名	1月	2月	3月	4月	5月	6月	7月	8月	9月	10月	11月	12月	年
海晏	-13.5	-9.5	-3.8	2.4	7.0	10.2	12.1	11.3	7.1	1.0	-6.4	-11.5	0.5
西宁	-7.4	-3.9	1.9	8.1	12.4	15.3	17.3	16.6	12.3	6.6	-0.3	-5.7	6.1
大通	-9.1	-4.8	0.5	6.6	11.4	13.7	15.8	14.5	10.8	5.1	-1.3	-7.3	4.7
湟源	-10.3	-6.8	-1.0	5.2	9.6	12.2	13.9	13.2	9.3	3.6	-3.2	-8.4	3.1
湟中	-8.9	-6.3	-1.0	5.1	9.7	12.6	14.6	13.9	9.5	4.1	-2.2	-7.0	3.7
互助	-10.3	-6.4	-0.6	5.6	10.3	13.1	14.8	13.9	9.9	4.5	-2.5	-8.2	3.7
平安	-6.6	-2.7	2.8	8.9	13.2	16.3	18.3	17.3	13.4	7.1	0.7	-4.4	7.0
乐都	-6.4	-2.9	3.1	9.5	13.7	16.7	18.7	18.2	13.6	7.6	0.9	-4.7	7.3
民和	-6.2	-2.3	3.6	10.2	14.5	17.6	19.7	18.9	14.2	8.2	1.4	-4.6	7.9

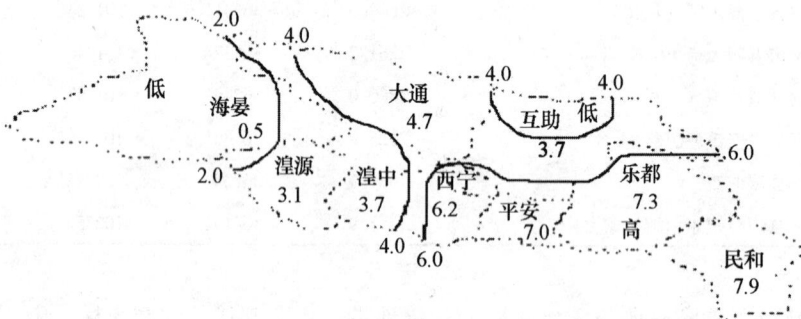

图1-1 湟水流域年平均气温空间分布图

（二）气温的时间变化

1. 气温的年变化

湟水流域深居内陆，与我国东部地区相比，季风气候的特征已有减弱。四季不甚明显，一般可分冬、夏半年，最高气温出现在7月，12.1～19.7℃，夏半年短促而不热；最低气温出现在1月，-13.5～-6.2℃，冬半年漫长而不十分严寒。

2. 气温的年际变化

图1-2分别为湟水流域区、湟源、西宁、乐都建站至2005年年平均气温年际变化曲线，由图看出，气温变化倾向率分别为0.35℃/10a、0.18℃/10a、0.23℃/10a、0.34℃/10a，明显高于全省（0.16℃/10a）的升温率，也明显高于全国的升温率。年平均气温与年代相关系数湟水流域区、湟源、西宁、乐都分别为0.74、0.47、0.47、0.69。说明在全球气候变暖的大背景下，流域区的气温全年总的趋势都在变暖，其中，年平均气温与年代的相关系数超过了0.01的显著性水平

检验，可见湟水流域区年和多数季节增暖是比较明显的。表1-7为湟水流域西宁、乐都、湟源3个代表站年、季平均气温的年代值（℃）。1971～2000年与1961～1990年相比，年平均气温上升0.1～0.5℃，西宁上升幅度最大；从各季来看冬季上升幅度最大，对于年平均气温上升来说冬季的贡献最大。从年代际变化分析，各站年、季平均气温20世纪80年代上升幅度最小，3站春季和湟源的夏季甚至下降，20世纪90年代上升幅度最大，2001～2005年次之。

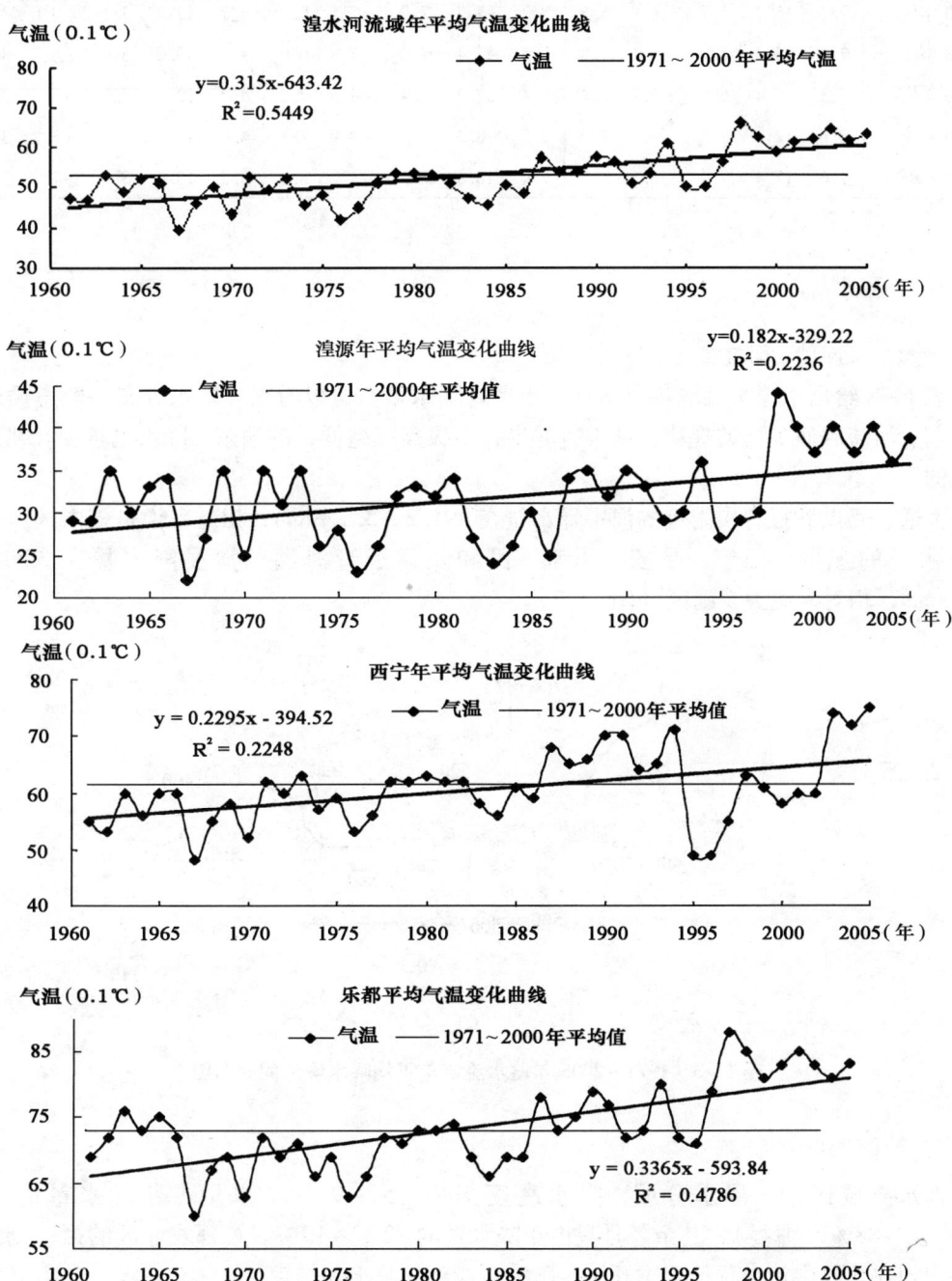

图1-2 1961～2005年湟水流域、湟源、西宁、乐都年平均气温变化曲线

表1-7 西宁、乐都、湟源 3 个代表站年、季平均气温年代值 (℃)

年代	西宁					乐都					湟源				
	春	夏	秋	冬	年	春	夏	秋	冬	年	春	夏	秋	冬	年
1961~1990	7.4	16.3	6.1	-6.0	5.9	8.5	17.6	7.1	-5.1	7.0	4.5	13.0	3.1	-8.7	3.0
1971~2000	7.4	16.6	6.5	-5.2	6.4	8.7	17.8	7.3	-4.6	7.3	4.6	13.1	3.2	-8.4	3.1
60 年代	7.3	16.2	5.7	-6.9	5.5	8.7	17.7	7.0	-5.5	6.9	4.7	13.2	3.1	-9.0	3.0
70 年代	7.4	16.4	6.1	-6.1	5.9	8.5	17.4	7.0	-5.3	6.9	4.6	13.0	3.0	-8.7	3.0
80 年代	7.3	16.4	6.5	-5.1	6.2	8.4	17.7	7.4	-4.5	7.2	4.2	12.9	3.2	-8.3	3.0
90 年代	7.6	17.1	7.0	-4.3	7.0	9.2	18.3	7.6	-3.9	7.8	4.9	13.4	3.4	-8.2	3.3
2001~2005	7.6	17.4	7.4	-3.5	7.5	9.4	18.8	8.2	-3.2	8.3	5.2	13.9	3.7	-7.7	3.8

三、降水

（一）降水的空间分布

表1-8 给出了湟水流域各台站月、年平均降水量。可以看出，降水分布一般遵循迎风坡多雨、河流谷底少雨的规律，从中也看出，海拔高度越低，越偏东，降水也越少。祁连山南缘的

大通、互助和拉脊山附近的湟中降水量在 491.2~537.8mm，相对来说是多雨区，而处在湟水谷的湟源、西宁、平安、乐都、民和及靠近青海湖的海晏降水量在 329.6~405.5mm，相对来说为少雨区（图1-3）。

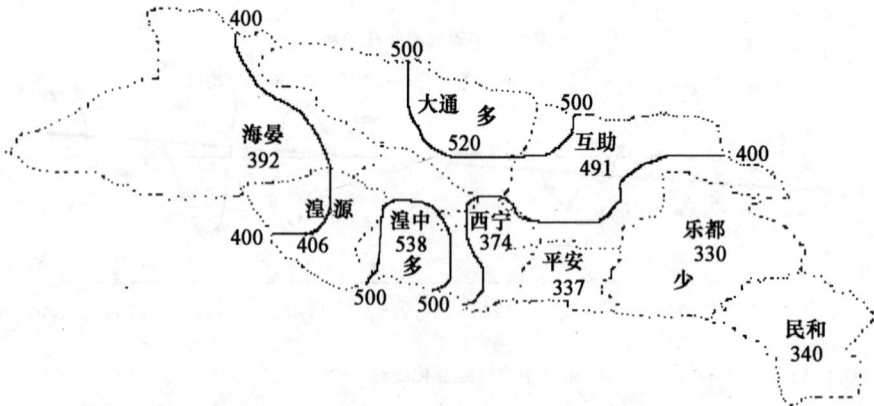

图1-3 1971~2005 年湟水流域年平均降水量空间分布图

（二）降水的时间变化

湟水流域区干、湿季分明，降水高度集中，5~9 月降水量占年降水量的 81%（湟中）~88%（海晏），其余各月只占年降水量的 12%~19%。东部农业区的第一场透雨一般出现在 5 月中旬，预示雨季开始，雨季一般到 9 月上旬结束。

表1-8　湟水流域各台站月、年平均降水量（mm）

站名	1月	2月	3月	4月	5月	6月	7月	8月	9月	10月	11月	12月	合计
海晏	0.8	1.9	5.4	13.8	43.4	67.6	89.2	89.5	57.0	18.0	3.5	1.8	391.9
大通	2.2	1.6	14.0	31.0	55.6	86.6	99.5	116.7	84.5	21.5	6.1	1.1	520.4
湟源	1.0	2.1	7.2	18.8	44.8	67.6	90.9	88.2	56.6	22.1	5.0	1.2	405.5
湟中	3.7	6.2	15.1	32.1	61.6	84.3	110.8	106.1	73.8	33.1	8.3	2.8	537.8
西宁	1.2	2.2	7.0	19.0	43.0	59.2	88.2	74.0	54.4	20.5	3.9	1.2	373.6
互助	2.3	4.9	14.2	27.2	56.4	75.1	103.7	99.2	71.0	28.8	6.1	2.2	491.2
平安	1.4	1.4	5.7	15.1	38.7	53.4	77.5	71.1	50.6	19.1	2.7	0.6	337.1
乐都	1.0	1.5	5.5	13.8	39.4	52.2	73.9	75.2	46.8	16.9	2.4	0.7	329.6
民和	1.9	3.0	9.5	17.4	39.5	48.1	71.5	73.3	49.1	22.4	3.6	1.0	340.4

（三）降水量的年际变化

图1-4为湟水流域区、湟源、西宁、乐都建站至2005年年平均降水年际变化曲线，计算得出，降水变化倾向率分别为－2.84mm/10a、－3.61mm/10a、10.81mm/10a、－2.23mm/10a，可以看出，湟水流域区降水量总体呈减少趋势，减少率为－2.84mm/10a。区域内西宁、湟中、互助、大通均未通过0.10的显著性水平检验。这说明，湟水流域区年降水变化还不十分突出，其降水量有增加的趋势，增加率西宁最大，为10.81mm/10a，其余各站均减少，平安减少率最大，为－17.69mm/10a，可能与建站较晚有关，湟源次之，减少率为－7.33mm/10a。相关系数值变化趋势是中游地区缓慢增加，而上游和下游地区则缓慢减少。表1-9为湟水流域区西宁、乐都、湟源3个站年、季平均降水量的年代值（mm）。分析得知，1971～2000年与1961～1990年相比，年平均降水量西宁增加6.1mm，乐都、湟源分别减少2.9mm、9.4mm。

表1-9　西宁、乐都、湟源3个代表站年、季降水量年代值（mm）

年代	西宁					乐都					湟源				
	春	夏	秋	冬	年	春	夏	秋	冬	年	春	夏	秋	冬	年
1961～1990	72.1	204.5	81.0	4.0	367.5	63.3	187.6	73.1	2.7	332.5	75.4	239.4	90.4	3.6	414.9
1971～2000	69.0	221.9	78.7	4.7	373.6	58.9	200.1	66.0	3.4	329.6	70.2	247.7	83.7	4.2	405.5
60	82.6	184.7	88.0	2.4	371.1	69.0	163.6	86.2	1.6	335.1	88.2	225.2	93.9	2.3	424.9
70	57.8	226.8	81.2	4.6	362.2	53.5	205.6	66.6	3.3	332.0	55.0	249.3	88.6	4.1	383.0
80	76.0	202.2	73.9	5.0	369.2	67.3	193.7	66.5	3.3	330.3	83.1	243.7	88.7	4.3	436.7
90	73.3	236.8	81.0	4.6	389.5	55.9	200.9	65.0	3.6	326.5	72.0	250.2	74.0	4.4	396.7
2001～2005	90.3	221.2	99.0	5.0	413.9	84.7	170.1	62.5	4.3	319.6	86.4	215.0	94.3	4.1	400.3

从各年、季平均降水量的年代值来看，西宁、乐都、湟源春季、夏季变化趋势基本一致，秋季、冬季、年变化趋势不是很一致。春季，20世纪80年代、2001～2005年缓慢增加，70年代、90年代缓慢减少；而夏季变化趋势则相反，70年代、90年代缓慢增加，20世纪80年代、2001～2005年缓慢减少；秋季无明显的变化规律，冬季除西宁90年代减少外，其余年代以缓

降水量（0.1mm）

湟水流域年降水量变化曲线

$y = -2.8437x + 9972.5$
$R^2 = 0.0027$

◆ 降水　—— 1971~2000年平均值

降水量（0.1mm）

湟源年降水变化曲线

$y = -3.609x + 11245$
$R^2 = 0.0038$

◆ 降水　—— 1971~2000年平均值

降水量(0.1mm)

西宁年降水变化曲线

$y = 10.808x - 17658$
$R^2 = 0.036$

◆ 降水　—— 1971~2000 年平均值

降水量(0.1mm)

乐都年降水变化曲线

$y = -2.2298x + 7716$
$R^2 = 0.0015$

◆ 降水　—— 1971~2000 年平均值

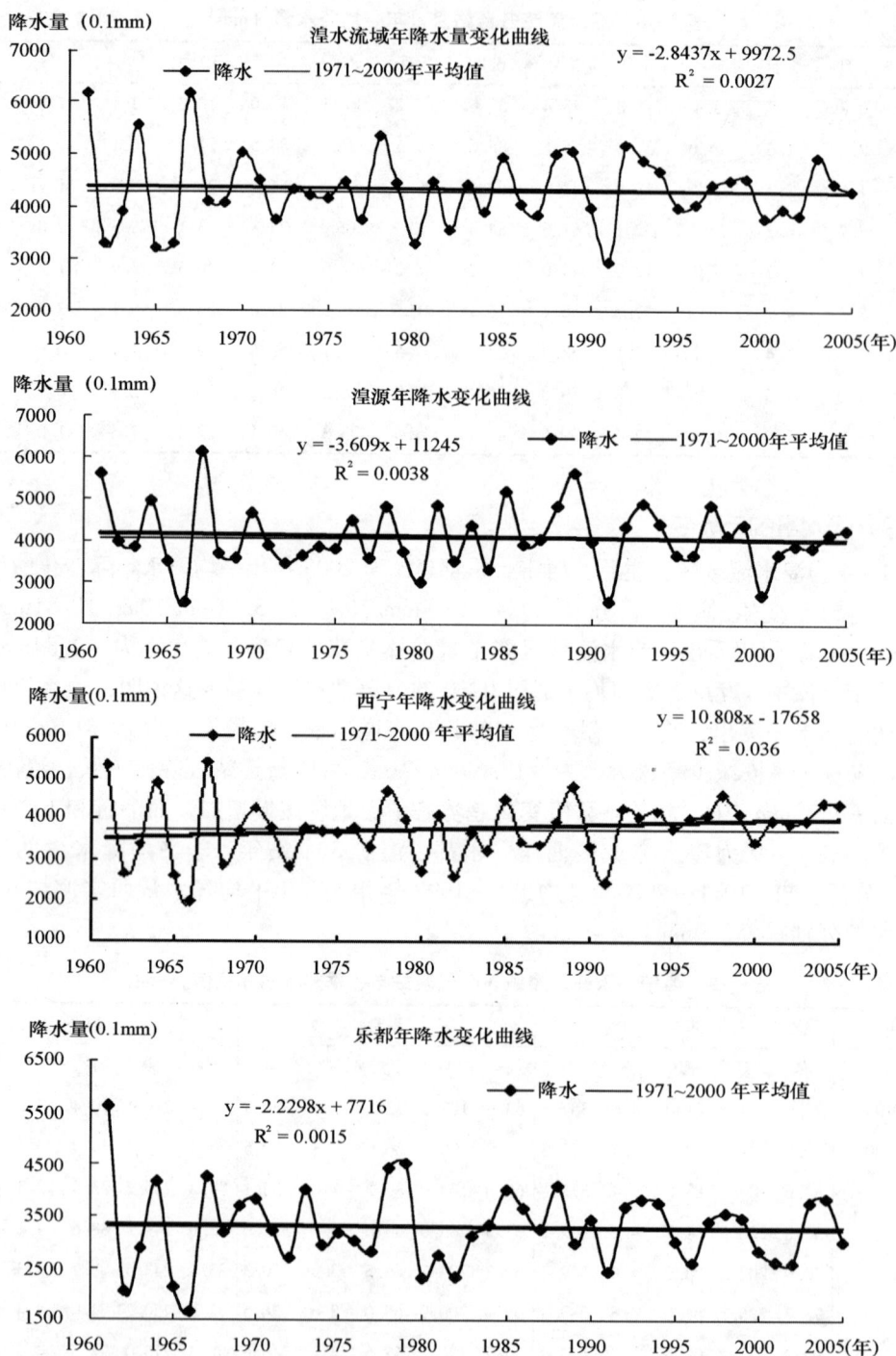

图1-4　1961~2005年湟水流域、湟源、西宁、乐都年降水量变化曲线

慢增加为主；西宁70年代减少，其余年代增加，90年代、2001~2005年分别增加20.3mm、24.9mm，增加幅度较大；乐都70年代至2005年均减少，湟源只有80年代增加，其余年代也减少。湟水流域区冬季降水增加，而春、夏、秋季降水减少，这也意味着在全球气候变暖的背景下，该区降水在季节分配上发生了变化，表现为暖季降水有逐步减少的态势，而冷季降水有缓慢增加的兆头。

（四）降水量的变差系数

湟水流域区各站降水量的变差系数见表1-10。从中看出，5~9月变差系数（雨季）大，一般在1.34~2.77之间，10月至次年4月变差系数小。对比青海省其他地区，祁连山区、青南地区降水量的变差系数相对较小，柴达木盆地降水量变差系数较大，5~9月变差系数在0.45~1.47之间，而湟水流域区降水量的变差系数比柴达木盆地大2倍以上。说明流域区月、年降水量波动起伏较大，发生干旱和洪涝的几率较大。

表1-10 湟水流域各站降水量的变差系数

站名	1月	2月	3月	4月	5月	6月	7月	8月	9月	10月	11月	12月	合计
海晏	0.82	0.89	1.18	0.84	2.34	3.31	3.22	2.56	2.56	1.47	1.02	1.16	6.24
大通	0.90	1.22	1.66	1.24	2.37	3.61	3.05	2.92	2.77	1.67	1.15	0.98	9.36
湟源	0.79	0.96	1.37	0.97	1.71	3.59	2.57	2.66	2.66	1.47	1.10	1.07	5.35
湟中	1.18	1.10	1.60	1.24	1.82	3.38	2.65	2.52	2.52	1.68	1.36	1.10	5.56
西宁	0.79	0.87	1.16	1.31	1.63	3.13	2.39	2.12	2.12	1.32	1.00	0.73	5.24
互助	0.88	1.01	1.99	1.09	2.17	3.03	2.67	2.22	2.29	1.52	1.18	0.86	6.78
平安	0.82	0.75	1.43	0.88	1.70	3.54	3.15	2.27	2.27	2.19	1.25	0.47	6.73
乐都	0.83	0.94	1.23	1.07	1.65	2.63	2.31	2.52	2.52	1.26	0.90	0.63	4.30
民和	1.06	0.88	1.51	1.17	1.34	2.21	1.69	2.11	2.11	1.46	0.80	0.62	3.97

四、日照

（一）日照的空间分布

日照时数和百分率与晴天日数、云量的多寡有密切的关系。图1-5为湟水流域年平均日照时数空间分布图，从中看出，流域年日照时数为2483.3~2912.7h，海晏最多，为2912.7h，西宁次多，民和最少，为2483.3h。年日照时数的分布与年总云量基本一致（表略）。

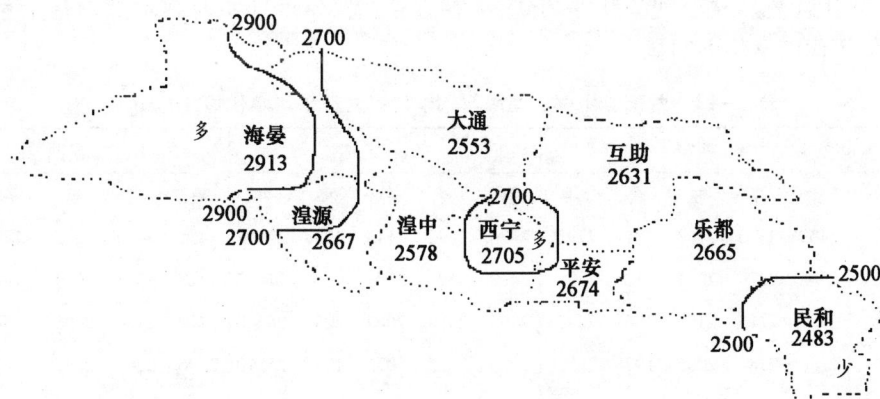

图1-5 1971~2005年湟水流域年平均日照时数空间分布图

（二）日照的时间变化

1. 日照的年变化

表 1-11 给出了湟水流域各站各月日照时数（0.1h），从表中看出，月日照最少时数大部分台站出现在 9 月，9 月中、上旬阴天、云量多，故日照时数最少。月日照最大时数大部分台站出现在 5 月，湟源次高值，此时尚完全进入雨季，云雨相对来说，比 6~8 月少，加之太阳高度角又高，故日照充沛。

表 1-11 湟水流域各站各月日照时数（0.1h）

站名	1月	2月	3月	4月	5月	6月	7月	8月	9月	10月	11月	12月	合计	百分率（%）
海晏	2398	2273	2481	2610	2654	2423	2545	2525	2152	2342	2379	2346	29127	66
大通	2172	2003	2071	2280	2287	2120	2228	2270	1795	2042	2146	2118	25534	58
湟源	2213	2119	2325	2456	2453	2314	2320	2281	1868	2037	2160	2121	26667	60
湟中	2188	2010	2074	2303	2388	2208	2297	2272	1736	1958	2175	2175	25782	58
西宁	2140	2073	2273	2399	2538	2438	2455	1964	2177	2109	2137	2071	27048	61
互助	2229	2092	2199	2326	2407	2209	2322	2282	1850	2060	2170	2164	26310	59
平安	2030	2060	2186	2366	2571	2350	2456	2412	2058	2096	2133	2024	26742	60
乐都	2072	2026	2181	2388	2509	2334	2431	2428	2007	2068	2154	2048	26646	60
民和	1859	1810	1912	2162	2297	2199	2287	2246	1801	1809	1986	1883	24833	55

2. 日照的年际变化

图 1-6 为湟水流域、湟源、西宁、乐都建站至 2005 年年日照时数年际变化曲线，计算得出，日照时数变化倾向率分别为 -41.82h/10a、-20.95h/10a、-85.187h/10a、-62.20h/10a，可以看出，湟水流域年日照时数减少率非常明显，比柴达木盆地大近10~80 倍。从变化趋势来看，民和减少率最大，为 -90.27h/10a，而湟中、互助、海晏、平安年日照时数在增加，增加率分别为 22.18h/10a、35.35h/10a、50.38h/10a。从表 1-12 看出，西宁季、年、年代际变化趋势是 70 年代春、秋、年日照时数微弱增加，其余年代均减少；乐都 70 年代夏、秋季和 2001~2005 年春、夏、秋、年日照时数增加，其余年代均减少；湟源随年代的变化不明显。

表 1-12 西宁、乐都、湟源年、季日照时数平均年代值（0.1h）

年代	西宁					乐都					湟源				
	春	夏	秋	冬	年	春	夏	秋	冬	年	春	夏	秋	冬	年
60	2439	2370	2148	2219	27926	2426	2492	2115	2238	27814	2451	2470	1987	2173	27252
70	2505	2370	2201	2125	27954	2422	2495	2151	2147	27685	2428	2375	2023	2132	26917
80	2382	2215	2106	2061	26726	2364	2388	2067	2057	26630	2410	2274	2006	2150	26581
90	2286	2187	2085	1973	25588	2293	2325	1975	1937	25590	2396	2265	2035	2144	26501
2001~2005	2211	2157	1926	1847	24550	2335	2451	2012	1970	26304	2406	2315	1935	2036	26177

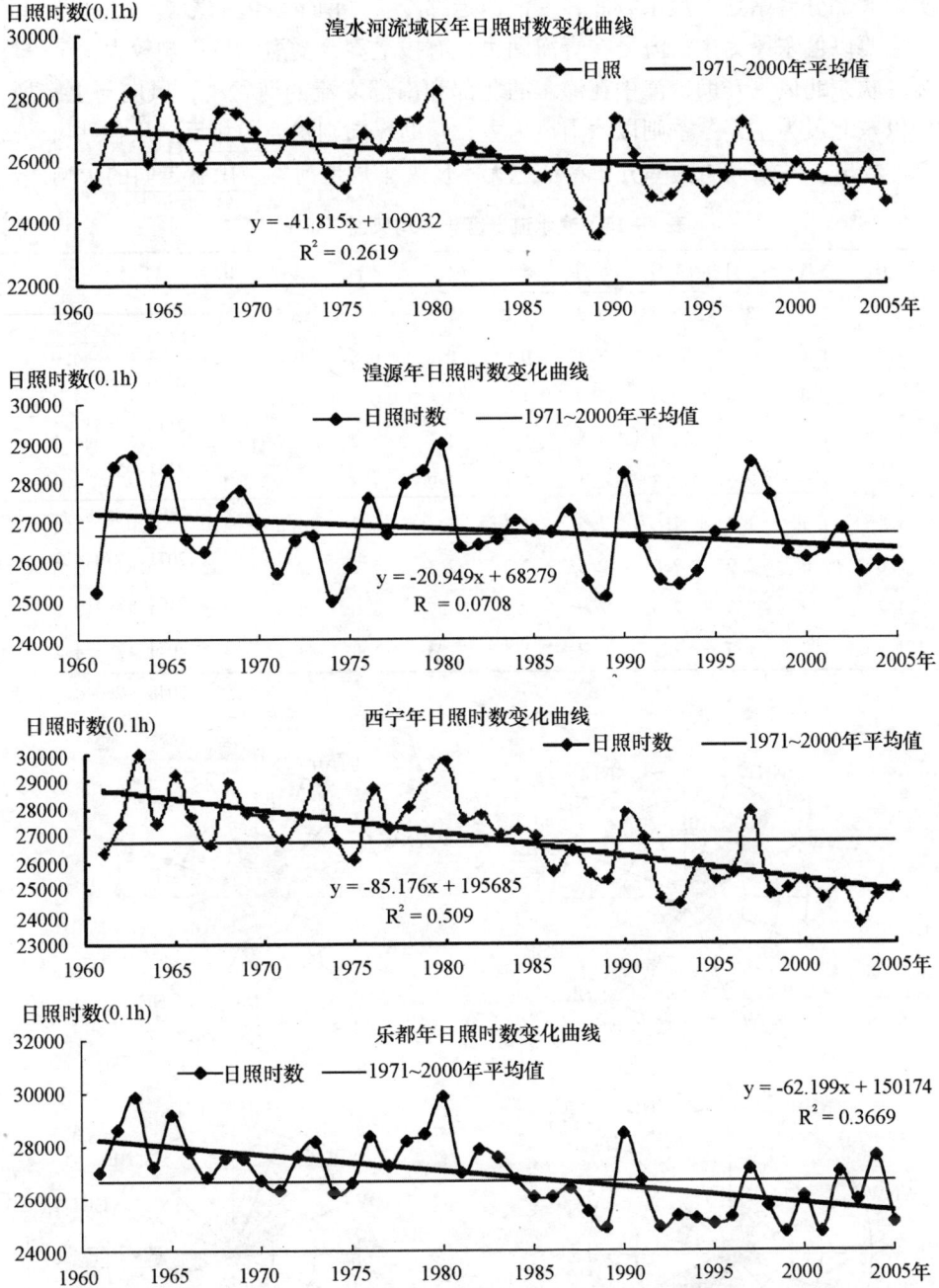

图1-6 1961~2005年湟水流域、湟源、西宁、乐都年日照时数变化曲线

五、风

(一)风速、风向频率的空间分布

表1-13给出了湟水流域区年平均风速,从中看出,年平均风速在1.2~2.8m/s之间,其中海晏最大,为2.8m/s,互助最小,只有1.2m/s。这主要与山脉、海拔高度、地形、湖

泊等有关。大部分台站处在湟水谷底，受河西走廊冷空气南下倒灌的影响，风向与河谷走向相一致，主要以偏东风为主。海晏在青海湖边，海拔最高，受海陆风影响较大，冬季吹偏西南风，夏季吹东北风。互助、湟中在湟水的北部和南部支流的河谷中，风向与上有所不同，夏季湟中以东北风为主，冬季则以西南风为主，互助风向则跟湟中相反。从各站风向玫瑰图（图1-7）看出，各站风向频率分布特征也无不反映了局地河谷、山脉走向的影响。

表1-13　湟水流域区年平均风速（m/s）

站名	1月	2月	3月	4月	5月	6月	7月	8月	9月	10月	11月	12月	合计
海晏	2.4	3.0	3.5	3.4	3.2	2.8	2.5	2.5	2.5	2.6	2.4	2.3	2.8
大通	1.2	1.4	1.6	1.4	1.1	0.9	0.8	0.8	0.8	1.1	1.0	1.0	1.1
湟源	1.5	2.0	2.4	2.5	1.9	1.2	1.0	0.9	0.9	1.2	1.3	1.4	1.5
湟中	1.3	1.6	1.7	2.0	1.8	1.5	1.3	1.2	1.2	1.3	1.3	1.3	1.5
西宁	1.4	1.9	2.3	2.3	2.1	1.8	1.7	1.8	1.6	1.5	1.4	1.3	1.8
互助	1.1	1.3	1.4	1.6	1.5	1.1	0.9	0.9	1.0	1.0	1.0	1.1	1.2
平安	2.6	2.6	2.9	2.8	2.5	2.2	2.1	2.2	2.1	2.2	2.4	2.5	2.4
乐都	1.7	1.9	2.3	2.3	2.0	1.8	1.7	1.6	1.4	1.5	1.7	1.6	1.8
民和	1.3	1.6	1.9	2.1	1.7	1.4	1.3	1.3	1.1	1.2	1.4	1.2	1.5

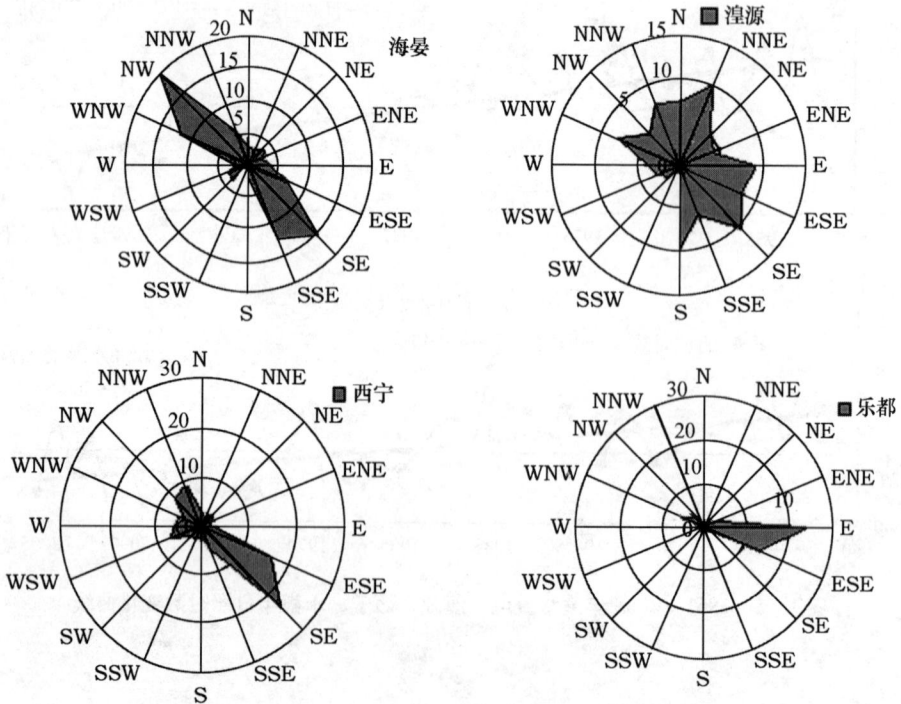

图1-7　西宁、乐都、湟源、海晏等4站风向玫瑰图

（二）风速的变化

湟水流域区风速的年变化是春大秋小，即大部分台站风速 3～4 月最大，秋季 9 月风速最小。西宁、海晏风速最小分别出现在 1 月和 12 月，互助则出现在 8～9 月。可见湟水流域风速的年变化趋势与全省的变化趋势基本一致。

六、蒸发量

（一）蒸发量的空间分布

表 1－14 是湟水流域区各站月、年蒸发量，从表中看出，年蒸发量在 1188.0～1847.8mm 之间。地处湟水上游或支流区的互助、大通、湟中、湟源、海晏年蒸发量在 1188.0～1432.8mm，相对偏小，而湟水中下游的西宁、平安、乐都、民和年蒸发量在 1525.8～1847.8mm，年蒸发量相对偏大，年蒸发量的变化趋势与降水量基本成反相关。图 1－8 为湟水流域年平均蒸发量空间分布图。

表 1－14　湟水流域区月、年蒸发量（0.1mm）

站名	1 月	2 月	3 月	4 月	5 月	6 月	7 月	8 月	9 月	10 月	11 月	12 月	合计
海晏	449	635	1134	1726	2066	1814	1756	1622	1169	914	591	452	14328
大通	338	509	932	1421	1744	1535	1636	1408	1050	813	471	322	12179
湟源	489	674	1203	1808	1912	1536	1438	1343	990	836	561	463	13255
湟中	387	519	899	1503	1788	1617	1608	1464	1002	778	508	382	12456
西宁	431	665	1318	2047	2323	2227	2206	2094	1389	1065	646	419	16831
互助	346	497	889	1444	1719	1502	1514	1424	1005	762	443	335	11880
平安	541	798	1434	2169	2560	2322	2363	2128	1572	1212	806	573	18478
民和	381	601	1223	1947	2078	1969	2048	1846	1229	955	623	359	15258
乐都	472	682	1278	2008	2147	1988	2051	1958	1346	1080	680	449	16138

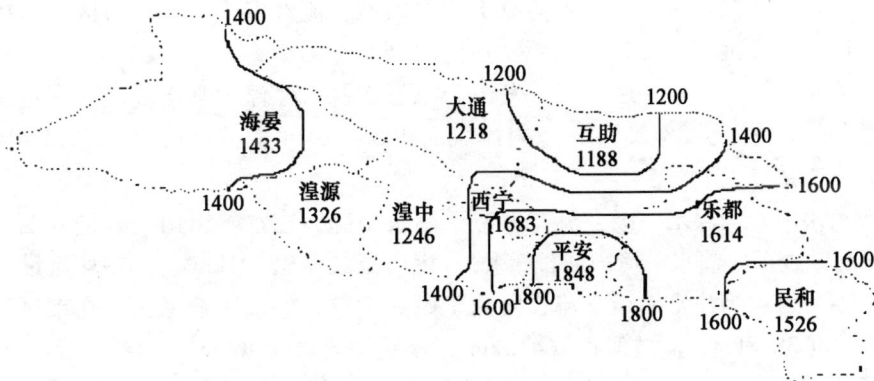

图 1－8　1961～2005 年湟水流域年平均蒸发量空间分布图

（二）蒸发量的年变化

从表 1－14 看出，湟水流域蒸发量最小值大部分台站出现在较冷的 1 月和 12 月，其蒸发量为 32.2 ~ 54.1mm 之间，最大值出现在 5 月，蒸发量为 171.9 ~ 256.0mm 之间。蒸发量的月最大值出现时间和日照时数基本一致。

第五节 水 文

一、河流与水利工程

（一）河流

湟水上游正源为麻皮寺河，在海晏与哈利涧河汇合后称西川，流经湟源进入西宁盆地，与最大的支流——北川河相汇后，南接南川，北纳沙塘川，穿过小峡、大峡、老鸦峡，在民和县享堂与大通河汇合后，入甘肃省于河口镇注入黄河。湟水境内干流长 335.4km，河宽一般在 50 ~ 200m 之间，整个流域河网密度为 0.153km/km²，海晏至民和的河道平均坡度为 14.8‰ ~ 5.3‰，河道弯曲率为 1.07 ~ 1.34。两岸支流发育，水系呈树叶状分布，河系不均匀系数 0.90。据统计，湟水一级支流共 78 条，南岸主要支流有药水河、大南川、小南川、白沈家沟、岗子沟、巴州沟、隆治沟等，北岸主要支沟有哈利涧河、西纳川、云谷川、北川河、沙塘川、哈拉直沟、红崖子沟、引胜沟等。不同集水面积的河沟条数见表 1 – 15。

表 1 – 15　湟水不同集水面积的河沟条数

集水面积（km²）	< 50	50 ~ 100	1003 ~ 00	300 ~ 500	5001 ~ 000	1000
河流数	31	10	21	5	3	2

主要河流情况简介如下：

（1）药水河：为湟水一级支流，发源于湟源县野牛山和青阳山，由南向北经日月、和平在城关汇入湟水，河流长度 52.2km，流域面积 639.0km²，年平均流量 2.84m³/s。

（2）南川河：为湟水一级支流，发源于拉脊山脉，流经湟中县，在市区汇入湟水，河流长度 49.2km，流域面积 398km²，年平均流量 1.63m³/s。

（3）小南川河：为湟水一级支流，发源于拉脊山脉，经湟中县出境在海东地区平安县境内汇入湟水，境内河长 38.25km，境内流域面积 354.0km²，占流域面积的 95.4%，年平均流量 1.318m³/s。

（4）西纳川河：为湟水一级支流，发源于娘娘山脉，在水峡出山口处进入西宁市的湟中县，在哆吧镇处汇入湟水，境内河长 35km，境内流域面积 791km²，年平均流量 5.1m³/s。

（5）云谷川河：为湟水一级支流，发源于娘娘山脉，经湟中李家山，在市区三其汇入湟水，河流长度 38.8km，流域面积 164.6km²，年平均流量 0.765m³/s。

（6）康城川河：湟水一级支流，发源于拉脊山南麓，在湟中县汇入湟水，河流长度 23km，流域面积 178.1km²，年平均流量 0.80 m³/s。

（7）盘道河：湟水一级支流，发源于湟源县境内拉脊山脉的青阳山，在湟中县境内汇入湟水，河流长度 31.9km，流域面积 159km²，年平均流量 0.706m³/s。

（8）石惠沟河：湟水一级支流，发源于拉脊山脉南佛山石峡，在湟中县汇入湟水，流域面积 189.8km²，年平均流量 0.75m³/s。

（9）北川河：为湟水一级支流（宝库河与黑林河汇合后称为北川河），横贯市境，从市区朝阳汇入湟水，河道全长 154km，流域面积 830km²，年平均流量 21.7m³/s。

（10）宝库河：为湟水一级支流，是北川河正源，发源于大坂山北的开甫托山峡，穿宝库峡谷与祁汉沟汇合南流，与黑林河相汇，宝库河境内全长 106.7km，流域面积 1111km²，年平均流量 11.75m³/s。

（11）黑林河：为湟水二级支流，发源于大通县青林乡山岔草原，途经多林境内与西大坂山的宽多洛河汇合流经城关镇，在极乐乡极拉口村附近与宝库河汇合，该河全长 57.5km，流域面积 673km²，年平均流量 2.62m³/s。

（12）东峡河：为湟水二级支流，由大坂河、谷山滩河组成，沿途有瓜拉峡河等 12 条较小河流注入其中，向南流经桥头镇后注入北川河，该河全长 49km，流域面积 547km²，年平均流量 3.96m³/s。

（13）沙塘川河：为湟水一级支流，发源于互助县境，在市区朱家庄一带进少入市境，汇入湟水，境内河长 5.7km，境内流域面积 14.1km²，年平均流量 4.15m³/s。

（二）蓄水工程

大中型水库：湟水干流大型水库仅有一座，即黑泉水库，该水库建成于 2001 年。到 2000 年，湟水干流地区有中型水库 3 座，总库容 6010 万 m³，总兴利库容 5460 万 m³，设计灌溉面积 1.58 万 hm²，有效灌溉面积 1.32 万 hm²，总集雨面积 2161km²。除了东大滩水库存在渗漏问题还没有彻底解决外，其他中型水库目前均能较好地发挥防洪和供水等综合利用功能。湟水流域大中型水库统计详见表 1－16。

表 1－16 湟水流域中型水库

项 目	东大滩水库	大南川水库	南门峡水库	黑泉水库
建设地点（县、乡）	海晏县	湟中县	互助县	大通县
所在流域	巴燕河	南川河	沙塘川	北川河
控制面积（km²）	1536	407	218	1044
总库容（万 m³）	2860	1310	1840	18200
防洪库容（万 m³）	180	260	440	2900
兴利库容（万 m³）	2530	1300	1630	13200
死库容（万 m³）	190	10	10	1700
设计灌溉面积（万亩）	6.67	9.06	8.0	25.56（扩大）
有效灌溉面积（万亩）	6.67	8.26	4.91	33.15（改善）
建成时间（年、月）	1982.10	1974.10	1984	2001

（1）小型水库：截至 2000 年，湟水干流地区已建成小型水库 83 座，其中大多数兴建于 20 世 6 纪 50 年代后期，据统计，2000 年小型水库总库容达 8676.7 万 m³，兴利库容 7346.28 万 m³，设计灌溉面积 2.32 万 hm²，有效灌溉面积 1.91 万 hm²。这些小型水库大多针对解决山区农村灌溉供水。

（2）塘坝、涝池：2000 年湟水干流地区共有塘坝、涝池 334 座，总库容 979 万 m³，有效库容 855.46 万 m³，设计灌溉面积 0.22 万 hm²，有效灌溉面积 0.216 万 hm²，现状供水能力 1550.70 万 m³。这些涝池对于解决山区零星地块的灌溉和人畜饮水问题起到了很大作用。

1. 东大滩水库

东大滩水库位于海晏县巴燕河上。该水库于 1982 年 10 月建成畜水。水库控制流域面积 1536km²，总库容为 2860 万 m³，兴利库容为 2530 万 m³，设计灌溉面积 0.44 万 hm²，有效灌溉面积 0.44 万 hm²。

2. 黑泉水库

黑泉水库位于宝库风景名胜区，宁张公路 72km 处。该水库于 1997 年动工兴建，2001 年 11 月 16 日下闸蓄水。它是一座以灌溉和城市供水为主，兼有发电、防洪、环保及生态建设等综合效益的大型水利工程。水库控制流域面积 1044km²，坝高 123.5m，库容为 1.82 亿 m³，是青海省"引大济湟"的一期工程的主要组成部分，是青海省最大水利枢纽工程。

3. 大南川水库

南门峡水库位于湟中县南川河上。该水库于 1974 年 10 月建成畜水。水库控制流域面积 407km²，最大坝高 46.5m，总库容为 1310 万 m³，兴利库容为 1300 万 m³，设计灌溉面积 0.6 万 hm²，有效灌溉面积 0.55 万 hm²。

4. 盘道水库

盘道水库位于湟中县盘道沟上。该水库于 2002 年开工兴建，计划于 2006 年建成。水库控制流域面积 135km²，总库容为 2000 万 m³，兴利库容为 1720 万 m³，设计灌溉面积 0.44 万 hm²。

5. 南门峡水库

南门峡水库位于互助县沙塘川上。该水库于 1984 年建成畜水。水库控制流域面积 218km²，最大坝高 37.5m，总库容为 1840 万 m³，兴利库容为 440 万 m³，设计灌溉面积 0.53 万 hm²，有效灌溉面积 0.33 万 hm²。

6. 盛家峡水库

盛家峡水库位于乐都县亲仁乡岗子沟。该水库于 1981 年建成畜水。水库控制流域面积 240km²，最大坝高 35m，总库容为 455 万 m³，兴利库容为 450 万 m³，设计灌溉面积 0.11 万 hm²，有效灌溉面积 0.10 万 hm²。

7. 古鄯水库

古鄯水库位于民和县古鄯乡七里寺沟。该水库于 1986 年建成畜水。水库控制流域面积 33km²，最大坝高 37m，总库容为 780 万 m³，兴利库容为 650 万 m³，设计灌溉面积 0.2 万 hm²，有效灌溉面积 0.15 万 hm²。

（三）引调水工程

2000 年湟水干流地区引水工程共 1328 处，其中较大引水工程有湟海渠、南山渠、盘道渠、解放渠、和平渠、大峡渠、深沟渠等。主要灌区引水渠长度 1399.41km，设计灌溉面积 4.49 万 hm²，实际灌溉面积 4.23 万 hm²，灌溉引水量 3.24 亿 m³。主要灌区引水工程基本情况见表 1 - 17。

表 1-17 湟水干流主要灌区引水工程

灌区名称	渠首位置	引水渠长度（km）	设计流量（m³/s）	设计灌溉面积（hm²）	实际灌溉面积（hm²）	灌溉引水量（亿 m³）
1. 海晏县		62		780	780	0.04
金滩渠	海晏县哈勒沟	62		780	780	0.04
2. 湟源县		380		8140	7933	0.35
湟海渠	海晏哈力景	158	1.3	4446.7	4446.7	0.18
南山渠	海晏金滩乡	222	3.3	3693	3486.7	0.17
3. 湟中县		204.25		10486.7	10053	0.29
团结渠	湟中扎麻隆	27.5	2.6	1306.7	1360	0.07
国寺营渠	湟源东峡	25.3	2.5	1813	1813	0.05
拦隆口渠	湟中南门村	34.85	2.6	4173	4260	0.09
盘道渠	湟中东岔口	116.6	0.5	3193	2620	0.08
4. 西宁市		145	4.2	3526.7	3120	0.5
解放渠	西宁阴山堂	70	2.4	2466.7	2060	0.35
礼让渠	湟中多巴河滩	75	1.8	1060	1060	0.15
5. 大通县		122.43		7600	7566.7	1.1
北川渠	大通桥头镇	41.43	5.24	4666.7	4840	0.89
宝库渠	大通峡门	54	3.4	1833	1833	0.05
石山泵站	大通桥头镇	27	2.8	1100	893	0.16
6. 互助县		146.48		4646.7	4326.7	0.17
和平渠	青海第三毛纺厂	66.5	1.2	1846.7	1846.7	0.11
红崖子沟东山	互助马圈	46	0.3	2000	1753	0.03
高寨后山	互助和平	33.98	0.8	800	726.7	0.03
7. 平安县		144		3320	2880	0.08
平安渠	平安小峡乡	54	2.5	1173	1040	0.03
大红岭		27.5		1066.7	1000	0.01
小峡渠	西宁十里铺乡	62.5	1.2	1080	840	0.04
8. 乐都县		141.8		3746.7	3420	0.56
大峡渠	乐都高店	65.1	3.2	2673	2666.7	0.45
深沟渠	河滩寨	76.7	1.5	1073	753	0.11
9. 民和县		53.45		2653	2220	0.18
东垣渠		53.45	4.5	2653	2220	0.18
湟水干流地区合计		1399.41	4.2	44900	42300	3.27

（四）提水工程

2000 年湟水干流地区共有提水工程 697 处，提水规模 58.47m³/s，现状供水能力 10 155.82万 m³，设计供水能力 12 009.17 万 m³。各县（市）提水工程情况见表 1 - 18。

表 1 - 18　湟水干流主要提水工程

行政区	数量（处）	提水规模（m³/s）	有效灌溉面积（hm²）	实际灌溉面积（hm²）
海晏县	2	0.06	40	33.3
湟源县	34	1.3	1566.7	1060
湟中县	59	2.73	1526.7	1460
西宁市	97	9.11	2046.7	1626.7
大通县	89	4.5	1140	1853.3
互助县	206	13.81	2340	1866.7
平安县	67	5.34	1293.3	966.7
乐都县	82	2.92	2253.3	1260
民和县	61	18.7	3153.3	2420
湟水干流地区合计	697	58.47	15353.3	12540

（五）机电井

湟水干流地区浅层地下水机井眼数主要依据《青海省水利统计资料汇编》中数据进行统计，另对其中个别城镇水厂机井未作统计的县，参考青海省建设厅"县城建设统计年报"中的地下水生产能力情况予以适当补充。湟水干流地区浅层地下水工程共 780 眼（主要为城镇自来水厂机井），其中：配套机电井 757 眼，主要分布在为城镇供水的附近沟道。深层地下水在湟水流域区共有 4 眼井，其中西宁 3 眼，湟中县 1 眼，主要是取地下热水用于城镇公共服务设施，如温泉游泳池、疗养院等用水。湟水干流地区地下水供水基础设施各县（市）机电井情况见表 1 - 19。

表 1 - 19　湟水流域地下水供水基础设施各县（市）机电井

行政分区	浅层地下水			深层地下水		
	数量	其中：配套机电井	现状供水能力	数量	其中：配套机电井	现状供水能力
	（眼）	（眼）	（万 m³）	（眼）	（眼）	（万 m³）
海晏县	17	17	282.22	0	0	0
湟源县	76	76	63.42	0	0	0
湟中县	137	136	1624.47	1	0	32
西宁市	41	41	14948.74	3	0	189
大通县	129	117	8950.61	0	0	0
互助县	63	63	1721.18	0	0	0
平安县	59	59	869.9	0	0	0

（续）

行政分区	浅层地下水			深层地下水		
	数 量	其中：配套机电井	现状供水能力	数量	其中：配套机电井	现状供水能力
	（眼）	（眼）	（万 m³）	（眼）	（眼）	（万 m³）
乐都县	200	200	1410.13	0	0	0
民和县	58	48	571	0	0	0
湟水干流合计	780	757	30441.65	4	0	221

截至 2000 年，湟水流域其他水源供水基础设施仅有"集雨工程"一项。

依据青海省水利厅水土保持局"截至 2000 年底集雨工程完成情况表"中数据进行分析统计，至 2000 年底，湟水流域集雨工程有 43767 处（为水窖数），年供水量为 203.67 万 m³，主要分布在缺水状况严重的脑山地区，以解决该地区的人畜饮水为主，其次用于农业灌溉。各县（市）集雨工程情况见表 1-20。

表 1-20 湟水流域其他水源供水

行政分区	集雨工程	
	数量（处）	年利用量（万 m³）
海晏县	0	0
湟源县	0	0
湟中县	3174	19.88
西宁市	23	0.01
大通县	3660	17.53
互助县	15644	69.8
平安县	4321	28.98
乐都县	5719	19.42
民和县	11226	48.04
湟水流域合计	43767	203.66

二、水资源分区

根据湟水的水系、水资源特点、行政区划等，将湟水划分为北岸区、南岸区、干流区三个一级区。干流区又分为海晏以上等 6 个二级区，北岸区分为西纳川、云谷川等 12 个二级区，南岸区划分为盘道沟、康盛川等 12 个区。分区情况见表 1-21。

表 1-21 湟水水资源分区面积

分区	序号	名称	集水面积（km²）	控制水文站	分区	序号	名称	集水面积（km²）	控制水文站
干流区	1	海晏以上	1394	海晏站	南岸区	1	甘河沟	707	
	2	海晏至石崖庄	1675	石崖庄站		2	南川河	409	
	3	石崖庄至西宁	222	西宁站		3	小南川	433	王家庄站
	4	西宁至乐都	318	乐都站		4	祁家川	320	
	5	乐都至民和	119	民和站		5	白沈家沟	340	
	6	民和以下	92			6	马哈来沟	312	
	干流区合计		3820			7	岗子沟	315	
北岸区	1	西纳川	1014	西纳川站		8	虎狼沟	291	
	2	云谷川	311			9	松树沟	284	
	3	北川河	3290	朝阳站		10	米拉沟	177	
	4	沙塘川	1092	傅家寨站		11	巴州沟	373	吉家堡站
	5	哈拉直沟	410			12	隆治沟	306	
	6	红崖子沟	337			南岸区合计		4267	
	7	上水磨沟	332		控制断面	海晏以上		1394	1394
	8	努木池沟	141			石崖庄以上		3069	3084
	9	引胜沟	459	八里桥站		西宁以上		9022	9022
	10	羊倌沟	207			乐都以上		13056	12573
	11	下水磨沟	224			民和以上		15350	15342
	12	下水磨沟以下	216						
	北岸小计		8033			湟水流域		16120	

三、地表水资源量

湟水地表水资源的补给以降水补给为主，有少量的地下水补给和冰雪融水补给，总补给源是大气降水。

（一）实测径流系列的还原计算

为了使水文站历年的径流量能基本上代表当年天然产流量，需要将断面以上受人类开发利用水资源活动影响而增减的水量进行还原计算。还原的主要项目包括农业灌溉、工业和生活用水的耗损量、水库蓄变量等。

农业灌溉耗水量还原：由于湟水大部分灌区缺乏实际引水资料、退水资料、灌水次数和灌水定额等，也缺少灌溉耗水、回归水的实验资料。因此根据以往调查的实际灌溉面积、毛灌溉定额、耗水率（经验值50%~70%）等资料和研究成果进行估算。对没有调查资料的年份，根据现有的调查资料，推求其还原水量。

工业及城乡生活耗水量还原：工业主要根据近年调查的工业取水新水量，或万元产值取水量与工业产值计算取水量，结合各大行业的用水工艺、用水水平等估算耗水量，耗水系数一般取7%~20%。城乡生活耗水量，主要根据调查城镇居民生活、农村居民饮用水和饲养牲畜用水定额，计算各自的用水量，城镇居民的耗水率按 21% 计算。农村生活用水很难回归，耗水率按 100% 来计算。计算湟水控制站—民和站以上多年平均的还原水量 4.44 亿 m³，主要选用站还原计算结果见表 1-22。

表 1-22 1956~2000 年多年平均还原计算 单位：×10⁸m³

站名	海晏	石崖庄	西宁	乐都	民和	桥头
实测径流量	0.4411	2.898	9.364	13.24	16.20	6.090
还原量	0.0323	0.2120	3.659	4.270	4.440	0.2730
天然径流量	0.4734	3.110	13.02	17.51	20.64	6.363

（二）地表水资源量

根据水文站实测的天然径流，结合自然地理条件和降水的区域分布等特点，勾绘径流深等值线图。再从图上量算无资料地区的径流量。对有控制站的河流，利用实测资料与量算的径流量进行对比，检验径流深等值线图的合理性。经检验，量算的径流量精确度较高，与实测的径流量相比，误差在 ±5% 以内。

湟水多年平均地表水资源是 21.3 亿 m³，p=50% 时，径流量 20.69 亿 m³；p=75% 时，径流量为 17.61 亿 m³。其中湟水干流区多年平均地表水资源 3.64 亿 m³，p=50% 时，径流量 3.53 亿 m³；p=75% 时，径流量为 2.98 亿 m³。湟水北岸区多年平均地表水资源 13.02 亿 m³，p=50% 时，径流量 12.68 亿 m³；p=75% 时，径流量为 10.86 亿 m³。湟水南岸区多年平均地表水资源 4.645 亿 m³，p=50% 时，径流量 4.42 亿 m³；p=75% 时，径流量为 3.50 亿 m³。湟水径流主要来自北川河、西纳川、沙塘川和石崖庄以上。各区的地表水资源量详见表 1-23。

（三）地表水资源时空分布特点

年径流深在地域上的分布规律与降水基本一致，呈现由河谷向山区递增的趋势。受降水等综合因素的影响，河谷盆地年径流深在 50mm 左右，民和县县城所在河谷最小，在大通县北部和民和县、乐都县南部山区，多年平均径流深在 150mm 左右。其余地区在 50~100mm。

河川径流主要集中于 7~10 月，干流及较大的支流 7~10 月占全年径流量的 70%，每年的 1~2 月份，径流仅占全年径流 10% 以下；3~6 月为湟水的灌溉季节，由于大量引水灌溉，历年实测的最小流量多出现在这几个月份，有些支流甚至呈现断流的状态，干流也有短时的断流现象（表 1-24）。

表 1-23 各分区地表水资源

分区名称	集水面积（km²）	多年平均值		Cv		Cs/Cv	不同频率年径流量（×10⁴m³）			
		径流量（×10⁴m³）	径流深（mm）	矩法	采用		20%	50%	75%	95%
海晏以上	1394	12521	90	0.21	0.23	3	14798	12191	10443	8412
海晏至石崖庄	1675	18580	111	0.35	0.35	3	23471	17462	13814	10133
石崖庄至西宁	222	2380	107	0.29	0.26	3	2864	2301	1932	1517
西宁至乐都	318	1771	56	0.24	0.26	2.5	2137	1721	1439	1107

（续）

分区名称	集水面积（km²）	多年平均值			Cv		Cs/Cv	不同频率年径流量（×10⁴m³）			
		径流量（×10⁴m³）	径流深（mm）		矩法	采用		20%	50%	75%	95%
乐都至民和	119	649	55		0.24	0.22	2.5	764	636	547	439
民和以下	92	515	56		0.24	0.23	2.5	610	504	430	341
干流合计	3820	36416	95		0.26	0.25	3	43563	35288	29825	23616
西纳川	1014	16318	161		0.3	0.33	3	20401	15444	12377	9207
云谷川	311	3887	125		0.3	0.33	3	4859	3678	2948	2193
北川河	3290	65002	198		0.24	0.22	3	76356	63434	54700	44446
沙塘川	1092	15195	139		0.24	0.27	3	18391	14647	12215	9511
哈拉直沟	410	4534	111		0.24	0.27	3	5488	4371	3645	2838
红崖子沟	337	3794	113		0.24	0.27	3	4592	3658	3050	2375
上水磨沟	332	3701	111		0.21	0.22	3	4348	3612	3115	2531
努木池沟	141	1549	110		0.21	0.21	3	1808	1515	1315	1078
引胜沟	459	9195	200		0.21	0.21	3	10733	8993	7806	6399
羊官沟	207	2273	110		0.21	0.21	3	2654	2224	1930	1582
下水磨沟	224	2572	115		0.21	0.2	2.5	2988	2529	2206	1805
下水磨沟以下	216	2157	100		0.21	0.2	2.5	2505	2121	1850	1514
北岸区合计	8033	130177	162		0.22	0.23	3	153860	126752	108572	87464
甘河沟	707	7189	102		0.32	0.35	3	9081	6756	5345	3921
南川河	409	4306	105		0.39	0.4	2.5	5610	4024	3045	2038
小南川	433	4507	104		0.39	0.41	2.5	5902	4197	3154	2090
祁家川	320	3347	105		0.39	0.4	2.5	4360	3127	2367	1584
白沈家沟	340	3524	104		0.39	0.41	2.5	4614	3281	2466	1634
马哈来沟	312	3123	100		0.22	0.22	2.5	3675	3060	2632	2110
岗子沟	315	3264	104		0.22	0.23	2.5	3866	3193	2726	2163
虎狼沟	291	2997	103		0.22	0.23	2.5	3550	2932	2503	1987
松树沟	284	3535	124		0.44	0.46	2.5	4737	3231	2340	1483
米拉沟	177	2204	125		0.44	0.45	2.5	2940	2022	1475	943
巴州沟	373	4644	125		0.44	0.46	2.5	6223	4244	3074	1948
隆治沟	306	3809	124		0.44	0.45	2.5	5081	3495	2550	1631
南岸区合计	4267	46449	109		0.32	0.34	2.5	58688	44238	34952	24797
湟水合计	16120	213042	132		0.23	0.24	3	253333	206948	176085	140632

表 1 – 24　径流量年内分配表

径流代表站名称	频率(%)	出现年份	天然径流量												
			1月	2月	3月	4月	5月	6月	7月	8月	9月	10月	11月	12月	全年
海晏	20	1958	243.7	250.6	549.1	378.4	342.8	546.9	581.2	680.3	645.4	565.1	458.8	318.7	5550
	50	1964	152.7	140.3	428.5	391.4	495.5	461.4	549.11	479.4	419.9	412.5	311.0	222.3	4470
	75	1962	171.4	192.9	297.3	495.1	361.6	378.4	415.2	278.6	337.0	361.6	329.2	131.2	3739
	95	1981	133.9	155.5	225.0	337.0	168.7	127.0	345.5	375.0	435.5	361.6	248.8	150.0	3061
	多年平均		215.4	233.1	412.2	497.9	465.3	432.3	462.0	463.1	456.7	499.8	354.1	242.0	4734
桥头	20	1959	2421	2531	3134	3833	6178	12862	16319	10740	7932	4944	2936	2346	76100
	50	1971	1489	1263	1963	2953	3269	3169	5377	6776	16667	10808	4841	2427	60850
	75	1977	1331	1140	2073	3445	6120	6206	5097	7901	6532	5319	3118	1843	50060
	95	1980	875.8	938.6	2186	4064	2407	3360	6632	6241	7543	4987	2714	1181	42830
	多年平均		1527	1401	1993	4399	6045	6588	9447	9944	9473	6977	3761	2080	63634
乐都	20	1958	4794	4535	5518	9927	8678	21980	24641	46604	34474	25606	11871	8223	206800
	50	1978	3777	4385	5491	23898	10339	12234	18133	17383	25842	26436	14334	7312	169300
	75	1982	5892	5938	5785	22369	12240	13764	17169	6803	15578	23677	11612	4955	145500
	95	1966	4312	4911	4848	12027	10633	7854	12133	15910	16692	21802	10524	5705	127100
	多年平均		4991	4968	5107	19721	15535	15797	21463	23347	20872	24318	12538	6458	175116
民和	20	1983	4987	5818	4880	22810	20570	18066	36266	49743	26236	31578	14748	8362	244000
	50	1978	5384	5813	7017	22317	8919	13349	21829	24588	33385	29998	15345	10258	197900
	75	1962	11158	10539	9712	17885	12481	11327	23570	14935	15153	21775	12338	7382	167900
	95	1966	5526	6071	5124	11923	9696	7128	12106	18944	18800	24320	11768	7186	138300
	多年平均		6885	6811	6630	20279	16676	17767	25633	28132	26525	28236	14113	8756	206442

　　湟水径流年际变化较大。干流站最大年径流与最小年径流之比为 2.75～3.58，支流最大年径流量与最小年径流量之比在 2.7～6.8。上游降水量大，年际变化小，植被覆盖度高，水源涵养能力强，海晏、黑林、桥头、峡门等站极值比较小，西宁以下各支流，黄土分布面积较广，植被比较稀疏，自然涵蓄能力相对较弱，降水的年际变化相对也大，径流的年际变化也大，巴州沟最大年径流为最小年径流的 6.82 倍，引胜沟为 2.74 倍，小南川为 4.72 倍。

　　年径流变差系数 Cv 值的大小也反映径流年际间的丰枯剧烈程度。选用站 Cv 值在 0.23～0.6 之间（表 1 – 25）。

表 1 – 25　湟水流域主要河流河川径流变化特征

C	控制测站	多年平均径流量($10^4 m^3$)	年径流量变差系数 Cv	历年最大年径流量($10^4 m^3$)	历年最小年径流量($10^4 m^3$)	最大径流量距平率	最小径流量距平率	最大最小比值
湟水	海晏	4734	0.25	9911	2771	1.094	-0.415	3.58
哈利润河	海晏	7774	0.25	12890	5055	0.658	-0.350	2.55

（续）

C	控制测站	多年平均径流量 ($10^4 m^3$)	年径流量变差系数 Cv	历年最大年径流量 ($10^4 m^3$)	历年最小年径流量 ($10^4 m^3$)	最大径流量距平率	最小径流量距平率	最大最小比值
湟水	石崖庄	31100	0.3	56550	17000	0.818	−0.453	3.33
湟水	西宁	131300	0.29	252900	77500	0.926	−0.410	3.26
湟水	乐都	175100	0.23	323300	117700	0.846	−0.328	2.75
湟水	民和	206400	0.25	344700	126500	0.670	−0.387	2.72
西纳川	西纳川	16400	0.4	32330	7480	0.971	−0.544	4.32
北川河	碳门	36460	0.27	66390	21350	0.821	−0.414	3.11
北川河	桥头	63630	0.27	107800	36330	0.694	−0.429	2.97
黑林河	黑林	7852	0.26	14820	4038	0.887	−0.486	3.67
沙塘川	傅家寨	14980	0.27	26610	8880	0.776	−0.407	3.00
小南川	王家庄	4338	0.45	10120	2142	1.333	−0.506	4.72
引胜沟	八里桥	9475	0.28	14264	5204	0.505	−0.451	2.74
巴州沟	吉家堡	3301	0.6	8390	1230	1.542	−0.627	6.82

湟水流域代表站的最大连丰、连枯年份分析见表 1 - 26。可看出，湟水干流最大连丰年数为 6 ~ 8 年，$k_丰$ 在 1.22 ~ 1.39 之间，最大连枯年数为 4 ~ 5 年，$k_枯$ 在 0.7 ~ 0.84 之间，丰水年组较枯水年组持续时间长。湟水支流最大连丰年数为 3 ~ 6 年，$k_丰$ 在 1.11 ~ 1.51 之间，最大连枯年数为 3 ~ 4 年，$k_枯$ 在 0.72 ~ 0.83 之间，丰、枯水年组大致相同。

表 1 - 26　湟水流域代表站年径流量丰枯分析　　　　单位：$10^8 m^3$

站名	最大连丰期				最大连枯期			
	起讫年份	年数	平均年径流量	$k_丰$	起讫年份	年数	平均年径流量	$k_枯$
海晏	1983 ~ 1990	8	0.6598	1.39	1978 ~ 1982	5	0.3307	0.7
石崖庄	1957 ~ 1964	8	3.843	1.24	1977 ~ 1980	4	2.215	0.71
西宁	1985 ~ 1990	6	16.63	1.28	1977 ~ 1980	4	10.08	0.77
乐都	1985 ~ 1990	6	22.06	1.26	1972 ~ 1975	4	14.69	0.84
民和	1985 ~ 1990	6	25.12	1.22	1972 ~ 1975	4	16.28	0.79
吉家堡	1957 ~ 1959	3	0.4974	1.51	1982 ~ 1984	3	0.2752	0.83
桥头	1956 ~ 1961	6	7.949	1.25	1973 ~ 1975	3	5.141	0.81
八里桥	1969 ~ 1971	3	1.141	1.2	1980 ~ 1982	3	0.6849	0.72
傅家寨	1957 ~ 1959	3	1.664	1.11	1972 ~ 1975	4	1.142	0.76

（四）地表水资源演变趋势分析

选择海晏、桥头、乐都、民和等水文站进行径流量变化趋势分析，点绘年径流五年滑动均值过程线和线形变化趋势线（图 1 - 9）。从径流量变化趋势图上，径流没有明显的上升或下降的趋势；民和站、桥头站年径流略有变小的趋势，其他站没有变化。

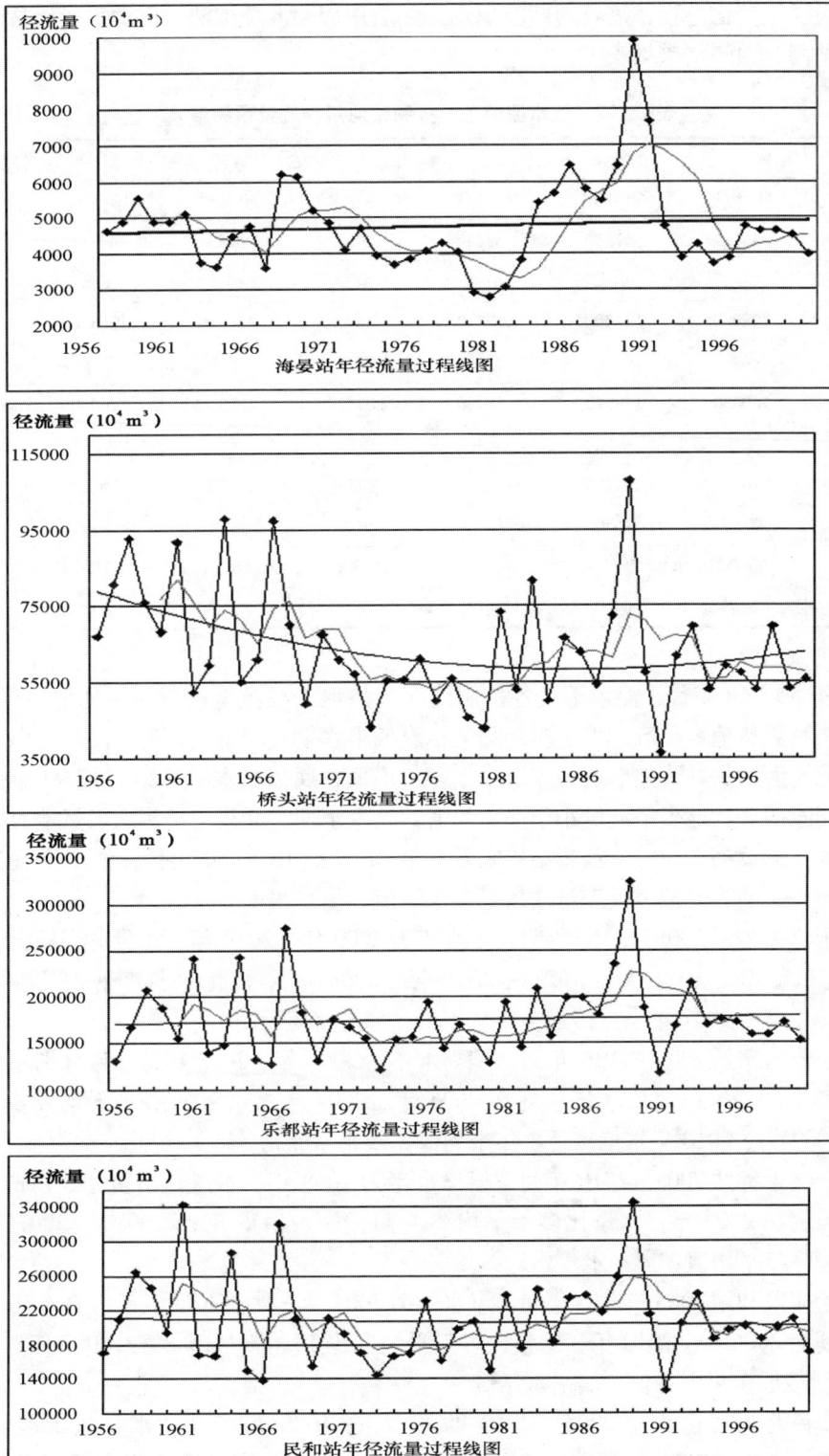

图1-9　海晏、桥头、乐都、民和等站年径流量过程线图

选择湟水干流海晏、西宁、乐都、民和等水文站和北川河桥头水文站，采用方差分析法，对河川径流变化过程，进行周期波识别，然后用周期波叠加法，对地表径流量未来变化趋势进行预测，预测结果见表 1-27。

表 1-27 湟水流域主要控制站河川径流量预测结果 （$10^4 m^3$）

世纪	20 世纪					21 世纪	
年代	50 年代	60 年代	70 年代	80 年代	90 年代	10 年代	20 年代
海晏站	4951	4758	3824	5963	4283	4818	4339
	平水	平水	偏枯	偏丰	平水	平水	平水
西宁站	128980	139300	107210	148900	130940	128540	133600
	平水	平水	偏枯	偏丰	平水	平水	平水
乐都站	169660	179640	155440	202860	166250	176000	179650
	平水	平水	偏枯	偏丰	平水	平水	平水
民和站	216980	214780	179050	234730	191940	210800	204020
	平水	平水	偏枯	偏丰	平水	平水	平水
桥头站	77020	70190	52770	67970	56910	63730	62150
	偏丰	偏丰	偏枯	偏丰	偏枯	平水	平水

20 世纪 50~60 年代，湟水干流各控制断面天然地表径流量接近多年均值，属平水期，北川河桥头站天然地表径流量大于多年均值，属偏丰水期；20 世纪 70 年代，湟水干流各控制断面及北川河桥头站天然地表径流量小于多年均值，属偏枯水期；20 世纪 90 年代，湟水干流各控制断面天然地表径流量小于多年均值，属平水期，北川河桥头站天然地表径流量小于多年均值，属偏枯水期；从预测结果来看，至 21 世纪 10 和 20 年代，湟水干流各控制断面及北川河桥头站天然地表径流量均接近多年均值，属平水期。

湟水干流海晏站 2005~2010 年间，丰水年为 2009 年、2010 年，水量分别超出多年均值的 44.4%、84.6%；偏枯水年出现在 2005 年、2008 年，水量比多年平均要少 17.9%、12.1%；2006 年、2007 年水量接近多年平均值，属平水年份。

湟水干流西宁站 2005~2010 年间，偏丰水年为 2005 年、2008 年，水量分别超出多年均值的 32.2%、23.3%；偏枯水年出现在 2006 年、2007 年，水量比多年平均要少 18.6%、10.4%；2009 年、2010 年水量接近多年平均值，属平水年份。

湟水干流乐都站 2005~2010 年间，偏丰水年为 2008 年，水量超出多年均值的 23.5%；偏枯水年出现在 2009 年，水量比多年平均要少 11.7%；2005 年、2006 年、2007 年、2010 年水量接近多年平均值，属平水年份。

湟水干流民和站 2005~2010 年间，丰水年为 2005 年，水量超出多年均值的 46.5%；偏枯水年出现在 2006 年、2010 年，水量比多年平均要少 14.0%、15.8%；2007 年、2008 年、2009 年水量接近多年平均值，属平水年份。

湟水支流北川河桥头站 2005~2010 年间，丰水年为 2005 年，水量超出多年均值的 36.3%；偏丰水年为 2008 年，水量超出多年均值的 26.3%；枯水年出现在 2006 年，水量比多年平均要少 19.6%；偏枯水年出现在 2009 年，水量比多年平均要少 14.0%；2007 年、

2010 年水量接近多年平均值，属平水年份。

通过预测可得出以下结论，湟水流域各控制断面地表径流量多年平均情况不会发生太大变化，与实测多年均值相差不大（表 1 - 28）。在未来年代，湟水流域地表径流总体是稳定的。

表 1 – 28　湟水流域各控制断面天然地表径流量多年均值预测结果

站名	海晏站	桥头站	西宁站	乐都站	民和站
实测多年均值（$10^4 m^3$）	4734.00	63630.00	131300.00	175100.00	206400.00
预测多年均值（$10^4 m^3$）	4766.00	64020.00	135560.00	181460.00	211500.00
相差（%）	0.68	0.61	3.20	3.60	2.50

四、地下水资源量

地下水是指赋存于饱水带岩土空隙中的重力水。地下水资源量是指地下水体中参与水循环且可以逐年更新的动态水量。

（一）水资源分区划分

根据湟水地区的地形地貌特征，将湟水地区广大脑山区、浅山区划分为山丘区。将脑山、浅山区中间沿干流或较大支流，不连续地分布的河谷平原诸小盆地划分为平原区。因此水资源分区划分为两类，即一般山丘区和河谷平原区。

根据次一级地形地貌特征、地下水类型，结合流域分布特点，将山丘区划分为湟水地区干流山丘区、北岸山丘区、南岸山丘区。湟水地区河谷平原的诸小盆地中，面积较大的为西宁盆地（含大通盆地），其面积也仅为 $630km^2$。考虑西宁盆地地下水开发利用程度较高、埋藏较浅、地下水相对富集、水质较好，适于引用和灌溉、水文地质研究程度较高，因而将西宁盆地作为湟水地区平原区有代表性的重点地段（其他诸小盆地仍归入山丘区），加以评价。西宁盆地地下水矿化度 <1g/L，仅在西宁市区和局部地下水循环不畅的地点矿化度大于 2g/L。因此不再根据矿化度进行水资源分区评价。

湟水地区山丘区地下水水资源分区面积共计 $15\ 490km^2$，平原区地下水水资源分区面积共计 $630km^2$，湟水地区面积共计 $16\ 120km^2$。

水资源分区的地下水资源量为该评价区内山丘区地下水资源量与平原区地下水资源量之和，扣除二者之间的重复计算量，即为该水资源分区地下水资源量。

（二）区域水文地质条件

湟水地区地下水类型主要有松散岩类孔隙水和基岩裂隙、碎屑岩类孔隙水两种类型。松散岩类孔隙水分布于河谷阶地地带的第四纪砂卵石和含泥质砂卵砾石层中，是地下水的富水区。而基岩裂隙、碎屑岩类孔隙水则赋存于高山区裂隙发育的变质岩裂隙中和丘陵地带高阶地中的红色砂岩、砂砾岩、泥岩碎屑岩类裂隙孔隙中，高山区裂隙水一般没有多大供水意义，且对河谷潜水水质造成一定影响。

1. 地下水赋存条件

由于高山区降水量较大，降水直接下渗补给，其水量一般较丰富，水质良好，并以暗泉水形式排泄汇入河川。低山丘陵区地下水为碎屑岩类裂隙孔隙水，赋存于第三纪砂岩、砂砾岩、泥岩类的风化壳的孔隙水和第四纪黄土，高阶地砾石层，坡残积层孔隙水组成的含水层。低山丘陵区大部分为黄土覆盖且覆盖层较厚，降水入渗补给量较少，加新近系地层中含有大量的石膏和芒硝等矿物质，造成地下水水质一般较差，水量不丰富，不但无供水意义，而且对河谷潜水的水质有一定影响。

松散岩类孔隙水主要赋存于湟水河谷平原的Ⅰ、Ⅱ、Ⅲ级阶地的第四纪砂卵石和含泥质砾石层中，与河水有密切的水力联系，沿河呈带状分布于第三系岩层之上，构成独立的水文地质单元，上部覆盖有厚薄不一的表层黏土、亚黏土或砂土、亚砂土层，下部为砂、粗砂、砾石、卵石组成的含水层，含水层厚度一般河谷中心最大，可达 5 ~ 30m，向两侧延伸逐步变小，直至消失。

2. 地下水动态特征

湟水地区各干支流河谷平原地下水除受高山裂隙水和低山丘陵区裂隙孔隙水侧向径流补给及地表水沿河床垂直渗透补给外，主要接受大气降水、地表水和地下水侧向径流补给。中下游区因埋藏条件变化含水层底板抬高，导致地下水出露地表排泄补给地表水。由于地下水动态特征主要受人工开采和大气降水、地表水和地下水侧向径流补给等因素影响，地下水动态特征主要划分为两种类型。

（1）水文天然型　湟水地区上游一些小河谷平原地下水人工开采量很小，基本处于天然状态，其动态变化主要受大气降水和河流入渗补给影响，水位埋深较浅，一般为 1 ~ 3m，年内、年际变化比较平稳。

（2）水文开采型　湟水地区干流河谷平原地下水动态变化，主要受人工开采、地表水和地下水侧向径流补给，以及灌溉入渗补给等因素影响，水位波动幅度大小不一，在有些区域水位波动幅度较小，一般为 2 ~ 3m；在另一些区域，尤其是在集中供水水源地附近，地下水位变化幅度最大可达 5 ~ 8m。相应的，地下水埋深也各不同，有些区域为 2 ~ 3m，如西宁市区境内至小峡口，以及支流北川河、南川河与湟水地区交汇处；而在另一些区域地下水埋深为 3 ~ 45m，如西宁市第三水厂等。

（三）山丘区地下水资源量

湟水地区的山丘区地下水资源量采用排泄量法计算。排泄项包括河川基流量、山前泉水溢出量、山前侧向流出量、浅层地下水实际开采净消耗量和潜水蒸发量等，这些排泄量之和总称排泄量。

经计算湟水地区山丘区地下水资源量 1980 ~ 2000 年多年平均为 106 128 万 m³。

（四）平原区地下水资源量

湟水平原区地下水资源量计算方法采用补给量法，总补给项包括降水入渗补给量、地表水体补给量、山前侧向补给量（以河床潜流为主）、地下水开采回归补给量四项，其中地表水体入渗补给量又可分为河道渗漏补给量、渠系渗漏补给量、田间渗漏补给量。计算多年平均降水入渗、地表水体和山前侧向三项补给量之和为评价区的地下水资源量。湟水地区河谷潜水是以地表水体渗漏补给为主，其次是来自基岩山区沟谷的地下水径流侧向补给及降水入渗补给。

经计算湟水地区平原区地下水资源量 1980 ~ 2000 年多年平均为 35 390 × 10⁴ m³。

（五）水资源分区地下水资源量

根据湟水地区山丘区和河谷平原区的地下水资源量，扣除山丘区与平原区之间的重复量，即可计算出各水资源分区的地下水资源量。对于有平原区重复计算项包括山前侧向补给量、山丘区河川基流量对平原区地下水补给量。对于整个湟水地区而言，西宁盆地地下水资源量除潜水蒸发、开采净消耗外，其余主要通过河道排泄，成为下游河段的河川基流量。湟水地区地下水资源量为河川基流量与潜水蒸发量、开采净消耗量之和。经计算湟水地区山丘区地下水资源量为106 128万 m³，平原区地下水资源量为 35 390 × 10⁴m³，地下水资源量为124 301 × 10⁴m³。

五、水资源总量

水资源总量是指当地降水形成的地表和地下产水量，即地表径流量与降水入渗补给量之和。地表径流量包括坡面流和壤中流，即河川径流量中扣除河川基流量部分的水量。降水入渗补给量是指降水入渗对地下水的补给量，其排泄形式主要包括：河川基流量、潜水蒸发、河床潜流量、山前侧渗量、地下水开采净消耗量等项之和。

水资源总量的计算首先要研究"三水"转化关系，即降水、地表水、地下水之间水量转化和平衡关系。大气降水是水资源的总补给来源，地表水与地下水是在同一个水循环体系中，它们相互联系、相互转化，地表水（河川径流）中包括一部分地下水的排泄量，而地下水的补给量中又有一部分来自地表水的渗漏补给。必须弄清湟水水循环规律，才能准确地分析湟水的水资源总量。

湟水位于青藏高原与黄土高原的过渡带上，流域内高山耸立，沟壑纵横，整体上属于山丘区。在山丘区内，沿河谷呈串珠状分布有河谷盆地，其中较大的有西宁盆地、乐都盆地、民和盆地等，城镇、工业和人口集中分布在这些河谷盆地上。河流穿越盆地时，在盆地上缘对地下水进行补给，在盆地下缘，盆地周边山区地下水、盆地降水和地表水等补给盆地平原区地下水的资源量未消耗部分，受地质构造的影响排泄于河道，成为地表水。

根据地表水、地下水转化平衡关系，水资源总量的计算公式如下：

$$W = Rs + Pr = R + Pr - Rg \tag{1}$$

式中：W——水资源总量；

　　　Rs——地表径流量；

　　　Pr——降水入渗补给量；

　　　R——河川径流量；

　　　Rg——河川基流量。

该公式原则上适用于山丘区、平原区等各种类型区水资源总量的计算。

湟水各水资源分区水资源总量计算主要分 3 种类型：

第一，分区整体属山丘区，降水形成的地表径流和地下水主要通过河道向下游排泄，地下水的潜水蒸发量、河床潜流量、山前侧渗量较小，可忽略不计。地下水开采净消耗量在地表水计算时已还原，属于河川基流；降水入渗补给量等于山丘区河川基流量。因此，水资源总量等于地表水资源量，即河川径流量。包括海晏以上、海晏至石崖庄、乐都至民和、民和以下、哈拉直沟、红崖子沟、上水磨沟、努木池沟、引胜沟、羊官沟、下水磨沟、下水磨沟以下、小南川、祁家川、白沈家沟、马哈来沟、岗子沟、虎狼沟、松树沟、米拉沟、巴州沟、隆治沟共 22 个水资源分区。

第二，分区中有山丘区和河谷平原区的，山丘区在河谷平原区的外围，山丘区的地表水和地下水都进入到平原区，补给平原区的地表水或地下水。根据水资源的形成、运移转化机理，将公式（1）可细化为公式（2）：

$$W = R + Pr - Rg - Pr' \tag{2}$$

式中：Pr'——平原区降水入渗补给形成的河道排泄量。

分区包括：石崖庄至西宁、西宁至乐都、西纳川、云谷川、北川河、沙塘川、甘河沟、南川河共 8 个分区。

第三，计算湟水总水资源量。由于水资源分区不是相对独立的水系，相互之间存在上下游的关系或水力联系，上游水资源分区的水资源参与下游水资源分区的水文循环，例如有的平原区，其地下水部分是来自邻区的山前侧向补给和上游区的地表水补给；分区之间的水资源总量存在重复计算。因此，湟水水资源总量不能简单地将各分区水资源总量相加。考虑湟水属于山丘区，民和水文站断面以下，河道切割深，地下水资源中除河谷平原区潜水蒸发量外，其余与地表水重复；湟水水资源总量等于地表水资源量与河谷平原区潜水蒸发量之和。

计算湟水的地表水资源量 21.30 亿 m³，地下水资源 12.43 亿 m³，1956～2000 年河谷平原区潜水蒸发量 0.9234 亿 m³，水资源总量 22.22 亿 m³。降水入渗补给系数 0.15，径流系数 0.27，产水系数 0.28，产水模数 13.78 万 m³/km²，较全省大。其他水资源分区水资源总量及不同频率水资源总量列于表 1 – 29、表 1 – 30。

2000 年湟水人口 275.9 万，人均水资源量 806m³，耕地面积 33.94×10⁴hm²，每公顷水资源量 6549m³，远低于全国水平。

表 1 – 29　湟水水资源总量　　　　　　　　单位：×10⁴m³

三级区	名称	集水面积（km²）	天然河川径流量	降水入渗补给量	山丘区河川基流量	平原区降水入渗补给形成的河道排泄量	水资源总量
干流区	海晏以上	1394	12521	7129	7129		12521
	海晏至石崖庄	1675	18580	8734	8734		18580
	石崖庄至西宁	222	2380	2636	153	541	4322
	西宁至乐都	318	1771	1782	747	180	2626
	乐都至民和	119	649	204	204		649
	民和以下	92	515	248	248		515
	合计	3820	36416	20733	17215	721	39213
北岸区	西纳川	1014	16318	11767	8684	167	19234
	云谷川	311	3887	2434	2204		4117
	北川河	3290	65002	35453	32270	760	67425
	沙塘川	1092	15195	9503	7900	207	16591
	哈拉直沟	410	4534	1425	1425		4534
	红崖子沟	337	3794	1192	1192		3794

（续）

三级区	名称	集水面积（km²）	天然河川径流量	降水入渗补给量	山丘区河川基流量	平原区降水入渗补给形成的河道排泄量	水资源总量
北岸区	上水磨沟	332	3701	1159	1159		3701
	努木池沟	141	1549	485	485		1549
	引胜沟	459	9195	2877	2877		9195
	羊官沟	207	2273	840	840		2273
	下水磨沟	224	2572	943	943		2572
	下水磨沟以下	216	2157	799	799		2157
	合计	8033	130177	68877	60778	1134	137142
南岸区	甘河沟	707	7189	3771	3186		7774
	南川河	409	4306	3896	1205	226	6771
	小南川	433	4507	1838	1838		4507
	祁家川	320	3347	1285	1285		3347
	白沈家沟	340	3524	1216	1216		3524
	马哈来沟	312	3123	1106	1106		3123
	岗子沟	315	3264	1129	1129		3264
	虎狼沟	291	2997	1086	1086		2997
	松树沟	284	3535	1263	1263		3535
	米拉沟	177	2204	812	812		2204
	巴州沟	373	4644	2229	2229		4644
	隆治沟	306	3809	1630	1630		3809
	合计	4267	46449	21261	17985	226	49499
湟水流域		16120	213042	110871	95977	2081	222276

注：表中降水入渗补给量、山丘区河川基流量、平原区降水入渗补给形成的河道排泄量均为1956~2000年的系列。

表1-30　湟水水资源总量特征值

分区名称	集水面积（km²）	多年平均水资源总量（×10⁴m³）	Cv		Cs/Cv	不同频率年径流量（×10⁴m³）			
			矩法	采用		20%	50%	75%	95%
海晏以上	1394	12521	0.21	0.23	3	14798	12191	10443	8412
海晏至石崖庄	1675	18580	0.35	0.35	3	23471	17462	13814	10133
石崖庄至西宁	222	4322	0.26	0.25	3	5170	4188	3539	2803
西宁至乐都	318	2626	0.2	0.24	2.5	3130	2563	2173	1707
乐都至民和	119	649	0.24	0.22	2.5	764	636	547	439
民和以下	92	515	0.24	0.23	2.5	610	504	430	341
西纳川	1014	19234	0.26	0.28	3	23413	18488	15315	11831
云谷川	311	4117	0.28	0.31	3	5093	3922	3184	2404
北川河	3290	67425	0.21	0.24	3	80177	65497	55729	44508

（续）

分区名称	集水面积（km²）	多年平均水资源总量（×10⁴m³）	Cv 矩法	Cv 采用	Cs/Cv	不同频率年径流量（×10⁴m³） 20%	50%	75%	95%
沙塘川	1092	16591	0.23	0.26	3	19964	16035	13463	10570
哈拉直沟	410	4534	0.24	0.27	3	5488	4371	3645	2838
红崖子沟	337	3794	0.24	0.27	3	4592	3658	3050	2375
上水磨沟	332	3701	0.21	0.22	3	4348	3612	3115	2531
努木池沟	141	1549	0.21	0.21	3	1808	1515	1315	1078
引胜沟	459	9195	0.2	0.21	3	10733	8993	7807	6399
羊官沟	207	2273	0.21	0.21	3	2654	2224	1930	1582
下水磨沟	224	2572	0.21	0.2	2.5	2988	2529	2206	1805
下水磨沟以下	216	2157	0.21	0.2	2.5	2505	2121	1850	1514
甘河沟	707	7774	0.29	0.32	3	9669	7382	5955	4462
南川河	409	6771	0.28	0.29	2.5	8316	6535	5351	3993
小南川	433	4507	0.39	0.41	2.5	5902	4197	3154	2090
祁家川	320	3347	0.39	0.4	2.5	4360	3127	2367	1584
白沈家沟	340	3524	0.39	0.41	2.5	4614	3281	2466	1634
马哈来沟	312	3123	0.22	0.22	2.5	3675	3060	2632	2110
岗子沟	315	3264	0.22	0.23	2.5	3866	3193	2726	2163
虎狼沟	291	2997	0.22	0.23	2.5	3550	2932	2503	1987
松树沟	284	3535	0.44	0.46	2.5	4737	3231	2340	1483
米拉沟	177	2204	0.44	0.45	2.5	2940	2022	1475	943
巴州沟	373	4644	0.44	0.46	2.5	6223	4244	3074	1948
隆治沟	306	3809	0.44	0.45	2.5	5081	3495	2550	1631
合计	16120	222276	0.22	0.23	3	262714	216427	185385	149343

第六节　土　壤

一、土壤分类

土壤是由所处的地形、地貌、母质、气候、植被、时间诸成土因素互相制约，共同作用下形成的。广厚的第四纪沉积物，复杂的地质岩石，奠定了不得土壤形成的物质基础，地貌的多样性和复杂变化导致了水热和植被状况的分异；变化多端的气候和植被推动了土壤的发育。

根据《全国第二次土壤普查暂行技规程》和《补充规定》中有关土壤分类的意见，土壤分类采用我国习惯使用的土类，亚类，土属，土种4级分类制。

土类：是高级分类的基本单元。是在一定的生物气候条下，具有独特的成土过程，并产生与其相适应的土壤属性的一群土壤。不同土类有质差别，如栗钙土，黑钙土，山地草甸土，高山草甸土，高山寒漠土等。

亚类：是在主导土壤成土因素作用以外，还受另一些次要成土过程的作用而形成的土类与土类之间的过渡类型。如暗栗钙土亚类，由于它处于气候等条件向黑钙土过渡的地带，因此土壤有机质含量增高，钙积层出现部位深而且扩散，碳酸钙的含量低。

土属：是亚类和土种之间承上启下的分类单元。主要根据区域因素，如母质类型与性质，土壤质地，水文地质，农业措施影响下的土壤水热状况等地域性因素进行划分。如黑钙土亚类可分为滩地黑钙土，山地耕种黑钙土和滩地耕种黑钙土等土属。

土种：是土壤分类的基本单元，它是在相同的母质上具有类同发育程度和土体构型的一种相对稳定的土壤。土种划分的主要依据发育程度上的差异或某些生产性状的不同，如土体构型、土壤特性、耕作土壤的熟化程度、耕性与肥力高低等来划分。

根据调查资料统计，保护区土壤有11个土类，28个亚类，黑钙土和栗钙土两个土类共分27个土种（表1－31）。

表1－31　土壤分类系统表

序号	土类	亚类	土属	代号	土种
I	高山寒漠土	高山石质土	高山石质土	I 1	高山石质土
			山地石质土	I 2	山地石质土
II	高山草甸土	高山草甸土	高山草甸土	II 1	薄层高山草甸土
				II 2	中层高山草甸土
				II 3	厚层高山草甸土
		高山灌丛草甸土	高山灌丛草甸土	II 4	薄层高山灌丛草甸土
				II 5	中层高山灌丛草甸土
				II 6	厚层高山灌丛草甸土
III	山地草甸土	山地灌丛草甸土	山地灌丛草甸土	III 1	薄层山地灌丛草甸土
				III 2	中层山地灌丛草甸土
				III 3	厚层山地灌丛草甸土
		山地草甸土	山地草甸土	III 4	薄层山地草甸土
				III 5	中层山地草甸土
				III 6	厚层山地草甸土
			山间草地草甸土	III 7	山间草地草甸土
			碳酸盐山地草甸土	III 8	薄层碳酸盐山地草甸土
				III 9	中层碳酸盐山地草甸土
				III 10	厚层碳酸盐山地草甸土
		山地草原化草甸土	山地草原化草甸土	III 11	薄层山地草原化草甸土
				III 12	中层山地草原化草甸土

（续）

序号	土类	亚类	土属	代号	土种
IV	灰褐土	淋溶灰褐土	淋溶灰褐土	IV1	薄层淋溶灰褐土
				IV2	中层淋溶灰褐土
				IV3	厚层淋溶灰褐土
		碳酸盐灰褐土	碳酸盐灰褐土	IV4	薄层碳酸盐灰褐土
				IV5	中层碳酸盐灰褐土
				IV6	厚层碳酸盐灰褐土
V	黑钙土	淋溶黑钙土	耕种淋溶黑钙土	V1	油黑土
			山地淋溶黑钙土	V2	中层山地淋溶黑钙土
			草山淋溶黑钙土	V3	山地石渣土
				V4	薄层草山淋溶黑钙土
				V5	中层草山淋溶黑钙土
				V6	厚层草山淋溶黑钙土
		黑钙土	耕种黑钙土	V7	黑土
				V8	黄黑土
				V9	黑砂土
				V10	红黑土（锈黑土）
				V11	黑鸡粪土（青鸡粪土）
			山地黑钙土	V12	薄层草山黑钙土
				V13	中层草山黑钙土
		滩地黑钙土	滩地耕种黑钙土	V14	薄层滩地耕种黑钙土
				V15	中层滩地耕种黑钙土
				V16	滩地黄黑土
VI	栗钙土	暗栗钙土	黄土性暗栗钙土	VI1	薄层黄土性暗栗钙土
				VI2	中层黄土性暗栗钙土
				VI3	厚层黄土性暗栗钙土
			红土性暗栗钙土	VI4	薄层红土性暗栗钙土
				VI5	中层红土性暗栗钙土
				VI6	厚层红土性暗栗钙土
			砂质暗栗钙土	VI7	薄层砂性暗栗钙土
				VI8	中层砂性暗栗钙土
				VI9	厚层砂性暗栗钙土
			耕种暗栗钙土	VI10	黑黄土
				VI11	黑红土
			壤质暗栗钙土	VI12	中层暗栗钙土
				VI13	厚层暗栗钙土

（续）

序号	土类	亚类	土属	代号	土种
VI	栗钙土	栗钙土	黄土性栗钙土	VI14	薄层黄土性栗钙土
				VI15	中层黄土性栗钙土
				VI16	厚层黄土性栗钙土
			红土性栗钙土	VI17	薄层红土性栗钙土
				VI18	中层红土性栗钙土
				VI19	厚层红土性栗钙土
			砂性栗钙土	VI20	薄层砂性栗钙土
				VI21	中层砂性栗钙土
				VI22	厚层砂性栗钙土
			耕种栗钙土	VI23	白黄土（白麻土）
				VI23	黄鸡粪土
				VI24	黄红土
				VI25	黄僵土
		淡栗钙土	淡栗钙土	VI26	厚层淡栗钙土
		灌淤性栗钙土	灌丛性黄土	VI27	黄麻土
				VI28	黄麻砂土
				VI29	黑麻土（黑黄土）
			灌淤性红土	VI30	红麻土
				VI31	红麻砂土
			山地灌溉黄土	VI32	山地灌溉黄土
			川地灌淤型麻土	VI33	灌淤型红麻土
				VI34	灌淤型红麻砂土
				VI35	灌淤型黄麻土
				VI36	灌淤型白麻土
				VI37	灌淤型黑麻土
				VI38	灌淤型黑麻砂土
VII	灰钙土	灰钙土	山地灰钙土	VII1	薄层山地灰钙土
				VII2	中层山地灰钙土
				VII3	厚层山地灰钙土
			山地耕种灰钙土	VII4	灰红土
		灌淤型灰钙土	山地灌淤灰钙土	VII5	山地灌淤灰白土
				VII6	山地灌淤灰红土
			川地灌淤灰钙土	VII7	灌淤灰黑土
				VII8	灌淤灰黄土
				VII9	灌淤灰红土
				VII10	灌淤黄红土

（续）

序号	土类	亚类	土属	代号	土种
VII	灰钙土	灌淤型灰钙土	川地灌淤灰钙土	VII11	灌淤红僵土
				VII12	灌淤黑砂土
				VII13	灌淤红砂土
		淡灰钙土	淡灰钙土	VII14	淡灰钙土
			山地耕种淡灰钙土	VII15	灰黄土
				VII16	灰白土
				VII17	灰鸡粪土
				VII18	灰红土
VIII	灌淤土	灌淤土	薄层灌淤土	VIII 1	腰砂土
				VIII 2	漏砂土
				VIII 3	薄黑淤土
				VIII 4	薄黄淤土
				VIII 5	薄粘淤土
			厚层灌淤土	VIII 6	厚黑淤土
				VIII 7	厚黄淤土
				VIII 8	厚粘淤土
IX	潮土	潮土	泥澄土	IX1	黑泥澄土
				IX 2	白泥澄土
				IX 3	澄黏土（红胶泥）
			泥澄砂土	IX 4	白泥澄砂土
				IX 5	红泥澄砂土
				IX 6	黑泥澄砂土
		盐化潮土	河滩盐碱地	IX 7	滩地黑盐土
				IX 8	滩地白盐土
		砾石土	砾石土	IX 9	砾石土
X	新积土	堆垫土	堆垫土	X1	薄层堆垫土
				X2	中层堆垫土
				X3	厚层堆垫土
		引洪淤积土	引洪淤积土	X4	中层引洪淤积土
XI	沼泽土	草甸沼泽土	洼甸土	XI1	草甸青泥土
			耕灌草甸沼泽土	XI2	青泥土
		沼泽土	沼泽土	XI3	薄层积炭土
		腐泥沼泽土	腐泥沼泽土	XI4	腐泥土
		盐化沼泽土	耕灌盐化沼泽土	XI3	盐青泥土
		耕种沼泽土	泥碳土	XI4	泥碳土
			盐沼土	XI5	盐青泥土

（续）

序号	土类	亚类	土属	代号	土种
XII	盐碱土	残积盐土	山地盐碱土	XII1	山地黄盐土
				XII2	山地白盐土

二、土壤类型及其特征

（一）高山寒漠土

高山寒漠土的分布海拔最高、脱离冰川影响最晚、成土年龄最短的土壤，呈现独特的高山寒漠景观。所处地形陡峭，地表岩石裸露，融冻石流广布。母岩以砂岩、砾岩、化岗岩为主，由于物理风化，岩石被冻裂，形成了倒石堆、岩屑坡等，表面粗而松散，细粒很少，夏季消溶不过 20~40cm，有终年永冻层。高山寒漠土在本区只有高山石质土一个亚类。

高山石质土亚类基本上占据全部高山物理风化带，基岩裸露，岩石有花岗岩、砾岩、砂岩、石灰岩以及杂色沙岩等所组成。因高山岩石长期受冰雪水融化和冻解交替的结果，物理分化表现极为强烈。阴坡和山顶多为巨石，低洼积雪流水处，亦有几厘米至 20 多厘米的碎石细砂，以下均为基岩，植被很少。阳坡上部为巨石或碎石带，细砂、土质很少。阴坡平缓低洼处生长有高山植被，为耐寒道德嵩草、苔草等，植被总覆盖度不超过 20%。

高山石质土是高山寒漠土向原始高山草甸土亚类过渡的土壤类型。淋溶作用强，无石灰反映。面发育极弱，为 A—D 型。它主要分布在达坂山和拉脊山两侧的高山碎石带。

（二）高山草甸土

高山草甸土分布在 3300m 以上地区，上线位于高山石质土以下。温度低，植物生长期短，雨量丰富，土壤湿度大，母质以坡积物为主，间有小面积次生黄土。由于气候寒冷，植被低矮，主要以嵩草为主，次为苔草、珠芽蓼、龙旦等，组成高山草甸群落。部分地区伴有金露梅、山生柳等灌木。土壤成土过程具有强烈的腐殖化过程，表层有明显的根系盘结并富含粗有机质草皮层，有机质积累大于分解，故土壤有机质含量高，腐殖质层明显。高山草甸土按其植被覆盖类型的不同，分为高山草甸土、高山灌丛草甸土两个亚类。

1. 高山草甸土亚类

原生植被主要是矮嵩草、小嵩草、雪莲、唐松草、圆穗蓼，还有稀疏的金露梅等，但矮小稀疏且不连片。腐殖质层暗棕色，根系交织在一起，富有弹性、草根盘结层厚 10~20cm，过度层薄，多粗骨性母质。地形陡峭，阳坡多石堆，阴坡多为风化差的巨石，母质多为灰岩，片岩，碎屑岩等残积物和残积—坡积物。

高山草甸土属淋溶型土壤，生草过程弱，A 层薄，不连续。一般土体无石灰反应，只有在灰岩残积物上发育的高山草甸土，其基岩部分才有泡沫反应。土壤剖面多呈 A—D 型或 A—AC—D 型。

高山草甸土亚类有一个土属，薄层高山草甸土、中层高山草甸土和厚层高山草甸土 3 个土种（表 1 - 32、表 1 - 33）。

表1-32　薄层高山草甸土剖面特征

剖面地点及海拔高度（m）	层次厚度（cm）	干土壤颜色	质地	土壤结构	松紧度	根系	新生体	石灰反应	pH值
互助县东沟乡 3570	0~10	棕黑	石质中壤土	毡状	较松有弹性	多	-	-	8.0
	10~20	黑	砂黏土	粒状	紧	无	-	-	8.3

表1-33　薄层高山草甸土化学性质

剖面地点及海拔高度（m）	层次厚度（cm）	有机质（%）	全氮（%）	全磷（%）	全钾（%）	速效磷（μg/g）	速效钾（μg/g）	CaCO₃（%）	代换量（me/100g 土）
互助县东沟乡 3570	0~10	5.91	0.316	0.103	1.81	8	369	0.19	27.50
	10~20	4.24	0.252	-	1.53	3	169	0.03	26.5

2. 高山灌丛草甸土亚类

高山灌丛草甸土常与高山草甸土在同一层带内，二者常呈复合分布。高山灌丛草甸土主要发育在高山阴坡和半阴坡的坡积物上。植被生长良好，盖度大，建群植物有高山柳、金露梅、杜鹃、鬼箭锦鸡儿，盖度在40%～80%之间。草本植物有嵩草、苔草、早熟禾，灌丛盖度大时，以苔藓层为主。

高山灌丛草甸土剖面特点是有由枯枝落叶和活苔藓组成的 A₀ 层，腐殖质积累明显。由于凝冻冰年复一年的挤压作用，土体20～30cm深处出现层片状结构暴露的断面，此层呈碎片状。碎片表面带有铁锈斑纹，之下土层常有会黏化现象，呈天青色或蓝灰色。随土层的薄厚不一，亦相应的出现薄厚不相同的有机质层，一般厚10～40cm，有机质含量10%～20%左右。有机质层阳坡与山顶呈灰色或黑棕色，阴坡呈灰黑色或黑色。高山灌丛草甸土淋溶过程和腐殖质累积明显。碳酸钙含量1%，剖面通体无石灰反应，各层N、P养分含量均一。

高山灌丛草甸土亚类有一个土属，薄层高山灌丛草甸土、中层高山灌丛草甸和厚层高山灌丛草甸土两个土种（表1-34、表1-35）。

表1-34　薄层高山灌丛草甸土剖面特征

剖面地点及海拔高度（m）	层次厚度（cm）	干土壤颜色	质地	土壤结构	松紧度	根系	新生体	侵入体	石灰反应	pH值
平安县寺台 3350	0~6	栗	轻石质轻壤土	粒状	松	多	-	-	-	6.9
	6~22	栗		粒状	松	多	-	-	-	6.9
	22~57	棕色	轻石质中	鳞片状	较松	较多	-	-	-	7.5

表1-35 薄层高山灌丛草甸土化学性质

剖面地点及海拔 高度（m）	层次厚度 （cm）	有机质 （%）	全氮 （%）	全磷 （%）	全钾 （%）	碱解氮 （μg/g）	速效磷 （μg/g）	速效钾 （μg/g）	碳酸钙 （%）	代换量 （me/100g 土）
平安县寺台乡 3350	0~22	7.694	0.40	0.22	2.50	297	6	115	0.1	34.9
	22~57	2.346	0.14	0.11	2.63	92	0	50	0	26.0

（三）山地草甸土

主要分布在拉脊山和达坂山的中山地带。热量条件好于高山草甸区，阳坡生长发草、早熟禾、苔草、萎陵菜等；阴坡以喜湿冷性植物早熟禾、凤尾草、蒿草为主；山谷草甸植物以蒿草为主。有机质累积量大，腐殖质层深厚，土壤养分比较丰富。土层因受地形影响，各处薄厚不一，厚可达1m以上，薄的仅几厘米至十几厘米。

山地草甸土属淋溶型土壤，成土母质较复杂，有黄土、岩石风化物、坡积物和残积物。土体中多混有岩石碎屑，在淋溶作用下一般不含碳酸钙或含量低。

根据影响土壤发育的因素之间的差异和产生的相应土壤特征，山地草甸土分为山地灌丛草甸土、山地草原化草甸土和山地草甸土3个亚类。

1. 山地灌丛草甸土亚类

主要分布在中山地带的阴坡和半阴坡。由于气候气候湿润，故有机质积累量大，土壤中营养丰富，腐殖质层较厚。母质多残积坡积物，亦有少部分黄土和黄土性物质，但混进砾石片多。植被以金露梅、山生柳、杜鹃等为主，草本有苔草、蒿草、珠芽蓼等。土体上下均无石灰反应。部分有潜育层出现。

山地灌丛草甸土属淋溶型土壤，碳酸钙含量<1%，pH 值为6.5，无石灰反应，多数酸性。

土壤湿度大，水分常维持在30% 左右，土壤质地黏重，常发生沼泽化现象。剖面中有弱灰黏化层，剖面自表层即有铁锈斑，5 月份50cm 深处仍有冻土层，20~40cm 深处为小片状冻土结构。

山地灌丛草甸土亚类有一个土属，薄层山地灌丛草甸土、中层山地灌丛草甸土和厚层山地灌丛草甸土3 个土种（表1-36、表1-37）。

表1-36 厚层山地灌丛草甸土剖面特征

剖面地点及海拔 高度（m）	层次 （cm）	干土壤 颜色	质地	土壤 结构	松紧度	根系	新生体	侵入体	石灰 反应	pH 值
平安县古城 3300	0~24	深栗	中壤	粒状	紧	多	锈斑	-	-	7.5
	24~72	深栗	中壤	粒状	松	多	锈斑	-	-	7.5
	72~104	栗	中壤	小块状	散	多	锈斑	-	-	8.3
	104~150	棕黄	砂壤	小块状	紧	中	锈斑	-	-	8.1
	150~177	棕		小块状	紧	少	锈斑	-	-	8

表1-37　厚层山地灌丛草甸土化学性质

剖面地点及海拔高度（m）	层次（cm）	有机质（%）	全氮（%）	全磷（%）	全钾（%）	碱解氮（μg/g）	速效磷（μg/g）	速效钾（μg/g）	CaCO₃（%）	代换量（me/100g土）
平安县古城3300	0～24	11.36	0.57	0.23	2.52	143	9	134	0	36.4
	24～72	8.73	0.51	0.22	2.30	122	5	97	0.1	35.2
	72～104	1.18	0.04	0.20	2.85	29	3	30	12.7	10.2
	104～150	0.76	0.07	0.21	2.43	44	7	35	5.6	12.8
	150－177	7.44	0.31	0.23	2.91	179	12	80	0	32.5

2. 山地草甸土亚类

主要分布阴坡、半阴坡，成土母质为残积物和坡积物，主要植被为嵩草、苔草等草甸和杂类草甸，盖度60%～80%。腐殖质层灰黑色，一般情况下有机质层根系交织不紧实，松软具有粒状结构。土层深厚，有厚实的过度层，无石灰反应，土体中混有石渣和岩屑，冬春季直至夏初，土壤剖面中存有凝冰。

山地草甸土亚类有一个土属，薄层山地草甸土、中层山地草甸土和厚层山地草甸土3个土种（表1-38、表1-39）。

表1-38　中层山地草甸土剖面特征

剖面地点及海拔高度（m）	层次（cm）	干土壤颜色	质地	土壤结构	松紧度	根系	新生体	侵入体	石灰反应	pH值
湟中县上五庄3200	0～15	深栗	轻黏	毡状	较松	多	-	-	-	7.2
	15～36	栗	轻黏	团粒状	松	多	-	-	-	7.0
	36～70	栗	石质中壤	碎片状	较紧	少	无	-	-	7.0

表1-39　中层山地草甸土化学性质

剖面地点及海拔高度（m）	层次（cm）	有机质（%）	全氮（%）	全磷（%）	全钾（%）	碱解氮（μg/g）	速效磷（μg/g）	速效钾（μg/g）	CaCO₃（%）	代换量（me/100g土）
湟中上五庄3200	0～15	9.07	0.461	0.087	2.36	404	2	138	0	33
	15～36	7.59	0.370	0.083	2.36	371	痕迹	82	0	30
	36～70	4.79	0.245	0.083	2.48	191	1	88	0	'19

3. 山地草原化草甸土亚类

主要分布在山地阳坡及半阳坡。气候温和，年蒸发量大。土壤淋溶弱，土体通层或中下层有石灰反应。土层较薄，一般10～70cm，坡根或低凹处土层可达1m以上。母质多坡积物、残积物和黄土性物质，混有棱角锋利的碎石片和碎岩屑。植被为耐旱的矮嵩草、赖草、针茅等；阳坡以早熟禾、针茅、苔草、萎陵菜为主，阴坡以嵩草为主。山地草原化草甸土土体干燥，从表面起就有石灰反应。淀积层出现在25～40cm深处，钙积层厚度一般30～60cm，剖面A—B—C—（D）型，残积岩块表面常被黄白色的碳酸钙膜，淀积层胶结紧实。

山地草原化草甸土下分一个土属和两个土种，即山地草原化草甸土属，薄层山地草原化草甸土和中层土地草原化草甸土土种（表1-40、表1-41）

表1-40　薄层山地草原化草甸土剖面特征

剖面地点及海拔高度（m）	层次（cm）	干土壤颜色	质地	土壤结构	松紧度	根系	新生体	侵入体	石灰反应	pH值
乐都芦化乡2690	0~20	栗	中壤	粒状	松	多		-	-	8.4
	20~60	栗	中壤	块状	紧	中	假菌丝体	-	+	8.5

表1-41　薄层山地草原化草甸土化学性质

剖面地点及海拔高度（m）	层次厚度（cm）	有机质（%）	全氮（%）	全磷（%）	全钾（%）	碱解氮（μg/g）	速效磷（μg/g）	速效钾（μg/g）	CaCO₃（%）	代换量（me/100g 土）
乐都芦化乡2690	0~21	5.43	0.39	0.23	2.29	139	3	114	0.5	27.9
	21~61	2.23	0.30	0.22	2.19	130	2	100	0.9	24.3

（四）灰褐土

灰褐土主要发育在花岗岩、硅质灰岩及片麻岩上，成土母质为残积、坡积物、砂岩风化物、片麻岩、砂砾岩和部分黄土。土层厚薄不一，山坡中下部在1m以上，山脊和分水岭处只有50cm余。灰褐土是湿润或半湿润地区森林复被下发育的土壤，主要树种有青海云杉、圆柏、山杨、桦树等。根据土壤碳酸钙淋溶状况，分为淋溶灰褐土和灰褐土两个亚类。

1. 淋溶灰褐土亚类

主要分布在阴坡，是青海云杉林和部分针阔混交林等森林植被下发育起来的土壤。树种主要为云杉，森林郁闭度较大，林下有苔藓层，在气候湿润降水多的条件下，枯枝落叶随之腐烂分解，形成2~10cm厚的半分解枯枝落叶层，其下腐殖质层厚度约20~40cm，颜色较深暗，呈暗褐色或棕褐色，有机质含量高，过度层颜色较浅，呈棕色，质地较黏重，多砾石。因淋溶作用强烈，通层无石灰反应。成土母质有黄土及黄土性物质、紫泥岩、红砂岩及火山碎屑等的风化残积物或坡积物。

淋溶灰褐土亚类有淋溶灰褐土一个土属和薄层淋溶灰褐土、中层淋溶灰褐土、厚层淋溶灰褐土3个土种（表1-42、表1-43）。

表1-42　中层淋溶灰褐土剖面特征

剖面地点及海拔高度（m）	层次（cm）	干土壤颜色	质地	土壤结构	松紧度	根系	新生体	石灰反应	pH值
乐都县曲坛2950	0~32	褐	中壤	团粒状	松	多		-	8.5
	32~67	褐	中壤	团粒状	较紧	中		-	8.5
	67~110	褐	中壤	块状	较紧	少		-	8.6
	110以下	褐	石砾		紧			-	

表 1 - 43　中层淋溶灰褐土化学性质

剖面地点及海拔高度（m）	层次厚度 cm	有机质 （%）	全氮 （%）	全磷 （%）	全钾 （%）	碱解氮 （μg/g）	速效磷 （μg/g）	速效钾 （μg/g）	CaCO₃ （%）	代换量 （me/100g 土）
乐都县曲坛 2950	0 ~ 10	7.71	0.31	0.14	2.79	183	6	207	0.1	35.5
	10 ~ 32	5.74	0.29	0.15	2.66	119	4	126	1.2	34.1
	32 ~ 67	4.22	0.18	0.14	2.52	102	5	126	1.4	29.4

2. 碳酸盐灰褐土亚类

分布海拔较淋溶灰褐土低，主要发育在阳坡的圆柏林、阔叶林和云杉林之下，主要树种有圆柏、云杉、山杨、桦树等，灌木有金露梅、小檗等灌木生长。成土母质以残积坡积物、石灰岩和次生黄土为主，其成土过程除腐殖质积累和淋溶外，附加了土壤侵蚀和堆积过程。由于淋溶作用减弱，土壤剖面有石灰反应，土色较淡，有机质层薄。

碳酸盐灰褐土亚类有碳酸盐灰褐土一个土属和薄层碳酸盐灰褐土、中层碳酸盐灰褐土、厚层碳酸盐灰褐土 3 个土种（表 1 - 44、表 1 - 45）。

表 1 - 44　厚层碳酸盐灰褐土剖面特征

剖面地点及海拔高度（m）	层次 （cm）	干土壤颜色	质地	土壤结构	松紧度	根系	新生体	侵入体	石灰反应	pH 值
平安县石灰窑 2630	0 ~ 4	栗	重黏土	粒状	松	多	-	-	-	7.8
	4 ~ 32	栗	重黏土	粒状	松	多	-	红灰渣	-	7.8
	32 ~ 61	橙	重黏土	粒状	松	多	粉末状	红灰渣	+	8.2
	61 ~ 87	橙	重黏土	块状	较紧	少	根管状	-	+ + +	8.3
	87 ~ 150	棕黄	重黏土	块状	紧	极少	-	-	+ + +	8.5

表 1 - 45　厚层碳酸盐灰褐土化学性质

剖面地点及海拔高度（m）	层次 （cm）	有机质 （%）	全氮 （%）	全磷 （%）	全钾 （%）	碱解氮 （μg/g）	速效磷 （μg/g）	速效钾 （μg/g）	CaCO₃ （%）	代换量 （me/100g 土）
平安县石灰窑 2800	0 ~ 32	3.76	0.38	0.23	2.76	76	4	138	13.0	29.2
	32 ~ 61	1.01	0.15	0.12	2.73	73	6	70	5.7	19.1
	61 ~ 87	2.88	0.11	0.18	2.43	49	5	65	12.8	11.2
	87 - 150	1.21	0.06	0.15	1.80	41	3	35	21.8	6.0

（五）黑钙土

主要分布在脑山及半脑山地区。在土壤垂直带谱中，上接山地草甸土和灰褐土类，下接栗钙土类。由于坡向的不同，造成黑钙土和栗钙土呈复区分布，在栗钙土带的阴坡有零星的黑钙土分布，在黑钙土带的阳坡也有栗钙土分布。黑钙土地区的气候特点是日照时数少，温凉湿润，降雨量较多，无霜期短。成土母质以黄土为主，其次为坡积物，部分黑钙土发育在第三纪红砂岩风化壳上。黑钙土的原始植被以灌丛草甸类型为主，种类繁多，土壤中积累大量有机物质和矿质养分，所以黑土层厚，腐殖质含量高，结构良好。

黑钙土是腐殖质积累与淋溶共同作用的结果。由于淋溶作用黑钙土中的易溶物质被水化而分离，向下移动，土壤上层的黏粒也受重力作用下移聚积下层，故腐殖质含量高。根据成土、地形、母质、植被、耕种、利用时间及水热状况的差异，将黑钙土分为4个亚类，即淋溶黑钙土，黑钙土、山地黑钙土和滩地黑钙土。

1. 淋溶黑钙土亚类

主要分布在地形较平缓的山地阴坡上，树种主要为云杉，森林郁闭度较大，林下植被主要有小嵩草、矮嵩草、针茅、苔草等。在气候湿润降水多的条件下，枯枝落叶随之腐烂分解，形成2~10cm厚的半分解枯枝落叶层，其下腐殖质层厚度约20~40cm，颜色较深暗，呈暗褐色或棕褐色，有机质含量高。过渡层颜色较浅，呈棕色，质地较黏重，多砾石。淋溶作用强，全剖面通体无石灰反应或母质层有微弱反应。成土母质为砂岩、片麻岩、风化物的残积、坡积物和黄土，土层厚度依母质不同而厚薄不一。

根据利用状况，分为山地淋溶黑钙土、耕种淋溶黑钙土和草山淋溶黑钙土3个土属，6个土种（表1-46、表1-47）。

表1-46 耕种淋溶黑钙土剖面特征

剖面地点及海拔高度（m）	层次厚度（cm）	干土颜色	质地	土壤结构	松紧度	根系	新生体	石灰反应	pH值
乐都峰堆乡 3100	0~13	深栗	中壤土	团粒状	松	多		–	8.3
	13~30	黑	重壤土	块状	紧	较多	假菌丝	–	8.8
	30以下	棕黄	砂砾		紧实	少		–	

表1-47 耕种淋溶黑钙土机械组成化学性质

剖面地点及海拔高度（m）	层次（cm）	有机质（%）	全氮（%）	全磷（%）	全钾（%）	碱解氮（$\mu g/g$）	速效磷（$\mu g/g$）	速效钾（$\mu g/g$）	$CaCO_3$（%）	代换量（me/100g土）
乐都峰堆乡 3100	0~13	4.92	0.32	0.18	2.51	183	26	106	1.0	29.9
	13~30	4.75	0.27	0.14	2.40	136	4	88	0.5	29.9

2. 黑钙土亚类

主要分布在山地阳坡和坡度较陡的地方，位于淋溶黑钙土之下。淋溶作用明显减弱，土壤表层就有石灰反应，并在土层中下部有明显的钙积层。土层厚度一般60cm左右，剖面A—B—C型或A—C型结构。

黑钙土亚类下分耕种黑钙土和山地黑钙土两个土属；根据颜色、质地、有机质含量等划分为黑土、黄黑土、黑砂土、红黑土和黑鸡粪土5等个土种（表1-48、表1-49）。

表1-48 黑钙土剖面特征

土种名称	地点剖面号	厚度（cm）	颜色	质地	土壤结构	松紧度	根系	新生体	石灰反应	pH值
黄黑土海拔3110	日月乡（48）号	0~23	栗	壤	粒状	松	多	—	+++	7.2
		23~70	深栗	壤	块	散	少	—	+++	8.3
		70~102	栗	壤	块	散	无	—	+++	8.5
黑砂土海拔2940	城郊（10）号	0~20	暗灰棕	砂壤	粒	松		—	++	8.7
		20~100	黑	壤	块	紧	中	假菌丝	—	8.5
		100以下	棕	砂	无	紧	少	假菌丝	+	8.4
红黑土海拔2950	东峡（14）号	0~12	暗棕	砂壤	粒状	松	多	—	++	8.1
		12~21	棕	砂壤	团块	紧	多	—	+	8.2
		21~70	棕	砂壤	块	紧	多	—		8.2
		70以下	棕红	砂	—	块	少	—	+++	8.5
黑鸡粪土海拔2990	东峡（21）号	0~18	栗	中壤	粒	松	多	—	+++	8.3
		18~30	深栗	中壤	块	紧	少	—	++	8.3
		30~69	灰	中壤	块	松	少	—	+++	8.3
		69~150	黑	中壤	块	实	无	假菌丝	+++	8.6

表1-49 黑钙土化学性质

土种名称	地点剖面号	土层厚度（cm）	有机质（%）	全氮（%）	全磷（%）	全钾（%）	碱解氮（μg/g）	速效磷（μg/g）	速效钾（μg/g）	CaCO₃（%）	代换量（me/100g土）
黄黑土	日月（48）号	0~23	3.37	0.21	0.19	1.57	126	3	355	13.62	15.3
		23~70	2.93	0.21	0.15	1.48	—	1	204	0.26	16.8
		70~102	4.81	0.26	0.21	1.51	133	1	184	12.16	22.7
		102~150	2.44	0.19	0.16	1.57	119	0	117	12.59	13.9
黑砂土	城郊（10）号	0~20	3.45	0.20	0.32	1.46	182	6	123	6.07	11.6
		20~100	—	—	—	—	—	2	121	0.23	—
		100以下	6.56	0.36	0.28	2.31	248	3	42	0.14	30.9
红黑土	东峡（14）号	0~12	3.64	0.19	0.21	1.86	98	17.1	71	7.47	14
		18~21	3.63	0.21	0.15	2.37	84	3.35	64	2.36	14.2
		21~70	3.71	0.19	0.14	1.74	126	2.85	55	0.64	15
		70以下	1.72	0.03	0.22	1.26	21	6.55	47	29.27	8.37
黑鸡粪土	东峡（21）号	0~18	2.90	0.19	0.37	1.85	51	9.8	152	8.51	12.17
		18~30	2.09	0.15	0.18	2.98	168	4.7	75	7.81	13.54
		30~69	2.93	0.20	0.17	3.25	140	2.5	55	6.56	11.77
		69~150	1.18	0.19	0.21	3.35	11.2	3.8	66	7.02	19.58

3. 滩地黑钙土亚类

滩地黑钙土亚类只有滩地耕种黑钙土属，分布在 2700m 以上的山前河谷冲击地带会山间盆地上。母质为水成沉积物或洪积冲积物，剖面底部有砾石层，砾石与沙粒被碳酸钙胶结紧实，透水性差，且层次颜色深浅相同，质地多为中壤土或轻壤土。地貌较平坦，水热条件好于山地耕种黑钙土，是发展农业较好的土壤。土体厚度一般在 1m 左右，靠近河床附近土层薄，土体成层，各层质地粗细、厚薄不一，但位于同一层次的发育状况基本一致（表 1 - 50、表 1 - 51）。

表 1 - 50　滩地耕种黑土剖面特征

剖面地点及海拔高度（m）	土层厚度（cm）	干土颜色	质地	土壤结构	松紧度	根系	新生体侵入体	石灰反应	pH 值
互助县南门峡 2900	0 ~ 19	黑灰色	中壤	粒状	松	多	–	+ +	8.4
	19 ~ 82	黑灰色	中壤	块状	紧	较多	假菌丝	+	8.4
	82 以下	灰色	石砾	–	紧实	少	根套	+ + +	8.6

表 1 - 51　滩地耕种黑土化学性质

剖面地点及海拔高度（m）	土层厚度（cm）	有机质（%）	全氮（%）	全磷（%）	全钾（%）	碱解氮（μg/g）	速效磷（μg/g）	速效钾（μg/g）	CaCO$_3$（%）	代换量（me/100g 土）
互助县南门峡 2900	0 ~ 19	3.02	0.178	0.091	2.26	192	6	114	16	3.09
	19 ~ 82	3.30	0.190	0.087	2.30	192	6	74	20	3.46
	82 以下	1.82	0.136	0.073	1.90	192	4	74	15	2.64

（六）栗钙土

栗钙土处于向黑钙土的过渡地带，分布在海拔 2300 ~ 2700m 的河谷的中山阳坡上，成土母质复杂，以黄土和冲积次生黄土为多，冰碛物和混有残积坡积物的黄土性母质次之，也有少部分发育于红土母质上。以腐殖质层积累和钙化为主要成土过程，由于年降水量稀少，且季节分配不均匀，加之年蒸发量大，造成淋溶作用减弱，因而钙积层出露比黑钙土高，呈粉末状、针点状、假菌丝体、石灰结核等新生体形态。植被为干旱和半干旱的草原类型，主要有针茅、芨芨草、骆驼蓬、早熟禾、冰草、白蒿等。

栗钙土分暗栗钙土、栗钙土、淡栗钙土和灌淤型栗钙土 4 个亚类。

1. 暗栗钙土亚类

分布于半脑山阴坡和脑山地区，同黑钙土类和栗钙土亚类呈复区分布。土层深厚，土壤主要受地带性干旱气候的影响，有机质分解快、含量低，剖面发育不明显，农业土壤地面均有不同程度的侵蚀。表层土色深暗，有机质含量多，有明显是淋溶现象和碳酸钙淀积层。

根据成土母质和利用情况不同，暗栗钙土包括黄土性暗栗钙土、红土性暗栗钙土、耕种暗栗钙土、壤质暗栗钙土和砂质暗栗钙土 5 个土属（表 1 - 52、表 1 - 53）。

表1-52 砂质暗栗钙土剖面特征

剖面地点及海拔高度（m）	土层厚度（cm）	干土颜色	质地	土壤结构	松紧度	根系	新生体	侵入体	石灰反应	pH值
平安县石灰窑 2790	0~33	栗	轻壤	粒状	较松	多	少量假菌丝体	-	+++	8.1
	33~89	灰棕	中壤	块状	较紧	较少	粉末状	-	+++	8.4
	89~112	棕灰	轻壤	块状	紧	少	大量粉末状	-	+++	8.5
	112~150	橙	轻壤	块状	紧	无	大量粉末状	-	+++	8.5

表1-53 砂性暗栗钙土化学性质

剖面地点及海拔高度（m）	土层厚度（cm）	有机质（%）	全氮（%）	全磷（%）	全钾（%）	碱解氮（μg/g）	速效磷（μg/g）	速效钾（μg/g）	CaCO₃（%）	代换量（me/100g土）
平安县石灰窑 2790	0~33	13.3	4.23	0.24	0.23	2.20	56	4	70	18.5
	33~89	15.7	0.77	0.05	0.19	1.83	33	1	32	14.7
	89~112	15.6	0.65	0.08	0.21	2.11	25	5	32	8.1
	112~150	15.5	0.64	0.04	0.16	2.24	23	1	25	9.7

2. 栗钙土亚类

该亚类是流域内主要的农业土壤，发育在黄土、红土和部分坡积物母质上。在黄土母质上形成的土壤，土层深厚，腐殖质层厚约30cm，结构疏松，质地均一，多为中壤土，通层强石灰反应。在坡积物上形成的土壤，土层较薄，土体中大小石砾残存。在红土母质上形成的栗钙土亚类，是在第四纪黄土剥蚀后裸露出来的土壤，结构多为块状，质地较粘重，植被覆盖度低，一般阴坡高于阳坡，平均在20%左右，主要有针茅、骆驼蓬、芨芨草、狼毒等。土壤受地带性干旱气候的影响，有机质分解快、含量低，剖面发育不明显。农业土壤地面均有不同程度的侵蚀，每逢雨季便有不同程度的沟蚀和片蚀。根据成土母质和利用方式的不同，分为黄土性栗钙土、红土性栗钙土、砂性栗钙土和耕种栗钙土4个属。（表1-54、表1-55）。

表1-54 黄土性栗钙土剖面特征

剖面地点及海拔高度（m）	厚度（cm）	干土颜色	质地	土壤结构	松紧度	根系	新生体	石灰反应	pH值
乐都县中坝乡 2760	0~8	灰黄棕	重壤	团粒状	稍松	多		+	8.4
	8~51	暗棕	重壤	块状	紧	中	粉末状假菌丝体	+	8.3
	51以下	浅红棕	石砾		坚硬	少	-	+++	8.6

表1-55 黄土性栗钙土化学性质

剖面地点及海拔高度（m）	土层厚度（cm）	有机质（%）	全氮（%）	全磷（%）	全钾（%）	碱解氮（μg/g）	速效磷（μg/g）	速效钾（μg/g）	CaCO₃（%）	代换量（me/100g土）
乐都中坝乡 2760	0~8	6.97	0.36	0.18	2.49	164	9	174	2.9	30.8
	8~51	10.69	0.30	0.17	2.22	100	2	118	1.8	32.4

3. 淡栗钙土亚类

位于灰钙土亚类与栗钙土亚类之间，是栗钙土向灰钙土过渡的土壤。以旱生的赖草、骆驼蓬、白蒿、针茅等植物为主。成土母质为黄土，部分水土流失严重的地区为红土。土层深厚，土壤富含碳酸钙，整个剖面强石灰反应，腐殖质层薄。

淡栗钙土亚类分淡栗钙土属、白黄土属、红黄土属3个土属（表1-56、表1-57）。

表1-56　白黄土剖面特征

剖面地点及海拔高度（m）	层次（cm）	干土颜色	质地	土壤结构	松紧度	根系	新生体	石灰反应	pH值
民和川口镇 2350	0~23	黄棕	轻壤	团块	松	多	-	+++	8.2
	23~51	浅黄棕	轻壤	块状	紧	少	-	+++	8.8
	51~95	浅黄	轻壤	片状	极紧	极少	-	+++	8.8
	95~150	黄白	砂壤	片状	坚硬	-	-	+++	8.8

表1-57　白黄土化学性质

剖面地点及海拔高度（m）	土层厚度（cm）	有机质（%）	全氮（%）	全磷（%）	全钾（%）	碱解氮（μg/g）	速效磷（μg/g）	速效钾（μg/g）	CaCO₃（%）	代换量（me/100g 土）
民和川口镇 2350	0~17	0.45	0.03	0.14	2.23	27	15	248	14.28	4.3
	17~25	0.23	0.01	0.14	1.72	27	16	228	14.40	4.9
	25~93	0.25	0.02	0.17	2.44	27	3	121	14.18	4.7
	93~150	0.31	0.02	0.16	2.13	27	5	111	14.25	6.2

4. 灌淤型栗钙土亚类

灌淤型栗钙土成土母质为河流冲积物。地形平坦，水源丰富，灌溉历史长，在施肥和灌水及洪水的影响下，灌淤层30cm左右，属栗钙土在灌淤等条件作用下形成的一个亚类，剖面无明显的钙积层或钙积层出现的层位深，且碳酸钙含量不高。土壤形态和自然土壤相似，土层深厚，颜色均一，多呈栗色，在不断灌溉、耕作、施肥的农业措施影响下土壤正向着高度熟化发展。

灌淤型栗钙土亚类含灌淤性黄土、灌淤性砂土和灌淤性红土3个土属（表1-58、表1-59）。

表1-58　灌淤性黄麻土剖面特征

剖面地点及海拔高度（m）	层次（cm）	干土颜色	质地	土壤结构	松紧度	根系	新生体	石灰反应	pH值
湟源县城郊镇 2710	0~19	栗	轻壤	粒状	松	多	-	+++	8.5
	19~54	栗	轻壤	块状	紧	多	-	+++	8.5
	54~64	栗	轻壤	块状	紧	少	-	+++	8.5
	64~150	栗	轻壤	块状	紧	无	-	+++	8.4

表 1-59　灌淤性黄麻土化学性质

剖面地点及海拔高度（m）	土层厚度（cm）	有机质（%）	全氮（%）	全磷（%）	全钾（%）	碱解氮（μg/g）	速效磷（μg/g）	速效钾（μg/g）	CaCO₃（%）	代换量（me/100g 土）
湟源城郊镇 2710	0~19	1.95	0.11	0.23	1.96	70	33	233	9.63	6.6
	19~54	2.07	0.12	0.29	4.05	84	10	153	9.78	12.2
	54~64	1.95	0.10	0.22	3.95	42	3	152	10.17	6.1
	64~150	1.97	0.13	0.27	1.57	98	3	134	8.00	8.7

（七）灰钙土

灰钙土分布在湟水河谷及邻近的低山丘陵地带。灰钙土带气候干热，属半干旱的温暖带气候。冬春季节干旱少雨，蒸发强度大，土壤淋溶作用减弱，土体中钙积层出露较高，一般在 15cm 左右出现，厚度在 15~45cm，新生体呈针点状、斑点状零星分布。腐殖质层薄而含量不高，钙积层出露部位高而不明显，土壤母质主要为第四纪黄土，也有发育在红土上。发育在黄土母质上除侵蚀地区外，土层一般都比较深厚，质地均一，多为粉砂壤，整个土体富含碳酸钙，通层强石灰反应。由于长期沟蚀片蚀和滑坡等作用，部分地区复盖在红土上的黄土被大量剥蚀，使大片红土裸露出来，水土流失相当严重。

因海拔高低不同，气温的差异，植被也随之有差异，由低向高，植被由草原过渡到草甸草原类型。主要有多年旱生的赖草、垂穗披碱草、早熟禾、蒿草、猪毛菜、骆驼蓬、针茅、芨芨草等；旱生小灌木有柠条、甘青锦鸡儿等。

根据土壤有机质含量及利用情况不同灰钙土分灰钙土、灌淤型灰钙土和淡灰钙土 3 个亚类。

1. 灰钙土亚类

灰钙土亚类主要分布在低山丘陵上，成土母质为黄土，富含粉砂粒和碳酸钙，质地多为粉砂壤。分布地区干旱少雨，植被覆盖度阴坡好于阳坡，由于降水集中，易造成沟蚀和片蚀，水土流失严重。灰钙土的有机质含量和土壤肥力较一般栗钙土低，剖面发育微弱，钙积层出现部位较高，碳酸钙呈假菌丝状，斑点状或眼斑状，通常在 10cm 左右出现。有机质含量低，有机质层扩散而不集中；剖面结构浅淡，结构性差，土体中有垂直裂缝。

只有山地灰钙土一个属，下有薄层山地灰钙土、中层山地灰钙土和厚层山地灰钙土 3 个土种（表 1-60、表 1-61）。

表 1-60　中层山地灰钙土剖面特征

剖面地点及海拔高度（m）	层次（cm）	干土颜色	质地	土壤结构	松紧度	根系	新生体	石灰反应	pH 值
乐都县中岭乡 2240	0~5	黄褐	中壤	粒状	松	多		+++	8.6
	5~16	棕	中壤	粒状	松	多		+++	8.6
	16~32	灰棕	中壤	块状	紧	多	针点状假菌丝体	+++	8.6
	32 以下	棕灰	砂粒		紧	少		+++	8.2

表1-61 中层山地灰钙土化学性质

剖面地点及海拔高度（m）	土层厚度（cm）	有机质（%）	全氮（%）	全磷（%）	全钾（%）	碱解氮（μg/g）	速效磷（μg/g）	速效钾（μg/g）	CaCO₃（%）	代换量（me/100g土）
乐都县中岭乡 2240	0~5	1.56	0.13	0.14	2.17	41	4	160	14.0	11.9
	5~16	1.90	0.17	0.14	2.18	36	2	70	14.4	12.5
	16~32	1.68	0.14	0.16	1.95	43	3	58	11.8	11.5

2. 灌淤型灰钙土亚类

灌淤型灰钙土亚类分布海拔较低。气候温暖，光照充足，热量丰富，昼夜温差大，无霜期长，有灌溉条件，适宜多种农作物和蔬菜、果树的生长，是主要的粮食高产区和经济作物区。成土母质有冲积物、洪积物、次生黄土和红土。大部分地区地势平坦，土层深厚，利于农耕和管理。

灌淤型灰钙土下分山地灌淤灰钙土和川地灌淤灰钙土两个土属（表1-62、表1-63）。

表1-62 川地灌淤型灰钙土剖面特征

剖面地点及海拔高度（m）	层次（cm）	干土颜色	质地	土壤结构	松紧度	根系	新生体	石灰反应	pH值
互助高寨乡 2200	0~30	灰黄	中壤土	团粒状	松	多	煤渣石砾	+++	8.6
	30~90	浅黄	中壤土	块状	紧	较多	煤渣石砾	+++	8.7
	90~150	灰褐	中壤土	块状	紧	少	-	+++	8.6

表1-63 灌淤性黄麻土化学性质

剖面地点及海拔高度（m）	土层厚度（cm）	有机质（%）	全氮（%）	全磷（%）	全钾（%）	碱解氮（μg/g）	速效磷（μg/g）	速效钾（μg/g）	CaCO₃（%）	代换量（me/100g土）
互助高寨乡 2200	0~30	1.14	0.08	0.09	2.39	22	6	189	5.1	14.69
	30~90	0.85	0.07	0.09	2.27	43	2	158	5.7	15.15
	90~150	1.08	0.07	0.10	2.21	50	1	156	9.1	15.15

3. 淡灰钙土亚类

淡灰钙土亚类主要分布在浅山丘陵的阳坡，与山地灰钙土分布在同一带。由于气候干旱少雨，植被覆盖度低，一般为10%~20%，所以土壤侵蚀严重，在沟壑及坡陡的地方常常发生崩塌现象，水土流失不断加剧。淡灰钙土亚类发育在黄土母质上，土层深厚，整个土体颜色浅淡，质地均一。土壤剖面层次发育和钙积层不明显，腐殖质层淡薄。剖面中A层有机质含量不高，颜色浅淡，土体松散，有风蚀现象，微粒状或片状结构。B层块状，坚硬，

C 层为母质层，有石膏结核。

淡灰钙土亚类只分为山地淡灰钙土、山地耕种淡灰钙两个土属（表1-64、表1-65）。

表1-64　山地淡灰钙土剖面特征

剖面地点及海拔高度（m）	层次（cm）	干土颜色	质地	土壤结构	松紧度	根系	新生体	石灰反应	pH 值
乐都高庙镇 2080	0~21	棕	中壤	团粒	松	多	-	+++	8.4
	21~49	黄棕	中壤	粒状	紧	多	-	+++	8.5
	49~90	灰棕	中壤	小块状	紧	中	-	+++	8.5
	90~150	灰棕	中壤	块状	紧	少	-	+++	8.4

表1-65　山地淡灰钙土化学性质

剖面地点及海拔高度（m）	土层厚度（cm）	有机质（%）	全氮（%）	全磷（%）	全钾（%）	碱解氮（μg/g）	速效磷（μg/g）	速效钾（μg/g）	CaCO₃（%）	代换量（me/100g 土）
乐都高庙镇 2080	0~21	1.41	0.19	0.17	2.46	74	3	88	14.3	13.6
	21~49	1.43	0.14	0.15	2.12	41	2	64	19.8	9.4
	49~90	0.53	0.05	0.14	2.17	15	3	70	15.2	5.3
	90~150	0.40	0.04	0.17	2.17	11	3	94	13.2	5.8

（八）灌淤土

灌淤土是在灌溉条件下经过灌淤、耕作、培肥而形成的高度熟化的耕作土壤，灌淤土主要分布在沿黄河阶地，灌淤土的主要特征是具有一定的灌淤熟化土层，灌淤层土层颜色较为均一，呈褐色或淡栗色，土壤结构状况和颗粒组成相一致，多碎块或团块状结构。

有一个灌淤土亚类和薄层灌淤土和厚层灌淤土两个土属（表1-66、表1-67）。薄层灌淤土包括腰砂土、漏砂土、薄黑淤土、薄黄淤土、薄黏淤土等土种，耕灌淤积物层厚35~60cm，耕层有机质含量在2%左右，耕灌层中有侵入体，质地壤土或黏土，带微红色。厚层灌淤土下分厚黑淤土、厚黄淤土和厚黄淤土等3个土种。耕层大于60cm，耕层有机质含量在2%左右，耕灌层中有侵入体。质地为黏土。

表1-66　厚层灌淤土土剖面特征

剖面地点及海拔高度（m）	层次厚度（cm）	干土颜色	质地	土壤结构	松紧度	根系	新生体	石灰反应	pH 值
湟中多巴镇 2339	0~18	黄褐	重壤	碎块状	较松	多	木炭屑	+++	8.4
	18~48	灰褐	重壤	团块状	较紧	多	木炭屑	+++	8.4
	48~115	灰褐	中壤	团块状	紧	较多	木炭屑	+++	8.3
	115~150	黄褐	中壤	块状	较紧	少	-	+++	8.4

表 1 - 67 厚层灌淤土土剖面特征

剖面地点及海拔高度（m）	土层厚度（cm）	有机质（%）	全氮（%）	全磷（%）	全钾（%）	碱解氮（μg/g）	速效磷（μg/g）	速效钾（μg/g）	CaCO₃（%）	代换量（me/100g 土）
湟中多巴镇 2339	0 ~ 18	2.09	0.13	0.24	2.49	57	9	417	10.3	10.0
	18 ~ 48	1.41	0.06	0.21	2.51	31	1	145	10.3	11.6
	48 ~ 115	1.10	0.07	0.13	2.40	18	1	150	10.5	10.2
	115 ~ 150	0.67	0.04	0.14	2.30	7	1	115	10.5	5.6

（九）潮土

潮土主要分布在湟水两岸的河漫滩和一级阶地上，发育在近代河流冲积物和洪积物母质上，地下水位较高，多在 2.0m 内出现地下水，在低洼地带，每逢旱季时，水分沿毛细管向图表上升，盐分随之带到地表，形成白色盐霜，土壤出现盐渍化现象。它的形成主要受河流泛滥的影响，在洪水季节、河水携带大量泥砂和可容盐类堆积地表，形成河滩地，土层薄，60cm 以下即为砾石层。因河水沉积过程有一定的规律性，即水量大、流速急，河水则携带砂量多，沉积下来的主要的砂层；水量小、流速慢，则携带的砂粒少，沉积下来的主要是泥层。所以剖面中砂黏层相间层次明显。整个剖面含有夹砂层，中下部有淤积层和砂砾层，并有明显的锈纹锈斑出现。由于浇灌等淋洗作用加强，整个土壤剖面无碳酸钙新生体出现。

根据土壤盐渍化状况，潮土分为潮土、盐化潮土两个亚类。

1. 潮土亚类

潮土亚类，以土体含砂量的大小和利用状况的不同，分为泥澄土、泥澄砂土和砾石土 3 个土属，一般无盐渍化现象。

泥澄土属分布在洪积物交接洼地和宽河道的河漫滩。土层厚 1m 以上，剖面各层颗粒粗细均匀。质地多为重壤土。各种养分在剖面中比较分散，埋藏层的有机质含量比耕层还高。表层有机质在 1% 左右，速效氮、磷缺乏。

泥澄砂土属在湟水流域皆有分布，湟水流域分布较广，母质为冲积物。湟水流域的泥澄砂土含砂量低，一般 7% 以下。土层薄，多为 30 ~ 60cm。土层之下为沙或河卵石，但土层质地并非皆为砂土，有的泥澄砂土也很黏重（表 1 - 68、表 1 - 69）。

砾石土属主要由河漫滩中的砾石及砂土组成，包括河床在内，由于季节性河水的淹没，形成的土层极薄，难以利用。土体表层布满形状各异、大小不一卵石和砾石。

表 1 - 68 泥澄砂土剖面特征

剖面地点及海拔高度（m）	层次厚度（cm）	干土颜色	质地	土壤结构	松紧度	根系	新生体	石灰反应	pH 值
互助高寨乡 2220	0 ~ 23	黄灰	中石质中壤土	团粒	松	多	砾石	+ + +	8.0
	23 ~ 30	浅黄灰	中石质中壤土	块状	稍松	较多	少量砾石	+ + +	9.0
	30 ~ 60	黄褐	重石质轻壤土	块状	紧	少	砾石	+ + +	8.6
	60 以下	灰黄	砂砾	-	-	-	-	-	-

表1-69 泥澄砂土化学性质

剖面地点及海拔高度（m）	土层厚度（cm）	有机质（%）	全氮（%）	全磷（%）	全钾（%）	碱解氮（μg/g）	速效磷（μg/g）	速效钾（μg/g）	CaCO₃（%）	代换量（me/100g土）
互助高寨乡2220	0~23	0.77	0.06	0.08	2.12	50	-	195	14.50	6.9
	23~30	0.60	0.03	0.08	2.12	72	-	156	10.10	8.0
	30~60	0.83	0.05	0.07	2.19	36	-	148	14.34	9.4

2. 盐化潮土亚类

盐化潮土亚类只有一个河滩盐碱土属，河滩盐碱土分布在河湾洼地或地下径流溢出地带。发育在次生黄土母质上，土壤质地为中壤至重壤土，地下水位一般在0.5~1.5m左右，冬春季盐分随地下水上升到地表，地面呈霜状或起结皮。含氯化物，多为黑盐皮，硫酸盐及碳酸盐成白色粉末状。土壤中下层有锈纹锈斑出露，土壤盐化严重。土壤结构不良，通透性较差（表1-70、表1-71）

表1-70 滩地盐化潮土属剖面特征

剖面地点及海拔高度（m）	层次（cm）	干土颜色	质地	土壤结构	松紧度	根系	新生体	石灰反应	pH值
乐都高庙镇1905	0~21	褐	中壤土	粒状	松	多		+++	8.6
	21~28	棕	中壤土	块状	稍紧	中		+++	8.5
	28~58	黄棕	砂壤土	块状	松	中		+++	8.6
	58~87	橙	中壤土	片状	稍紧	少		+++	8.4
	87以下	青灰	砂土	粒状	紧			+++	8.5

表1-71 滩地盐化潮土属化学性质

剖面地点及海拔高度（m）	土层厚度（cm）	有机质（%）	全氮（%）	全磷（%）	全钾（%）	碱解氮（μg/g）	速效磷（μg/g）	速效钾（μg/g）	CaCO₃（%）	代换量（me/100g土）
乐都高庙镇1905	0~21	1.30	0.07	0.21	2.43	48	12	124	10.5	5.6
	21~28	0.59	0.07	0.21	2.03	42	12	88	10.3	6.0
	28~58	0.62	0.03	0.19	2.02	25	1	58	9.1	4.3
	58~87	0.56	0.07	0.18	1.80	26	2	70	1.01	4.5

（十）新积土

新积土是人为因素淤积、堆垫而成的耕作土壤。分布在浅山缓坡、河漫滩或干涸床上，土地集中连片，土层深厚，母质多为黄土。系人工堆填或引洪灌淤澄积而成的新型土壤。该土原有自然土层经人为翻动紊乱。堆积后的土层剖面时间短，没有明显的发育层次，上下土体均呈栗色。质地中壤、疏松，全剖面有强石灰反应。新积土由于形成年限短，土壤熟化程度不是很高，还具备许多自然土壤的特征。新积土的剖面是垫淤层—砾石层或垫淤层—自然土属—砾石层。土属厚度一般在30~60cm。底层为砾石。新积土有引洪淤积土、堆垫土两个亚类。

1. 引洪淤积土亚类

其成土因素是常年引洪灌淤加厚土层。根据土层厚度，只有中层引洪淤积土一个土种，土壤培肥快，耕层熟化程度较高，质地偏砂，土层薄，抗旱力弱，保水保肥性差，但出苗利。宜种作物范围广。雨季引山上冲下来的带泥洪水入地，待泥澄积后，再将清水放掉而成的土壤叫做人工引灌淤积土。逐年逐次引淤加厚土层（表1-72、表1-73）。

表1-72 引洪淤积土属剖面特征

剖面地点及海拔高度（m）	层次（cm）	干土颜色	质地	土壤结构	松紧度	根系	新生体侵入体	石灰反应	pH值
互助沙塘川乡 2320	0~20	淡黄灰	中壤	块状	稍紧	多	煤灰渣	+++	8.8
	20~30	淡黄灰	中壤	块状	稍紧	较多	煤灰渣	+++	8.7
	30~60	淡黄灰	中壤	块状	稍紧	少	-	+++	8.7
	60以下	淡黄灰	砂砾		稍紧	无	-	-	8.7

表1-73 引洪淤积土属化学性质

剖面地点及海拔高度（m）	土层厚度（cm）	有机质（%）	全氮（%）	全磷（%）	全钾（%）	碱解氮（μg/g）	速效磷（μg/g）	速效钾（μg/g）	CaCO$_3$（%）	代换量（me/100g土）
互助沙塘川乡 2320	0~20	0.70	0.06	0.08	2.46	58	5	94	14.1	1.5
	20~30	0.59	0.06	0.07	2.30	50	1	77	12.7	1.0
	30~60	0.59	0.05	0.08	2.13	50	2	94	12.7	0.5
	60以下	1.00	0.08	0.07	2.60	58	2	108	12.7	2.0

2. 堆垫土亚类

堆垫土是河滩经过人工治河造田形成的土壤，该土地形低平、气候条件好，适于多种作物生长。虽土壤养分含量不高，但土壤培肥很快。保肥保水性能好、水土流失轻微。上下土体疏松软绵，土壤含水量很高，可提高抗旱保墒能力，作物一般生长较好，又能发挥提水灌溉的优势，是发展扩大新的水浇地有效途径（表1-74、表1-75）。

表1-74 堆垫土剖面特征

剖面地点及海拔高度（m）	层次厚度（cm）	干土颜色	质地	土壤结构	松紧度	根系	新生体	石灰反应	pH值
湟源巴燕镇 2720	0~22	栗	中壤土	粒状	松	多	-	+++	8.8
	22~44	棕	中壤土	块状	紧	中	假菌丝	+++	8.5
	44~58	栗	中壤土	碎粒	紧	中″	假菌丝	+++	8.7
	58~150	深栗	中壤土	块状	紧	中″	假菌丝	+++	8.6

表 1-75 堆垫土化学性质

剖面地点及海拔高度（m）	土层厚度（cm）	有机质（%）	全氮（%）	全磷（%）	全钾（%）	碱解氮（μg/g）	速效磷（μg/g）	速效钾（μg/g）	CaCO₃（%）	代换量（me/100g土）
湟源巴燕	0~22	3.31	0.19	0.39	1.71	140	47	133	8.8	12.2
	22~44	4.57	0.31	0.20	2.16	182	8	68	2.11	17.9
	44~58	2.58	0.17	0.20	1.87	112	2	42	12.5	12.3
	58~150	1.86	0.13	0.23	1.98	56	1	37	13.9	10.7

（十一）沼泽土

沼泽土是湟水流域最主要的隐域性土壤，分布于山间洼地地下水溢出带和河湾洼地里。地下水位高，地表有季节性积水或终年积水现象。沼泽土上植物种类丰富，由耐寒湿中生多年生地面芽和地下芽植物为主，或混生湿生多年生生草本植物，以嵩草为主，伴生苔草、海韭菜、马先蒿、蒲公英等各种杂类草，覆盖度80%~90%以上。该土由于寒冷低温，土壤积水，通气不良，有机质不能充分分解，表层土壤腐殖质化或泥碳化，下部土壤发生灰黏化潜育过程。沼泽土分为草甸沼泽土、腐泥沼泽土、沼泽土和盐化沼泽土4个亚类（表1-76、表1-77）。

表 1-76 草甸沼泽土剖面特征

剖面地点及海拔高度（m）	层次厚度（cm）	干土颜色	质地	土壤结构	松紧度	根系	新生体	侵入体	石灰反应	PH值
互助威远镇 2490	0~16	棕灰	黏壤	团粒	稍紧	多	－	－	+	8.1
	16~31	灰棕	壤质黏土	团块	紧实	多	锈斑	－	+	8.1
	31~92	青灰	粉砂黏壤	片状	紧实	少	锈斑	－	+	8.1

表 1-77 草甸沼泽土化学性质

剖面地点及海拔高度（m）	土层厚度（cm）	有机质（%）	全氮（%）	全磷（0.07%）	全钾（%）	碱解氮（μg/g）	速效磷（μg/g）	速效钾（μg/g）	CaCO₃（%）	代换量（me/100g土）
互助威远镇 2490	0~16	2.82	0.17	0.07	1.58	90	5.0	128	5.60	14.0
	16~31	2.48	0.15	0.07	1.55	88	1.0	77	7.80	13.0
	31~92	2.54	0.14	0.06	1.65	72	1.0	71	5.00	12.0

（十二）盐土

分布海拔位置较低，热量较大的浅山侵蚀沟底或山间谷地沟头。盐分随地下水流于地表，形成盐土。成土母质多是黄土或坡积黄土。湟水流域盐土仅有一个残积盐土亚类，一个山地盐碱土属（表1-78、表1-79）。

表 1 - 78 盐土剖面特征

剖面地点及海拔 高度（m）	层次 （cm）	干土 颜色	质地	土壤 结构	松紧度	根系	新生体	侵入体	石灰 反应	pH 值
互助蔡家堡乡 2700	0 ~ 70	淡黄	中壤	片状	松	少	-	-	+ + +	8.7
	70 ~ 150	黄灰	中壤	片状	松	无	-	-	+ + +	8.9

表 1 - 79 盐土化学性质

剖面地点及海拔 高度（m）	土层厚度 （cm）	有机质 （%）	全氮 （%）	全磷 （0.07%）	全钾 （%）	碱解氮 （μg/g）	速效磷 （μg/g）	速效钾 （μg/g）	CaCO$_3$ （%）	代换量 （me/100g 土）
互助蔡家堡乡 2700	0 ~ 70	0.55	0.02	0.08	1.01	68	2	119	14.6	4.0
	70 ~ 150	0.50	0.03	0.07	1.87	22	2	117	10.4	5.6

第二章　社会经济

第一节　社　区

一、机构

湟水流域行政机构有省人民政府，海北藏族自治州州府及海晏县，西宁市政府及大通回族土族自治县、湟源、湟中县和城北、城西、城中、城东、城南新区，海东地区行署及互助土族自治县、平安、乐都、民和县回族土族自治县。

湟水流域生态建设与保护的相关管理机构有省林业局、省环境保护局、省水利厅、省农牧厅、省气象局、省扶贫办及州、地、市、县具有应的机构。

（一）林业机构

湟水流域共有林业机构129个（不含乡镇林业站），其中行政机构16个，事业单位110个，企业单位2个；县处级机构3个，科级（含副科级）机构36个（表2-1）。其分布如下：

1. 西宁地区（城东区、城中区、城西区、城北区、城南新区、大通县、湟源县、湟中县）共有林业单位54个，按单位性质划分，其中行政机构9个，事业单位44个，企业单位1个；按单位级别划分，其中县处级机构1个，科级机构22个，股级机构31个。

2. 海东地区（平安县、乐都县、互助县、民和县）共有林业单位68个，按单位性质划分，其中行政机构6个，事业单位61个，企业单位1个；按单位级别划分，其中县处级机构1个，科级机构10个，股级机构57个。

3. 海北州（海晏县）共有林业单位7个，按单位性质划分，其中行政机构2个，事业单位5个；按单位级别划分，其中县处级机构1个，科级机构4个，股级机构2个。

表2-1　湟水流域林业机构情况表

区域	单位数	按行政职别分类			按单位性质分类		
		处级	科级	股级	行政	事业	企业
西宁市	54	1	22	31	9	44	1
海东地区	68	1	10	57	6	61	1
海北州	7	1	4	2	2	5	
合计	129	3	36	90	17	110	2

（二）水土保持机构

湟水流域共有水土保持机构128个（含乡镇水土保持工作站、水利管理站），其中行政机构5个，事业单位116个；县处级机构3个，科级（含副科级）机构9个（表2-2）。其分布如下：

1. 西宁地区（城东区、城中区、城西区、城北区、城南新区、大通县、湟源县、湟中县）共有水土保持单位 54 个，按单位性质划分，其中行政机构 1 个，事业单位 49 个；按单位级别划分，其中县处级机构 1 个，科级机构 4 个，股级机构 49 个。

2. 海东地区（平安县、乐都县、互助县、民和县）共有水土保持单位 70 个，按单位性质划分，其中行政机构 5 个，事业单位 65 个；按单位级别划分，其中县处级机构 1 个，科级机构 4 个，股级机构 65 个。

3. 海北州（海晏县）共有水土保持单位 4 个，按单位性质划分，其中行政机构 2 个，事业单位 2 个；按单位级别划分，其中县处级机构 1 个，科级机构 1 个，股级机构 2 个。

表2-2　湟水流域水土保持机构情况表

区域	单位数	按行政职别分类			按单位性质分类	
		处级	科级	股级	行政	事业
西宁市	54	1	4	49	5	49
海东地区	70	1	4	65	5	65
海北州	4	1	1	2	2	2
合计	128	3	9	116	12	116

（三）科研机构

湟水流域生态建设与保护科研机构指教学、规划、技术推广和科学研究的科级以上机构，共有 69 个，其中林业机构 16 个，水利机构 16 个，水保机构 13 个，草原机构 10 个，环保机构 14 个（表2-3）。其分布如下：

1. 省级共有生态建设与保护科研机构 20 个，其中林业机构 5 个，水利机构 5 个，水保机构 3 个，草原机构 4 个，环保机构 3 个。

2. 西宁地区共有生态建设与保护科研机构 19 个，其中林业机构 4 个，水利机构 4 个，水保机构 4 个，草原机构 3 个，环保机构 4 个。

3. 海东地区共有生态建设与保护科研机构 21 个，其中林业机构 5 个，水利机构 5 个，水保机构 5 个，草原机构 1 个，环保机构 5 个。

4. 海北州共有生态建设与保护科研机构 9 个，其中林业机构 2 个，水利机构 2 个，水保机构 1 个，草原机构 2 个，环保机构 2 个。

表2-3　湟水流域生态建设与保护科研机构情况表

单位	合计	林业	水利	水保	草原	环保
省级	20	5	5	3	4	3
西宁市	19	4	4	4	3	4
海东地区	21	5	5	5	1	5
海北州	9	2	2	1	2	2
合计	69	16	16	13	10	14

二、人口

湟水流域共有 138 个乡镇，占全省乡镇总数（392 个）的 35.2%；行政村 2058 个，占全省行政村总数（4133 个）的 49.8%。总人口 301.25 万人，占全省总人口（538.6 万人）的 55.9%；乡村人口 205.45 万人，占全省乡村总人口（331.9 万人）的 61.9%；乡村劳动力 112.6 万人，占全省乡村劳动力（184.5 万人）的 61.0%（表 2-4）。

人口分布与气候、地形、水土资源以及城镇分布密切相关。全省 7.4 人/km²，流域海晏县密度最小，仅 11 人/km²，西宁市达 2690 人/km²，下游的民和县为 213 人/km²。

表 2-4　湟水流域社区基本情况统计表

统计单位	社区基本情况		人口、劳动力		
	乡镇（个）	行政村（个）	总人口（万人）	乡村人口（万人）	乡村劳动力（万人）
全省	392	4133	538.6	331.9	184.5
合计	138	2058	301.25	205.45	112.6
海北州	6	26	3.3	1.9	1.0
海晏县	6	26	3.3	1.9	1.0
西宁市	55	933	183.2	100.6	57.5
湟源县	10	147	13.6	10.9	5.8
湟中县	18	417	46.7	44.2	26.0
大通县	22	289	42.9	34.4	19.5
西宁市	5	80	80	11.1	6.2
海东地区	77	1099	114.75	102.95	54.1
平安县	9	111	11.2	8	4.5
互助县	21	294	37.4	34.4	18.5
乐都县	22	369	28.3	24.9	13.3
民和县	23	318	37.2	35	17.5
化隆县	2	7	0.65	0.65	0.3

第二节　经　济

一、土地利用

湟水流域总土地面积 16 120.0km²，其中：农业用地 425 758.8hm²，占 26.4%；林业用地 862 213.4hm²，占 53.5%；牧业用地 208 719.6hm²，占 13.0%；未利用土地 51 838.7hm²，占 3.2%；水域 5306.8hm²，占 0.3%；其他用地 58 162.7hm²，占 3.6%。流域人均占有耕地面积 1027m²，农牧业人均耕地 1533m²（表 2-5）。

（一）林业

林业用地 862 213.4hm²，其中，有林地 70 299.1hm²，占 8.1%；疏林地 3203.8hm²，占 0.4%；灌木林 351 361.9hm²，占 40.8%；未成林造林地 164 269.5hm²，占 19.0%；苗圃 1128.8hm²，占 0.1%；宜林荒山 210 248.7hm²，占 24.4%；灌丛 61 701.6hm²，占 7.2%。森林覆盖率 26.2%，活立木蓄积量 671.48 万 m³（表 2-6）。

表 2 - 5　湟水流域土地利用现状统计表

统计单位	总计	林业用地（hm²）								非林业用地（hm²）						森林覆盖率（%）
		合计	有林地	疏林地	灌木林	灌丛	未成造	宜林地	苗圃	合计	农地	牧地	水域	未利用地	其他	
总计	1612000.0	862213.4	70299.1	3203.8	351361.9	61701.6	164269.5	210248.7	1128.8	749786.6	425758.6	208719.6	5306.8	51838.7	58162.7	26.16
一、海北州	201259.8	90660.9	315.1		27629.3	2015.1	3866.3	56800.0	35.1	110598.9	8709.3	84040.3	211.2	13777.1	3861.0	13.88
1.海晏县	201259.8	90660.9	315.1		27629.3	2015.1	3866.3	56800	35.1	110598.9	8709.3	84040.3	211.2	13777.1	3861	13.88
二、西宁市	752169.3	369745.9	27728.3	1373.6	222029.7	49450.7	48978.0	19452.4	733.2	382423.4	207850.6	113192.1	2596.9	26412.4	32371.4	33.21
2.湟源县	151319.9	69312.3	2775.1	6.6	38955.5	9781.8	12267.3	5475.5	50.5	82007.6	31673.9	45853.1	20.7	1868.2	2591.7	27.58
3.湟中县	248348.5	128367.9	11613.3	464.5	70321	20951.7	15759	9170.6	87.8	119980.6	96069.2	6722.7	1460.1	5683.5	10045.1	32.99
4.大通县	318746.9	155047.0	11694.6	825	109331.1	18717.2	12005.9	2236.6	236.6	163699.9	73127.4	60616.3	1057.8	18699.6	10198.8	37.97
5.西宁市	33754.0	17018.7	1645.3	77.5	3422.1		8945.8	2569.7	358.3	16735.3	6980.1		58.3	161.1	9535.8	15.01
三、海东地区	658570.9	401806.6	42255.5	1830.2	101702.9	10235.8	111425.2	133996.3	360.5	256764.3	209198.8	11487.2	2498.7	11649.2	21930.3	21.86
6.平安县	74401.4	49437.6	1649.2	30.7	15774.4	1577.6	15765.3	14546.5	93.9	24963.8	19245	4	578.2	2765.6	2371	23.42
7.互助县	119911.0	63499.4	14572.6	80.8	12402.6		22417.6	13976.5	49.3	56411.6	46921.5		352.3	2974.7	6163.1	22.50
8.乐都县	239737.4	178466.4	10763.8	809.5	47626.7	7961.5	38645.9	72578.5	80.5	61271.0	48334.9	3469.4	1172.2	4031.5	4263	24.36
9.民和县	223046.7	109002.9	15270.1	909.2	24824.6	667.1	34543.4	32651.7	136.8	114043.8	94625.8	8013.8	396	1877.4	9130.8	17.98
10.化隆县	1474.4	1400.3			1074.6	29.6	53	243.1		74.1	71.7				2.4	72.88

表2-6 湟水流域森林面积、蓄积量统计表

单位：hm²、m³

统计单位	活立木蓄积量	面积合计	有林地 小计		乔木林地 针叶林		乔木林地 阔叶林		乔木林地 混交林		疏林		四旁树
			面积	蓄积	面积	蓄积	面积	蓄积	面积	蓄积	面积	蓄积	蓄积
合计	6714788.9	70299.1	70299.1	6630956.6	12300.0	1968053.5	53127.4	3997050.5	4871.7	665852.6	3203.8	70734.1	13098.2
一、海北州	31074.6	315.1	315.1	30452.1	111.0	12801.3	117.5	6164.6	86.6	11486.2			622.5
1.海晏县	31074.6	315.1	315.1	30452.1	111.0	12801.3	117.5	6164.6	86.6	11486.2			622.5
二、西宁地区	3200843.8	27728.3	27728.3	3157500.2	3432.1	853399.2	21312.6	1787177.6	2983.6	516923.4	1373.6	34938.9	8404.7
2.西宁市	141776.1	1645.3	1645.3	139801.1	226.2	5812.4	1065.9	108922.2	353.2	25066.5	77.5	1720.5	254.5
3.大通县	1686818.7	11694.5	11694.5	1664751.1	2517.0	723611.9	7218.9	571075.3	1958.7	370063.9	825.0	21987.0	80.6
4.湟中县	1100300.6	11613.3	11613.3	1087790.0	669.5	121870.0	10360.0	851788.1	583.8	114131.9	464.5	10270.4	2240.2
5.湟源县	271948.4	2775.2	2775.2	265158.0	19.4	2104.9	2667.8	255392.0	87.9	7661.1	6.6	961.0	5829.4
三、海东地区	3482870.5	42255.7	42255.7	3443004.3	8756.9	1101853.0	31697.3	2203708.3	1801.5	137443.0	1830.2	35795.2	4071.0
6.平安县	151805.0	1649.2	1649.2	150395.1	581.0	61260.3	884.7	85505.0	183.5	3629.8	30.7	989.9	420.0
7.民和县	1048875.8	14572.6	14572.6	1045728.8	332.4	25253.5	14194.2	1016850.1	46.0	3625.2	80.8	1787.2	1359.8
8.乐都县	1334580.0	10763.8	10763.8	1327104.8	3284.6	631527.9	6715.8	609051.3	763.4	86525.6	809.5	7238.6	236.6
9.互助县	947609.7	15270.1	15270.1	919775.6	4558.9	383811.3	9902.6	492301.9	808.6	43662.4	909.2	25779.5	2054.6
10.化隆县													

（二）种植业

湟水流域耕地面积 425 758.8hm²，占全省耕地面积（542 049.5hm²）的 78.5%；播种面积 261 827hm²，占全省播种面积（473 700hm²）的 55.3%；粮食播种面积 147 735hm²，占全省粮食播种面积（244 700hm²）的 60.4%；粮食产量 49.82 万 t，占全省粮食产量（88.47 万 t）的 56.3%。

粮食产量 49.82 万 t，其中海晏县 0.26 万 t、湟源县 2.81 万 t、湟中县 12.99 万 t、大通县 6.70 万 t、西宁市 0.38 万 t、平安县 1.77 万 t、互助县 12.91 万 t、乐都县 4.92 万 t、民和县 7.06 万 t、化隆县 0.02 万 t（表 2-7）。

表 2-7 湟水流域种植业统计表

统计单位	耕地面积（hm²）	播种面积（hm²）				农田水浇地	粮食产量（×10⁴t）
		合计	粮食	经济	其他		
全省	542049.5	473700	244700				88.47
合计	425758.8	261827	147735	102253	11839	73215	49.82
一、海北州	8709.3	2016	1130	550	336	351	0.26
1. 海晏县	8709.3	2016	1130	550	336	351	0.26
二、西宁市	207850.6	127297	68531	52431	6335	36799	22.88
2. 湟源县	6980.1	15241	8867	5867	507	5330	2.81
3. 湟中县	73127.4	60066	35726	23013	1327	15748	12.99
4. 大通县	96069.2	46947	23224	22674	1049	11078	6.70
5. 西宁市	31673.9	5043	714	877	3452	4643	0.38
三、海东地区	209198.9	132514	78074	49272	5168	36065	26.68
6. 平安县	19245	8933	4447	3027	1459	2225	1.77
7. 互助县	46921.5	59492	33626	24733	1133	12117	12.91
8. 乐都县	48334.9	27657	17353	9807	497	6855	4.92
9. 民和县	94625.8	36360	22576	11705	2079	14867	7.06
10. 化隆县	71.7	71.7	71.7				0.02

（三）畜牧业

湟水流域草地面积（不包括森林、疏林、人工草地）20.87 万 hm²，占土地总面积的 11.4%（表 2-8）。其中海晏县草地面积 8.40 万 hm²，可利用草地面积 7.34 万 hm²；湟源县草地面积 4.58 万 hm²，可利用草地面积 4.12 万 hm²；大通县草地面积 6.06 万 hm²，可利用草地面积 5.18 万 hm²。

湟水流域牲畜 168.04 万头（只），其中马 5.94 万头，牛 31.55 万头，羊 130.56 万只。海晏县 14.73 万头（只）、湟源县 16.59 万头（只）、湟中县 14.25 万头（只）、大通县 33.68 万头（只）、平安县 12.27 万头（只）、互助县 32.97 万头（只）、乐都县 19.9 万头（只）、民和县 22.98 万头（只）。

表 2 - 8　湟水流域畜牧业统计表

统计单位	牲畜（万头、只）				牧业用地（hm²）
	合计	马	牛	羊	
合计	168.04	5.94	31.55	130.56	208719.6
一、海北州	14.73	0.47	1.90	12.36	84040.3
1. 海晏县	14.73	0.47	1.90	12.36	84040.3
二、西宁市	64.52	4.03	15.63	44.87	113192.1
2. 湟源县	16.59	0.33	3.23	13.03	45853.1
3. 湟中县	14.25	1.54	2.08	10.63	6722.7
4. 大通县	33.68	2.16	10.32	21.21	60616.3
5. 西宁市	0.00	0.00	0.00	0.00	
三、海东地区	88.79	1.44	14.02	73.33	11487.2
6. 平安县	12.27	0.13	1.98	10.16	4
7. 互助县	32.97	0.99	5.60	26.38	
8. 乐都县	19.90	0.29	2.65	16.96	3469.4
9. 民和县	22.98	0.02	3.61	19.35	8013.8
10. 化隆县	0.67	0.01	0.18	0.48	

二、国民经济

湟水流域国内生产总值为 225.6 亿元，占全省国内生产总值（465.7 亿元）的 48.4%；第一产业产值 21.2 亿元，占全省第一产业产值（57.8 亿元）的 36.7%；第二产业产值 108.3 亿元，占全省第二产业产值（227.1 亿元）的 47.7%；第三产业产值 96.1 亿元，占全省第三产业产值（180.9 亿元）的 53.1%。

国内生产总值中，海晏县 47 118 万元、湟源县 55 665 万元、湟中县 181 206 万元、大通县 342 604 万元、西宁市 1 119 060 万元、平安县 91 635 万元、互助县 164 100 万元、乐都县 125 620 万元、民和县 128 275 万元、化隆县 627 万元。农业总产值 21.2 亿元，其中农业产值为 9.4 亿元，林业产值 0.6 亿元，牧业产值 10.2 亿元，其他 0.9 亿元，分别占农业产值的 44.6%、2.8%、48.3% 和 4.3%。农业总产值中，海晏县 5251 万元、湟源县 12 754 万元、湟中县 43 611 万元、大通县 33 151 万元、西宁市 16 520 万元、平安县 8864 万元、互助县 48 081 万元、乐都县 24 453 万元、民和县 18 470 万元、化隆县 627 万元。

农牧民人均纯收入 1250 ~ 4672 元，其中海晏县 1937 元、湟源县 1741 元、湟中 1943 元、大通县 2251 元、西宁市 4672 元、平安县 1972 元、互助县 1910 元、乐都县 1769 元、民和县 1716 元、化隆县 1250 元（表 2 - 9）。

表 2-9 湟水流域国内生产值统计表

统计单位	国内生产总值（万元）				农业总产值（万元）					农牧民人均纯收入（元）
	合计	第一产业	第二产业	第三产业	合计	农业	林业	牧业	其他	
全省	4657300	578100	2270600	1808600	866478	342201	17980	464983	41313	2004.6
合计	2255910	211783	1083014	961114	211783	94124	6490	102011	9159	
海北州	47118	5251	24255	17612	5251	687	72	3962	530	
海晏县	47118	5251	24255	17612	5251	687	72	3962	530	1937
西宁市	1698535	106036	853701	738798	106036	43644	1135	56366	4891	
湟源县	55665	12754	31286	11625	12754	3858	66	8419	411	1741
湟中县	181206	43611	89860	47735	43611	20158	753	21002	1698	1943
大通县	342604	33151	274353	35100	33151	11862	272	19590	1427	2251
西宁市	1119060	16520	458202	644338	16520	7766	44	7355	1355	4672
海东地区	509630	99868	205058	204704	99868	49605	5157	41368	3738	
平安县	91635	8864	35179	47592	8864	3098	602	4816	348	1972
互助县	164100	48081	58078	57941	48081	24003	1829	20740	1509	1910
乐都县	125620	24453	46201	54966	24453	8756	877	14787	33	1769
民和县	128275	18470	65600	44205	18470	13748	1849	1025	1848	1716
化隆县	627	627			627	187	125	315		1250

三、交通、通讯

流域内公路运输初步形成了以西宁为中心、呈辐射形状的公路交通网，主要有青藏、宁张、青新、平临、民临、宁互等公路，境内公路里程11 024.2km，民用车拥有量6.8 万辆，境内有兰青、青藏铁路，北有西宁至大通的铁路专线，境内铁路里程418km。民航开通的航线已有十多条，交通运输便利。

邮电通讯发展也很快，所有县及其部分乡都进入了全国长途自动交换网。邮电业务总量1.1 亿元，本地电话用户68.9 万户，年末移动电话用户72.1 万户，互联网拨号上网用户4.2 万户（表2－10）。

表 2-10 湟水流域交通、邮电统计表

内容 县	境内公路里程（km）	境内铁路里程（km）	民用汽车拥有量（辆）	邮电业务总量（万元）	本地电话用户（户）	年末移动电话用户（户）	互联网拨号上网用户
全省	28059	1097	110209	16262	943535	1177295	
合计	11024.2	418	68111	10511.4	689136	720927	41597
海晏	450.6	144	1426	192	6722	10896	327
湟源	439	60	945	193	23846	19850	663
大通	3622	36	3290	611	51189	47483	3414
湟中	1126	20	4707	301	33932	36381	408

（续）

内容 县	境内公路 里程（km）	境内铁路 里程（km）	民用汽车 拥有量（辆）	邮电业务 总量（万元）	本地电话用户 （户）	年末移动电 话用户（户）	互联网拨号 上网用户
西宁	658	38	48673	7739	474054	499635	34336
平安	485	21	3075	426.6	24407	28489	844
互助	1878.6	15	1723	194	17945	23552	447
乐都	610	68	2530	477	30073	29528	643
民和	1755	16	1742	377.8	26968	25113	515

四、贸易、旅游

流域内限额以上批发零售贸易业商品销售总额648 803万元，其中平安2265万元，互助2777万元，大通51 452万元，湟中35 509万元，西宁556 800万元。旅游总收入8.4亿元，其中收入最高的西宁、湟中分别为6.4亿元和1.7亿元；旅游人数420万人（表2-11）。

表2-11 湟水流域贸易、旅游统计表

内容 县	限额以上批发零售贸易业商品 销售总额（万元）	旅游总收入 （万元）	旅游人数 （人）
全省	1016709.8	202000	5120875
合计	648803	83938	4196500
海晏	0	1767	275200
湟源	0	578	19000
大通	51452	0	0
湟中	35509	16907	735000
西宁	556800	63811	1975300
平安	2265	80	255000
互助	2777	700	280000
乐都	0	45	300000
民和	0	50	357000

五、文教、卫生

流域内普通中学数298所，普通中学专任教师数13 673人，普通中学在校学生数22.56万人，医院、卫生院数211所，医院、卫生院技术人员10 190人（表2-12）。

表2-12 湟水流域文教、卫生统计表

内容 县	普通中学 数（所）	普通中学专任 教师数（人）	普通中学在 校学生数（人）	医院、卫生院 数（所）	医院、卫生院技术 人员数数（人）
全省	507	21853	315284	694	17919
合计	298	13673	225600	211	10190

（续）

内　容　县	普通中学数（所）	普通中学专任教师数（人）	普通中学在校学生数（人）	医院、卫生院数（所）	医院、卫生院技术人员数数（人）
海晏	4	247	2049	15	306
湟源	15	597	9741	13	285
大通	40	1935	32546	34	943
湟中	48	1979	34119	20	501
西宁	49	3381	52600	38	6399
平安	16	652	8780	14	232
互助	32	1717	31604	23	565
乐都	50	1641	25713	27	460
民和	44	1524	28086	27	499

六、工矿企业

工业主要集中河谷盆地，工业门类主要有钢铁、机械、建材、化工、毛纺、食品加工等。湟水流域工业企业数242个，占全省工业企业数（22 724个）的1.1%。工业总产值208.4亿元，占全省工业总产值（461.4亿元）的45.2%；内资企业产值188.7亿元，占全省内资企业产值（353.7亿元）的53.4%；外商投资企业产值2.3亿元，占全省外商投资企业产值（3.3亿元）的69.7%，外商投资企业主要集中在西宁和互助县；从业人员年平均数9.0万人，占全省从业人员年平均数（14.0万人）的64.3%（表2－13）。流域内蕴藏着丰富的矿产资源，主要有原煤、石英、石膏石、硫铁、铝、芒硝等。

表2－13　湟水流域工业统计表

内　容　县	工业企业数（个）	工业总产值（万元）	内资企业（万元）	外商投资企业（万元）	从业人员年平均数（人）
全省	22724	4614073	3537431	32509	139960
合计	242	2084259	1886534	23454	89826
海晏	16	64800.8	64800.8	0	3509
湟源	11	46881	46881	0	2437
大通	30	770120	700520	0	19596
湟中	17	132120	132120	0	7591
西宁	105	857244	731854	20719	41151
平安	13	34004.4	34004.4	0	1868
互助	19	53894.1	51159.1	2735	3865
乐都	13	38519.4	38519.4	0	3399
民和	18	86675.3	86675.3	0	6410

第三章　植物资源

第一节　植物区系

一、植物区系历史

植物区系是研究世界或某一地区所有植物种类的组成、现代和过去分布以及它们的起源和演化历史的科学，其研究对象是某一特定区域内的植物种类。因此，对本区植物区系的研究可以追溯到 18 世纪，国外研究较多的是俄、英、法 3 国，主要是在植物种类描述等方面。其中，俄国（前苏联）的植物学家的工作较为细致深入。但是由于前人对本区植物的研究是在较大范围内进行的，专门对本区的研究工作很少。对本区植物研究得更多的是沙俄植物学家马克西姆维兹（C. Maximowicz）。他是 20 世纪西方研究我国植物的几个最有代表性的学者之一，也是曾亲自到我国采集过生物标本的少数几个著名的植物学家之一。马克西姆维兹是前沙俄时期彼得堡植物园的首席植物学家、沙俄帝国科学院院士和彼得堡植物博物馆主任。他鉴定发表了许多俄国考察队和东正教使团人员采回的植物标本。著名的如普热瓦尔斯基（N. M. Przewalski）、普塔宁（G. N. Potanin）、皮尔塞斯基（P. J. Piasetski）等人在我国西北和西南广大地区采得的植物标本大多由他整理发表。有关本区植物的重要论著主要有《亚洲植物新种汇要》（Diagnoses Plantarnm Novarum Asiaticarum）、《唐古特植物》（Flora Tangutica 1889）第一卷第一分册（具花托花和盘花植物）及《普塔宁和皮埃塞泽钦所采的中国植物》（Plantae Chinenses Potanianae et Piasezkianae 1889）的第一分册（从毛茛科到马桑科）。当然，这些论著涉及了我国东北数省、内蒙古、新疆、甘肃、青海、陕西、山西等以及俄国毗邻地区等广大地区，并对这些地区的植物区系作了广泛的研究工作。

之后，还有不少俄国、英国、法国等国家的植物学家研究过本区植物，如雷格尔（E. Regel）、贺德（Fr. V . Herder）、柯马洛夫（V. L. Komarov）、胡克（J. D. Hooker）、林德赖（J. Lindley）、（H. F. Hance）、贝克尔（J. G. Baker）、边沁（G. Bentham）、赫姆斯莱（W. B. Hemsly）、斯密思（W. W. Smith）、迪赛森（J. Decaisne）、弗朗谢（A. Franchet）、代尔斯（L. Diels）、韩马迪（H. Handel – Mazzetti）等等。这些学者的研究虽然所涉及的是较大范围内的植物区系，但是对本区植物区系的研究具有重要意义。

国内涉及本区植物区系研究工作的应首推 19 世纪 30 年代左右的我国植物学家郝景盛先生，其"青海植物地理研究"和"柳属植物志要"等论文是国内有关本区植物区系研究最早的论著。其后，我国的一些植物学家也对本区的植物进行过专项采集和研究，如钟补求先生等人。

新中国建立后，国家从 20 世纪 50 年代起就对祁连山地区进行过各种考察和校本采集，如黄河考察、黄河上游植物考察等等。从 20 世纪 70 年代起，国家加大了对祁连山地区植物的本底调查力度，主要调查祁连山地区植物资源分布、种类，较为重要的如"全国中草药普查"、"全国农业区划普查"等等。这些工作多多少少涉及了本区的植物区系。值得一提的是 20 世纪 90 年代实施的国家重大项目"中国植物区系研究"。该项目将唐古特地区列为重点研究区域之一，并由中国科学院西北高原生物研究所组织了大规模植物考察，对祁连山地区的植物进行了较为深入的采集和研究，发表了多篇论著，为本区的植物区系研究奠定了坚实的基础。

二、植物区系的特征

根据资料和标本记录，湟水流域地区现有野生种子植物 398 属 1116 种又 31 亚种或变种，归 80 科。其中裸子植物计有 3 科 4 属 6 种。按所含种数的多少，科的顺序是：含 100 种以上的科是禾本科（48 属、149 种（9 亚种或变种），下同）、菊科（47、131（1）），所含种数明显高于其他的科；含 25～100 种的科是毛茛科（19、71（4））；豆科（15、71（2））；蔷薇科（24、66）；莎草科（4、37）；玄参科（8、35（2））；虎耳草科（4、35）；石竹科（12、32（1））；十字花科（21、32）；龙胆科（7、31）；伞形科（16、29）；百合科（10、28）；杨柳科（2、26（5））；兰科（15、25）13 科；含 10～20 种的科是唇形科（17、24（1））；蓼科（5、20）；紫草科（10、18）；罂粟科（5、16（1））；景天科（4、15（1））；藜科（7、15）；灯心草科（2、15）；小檗科（3、14）；忍冬科（4、12）9 科；其余 56 科含 10 种以下（表 3 - 1）。

根据《青海植物志》记载，青海省有种子植物 98 科 613 属 2380 种，又 269 亚种或变种。湟水流域地区现有野生种子植物 80 科 398 属 1116 种又 31 亚种或变种，湟水流域地区种子植物的科、属、种数分别占青海种子植物总科数、总属数和总种数的 81.6%、64.9% 和 46.9%（变种或亚种占 11.5%）。中国特有属 10 属 13 种，分属 8 科，分别占青海种子植物科、属、种数的 8.1%、1.6% 和 0.5%，在本区域则分别占 10%、2.5%、1.2%。十字花科（Cruciferae）的穴丝荠属（Coelonema Maxim.）、桦木科（Betulaceae）的虎榛子属（Ostryopsis Decne.）它们是豆科（Leguminosae）的高山豆属（Tibetia（Ali.）H. P. Tsui）、伞形科（Umbelliferae）的阴山荠属（Yinshania Ma et Zhao）和羌活属（Notopterygium H. Boiss.）、玄参科（Scrophulariaceae）的细穗玄参属（Scrofella Maxim.）、菊科（Compositae）的毛冠菊属（Nannoglottis Maxim.）、华蟹甲草属（Sinacalia H. Robins. et Bretell.）和黄缨菊属（Xanthopappus C. Winkl.）等 10 属 13 种。青海特有属仅有穴丝荠属 1 属。中国珍稀濒危保护植物仅有 1 属 1 种：星叶草（Circaeaster agresis Maxim.），为国家 2 类保护植物。国家医药管理局 1987 年 12 月 1 日执行的"国家重点保护野生药材物种名录"中记录的资源植物有甘草属（Glycyrrhiza Linn.）的甘草（G. uralensis Fisch.）、远志属（Polygala Linn.）的西伯利亚远志（P. sibirica Linn.）、龙胆属（Gentiana（Tourn.）Linn.）的达乌里龙胆（小秦艽）（G. dahurica Fisch.）、麻花艽（G. straminea Maxim.）。其中除甘草为 2 类保护植物外，其余 3 种均为 3 类保护植物。

根据吴征镒先生的"中国种子植物属的分布区类型"分析，湟水流域地区 398 属种子植物的分布区类型见表 3 - 2。

表 3 - 1　湟水流域地区种子植物科的顺序（依据所含种数）

科中所含种数 > 100:

小计: 2 科 95 属 280 种 9 亚种或变种，占总科数的 2.5%、属数的 23.9%、种数的 25.1%

禾本科（Gramineae）（48 属、149 种（8 亚种或变种），下同）；菊科（Compositae）（47、131（1））

25 ≤ 科中所含种数 ≤ 100:

小计: 13 科 157 属 518 种 14 亚种或变种，分别占 16.3%、39.4%、46.4%

毛茛科（Ranunculaceae）（19、71（4））；豆科（Leguminosae）（15、71（2））；蔷薇科（Rosaceae）（24、66）；莎草科（Cyperaceae）（4、37）；玄参科（Scrophulariaceae）（8、35（2））；虎耳草科（Saxifragaceae）（4、35）；石竹科（Caryophyllaceae）（12、32（1））；十字花科（Cruciferae）（21、32）；龙胆科（Gentianaceae）（7、31）；伞形科（Umbelliferae）（16、29）；百合科（Liliaceae）（10、28）；杨柳科（Salicaeeae）（2、26（5））；兰科（Orchidaceae）（15、25）

10 ≤ 科中所含种数 ≤ 20:

小计: 9 科 57 属 149 种 3 亚种或变种，分别占 11.3%、14.3%、13.4%

唇形科（Labiatae）（17、24（1））；蓼科（Polygonaceae）（5、20）；紫草科（Boraginaceae）（10、18）；罂粟科（Papaveraceae）（5、16（1））；景天科（Crassulaceae）（4、15（1））；藜科（Chenopodiaceae）（7、15）；灯心草科（Juncaceae）（2、15）；小檗科（Berberidaceae）（3、14）；忍冬科（Caprifoliaceae）（4、12）

2 ≤ 科中所含种数 ≤ 9:

小计: 27 科 56 属 129 种 4 亚种或变种，分别占 33.8%、14.1%、11.6%

牻牛儿苗科（Geraniaceae）（3、8）；报春花科（Primulacea）（3、8）；茄科（Solanaceae）（5、7）；眼子菜科（Potamogetonaceae）（2、7）；大戟科（Euphorbiaceae）（1、7）；堇菜科（Violaceae）（1、7）；蒺藜科（Zygophyllaceae）（4、6）；鸢尾科（Iridaceae）（3、6（2））；桔梗科（Campanulaceae）（3、6）；杜鹃花科（Ericaceae）（2、6）；茜草科（Rubiaceae）（1、5（1））；柽柳科（Tamaricaceae）（3、4）；柳叶菜科（Onagraceae）（3、4）；旋花科（Convolvulaceae）（3、4）；桦木科（Betulaceae）（2、4）；川续断科（Dipsacaceae）（2、4）；车前科（Plantaginaceae）（1、4）；卫矛科（Celastraceae）（1、4）；败酱科（Valerianaceae）（1、4）；白花丹科（Plumbaginaceae）（2、3（1））；天南星科（Araceae）（2、3）；瑞香科（Thymelaeaceae）（2、3）；浮萍科（Lemnaceae）（2、3）；亚麻科（Linaceae）（1、3）；萝藦科（Asclepiadaceae）（1、3）；麻黄科（Ephedraceae）（1、3）；胡颓子科（Elaeagnaceae）（1、3）

科中所含种数 = 2:

小计: 11 科 15 属 22 种，分别占 13.8%、3.8%、2.0%

柏科（Cupressaceae）（2、2）；鹿蹄草科（Pyrolaceae）（2、2）；列当科（Orobanchaceae）（2、2）；泽泻科（Alismataceae）（2、2）；远志科（Polygalaceae）（1、2）；紫葳科（Bignoniaceae）（1、2）；香蒲科（Typhaceae）（1、2）；山茱萸科（Cornaceae）（1、2）；荨麻科（Urticaceae）（1、2）；木樨科（Oleaceae）（1、2）；槭树科（Aceraceae）（1、2）

1 属 1 种的科:

小计: 18 科 18 属 18 种 1 亚种或变种，分别占 22.5%、4.5%、1.6%

五加科（Araliaceae）（1、1（1））；冰沼草科（Scheuchzeriaceae）；茨藻科（Najadaceae）；凤仙花科（Balsaminaceae）；花葱科（Polemoniaceae）；锦葵科（Malvaceae）；马鞭草科（Verbenaceae）；马钱科（Loganiaceae）；葡萄科（Vitaceae）；桑寄生科（Loranthaceae）；桑科（Moraceae）；杉叶藻科（Hippuridaceae）；鼠李科（Rhamnaceae）；薯芋科（Dioscoreaceae）；松科（Pinaceae）；藤黄科（Guttiferae）；无患子科（Sapindaceae）；五福花科（Adoxaceae）

合计: 80 科 398 属 1116 种又 31 亚种或变种　　　　　100.0%

表3－2 湟水流域种子植物属的分布区类型及其变型

分布区类型和变型	属 数	所占比例（％）	种 数	所占比例（％）
一、世界分布				
1*. 世界分布	54	13.6	234（5）**	21.0
二、泛热带分布及其变型				
2. 泛热带分布	14	3.5	18（1）	1.6
四、旧世界热带分布及其变型				
4. 旧世界热带分布	2	0.5	6	0.5
七、热带亚洲分布及其变型				
7. 热带亚洲（印度－马来西亚）分布	2	0.5	2	0.2
八、北温带分布及其变型	162	40.7	566（20）	50.7
8. 北温带分布	114	28.6	418（14）	37.5
8－1. 环极分布	2	0.5	2	0.2
8－2. 北极－高山分布	6	1.5	16	1.4
8－4. 北温带和南温带（全温带）间断分布	36	9.0	115（5）	10.3
8－5. 欧亚和南美洲温带间断分布	3	0.8	14	1.3
8－6. 地中海区、东亚、新西兰和墨西哥到智利间断分布	1	0.3	1（1）	0.1
九、东亚和北美洲间断分布及其变型				
9. 东亚和北美洲间断分布	14	3.5	18（1）	1.6
十、旧世界温带分布及其变型	61	15.3	115（3）	10.3
10. 旧世界温带分布	51	12.8	100（3）	9.0
10－1. 地中海区、西亚和东亚间断分布	6	1.5	7	0.6
10－2. 地中海区和喜马拉雅间断分布	3	0.8	7	0.6
10－3. 欧亚和南非洲（有时也在大洋洲）间断分布	1	0.3	1	0.1
十一、温带亚洲分布				
11. 温带亚洲分布	23	5.8	66（1）	5.9
十二、地中海区、西亚和中亚分布及其变型	18	4.5	21	1.9
12. 地中海区、西亚至中亚分布	12	3.0	14	1.3
12－1. 地中海区至中亚和南非洲、大洋州间断分布	1	0.3	1	0.1
12－2. 地中海区至中亚和墨西哥间断分布	2	0.5	3	0.3
12－3. 地中海区至温带、热带亚洲、大洋州和南美洲间断分布	2	0.5	2	0.2
12－4. 地中海区至热带非洲和喜马拉雅间断分布	1	0.3	1	0.1
十三、中亚分布及其变型	15	3.8	24	2.2
13. 中亚分布	9	2.3	15	1.3
13－1. 中亚东部（亚洲中部中）分布	1	0.3	1	0.1
13－2. 中亚至喜马拉雅分布	4	1.0	6	0.5
13－4. 中亚至喜马拉雅—阿尔泰和太平洋北美洲间断分布	1	0.3	2	0.2

（续）

分布区类型和变型	属数	所占比例（%）	种数	所占比例（%）
十四、东亚分布及其变型	23	5.8	33（1）	3.0
14. 东亚（东喜马拉雅—日本）分布	8	2.0	11（1）	1.0
14－1. 中国—喜马拉雅（SH）分布	15	3.8	22	2.0
十五、中国特有分布				
15. 中国特有分布	10	2.5	13	1.2
合　　计	398	100	1116（31）	100

注：＊. 表中序号依据吴征镒先生（1991），不作变动；＊＊. 括号内数字为亚种或变种数目，未做百分比统计。

根据种子植物398属分析，可以归入12个分布类型及其变型：

（一）世界分布型

世界分布型在青海湖及其毗邻地区有54属，占总属数的13.6%，归32科，其中含4属的科有禾本科、藜科、菊科等3科，含3属的科有十字花科、毛茛科、唇形科等3科，其余26科仅含1～2属。所有的属均为多种属，大多数是中生草本，如蓼属（Polygonum）、毛茛属（Ranunculus）、黄芪属（Astragalus）、龙胆属（Gentiana）、早熟禾属（Poa）及苔草属（Carex）等，它们遍及各种地形地貌和生态环境中，是各类植被类型的主要组成成份。其中有些属的种如珠芽蓼（P. viviparum）可在高山植被中成为建群种或优势植物。有些水生属或沼生属，如藨草属（Scirpus）、灯心草属（Juncus）及眼子菜属（Potamogeton）等分布也很普遍，是沼泽植被的主要组成成份。木本属很少，只有悬钩子属（Rubus）、卫矛属（Euonymus）、鼠李属（Rhamnus）、槐属（Sophora）和金丝桃属（Hypericum）等5属，这5属仅占本类型的9.3%。这里除悬钩子属植物较为常见外，其余4属很不常见，多生于本区东部或湟中县以东的河谷灌丛中；其中槐属和金丝桃属在本区域中乃至青海省仅有草本种分布。藤本属铁线莲属（Clematis）则常见于滩地、湖边、道路两边以及河谷灌丛。由于世界分布属在区系分析时很难确定区系特征，根据许多学者的意见，在统计分析时是扣除的。但是本文由于计算方便，在统计分析时，未作扣除。

（二）热带型

热带型与热带分布有关系的类型在青海湖及其毗邻地区合计有有18属26种1亚种或变种，占区域总属数的4.5%，归11科。其中禾本科含6属，均是泛热带分布型，其余10科只含1～2属。仅2个少型属、棒头草属（Polypogon）、虮子草属（Tragus）。较常见的属有打碗花属（Calystegia）、天门冬属（Asparagns）、麻黄属（Ephedra）、菟丝子属（Cuscuta）、狼尾草属（Pennisetum）、三芒草属（Aristida）、狗尾草属（Setaria）等等，其余多不常见。

热带型分布的属可分为3型：泛热带分布型、旧世界热带分布型、热带亚洲（印度—马来西亚）分布型；无变型。这些分布型中以泛热带分布型所含属数最多，有14属，占区域总属数的3.5%。其余两个分布型各仅有2属，所占比例较小。热带分布的属尽管主要分布于南北半球的热带地区，但是在有些属的一些种类也会向南北伸展到暖温带或温带地区。出现在本流域内的全部热带型属均为后一种情况，它们主要分布在低海拔、温暖的地边、河滩、灌丛或林下，稀生于高山。且大多数属是草本属，仅麻黄属（Ephedra）、香茶菜属

（*Isodon*）等 2 属中有灌木种类，但是香茶菜属中的木本植物种类同样并不分布于青海地区。在湟水流域的植被类型中处于伴生类型，绝少形成较大面积的自然植被景观。其中麻黄属是在分类上是较孤立和古老的属，在区域内有 3 种，大多出现于湖西的草原或草甸地带，有时在石质山地上可见有小面积成群生长，与上述其他属不同。

（三）温带型分布的属

温带分布型属是湟水流域种子植物区系中最丰富的地理成份。其中以北温带分布类型及其变型占有主导地位，计有 162 属，占区域总属数的 40.7%。主要是温带和世界性的大科。分为北温带分布及其变型、东亚和北美洲间断分布及其变型、旧世界温带分布及其变型、温带亚洲分布型、地中海区、西亚和中亚分布及其变型、中亚分布及其变型、东亚分布及其变型和中国特有分布等 8 型 16 亚型。

（四）北温带分布及其变型

北温带分布及其变型出现在湟水流域地区的北温带分布类型及其变型不仅在区系中占了最高的百分比，计有 162 属 566 种又 20 亚种或变种，归入 48 科，占区域总属数的 40.7%、总种数的 50.7%。主要是温带和世界性的大科。其中含最多属的科为禾本科，有 23 属，含 10 ~ 15 属的可为蔷薇科（13 属，下同）、菊科（11）、兰科（10）3 科，含 4 ~ 9 属的科为毛茛科（9）、石竹科（7）、十字花科（7）、百合科（7）、虎耳草科（5）、伞形科（5）、龙胆科（5）、玄参科（5）、豆科（4）9 科，含 3 属的科为报春花科、柳叶菜科、景天科、紫草科、罂粟科 5 科，其余 30 科含有 1 ~ 2 属。

这 162 属中的一些属种与世界分布型属一起，单独或共同构成了该地区几乎所有植被类型的建群种或优势植物。本分布类型的特点是草本植物特别丰富，木本植物相对比较贫乏。在 162 属中草本有 140 属，木本仅 22 属。乔木如云杉属（*Picea*）、松属（*Pinus*）、桦木属（*Betula*）和圆柏属（*Sabina*）是构成流域内珍贵的针叶林、阔叶林和针阔混交林的建群植物；灌木如委陵菜属（*Potentilla*）及柳属（*Salix*）的植物是区域内山地灌丛的建群或优势植物。此外，区域内的宜农地区，栽培乔灌木，如杨树、柳树等构成了区域内西南部干旱地区独特的绿洲景观。在草本植物极度发展的湖区周围，常见的有嵩草属（*Kobresia*）、针茅属（*Stipa*）、羊茅属（*Festuca*）、赖草属（*Leymus*）、冰草属（*Agropyron*）、葱属（*Allium*）、柴胡属（*Bupleurum*）、葶苈属（*Draba*）、虎耳草属（*Saxifraga*）、紫堇属（*Corydalis*）、乌头属（*Aconitum*）、岩黄蓍属（*Hedysarum*）、马先蒿属（*Pedicularis*）及风毛菊属（*Saussurea*）等等，都在各种植被类型中起着建群作用或为优势伴生植物。

北温带分布类型在流域内有 5 个变型，即环极分布、北极—高山分布、欧亚和南美洲温带间断分布、北温带和南温带（全温带）间断分布以及地中海区、东亚、新西兰和墨西哥到智利间断分布。其中环极分布有 2 属，即冰沼草科的冰沼草属（*Scheuchzeria*）和鹿蹄草科的单侧花属（*Orthilia*）；前者为湿生植物，后者为阴生植物，均不常见。北极 ~ 高山分布有 6 属，即金莲花属（*Trollius*）、红景天属（*Rhodiola*）、兔耳草属（*Lagotis*）、北极果属（*Arctostachylos*）、山嵛菜属（*Eutrema*）、冰岛蓼属（*Koenigia*），均是高山植物的典型代表，出现在高寒灌丛、高山草甸及高山流石坡稀疏植被中。欧亚和南美洲温带间断分布亚型有 3 属，即火绒草属（*Leontopodium*）、看麦娘属（*Alopecurus*）及赖草属（*Leymus*）；北温带和南温带（全温带）间断分布较多，有 36 属，以禾本科（7 属）、石竹科（5）、龙胆科（4）等 3 科所含的属较多。常见植物有卷耳属（*Cerastium*）、蝇子草属（*Silene*）、唐松草属（*Thalic-*

trum）、柴胡属（*Bupleurum*）、婆婆纳属（*Veronica*）、异燕麦属（*Helictotrichon*）、洽草属（*Koeleria*）及碱茅属（*Puccinellia*）等等。龙胆科的4属：獐牙菜属（*Swertia*），花锚属（*Halenia*），假龙胆属（*Gentianella*）及喉毛花属（*Comastoma*），在区域内比较常见，它们是著名藏药"藏茵陈"的主要种类。地中海区、东亚、新西兰和墨西哥到智利间断分布亚型仅有冰草属（*Agropyron*）1属。

（五）东亚和北美洲间断分布型

东亚和北美洲间断分布型流域内属于这一分布类型的属不多，只有14属，占总属数的3.5%，归10科。其中蔷薇科含3属、豆科和菊科各含2属外，其余7科仅有1属。这里除黄华属（*Thermopsis*）可在区域个别地段形成独特景观外，其余的属在各种植被类型中既不常见也不重要。但是其中的珍珠梅属（*Sorbaria*）尽管仅仅分布于流域的东部地区，但由于其外形和长花期，目前已成为青海省东部地区庭院和行道的新型绿化树种。

（六）旧世界温带分布型及其变型

旧世界温带分布型及其变型在流域内有61属，占总属数的15.3%，是仅次于北温带分布型的属，而居第二位，归22科，以菊科（13属）为首，其次是以地中海地区为优势分布的唇形科（10）及禾本科（6）；而以地中海区或地中海至中亚为分布中心的川续断科及柽柳科各有2属，因此，流域内的旧世界温带分布类型具有地中海及中亚植物区系的特点。同时这61属植物绝大多数是草本，因此也具有温带区系的一般特色。

本类型的分布是不完全一致的，有的是典型的旧世界温带分布属，如芨芨草（*Achnatherum*）、鹅冠草（*Roegneria*）及橐吾（*Ligularia*）等。而有些是主要分布在温带亚洲，仅个别种延伸到北非或至热带亚洲山地，如水柏枝（*Myricaria*）、沙棘（*Hippophae*）、香薷（*Elsholtzia*）等属。这些属在植被组成中除沙棘属、水柏枝属、橐吾属、沼委陵菜属（*Comarum*）、鲜卑花属（*Sibiraea*）、芨芨草属和扁穗草属（*Blysmus*）外都起着不太重要的作用。

本分布类型有3个变型，都偏于欧亚温带的南方，即地中海区、西亚和东亚间断分布变型、地中海区和喜马拉雅间断分布变型以及欧亚和南非洲（有时也在大洋洲）间断分布变型。其中第一变型中有6属：如天仙子（*Hyoscyamus*）、鲜卑花属、桃属（*Amygdalus*）及鸦葱属（*Scorzonera*），其中天仙子是区域荒漠、半荒漠生境中绿洲区的常见种类；鸦葱在流域内较为常见的种类可在荒漠、半荒漠环境中见到，鲜卑花属则是山地灌丛的建成种类之一；第二变型有3属：刺续断属（*Morina*）、乳苣属（*Mulgedium*）、鹅绒藤属（*Cynanchum*）；第三变型仅有1属：苜蓿属（*Medicago*），苜蓿属植物也有可能并不是本土植物。

（七）温带亚洲分布

温带亚洲分布在流域内有23属，占总属数的5.8%，归15科，其中豆科、十字花科等2科各含3属，毛茛科、菊科、蔷薇科、藜科等4科各有2属，其余9科均各含1属。绝大多数是草本，有13属，在植被组成中起一定的作用，如狼毒（*Stellera*）及细柄茅（*Ptilagrostis*）等属。木本仅锦鸡儿（*Caragana*）和驼绒藜（*Ceratoides*）等2属，其中鬼箭锦鸡儿（*C. jubata*）是区域山地灌丛的建群种之一。

本类型的大多数属分布于亚洲温带的北部，即从中亚到西伯利亚或亚洲东北部，特别是单型属或少型属，如细柄茅属。锦鸡儿属分布在东欧和亚洲，我国产于西南、西北、东北和华东，但分布中心在中亚。

（八）地中海、西亚至中亚分布

地中海、西亚至中亚分布类型及其变型在流域内的属不多，仅 18 属，占总属数的 4.5%，归 9 科，其中十字花科、紫草科、蒺藜科等 3 科含 3 属，石竹科、豆科、牻牛儿苗科等 3 科有 2 属，其余禾本科、柽柳科、罂粟科等 3 科各含 1 属。这一分布类型及其变型在流域内常见的有白刺属（*Nitraria*）、骆驼蓬（*Peganum*）、离蕊芥（*Malcolmia*）、念珠芥（*Torularia*）等属，是荒漠化、半荒漠化草原的优势植物和常见植物；薰倒牛（*Biebersteinia*）等属生于河滩、地边或干旱山坡沙质土壤中；糙草属（*Asperugo*）等属为农田杂草；角茴香属（*Hypecoum*）常生于撂荒地上。

（九）中亚分布

中亚分布类型与前一类型有些相似，但它的分布范围只限于中亚（特别是山地），而不见于西亚和地中海周围。也与前一类型一样，在流域内含的属不多，仅 15 属，占总属数的 3.8%，与上一类型相差不大。归入 8 科，其中禾本科有 4 属，十字花科和菊科 2 科各有 2 属，其余毛茛科、伞形科、紫草科、紫薇科、蓝雪科等 5 科各有 1 属。

本类型的属在流域内常见的有双脊草（*Dilophia*）及拟楼斗菜属（*Paraquilegia*）等，可见于生于高山植被中；栉叶蒿属（*Neopallasia*）等生于干旱山坡荒漠化草原中；迷果芹属（*Sphallerocarpus*）、鸡娃草属（*Plumbagella*）等却生于潮湿的地边或撂荒地上。因此，出现在流域内的中亚成份的特征并不典型和突出。这还表现在科属组成上，十字花科、伞形科、藜科和唇形科等并不发达。

（十）东亚分布

东亚分布类型及其变型在流域内有 23 属，占总属数的 5.8%。归 13 科，其中菊科有 6 属，伞形科有 3 属，禾本科、鸢尾科、紫草科等 3 科各有 2 属，其余小檗科、马鞭草科、五加科、毛茛科、玄参科、茄科、蔷薇科等 7 科各仅有 1 属。这 23 属中，东亚分布类型有 8 属，除帚菊属（*Pertya*）为灌木植物外，其余均为草本属，常见的有狗哇花属（*Heteropappus*）、黄鹌菜属（*Youngia*）、莸属（*Caryopteris*）及山莨菪属（*Anisodus*）。

本类型在流域内还有 1 变型，即中国—喜马拉雅分布变型。计有 15 属，常见的有星叶草属（*Circaeaster*）、兰石草属（*Lancea*）、绢毛菊属（*Soroseris*）、三蕊草属（*Sinochasea*）、垂头菊属（*Cremanthodium*）、微孔草属（*Microula*）、绢毛菊属（*Soroseris*）、桃儿七属（*Sinopodophyllum*）等。星叶草现为东亚分布的特有单种科，是形态特征比较原始的一年生草本，在流域内的西部河谷地带的沙棘林内生长，在东部则生于山地灌丛中和高山流石滩地带，是国家 2 类珍稀濒危保护植物，在西部的河滩沙棘林下，时常会形成单一的草本层。兰石草比较常见于滩地和弃耕地上。垂头菊及微孔草属等是高山灌丛、高山草甸及高山流石坡稀疏植被的重要组成成份。

（十一）中国特有

在流域内中国特有属不多，只有 10 属，占总属数的 2.5%，仅十字花科的穴丝荠属（Coelonema）为祁连山特有。该属为单种属，显然与葶苈属（*Draba*）有密切地亲缘关系，其余均是与国内其他地区共有的特有属。

综上所述，根据种子植物属的分布区类型分析，湟水流域地区的植物区系完全是温带性质的，在中国植物区系分区上属于中国—喜马拉雅植物地区、唐古特植物亚区中的祁连山小区。其区系成份以北温带为主；旧世界温带、中亚和温带亚洲成份都占一定比例；东亚成份较少。我国特有属有 10 属，十字花科的穴丝荠属（*Coelonema*）为祁连山地区特有，显示出该地区植物区系与青藏高原植物区系，特别是祁连山地区植物区系的密切关系，并共同具有的年青、衍生的特征。

（1）在该地区植物区系成分中，北温带成分仍然占有绝对优势地位，使这个区系具有明显的北温带性质。

（2）该地区植物区系的高山特化、旱化适应现象也很突出，具有明显的高山高原特色。

（3）在该地区植物区系中，世界广布属占有较高比例；在种类组成上缺乏特有属及古老原始的属，大多数单型属和少型属均是它们广布的近缘属的衍生物。这些均说明这个区系是一个年轻的、衍生的区系。

（4）经统计，该地区与唐古特地区（或其中的祁连山小区）具有非常密切地关系，但是其中东亚和北美间断、地中海和中亚成分所占比例较祁连山地区略低，缺乏中国—日本成分，表明，尽管该地区与祁连山地区植物区系关系密切，在植物区系组成上还是有细微差别的，表现出祁连山植物区系向南过渡的性质特点。

（5）本区的植被类型有温性河谷草原、森林、高寒灌丛、高寒草甸、及高山流石滩稀疏植被等。温性草原是以针茅类（*Stipa*）等禾本科植物为主要建群种，森林是以青海云杉（*Picea crassifolia*）为主要建群种的针叶林及以和红桦（*Betula albosinensis*）、糙皮桦（*B. utilis*）、白桦（*B. platyphylla*）和山杨（*Populus davidiana*）为建群种的阔叶针叶混交林。高寒灌丛主要有杜鹃（*Rhododendron*）灌丛、山生柳（*Salix oritrepha*）灌丛及鬼箭锦鸡儿（*Caragana jubata*）灌丛；高寒草甸是以嵩草属（*Kobresia*）为优势种的草甸；高山流石滩稀疏植被则以垂头菊属（*Cremanthodium*）、风毛菊属（*Saussurea*）、红景天属（*Rhodiola*）及短管兔耳草（*Lagotis brevituba*）等为优势植物。

第二节　植　被

本区的气候类型属典型高原大陆型气候特征。土壤类型主要有高山寒漠土、高山草甸土、亚高山草甸土、高山草原土、灰褐土、沼泽土、山地森林土等。由于受其地理位置、地貌特征、气候条件、海拔梯度以及土壤类型等综合影响，形成了复杂多样的生境类型，使其拥有复杂的植被类型，成为我国山地生物多样性的重要区域之一。

一、主要植被类型

植被是泛指地球表面或某个地区所有植物群落的总体。根据植物群落学原则（中国植被编委会，1980），湟水流域地区的自然植可划分为森林、灌丛、草原、草甸等类型。本区主要植被类型及其基本特点简述如下。

（一）森林

森林是以乔木植物为建群种所组成的植物群落类型之一，是陆地最重要的生态系统类型。它具有涵养水源、保持水土、防风固沙等一系列重要的生态功能。本区的天然森林主要分布于水热条件较好的地区，年降水量一般在 400mm 以上。土壤为灰褐土。森林分带特征明显，主要沿河流两侧山地呈片状或零星块状分布，具有明显的坡向性，常见于沟谷坡面的特定位置（陈桂琛等，1994）；随着海拔升高，片状的森林趋于缩小，并呈现明显的疏林化现象。森林代表树种有青海云杉（*Picea crassifolia*）、祁连圆柏（*Sabina przewalskii*）、油松（*Pinus tabulaefomis*）、山杨（*Populus davidiana*）、白桦（*Betula platyphylla*）、红桦（*B. albo -sinensis*）、糙皮桦（*B. utilis*）等。根据建群种的差异划分为寒温性常绿针叶林和温性落叶阔叶林，其主要特征如下。

1. 寒温性常绿针叶林

寒温性常绿针叶林是流域内最主要的森林类型之一。主要分布于湟水流域各支流中上游河流两侧的山地，海拔一般为 2400～3600m。由于坡向等因子不同而导致其生境条件的明显差异，建群树种也有所不同。以青海云杉、桦树等为建群种构成的森林主要分布山地阴坡或半阴坡；以油松、祁连圆柏等适应半干旱、寒冷（干冷气候）及瘠薄土壤的树种多占据山地阳坡或半阴坡，常以疏林的形式存在，是青藏高原重要的森林景观类型。本区由东部向西部随海拔升高及生境寒旱化之后，森林群落结构相对简单、呈片状散布和疏林化（青海森林资源编写组，1988）。林下灌木及草本植物组成以温带分布类型的属种为常见，灌木常见有蔷薇（*Rosa* spp.）、忍冬（*Lonicera* spp.）、栒子（*Cotoneaster* spp.）、锦鸡儿（*Caragana* spp.）、小檗（*Berberis* spp.）、柳（*Salix* spp.）、金露梅（*Potentilla fruticosa*）、银露梅（*P. glabra*）等。草本植物常见有珠芽蓼（*Polygonum viviparum*）、早熟禾（*Poa* spp.）、羊茅（*Festuca* spp.）、苔草（*Carex* spp.）、马先蒿（*Pedicularis* spp.）等等。在山地阴坡发育完整的青海云杉林下，由于生境潮湿，常有苔藓层出现。

2. 温性落叶阔叶林

温性落叶阔叶林主要分布于大通河流域的两侧山地阴坡、半阴坡、坡麓及部分支流的沟谷地带，海拔为 2400～3800m，主要建群种有山杨、白桦、红桦、糙皮桦等。温带落叶阔叶林是原始针叶林破坏之后形成的具有次生性质的森林植被类型。森林郁闭度一般为 0.55～0.75。灌木种类有柳（*Salix* spp.）、忍冬（*Lonicera* spp.）、沙棘（*Hippophae rhamnoides*）、金露梅（*Potentilla fruticosa*）、茶藨子（*Ribes* spp.）等。林下草本植物有苔草（*Carex* spp.）、东方草莓（*Fragaria orientalis*）、双花堇菜（*Viola biflora*）、短腺小米草（*Euphrasia regelii*）等。苔藓层多发育不良。针叶树种和阔叶树种在部分山地常形成针阔混交林。

（二）灌丛

灌丛是以灌木树种为建群种或优势种所组成的植物群落类型，是保护区重要的景观生态类型。灌丛多集中分布于山地、山麓及河谷滩地，其分布面积较大，类型相对稳定，群落盖度较大，组成种类丰富，对涵养水源、保持水土具有十分重要的意义。灌丛主要分布于水热条件相对较好的地区，年降水量一般在 380～580mm 之间。土壤为灌丛草甸土。这是本区较为广泛分布的植被类型。主要包括温性灌丛（分布于森林线附近）和高寒灌丛（发育于森林线以上）。

1. 温性灌丛

温性灌丛是以蔷薇、沙棘、忍冬、栒子、锦鸡儿、小檗、具鳞水柏枝（*Myricaria squamosa*）、柳（*Salix* spp.）等为优势种或常见灌木组成的灌丛植被，主要分布于流域内山地河谷及坡麓地区，常见于森林带附近的林缘、林间空地及局部山地坡麓，或见于河流宽谷滩地上，海拔一般为2300～3500m，斑块状或条带状。常见伴生草本植物有粗喙苔草（*Carex scabrirostris*）、高原早熟禾（*Poa alpigena*）、垂穗披碱草（*Elymus nutans*）、黄芪（*Astragalus* spp.）等。群落总盖度65%～90%。

2. 高寒灌丛

高寒灌丛是祁连山地的典型灌丛植被类型，广泛分布于森林线以上的高山区域，海拔为3100～4000m的山地阴坡、半阴坡或沟谷滩地。群落典型优势种有头花杜鹃（*Rhododendron capitatum*）、百里香杜鹃（*Rh. thymifolium*）、金露梅（*Potentilla fruticosa*）、山生柳（*Salix oritrepha*）、鬼箭锦鸡儿（*Caragana jubata*）、高山绣线菊（*Spiraea alpina*）、窄叶鲜卑花（*Sibiraea angustata*）等。这些优势种多分布于山地阴坡或沟谷地段，在不同地区、不同海拔高度及地貌上有不同的组合，或以多种优势植物共同形成群落，或构成各自的优势群落类型。如金露梅则可在山地缓坡及滩地上形成金露梅灌丛。杜鹃以及山生柳主要分布于山地阴坡或坡麓地带。随着海拔升高，灌木植株趋于矮化，常斑块状镶嵌于高寒草甸之中，形成灌丛草甸。草本层常见植物有线叶嵩草（*Kobresia capillifolia*）、黑褐苔草（*Carex atrofusca*）、垂穗鹅冠草（*Roegneria nutans*）、珠芽蓼（*Polygonum viviparum*）、柔软紫菀（*Aster flaccidus*）等。群落总盖度80%～95%。

（三）草原

草原是以寒旱生的多年生草本植物和小半灌木为优势所组成的植物群落，是流域内重要的景观生态类型之一。草原主要分布于流域内的山地阳坡、山间谷地、河谷滩地等，在本区东部的砾质滩地也有分布。对防风固沙、保持水土具有十分重要的生态意义。草原区年降水量一般在330～400mm之间。土壤为高山草原土和栗钙土等。主要包括高寒草原和温性草原两大类。

1. 温性草原

温性草原以针茅（*Stipa* spp.）、赖草（*Leymus* spp.）、芨芨草（*Achnatherum* spp.）、蒿（*Artemisia* spp.）等为优势种构成的温性草原主要分布于本区东北部的干旱谷地及山前地带，本类型分布面积较小，海拔为2300～3200m。常见的伴生植物有青海苔草（*Carex ivanovae*）、洽草（*Koeleria cristata*）、沙蒿（*Artemisia desertorum*）、阿尔泰狗哇花（*Heteropappus altaicus*）、黄芪（*Astragalus* spp.）等。群落总盖度为35%～55%。

2. 高寒草原

高寒草原以紫花针茅（*Stipa purpurea*）、青藏苔草（*Carex moorcroftii*）等为优势种构成的高寒草原主要分布于流域内的西部和西北部支流源头地区，集中分布于海拔3500～4200m的山地阳坡、山间谷地及砾质滩地。紫花针茅还可与羊茅（*Festuca* spp.）、高山嵩草（*Kobresia pygmaea*）等植物构成草甸化草原，分布于相对潮湿的滩地及山地半阴坡。高寒草原常见的伴生植物有黄芪、棘豆（*Oxytropis* spp.）、青海苔草（*Carex ivanovae*）、洽草、粗壮嵩草（*Kobresia robusta*）、冷蒿（*Artemisia frigida*）、羊茅（*Festuca* spp.）、阿尔泰狗哇花、卷鞘鸢尾（*Iris potaninii*）、蒿（*Artemisia* spp.）等。群落总盖度为25%～65%。

（四）草甸

草甸是以多年生中生、湿中生草本植物为优势所形成的植物群落，是流域高山地区重要的生态景观类型之一。草甸主要分布于河谷阶地、浑圆山地、山间坡麓等，对涵养水源、保持水土具有十分重要的生态意义。草甸区年降水量一般在 360～560mm 之间。土壤为高山草甸土和草甸土等。本区的草甸主要包括高寒草甸和高寒沼泽草甸两大类。

1. 高寒草甸

高寒草甸广泛分布于本区海拔 2500～4500m 的滩地和山地，优势种以嵩草属（*Kobresia* spp.）和苔草属（*Carex* spp.）植物为主，主要有高山嵩草、矮嵩草（*Kobresia humilis*）、线叶嵩草（*K. capillifolia*）等，除此之外，还有多种苔草、珠芽蓼、圆穗蓼（*Polygonum macrophyllum*）等。在本区部分海拔较低滩地还出现以禾本科植物为优势的草甸类型，主要优势种有垂穗披碱草等。群落常见的伴生植物有早熟禾（*Poa* spp.）、垂穗披碱草（*Elymus nutans*）、柔软紫菀、蓝白龙胆（*Gentiana leucomelaena*）、喜山葶苈（*Draba oreades*）、黄芪（*Astragalus* spp.）、棘豆（*Oxytropis* spp.）、高山唐松草（*Thalictrum alpinum*）等。群落总盖度为 50%～90%。

2. 高寒沼泽草甸

高寒沼泽草甸广泛分布于河源区海拔 3000～4800m 的河岸阶地、湖群洼地、河源积水滩地及高山冰积洼地等湿地生境中。主要集中分布于各支流的河源地区。其主要优势种有西藏嵩草（*Kobresia schoenoides*）、粗喙苔草（*Carex scabrirostris*）、华扁穗草（*Blysmus sinocompressus*）、杉叶藻等。群落常见的伴生植物有穗三毛（*Trisetum spicatum*）、云生毛茛（*Ranunculus nephelogenes*）、小早熟禾（*Poa calliopsis*）、篦齿眼子菜（*Potamogeton pectinatus*）、柔软紫菀、金莲花（*Trollius pumilus*）、灯心草（*Juncus bufonius*）、弱小火绒草（*Leontopodium pusillum*）、黄芪（*Astragalus* spp.）、棘豆（*Oxytropis* spp.）、花葶驴蹄草（*Caltha scaposa*）、柔小粉报春（*Primula pumilio*）等。群落总盖度为 80%～95%。

（五）高寒流石坡植被

高寒流石坡稀疏植被是以高山适冰雪植物所形成的稀疏植物群落类型。广泛分布于流域海拔 3700～3900m 以上的山体顶部，上接冰川雪被，下连高寒草甸带。群落组成以菊科高山植物和垫状植物为常见，代表植物有水母雪莲（*Saussurea medusa*）、鼠麹风毛菊（*S. gnaphalodes*）、矮垂头菊（*Cremanthodium humile*）、短管兔耳草（*Lagotis brevituba*）、簇生柔籽草（*Thylacospermum caespitosum*）、唐古特红景天（*Rhodiola tangutica*）等。群落盖度很低，一般仅为 5%～15%。

（六）水生植被

水生植被是指以沉水植物为主要代表组成的植物群落，属隐域性植被类型。广泛分布于本区的湖泊浅水区、河流缓流区或微弱流动的溪流以及湖塘洼地等水生环境。水生植被的主要优势植物有眼子菜（*Patamogeton pectinatus*、*P. pusillus*）、水毛茛（*Batrachium bungei*）、穗状狐尾藻（*Myriophyllum spicatum*）等，这些水生植物常生长于水底泥土、水流停滞或微弱流动的浅水生境中。水生植被往往随湖泊或河流呈环带状、条带状或斑块状分布。群落分布的海拔高度为 2600～4200m。群落常为单种群落类型，有时在浅水区常可见有荸荠（*Eleocharis* spp.）、沿沟草（*Catabrosa aquatica*）、杉叶藻、水麦冬（*Triglochin palustre*）、三裂叶

碱毛茛 （*Halerpestes tricuspis*） 等挺水植物相伴生。

二、植被的生态学特征

湟水流域地处青藏高原东北部、祁连山与拉脊山之间地带，受其地理位置、地貌特征、气候条件以及土壤类型等综合影响，植被的生态特征表现十分独特，主要表现为：

（一）高原生态地理边缘效应

青藏高原的隆起和存在导致和形成了众多的生态界面或地理边缘，从而引起复杂交错的边缘效应（张新时，1990）。祁连山作为青藏高原东北部的一个边缘山系，以其巨大的海拔高度和大致东西走向山势，阻挡了蒙古—西伯利亚反气旋的继续南侵，其东南部受到了东亚季风的影响，加上青藏高原本身产生的热力学和动力学作用，以及城市热岛效应，致使本区气候复杂化和多样化，其高原生态地理边缘效应显著。区系成分的多样性是生态过渡带与边缘效应的基本特征之一。植物区系特征为温带性质，不同地理成分在这里接触、交叉、渗透和特化。植被类型也表现出一定的过渡与边缘特征，北坡山前丘陵地带及西部受中亚荒漠植被类型的影响，东部为黄土高原过渡区，有许多黄土高原植被类型的渗透和延伸。山地主体则以青藏高原的各类高寒植被占据绝对优势。嵩草高寒草甸是青藏高原隆起所引起的高寒气候的产物，成为典型的高原地带性植被类型。紫花针茅高寒草原以青藏高原为分布中心，是高原隆升之后生境寒冷干旱发生、发展起来的。青藏高原的高山植物，在适应高原特殊的生态环境方面，其内部结构表现出多方面的特异性。并具有一系列适应高山环境的形态—生态学特征（王为义，1985；陈庆诚等，1966）。由此可见，其植被类型及其组合表现出一定的过渡特征及镶嵌结构特点，具有明显的高原生态地理边缘效应特征。

（二）流域植被的特殊性

湟水流域植被的基本特征与它所处的地理位置、地质历史时期的强烈隆升所获得的巨大海拔高度，以及复杂的地形地貌相联系。自晚第三纪以来，经历了与青藏高原主体相似的构造运动。就现代自然地理特征而言，流域内的地势及海拔又引起水热状况的不同组合，加上山脉地形走势，其水汽来源主要受到东亚季风的影响，气候表现为由东南向西北由半湿润向干旱的水平分异，具有典型高原大陆性气候特征。在这种背景特征下，流域的植被与高原面植被有很大的相似性，各类高寒植被占有绝对优势，其水平变化也具有高寒灌丛、高寒草甸带→高寒草原带的高原地带性特征（张新时，1978），表明这两者高寒植被在发生发展上的密切联系。本区植被也有其特殊性，这就是山地发育的森林建群种为青海云杉、祁连圆柏等，与高原中部、南部分布的川西云杉（*Picea balfouriana*）、大果圆柏（*Sabina tibetica*） 等不同。本区分布的杜鹃灌丛种类也主要与分布于西倾山的东北部地区，与西藏、川西的种类有所不同。其特殊性是与其区域植被的优势种地理分布的过渡特征及物种分化相联系的。

三、植被分布规律

湟水流域地处青藏高原东北部，受其地理位置、气候特征及地形海拔等因素的影响，致使本区植被呈现较为复杂的分布规律，具有一定的区域差异及明显的垂直变化。

（一）水平分布规律

流域由东南向西北随着海拔升高以及水分和热量的梯度变化，使植被分布呈现明显的规律性变化。东部海拔3100m以下的河谷山地，主要是受到东部相对较低的地势特征和干旱的气候环境条件的影响，以农业区，形成以青杨为主的人工速生林带或片林，间有小面积温性荒山荒坡，形成毗邻地区的草原植被向河谷地带的扩展分布。森林主要沿河谷的两侧山地分布，以斑块状或片状形式出现。寒温性针叶林在各支流中部以上地区的山地阴坡。就整体而言，植被的水平变化格局与青藏高原高寒植被由东南向西北的变化基本相似。就其现代气候特征而言，与整体地势及气候环境特征所表现出来的由东南向西北呈现的半湿润、半干旱、干旱的变化相一致。

（二）垂直地带性

流域内主要由大致相互平行的北西西—南东东走向的山脉和峡谷组成，植被垂直带谱由东南向西北趋于简化（陈桂琛等，1994）。植被垂直带结构的不同反映了从高原边缘向高原内部随海拔升高所引起的植被系列变化，这与高原主体系列变化相一致，即表现为山地上部发育着特殊的高寒植被垂直带（王金亭，1988；中科院植物研究所等，1988）。特别是阴阳坡有所不同，且自北向南同类型植被的分布高度逐步提高（表3-3），植被垂直分布明显（图3-1）。流域内相对高差大，水、热分布不均恒，植被的垂直分布明显，可划分为下列垂直植被带：

风化石岩带：海拔3900m以上属高山石岩、冰雪裸露地带，几乎无植物生长，有的地段在40~60cm以下有永冻层。有少量的垫状植被。

高山草甸带：阴坡海拔3200~3900m，阳坡海拔3600~3900m，地带属高山草甸类型，有苔草、嵩草等草本。有少量的灌丛生长。

高山灌丛草甸带：阴坡海拔3000~3500m，阳坡海拔3200~3700m，以灌丛为主，灌木为金露梅、山生柳、鬼箭锦鸡儿等，阴坡有青海云杉、糙皮桦疏林，阳坡有祁连圆柏疏林。土壤为高山灌丛草甸土，阴坡土体潮湿，土温较低，植物的残体分解不良，有弱石灰反应或淋溶现象；阳坡蒸发量大，土壤干燥。

山地森林草甸草原带：阴坡海拔2400~3000m，阳坡海拔2600~3300m，为亚高山草原草甸带，大部分阴坡以苔草，嵩草为主，局部地区有森林分布。阴坡主要分布乔木树种青海云杉、糙皮桦、红桦，灌木主要是柳、银露梅、绣线菊、蔷薇、花楸等，地被物主要有委陵菜、草莓、蓼科、禾本科等；林下土壤是灰褐色森林土与草甸草原土壤镶嵌分布。阳坡主要分布乔木树种祁连圆柏，局部地区有青海云杉、白桦分布，灌木主要是中国沙棘、金露梅、小檗、锦鸡儿等，林型简单。地被物主要有委陵菜、蓼科、禾本科等。

山地森林草原带：阴坡海拔2000~2600m，阳坡海拔2000~2400m，为山地森林草原，大部分以苔草，嵩草为主，局部地区有森林分布，阴坡主要分布乔木树种青海云杉、青杆、白桦、红桦、山杨，灌木主要是柳、银露梅、绣线菊、蔷薇、花楸等，地被物主要有委陵菜、草莓、蓼科、禾本科等；阳坡主要为半干旱草原，少量分布祁连圆柏、中国沙棘、金露梅、小檗、锦鸡儿等，地被物主要有委陵菜、蓼科、禾本科等，林下灌木和草本稀疏，有的地区苔藓层较厚。林下土壤是灰褐色森林土与草甸草原土壤镶嵌分布。流域内云杉林下的土温较低，有的地段，夏秋多雨，土壤水分呈饱和状态，加上温度低，抑制了微生物的活动，植物残体分解缓慢而成泥炭。

表 3-3 拉脊山—达坂山植被垂直分布

植被带	阳坡（海拔高度 m）	阴坡（海拔高度 m）
山地森林草原带	2000～2400	2000～2600
山地森林草甸草原带	2600～3300	2400～3000
高山灌丛草甸带	3200～3700	3000～3500
高山草甸带	3600～3900	3200～3900
高山荒漠带	4000～4500	3900～4500

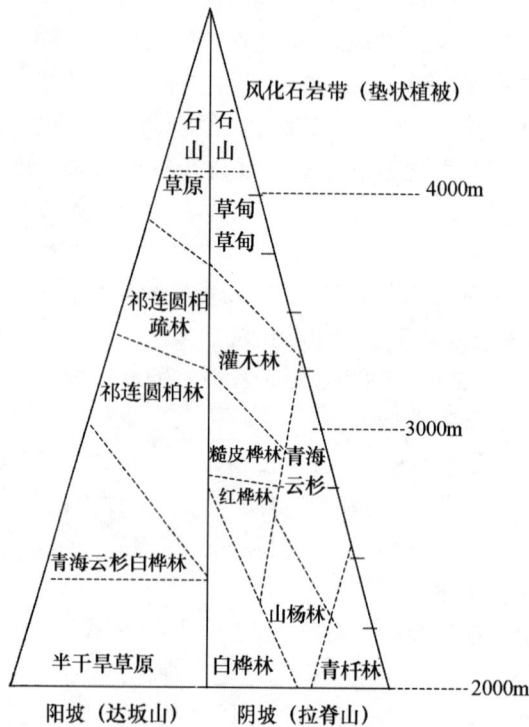

图 3-1 达坂山、拉脊山植被垂直分布示意图

四、影响植被分布的自然因素

湟水流域地处祁连山地区。影响该区植被分布的自然因素主要有地貌特征、气候条件和土壤因素等。

（一）地貌特征

本区地处祁连山系的东段，地势高耸多山。北有巍峨起伏的达坂山、大通山，西有"高原门户"之称的日月山，南有秀丽挺拔的拉脊山。山体多为北西西—南东东走向，区内山峦重叠，沟谷相间。山峰海拔在多在 4000m 以上，河谷海拔为 2000～3500m，山地海拔在 2900m 以上。地形变化复杂，地貌以山地、丘陵、河谷等基本地貌类型为主，具有明显的过渡性和复杂性。

（二）气候条件

该地区气候受东南季风和高空西风急流的控制，气候具有高原大陆性特点，主要表现冬季寒冷，夏季凉爽，气温偏低，太阳辐射强烈等。气温受海拔及地形的影响较大，总体表现为由西南向东北逐渐变冷。降雨量随海拔增高而递增。海拔 3000m 以上的北部地区及山区较寒冷，海拔 1800~2500m 的河谷地带较温暖。年平均气温 3.2℃~8.6℃，最高气温 25.1℃~33.5℃，最低气温 -18.8℃~25.1℃。年平均降雨量 319.2~531.9mm。多集中在 7~9 月之间，相对湿度一般为 57%~63.66%；蒸发量为 1275.6~1861mm。风速为 1.9~2.5m/s，最大风力 8 级，多出现在冬末春初时期。年平均日照 2708~3636 小时。无霜期约 90 天。

（三）土壤因素

土壤是由所处的地形、地貌、母质、气候等因素相互作用共同形成的。本区土壤类型主要有高山寒漠土、高山草甸土、山地草甸土、高山草原土、黑钙土、灰褐土、沼泽土等。这些土壤类型分布于不同的地段，并具有明显的垂直分布特点，从而影响自然植被的类型和分布。

第三节　植物种类

一、野生植物

（一）蕨类植物

湟水流域野生蕨类植物 10 科 12 属 21 种（参见附件：湟水流域野生植物名录）。常见的有木贼草、蕨菜、掌叶铁线蕨、高山冷蕨等植物。

（二）裸子植物

湟水流域野生裸子植物计有 3 科 4 属 6 种（参见附件：湟水流域野生植物名录）。常见的有青海云杉、祁连圆柏、日本落叶松、麻黄草等植物。

（三）被子植物

湟水流域野生被子植物 77 科 394 属 1110 种，有 31 亚种或变种（参见附件：湟水流域野生植物名录）。常见的有蔷薇科、胡颓子科、忍冬科、菊科、豆科、十字花科等植物。

二、栽培植物

（一）裸子植物

湟水流域栽培植物有 2 科 7 属 15 种。主要树种有紫果云杉、青海云杉、青杆、兴安落叶松、日本落叶松、祁连圆柏、侧柏、刺柏等（参见附件：湟水流域栽培植物名录）。

（二）被子植物

湟水流域栽培植物有 46 科 121 属 222 种。主要树种有杨柳科、榆科、蔷薇科、豆科、柽柳科、胡颓子科、木樨科、忍冬科的木本植物（参见附件：湟水流域栽培植物名录）。农作物主要有禾本科、豆科、十字花科的粮食和油料植物。蔬菜主要有茄科、葫芦科、十字花科食用植物。花卉主要蔷薇科、菊科、百合科、鸢尾科、锦葵科的观赏植物。

第四章 动物资源

19世纪后期到20世纪初期，对区域内所分布的动物种类的调查和研究相对较少，主要是一些国外探险家在探险过程中，对区域内分布的野生动物进行过一些零星的调查。例如，俄国的著名探险家普热尔瓦斯基先后数次组队进行青藏高原探险考察的过程中，经过了湟水河流域，对区域内分布的野生动物种类也进行了一些简单的调查并采集了部分动物标本。

20世纪50年代末期至60年代初期，动物区系方面的研究较多。1959年中国科学院动物研究所青海工作站张洁等人对湟水河谷的鸟兽区系进行了野外调查和分析研究，并发表《青海湟水河谷的鸟兽区系》（1962年），研究表明，本区鸟兽区系比较复杂，华北区、蒙新区、青藏区成分都有，录得鸟类95种、兽类21种；1963年发表《青海的兽类区系》，录得兽类70种。同年，冼耀华等人发表《青海的鸟类区系》，录得鸟类264种，其中25种及亚种为青海鸟类分布的新纪录。

对青海省的动物资源进行了两次较大规模的考察。1958～1964年间，中国科学院青甘综合考察队对野生动物进行了较为全面的系统调查。1995～1999年间，在林业部的统一部署和支持下，由青海省农林厅承担主持了全省陆生野生动物资源调查工作。

国内还有部分学者陆续对野生动物进行了相关的调查研究工作，先后完成发表《青海的兽类区系》、《青海的鸟类区系》、《青海湖地区鸟、兽组成特征及生态动物地理群的研究》、《青海经济动物志》等研究报告和专著。

西宁动物园等单位先后完成了《藏野驴人工饲养条件下的繁殖研究》、《雪豹人工繁殖和饲养技术研究》、《大天鹅人工饲养条件下的繁殖研究》、《黑颈鹤繁殖技术研究》、《藏马鸡人工饲养条件下的繁殖研究》和《荒漠猫人工饲养条件下的繁殖研究》等成果。

第一节 脊椎动物区系特征

湟水流域共有脊椎动物190种（见附录：湟水流域野生动物名录）。陆栖脊椎动物为主要成分，有170种；占流域脊椎动物总数的89.5%，水栖动物仅占10.5%。

一、水生动物

水栖脊椎动物有20种，隶属于2科16属，其中外省引进种占9种，主要分布于湟水流域的水库、河渠、湖泊和池塘。原生种厚唇裸重唇鱼仅分布于内陆水系，为高原冷水性鱼类。黄河裸裂尻鱼既分布于内陆水系又分布于黄河水系。其余种均属于我国黄河水系上游分布种类。

二、陆生动物

湟水流域的陆生脊椎动物有 170 种，隶属于 20 目 46 科，其中两栖类和爬行类各为 3 种，二者合计仅占陆生脊椎动物总数的 3.5%；鸟类 125 种，占总数的 73.7%；兽类 39 种，占总数的 22.8%。类群组成以鸟类为主体，留鸟和候鸟达 110 种，占鸟类种数的 87.3%，其余 16 种为旅鸟（苍鹭、黑鹳、斑嘴鸭、凤头潜鸭、鹊鸭、白尾鹞、游隼、灰鹤、黄头鹡鸰、灰鹡鸰、白鹡鸰、楔尾伯劳、紫翅椋鸟、虎斑地鸫、斑鸫、极北柳莺）。

在动物地理区划上，湟水流域属于古北界、中亚亚界、青藏区、青海藏南亚区祁连青南小区。两栖类和爬行类极为贫乏，仅有 6 种。其中岷山蟾蜍和中国林蛙属于我国特有种。岷山蟾蜍分布于青藏高原及毗邻的黄土高原，其余种广布于北方诸省区。

鸟类 125 种，其中，古北界种类 99 种，占鸟类总数的 79.4%；东洋界种类 19 种，占 15.1%；其余为广布种。流域的鸟类主要由古北界种类构成。在古北界种类中，主要由北方型和高地型类型组成。北方型共有 64 种，占古北界种类的 64.0%；高地型 12 种，占 18.0%。北方型鸟类的繁殖区环绕北半球北部，向南分布，达青藏高原，其代表种有鹊鸭、鸢、雀鹰、金雕、燕隼、红脚鹬、纵纹腹小鸮、长耳鸮、蚁䴕、黑枕绿啄木鸟、黑啄木鸟、大斑啄木鸟、角百灵、水鹨、松鸦、灰喜鹊、喜鹊、寒鸦、渡鸦、鹪鹩、红点颏、虎斑地鸫、黄眉柳莺、黄腰柳莺、极北柳莺、暗绿柳莺、银喉长尾山雀、黄嘴朱顶雀、白头鸭等。高地型鸟类主要在青藏高原或喜马拉雅山的高山带繁殖，流域内的这些种类型有长嘴百灵、褐背拟地鸦、高原山鹑、血雉、雪鸽、灰背伯劳、褐岩鹨、黑喉红尾鸲、白喉红尾鸲、白眉山雀、褐翅雪雀、棕背雪雀、黑喉雪雀、拟大朱雀、红胸朱雀、白翅拟蜡嘴雀。东洋界的鸟类以横断山脉——喜马拉雅山脉型为主，代表种有斑尾榛鸡、黑胸歌鸲、蓝额红尾鸲、棕背鸫、橙翅噪鹛、白顶溪鸲、黄腹柳莺、乌嘴柳莺、凤头雀鹰、黑冠山雀、褐头山雀、红眉朱雀、白眉朱雀等。其中斑尾榛鸡是北方型花尾榛鸡（*Bonasa bonasia*）的近缘种，在青藏高原东部形成我国的特有种。

流域的兽类与鸟类相同，主要由古北界种类构成，共有 34 种，占兽类总数的 87.2%，东洋界动物仅 3 种。古北界兽类主要由北方型、高地型和中亚型种类组成。

北方型种类有 12 种，占古北界种类的 35.3%；高地型种类次之，有 11 种，占 32.4%；中亚型种类有 8 种，占 23.5%。北方型兽类有狼、赤狐、石貂、艾虎、黄鼬、水獭、狗獾、猞猁、马鹿、根田鼠、小家鼠。这些种类广泛分布于欧亚大陆的寒温带，向南伸达青藏高原。高地形兽类主要有马麝、盘羊、岩羊、喜马拉雅旱獭、松田鼠、四川林跳鼠、高原兔和 4 种鼠兔。这些种类主要分布于青藏高原，是青藏区的代表成分。中亚型种类有荒漠猫、兔狲、长尾仓鼠、小毛足鼠、子午沙鼠、五指跳鼠等。这些种类为荒漠—草原的栖息者，是"蒙新区"的代表成分，它们不同程度地向外围扩展。东洋界的兽类有黄耳斑鼯鼠、豹猫和东方宽耳蝠 3 种。黄耳斑鼯鼠主要分布于阴坡的云杉林中，属西南区的代表成分，也是我国的特有种；豹猫栖息于多种类型的林带，属晨昏性动物。

流域种类组成表明，陆栖脊椎动物以古北界种类占绝对优势。在古北界种类中，无论鸟类还是兽类均主要由北方型和高地型种类构成。这两种类型都属于耐寒类型。这充分体现了青藏区、青海藏南亚区的高寒特征。

湟水流域在地质构造上是祁连地槽皱褶系的组成部分。其间分布有河谷、低山丘陵和中高山。整体地势由西向东倾斜。从河谷到高山的自然类型，可分为川水（河谷地区）、浅山（中低山丘陵地带）、脑山（中山和高山地带）。地势起伏大，地形地貌复杂。其间有大量的旱耕地和优良的草山，局部山地阴坡发育有天然森林。森林和草原动物相互混杂和渗透，构成森林草原、寒漠动物群。

第二节　动物群及其生态特征

流域内垂直变化明显的波动起伏地形，发育形成了众多不同的生态环境类型。在区域范围内，分布着森林、灌丛、草地、湿地、高山裸岩（高山流石坡）等生态景观类型。同时也形成了河流与小型湖泊和水库等水体景观。这种多变的区域生态环境和景观类型，为多种野生动物的生存繁衍提供了较为广阔的选择空间。根据相关的调查，流域多种野生动物依栖息环境分，主要包括以下类群。

一、高山裸岩动物群

该类群动物多在海拔 3900～4800m 的范围内活动，代表动物有石貂、岩羊、盘羊等。石貂多栖息于高山森林、河谷灌丛和岩石土坡地带，以鼠类、麻雀、岩鸽以及山鸦等为食；岩羊类多在无林的高山、丘林和山麓地带活动，喜聚群，主要以禾本科植物或其他杂草为食。

二、荒漠、半荒漠动物群

本类群动物主要栖息于荒漠草原、丘陵地区以及黄土高原的沟壑地区，分布海拔为 3200～3900m，代表种有石鸡、斑翅山鹑、普氏原羚、荒漠猫等。石鸡类动物以大都以野生植物种子、浆果、嫩枝、苔藓和地衣以及昆虫等为食；鹅喉羚主要采食猪毛菜、葱、戈壁羽茅、艾蒿以及其他禾本科草类；藏狐类主要以生活在荒漠、丘陵地区的鼠类、鸟类和野兔等为食物来源。

三、草原动物群

流湟水域该类群动物种类较多，广泛栖息于海拔 2400～3500m 的高山，草原草甸、草甸草原、高寒草甸及高寒荒漠草原等景观中。主要动物有大鵟、金雕、秃鹫、胡兀鹫、游隼、高原山鹑、大鸨、长嘴百灵、小沙百灵、小云雀、狼、赤狐、香鼬、艾虎、兔狲、猞猁、喜马拉雅旱獭、高原鼢鼠、高原鼠兔等。这类动物多数以草类植物、草地鼠类和昆虫为主食，草地为他们提供了丰富的食物。

四、湿地动物群

该类群以水禽为主，分布于 3000～4500m 有水域的地方，常栖息于于湖、河边、沼泽地、池塘、及有水的农田附近。其代表种有大白鹭、黑鹳、鹊鸭、普通秋沙鸭、红脚鹬、水獭等。这类动物主要以鱼、蛙、昆虫、爬行类、小型鸟兽等为食物。

五、森林（灌丛）动物群

该类动物主要栖息于森林、林缘灌丛、灌丛草原带，分布海拔为 2000 ~ 3000m。代表种有斑尾榛鸡、血雉、蓝马鸡、雪鸽、蚁䴕、黑啄木鸟、斑啄木鸟、豹猫、马麝、马鹿、黄耳斑鼯鼠、大林姬鼠、四川林跳鼠等。它们主要以昆虫、植物种子、果实、树木嫩枝、各种草类为主要食物来源。林木又依靠它们清除寄生虫和传播种子。

六、农田区动物群

该类群动物较少，常栖息于海拔 1650 ~ 2400m 的农田、灌丛、林缘草地和草丛中，以植物枝叶、根茎、果实为食。主要动物有白尾鹞、岩鸽、山斑鸠、环颈雉、原鸽、高原兔等种类。

第三节 动物数量

一、兽类种群数量

表 4 - 1 列出了部分兽类种群数量。总体反映出，该区域的大型兽类和有蹄类的种群数量相对较低，而啮齿类数量较高，这与它们所需生存空间和中群数量密切相关。

表 4 - 1 湟水流域兽类种群数量

动物名称	景观	1km² 动物数（只）
狼 *Canis lupus chanco*	草原、灌丛、荒漠	0.11
赤狐 *Vulpes vulpes Montana*	草甸、草原	0.42
猞猁 *Lynx lynx isabellinus*	草甸、草原、森林	0.022 ~ 0.044
马鹿 *Cervus elaphus kansuensis*	森林、灌丛、草原	0.138
马麝 *Moschus sifanicus*	林缘、灌丛	0.138
喜马拉雅旱獭 *Marmota himalayana*	草甸、草原	2.67
草兔 *Lepus capensis*	草甸、草原	1.02
高原兔 *Lepus oiostolus*	草甸、草原	1.14
高原鼠兔 *Ochotona curzoniae*	草甸、草原	32.85
高原鼢鼠 *Myospalax baileyi*	草甸、草原	6.83

二、鸟类种群数量

表 4 - 2 列出了流域内部分鸟类的种群数量，总体显示鸟类数量相对较少。以鼠类为食的食肉鸟数量减少，可能与灭、毒杀鼠类造成这些鸟类二次中毒，以及食物链、网的不协调有密切关系。此外，由于人为活动和全球气温转暖，造成湿地锐减，可能相应引起以湿地为栖息场所的鸟类数量的减少。

表 4 - 2　湟水流域鸟类种群数量

动物名称	1km² 动物数（只）
秃鹫 *Gyps fulvus himalayensis*	0.15
胡兀鹫 *Gypaetus barbatus hemachalanus*	0.24
大鵟 *Buteo hemilasius*	0.18
红隼 *Falco tinnunculus*	0.11
蓝马鸡 *Crossoptilon auritum*	1.09
白喉红尾鸲 *Phoenicurus schisticeps*	0.20
黑喉红尾鸲 *Phoenicurus hodgsoni*	0.40
黄腹柳莺 *Phylloscopus affinis*	0.21
黄腰柳莺 *Phylloscopus proregulus proregulus*	0.27
暗绿柳莺 *Phylloscopus trochiloides obscuratus*	0.49
黄眉柳莺 *Phylloscopus inornatus mandellii*	0.25
普通朱雀 *Carpodacus erythrinus roseatuss*	1.25
红眉朱雀 *Carpodacus pul cherrimus argyrophry*	0.39
白眉朱雀 *Carpodacus thura dubius*	0.46
拟大朱雀 *Carpodacus rubicilloides rubicilloides*	0.21
灰喜鹊 *Cyanoipca cyana kansuensis*	0.30
喜鹊 *Pica pica sericer*	0.23
松鸦 *Garrulus glandarius kansuensis*	0.17
灰背伯劳 *Lanius tephronotus*	0.10
赤胸灰雀 *Pyrrhula erythaca erythaca*	0.10
三道眉草鹀 *Emberiza cioides cioides*	0.10
山斑鸠 *Streptopelia orientalis orientalis*	0.10
血雉 *Lthaginis cruentus*	0.33
黑冠山雀 *Parus rubidiventris beavani*	3.21
褐头山雀 *Parus montanus affinis*	0.49

第四节　动物资源及评价

一、保护动物

依 1989 年国家公布的野生动物保护名录，湟水流域内属于国家 Ⅰ、Ⅱ级重点保护的野生动物有 27 种（表 4 - 3），其中 Ⅰ 级保护动物 5 种；Ⅱ 级保护动物 23 种。这些动物都具有可直接利用的可再生的资源，其资源量已成濒危或易危状态，一旦某物种灭绝，该资源将永远丧失。

表4-3　湟水流域国家重点保护野生动物（节录）

动物名称	保护级别	
	I	II
石貂 Martes foina toufoeus		√
水獭 Lutra lutra		√
荒漠猫 Felis bieti bieti		√
猞猁 Lynx lynx isabellinus		√
兔狲 Felis manul manul		√
马麝 Moschus sifanicus		√
马鹿 Cervus elaphus kansuensis		√
普氏原羚 Procapra przewalskii	√	
盘羊 Ovis ammon		√
岩羊 Pseudois nayaur szechuanensis		√
金雕 Aquila chrysaetos daphanea	√	
胡兀鹫 Gypaetus barbatus hemachalanus	√	
猎隼 Falco cherrug milvipes		√
雀鹰 Accipiter nisus		√
燕隼 Falco subbuteo		√
红隼 Falco tinnunculus		√
斑尾榛鸡 Tetrastes sewerzowi sewerzowi	√	
血雉 Ithaginis cruentus		√
蓝马鸡 Crossoptilon auritum		√
灰鹤 Grus grus		√
大鸨 Otis tarda	√	
雕鸮 Bubo bubo tibetanus		√
纵纹腹小鸮 Athene noctua impasta		√
长耳鸮 Asio otus otus		√

二、特有动物

特有动物指仅分布于我国的动物。流域内我国特有动物有岷山蟾蜍、中国林蛙、斑尾榛鸡、血雉、蓝马鸡、棕背鸫、山噪鹛、凤头雀鹰、白眉山雀、马麝、黄耳斑鼯鼠、四川林跳鼠、高原鼠兔和高原鼢鼠，计14种，占流域陆生脊椎动物种数的8.2%。两栖类2种，占流域两栖类的66.7%；鸟类7种，占流域鸟类5.6%；兽类5种，占流域兽类12.8%。尽管这些动物中有些物种还没列为国家公布的保护动物，但这些资源是我国的宝贵财富，也应注意保护。

三、经济动物

流域内分布的经济动物主要包括药用动物、裘皮动物、食用动物、观赏动物等类群。

药用动物主要有马麝、马鹿、狼、鼯鼠、林蛙、蟾蜍、麻蜥、枕纹锦蛇等，这类动物的产品经加工可入药，像麝香、鹿茸等产品是驰名中外的珍贵药材。

毛皮动物有石貂、艾虎、黄鼬、水獭、豹猫、兔狲、马鹿、盘羊、岩羊等，这些动物有的皮毛丰厚、有的毛被花纹清晰鲜艳，属于珍贵的制裘原料，可用于制作高质量的精美服装。

食用动物包括鹿科的狍、牛科的盘羊、岩羊、斑尾榛鸡、斑嘴鸭、环颈雉等动物，其肉鲜美、细嫩是制作美味的佳肴的原料。

观赏动物包括有大白鹭、蓝马鸡、环颈雉、金雕等动物。这些美丽的鸟类，成为的名贵观赏鸟，它们的羽毛可制作成各类装饰品，用于美化人类的生活环境。

除去有直接利用价值的经济动物外，还有些动物在生态系统中起做净化环境、滋养土壤、组成食物网链、维持生态系统物资循环和能量转换等功能，其作用并不亚于有直接经济效益的动物。

四、动物资源评价与保护

湟水流域是青海省人类生产活动比较活跃且人口密度较大的经济发达地区，动物种类组成、尤其是兽类种类组成十分有限；区域内 39 种兽类就有 10 种被国家列为Ⅰ、Ⅱ级保护动物，其资源量已成濒危或易危状态，其他物种尽管还没呈现出濒危或易危状态，但数量也很有限。评价区域内动物资源可否开发利用，主要决于经济动物的种类与数量、经济价值，以及它们的分布面积等。根据流域现有动物资源状况，应避免人类开发活动对这些濒危和易危物种的影响和干扰。而对个别数量较多、危害到生态平衡的啮齿类，如高原兔、草兔、高原鼠兔、高原鼢鼠和喜马拉雅旱獭等，可适当利用或控制，从而建立起有利于流域经济发展的生态平衡。

目前流域内，以鼠类为食的猛禽数量稀少，而鼠类密度相对较大，这表明鼠类与天敌存在生态失衡。因此除了保护好鼠类的天敌外，应当开展相关研究，了解鼠类与天敌的适当比例、天敌的生物学特性和它们适宜的生存环境等问题，从而使我们能站到更高层面来治理湟水流域的生态问题，为今后动物资源的合理利用，提供基础资料和依据。

第五章 森林资源

第一节 森林的历史演变

一、地史时期的森林

（一）中生代以前

自晚古生代的晚泥盆世至中生代的中三叠世基本上属于海洋环境，当时由古地中海—特提斯海占据着广大地区，大陆边缘在祁连山地南边一线，植物分布在岛屿上。

自侏罗纪早、中世起，青海省已基本上成为陆地环境，属温带潮湿气候，森林以裸子植物为主，主要由银杏类的拟银杏（*Ginkgoiles* sp.）、苏铁杉（*Podozamites* sp.）、罗汉松（*Podocarpus* sp.）等构成。

自晚侏罗世至白晋纪末期，青海基本上属于干热环境，潮湿气候比较短暂，互助县的韭菜沟等地出现的植物多为针状叶和鳞片状叶等耐旱类型，如短叶杉（*Brachyphyllum*）、坚叶杉（*Pagiophyllum*）等，而且多为疏林或散生状态。这些树种都多少反映了当时的气候状况。但是，在这个时期中，也还有些例外情况，如民和县有山龙眼（*Proteavidites* sp.）粉和桃金娘（*Myrtaceoidites* sp.）粉，还有澳大利亚南美杉（*Araracriacites australis*）和辐射华丽杉（*Callistopollenites radiatus*）粉等，说明气候的湿热程度，可能存在着小区域上的分异。总之，此时是裸子植物占优势。

（二）新生代第三纪

渐新世（36百万年前）时，喜马拉雅运动第一幕即将冲期开始，高原和许多山系抬升，但规模不大，因而基本上还保留着始新世的状况，地貌气候是老第三纪的继续，森林树种仍以木兰、山龙眼、松、云杉、雪松、冷杉、铁杉、桦、栎、麻黄等为主。说明当时青海省域北半部属亚热带气候。

到了上新世（3百万～12百万年前），青藏高原还在以较缓慢的速度抬升，气温继续降低，南北分异加剧，北半部进一步干旱，比较喜湿的树种如铁杉、栎、栗等已经绝迹，雪松也很稀少，代之以温带种类。

（三）新生代第四纪

自第四纪开始，青海地史进入了剧烈动荡的时期。喜马拉雅运动进行到第三幕——大规模快速抬升阶段，这也是形成青藏高原现状的决定时期。此时冰期来临，冰期和间冰期交替出现，影响到很多地方的冷暖干湿也反复多次交替出现，使得森林、草原和荒漠发生了进退、更替或消失等变化。

在晚更新世（1万～5万年前），进入了珠穆朗玛冰期，冰川沿河谷前进，高原内部气候的干燥程度进一步强化，多年冻土发育。此时青海湖周围山地尚有云杉、雪松、松和柏科（Cupressaceae）树种组成的部分针叶林，林下和林缘有柳类等。

（四）地史时期森林演变评价

青海湟水流域地史时期的森林有一个发生发展直到在较大范围的土地上消失的完整过程，喜马拉雅运动是决定森林分布接近目前状况的最根本原因。在此运动以前，青海省多数地区海拔不高，季风环流系统尚未形成，纬向地带性起主导作用，属热带、亚热带——暖温带气候，森林繁茂。由于高原隆起，冰期来临，气候变迁，森林发生多次进退，最后大面积消失，高原面上和荒漠地带基本上无乔木林。在地质时代后期曾经是集中连片的大面积森林和灌丛，至少灌丛草甸等植被是集中连片的，目前森林面积缩小的状况是反复破坏而造成的，并不是地质上的原因。由大量的历史资料来证明，而且现存的森林分布和大量的残遗体林分来证明，如果把这些残遗体林分相互连接起来，原来的森林布局，即沿达坂山南坡、拉脊山北坡有一条宽度不等的林带。

二、历史时期的森林

自全新世以来，由于地壳运动较为平静，气候波动不大，湟水流域森林在地史上进入了相对稳定时期，其分布和主要类型没有发生大的质变。但是，由于人类的出现，极大地影响着森林的发展和消亡，因而继续不断地发生着变迁。

在距今5000年左右的民和县马家窑文化期的出土墓葬中已用木棺，特别在乐都县柳湾的齐家文化期1700余座古墓葬群中（包括马家窑文化的半山类型和马厂类型以及齐家文化），不仅大量使用木棺，而且有用独木做的棺材，说明当时该地有高大的树木或林木。

（一）汉宣帝时期

汉宣帝时，后将军赵充国在平定先零羌人的反抗之后，上书屯田，谈到："计度临羌（今镇海堡）东至浩门（今享堂），羌虏故田及公田民所未垦可二千顷以上，其间邮亭多坏败者，臣前部士入山伐材木大小六万余枚，皆在水次，……冰解漕下，缮乡亭，浚沟渠，治湟郏（峡）以西道桥七十所，令可至鲜水（今青海湖）左右"。这段记载大致说明：①当时湟水两岸森林很多，至少在一些沟叉支流上有森林，因为赵充国到西宁很短的时间内即能采伐如此大量的木材并积材于湟水边上，说明森林距湟水不远；②湟水水量比现在大得多，因为可以搞木材水运，而且当时在某次战争中也记载有："……赴水溺死者数百"，这也证明当时水量丰富的程度。到了隋炀帝大业五年（609年），他率领文武百官来西宁巡视，曾"大猎于拔延山（今化隆县境），长围周亘二千里"，推算其围场直径至少在200km以上，当含黄河和湟水两个流域。

（二）乾隆时期

到了清乾隆十二年（1747年）西宁道台琚便杨应琚编写的《西宁府新志》时，已"盖湟中诸山，类皆童阜"，荒山已在大范围内出现。他在修建西宁小峡口河历桥时不得不"取巨木于远山"，附近已无森林了。从该书的记载分析，此时的天然林，不仅在湟水河谷看不见，即使在脑山一带，也多已不复集中连片，而成为断续状态，当时罗列西宁府范围内相当于湟水流域的山林有：翠山、五峰山、隆藏林山、顺善林山、平谷、阿刺古山、奇峰山、胜番沟、大寒山、拨科山、峡门山、燕麦山、松树塘、柏树峡、东峡等多处。同时，还记载了"合郡所同"的野生动物和林产品种类有：①兽之类有"野牛、野马、羚（自注：大角。可能是盘羊）、青羊、獐、兔、黄羊、黄鼠、狐、猞猁狲、鹿、麋、狼、獭、狸、豹、虎（自注：少）；②禽之类有：马鸡、山鸡、野鸡、野鸭、鸳鸯……"；③木之类有："柳（二种）、白杨、青杨檀（可能为大叶朴）、榆、楸、桦、柏……松（二种）柽、栒子木等"；④果之类有"杏、李、桃、山樱桃、林檎、沙枣"；⑤其他产于林下的植物有"大黄、羌活、升麻、柴胡"，还有竹类，特别是记载着产有蕨菜和木耳，说明了残遗森林一般还有较大的面积。此外，此书还记载着当时西宁周围有 25 处水泉，大通周围有 42 处水泉，说明那时尽管已出现大面积的荒山，但总的植被条件尚好，水土流失不似后来这么严重，夏季还可以看到青山绿水，以至于申梦玺在《雨后西平途中喜作》一诗中说"郁郁复葱葱，山川爽气通，麦针全破雨，柳线半穿风……"，用郁郁葱葱来形容西宁附近的山川，而且说"此景不可逢"，可见风景与今迥异。还有斌良在《平戎驿》一诗中也说："不道平戎驿，风光隽可人，绿杨临水润，红叶染霜匀……"，红叶当是花楸、小檗类灌木，推测平安镇一带山上还有灌木林，才使得他喜出望外，现在那里的灌木林已荡然无存了。以上这些大致说明了在漫长的封建社会时期湟水流域的森林变迁情况。

（三）民国时期

1940 年夏，马步芳调集一个旅并"征调大通、互助、门源三县民伕及车马，并大力砍伐大通鹞子沟森林，凡椽材以上全部砍光，不及一年沦为荒山，据不完全统计仅大通一县民伕因伐木运材而被压死、打死的，即达 70 余人……将获得的木材一部分修建了乐家湾军营，大部分运往外地出售"。

1943 年，马步芳修建私人官邸"馨庐"时，曾征调民伕 8000 余名，"由互助、贵德、大通、循化等处采运柏木、松木和果木，每日采伐征用的车马络绎不绝……费时达一年之久"。同时，还在化隆县甘都、湟中县上五庄、贵德县莫渠沟、大通县包科（宝库）、祁连县八宝等处修建公馆，所需木材，均系就地砍取。

（四）历史时期森林演变评价

湟水流域森林孕育着人类古文化的地区之一。人类一开始是依赖森林而生存的，除了直接利用木材、烧柴等林产品和充当"有巢氏"之外，还要采集野果野蔬和猎取野生动物作食品，发展畜牧业也是从捕养野生动物开始的。省境东部自渔猎期到近代都是野生动物特别是森林动物的王国，狩猎一直是各族人民谋生的重要手段，狩猎产品如鹿茸、麝香、熊胆、皮毛等的产量历来数量很大，驰名中外的青海省四大特产：鹿茸、麝香、蘑菇、大黄，大都是林产品，这从反面证明以往案例的规模，也说明了森林与人类的关系。

湟水流域森林在 1949 年以前的漫长时期里，经历了一个深刻变化的过程，这个过程是以单向变化即一味减少或消失的方向为其主要特征，至于森林的恢复和发展则根本没有或微不足道，对于这个全过程可作如下概括。

在历史时期，对森林谈不上经营管理，森林资源的分布和数量一直不清。没有建立过任何一个管护或营林机构，对林业也无任何投资。在天然林内，从未有采种、育苗、造林和更新等营林活动，乱砍滥伐不断发生，没有任何防范林火的措施和设施，发生火灾，任其自燃自灭。森林的演变是按照原始林→次生林→灌丛→草地→荒山的方向发展，在数量上上按集中连片→断续状态→进一步缩小→残遗状态→彻底消失的方向减少，从而引起生态环境的恶变，成为"童山濯濯，荒地千里，一望无垠"。特别是近 200 年来是森林变化最剧烈的时期。由于统治者极尽压榨、剥削与掠夺之能事，青海各族人民群众接近极端贫困化，只能向愈来愈少的山林找出路，结果是越穷越砍，越砍越穷。形成穷山恶水，生态失调，大范围的秃岭沟壑基本上是在本期形成的。

三、近 50 年来的森林

（一）新中国成立初期

新中国成立初期，国民经济处于逐步恢复发展时期，也是林业的奠基时期，当时林业的主要任务是建立机构和普遍护林。社会对林业的主导需求主要是木材，加之"以粮为纲"思想的影响，使得林地成了扩大耕地面积的重要来源。人们把森林当做一种单纯的经济资源，把林业仅仅当做一项基础产业，把林业部门当做一个产业部门，以木材生产为中心来组织和安排林业工作，把采伐木材的数量和质量作为衡量林业工作的重要的经济指标。采伐的主要是天然林，社会对森林的生态价值没有经济回报，毁林开荒屡禁不止。

（二）改革开放以来

改革开放以来，由于拨乱反正和实行改革开放，调动广大群众的积极性，给林业注入了新活力，林业呈现勃勃生机。随着社会经济的不断发展和人民生活水平的不断提高，人们开始逐渐认识到林业既是一项重要的基础产业，又是一项公益事业，同时具有生态效益、社会效益和经济效益。开始实施的以"三北"防护林建设工程为代表的生态工程，提出了建立林业生态体系和林业产业体系的目标，社会办林业的格局渐具雏形。但当时的经济社会发展特征，决定了以木材生产为中心的发展模式仍然难以改变。

（三）跨入新世纪

跨入新世纪，我国进入了全面建设小康社会，加快推进社会主义现代化新的发展阶段。但是，恶劣的生态环境已经成为制约我国经济与社会可持续发展的根本性因素之一，社会对生态环境的关注达到了前所未有的程度，改善生态环境日渐成为社会对林业的主导需求。随着国家可持续发展战略和西部大开发战略的实施，以林业六大工程全面启动为标志，我国林业进入了一个以可持续发展理论为指导，全面推进跨越式发展的新阶段。天然林资源受到严格保护，木材生产逐步由采伐天然林为主转向以采伐人工林为主，退耕还林从试点到大规模开展，森林生态效益补偿制度开始实施，形成了社会办林业的气候，林业正在经历着一场由以木材生产为主向以生态建设为主转变的极其深刻的历史性变革。

（四）近 50 年来森林演变评价

1950~1952 年是国民经济恢复时期，也是林业的奠基时期，当时的主要任务是建立林业机构和普遍护林。1965 年机构撤并、人员下放、生产基本处于停止状态。1970 年重新处于恢复发展，但发展速度较慢。1978 年实行改革开放方针，调动起广大干部群众的积极性，给林业注入了新的活力，林业生产呈现勃勃生机，林业产值和造林面积大幅度提高，但林业投资、造林质量和林业产值相对不高。

2000 年以来生态建设成为林业工作的主要任务，至 2005 年完成退耕还林计划任务 160 949.8hm²，其中退耕地还林 63 665.3hm²，荒山造林种草 97 284.5hm²。天然林资源（40.06 万 hm²）得到了休养生息和有效保护，使天然林资源进入了全面恢复和发展阶段。

"三北"防护林体系建设四期工程累计完成造林任务 71 767.0hm²。年均防治病虫鼠害面积 8.0 万 hm²。种苗生产的科技含量进一步提高，种苗生产规模、质量和数量不断增加，生产水平有了明显提高，现有良种基地 8 处，面积 382hm²；采种基地 8 处，面积 2200hm²；苗圃 1427 处，总面积 2199.8hm²，可育苗面积 1690hm²。大力开展抗逆性强的乡土树种的培育和推广，推广应用 4153 万株，吸水保水剂及干水应用 0.78 万 hm²，推广容器育苗技术 2705 万袋。林业产业有了较快发展，新建国家级森林公园 1 处，建设森林旅游景点近 20 处，森林旅游人数和收入逐年增加；森林药材和山野菜的开发已小有规模，年产量已过万吨；高原花卉发展迅猛，目前生产基地已有 10 余处。

如果把林业建设规模、投资与年度 3 个因子绘成曲线图，可以看出，50 年来林业的发展基本呈"驼峰式"向前发展的趋势，1957～1959 年和 1985～1987 年是两个高峰期，2000～2005 年以来呈"跨越式"发展态势。

四、人工林的发展简史

青海自何时开始植树已不可考，大约自有农业之后即有植树之举，至少在晋代以前已有农桑。宋代（1099～1100 年）李远写的《青唐录》中说到："沿湟水西行，沿岸土地肥沃，居民散处，筑室而居，间以树木"。明代有人记载："西宁……土汉杂居，中间膏腴相望，梨枣成林"。在《循化志》中，专门有论述农桑的一节，记载有举人张希孔上书，谈到"经国大务，无过农桑"，而且具体地讲了桑树的栽植技术，提倡林粮间作。该节还记载乾隆八年（1743 年），甘肃巡抚"黄牌饬各道转行所属种植树木"。是见之最早的植树命令。清宣统二年（1910 年）成书的《丹噶尔厅志》记载湟源一带栽种柳树（包括杨树）或缘水堤，或夹道旁，或依傍田园，自临迤南，东至西石峡口，南至大小高陵，西至塔尔湾，西北至胡丹度。民国三年（1914 年），周希武在《宁海纪行》中记载，看到上川口"村树稠密"，大峡一带的张家寨"树木成行，泉水交流"，由白马寺到曹家堡一带"湟水以南此三十里中，烟树村落，络绎不绝"，"高寨迤西五里中，田畴尽群，树木颇盛"。这些都说明当时湟川一带情况。

马步芳家族统治青海后。从 1930～1938 年 9 年中，历年植树保存约 900 万株。造林地点多在沿甘青公路两侧、西宁至大通的河漫滩上和各县的"县林"即公园内。栽植树种以杨树占绝对优势，其他为柳树，再次为榆树。栽植组织除了机关、学校和军队以外，主要是下命令各地出伕出苗，无偿栽植。仅据中华民国三十五年（1946 年）的统计，"湟中县植树出伕二万八千余人次，栽树十二万二千株；互助县植树民伕一万一千余人次，栽树九万五千余株"。新中国成立以后，经第一次森林资源清查，1949 年以前所造的人工林共保存有 3400hm²。

第二节　森林类型及分布规律

一、青海云杉林

青海云杉（*pieca crassifolia*）材质良好，生长迅速，适应性较强，是我国特有树种。在祁连山地垂直气候带上，为顶级群落。分布面积广、稳定，是青海针叶林中的主要类型之一。

（一）分布及生境

祁连山地是一系列高山峻岭和地陷谷地组成强烈褶皱的山脉，山势走向自西北向东南伸展，山峰海拔高度一般在4000m以上，具有显著的高山，深谷陡坡地貌。在同有地貌区内，由于垂直高度和坡向的不同，各部水，热，光照等条件有显著差异。青海云杉对温度和湿度的要求，可以从不同的坡向分布看出。林分多呈块状，零星分布于高山峡谷的阴坡和半阴坡，垂分布范围在海拔2560～3060m，常与分布在半阳坡的草地镶嵌。湟水河流域林区青海云杉的分布高度上限是3060m，大通东峡林场。

分布地区属于山地森林气候。其特点是寒润或温润，气温低而日夜较差大，雨量少而集中，冬春季寒冷，干旱多风，日照时间长热辐射强，年平均气温低于2℃，最热月平均气温为12℃左右，最冷月约－12℃。最热月平均气温12.9℃为标准，垂直高度每升高100m温度降低0.65℃为基数进行推算，青海云杉垂直分布范围上限最热月的平均气温约为7℃，其分布下限最热月平均气温约为15℃。降水量的分布状况对青海云杉的分布与生长同样有着密切的关系，地势较高的山区，较为湿润，年降水量可达400mm以上，云杉林得以发展，地势较低的河谷地带，气候干旱，山地降水量不足300mm，云杉林分布甚少，可见其耐干旱程度。但一般青海云杉林分布区，年降水量多在400m上下。

（二）组成与结构

1. 组成

青海云杉构成乔木层主要的建群种，有明显的数量优势，多为同龄的单层纯林，伴生树种有祁连圆柏、山杨、白桦、红桦。但具体地段的林分组成是单层纯林还是复层混交林，则随生态条件的不同而异。

就其林下植物的种类组成，大致可分为以耐荫灌木为主的青海云杉林，以草类为主的青海云杉林和以苔藓为主的青海云杉林3大类。

2. 层次结构

青海云杉林一般为单层，复层林很少见。生态层次可分为乔木层、下木层、草本植物层、苔藓层及层外植物，在大多数的林型中林下层次不完整，仅有1～2个层次发育良好而稳定。

从林下植被看，藓类在各林型中一般都比较发育，水分条件较好的阴坡，苔藓层发育极好，盖度可达80%～90%，厚度达10cm以上。青海云杉林主要林型层次结构和测树因子见表5－1。

表5－1　青海云杉林主要林型层次和测树因子

林型名称	自然条件	林下情况	组成	林分总疏密度	层次	平均年龄	平均胸径（cm）	平均树高（m）	蓄积量（m³）
13646 草类青海云杉林	大通县东峡仙米村黄伯牙，海拔3040m，阴坡，坡度36°	刚毛忍冬，盖度5%，高0.4m 草本 盖度45%，高0.05～0.2m，分布均匀	10云＋桦	0.8	Ⅰ	64	18.9	16.7	326.9

（续）

林型名称	自然条件	林下情况	组成	林分总疏密度	层次	平均年龄	平均胸径（cm）	平均树高（m）	蓄积量（m³）
13669 草类青海云杉林	大通县东峡林场广惠寺，海拔 2837m，阴坡，坡度 21°	绣线菊、金露梅、蔷薇、锦鸡儿，盖度 30%，高 0.52～0.74m，草本盖度 70%，高 0.2～0.4m，均匀分布	10 云	0.9	I	52	16.8	17.3	272.1
13693 灌丛青海云杉林	大通县东峡鹞子沟尕寺梁，海拔 3061m，阴坡，坡度 16°	灰栒子、蔷薇、锦鸡儿，盖度 45%，高 0.4～0.8m，草本盖度 60%，高 0.04～0.2m，均匀分布，灌木团状或块状分布	10 云	0.1	I	70	27.4	13.4	40.713
18707 灌丛青海云杉林	大通县东峡林场老虎沟，海拔 2900m，阳坡，坡度 14°	小檗、锦鸡儿、绣线菊，盖度 40%，高 0.6～1.6m，草本盖度 0.2～0.6m，分布均匀，灌木有团状分布	10 云	0.7	I	59	19.6	14.0	206.713
18729 草类青海云杉林	大通县东峡弯沟乡东至沟，海拔 3061m，阴坡，坡度 16°	无灌木，草本盖度 98%，高 0.08～0.3m，均匀分布	10 云	0.8	I	62	17.6	15.3	286.163
26668 灌丛青海云杉林	乐都县下北山林场 19 林班，海拔 3060m，阳坡，坡度 32°	蔷薇、金露梅、小檗、锦鸡儿，盖度 40%，高 0.3～1.5m，草本盖度 90%，高 0.04～0.08m，均匀分布，灌木片状分布	10 云	0.4	I	70	27.6	16.7	165.35
33609 草类青海云杉林	乐都县药草台林场 5～5 林班，海拔 2980m，阴坡，坡度 21°	小檗、金露梅、蔷薇，盖度 10%，高 0.4～0.9m，草本盖度 85%，高 0.1～0.2m，均匀分布	10 云	0.7	I	58	24.7	23.3	312.713
33610 灌丛青海云杉林	乐都县药草台林场 3～12 林班，海拔 2980m，阴坡，坡度 16°	小檗、金露梅、蔷薇、绣线菊，盖度 60%，高 0.7～0.8m，草本盖度 90%，高 0.15～0.4m，均匀分布	10 云	0.5	I	18	7.8	4.5	10.525

（续）

林型名称	自然条件	林下情况	组成	林分总疏密度	层次	平均年龄	平均胸径（cm）	平均树高（m）	蓄积量（m³）
33632 灌丛青海云杉林	乐都县药草台林场，海拔 3030m，阳坡，坡度 27°	小檗、沙棘、蔷薇，盖度 90%，高 1.3～2.5m，草本盖度 95%，高 0.1～0.5m，均匀分布	10 云	0.6	Ⅰ	22	4.0	1.8	

（三）林型

青海云杉林的生态条件取决于气候条件和海拔高度及坡向等因子，在山地的不同生态条件下，青海云杉林与其他乔灌木及草本植物共同构成以下不同林型。

1. 草类青海云杉林

分布在青海云杉林的中上部，海拔 3060m 以下的阴坡、半阴坡，坡度 16°～36°，草地和森林相互交错，形成单层纯林；伴生灌木有刚毛忍冬、绣线菊、小檗、金露梅、蔷薇、锦鸡儿，盖度 30%～45% 多呈带状分布，面积不大且不稳定。草本层盖度 45% 以上，以苔草占优势，其次为马先蒿、蓼、棘豆和紫菀。藓类盖度约 30%，以山羽藓和欧灰藓为主。

2. 灌丛青海云杉林

该林型一般位于青海云杉林分布的上限，海拔 2980～3060m 的阴坡、半阴坡，坡度 16°～32° 的上部林缘处，形成单层纯林；原有云杉林破坏后，小檗、蔷薇、绣线菊、金露梅、鲜卑木、鬼箭锦鸡儿、沙棘等入侵，盖度 40%～90%，多为团状或片状分布；也伴有莎草科及蓼科等草类生长；气候寒冷，生境比较严酷，乔木层稀疏，灌木得到发育。

3. 青海云杉—红桦混交林

该林型青海云杉与红桦混交成林，混交比例一般为 6 云 4 桦，形成单层或二层混交林；分布在青海云杉的中部，海拔 2860～3050m 的阴坡、半阴坡，坡度 25°～30°，分布的灌木有灰枸子、蔷薇、银露梅、柳，盖度 35%，呈团状或零星分布；也伴有莎草科及蓼科等草类生长，盖度 30%～70%。

4. 青海云杉—白桦混交林

该林型青海云杉与白桦混交成林，混交比例一般为 8 云 2 桦，形成单层或二层混交林；分布在青海云杉的中部，海拔 2750～2840m 的阴坡、半阴坡，坡度 5°～26°，地形较为平缓，常分布着灰枸子、金露梅、蔷薇、小檗、高山柳、金露梅、绣线菊等灌木，盖度 25%～92%，呈团状或零星分布；也伴有莎草科及蓼科等草类生长，盖度 25%～90%。

5. 青海云杉—糙皮桦混交林

该林型青海云杉与糙皮桦混交成林，混交比例一般为 9 云 1 桦，形成单层或二层混交林；分布在青海云杉的中上部，海拔 2900～3000m 的阴坡、半阴坡，坡度 25°～35°，常分布着高山柳、杜鹃、绣线菊等灌木，盖度 40%～75%，均匀分布；伴生的草类少，盖度 5%。

6. 青海云杉—青杨混交林

该林型青海云杉与青杨混交成林，混交比例一般为 5 云 5 青杨，形成单层混交林；分布在青海云杉的中下部，海拔 2670m 以下的半阴坡，坡度 28°，常分布着蔷薇、小檗、高山柳、枸子，高 1.2 ~ 1.8m，平均盖度 60%，草本盖度 80%，高 0.2 ~ 0.4m，片状或零星分布；伴生有禾本科和蝶形花科等草类，盖度 90%。

7. 青海云杉林—山杨混交林

该林型青海云杉与山杨混交成林，混交比例一般为 7 云 3 杨，形成单层混交林；分布在青海云杉的下部，海拔 2560m 以下的阴坡，坡度 17°地势低而略平缓，常分布着蔷薇、珍珠梅、高山柳、银露梅、小檗等灌木，平均高高 0.58 ~ 1.13m，平均盖度 92%，草本盖度 100%，高 0.15 ~ 0.51m，分布均匀。

（四）生长规律

青海云杉属较大型的常绿针叶乔木，树干挺直，干型饱满，高可达 30m 以上，直径可达 100cm 以上，自然成熟龄在 450 年以上。现实林分测树因子差异较大，通常的情况是：平均林龄 80 ~ 180 年，平均树高 13.3 ~ 15m，平均胸径 17 ~ 28cm，平均郁闭度 0.2 ~ 0.6，小区地段上可达 0.7 ~ 0.9，甚至 1.0，平均每公顷蓄积量 120 ~ 240m³。林分蓄积量自然枯损率在 0.05%，

湟水流域青海云杉林各密度级测树因子见表 5 - 2。

表5－2 湟水流域青海云杉林各密度级测树因子

密度级	郁闭度	每公顷株树	平均树高（m）	平均胸径（cm）	高径比	每公顷蓄积量（m³）
疏林	0.2 以下	88	13.4	27.4	49:1	40.731
中林	0.2 - 0.6	1135	13.3	19.8	67:1	122.025
密林	0.6 以上	1485	14.2	17	84:1	238.122

（五）更新与演替

1. 更新情况

青海云杉林一般 40 ~ 60 年开始结实，火烧迹地上的散生幼树 30 年即开始结实，孤立木 20 年便能结实。随着年龄的增长，结实量增加，在正常情况下，每隔 4 ~ 5 年结实盛期（种子年）重复 1 次。每 100 个球果可得纯种子 82.5g，每 26kg 球果可得纯种子 1kg。种子发芽率一般在 85% 左右，保存期 3 ~ 5 年。种子传播距离 50 ~ 100m。

青海云杉幼树在 1 ~ 15 年期间喜上方庇荫，15 ~ 30 年期间上方透光而测方庇荫。是一个中等耐荫的树种。在郁闭度大的林分中天然更新一般较差。湟水流域的青海云杉林，每公顷有更新幼苗 38 492 株，1 ~ 5 年生苗为零；6 ~ 10 年生苗每公顷可达 9820 株，占 26%；11 ~ 15 年生苗每公顷达 4600 株，占 12%；16 ~ 20 年生苗每公顷达 12 704 株，占 33%；21 ~ 30 年生苗每公顷达 19 987 株，占 52%。青海云杉—糙皮桦林，每公顷幼苗只有 250 余株，只有低海拔地段的青海云杉—白桦、红桦混交林下更新较好（表 5 -3）。

表 5-3　湟水流域云杉林各林型天然更新情况

林型（混交林）	郁闭度	苔藓层盖度	相对湿度	树种	更新情况（每公顷云杉幼苗株数）					
					1~5年生（%）	6~10年生（%）	11~15年生（%）	16~20年生（%）	21~30年生（%）	合计（%）
灌木—云杉林				云杉				635	5848	
草本—云杉林				云杉			150		710	
云杉—红桦混交林				云杉			700		3500	
				红桦			500		7000	
云杉—白桦混交林				云杉	9820	1000		3480	2929	
				白桦				8339		
云杉—糙皮桦混交林				云杉				150		
				糙皮桦				100		
云杉—山杨混交林				云杉			250			
				山杨			2000			

2. 演替

在自然条件下，青海云杉林内阴暗，气温低，湿度大，不仅使其他树种难以生长，也抑制着青海云杉幼苗的生长。当上层林冠逐渐衰老枯倒后，幼苗即在林窗处生长，从而实现世代更替，保持着稳定状态。如果发生林火或经采伐破坏后，则将发生两种情况：当迹地保护不好，人为干扰较大，原有幼苗幼树损失殆尽或种源不足时，则将产生逆向演替，即沦为灌丛或草地，森林难以恢复，此种情况在各林区均有，尤其在道路两侧。与此相反，如果迹地得到保护，原有幼苗损失轻微或种源充足，则也可直接实现顺向演替。

在针阔混交林带上，青海云杉的演替过程比较复杂。有一部分林分可以实现自身的不断

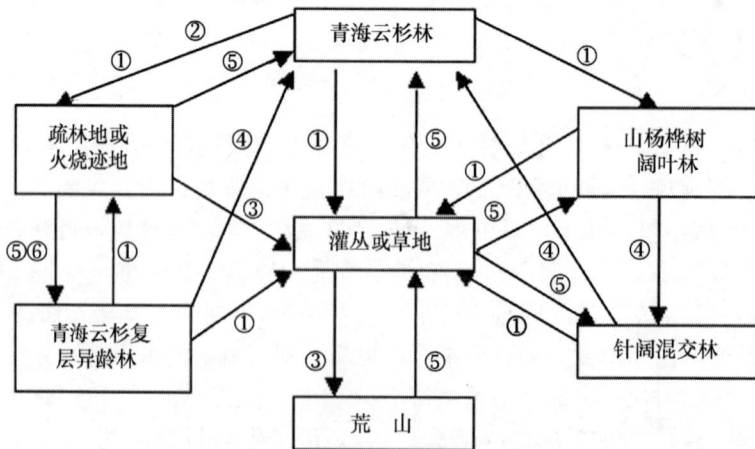

图 5-1　青海云杉林演替图示

①火烧、采伐、破坏　②自然枯死　③垦、滥樵、过度放牧

④自然演替　⑤封育　⑥天然更新

更替，但大部分林分却并非如此。当青海云杉林受到火烧，采伐或破坏后，短时期难以恢复成林，这时，山杨和桦树等即行侵入并占据迹地，形成阔叶林，发生了树种更替。山杨林多在半阴坡和半阳坡形成，桦树林均在阴坡，桦树包括白桦、红桦和糙皮桦，以白桦林最多。杨、桦生长较快，迅速形成上层林冠，创造了庇荫条件，青海云杉的幼苗幼树即在其下茁壮生长，当达到主林层高度时，成为针阔混交林，这个阶段通常比较短暂，一旦青海云杉的高度超过阔叶树并郁闭成为更高的主林层时，喜光的杨、桦树便逐渐枯死，最后全部被淘汰，又成为稳定的青海云杉林。现将湟水流域白桦青海云杉混交林的演替层次（表5-4）和青海云杉演替图（图5-1）。

表 5 -4　白桦青海云杉林各演替层测树因子

地点	自然条件	树种	层次	年龄	平均高（m）	平均胸径（cm）	每公顷株数
湟中县上五庄乡，马坡	山坡下部，海拔3100m，阴坡25°	白桦	主林层	57	12.6	12.7	204
		云杉	演替层	38	5.2	6.5	150
		云杉	更新层	20	0.5~4.0	-	90
大通县东峡鹞子沟口尕圈窝	山坡中部，海拔2820m，阴坡5°	云杉	主林层	74	30.2	20.6	193
		白桦	演替层	44	7.5	10.5	160
		云杉	更新层	24	0.5以下	-	60

上述演替过程也有两种例外情况，一种是青海云杉更新很差或继续破坏，少量幼树随意就升至阔叶树冠以上，不能郁闭，透光度大，杨、桦树仍可生长，青海云杉需要再度更新，才能最终淘汰阔叶树。这样，阔叶树林便可繁衍数代，形成了相对稳定阔叶林或针阔混交林。另一种例外是阔叶林或针阔混交林遭到严重破坏，环境改变或附近种源不足，不仅不能恢复青海云杉林，即使阔叶树也难以生长，发生逆向演替，成为草地或裸露地。当然，如果采取人工措施，如封山育林、造林等，森林仍然可以得到恢复。

二、祁连圆柏林

祁连圆柏（*Sabina przewalskill* Kom）是我国圆柏属中的一个特有种，它为建群种所形成的天然林集中分布在青藏高原的东北部和黄土高原的西部边缘。青海省主要分布在祁连山地，成为阳坡最常见的森林。它生态适应幅度大，能耐高寒气候和贫瘠、干旱的土壤。是良好的水土保持林和水源涵养林。

（一）分布与环境

祁连圆柏分布区的自然环境和水热条件变动范围很大。分布的最冷区在祁连山区，年平均气温 -3.4℃。分布的最干旱区在柴达木盆地东部山区，年降水量为176.4mm（都兰），相对湿度40%。分布的最潮湿区在玛可河林区，年降水量为638.4mm（班玛）。极端气候区域的指标表明了祁连圆柏能忍耐寒冷而不耐高温；能抵抗干旱，而不耐过于潮湿的环境，是一个典型的寒温带旱生树种。湟水流域主要分布在互助、乐都的国有林区的高海拔区。

祁连圆柏林下土壤为山地灰褐土，无明显地带性特征，受局部地形条件或植被组成的影响，土壤性状差别很大。在半阴坡、半阳坡或较缓坡地（30°以下）的中等密度（郁闭度0.5~0.7）林分内，土壤发育一般良好。土层多在60cm以上，层次明显，具有 A_1、A_2、

B_1、B_2 等层。A 层厚 20~30cm，呈褐色，往下逐渐变浅，腐殖质含量较丰富，呈半分解状态，有较强的持水性能，通气良好，肥力中等。而在多数阳坡较稀疏的林分中，各层次石砾含量较多，流失严重，持水性差，森林生产力较低。

（二）林型与结构

祁连圆柏林多呈单层纯林，可分为 2 个较大的林型（表5-5）。

表5-5 柏树林主要林型层次和测树因子

林型名称	自然条件	林下情况	组成	林分总疏密度	层次	平均年龄	平均胸径(cm)	平均树高(m)	蓄积量(m^3)
19427 灌丛柏树林	乐都县上北山林场，海拔3260m，阴坡，坡度25°	杜鹃、金露梅、苏路，盖度75%，高1.0~1.9m，草本盖度30%，高0.1~0.15m，片状分布。	10柏	0.2	I	34	10.7	5.8	11.2
19380 柏树林	互助县松多林场东岔雪石崖滩东坡。海拔3850m，阳坡、坡度45°	金露梅，高0.70m。草本高0.09~0.21m。灌木团状分布，草本均匀分布。	10柏	0.4	I	200	15.2	10.0	55.338
19422 灌丛柏树林	互助县松多乡松多村北岔。海拔3230m，阴坡、坡度34°	金露梅、锦鸡儿，盖度40%，高0.45~0.65m。草本盖度35%，高0.04~0.15m。灌木团状、均匀分布，草本团状均匀分布。	9柏 1桦	0.4	I	80	10.5	7.3	34.488

1. 祁连圆柏林

祁连圆柏林分布在海拔 3000~3850m、坡度45°以上的阳坡，是生产力最高的一个林型，林相整齐，立木密度大，每公顷 800 株以上，平均胸径 18~22cm，郁闭度 0.6 以上，每公顷蓄积量可达 250~350m³。

此林型只有乔木和草本两个层次，草本总盖度 50%~70%，以苔草和嵩草占绝对优势，生长繁茂，草层间有相当数量的苔藓和枯枝落叶，形成整齐松软的地被层。

林下几乎没有灌木或只有极少数耐荫性灌木，呈单株散生状。主要有银露梅、蒙古绣线菊（*Spiraer mongolica*）、狭果茶藨子（*Ribes lurejense*）、秦岭小檗（*Berberis circumserrata*）、短叶锦鸡儿和少数柳属灌木，不构成明显的层次。

2. 灌木祁连圆柏林

灌木祁连圆柏林是较常见的一个林型，它有青海云杉、桦树交错分布，同处一个带内，林中也常见它们的植株混生。分布高度 2700~3560m，多见于阳坡半阳坡。林内立木疏密不均，常呈 3~5 株小团状分布，多代同林，郁闭度 0.3~0.6，生长参差不齐，整枝不良，径阶变幅大。

林下有较明显的灌木、草本 2 个层次。灌木层发育良好，覆盖度 10%~30%，层高 1~

3m，优势种为、金露梅、鲜黄小檗、小叶忍冬、苏路，其次有唐古特忍冬、狭果茶藨子、红花忍冬；较低处有蒙古绣线菊、短叶锦鸡儿等。盖度75%。

草本覆盖度30%～60%，种类组成比较复杂，除嵩草属外，以禾本科杂草为主，如致细柄茅（*Ptilagrostis concinna*）、小颖短柄草（*Brachypodium sylvaticum* var. *brevglume*）等，还有珠芽蓼，有时也占优势；其次有乳百香青、香唐松草（*Thalictrum foetidum*）、火绒草、草莓、点地梅等。

（三）生长状况

祁连圆柏生长缓慢，寿命长，生长量小。典型的祁连圆柏林具有较高的生产力和较完整的径阶结构。主要测树因子如表5-6。

表5-6　柏树混交林各密度级测树因子

密度级	郁闭度	每公顷株数（株/hm²）	平均树高（m）	平均胸径（cm）	高径比	每公顷蓄积量（m³）
疏林	0.2以下	313	5.8	10.7	54:1	11.2
中林	0.2～0.6	525	10.0	15.2	66:1	55.338
密林	0.6以上					

湟水流域林区的祁连圆柏，胸径速生期约从40年开始，延续110年左右；树高则由苗期开始至120年；材积速生期在80～160年，数量成熟期在190年左右（表5-7）。

表5-7　湟水流域祁连圆柏生长进程

龄阶	胸径（cm）			树高（m）			材积（m³）			形数	材积生长率（%）
	总生长量	平均生长量	连年生长量	总生长量	平均生长量	连年生长量	总生长量	平均生长量	连年生长量		
20				1.1	0.055		0.00010	0.00001		3.267	
40	2.3	0.058		1.7	0.068	0.080	0.00157	0.00004	0.00007	1.400	0.802
60	5.0	0.083	0.135	4.5	0.075	0.090	0.00797	0.00013	0.00032	0.902	6.709
80	8.3	0.104	0.165	6.3	0.079	0.090	0.02366	0.00030	0.00079	0.604	4.960
100	11.4	0.114	0.155	8.1	0.081	0.090	0.04828	0.00048	0.00123	0.584	3.422
120	13.9	0.116	0.125	9.7	0.081	0.080	0.07595	0.00063	0.00138	0.516	2.227
140	15.5	0.111	0.080	10.9	0.078	0.060	0.09872	0.00071	0.00114	0.480	1.304
160	16.8	0.105	0.065	11.8	0.074	0.045	0.11954	0.00075	0.00104	0.457	0.954
180	17.9	0.099	0.055	12.5	0.069	0.035	0.13935	0.00077	0.00099	0.443	0.765
200	18.6	0.093	0.035	13.0	0.065	0.025	0.15260	0.00076	0.00066	0.432	0.745
220	19.3	0.088	0.035	13.4	0.061	0.020	0.16543	0.00075	0.00064	0.422	0.403

（四）更新与演替

祁连圆柏在漫长的成林过程中，由于它对生境条件特殊适应的结果，在自然状态下通常不易与其他树种组成稳定的混交林。在分布区下限边缘地带，局部地段可能与青海云杉、山杨、桦木等构成不同比例关系的次生群体组合，形成过度型的混交状态，竞争过程中它处于逆向演替的地位逐步消失。由于立地条件较差，其他树种难以侵入，多形成世代稳定的祁连圆柏林。

祁连圆柏林，由于郁闭度较高，林下环境不仅不利与其他树种的生长，同时也限制了圆柏幼苗的正常发育。因而幼树稀少，每公倾仅200~800株，且生长不良，有15%~20%的不健康植株，一旦受到破坏，靠现有幼树的数量和质量很难保证更替成林，客观上也将发生逆向演替的过程，使茂密的森林为灌丛或草地所代替。

灌木祁连圆柏林，是顺向发展的一个林型，它具有典型的单层异龄林结构，同林层立木年龄变幅可差100年以上。林内光照充足，土壤条件适宜，拥有足以促进圆柏幼苗滋生繁衍的良好条件，各种高度和各种年龄阶段的幼树都比较多，一般每公顷幼树都在2000株以上，其中树高50cm以上的可靠植株达1000株以上，足以保证更新，促进林分的发展。

三、山杨林

山杨（*Populus davidiana*）又名山白杨，属杨柳科白杨属乔木。山杨系阳性树种，对生境要求不严。多与桦木混交或成纯林。根蘖力强，生长较快，分布较广，是青海次生林区的主要先锋树种之一。

（一）分布与自然环境

山杨属东亚地理成分，是温带和暖温带地区的适生树种。分布于祁连山东段南坡的大通河，北界是祁连县的黄藏寺（约北纬38°25′）。湟水流域分布于大通东峡林场、乐都下北山林场，分布面积较少，呈片状分布。

山杨喜温暖湿润气候，耐寒冷。分布区具有明显的山地气候特点：四季不分明，冬季漫长而寒冷，夏季短暂而气温稍高。

分布区的土壤主要为山地灰褐土。层次过渡明显，发育完整，表土褐色，腐殖质含量一般为2.4%~15.0%，稍具不稳定的块状结构，结持力较紧，土壤全剖面均有碳酸盐反应，表层稍弱，钙积层较厚。土层厚度50~100cm，成土母质大部分为坡积或次生黄土，个别地段有基岩风化物。山杨喜生于排水良好、土层肥厚、湿度适中的土壤，过干过湿则生长不良。

（二）结构与组成

山杨林大多数是纯林，有时与白桦、红桦、油松、青海云杉或祁连圆柏混交或者互为伴生树种，但面积都不大。山杨林的结构一般具有三个层次，除了主林层外，通常还有下木层和草本层，有时下木层不明显，苔藓层不发育。

（三）林型

山杨林多呈单层纯林，也与白桦和云杉形成二层混交林，可分为3个较大的林型（表5-8）。

表5-8　山杨混交林主要林型层次和测树因子

林型名称	自然条件	林下情况	组成	林分总疏密度	层次	平均年龄	平均胸径（cm）	平均树高（m）	蓄积量（m³）
13712 未成林	大通县东峡乡刘家庄，海拔2700m，半阴坡，坡度5°	沙棘、绣线菊、银露梅、蔷薇，盖度60%，高0.6~1.5m，草本盖度93%，高0.03~0.4m，均匀分布	8杨 2落	0.7	I	12			

（续）

林型名称	自然条件	林下情况	组成	林分总疏密度	层次	平均年龄	平均胸径（cm）	平均树高（m）	蓄积量（m³）
26675 山杨—白桦混交林	乐都县下北山林场26林班4小班，海拔2680m，阳坡，坡度22°	忍冬、蔷薇、栒子，盖度50%，高1.2~1.7m，草本盖度85%，高0.1~0.2m，均匀分布	8杨2桦+云	0.5	I	20	7.4	12.4	59.025
26680 山杨—云杉—白桦混交林	乐都县下北山林场31林班18小班，海拔2850m，阴坡，坡度30°	蔷薇、金露梅、绣线菊，盖度40%，高0.8~1.2m，草本盖度90%，高0.1~0.2m，均匀分布	6杨2云2桦	0.7	II	47	14.1	15.8	130.188

1. 山杨林林型

本林型所处地形较为平缓，坡度一般在5°~25°之间，多分布在山之中、上部及山梁凹隐处，海拔2700m以下的半阴坡，与落叶松混交，形成单层林。

下木层灌木种类较少。主要种类有沙棘、绣线菊、银露梅、蔷薇，盖度60%，高0.6~1.5m，

草本植物盖度一般为40%~95%，主要有小颖短柄草、光叶黄华、小花风毛菊（Saussurea paivflora）等，平均高0.03~0.4m，均匀分布。常见种有蛛毛蟹甲草、香唐松草、椭圆叶花锚、乳百香青、三褶脉紫菀、升麻、钝裂银莲花和蕨等。

2. 山杨林—白桦混交林林型

本林型为山杨与白桦的混交林，林分组成8杨2桦。此林型分布较为广泛，一般位于山之上部和中下部的半阴半阳坡。在山下部的海拔高度为2000~2700m，坡度20°~30°。林地干燥，土壤肥力较差。

本林型还见之于中上部和陡坡，土层厚度20~30cm，林地干燥，土壤肥力差。由于生境恶劣，林木生长缓慢，树干低矮，干形弯曲，树冠偏斜，形成单层林。进入中龄阶段后多感染病菌，发生心腐和枯梢，易遭风倒、雪压，枯倒木较多，林分卫生不良。

灌木层的总盖度为50%~70%，种类主要有忍冬、蔷薇、栒子，平均高1.2~1.7m。

草本层盖度85%以上，均匀分布。主要有披针叶苔草（Carex lanceolata）、光叶黄华、乳百香青、香唐松草、钩柱唐松草、川赤芍、茜草、高山金挖耳、细裂叶莲蒿。层外植物有大瓣铁线莲。

本林型由于立地条件较差，对于涵养水源、保持水土作用很大，一旦遭到破坏，很难恢复。故在经营上应采取封护措施，不宜采用以取材为目的的任何形式采伐。

3. 山杨云杉—白桦混交林林型

本林型为山杨与云杉、白桦的混交林，林分组成6杨2云2桦。此林型一般位于山之上

中部的阴坡，海拔高度为 2700～2850m，坡度 20°～30°。林地潮，土壤肥力较好。由于生境较好，林木生长较快，树干通直，出材量较其他林型高，一般出现复层林。

灌木层的总盖度为 30%～50%，种类主要有蔷薇、金露梅、绣线菊，高 0.8～1.2m。草本层盖度 90% 以上，均匀分布。主要有披针叶苔草（*Carex lanceolata*）、光叶黄华、乳百香青、香唐松草、钩柱唐松草、川赤芍、茜草、高山金挖耳、细裂叶莲蒿。

（四）生长环境

山杨在湟水流域山地条件下，由于水热条件的不同，生长发育也有差异。总的看来，山杨仍属于生长较快的乔木之一。50 年生的山杨林，平均郁闭度为 0.5～0.7，平均树高 15～17m 最高可达 19m；平均胸径 14～16cm，最大可达 27cm。

山杨的生长情况地域差异较大，各地的生长进程也不相同。生长最快的地方是乐都下北山林区，50 龄时，胸径达 14.1cm，树高 15.8m，单株材积 0.17m³；数量成熟在 80 年左右。胸径的速生期在 30 年以前，10 年甚至更早即达高峰，40 年以前仍很旺盛。在此期间，胸径连年生长量保持在 0.32～0.40cm，45 年后逐渐下降，至 100 年时，生长仍未停止。

树高的速生期也同胸径一样，在 30 年以前，高峰期在 5～10 年，40 年时生长仍很旺盛，此后呈缓慢下降趋势，100 年时生长亦未停止，但每年仅以 2cm 的速率增长。材积生长自第 10 年起，即表现为持续上升的趋势，一直到 55 年后才开始下降，但下降的幅度不大，至 100 年时，材积连年生长量仍相当于 25 年时的数值。

（五）演替与更新

一般说来山杨林不是稳定群落，是针叶树种演替过程中的一个过渡类型。在多数情况下，当针叶林遭受破坏之后，特别是火灾之后，林地环境发生剧烈变化，在全光照条件下，气温变差大，常出现日灼、霜冻等自然灾害，原来林下耐荫的植物消失了。而喜光的植物，尤其是禾本科、菊科和柳叶菜科的植物迅速占据林地，形成杂草群落。新的环境，不仅适合喜光的草本植物，而且也适合一些喜光、耐寒、抗霜的杨桦等阔叶树生长，它们在针叶林所形成的优良土壤条件下，很快形成以山杨为主的群落。

随着山杨林下环境条件的变化，喜温凉、阴湿气候的云杉等幼树开始出现。云杉初期生长很慢，到 30～40 年，山杨生长减退，针叶树生长加快，在山杨林下形成第二层，这时山杨林由于自然稀疏为针叶树生长创造了有利条件，当针叶树的生长超出了山杨并高居上层，造成严密的荫湿环境后，在林下形成深厚的酸性土壤和枯枝落叶层，喜光的山杨失去了生长的条件，逐渐被针叶纯林所替换。

山杨种子、根蘖均能繁殖，在全光照条件下天然更新能力较强。山杨的种子更新常与火灾紧密相关，如果不发生火灾，种子更新就成为偶然的了。考察本省山杨天然更新的历史，也莫不如此。据观察，在灌木杂草丛生的林地上，土壤内根系纵横，微小的山杨种子不易和土壤接触，经风吹日晒很快失去发芽力，就是发了芽，由于忍受不了灌木、草类的抑制而最后死亡。在火烧迹地上，林地裸露，地温较高，一旦有了适宜的水分，喜光的山杨就应运而生。

在采伐迹地上，山杨主要靠根蘖更新，据青海省农林科学院试验，根蘖苗的株数与采伐方式、采伐强度密切相关，小面积皆伐比择伐强度 50% 的更新好。择伐强度 50% 的比 30% 的更新好。小面积皆伐每公顷根蘖枝条 0.97～2.82 万株，最高达 46.0 万株；择伐强度 50% 的每公顷根蘖枝条 1.168 万株；择伐强度 30% 的每公倾有根蘖枝条 6336 株（表 5－9）。

表 5 – 9　湟水河流域山杨林天然更新情况

林型（混交林）	郁闭度	苔藓层盖度	相对湿度	树种	更新情况（每公顷云杉幼苗株数）					
					1~5年生（%）	6~10年生（%）	11~15年生（%）	16~20年生（%）	21~30年生（%）	合计（%）
灌木—山杨林							1700	100		
草本—山杨林										
山杨—白桦混交林				山杨				750		
				白桦				500		
山杨~落叶松混交林				落叶松			450			
				白桦			2250			
				山杨			4100			
				云杉				4500		

四、白桦林

白桦（*Betula platyphylla* suk）是一个喜光阔叶树种，它生长快，分布广，适应性强，是森林发展过程中的先锋树种。

（一）分布与自然环境

白桦林是山地森林的重要组成部分，白桦林主要分布在湟源、湟中、大通、乐都和民和。为湟水流域分布较广的森林类型之一。

由于山高陡坡，使水热条件再行分配，森林的分布表现出强烈的坡向性，在阳坡因阳光照射强烈，蒸发量大，形成土壤缺水，肥力不足等干旱环境，致使喜光和湿润的白桦不易在此生存，所以，白桦林多见于阴坡，在半阴坡也有分布。

林下土壤，在省域北部多为石灰性砂岩、板岩坡积和堆积物上或黄土母质发育成的山地灰褐土，碳酸盐反应由上而下逐渐加强。土壤厚度 30~80cm，表层有 2~3cm 的枯枝落叶层，腐殖质层常达 30cm 左右，壤土质地粒状结构，土体湿润、疏松，含石砾较多，中性反应，pH 值一般为 7.5~8.0，有机质含量高达 10%~18%，是比较肥沃的土壤。

（二）组成结构

白桦林是针叶林迹地上发展起来的次生林，由于人为活动频繁，林分结构很不稳定，即使在相似立地条件下的同林龄，树种、下木和草本层的种类也相同，而林分组成结构却出现多样性。林分以混交林为主，单层纯林和异龄林也广有分布。通常有乔木层—下木层—草本层，在阴坡还有苔藓层。

林下灌木比较发育，盖度中等。其种类在阴坡林分密度较大（郁闭度 0.5 以上）的情况下以忍冬属、柳属为优势；在林分透光度较大的半阴坡上，则以小檗属、锦鸡儿属、银露梅属、和绣线菊属为主。但在山地海拔 2700m 以上的白桦林中，常以杜鹃属为优势。常见的伴生种类有蔷薇属、枸子属、花楸属、卫矛属、瑞香属、五加属等。花楸属、樱属和柳属生长比较高大，高度多为 4~6m 外。其他各属的高度一般为 1.5m 左右。

林下草本层发育良好，种类繁多，以蓼属、草莓属、苔草属为优势。嵩草属，风毛菊属、吾属、升麻属、碎米芥属、黄华属、柳兰属和蕨类比较多见。在阴湿的洼地或小沟中也常有黄精属、舞鹤草属、扁蕾属、和苔藓等分布。盖度一般都在 70% 以上。

（三）主要林型

白桦林主要有苔草白桦林，杜鹃白桦林和草类白桦林 5 个林型（表 5 - 10）。

1. 草类白桦林

本林型分布面积最大，适生于山地中下部的半阴坡上，海拔 2200 ~ 3600m，常见坡度 25°~ 35°。林下土壤在为灰褐土。常见的林分结构由 3 个层次，即乔木层——灌木层——草本层。

苔草白桦林，有纯林或与云杉等针叶树构成以白桦为优势的混交林。常见的郁闭度 0.3 ~ 0.6，平均林分高度 7.2 ~ 17.3m，平均胸径 7.7 ~ 17.7cm，林龄 10 ~ 80 年，每公顷蓄积量 7 ~ 47 m³。林冠下针叶树更新较好，常形成类似复层混交林结构。

林下灌木密度中等。灰栒子、蔷薇、高山柳、绣线菊、金露梅、瑞香、银露梅、山生柳、小檗为主，盖度 15% ~ 40%，平均高 0.3 ~ 1.2m，团状分布。

林下草本层中以披针叶苔草或团序苔草为主，还有紫花碎米荠、双花堇菜、珠芽蓼、草莓、光叶黄华、升麻、高乌头、贝加尔唐松草、柳兰、羽裂蟹甲草、蛛毛蟹甲草、乳百香青等。草本盖度 85% 以上，高 0.05 ~ 0.4m，分布均匀或草本有团状分布。

层外植物有短尾铁线莲（*Clematis brevicaudata*），攀缘于灌木或乔木上，单株分布，为数极少。

表 5 - 10　白桦混交林主要林型层次和测树因子

林型名称	自然条件	林下情况	组成	林分总疏密度	层次	平均年龄	平均胸径（cm）	平均树高（m）	蓄积量（m³）
13549 灌丛白桦林	大通县宝库林场，海拔 2995m，阴坡，坡度 28°	高山柳、金露梅、绣线菊，盖度 85%，高 0.5 ~ 0.7m，草本盖度 90%，高 0.05 ~ 0.8m，均匀分布	10 桦	0.3	I	38	12.4	8.3	24.163
13571 草类白桦林	大通县宝库纳楞沟乡尕庄，海拔 2760m，阴坡，坡度 25°	灰栒子、蔷薇、高山柳、绣线菊，盖度 30%，高 0.4 ~ 0.8m，草本盖度 85%，高 0.05 ~ 0.2m，分布均匀。草本有团状分布	10 桦	0.4	I	74	24.4	17.3	47.188
18751 灌丛白桦林	大通县东峡鸢沟乡边麻沟，海拔 3007m，阴坡，坡度 14°	高山柳、沙棘、锦鸡儿、金露梅、蔷薇，盖度 82% 高 0.6 ~ 1.5m，草本盖度 93%，高 0.3 ~ 0.7m，均匀分布	10 桦	0.2	I	53	26.9	12.6	3.604

（续）

林型名称	自然条件	林下情况	组成	林分总疏密度	层次	平均年龄	平均胸径（cm）	平均树高（m）	蓄积量（m³）
13620 灌丛白桦林	大通县桦林乡石坂坡村，海拔2875m，阴坡，坡度30°	金露梅、蔷薇、高山柳、绣线菊，盖度85%，高0.5～0.8m，草本盖度85%，高0.05～0.4m，分布均匀	10桦	0.5	I	20	12.9	8.2	45.275
18705 草类白桦林	大通县东峡林场多隆上沟脑，海拔2760m，阴坡，坡度5°	灰栒子、蔷薇、金露梅、瑞香，盖度40%，高0.3～1.2m，草本盖度85%，高0.02～0.3m，团状分布	10桦	0.3	I	74	17.7	16.3	7.371
13689 草类白桦林	大通县桦林乡关巴村，海拔2920m，阴坡，坡度25°	小檗、银露梅、蔷薇，盖度15%高0.3～0.9m，草本盖度85%，高0.05～0.4m，团状分布	10桦	0.3	I	74	16.2	14.8	31.688
18551 白桦—云杉混交林	湟中县上五庄乡26-13马坡，海拔3100m，阴坡，坡度25°	鲜稗木、绣线菊、银露梅、柳，盖度45%，高0.7～0.85m，草本盖度45%，高0.08～0.15m均匀分布	9桦 1云	0.8	II	57	12.7	12.6	104.063
26686 草类白桦林	乐都县下北山林场28林班14小班，海拔2700m，阴坡，坡度17°	蔷薇、山生柳、小檗，盖度40%，高0.9～1.5m，草本盖度95%，高0.1～0.2m，均匀分布	10桦	0.6	I	10	7.7	7.2	17.5
26694 灌丛白桦林	乐都县下北山林场42林班18小班，海拔2630m，阴坡，坡度28°	蔷薇、金露梅、栒子、忍冬，盖度55%，高0.5～1.3m，草本盖度95%，高0.1～0.15m，均匀分布	10桦	0.5	I	13	9.1	9.1	35.363
26251 白桦—青杨混交林	乐都县上北山林场69-2林班，海拔2670m，阴坡，坡度28°	蔷薇、小檗、高山柳、栒子，盖度60%，高1.2～1.8m，草本盖度80%，高0.2～0.4m，均匀分布	7桦 3杨+云	0.9	I	15	6.5	6.5	64

（续）

林型名称	自然条件	林下情况	组成	林分总疏密度	层次	平均年龄	平均胸径（cm）	平均树高（m）	蓄积量（m³）
26274 白桦—山杨混交林	乐都县上北山林场73～2林班，海拔2560m，阴坡，坡度28°	蔷薇、小檗、高山柳、枸子、银露梅，盖度50%，高0.7～1.9m，草本盖度50%，高0.1～1.5m，均匀分布	5桦 5杨	0.8	Ⅱ	19	9.9	9.7	57.288
34158 灌丛白桦林	民和县西沟林场2林班4小班。海拔2840m，阴坡、坡度30°	高山柳、蔷薇、杜鹃，盖度80%，高1.0～1.6m，草本盖度40%，高0.100.15m。灌木零星、均匀分布，草本均匀分布	10桦	0.5	Ⅰ	39	17.4	11.5	97
34277 灌丛白桦林	民和县林业局古鄯国有林场南峡石磨河。海拔3210m，阴坡、坡度34°	蔷薇、珍珠梅、高山柳、银露梅盖度75%，高0.8～1.2m，团状、均匀分布	10桦	0.4	Ⅰ	25	10.0	8.9	18.838

2. 灌丛白桦林

湟水流域分布在天然次生林区，海拔2630～3200m，坡向北或北东、坡度多为15°～32°。林下土壤为山地灰褐土，土层厚度30～80cm，土体湿润，壤土质地，腐殖质层厚度达30cm左右，有机质含量常达10%～15%，甚至更高，土壤相当肥沃。

乔木以白桦为优势，组成单层同龄纯林，或混有少量青海云杉而组成混交林，郁闭度多为0.2～0.5，平均高8.2～12.6m，平均胸径9.1～26.9cm，每公顷蓄积量3～97 m³，林龄多在15～50年。由于海拔较高，气温偏低，林地生产能力不高，林下地被物较厚，种子不易入土，天然更新不良。

林下灌木密生，盖度在70%～90%。主要种类以高山柳、沙棘、锦鸡儿、金露梅、蔷薇、绣线菊、珍珠梅、枸子、忍冬、杜鹃、百里香杜鹃、陇塞杜鹃、川柳（Salix hylonoma）为优势，高0.5～1.6m，灌木零星、均匀分布。

草本层以披针叶苔草、珠芽蓼、紫花碎米荠、草莓为主。分布均匀、盖度40%～90%高0.05～0.4m，分布均匀。

苔藓层发育良好，以山羽藓和羽藓为优势，欧灰藓、提灯藓（Mnium sp.）扁枝平藓（Neckera complanata）也有零星分布，盖度0.3左右。

层外植物有短尾铁线莲，为数极少，单株分布。

3. 白桦—云杉林

本林型面积不大，主要分布在海拔2400～3100m、坡度20°～30°，阴坡，形成白桦—云杉林，组成为9桦1云，多是异龄混交林，复层，郁闭度0.8左右，林龄20～60年，平均高度12m，平均胸径7～14cm。

林下灌木以鲜桦木、绣线菊、银露梅、柳为主，盖度45%，平均高0.7～0.85m，团状分布。草本层中以东方草莓、珠芽蓼、双花堇菜、秋唐松草、贝加尔唐松草、线叶嵩草和膜叶冷蕨、高乌头、光叶黄华等为主，盖度10%～45%，呈均匀分布或块状分布。

4. 白桦—青杨林

本林型为山杨与白桦的混交林，林分组成7桦3杨2云。一般位于山之中下部的阴坡。海拔高度为2000～2700m，坡度20°～30°。多是异龄混交林，复层，郁闭度0.9左右，林龄15年，平均高度6.5m，平均胸径6.5cm。

灌木层的总盖度为50%～70%，种类主要蔷薇、小檗、高山柳、枸子，平均高1.2～1.8m，团状分布。草本盖度80%，高0.2～0.4m，均匀分布。

草本层盖度80%以上，均匀分布。主要有披针叶苔草（*Carex lanceolata*）、光叶黄华、乳百香青、香唐松草、钩柱唐松草、川赤芍、茜草、高山金挖耳、细裂叶莲蒿。层外植物有大瓣铁线莲。

5. 白桦—山杨林

本林型为山杨与白桦的混交林，林分组成5桦5杨。一般位于山之上部和中下部的半阴半阳坡。在山下部的海拔高度为2000～2600m，坡度20°～30°。多是异龄混交林，复层，郁闭度0.8左右，林龄20～60年，平均高度10m，平均胸径7～12cm。

灌木层的总盖度为40%～60%，种类主要蔷薇、小檗、高山柳、枸子、银露梅，平均高0.7～1.9m，团状分布。

草本层盖度50%以上，均匀分布。主要有披针叶苔草（*Carex lanceolata*）、光叶黄华、乳百香青、香唐松草、钩柱唐松草、川赤芍、茜草、高山金挖耳、细裂叶莲蒿。层外植物有大瓣铁线莲。

本林型由于立地条件较差，对于涵养水源、保持水土作用很大，一旦遭到破坏，很难恢复。故在经营上应采取封护措施，不宜采用以取材为目的的任何形式采伐。

（四）生长情况

白桦属于中等乔木，在青海高原山地条件下，幼龄期生长较快，能够迅速郁闭。30龄后随着自然稀疏的加快，林冠逐渐展开，林内光照增强，侧枝日益发育，所以林木树干下部较通直，上部多叉，干形中等，形数一般在0.50左右，郁闭度一般为0.4～0.5，最大可达0.8，林地生产力中等，地位级多在Ⅲ～Ⅳ，林分平均年龄30～50年，平均高8～12m，平均胸径10～13cm，每公顷蓄积量50m³左右，出材级Ⅰ～Ⅱ级。大通河林区，白桦在100龄时胸径仅15.2cm，树高17.5m，单株材积0.149m³。胸径和树高几乎看不出速生期，自15龄左右以后，连年生长量一直呈下降趋势，材积的速生期也很短暂，在25～35年。数量成熟龄在80年左右。

（五）演替

白桦林是针叶林破坏以后产生的一种次生林分，当针叶林（云杉、油松）破坏后，要经过短时期的禾草和灌木覆被阶段，才能逐步形成白桦林。据调查，在火烧10～30年的迹地上，常见的植物有柳、小檗、忍冬、蔷薇、线绣菊、银露梅、茶藨子、悬钩子、柳兰以及禾本科、菊科等植物。

在半阴坡或阴坡的迹地上，白桦种子侵入后，形成纯林或与山杨红桦混生，一般需要

10 年左右的时间才能郁闭成林。在白桦林冠下，特别是在郁闭度大于 0.7 的林分中，桦杨幼树不易生长。喜光的金露梅、线绣菊、悬钩子、甘蒙锦鸡儿等灌木和禾草、柳兰、火绒草等草本植物逐渐被小叶忍冬、陇塞忍冬、灰栒子、甘青茶藨子以及苔草、珠芽蓼、草莓等所替代，环境条件由干燥转荫湿，为云杉幼树的生长创造了良好的条件。若白桦林的附近或林中有残留的云杉母树时，云杉的更新过程将大大加快。云杉生长到 50～70 年时，可达到主林层高度，随后逐渐形成上层林冠，白桦因得不到阳光而被淘汰，最终形成藓类（或苔草、嵩草）——云杉群落，完成其演替过程。

（六）更新状况

在没有云杉下种条件的地区，白桦以自身的下种或萌生繁衍后代。白桦在 15 龄开始结实，120 年生左右结实下降，萌蘖力以 10～30 年间最盛，60 年生后虽然还能萌蘖，但生长不良，难于成林。当前白桦林内人为活动频繁，成熟林甚少，大部处于中龄期，很难找到一块完整的、世代相传的白桦林分，而遭受破坏的白桦中龄林，只要加以保护，白桦就会在原株根际处萌发 3～5 枝的新株，并能迅速郁闭成林。

从白桦的分布和森林演替过程来看，它不仅自身能够适应较差的环境独立成林，而且还能够为针叶树创造良好的更新条件，因而白桦已成为我国北方森林更新和造林的先锋树种之一（表 5 – 11）。

表 5 – 11　湟水河流域白桦林天然更新情况

林型（混交林）	郁闭度	苔藓层盖度	相对湿度	树种	更新情况（每公顷云杉幼苗株数）					
					1～5 年生（%）	6～10 年生（%）	11～15 年生（%）	16～20 年生（%）	21～30 年生（%）	合计（%）
灌木—白桦林				白桦		3000	2568	3352	3610	
				红桦					800	
草本—白桦林							5020	310		
白桦—青海云杉混交林				云杉				850	850	
白桦—山杨混交林				白桦				11000		
				山杨				6000	2000	

五、红桦林

红桦（*Betula albo – sinensis*）属典型的北温带区系成分，是我国的特有种和北方山区森林的重要组成树种之一。

（一）分布与自然环境

红桦林主要分布在湟中、乐都、民和等县的林区。区内属高山峡谷地貌，山体高大，山势陡峻，坡度多在 20°～40°，红桦林呈块状断续分布于海拔 2900～3100m 的半阴坡或阴坡上，多居于山地的中下部。

分布地区的气候为温凉或暖温半湿润类型，主要特点是干湿季分明，冬半年受西风环流控制，气候干燥、寒冷、多风；夏半年受西南暖流和东南季风的影响，气候温暖、湿润，全年 80% 的降水集中在 6～9 月，雨热同季，利于植物生长。尤其是日照长，辐射强，昼夜温差大，多夜雨，更有利于植物的干物质积累，可以提高林木的生长量。大通河林区垂直分布2300~2900m，垂直带宽达600m。

红桦林下土壤，多系在沙岩、板岩、花岗岩等风化物或黄土母质上发育起来的山地灰褐土，土层一般为40~70cm，腐殖质层厚达30cm，壤土质地，粒状或块状结构，多含石砾，结持力疏松，棕褐色，湿润、中性或碱性，有机质含量高达8%~15%，甚至更高，有白色假菌丝体和蚯蚓侵入，土壤相当肥沃。

（二）组成结构

红桦林属寒温性常绿针叶林带中的常见类型，林分结构和组成不甚稳定，也比较复杂。代表林型为苔草红桦林，同龄单层纯林居多，异龄林与混交林也有相当的分布。林分一般可分为乔木层、下木层、草被层、苔藓层4个层次。

以红桦为优势的林分，乔木层中常伴有白桦、山杨、油松和云杉。红桦与白桦、山杨在生物学特性上相近，常常组成同龄单层结构，仅因生境不同而组成的比重不同。与红桦具有更替关系的树种，在祁连山地区有油松、青海云杉。

红桦林由于林下较为阴湿，下木层主要由中生或较耐湿的种类组成，通常以忍冬属、柳属为优势，但在半阴坡中等密度以下的林分中，小檗属、锦鸡儿属、委陵菜属、绣线菊属也常稍占优势。杜鹃属仅在海拔2800m以上占优势。主要的伴生灌木有栒子属、茶藨子属、蔷薇属、卫矛属、花楸属和樱属等。

草本层以苔草属为优势，主要伴生草类以蓼属、草莓属、碎米荠属、委陵菜属、毛茛属、乌头属、银莲花属、黄花属等分布较广；蕾属、鹿蹄草属、舞鹤属和蕨类在阴湿的沟洼地方也生长较多，獐牙菜属、微孔草属、唐松草属、马先蒿属、茜草属、葱属、香青属和风毛菊等亦为常见。

苔藓层发育良好，以藓类为绝对优势，由3~4种组成，常与草被相间分布，在高密度的林冠下，盖度可达40%左右，厚度3~10cm。层外植物仅有铁线莲属，零星分布。

（三）主要林型

红桦林的主要林型有苔草红桦林和灌木红桦林两种（表5-12）。

表5-12　红桦林主要林型层次和测树因子

林型名称	自然条件	林下情况	组成	林分总疏密度	层次	平均年龄	平均胸径（cm）	平均树高（m）	蓄积量（m³）
18420 灌丛红桦林	湟中县上五庄乡拉寺目村下佛腰沟，海拔3200m，阴坡，坡度32°	杜鹃、蔷薇、柳树，盖度40%，高2.2~4.5m草本盖度40%，高0.3m，均匀分布	10桦	0.8	I	55	11.8	7.5	58.2
34135 灌丛红桦林	民和县西沟国营林场外西峡。海拔3100m，阴坡、坡度37°	高山柳、小檗、银露梅，盖度96%，高0.8~2.0m。草本盖度72%，高0.2~0.4m，分布均匀	10桦+刺柏	0.4	I	25	7.3	5.2	2.738

（续）

林型名称	自然条件	林下情况	组成	林分总疏密度	层次	平均年龄	平均胸径（cm）	平均树高（m）	蓄积量（m³）
26666 灌丛红桦林	乐都县下北山林场17林班3小班，海拔2900m，阴坡，坡度28°	金露梅、黑柳，盖度60%，高0.5~0.8m，草本盖度80%，高0.1~0.15m，均匀分布	10桦	0.1	I	40	14.3	11.4	9.088

1. 苔草红桦林

本林型是红桦林中面积最大的林型。一般分布在海拔2400~2800m，适生于阴坡或半阴坡上，主林层由红桦组成同龄单层纯林，下木稀疏或中等，盖度20%~50%，团状分布，一般高度1~1.5m，最大植株可达5~6m，常见的树种以陇塞忍冬、蓝淀果忍冬、红脉忍冬为优势。草本层盖度常达70%~90%，以披针叶苔草、珠芽蓼、草莓为主。苔藓层呈团状分布，盖度30~50%，以山羽藓为绝对优势。

2. 灌木红桦林

本林型面积不大，分布在海拔2800~3200m的阴坡上接糙皮桦林，下接苔草红桦林。层次分明，有乔木层、灌木层、草被层和苔藓层。

乔木层以红桦同龄单层纯林为主。林层平均高度5~12m，平均胸径7~14cm，郁闭度一般在0.1~0.8，每公顷蓄积量多为10~60 m³，生产力较低。灌木盖度40%~90%，高度0.5~4.0m，分布均匀，以陇蜀杜鹃或川柳为主，百里香杜鹃、箭叶锦鸡儿、高山绣线菊、八宝茶、刚毛忍冬次之，此外陕甘花楸、灰栒子、冰川茶藨子也有少量分布。

草本层覆盖度一般为40%~80%，平均高0.1~0.4 m，均匀分布，以披针叶苔草或祁连苔草为主。

苔藓层盖度多在20%~40%，呈小团状分布，有一些附生在林木或灌木基部，厚度5~10cm。主要种类以山羽藓为优势，羽藓、提灯藓、平藓也有少量或零星分布。

（四）生长状况

红桦林由于生活环境的多样性，林分的生长、发育不尽相同，但总的特征是：林相不整齐，生长缓慢，树干分叉多枝，干形弯曲，尖削度较大。在长期破坏的情况下，立木多呈团状分布。

在红桦集中分布的湟中、乐都、民和等县的林区，其生长进程具有代表性。根据解析木资料，红桦在50龄时，胸径为11.0cm，树高为11.9m，单株材积0.06m³；100年生时，胸径达16.3cm，树高17.9m，单株材积0.14m³。

胸径自15年后加速生长，30年后开始下降，此期间连年生长量0.26~0.32cm。高生长速生期在10~20年，连年生长量在此期间变动在0.24~0.34m之间，25年后逐渐下降，到100年生时，每年仍有0.06m的生长量。材积速生期在25~55年之间，期间连年生长量在0.0015~0.0024m³，此后逐渐下降。数量成熟龄在80年左右（表5-13）。

表 5 – 13　湟水流域林区红桦生长进程

龄阶	胸径（cm）			树高（m）			材积（m³）			形数	材积生长率（%）
	总生长量	平均生长量	连年生长量	总生长量	平均生长量	连年生长量	总生长量	平均生长量	连年生长量		
5				0.8	0.16		0.00004	0.00001			
10	0.9	0.09	0.18	1.8	0.18	0.20	0.00016	0.00002	0.00002	1.357	27.071
15	1.9	0.13	0.20	3.0	0.20	0.24	0.00083	0.00015	0.00013	0.973	22.151
20	3.2	0.16	0.26	4.7	0.24	0.34	0.00289	0.00029	0.00041	0.765	17.244
25	4.7	0.19	0.30	6.2	0.25	0.30	0.00727	0.00049	0.00088	0.676	13.659
30	6.3	0.21	0.32	7.6	0.25	0.28	0.01481	0.00071	0.00151	0.625	10.066
35	7.8	0.22	0.30	8.8	0.25	0.24	0.02477	0.00090	0.00199	0.589	7.317
40	9.1	0.23	0.26	9.9	0.25	0.22	0.03586	0.00104	0.00221	0.557	5.369
45	10.1	0.22	0.20	10.9	0.24	0.20	0.04698	0.00116	0.00222	0.538	4.243
50	11.0	0.22	0.18	11.9	0.24	0.20	0.05813	0.00126	0.00223	0.514	3.595
55	11.9	0.22	0.18	12.8	0.23	0.20	0.06961	0.00136	0.00230	0.489	3.121
60	12.7	0.21	0.16	13.7	0.23	0.20	0.08139	0.00141	0.00236	0.469	2.406
65	13.4	0.21	0.14	14.5	0.22	0.16	0.09181	0.00144	0.00208	0.449	1.877
70	14.0	0.20	0.12	15.2	0.22	0.14	0.10085	0.00145	0.00181	0.431	1.502
75	14.6	0.19	0.12	15.8	0.21	0.12	0.10872	0.00145	0.00157	0.411	1.327
80	15.1	0.19	0.10	16.3	0.21	0.10	0.11618	0.00145	0.00149	0.398	1.191
85	15.5	0.18	0.08	16.8	0.20	0.10	0.12331	0.00145	0.00143	0.389	0.927
90	15.8	0.18	0.06	17.2	0.19	0.10	0.12916	0.00145	0.00117	0.383	0.789
95	16.1	0.17	0.06	17.6	0.19	0.06	0.13436	0.00141	0.00104	0.375	0.618
100	16.3	0.16	0.04	17.9	0.18	0.06	0.13858	0.00139	0.00084	0.371	

（五）更新与演替

红桦林以其种子的飞落进行自身繁衍。红桦 20 龄后开始结实，40 年后进入盛期，年年结实，林缘木结实最多，在通常情况下，120 龄的林木还有结实能力。红桦种子小，有翅，能随风飞播到很远的距离，有利于天然更新。幼树生长快，5 年后即可郁闭成林。

现有红桦林绝大部分都是云杉林被破坏后而形成的次生林，属云杉林分演替过程中的一个过渡阶段。

在自然状态下，红桦林总是要被云杉林所代替。由于红桦林的环境和人为活动的不同，使它的演过程长短不一。一般说来在火烧迹地上发育起来的、周围没有云杉下种条件的红桦纯林，是可以经过多代繁衍，保持较长时间的生存的。在桦云混交林中，红桦则比较容易被云杉所更替，随着云杉组成比重的增大，云杉幼树的比率也随之增大。红桦纯林中，云杉幼树仅占幼树总数的 4%；9 桦 1 云的林分，云杉幼树占 8%；而 7 桦 3 云的混交林分中，云杉幼树占 14%。

红桦与云杉由于耐阴性的不同，幼树在不同的年龄阶段的生长状况也是不同的。红桦幼树随着年龄的增大，需光量也随之增加，处于主林冠下的幼树，常因不能忍受林内较弱的光照而逐渐衰弱和死亡，株数比重逐渐减少。据资料统计，红桦年龄在 10 年以下的健康幼树，占同树种幼树总数的 34%，而 10 年以上的幼树仅占 21%。云杉幼树则相反，20 龄前的健康幼树占同树种总株数的 29%，而 20 龄以上的健壮幼树竟占 52%，云杉健康幼树比重的增多，必将加快红桦林向云杉林演替的进程（表 5 - 14）。

表 5 - 14　湟水河流域红桦林天然更新情况

林型（混交林）	郁闭度	苔藓层盖度	相对湿度	树种	更新情况（每公顷云杉幼苗株数）					
					1~5 年生（%）	6~10 年生（%）	11~15 年生（%）	16~20 年生（%）	21~30 年生（%）	合计（%）
灌木—红桦林				红桦		8000		580	1013	
				刺柏					700	
草本—红桦林										

六、糙皮桦林

糙皮桦（*Betula utilis*）又称紫桦、棘皮桦、毛红桦和牛皮桦，是一个比较耐荫的树种，也是青海山地森林的重要建群树种之一。它的资源面积和蓄积量都比白桦或红桦林少，但由于多处于江河之源或山坡中上部，在水源涵养方面有着特殊的作用，故予以全面介绍。

（一）分布与自然环境

糙皮桦林分布地区，属山地冷润气候，冬长夏短，平均温多在 0~2℃，年降水量 550~700mm，干湿季分明。冬季长达 6~7 个月，寒冷多风，空气干燥，最冷月均温 -12~8℃；夏季受东南和西南季风影响，凉湿多雨，最热月均温 10~13℃，年降水的 80% 集中在 6~9月，相对湿度常在 75% 左右，对植物生长甚为有利。尤其是日照长，辐射强，昼夜温差大，有利于植物的干物质积累。但由于海拔较高，无绝对无霜期，植物生长仅百天左右，多数糙皮桦林分高度较低，胸径细小。

（二）组成结构

糙皮桦林是青海山区分布最高的阔叶林分，代表林型为杜鹃糙皮桦林，其他树种混生不多，因此，糙皮桦的林分结构比较单纯，以同龄单层纯林为主，单层异龄林和混交林也有少量分布。林分垂直结构明显，一般都具有乔木层、下木层、草本层和苔藓层 4 个层次。

在以糙皮桦为优势的林分中，乔木层的组成中常混生不足一成的红桦或云杉，多呈单株分布，在糙皮桦分布带的中下部，也常出现混生 1~3 成云杉的混交林。

林下灌木发育良好，以杜鹃属、柳属为优势，忍冬属、枸子属、花楸属、卫矛属、蔷薇属等也广有分布；委陵菜属、绣线菊属、锦鸡儿属等多见于林窗地或林地湿度较低的地方。此外，像茶藨子属、樱属等亦常见，多单株分布。

草本层发育中等，以中生或湿生植物为主，主要种类以蓼属、苔草属、草莓属为优势，喜荫湿的鹿蹄草属和舞鹤草属，在山坡下部土壤重湿的林冠下，也常占优势；碎米荠属、银莲花属、蒿草属、乌头属和蕨类分布甚广；黄华属、蒿属等多见于林中小阳坡和林窗地上。盖度常在 50% 左右。

糙皮桦林地荫湿，苔藓层发育较好，以羽藓、山羽藓为优势，常于草本植物呈团状或块状混生，总盖度在 40%~60%。

层外植物仅有铁线莲属，数量极少，单株分布。

（三）林分类型

糙皮桦林的主要林型有草类糙皮桦林、灌丛糙皮桦林、糙皮桦林、糙皮桦—云杉林四种（表5－15）。

表5－15　糙皮桦林主要林型层次和测树因子

林型名称	自然条件	林下情况	组成	林分总疏密度	层次	平均年龄	平均胸径（cm）	平均树高（m）	蓄积量（m³）
18421 草类糙皮桦林	湟中县上五庄乡拉寺目村，海拔3200m，阴坡，坡度35°	高山柳、杜鹃、锦鸡儿，盖度35%，高0.6~1.0m，草本盖度50%高0.03~0.7均匀分布	10桦	0.6	I	55	9.4	8.2	29.65
13525~灌丛糙皮桦林	大通县宝库乡拉苏村，海拔3000m，阴坡，坡度38°	百里香、杜鹃、锦鸡儿、绣线菊，盖度70%高0.5~1.7m，草本盖度85%，高0.03~0.1m，均匀分布	10桦	0.7	I	63	10.1	9.0	52.975
18807 灌丛糙皮桦林	大通县新成乡上庙沟，海拔3120m，阴坡，坡度38°	高山柳、杜鹃、锦鸡儿、绣线菊，盖度65%高0.8~1.1m，草本盖度90%，高0.06~0.2m，均匀分布	10桦	0.6	I	52	8.1	6.3	2.155
19451 灌丛糙皮桦林	乐都县上北山林场，海拔3317m，阴坡，坡度27°	杜鹃、高山柳、锦鸡儿，盖度98%，高1.6~2.7m，草本盖度90%，高0.1~0.2m，均匀分布，灌木有零星分布	10桦	0.3	I	50	9.4	8.6	22.263
19498 灌丛糙皮桦林	乐都县上北山林场47-7林班，海拔3060m，阴坡，坡度32°	杜鹃、高山柳，盖度85%，高1.8~2.0m，草本盖度55%，高0.02~0.2m，均匀分布	10桦	0.4	I	49	7.8	5.6	13.963
19519 草类糙皮桦林	乐都县上北山林场51林班4小班，海拔2950m，阴坡，坡度31°	银露梅、杜鹃、高山柳，盖度40%，高1.5~2.0m，草本盖度80%，高0.02~0.2m，均匀分布。灌木有团状分布	10桦	0.6	I	54	11.0	10.0	97.563

（续）

林型名称	自然条件	林下情况	组成	林分总疏密度	层次	平均年龄	平均胸径（cm）	平均树高（m）	蓄积量（m³）
26273 灌丛糙皮桦林	乐都县上北山林场72-3林班，海拔2936m，阴坡，坡度31°	沙棘、高山柳、杜鹃，盖度85%，高0.6~2.5m，草本盖度40%，高0.02~0.1m，均匀分布	10桦	0.6	I	53	10.6	9.0	50.088
26276 灌丛糙皮桦林	乐都县上北山林场，海拔3065m，阴坡，坡度26°	金露梅、绣线菊、杜鹃、忍冬，盖度70%，高0.5~1.6m，草本盖度85%，高0.15~0.25m，均匀分布	10桦	0.5	I	42	9.4	7.0	37.313
26674 草类糙皮桦林	乐都县下北山林场25林班，海拔2660m，阴坡，坡度18°	蔷薇、山生柳、小檗，盖度25%，高1.2~2.3m，草本盖度90%，高0.05~0.15m，均匀分布	10桦	0.7	I	50	10.6	9.7	48.875
34111 灌丛糙皮桦林	民和县塘尔垣国有林场草刺沟中梁。海拔2750m，阴坡，坡度39°	蔷薇、小檗、高山柳，盖度75%，高0.90~1.45m，团状、均匀分布。草本盖度95%，高0.08~0.15m，零星、均匀分布	10桦	0.8	II	36	12.7	10.3	119.65
34132 糙皮桦阔叶林	民和县塘尔垣国有林场。海拔3150m，阴坡、坡度46°		10桦	0.7	I	36	12.5	8.5	146.575
34133 糙皮桦阔叶林	民和县塘尔垣国有林场黄草坪下沟。海拔3210m，阴坡、坡度47°		10桦	0.8	I	39	11.8	8.3	87.25
34144 灌丛糙皮桦林	民和县塘尔垣林场14小班5小班。海拔2800m，阴坡、坡度52°	杜鹃、山生柳、蔷薇，盖度80%，高3.4~5.0m。草本盖度90%，高0.05~0.08m，灌木均匀、散生分布，草本均匀分布	10桦	0.5	I	31	5.8	4.5	122.5
34156 灌丛糙皮桦林	民和县塘尔垣国有林场白石塔沟。海拔3200m，阴坡、坡度38°	珍珠梅、高山柳、银露梅，盖度78%，高0.85~1.10m。草本盖度87%，均匀分布	10桦	0.6	I	38	9.4	8.7	53.238

（续）

林型名称	自然条件	林下情况	组成	林分总疏密度	层次	平均年龄	平均胸径（cm）	平均树高（m）	蓄积量（m³）
34157 糙皮桦林	民和县西沟林场2林班7小班。海拔2820m，阴坡、坡度30°		10桦	0.7	I	48	14.7	8.4	96.875
34178 灌丛糙皮桦林	民和县西沟林场关老爷沟北阴坡上部。海拔2970m，阴坡、坡度40°	杜鹃、高山柳、鲜卑木，盖度51%，高4.1~6.1m，草本盖度70%，高2.5~7.0cm。灌木零星、均匀分布，草均匀分布	10桦	0.5	I	55	11.8	7.8	45.2
34240 灌丛糙皮桦林	民和县林业局古鄯林场3~2林班12小班。海拔2950m，阴坡、坡度50°	高山柳、杜鹃，盖度60%，高4.4~6.1m，草本盖度90%，高0.03~0.1m。均匀分布	10桦	0.4	I	39	16.0	11.7	55.738
34260 灌丛糙皮桦林	民和县林业局古鄯林场5~3林班12小班。海拔2756m，阳坡、坡度50°	高山柳、忍冬、蔷薇，盖度70%，高1.7~2.2m，草本盖度80%，高0.01~0.1m。灌木团状、均匀分布，草本均匀分布	10桦	0.6	I	32	7.5	8.5	11.863
26670 糙皮桦—云杉林	乐都县下北山林场21林班12小班，海拔3020m，阴坡，坡度22°	蔷薇、忍冬、锦鸡儿、杜鹃，盖度43%，高1.2~1.5m，草本盖度70%，高0.1~0.2m，均匀分布	9糙1云	0.8	I	44	10.0	10.1	152.613

1. 灌丛糙皮桦林

本林型是糙皮桦林中面积最大，分布最广的类型。多分布于海拔2700~3210m的阴坡上。主林层由10成糙皮桦，组成单层纯林，林分一般高度4~12m，郁闭度多在0.3~0.8，地位级V~Va，平均胸径6~16cm，每公顷蓄积量变动在2~122m³，树干弯曲多杈，出材级多为Ⅳ级。

下木密生，盖度多在60%~80%，分布比较均匀。常见种类以陇蜀杜鹃、青海杜鹃、百里香杜鹃和川柳杜鹃为主；鬼箭锦鸡儿、刚毛忍冬、陇塞忍冬、蓝果忍冬、高山绣线菊和八宝茶分布较多；灰栒子、托叶樱、陕甘花楸、银露梅、美丽蔷薇等也有零星分布。灌木层平均高一般为1.5m左右，在糙皮桦林分布的上限，混生的川柳常与主林层同高。

草本层以披针叶苔草、珠芽蓼为优势；草莓、紫花碎米荠、鹿蹄草、舞鹤草、光叶黄花等分布较多；膜叶冷蕨、掌叶铁线蕨、松潘乌头（*Aconitum sungpanense*）、玉竹和升麻等也有分布。总盖度30%~40%，团状分布。

苔藓层发育良好，盖度 40% ~70% ，分布较匀，层厚 5 ~10cm，有的苔藓附生在林木或灌木的疾步。主要种类以山羽藓为优势，羽藓、欧灰藓等也有分布。

土壤以淋溶山地褐色针叶林土为主。由于地势高寒，下层土壤溶解慢，局部有永冻层，表土重湿，有机质分解慢，常有 3 ~5cm 的凋落物，呈团状覆盖地面，A1 层厚度常达 40cm，壤土质地，结持力疏松，含水性好。

2. 草类糙皮桦林

本林型面积较小，但分布较广，常处于糙皮桦分布带的下部，海拔 2600 ~3200m 的阴坡上。主林层由糙皮桦组成同龄纯林。林分平均高度 8 ~12m，平均胸径 8 ~12cm，郁闭度一般为 0.5 ~0.8，每公顷蓄积量变动在 30 ~100m³，地位级 V 级左右，出材率多为 Ⅳ 级。

下木中等密度，盖度多在 30% 左右，团状分布，层平均高 1.5 ~2.0m。常见种类以川柳和陇塞忍冬为主；灰栒子、甘青茶藨子、冰川茶藨子、美丽蔷薇、扁刺蔷薇、鬼箭锦鸡儿、八宝茶等分布较多；陇蜀杜鹃、陕甘花楸、银露梅、托叶樱、甘青锦鸡儿等也有少量分布。

草本植物发育中等，以披针叶苔草和珠芽蓼为优势；东方草莓、光叶黄华、紫花碎米荠、箭叶无箭叶橐吾、掌叶铁线蕨等亦为多见。零星分布的还有：膜叶冷蕨、高乌头、升麻、高山金挖耳、乳白香青等。总覆盖度 40% ~50% 。

苔藓层发育较好，盖度常变动在 40% ~60% ，以山羽藓为优势，羽藓、绢藓等分布不多，层厚在 10cm 左右。

3. 糙皮桦林

本林型面积较小，但分布较少，常处于糙皮桦分布带的下部，海拔 2800 ~3200m 的阴坡上。主林层由糙皮桦组成同龄纯林。林分平均高度 8.5m 左右，平均胸径 11 ~15cm，郁闭度一般为 0.7 ~0.8，每公顷蓄积量变动在 90 ~160m³，地位级 V 级左右，出材率多为 Ⅳ 级。

由于林下人为活动较频繁，下木和草类、苔藓几乎无，只有糙皮桦一种，形成独特的林型。

4. 糙皮桦—云杉林

本林型是糙皮桦林中面积较窄。多分布于海拔 3000 ~3050m 的阴坡上。主林层由糙皮桦 1 云，组成单层混交林，林分一般高度 8 ~14m，郁闭度多在 0.5 ~0.8，平均胸径 8 ~14cm，每公顷蓄积量变动在 2 ~160m³，树干弯曲多杈，出材级多为 Ⅳ 级。

下木密生，盖度多在 60% ~80% ，分布比较均匀。常见种类以陇蜀杜鹃、青海杜鹃、百里香杜鹃和川柳杜鹃为主；鬼箭锦鸡儿、高山绣线菊和八宝茶分布较多；灌木层平均高一般为 1.5m 左右，在糙皮桦林分布的上限，混生的川柳常与主林层同高。

草本层以披针叶苔草、珠芽蓼为优势；草莓、紫花碎米荠、鹿蹄、舞鹤草、光叶黄花等分布较多；膜叶冷蕨、掌叶铁线蕨、松潘乌头（*Aconitum sungpanense*）、玉竹和升麻等也有分布。总盖度 30% ~70% ，均匀或团状分布。

苔藓层发育良好，盖度 40% ~60% ，分布较匀，层厚 5 ~10cm，有的苔藓附生在林木或灌木的疾步。主要种类以山羽藓为优势，羽藓、欧灰藓等也有分布。

土壤以淋溶山地褐色针叶林土为主。由于地势高寒，下层土壤溶解慢，局部有永冻层，表土重湿，有机质分解慢，常有 3 ~5cm 的凋落物，呈团状覆盖地面，A₁ 层厚度常达 40cm，壤土质地，结持力疏松，含水性好。

（四）生长情况

糙皮桦林由于生境条件较差，林木生长缓慢，林地生产能力甚低，一般为 V～Va 地位级。树干低矮，弯曲多杈，在分布上限甚至形成灌木状态，出材率常在50%以下，林木呈团状分布，一般郁闭度为0.4～0.5，少数林分可达0.7左右；林分平均年龄多在40～80年，平均胸径 8～10cm，平均高 6～8m，每公顷蓄积量变动在 30～80m³。

从收集的糙皮桦树干解析资料来看，高生长在 20 龄后进入盛期，20～40 年，连年生长在 15～20cm，此后逐渐下降；70 年后，年高甚至多在 5cm 左右；60 龄时树高为 8m，90 龄时在 9m 左右。糙皮桦林的林木胸径生长，25 龄后加快生长，30～50 龄间，连年生长量为 0.13～0.16cm，此后逐渐下降，多变动在 0.05～0.10cm。

糙皮桦林的立木腐朽较为严重，常常影响林木的生长，腐朽程度常随林龄的增大而增加，腐朽高度多由根部上延至 0.5～2.0m。在过熟林中，立木腐朽株数一般在 10%～20%，最高可达40%左右。

（五）更新与演替

糙皮桦虽有一定的萌生能力，但主要依靠种子进行天然更新，一般 20 龄后开始结实，种子可随风飞播很远的距离。由于种子小而轻，因此，无论何种迹地，当草本层相当繁茂时，种子不易与土壤接触，造成更新不良，这是许多林中空地和火烧迹地上无糙皮桦幼树的主要原因，也由于糙皮桦系阳性树种，因而林冠下一般更新不良（表 5 - 16）。

表 5 - 16　湟水河流域糙皮桦林天然更新情况

林型（混交林）	郁闭度	苔藓层盖度	相对湿度	更新情况（每公顷云杉幼苗株数）					
				树种	1～5 年生（%）	6～10 年生（%）	11～15 年生（%）	16～20 年生（%）	21～30 年生（%）	合计（%）
灌木—糙皮桦林				糙皮桦		4000	855	1360	
				云杉		63	1000	1000	
草本—糙皮桦林				糙皮桦			810		700
				云杉		2100	890		

七、青杨林

青杨（*Populus cathayana*）是我国特有种。在青海虽无天然分布，但栽培历史悠久，广泛，生长稳定，是省内主要造林绿化树种之一，也是现有人工林的最主要组成树种。

（一）分布与自然环境

湟水流域自然条件较好，农业发展历史悠久，是青海省粮油主要产区，也是青杨林的集中栽培地区。按照自然环境的差异，分为川水、浅山、脑山 3 个类型区。

1. 川水地区（沟谷阶地灌溉农业区）

海拔 1650～2650m，地势平坦，气候比较温暖，作物生长期较长，河谷阶地土层较厚，主要为栗钙土，是农业稳产高产地区，也是林业生产实行集约经营，发展栽培青杨速生用材林的良好基地。

2. 浅山地区（黄土丘陵沟壑区）

位于黄河下段和湟水流域两岸的干旱半干旱黄土丘陵地带，海拔 2600～2800m。由于长期冲刷切割，形成丘陵重叠，沟壑纵横，植被稀疏，水土流失严重。本区主要是干旱缺水，土壤贫瘠，农业生产条件差，宜林地多在坡度 30°以下的阴坡、半阴坡和沟岔台地，如果具备灌溉条件和造林措施适当，一般可望成林。

3. 脑山地区（高位石质山地）

主要分布在达坂山、拉脊山和日月山等山脉主脊的两侧，海拔 2700～3200m，气温低，降水多，湿度大，光照和生长期短）适宜青杨栽培的地区有限，目前只栽培在海拔 3000m以下的部分山麓和山前冲积扇上。

（二）组成与结构

由于各地区自然环境因素的综合作用，形成比较复杂的立地条件类型，反映在树种选择、林分结构、经营措施以及林木生长上都有明显差异。下面仅依据地形、土壤、植被等主要生态因子，初步划分为 4 个主要类型：

1. 河漫滩

位于河流两岸的河床旁、无水沟谷的底部和有水沟床沟坡下部地带，大都是卵石滩。表层有厚薄不等的沙土沉积，下层多为卵石，冲积物和冲积物的地带性不十分显著，土壤形成过程缓慢。植被有委陵菜、赖草、蒿、蒲公英（*Taraxacum* sp.）等，盖度 5%～15%。

2. 河谷阶（台）地

位于河漫滩以上、山根以下，坡度 5°～10°，由于古老地层经过侵蚀削平、堆积，以后河流下切，形成了相当宽展的多级阶地，地势比较平坦，土壤多为石灰性冲击沙壤土或栗钙土，土层厚度不等，肥力条件不一，植被有针茅、赖草、棘豆、猪毛菜（*Salsola* spp.）、骆驼蓬（*Peganum halmala*）等，盖度 15%～50%。

3. 浅山干旱坡地

该类型是黄土丘陵沟壑区的主体。由于强烈的切割作用，形成低山丘陵，沟坡相间，残梁断峁，地形十分复杂。林地主要在浅山、下部坡度 30°以下的阴坡和半阴坡。土壤多为碳酸盐栗钙土和栗钙土，结持力差，有机含量较低，水土流失严重，植被以丛生干旱禾草如针茅、蒿类为主，盖度 10%～30%。

4. 脑山山麓

位于浅山区之上，高位石质山地下的山麓地带，海拔 3000m 以下。土壤以暗栗钙土与黑钙土居多，一般海拔较高处及阴坡以黑钙土为主；海拔较低处及阳坡多为暗栗钙土。土层较厚，土壤肥沃，结构好，但缺磷。旱中生及中生禾草生长茂密，盖度可达 40%～80%。

（三）生长规律

青杨是速生型树种，生长快，成材早，但因生境不同生长速度亦有很大差异。在土层深厚，水分充足，质地疏松，保水力强，排水通气良好的沙壤土和沙黏土壤上有较高的生长量。如西宁河谷阶地的 23 年生青杨林，平均树高 20.6m，平均胸径 21.5cm，每公顷材积年平均生长量达 35.0m³；而薄沙土河滩上的 21 年生青杨林，平均树高仅 9.9m，平均胸径 9.3cm，材积每公顷年平均生长量 3.2m³。实践证明，青杨林的生长即使在适生的河谷地区，对其具体立地条件的差异（特别是土壤变化）反映也极为敏感。土层越厚，生长越好；土层浅薄或林地积水过多，生长较差（表 5-17）。

表 5-17 河谷地区不同立地条件青杨生长比较

立地条件	林龄（a）	生长因子			每公顷蓄积量（m³）
		树高（m）	胸径（cm）	单株材积（m²）	
湿润厚土层	12	6.2	6.1	0.00981	37.3714
中土层	12	5.9	4.7	0.00556	15.2344
干旱薄土层	12	5.2	4.0	0.00382	10.1612
低温浅育土	12	3.9	3.0	0.00220	2.4200

在干旱山地，青杨林的生长速度虽不及河谷阶地和厚层沙土河漫滩，但生长还是稳定的。湟中县蚂蚁沟（海拔 2700m）16 年生青杨林平均树高 6.2m，平均胸径 5.5cm。据观测，影响浅山造林成活率和林木生长的主要因子是水分和土壤厚度，而这两个因素的性质又常取决于地形，主要是坡向和坡位（表 5-18、5-19）。

表 5-18 浅山青杨造林成活率及幼树生长情况

坡位与坡向	造林时间（年、月）	成活率（%）	平均生长量（cm）		不同年度高生长（cm）		
			高度	地径	1	2	3
山顶台地南坡5°	1955.10	93.1	193.9	2.40	114.7	26.5	52.7
山坡，15°	19556.4	84.3	102.8	1.20	70.7	9.9	22.1
山顶台地，平坦	1957.4	81.9	116.9	1.60	40.9	76.0	—
山上部东坡23°	1957.10	90.0	66.9	0.84	—	—	—
山上部西北坡30°	1956.10	87.2	115.3	1.23	76.0	11.2	28.1
山上部东北坡30°	1957.4	32.4	63.2	0.80	75.0	24.0	—

表 5-19 地形坡向对青杨林生长的影响

坡位与坡向		树龄（a）	树高（m）	胸径（cm）	年平均生长量与百分率			
					树高（m）	比率（%）	胸径（cm）	比率（%）
地形	山坡中部	16	6.4	6.8	0.40	100	0.43	100
	山坡梁脊	22	7.8	9.8	0.35	87.5	0.45	104.6
坡向	东坡	15	6.0	5.9	0.40	100	0.39	100
	东南坡	16	5.0	5.0	0.31	77.0	0.31	79

表 5-18 说明，浅山青杨造林，坡度在 25°以下的阴坡、半阴坡，成活率都在 80% 以上，生长速度也快；而坡度 30°的东北坡，成活率低，高、径生长慢。表 5-19 又说明，青杨林在背风、温暖、光照与水分条件较好的半阴坡和沟谷地带生长良好；而生长于山脊附近

的高、径生长量均小于山坡中、下部。

分析林木生长进程，主要是研究其树高、胸径和材积生长在时间和空间上的变化规律，以及引起变化的各种因素之间的关系。对青海省各地青杨生长进程的研究，目前尚处于起步阶段，缺乏系统研究资料，特别是缺乏林分生长进程的研究资料，以下仅根据单株数干解析资料作一般地分析（表 5 - 20、5 - 21、5 - 22）。

表 5 - 20　青杨生长进程厚层冲积土阶地（西宁）

年龄	树高生长（m）			胸径生长（cm）			材积生长（m³）		
	总生长	平均生长	连年生长	总生长	平均生长	连年生长	总生长	平均生长	连年生长
5	7.80	1.52	1.52	6.35	1.27	1.27	0.0142	0.0028	0.0028
10	14.00	1.40	1.28	12.85	1.29	1.30	0.1015	0.0142	0.0175
15	18.30	1.21	0.86	17.22	1.15	0.88	0.	0.0207	0.0207
20	19.90	0.99	0.32	19.3	0.96	0.42	0.2635	0.0117	0.0117

表 5 - 21　青杨生长进程厚沙土河滩地（西宁）

年龄	树高生长（m）			胸径生长（cm）			材积生长（m³）		
	总生长	平均生长	连年生长	总生长	平均生长	连年生长	总生长	平均生长	连年生长
5	3.60	0.72	0.72	2.4	0.48	0.48	0.0042	0.0008	0.0008
10	9.60	0.96	1.20	11.85	1.19	1.89	0.0851	0.0085	0.0162
15	15.60	1.04	1.20	16.00	1.07	0.83	0.1329	0.0088	0.0096
20	16.90	0.85	0.26	17.75	0.59	0.35	0.1944	0.0097	0.0123

表 5 - 22　青杨生长进程浅山坡地（湟中）

年龄	树高生长（m）			胸径生长（cm）			材积生长（m³）		
	总生长	平均生长	连年生长	总生长	平均生长	连年生长	总生长	平均生长	连年生长
5	1.60	0.32	0.32	1.10	0.22	0.22	0.00020	0.00005	0.00005
10	3.80	0.44	0.38	2.90	0.36	0.29	0.00212	0.00037	0.00021
15	5.90	0.42	0.39	5.20	0.46	0.34	0.00731	0.00124	0.00048
20	7.60	0.34	0.38	8.00	0.56	0.40	0.0	0.00157	0.00071
21	9.1	0.43	0.83	11.5	0.55	0.67	0.0493	0.00453	0.00963

表 5 - 20、5 - 21、5 - 22 说明，青杨的生长进程在不同林地有明显差异，阶地高生长以前 5 年为最快，后 5 年略有下降，15 年后显著减缓；胸径生长以 5～10 年生长最快，随后开始减缓，至 20 年下降显著；材积生长 5～10 年开始上升，15 年进入旺盛期，20 年开始衰退。河漫滩上青杨的生长率虽比阶地低，但生长进程大体相同。浅山坡地青杨的生长率远不及前两者，其生长旺盛期来的也较晚，高生长和胸径生长在 20 年左右还看不出下降趋势。在集约经营的情况下，阶地和河滩地青杨林的干材成熟成熟期要比山坡地早，前者为 10～15 年，后者为 20～25 年。玉树高寒地区青杨的生长进程，由于气温变化的影响不是稳定增

长趋势，常有波动，但仍然是早期生长速度较快，20 年前为生长旺盛期，随后高、径生长均开始减弱，至 30 ~ 35 年高生长基本停止，胸径生长显著变慢，开始进入衰老阶段，经济成熟期一般在 25 ~ 30 年。

（四）立木结构初步分析

立木结构是影响林分生长和稳定生产力的重要因素，而密度（单位面积的立木株数）是表示林分水平结构的一个重要指标，在培育人工林时分析其栽植密度以致林分的变化规律，更具有重要的实践意义。

1. 密度与林分生长的关系

造林实践证明，在一定范围内林分平均树高和平均胸径的生长，随林分密度的增大而减小，胸径生长反映尤为敏感，密度越大，林木蓄积量也反映了随密度的减小而增大（表5 – 23）。

表5 – 23　不同密度林分生长情况

地区	树龄	每公顷栽植株数	每公顷保存株数	树高（m）	胸径（cm）	材积（m³）	
						平均木单株	每公顷合计
川水	16	2046	1764	8.9	10.5	0.03544	63.65024
	16	3053	2775	7.8	7.6	–	–
	16	8187	7062	5.4	4.0	0.00273	19.27926
浅山	16	4100	3400	6.6	8.4	0.01902	64.6780
	16	6400	5200	5.2	5.3	0.00747	38.8440
	16	9600	7400	5.4	5.2	0.00382	28.2680

2. 不同密度树木胸径生长差异

从表5 – 24 可以看出，树木胸径生长与林分密度的大小成反比，不论川水或浅山地区都表现了这一规律性。如当密度为每公顷 1796 株时，其最多株数的胸径集中于 8 ~ 12 径级；当密度为每公顷 2719 株时，其最多株数的胸径集中于 6 ~ 10 径级；当密度为每公顷 7062 株时，其最多株数的胸径则集中于 2 ~ 4 径级。

表5 – 24　不同密度树木胸径在各径级的株数分布

地区	树龄	株数/hm²	径级（cm）							
			2	4	6	8	10	12	14	16
			各径级的百分率（%）							
川水	16	1746			10.8	21.4	24.3	30.0	10.8	2.7
	16	2719		6.1	20.4	38.7	22.4	10.2	2.2	
	16	7062	70.8	24.6	4.0					
浅山	16	3400			45.4	30.3	21.2	3.1		
	16	5200	19.3	42.0	38.7					
	16	7400	15.7	55.7	28.6					

树高生长亦因林分密度不同而表现了生长速度的规律性差异，密度过大，生长低劣，生

长量随密度的增大而递减（表 5 - 25）。

表 5 - 25 不同密度各龄阶的树高生长变化

地区	树龄	株数/hm²	各龄阶的树高总生长（m）			
			5	10	15	16
川水	16	1796	1.9	5.0	7.4	8.1
	16	2719	1.3	4.6	7.3	7.7
	16	7062	1.6	2.6	5.0	5.4
浅山	16	3400	2.5	5.0	6.1	6.6
	16	5200	2.3	3.9	5.0	5.2
	16	7400	1.6	2.9	4.9	5.3

由于林分密度的不同，也常常使林内平均木与林缘木的生长出现显著差异，其规律是随密度的增大而递减，密度越大，差异越大，从而越小到整个林分结构的变化，树高与胸径生长由林缘到林内逐渐下降，尤以下降生长的下降趋势显著，致使林冠层外高内低。

3. 不同密度的林分树木死亡率和林木分化

从表 5 - 26 所列数字看出，由于树木群体对土壤水分和肥料等生存条件的相互争夺，栽植密度过大，单位面积营养满足不了个体生存的最低要求，就会造成树木大量死亡，而且有随着树龄增大死亡率增加的趋势，如每公顷栽植 8187 株时，12 龄树木死亡率为 13.7%，而每公顷栽植 8000 株者（与前者近似），16 龄树木死亡率竟达 41.1%。同时，存留立木也出现严重的林木分化，高、径生长差异显著。

表 5 - 26 不同栽植密度每公顷树木死亡率

地区	树龄	每公顷栽植株数	每公顷活力木株数	每公顷死亡株数	死亡率（%）
川水	12	8187	7062	1125	13.7
	16	8000	4913	3289	41.1
	16	2997	2719	278	8.3
	16	2078	1796	282	13.5
浅山	16	4100	3400	700	17.0
	16	6400	5200	1200	18.8
	16	9600	7400	2200	22.8

从上述立木结构的分析中，初步得出如下规律：造林密度越大，林木自然稀疏越剧烈；造林密度越大，林木分化越显著；造林密度越大，树高、胸径生长量越小，径、高比值越小。同时，通过冠幅与生长发育关系的研究证明；以树冠系数和树高的对比关系（树高/树冠系数），来确定的单位面积株数与现有生产力最高的林分株数相吻合。据此计算结果，初步提出各地区比较适宜的青杨造林密度为：川水地、柴达木盆地南部、海南北部生产大径材的株行距为 3m×3m，小径材株行距为 2m×2m；浅山水分较好的局部地区，株行距为 1m×2m；脑山与海南南部地区，株行距为 2m×2m。

八、沙棘灌木林

沙棘（*Hippophae rhamnoides*）俗名黑刺，藏语叫木纳昌，蒙语叫其尔朵纳。为胡颓子科沙棘属的灌木或小乔木。

沙棘枝叶稠密，根系发达，根蘖力强盛，抗寒，耐干旱，耐瘠薄，是我国北方营造水土保持林、防风固沙林和新炭林的优良树种。

（一）分布与生境

沙棘分布很广，欧、亚两洲的温带都有。我国有4种和5亚种。自然分布于内蒙古、河北、山西、陕西、甘肃、宁夏、新疆、四川、云南、西藏等地区。辽宁和黑龙江等地已引种成功。

青海省的沙棘分布区内，因纬度尤其是海拔高度等因素影响，各地气候有明显的差异。总的来看，大都为高原寒温带半湿润至半干旱气候型。年平均气温5.7～-4.2℃，1月平均气温-8.4～-17.5℃，历年极端最低气温-26.6～-35.7℃，7月平均气温17.2～7.5℃，日平均气温≥5℃的持续期及活动积温分别只有193.9～56.6和2580.8～430.7℃。年降水量为368.2～764.4mm，但季节变化大，高原温带半干旱气候区近40%的降水量集中在7、8两个月。

沙棘是一个既耐寒也也耐较高温度的树种。在-40℃低温下没有冻稍现象，气温高达40℃以上时也能健壮生长。沙棘又是耐大气干旱的树种，它生长的许多地方年平均相对湿度不到60%。沙棘也耐一定程度水湿，喜土壤湿润，能在地表5cm深、含水量达42.6%的山地草甸土上生长，因它属于浅根性植物，根系的水平分布范围较大，从而对水分条件适应幅度也较大。沙棘虽喜肥沃土壤，但也耐贫瘠，这与它的根上具有能固定氮素的根瘤有关。此外，沙棘喜光，也耐轻度，并耐一定程度的盐碱。但是，在过于干旱和粘重的土壤上则生长不良，且易于早衰。

（二）组成与结构

沙棘灌木林通常分为两层，即灌木层和草本层。灌木层以沙棘占绝对优势，伴生种类很少，常见的有水栒子、水柏枝、匍匐栒子、金露梅、乌柳、红花忍冬、短叶锦鸡儿等。除了乌柳以外，其他大都与沙棘同层，乌柳常高出灌木层。灌木层高度随建群种而异，以沙棘为建群种的层高度多为2～4m，以肋果沙棘为建群种的层高度多为1.5～2.5m，以西藏沙棘为建群种的层高度多在0.6m以下。层盖度也有差异，但通常达50%～70%甚至更高。

草本层的组成种类、高度和高度不仅因地区而异，而且在河漫滩与山地上也不相同，总的特点是优势种不明显，常见种主要属于禾本科、莎草科、菊科、毛茛科等。高度一般在20～60cm，盖度40%～60%。

在少数地段上，由于立地条件较好，沙棘常长成小乔木状，高3～5m，从而形成了3个层次。

沙棘灌木林外貌灰绿色，沙棘多为灌木，有时为小乔木，盖度高，分灌木和草本两层，组成因地而异。在互助北山林区浪土当沟（地名下宁才）的阳坡中部，海拔2470m，坡向10°SW，坡度31°，碳酸盐灰褐土，夹有石灰质砾石。沙棘高度3.4～4.8m，伴生灌木主要有水栒子、匍匐栒子、短叶锦鸡儿、红花忍冬、金露梅等。草本层中有女娄菜（*Melandrium apricum*）、甘青老鹳草、抱茎獐牙菜（*Swertia franchetiana*）、贝加尔唐松草、长花天门冬

（*Asparagus longiforus*）、秋唐松草、苦荞、绿香青、三褶脉紫菀、紫花地丁（*Viola philippica ssp. munda*）、茜草、泡沙参、蒙古蒿（*Artemisia mongolica*）、香芸火绒草（*Leonto podium haplophylloides*）、二色香青、矩镰荚苜蓿（*Medicago archiducis nicolai*）、椭圆叶花锚、长果婆婆纳（*Veronica ciliata*）、水苏（*Stachys japonica*）、甘肃马先蒿（*Pedicularis kansuensis*）、细叶亚菊（*Ajania tenuifolia*）、远东芨芨草（*Achnatherum extremi – orientale*）、细裂叶莲蒿等。在玛可河林区阳坡和半阳坡中下部，海拔 3400～3600m，沙棘高度 1～3m，盖度 40%～60%，伴生灌木主要是水枸子，其他有直穗小檗、匍匐枸子、西藏忍冬、蒙古绣线菊、狭果茶藨子、川西锦鸡儿等。草本盖度 60%～70%，主要有垂穗披碱草、高原早熟禾。其他掌叶顿无有掌叶橐吾、甘青青兰、甘青老鹳草等。再如在祁连县八宝河下游河漫滩上，沙棘常与乌柳、坡柳混生在沿岸一级阶地上，海拔 2750～2850m。土壤为发育在次杨的下木，沙棘高 1.5～3.5m，盖度 40% 左右。而在玛可河林区海拔 3600～3800m 的阳坡和半阳坡上，沙棘成为圆柏林的下木。

　　（三）人工沙棘灌木林

　　从 20 世纪 50 年代后期起，沙棘开始用于东部浅山区造林。这里的人工沙棘灌木林主要分布在湟水、黄河流域的互助、大通、湟源、湟中、化隆等县海拔 2400m 以上的浅山。西藏沙棘已成为本区营造水土保持林和新炭林的最重要造林树种之一。当时还从西南、湟源将沙棘引进了柴达木盆地的香日德等地，栽植在有灌溉条件的渠旁、路旁，生长良好。近年来还在农田防护林带中配置沙棘，和杨树进行混交，生长繁茂，是疏透结构林带的优良下木。而且在沙区营造放风固沙林时也大量采用沙棘。

　　在青海省境东部，不同立地条件下的人工沙棘灌木林的生长状况如表 5－27。

　　从表 5－27 可以看出，沙棘灌木林生长在不同立地条件下或营造方法不同，其生长也是不一样的。一般来说，6～9 年平均高为 2m 左右。生长最好的是刘家沟侵蚀沟阴坡上的沙棘灌木林，9 年生可达 3.28m，平均地径为 3cm 左右，侵蚀沟坡上的径生长量也较大，9 年生都在 4cm 以上。

表 5－27　湟水流域不同立地条件沙棘人工林的生长状况

调查地点	林地概况					造林情况		林木生长状况			备注
	地形部位	地类	海拔高度（m）	坡向	坡度（°）	整地方法	造林方法	树龄	平均高度（m）	平均地径（cm）	
大通县药草乡半沟	坡中上部	撂荒地	2760	东北20°	21	全面	条播	7	2.07	2.87	有的植株被砍，有的植株干枯
大通县药草乡半沟	坡上部	荒地	2680	东南10°	36	水平阶	栽苗	6	1.62	2.81	
乐都县李家乡合尔茨	坡下部	撂荒地	2400	西南15°	22	全面	条播	6	1.95	3.12	
湟中县西堡乡丰台沟	坡下部	荒地	2730	东南15°	34	鱼鳞坑	栽苗	8	2.10	2.64	
湟中县西堡乡丰台沟	沟坡	荒地	2640	北	45	小坑	栽苗	9	1.83	4.04	
互助县西山乡刘家沟	沟坡	荒地	2600	西南30°	28	穴	播种	9	2.77	4.48	有的植株被砍
互助县西山乡刘家沟	沟坡	荒地	2600	北	25	穴	播种	9	3.28	4.78	
湟源县和平乡小高陵	坡上部	撂荒地	2860	东	22	坑	栽苗	9	2.02	3.36	

　　沙棘灌木林在东部黄土丘陵（浅山）区的适生立地条件，经多次调查，初步认为是：

海拔 2400m 和年降水量 400mm 以上，土壤为冲积土、暗栗钙土、栗钙土的河滩、沟谷和阴坡，为沙棘的适生立地条件，在年降水量达到 500mm 左右的阴坡上也生长良好。在年降水量虽不足 400mm，但有地下水补给的河滩和沟谷，沙棘亦可生长。二在山坡上，尤其是阳坡，大都生长不良，株体较小，且常早衰。即使遮荫，在年降水量近于 400mm 的阴坡（包括半阴坡），尤其是撂荒地，如能选择多雨年份造林和加强经营管理，亦可取得较好效果。同时，在保水改土和生产薪柴方面，沙棘比起其他灌木树种，优越性大。

沙棘平茬出柴量因地类不同而差异很大，立地条件好、密度较高的林分，第一次平茬一般每公顷可砍湿柴 2.3~4.5 万 kg，据 1981 和 1983 两年于 9 月份在大通县半沟等地采样测定，7~9 年生枝干风干重为鲜重的 53.9%~56.5%，且随树龄增加而升高，输液风干重为鲜重的 35.7%~50.8%，随采样时间、天气和地点亦有变化。

据调查，在湟中县丰台沟阳坡（海拔 2670m，坡度 23°）的沙棘，7 年生时垂直根深达 1.82m，须根密集范围在 40cm 深土层以内，水平根幅直径顺坡为 3.8m（向上 1.4m，向下 2.4m），横坡为 3.6m（向左 2.1m，向右 1.5m）。说明沙棘具有强大的根系，可有效地固持土壤。

九、柠条灌木林

柠条（*Caragana intermedia* Liou f.）是豆科的落叶灌木，具有耐旱、耐瘠薄等特性，广泛分布于东北、华北和西北东部，是荒山造林绿化的优良灌木树种。青海省没有天然分布。

（一）栽培简史

柠条是湟水林场于 1956 年从陕北引进的，具体的原产地已不可考。当时在山上播种了 40 亩，长势良好。1963 年西宁市二十里铺乡又在西山播种了 2.13hm²，长势也好，已平茬 3 次。20 世纪 70 年代后期开始大规模引种，并向广大地区推广栽培。目前在民和、乐都、平安、互助、湟中、湟源、大通等县市都有较大面积的栽植，甚至向牧业区的海晏和贵南等县发展。1979 年全省直播柠条仅 71hm²，1980 年猛增至 1004hm²，1981 年更增至 2999hm²，一跃成为青海造林的主要树种，1982~1986 年的 5 年内，每年柠条播种面积约占全省造林总面积的 40%~60%，即 10000~40000hm²。成活率大部分在 90% 以上，保存率 70% 左右。早期引种的柠条已在一些浅山地区形成小片状的灌木林，多已开花结实，并已提供薪材和饲料，开始发挥生态和经济效益。

（二）分布与生境

柠条集中栽培区位于青海省东部的湟水流域和黄河下段的两侧山地，共和盆地也有。其范围大致介于东经 100°55′~103°02′、北纬 35°30′~36°52′之间，如果将零星栽培的地方也计算在内，其范围还要广阔得多，向西可至格尔木市。

地貌上属于黄土高原向青藏高原的过渡地带，但以黄土地貌为主，呈现低山丘陵和深谷峁状地形，海拔 1650~2950m。气候属高原大陆性气候，温凉干旱。土壤以栗钙土类为主，也有少量灰钙土。黄土深厚，植被稀少，气温较暖，降水 250~450mm。由于坡向、坡度不同，使水热条件重新分配。30° 以上的低山阳坡因辐射强、热量和蒸发量大，致使土壤干燥贫瘠，植被稀疏，土壤侵蚀强度大，立地条件差，造林困难。阴坡虽比阳坡稍好，但仍较干旱，特别是贵德、循化等县，降水量只有 250mm 左右。土壤类型多为淡栗钙土，部分阳山有少量灰钙土，土壤发育较差，有机质含量少，结构不良，保肥、保水力差。植被因受气候、土壤的影响，生长矮小、稀疏，种类少，灌木以低矮的川青锦鸡儿为主，草本以旱生、超旱生的蒿属、骆驼蓬、灰绿碱蓬（*Suaeda glauca*）、赖草、狼毒、紫菀等为主，植被总盖度一般为 30%～40%。在黄河下段的北岸一带，山高坡陡、童山秃岭、几乎寸草不生。本区的乐都县共和乡（许家寨、联星、童家、马厂等村）和峰堆乡（联村）、西宁市湟水林场、二十里铺等，是当前柠条造林的重点地区。

（三）生长情况

人工柠条灌木林的结构比较简单，总的以纯林为主，约占90%以上，混交林不到10%。其生长情况如下：

以乐都县峰堆乡联村1966年在水平梯田上直播的柠条林为例，该处坡向东，坡位山根，土壤淡栗钙土，贫瘠而干燥。在4m×4m标准地内均匀分布60丛，每丛6～18株。平均高70cm，最高1.9m，地径一般为0.8～1.0cm，郁闭度0.6。柠条牛羊啃吃过的枝条当年高度生长量一般为5c，最高可达18cm，而没有啃吃的老枝条当年高生长只有2～3cm。因缺乏抚育管理，普遍生长不良。该村在坡跟水渠上沿播种的柠条，一丛有70根枝条，丛内最高植株3.89m，地径4cm，冠幅直径4.8m，整个植株生长健壮，结实良好。在有灌溉和施肥条件下，从根部萌发枝高1.33m，地径粗3.9cm，树冠有三根明显分枝，均匀分布。

再以湟源县申中乡申中村后阳坡上的柠条灌木林为例，海拔2800m，坡向南10°，西坡度23°，坡位中上部，土壤栗钙土，厚30cm，较干燥贫瘠。植被有冰草、兰花棘豆、乳白香青、蒿、狼毒、披针叶黄花、委陵菜等，覆盖度60%。1977年水平阶造林，直播柠条平均高84cm，最高1.1m，地径0.8cm，最粗1cm。在2m×5m标准地内有7丛，每丛冠幅0.5m×0.5m，地径丛围107cm，每丛地上鲜重0.83kg。种植后未平茬，每亩产鲜柴252kg，其中枝重148kg，嫩梢8.5kg，花2.9kg，叶91.7kg，总的干重122kg，占鲜重的48.4%，其中：枝85kg，占干重的67.7%。

十、柽柳灌木林

柽柳（*Tamarix chinensis* Lour），俗名三春柳、沙柳、红荆条、红柳、苏海（蒙），是荒漠灌丛中主要代表树种之一，柽柳科的落叶灌木或小乔木，是我国北方营造水土保持林、防风固沙林和新炭林的优良树种。

（一）分布与生境

柽柳分布很广，全球有3属约110种，我国有3属32种。天然分布于内蒙古、河北、山西、陕西、青海、甘肃、宁夏、新疆、四川、云南、西藏等省（自治区）。青海境内天然分布的有多枝柽柳（*Tamarix ramosisima*）、短穗柽柳（*Tamarix laxa*）、长穗柽柳（*Tamarix elongata*）、刚毛柽柳（*Tamarix hispida*）、甘蒙柽柳（*Tamarix austomonglica*）等12种，主要人工造林树种是甘蒙柽柳。

甘蒙柽柳集中栽培区位于湟水流域和黄河下段的两侧山地，共和盆地也有。其范围大致介于东经100°55′～103°02′、北纬35°30′～36°52′之间，如果将零星栽培的地方也计算在内，其范围还要广阔得多，向西可至格尔木市。

分布地貌上属于黄土高原向青藏高原的过渡地带，但以黄土地貌为主，呈现低山丘陵和深谷峁状地形，海拔1600～2950m。气候属高原大陆性气候，温凉干旱，蒸发强烈，土壤盐碱化。黄土深厚，植被稀少，气温较暖，降水250～450mm。由于坡向、坡度不同，使水热条件重新分配。30°以上的低山阳坡因辐射强、热量和蒸发量大，致使土壤干燥贫瘠，植被稀疏，土壤侵蚀强度大，立地条件差，造林困难。阴坡虽比阳坡稍好，但仍较干旱。土壤类型多为淡栗钙土，部分阳山有少量灰钙土，土壤发育较差，有机质含量少，结构不良，保肥、保水力差。植被因受气候、土壤的影响，草本以旱生、超旱生的蒿属、骆驼蓬、灰绿碱蓬、赖草、狼毒、紫菀等为主，植被总盖度一般为30%～60%。湟水流域浅山是当前甘蒙柽柳造林的重点地区。

甘蒙柽柳适应性强，既耐干旱又耐水湿，耐瘠薄又耐盐碱。在含盐量0.5%～1%，盐碱地能生长；根系发达，根蘖力强盛，生长迅速，具有垂直深扎的主根和水平发展极广的侧根，主根直达潜水面，侧根向四周伸展的幅度常为数冠的2～3倍。人工造林可采用扦插繁殖，扦插可分为春季和秋季，秋季扦插成活率较高。

（二）生长情况

甘蒙柽柳灌木林的结构比较简单，总的以纯林为主，约占90%以上，混交林不到10%。其生长情况如下：

甘蒙柽柳原产于湟水流域，生长在海拔1800～2200m的干旱山坡与河漫滩。由于生境水、热条件的差异，自然分布和生长状况各异，生长在河滩等低水位潮湿土壤上的林分，长势良好，茂密成林，盖度可达40%～60%，高达5m；生长在干旱山坡上，土壤中有一定量的水分，形成片林，长势较差，盖度只有10%～30%，平均高1～2m。

（三）经营利用

甘蒙柽柳枝丛繁茂，根蘖力强盛，根据立地条件，3～5年及时平茬。

甘蒙柽柳木质坚硬，可作农具；枝条柔软，是优良的编织材料；嫩叶枝山羊特别喜食，是一种优良的饲料；树姿优美，1年开花2～3次，绿红相映，是庭院观赏树种之一；细嫩叶枝供药用，可治麻疹、风湿；枝、叶、根均含丹宁，可提取鞣料。

十一、杜鹃灌木林

杜鹃灌木林是亚高山特征类型，主要集中分布于拉脊山、达板山亚高山地带，降水量500mm左右，海拔3100～3700m，居于较陡峭的阴坡、半阴坡部位，生境湿润、夏季成泽、林木葱浓，它是高山径流形成区水源涵养调节的前哨、珍贵动物哺育的场所，具有观赏价值。

由于水文条件优越，杜鹃林发育较好，植株高大，特别是头花杜鹃林、陇蜀杜鹃林，林层树高可达100～200cm左右，局部杜鹃林可达300～400cm，一般为50～100cm，灌木盖度在40%～80%以上，林层结构紧密，水分条件好的林分，藓层和草本层特别发育。其他灌木有甘肃瑞香、祖师麻（*D. giraldii*）、高山绣线菊、鬼箭锦鸡儿、杯腺柳、毛枝山居柳、金露梅等。草本层以蒿草和苔草为主，杂草有大花虎耳草（*Sax - ifraga hirculus*）、绿绒蒿（*Meconopsis*）、珠芽蓼、圆穗蓼，黄芪、大黄（*Rheum pumolum*，Rh. spp.）中华槲蕨、风毛菊、唐松草、麻花艽（*Gentiana straminea*）、冷龙胆（*Gentiana algida*）、湿生扁蕾（*Getianopsis paludosa*）、大叶龙胆、秦艽（*Gentiana mscrophylla*）等。藓类植物有山羽藓、丛生真藓（*Bryum caespiticium*）、尖叶灰藓（*Hypnum callichroum*）、弯叶灰藓（*H. hamulosum*）、红纽口藓（*Borbula rufa*）等。

十二、山生柳灌木林

山生柳灌木林包括毛枝山居柳灌木林和杯腺柳灌木林两个类型，主要分布在拉脊山、达板山的亚高山地带的阴坡、半阴坡，降水量 550~400mm。群落由耐寒的中生植物组成，发育土壤为山地灌丛草甸土，是本地高山径流形成区主要水源涵养灌木林类型之一。在水分成泽的草甸土上，杯腺柳成为单一结构的群落，在湿润的草甸土上胚腺柳常和毛技山居柳混生，构成复合灌木层的混交林，灌木层下植物种类丰富，是鸟类、兽类等野生动物栖息的场所。

群落灌木层高 0.85~1.2m，盖度 50%~80%，最高可达 95%；草本层植物组成有嵩草、苔草、龙胆、绿绒蒿、风毛菊、虎耳草、马先蒿、早熟禾、发草、银莲花（Anemone spp.）、火绒草、委陵菜、珠芽蓼、矮金莲花、垂头菊、竹节羌活、圆穗蓼等；苔藓层有山羽藓及其他各种藓类；灌木层其他种类有鬼箭锦鸡儿、忍冬、蔷薇、绣线菊、金露梅、银露梅等。

十三、金露梅灌木林

金露梅灌丛是山地广泛分布的一个类型，垂直分布宽阔，可在海拔 2800~3700m 的中山带到亚高山带分布。占据半阳坡、半阴坡地和河谷地区，土壤为亚高山灌丛草甸土，生态适应幅度大，可跨越山地草原、山地森林和亚高山草甸等几个垂直带。

总盖度一般为 50%~85%，植株高为 40~70cm，最高可达 100cm。群落发育良好，有灌、草两层结构。在湿润条件下，种类增多。其他灌木有绣线菊、忍冬、鬼箭锦鸡儿伴生。草本层多以嵩草、龙胆、银莲花、圆穗蓼、委陵菜、马先蒿、赖草、紫菀、紫花针茅、异叶青兰（Dracocephalum heterophyllum）、羊茅、风毛菊等植物组成，层盖度为 60%~80%。

第三节　森林资源及评价

一、森林资源

（一）森林面积

1. 按地类分

湟水流域土地总面积 161.20 万 hm²，其中林业用地为 862 213.4hm²，其中有林地 70 299.1hm²，疏林地 3203.8hm²，灌木林地 351 361.9hm²，未成林造林地 161 067.5hm²，苗圃 1128.8hm²，宜林荒山地 210 248.7hm²，灌丛地 61 387.6hm²（表 5-28）。

湟水流域森林覆盖率 26.16%，大通县森林覆盖率最大 37.97%，海晏县森林覆盖率最小 13.88%。

表5-28　湟水流域林业用地统计表　　　　　　　　　单位：hm²

统计单位	总计	林业用地（hm²）								森林覆盖率（%）
		合计	有林地	疏林地	灌木林	灌丛	未成林造林	宜林地	苗圃	
总计	1612000.0	862213.4	70299.1	3203.8	351361.9	61701.6	164269.5	210248.7	1128.8	26.16
一、海北州	201259.8	90660.9	315.1		27629.3	2015.1	3866.3	56800.0	35.1	13.88
1. 海晏县	201259.8	90660.9	315.1		27629.3	2015.1	3866.3	56800	35.1	13.88
二、西宁市	752169.3	369745.9	27728.3	1373.6	222029.7	49450.7	48978.0	19452.4	733.2	33.21
2. 湟源县	151319.9	69312.3	2775.1	6.6	38955.5	9781.8	12267.3	5475.5	50.5	27.58
3. 湟中县	248348.5	128367.9	11613.3	464.5	70321	20951.7	15759	9170.6	87.8	32.99
4. 大通县	318746.9	155047.0	11694.6	825	109331.1	18717.2	12005.9	2236.6	236.6	37.97
5. 西宁市	33754.0	17018.7	1645.6	77.5	3422.1		8945.8	2569.7	358.3	15.01
三、海东地区	658570.9	401806.6	42255.7	1830.2	101702.9	10235.8	111425.2	133996.3	360.5	21.86
6. 平安县	74401.4	49437.6	1649.2	30.7	15774.4	1577.6	15765.1	14546.5	93.9	23.42
7. 互助县	119911.0	63499.4	14572.6	80.8	12402.6		22417.6	13976.5	49.3	22.50
8. 乐都县	239737.4	178466.4	10763.8	809.5	47626.7	7961.5	38645.9	72578.5	80.5	24.36
9. 民和县	223046.7	109002.9	15270.1	909.2	24824.6	667.1	34543.4	32651.7	136.8	17.98
10. 化隆县	1474.4	1400.3			1074.6	29.6	53	243.1		

2. 按权属分

湟水流域林业用地为862 214.6hm²，其中，国有383 389.2hm²，占44.46%，集体397 113.6hm²，占46.06%；个人81 711.8hm²，占9.48%（表5-29）。

国有林业用地中，国有林场林场面积较大，面积376 790.7hm²，占国有林业用地的98.3%；国有苗圃比例较小，面积159.6hm²。在各县中大通县国有林场面积较大，面积126 151.5hm²，占国有林场33.48%；西宁市国有林场面积最小，仅占136.6hm²。

集体林业用地中，乡村集体林面积较大，面积达381 849.3hm²，占集体林的96.2%；集体林场面积15 183.4hm²，占集体林的3.8%。在各县中湟源县集体林场面积较大，面积15 033.1hm²，占集体林场99.01%；其他县面积较小。

个人林业用地中，民和、乐都和互助县个人面积较大，分别为19 189.2 hm²、17 091.2hm²和14 802.4hm²，分别占个人总面积的23.48%、20.92%和18.12%；海晏县个人面积较小，仅为1043.4hm²，分别占个人总面积的1.27%。

表5-29　湟水流域林业用地权属统计表　　　　　　　　单位：hm²

统计单位	总计	国有林场	国有苗圃	国有其他	集体林场	集体其他	其他	个人
总计	862214.6	376790.7	159.6	6438.9	15183.4	381849.3	80.9	81711.8
一、海北州	90660.9	48593.7		415.8	141.9	40448	18.1	1043.4
1. 海晏	90660.9	48593.7		415.8	141.9	40448.0	18.1	1043.4
二、西宁地区	369746.1	220211.6	67.5	5326.1	15033.1	109405.1	62.8	
2. 大通	155046.3	126151.5		72.1		24271.6		4551.1

（续）

统计单位	总计	国有林场	国有苗圃	国有其他	集体林场	集体其他	其他	个人
3. 湟源	69312.5	49841.5	10.4		15033.1	390.6		4036.9
4. 湟中	128368.3	44082.0		52.5		78768.2		5465.6
5. 西宁	17019	136.6	57.1	5201.5		5974.7	62.8	5586.3
三、海东地区	401807.6	107985.4	92.1	697	8.4	231996.2		
6. 互助	109004	16980.4	92.1	21.7		77107.4		14802.4
7. 平安	49437	8732.4		669.5	8.4	31481.4		8545.3
8. 乐都	178466.5	59419.0				101956.3		17091.2
9. 民和	63499.7	22853.6		5.8		21451.1		19189.2
10. 化隆	1400.4							1400.4

3. 按起源分

湟水流域林业用地为 862 214.6hm²，其中，天然林 399 876.9hm²，占 46.38%，人工林 233 194.5hm²，占 27.05%；飞播林 1881.0hm²，占 0.02%；其他 227 262.2hm²，占 26.36%（表 5 – 30）。

天然林中，大通县面积较大，为 134 336.9hm²，占天然林面积的 33.60%；西宁市区最小，为 34.3hm²。

人工林中，湟中、乐都和互助县面积较大，分别为 45 135.7hm²、45 006.0hm² 和 42 544.5hm²，分别占人工林林面积的 19.36%、19.30% 和 18.24%；海晏县最小，为 53.0hm²。飞播林 1881hm²，仅分布在湟中、西宁市区和平安县。

4. 按林种分

湟水流域林业用地 862 214.6hm²，防护林包括水源涵养林、水土保持林、防风固沙林、农田牧场防护林、护岸林、护路林、国防林等面积为 854 146.1hm²，占 99.0%；特殊用途林包括母树林、环境保护林、风景林、名胜古迹和革命纪念林等面积为 3949.8hm²，占 0.5%；一般用材林面积为 1814.6hm²，占 0.1%；经济林包括果树林、食用原料林等面积为 2303.7hm²，占 0.4%。

表 5 – 30 湟水流域林业用地起源统计表　　　　单位：hm²

统计单位	总计	天然林	人工林	飞播林	其他
总计	862214.6	399876.9	233194.5	1881	227262.2
一、海北州	90660.9	31776.4	2282.1		56602.4
1. 海晏	90660.9	31776.4	2282.1		56602.4
二、西宁地区	369746.1	237403.8	93152.5	1878.5	37311.3
2. 大通	155046.3	134336.9	18236.3		2473.1
3. 湟源	69312.5	49695.1	14103.4		5514.0
4. 湟中	128368.3	53337.5	45135.7	1768.0	28127.1
5. 西宁	17019	34.3	15677.1	110.5	1197.1

（续）

统计单位	总计	天然林	人工林	飞播林	其他
三、海东地区	401807.6	130696.7	137759.9	2.5	133348.5
6. 互助	109004	34492.1	42544.5		31967.4
7. 平安	49437	13631.1	21256.7	2.5	14546.7
8. 乐都	178466.5	60801.5	45006.0		72659.0
9. 民和	63499.7	20667.7	28899.7		13932.3
10. 化隆	1400.4	1104.3	53.0		243.1

　　防护林中，水源涵养林和水土保持林面积较大，分布为 488 273.9hm² 和 360 491.2hm²，分别占流域林业用地56.6% 和41.8%（表5－31－1、5－31－2）。

表5－31－1　湟水流域林业用地林种统计表　　　　单位：hm²

统计单位	合计	水源涵养林	水土保持林	防风固沙林	农田牧场防护林	护岸林	护路林	其他防护林	国防林
总计	862214.6	488273.9	360491.2	2427.4	22	1599.3	385.2	17.6	929.5
一、海北州	90660.9	81654.4	6507.5	2377	16.2	9.4	69.5	17.6	
1. 海晏	90660.9	81654.4	6507.5	2377	16.2	9.4	69.5	17.6	
二、西宁地区	369746.1	248073.6	116307	47.7	5.8	842.2	315		
2. 大通	155046.3	132515.3	18318		5.8	194.4	301		
3. 湟源	69312.5	42791.7	26470.3						
4. 湟中	128368.3	71926	55577.4	47.7		599.1	14		
5. 西宁	17019	840.6	15941.3			48.7			
三、海东地区	401807.6	158545.9	237676.7	2.7		747.7	0.7		929.5
6. 互助	109004	16684.1	91756.8			550.7	0.7		
7. 平安	49437	17337.7	31808.4			197			
8. 乐都	178466.5	82166.2	94423.7						929.5
9. 民和	63499.7	42048.7	18842.4						
10. 化隆	1400.4	309.2	845.4	2.7					

表5－31－2　湟水流域林业用地林种统计表　　　　单位：hm²

统计单位	母树林	环境保护林	风景林	名胜古迹和革命纪念林	一般用材林	果树林	食用原料林	其他经济林	其他
总计	167.8	55	3716	11	1814.6	1538.4	0.1	65.2	700.4
一、海北州			9.3						
1. 海晏			9.3						
二、西宁地区	142.1	55	3658.1	11		4.6		1.1	282.9
2. 大通	91.5		3382.8	1					236.5

（续）

统计单位	母树林	环境保护林	风景林	名胜古迹和革命纪念林	一般用材林	果树林	食用原料林	其他经济林	其他
3. 湟源	50.5								
4. 湟中	0.1		202.6						1.4
5. 西宁		55	72.7	10		4.6		1.1	45
三、海东地区	25.7		48.6		1814.6	1533.8	0.1	64.1	417.5
6. 互助			11.7						
7. 平安									93.9
8. 乐都			36.9		741.4	88.3			80.5
9. 民和	25.7				1073.2	1445.5	0.1	64.1	
10. 化隆									243.1

5. 按树种组或优势树种分

湟水流域林业用地按树种组或优势树种统计面积862 214.6hm²，云杉组包括青海云杉、紫果云杉、青杆，面积17 403.1hm²；柏树组包括祁连圆柏、刺柏，面积3435.8hm²；落叶松组包括华北落叶松、日本落叶松、兴安落叶松，面积1340.2hm²；油松面积504.9hm²；桦树组包括白桦、红桦、糙皮桦，面积27 408.2 hm²；榆树组包括白榆、旱榆，面积5746.6hm²；杨树组包括青杨、冬瓜杨、新疆杨、河北杨等，面积28 989.4hm²；山杨面积4001.7hm²；柳树包括旱柳、垂柳、龙爪柳等，面积218.7hm²；臭椿19.0hm²；苹果包括红元帅、红富士、国光等，面积1230.8hm²；梨桃类包括早熟梨、苹果梨、香蕉梨、冬果梨、软儿梨、沙果、楸子、肉桃、水蜜桃等，面积413.8hm²；胡桃面积13.6hm²；山杏面积6045.8hm²；花椒面积14.0hm²；枸杞面积320.9hm²；沙棘包括中国沙棘、俄罗斯沙棘等，面积57 247.3hm²；柽柳包括甘蒙柽柳、水柏枝等，面积1496.4hm²；白刺面积32.7hm²；麻黄面积11.2hm²；高山柳包括秦岭柳、陇山柳、乌柳、川柳、坡柳、康定柳、川滇柳、匙叶柳、洮河柳等，面积101 969.3hm²；杜鹃包括陇蜀杜鹃、百里香杜鹃等，面积21 209.3hm²；锦鸡儿包括小叶锦鸡儿、柠条锦鸡儿、短叶锦鸡儿、鬼箭锦鸡儿、甘蒙锦鸡儿、白毛锦鸡儿等，面积142 897.9hm²；金露梅包括银露梅，面积149 527.4hm²；小檗包括毛叶小檗、秦岭小檗、直穗小檗、鲜黄小檗、细叶小檗、匙叶小檗等，面积1729.8hm²；鲜卑木面积1729.8hm²；其他灌木树种包括灰栒子、忍冬等，面积15 710.0hm²；其他包括面积较小的丁香、火炬、四翅槟藜、珍珠梅、蔷薇等树种，面积232 269.9hm²（表5-32-1、表5-32-2、表5-32-3）。

主要树种组所占面积较大的云杉组大通县较大，面积5334.9hm²；柏树组互助县较大，面积2475.2hm²；桦树组湟中、民和较大，面积分别为7285.8hm²和6621.2hm²；杨树组互助县较大，面积10 426.0hm²；山杨民和县较大，面积2907.4hm²；沙棘湟中县较大，面积10 483.2hm²；高山柳大通县较大，面积47 268.8hm²。

表 5 – 32 – 1　湟水流域林业用地树种组或优势树种统计表　　　　单位：hm²

单位	总计	云杉	柏树	落叶松	油松	桦树	硬阔类	榆树	杨树	山杨
总计	862214.6	17403.1	3435.8	1340.2	504.9	27408.2	236.6	5746.6	28989.4	4001.7
一、海北州	90660.9	111.1	0.0	0.0	0.0	86.6	0.0	0.0	120.8	0.0
1. 海晏	90660.9	111.1		0.0		86.6			120.8	
二、西宁地区	369746.1	8143.6	295.2	1018.9	351.8	13986.9	0.6	2398.3	12720.0	28.2
2. 大通	155046.3	5334.9	154.3	981.9		5200.8		539.3	4292.2	18.6
3. 湟源	69312.5	831.1	5.5	1.9		1500.3		1320.5	1405.4	8.7
4. 湟中	128368.3	1560.8		33.8	90.7	7285.8		62.1	5170.1	0.9
5. 西宁	17019.0	416.8	135.4	1.3	261.1	0.0	0.6	476.4	1852.3	
三、海东地区	401807.6	9148.4	3140.6	321.3	153.1	13334.7	236.0	3348.3	16148.6	3973.5
6. 互助	109004.0	3494.9	2475.2	31.9	58.5	1423.8		792.0	10426.0	
7. 平安	49437.0	957.7	32.9	54.3		146.0		34.3	873.9	80.6
8. 乐都	178466.5	4422.8	621.8	102.4	94.6	5143.7		2346.8	1516.1	985.5
9. 民和	63499.7	273.0	10.7	132.7		6621.2	236.0	175.2	3332.6	2907.4
10. 化隆	1400.4	0.0		0.0						

表 5 – 32 – 2　湟水流域林业用地树种组或优势树种统计表　　　　单位：hm²

单位	软阔类	柳树	臭椿	苹果	梨桃类	胡桃	山杏	花椒	枸杞	沙棘	柽柳	白刺
总计	10281.6	218.7	19.0	1230.8	413.8	13.6	6045.8	14.0	320.9	57247.3	1496.4	32.7
一、海北州	0.0	0.0	0.0	0.0	0.0	0.0	0.0	0.0	0.0	1555.0	253.6	0.0
1. 海晏										1555.0	253.6	
二、西宁地区	5.1	2.5	0.0	18.3	10.4	0.0	1938.5	0.0	312.9	30048.5	355.9	32.7
2. 大通							315.3		251.8	9734.9	84.5	
3. 湟源							810.7		35.3	9142.4		
4. 湟中							642.3		18.3	10483.2	9.8	32.7
5. 西宁	5.1	2.5		18.3	10.4		170.5		7.5	688.0	261.6	
三、海东地区	10276.5	216.2	19.0	1212.5	403.4	13.6	4107.3	14.0	8.0	25643.8	886.9	0.0
6. 互助				3.7			1244.2		5.3	9910.6	83.7	
7. 平安		2.0					63.6			9150.1	19.1	
8. 乐都	223.4			88.3						5337.4	91.6	
9. 民和	10053.1	214.2	19.0	1120.5	403.4	13.6	2799.5	14.0	2.7	1192.7	692.5	
10. 化隆										53.0		

表 5 – 32 – 3　湟水流域林业用地树种组或优势树种统计表　　　　单位：hm²

单位	麻黄	高山柳	杜鹃	锦鸡儿	金露梅	小檗	鲜卑木	其他灌木树种	其他
总计	11.2	101969.3	21209.3	142897.9	149527.4	30488.7	1729.8	15710.0	232269.9
一、海北州	11.2	20907.3	0.0	1.5	10295.7	483.2	0.0	0.0	56834.9

（续）

单位	麻黄	高山柳	杜鹃	锦鸡儿	金露梅	小檗	鲜卑木	其他灌木树种	其他
1. 海晏	11.2	20907.3		1.5	10295.7	483.2			56834.9
二、西宁地区	0.0	69230.0	10226.3	52501.2	105026.4	10180.6	0.0	9849.9	41063.4
2. 大通		47268.8	5282.4	12434.0	55259.1	3643.1		1777.3	2473.1
3. 湟源		21182.8		3334.2	19671.4	2448.1		2088.1	5526.1
4. 湟中		778.4	4943.9	26949.6	30095.9	4089.4		5984.5	30136.1
5. 西宁		0.0		9783.4	0.0				2928.1
三、海东地区	0.0	11832.0	10983.0	90395.2	34205.3	19824.9	1729.8	5860.1	134371.6
6. 互助		2656.6	1278.4	16712.3	15512.6	9366.7		724.7	32802.9
7. 平安		2746.2	280.5	12074.9	7079.1	60.1	1141.1		14640.6
8. 乐都		5774.9	8171.7	52598.7	7834.2	9498.2		955.4	72659.0
9. 民和		654.3	1252.4	9009.3	2675.1	899.9	588.7	4180.0	14026.0
10. 化隆					1104.3				243.1

6. 按龄组分

湟水流域有林地 71 977.8hm^2，宜林地等其他地类 790 236.8hm^2，分别占流域林业用地的 8.3% 和 91.7%。有林地中幼龄林、中龄林、近熟林、成熟林和过熟林面积分别为 23 226.0hm^2、40 191.7hm^2、6288.6hm^2、1709.3hm^2 和 562.2hm^2，分别占有林地的 32.3%、55.8%、8.7%、2.4% 和 0.8%。宜林地等其他地类不分龄组（表 5-33）。

有林地中的中龄林面积增大，其中湟中、大通和互助面积分别为 9044.7hm^2、8718.4hm^2 和 8102.2hm^2，分别占中龄林面积的 22.5%、21.7% 和 20.2%。其次幼龄林，民和、乐都、互助面积分别为 7999.6hm^2、5123.7hm^2、3434.3hm^2 和 3272.7hm^2，分别占幼龄林面积的 34.4%、22.1%、14.8% 和 14.1%。

表 5-33　湟水流域林业用地龄组统计表　　　　　单位：hm^2

统计单位	总计	幼龄林	中龄林	近熟林	成熟林	过熟林	其他
总计	862214.6	23226.0	40191.7	6288.6	1709.3	562.2	790236.8
一、海北州	90660.9	217.8	97.3	0.1			90345.7
1. 海晏	90660.9	217.8	97.3	0.1			90345.7
二、西宁地区	369746.1	5753.2	20310.8	1993.5	719.3	308.5	340660.8
2. 大通	155046.3	3272.7	8718.4	397.4	117.4	13.7	142526.7
3. 湟源	69312.5	370.4	1714.7	436.5	206.2	53.6	66531.1
4. 湟中	128368.3	1684.1	9044.7	891.6	320	137.6	116290.3
5. 西宁	17019	426	833	268	75.7	103.6	15312.7
三、海东地区	401807.6	17255	19783.6	4295	990	253.7	359230.3
6. 互助	109004	3434.3	8102.2	3505.1	891.9	246.2	92824.3
7. 平安	49437	697.4	848.3	130.4	3.9		47757

（续）

统计单位	总计	幼龄林	中龄林	近熟林	成熟林	过熟林	其他
8. 乐都	178466. 5	5123. 7	6397. 8	32. 6	19. 5		166892. 9
9. 民和	63499. 7	7999. 6	4435. 3	626. 9	74. 7	7. 5	50355. 7
10. 化隆	1400. 4						1400. 4

7. 按郁闭度和盖度分

湟水流域有林地和灌木林地面积为 421 090hm²，有林地的郁闭度和灌木林地的盖度按密、中、疏分类，面积分别为 71288. 2hm²、190 597. 9hm²、159 203. 9hm²，分别占郁闭度或盖度的 16. 9%、45. 3%、37. 8%（表 5 – 34）。

有林地的郁闭度和灌木林地的盖度中，有林地的郁闭度小和灌木林地的盖度低的有湟中、大通、乐都和互助县，面积分别为 51 871. 9hm²、31 274. 7hm²、19 129. 9hm² 和 18 393. 1hm²，分别占 32. 6%、19. 6%、12. 0% 和 11. 6%。

表5 – 34　湟水流域有林地地郁闭度和灌木林地盖度统计表　　　　单位：hm²

统计单位	总计	密	中	疏	其他
总计	862214. 6	71288. 2	190597. 9	159203. 9	441124. 6
一、海北州	90660. 9	3729. 4	10348. 2	13866. 9	62716. 4
1. 海晏	90660. 9	3729. 4	10348. 2	13866. 9	62716. 4
二、西宁地区	369746. 1	45620	107255. 2	96230. 9	120640
2. 大通	155046. 3	29059. 4	60694. 5	31274. 7	34017. 7
3. 湟源	69312. 5	11126. 3	18580. 7	11351. 0	28254. 5
4. 湟中	128368. 3	4918. 0	25093. 3	51871. 9	46485. 1
5. 西宁	17019	516. 3	2886. 7	1733. 3	11882. 7
三、海东地区	401807. 6	21938. 8	72994. 5	49106. 1	257768. 2
6. 互助	109004	3630. 2	18072. 0	18393. 1	68908. 7
7. 平安	49437	2967. 0	6346. 2	8109. 4	32014. 4
8. 乐都	178466. 5	9172. 2	30088. 7	19129. 9	120075. 7
9. 民和	63499. 7	6169. 4	17921. 1	2965. 5	36443. 7
10. 化隆	1400. 4		566. 5	508. 2	325. 7

（二）森林蓄积

1. 按地类分

湟水流域森林活立木总蓄积量为6 701 690. 7m³，其中有林地蓄积量为6 630 956. 6m³，疏林蓄积量为70 734. 1m³，分别占总蓄积量的98. 9% 和1. 1%（表5 – 35）。

有林地蓄积中，针叶林蓄积量1 968 053. 5m³，阔叶林蓄积量为3 997 050. 5m³，混交林蓄积量为665 852. 6m³，分别占有林地蓄积量的29. 7%、60. 3% 和10. 0%。

蓄积量最大的县为大通、乐都和湟中县，蓄积量分别为1 686 738. 1m³、1 334 343. 4m³

和1 098 060.4m³，分别占总蓄积量的25.2%、19.9%和16.4%。

针叶林蓄积中，蓄积量较大的大通和乐都县，分别为723 611.9m³和631 527.9m³，分别占总蓄积量36.8%和32.1%。

阔叶林蓄积中，蓄积量较大的民和和湟中县，分别为1 016 850.1m³和851 788.1m³，分别占总蓄积量25.4%和21.3%。

混交林蓄积中，蓄积量较大的大通和湟中县，分别为370 063.9m³和114 131.9m³，分别占总蓄积量55.6%和17.1%。

疏林蓄积中，蓄积量较大的互助和大通县，分别为25 779.5m³和21 987m³，分别占总蓄积量36.5%和31.1%。

表5-35　湟水流域森林蓄积量按地类统计表　　　　单位：m³

统计单位	总计	有林地			疏林地
		针叶林	阔叶林	混交林	
总计	6701690.7	1968053.5	3997050.5	665852.6	70734.1
一、海北州	30452.1	12801.3	6164.6	11486.2	
1. 海晏	30452.1	12801.3	6164.6	11486.2	
二、西宁地区	3192439.1	853399.2	1787177.6	516923.4	34938.9
2. 大通	1686738.1	723611.9	571075.3	370063.9	21987
3. 湟源	266119.0	2104.9	255392	7661.1	961
4. 湟中	1098060.4	121870	851788.1	114131.9	10270.4
5. 西宁	141521.6	5812.4	108922.2	25066.5	1720.5
三、海东地区	3478799.5	1101853.0	2203708.3	137443.0	35795.2
6. 互助	945555.1	383811.3	492301.9	43662.4	25779.5
7. 平安	151385.0	61260.3	85505	3629.8	989.9
8. 乐都	1334343.4	631527.9	609051.3	86525.6	7238.6
9. 民和	1047516.0	25253.5	1016850.1	3625.2	1787.2

2. 按权属分

湟水流域森林活立木总蓄积量为6 701 690.7m³，其中国有蓄积量为5 045 511.5m³，集体蓄积量为1 359 901.7m³，个人蓄积量为296 277.5m³，分别占总蓄积量的75.3%、20.3%和4.4%（表5-36）。

国有蓄积量中，国有林场活立木总蓄积量为4 953 980.1m³，占国有蓄积量的98.2%。

集体蓄积量中，乡村集体活立木总蓄积量为1 267 798.1m³，占集体蓄积量的93.2%。

表5-36　湟水流域森林蓄积量按权属统计表　　　　单位：m³

单位	总计	国有林场	国有其他	集体林场	集体其他	个人
总计	6701690.7	4953980.1	91531.4	92103.6	1267798.1	296277.5
一、海北州	30452.1	24918.5		4649.8	451.3	432.5
1. 海晏	30452.1	24918.5		4649.8	451.3	432.5

（续）

单位	总计	国有林场	国有其他	集体林场	集体其他	个人
二、西宁地区	3192439.1	2404847.6	88525.8	87453.8	596341.4	15270.5
2. 大通	1686738.1	1459133.2	2526.7		219563.8	5514.4
3. 湟源	266119	172027.8		87453.8	945.6	5691.8
4. 湟中	1098060.4	757810	2271		335739.2	2240.2
5. 西宁	141521.6	15876.6	83728.1		40092.8	1824.1
三、海东地区	3478799.5	2524214	3005.6		671005.4	280574.5
6. 互助	945555.1	431415.7	2054.6		432755	79329.8
7. 平安	151385	77278.8	499.6		59591	14015.6
8. 乐都	1334343.4	1160995			99273.9	74074.5
9. 民和	1047516	854524.5	451.4		79385.5	113154.6

3. 按起源分

湟水流域森林活立木总蓄积量为6 701 690.7m³，其中天然林蓄积量为4 829 441.1m³，人工林蓄积量为1 872 249.6m³，分别占总蓄积量的72.1%和27.9%（表5-37）。

天然林活立木总蓄积量4 829 441.1m³，大通、乐都县较大，分别为1 408 544.9m³和1 140 170.7m³，分别占活立木总蓄积量的29.2%和23.6%。

人工林活立木总蓄积量1 872 249.6m³，互助、湟中县较大，分别为548 452.3m³和325 596.5m³，分别占活立木总蓄积量的29.3%和17.4%。

表5-37　湟水流域森林蓄积量按起源统计表　　　　单位：m³

单位	总计	天然林	人工林
总计	6701690.7	4829441.1	1872249.6
一、海北州	30452.1	24287.5	6164.6
1. 海晏	30452.1	24287.5	6164.6
二、西宁地区	3192439.1	2333065.9	859373.2
2. 大通	1686738.1	1408544.9	278193.2
3. 湟源	266119.0	150038	116081
4. 湟中	1098060.4	772463.9	325596.5
5. 西宁	141521.6	2019.1	139502.5
三、海东地区	3478799.5	2472087.7	1006711.8
6. 互助	945555.1	397102.8	548452.3
7. 平安	151385.0	66249.5	85135.5
8. 乐都	1334343.4	1140170.7	194172.7
9. 民和	1047516.0	868564.7	178951.3

4. 按林种分

湟水流域森林活立木总蓄积量6 701 690.7m³，防护林包括水源涵养林、水土保持林、防风固沙林、农田牧场防护林、护岸林、护路林、国防林等蓄积量为6 156 928.1m³，占91.9%；特殊用途林包括母树林、环境保护林、风景林、名胜古迹和革命纪念林等面积为347 841.5m³，占5.2%；一般用材林面积为196 921.1m³，占2.9%。

在防护林中，水源涵养林蓄积量为3 846 159.8m³，水土保持林蓄积量为2 043 347.1m³，防风固沙林蓄积量为4799.8m³，农田牧场防护林蓄积量为263.0 m³，护岸林蓄积量为103 872.2m³，护路林蓄积量为34 631.0m³，国防林蓄积量为123 641.0m³。其中水源涵养林蓄积量较大，占防护林蓄积量的62.5%。

在防护林中按单位面积上每hm蓄积量计算，水源涵养林单位蓄积量为7.88m³，水土保持林单位蓄积量为5.67m³，防风固沙林单位蓄积量为1.98m³，护岸林单位蓄积量为65.42m³，护路林单位蓄积量为89.90m³，国防林单位蓄积量为133.09m³（表5 - 38 - 1、表5 - 38 - 2）。

一般用材林单位面积上每公顷蓄积量为108.52m³。

表5 - 38 - 1　湟水流域森林蓄积量按林种统计表　　　　单位：m³

单位	总计	水涵林	水土保持林	防风固沙林	农田牧场防护林	护岸林	护路林
总计	6701690.7	3846159.8	2043347.1	4799.8	263.0	103872.2	34631.0
一、海北州	30452.1	26242.1	2717.8		185.0	641.7	
1. 海晏	30452.1	26242.1	2717.8		185.0	641.7	
二、西宁地区	3192439.1	2112476.9	646701.4	4799.8	78.0	50886.8	34578.8
2. 大通	1686738.1	1152606.0	159327.2		78.0	15552.1	32652.0
3. 湟源	266119.0	151697.3	114421.7				
4. 湟中	1098060.4	808173.6	251348.6	4799.8		27722.1	1926.8
5. 西宁	141521.6		121603.9			7612.6	
三、海东地区	3478799.5	1707440.8	1393927.9			52343.7	52.2
6. 互助	945555.1	310033.9	603009.7			30782.7	52.2
7. 平安	151385.0	94866.6	34957.4			21561.0	
8. 乐都	1334343.4	1057345.8	61240.6				
9. 民和	1047516.0	245194.5	694720.2				

表5 - 38 - 2　湟水流域森林蓄积量按林种统计表　　　　单位：m³

单位	其他防护林	国防林	母树林	环境保护林	风景林	名胜古迹和革命纪念林	一般用材林
总计	214.2	123641.0	2423.7	5731.0	339254.7	432.1	196921.1
一、海北州	214.2				451.3		
1. 海晏	214.2				451.3		
二、西宁地区			2278.8	5731.0	334475.5	432.1	

（续）

单位	其他防护林	国防林	母树林	环境保护林	风景林	名胜古迹和革命纪念林	一般用材林
2. 大通			2278.8		324132.1	111.9	
3. 湟源							
4. 湟中					4089.5		
5. 西宁				5731.0	6253.9	320.2	
三、海东地区	123641.0	144.9			4327.9		196921.1
6. 互助					1676.6		
7. 平安							
8. 乐都	123641.0				2651.3		89464.7
9. 民和		144.9					107456.4

5. 按树种组或优势树种分

湟水流域活立木蓄积量按树种组或优势树种统计，云杉组包括青海云杉、紫果云杉、青杆蓄积量2 099 526.1m³；柏树组包括祁连圆柏、刺柏蓄积量162 083.6m³；落叶松组包括华北落叶松、日本落叶松、兴安落叶松蓄积量62 738.9m³；油松蓄积量20 295.7m³；桦树组包括白桦、红桦、糙皮桦蓄积量2 365 966.5m³；榆树组包括白榆、旱榆蓄积量3633.3m³；杨树组包括青杨、冬瓜杨、新疆杨、河北杨等蓄积量1 695 921.8m³；山杨蓄积量290 347.4m³；柳树包括旱柳、垂柳、龙爪柳等蓄积量211.1m³（表5-39-1、表5-39-2）。

表5-39-1　湟水流域森林蓄积量按树种组或优势树种统计表　　　单位：m³

单位	总计	云杉	柏树	落叶松	油松	桦树	硬阔类
总计	4602164.6	2099526.1	162083.6	62738.9	20295.7	2365966.5	4
一、海北州	17650.8	12801.3	0.0	0	0.0	11486.2	0.0
1. 海晏	17650.8	12801.3		0		11486.2	
二、西宁地区	2130918.3	1061520.8	513.3	46678.1	11687.4	1296663.6	4.0
2. 大通	797772	888966.1	513.3	44039.3		530089.4	
3. 湟源	264228.8	1890.2		214.7		148006.2	
4. 湟中	929042.4	169018		2334.9		618568	
5. 西宁	139875.1	1646.5		89.2	11687.4	0	4.0
三、海东地区	2453595.5	1025204	161570.3	16060.8	8608.3	1057816.7	0.0
6. 互助	675359.9	270195.2	142265.0	4553.4	76.7	44942.1	
7. 平安	90138.4	61246.6		1671.5		4032	
8. 乐都	661774	672569.4	19266.7	5813.8	8531.6	426841.3	
9. 民和	1026323.2	21192.8	38.6	4022.1		582001.3	

表 5 - 39 - 2　湟水流域森林蓄积量按树种组或优势树种统计表　　单位：m³

单位	榆树	杨树	山杨	软阔类	柳树	苹果	梨桃类	山杏
总计	3633.3	1695921.8	290347.4	6	211.1	0	0	956.3
一、海北州	0.0	6164.6	0.0	0.0	0.0	0.0	0.0	0.0
1. 海晏		6164.6						
二、西宁地区	1204.0	772644.1	826.6	6.0	105.0	0.0	0.0	586.2
2. 大通	5.1	222733.3	391.6					
3. 湟源	488.9	115111	408.0					
4. 湟中	187.0	307372.3	27.0					553.2
5. 西宁	523.0	127427.5		6.0	105.0	0.0	0.0	33.0
三、海东地区	2429.3	917113.1	289520.8	0.0	106.1	0.0	0.0	370.1
6. 互助	199.2	482953.4				0.0		370.1
7. 平安	153.8	78829.6	5451.5		0.0			
8. 乐都		174530.2	26790.4			0.0		
9. 民和	2076.3	180799.9	257278.9	0.0	106.1	0.0	0.0	0.0

6. 按龄组分

湟水流域活立木蓄积量6 701 690.7m³，按龄组分幼龄林蓄积量1 310 678.4m³，中龄林蓄积量4 770 589.9m³，近熟林蓄积量438 792.2m³，成熟林蓄积量438 792.2m³，过熟林蓄积量55 772.8m³。

龄组按单位面积上每公顷蓄积量计算，幼龄林单位蓄积量56.43m³，中龄林单位蓄积量118.70m³，近熟林单位蓄积量69.77m³，成熟林单位蓄积量73.63 m³，过熟林单位蓄积量99.21 m³（表5 -40）。

表 5 - 40　湟水流域森林蓄积量按龄组统计表　　单位：m³

单位	总计	幼龄林	中龄林	近熟林	成熟林	过熟林
总计	6701690.7	1310678.4	4770589.9	438792.2	125857.4	55772.8
一、海北州	30452.1	24884.2	5546.9	21		
1. 海晏	30452.1	24884.2	5546.9	21		
二、西宁地区	3192439.1	358940.7	2569516.6	158024.1	70519.6	35438.1
2. 大通	1686738.1	201787.8	1447627.9	25495.3	10685.1	1142
3. 湟源	266119	26213.1	176225.7	33294.7	20467.4	9918.1
4. 湟中	1098060.4	107568	887024.4	69279.2	25953.1	8235.7
5. 西宁	141521.6	23371.8	58638.6	29954.9	13414	16142.3
三、海东地区	3478799.5	926853.5	2195526.4	280747.1	55337.8	20334.7
6. 互助	945555.1	162654.6	540112	177086.6	46417.4	19284.5
7. 平安	151385	15199.9	114709.8	21277.8	197.5	
8. 乐都	1334343.4	251492.2	1075815.3	4585.2	2450.7	
9. 民和	1047516	497506.8	464889.3	77797.5	6272.2	1050.2

二、森林资源评价

（一）森林分布不均，局部区域森林覆盖率较高

湟水流域人口密度较大，林地、农地和牧地镶嵌分布，森林分布不均。整体上呈带状沿拉脊山——达坂山高位石质山地分布；乔木林覆盖率低，仅 4.36%；灌木林覆盖率高，可达 21.80%。从行政区域来看，流域上、中和下游森林覆盖率低，如海晏县 13.88%、西宁市区 15.01%、民和县 17.98%。但大通、湟中县森林覆盖率较高，分别为 37.97% 和 32.99%。

（二）防护林为主，林种单一

防护林包括水源涵养林、水土保持林、防风固沙林、农田牧场防护林、护岸林、护路林、国防林等面积为 854 146.1hm²，占 99.0%；其他林种（特殊用途林、用材林、经济林等），仅占 1.0%。防护林中，按单位面积上每公顷蓄积量计算，水源涵养林单位蓄积量为 7.88m³，水土保持林单位蓄积量为 5.67m³，防风固沙林单位蓄积量为 1.98m³，护岸林单位蓄积量为 65.42m³。按单位面积上每公顷蓄积量较低，林分生产力不高。

（三）中幼龄林面积较大，林龄组比例失调

林分中幼龄林面积较大，近熟林、成熟林和过熟林面积较小，林龄比例失调。中幼龄林面积分别为 23 226.0hm²、40 191.7hm²，占有林地的 88.1%；近熟林、成熟林和过熟林面积分别为 6288.6hm²、1709.3hm² 和 562.2hm²，分别占有林地的 11.9%。

（四）经济植物资源丰富

根据《青海植物志》统计，青海省计有种子植物 98 科 613 属 2380 种又 269 亚种或变种。湟水流域地区现有野生种子植物 80 科 398 属 1116 种又 31 亚种或变种，湟水流域地区种子植物的科、属、种数分别占青海种子植物总科数、总属数和总种数的 81.6%、64.9% 和 46.9%（变种或亚种占 11.5%）。这些经济植物资源丰富、数量较大，其中藏药材优势种较多。

第四节 城市森林

人类从迁徙转为定居，由农村走向城市的整个城市发展过程已有 5000 多年的历史，而今城市已作为人类主要的聚集形式。据报道，到 1990 年平均有 50% 的人居住在城市，西方发达国家达到有 70% 以上。2005 年，我国有 5 万多个城市（镇），大约占全国总人数 43% 的人口生活在城市里。

城市是一种以人为主体、以自然环境为基底、经济社会活动为载体的有机系统，它是自然、经济、社会、文化和信息的实体。具体表现为人口、经济、知识和信息的高度聚集，这种高度聚集使城市具有高效性、综合性和开放性等一系列特征，从而为人类带来较高的生产、生活水平，并使人们享受到更加便利的生活和发展空间。但这种高度的聚集在促进发展的同时，也产生了一系列的负反馈，诸如引起人口拥挤、环境污染、远离自然、生理紧张等一系列"城市病"。这种负反馈得人们不得不进行反思，要建设什么样的城市人居环境？使

之既能保持高水平的城市生产与高文明的居民生活，又能克服上述一系列的负反馈，进而保证城市的可持续发展。

随着人们生活水平的提高，人们对城市生存空间环境质量日益关注重视，因而促进城市森林生态系统的维护和改善，提高城市森林的生态服务功能，解决日益恶化的环境问题，是当前亟待解决的重大问题。湟水领域分布着青海省省会西宁市、海东行署、海北州府及海晏、湟源、湟中、大通、平安、互助、乐都、民和县城，集中了全省 55.9% 的城镇人口。为此，探讨湟水流域城市森林，构建和谐青海，促进人与自然的协调发展具有十分重要的意义。为了实现这一目标，有必要明确城市森林的概念、性质、分类、内容、范围、现状和发展动态，从而更好地发挥其生态、经济和社会效益。

一、城市森林的概念

（一）城市森林的由来

世界进入 20 世纪 60 年代，城市人口"爆炸"，能源危机，资源短缺，环境恶化等问题。国外一些林学家，从人类生活和生存的高度出发，把研究的重点转向城市，提出城市森林的概念，力图利用城市优厚的经济实力、先进的科学技术以及市民向往回归大自然的意识，解决部分能源、资源短缺的问题，改善城市环境质量，提供户外游乐和休息的场所，达到市民回归自然，与森林共生、共存和共荣和谐相处。

60 年代以来，许多科学家根据一些发达国家，经济富裕，生活宽裕，城市环境恶化等特点，提出在市区和郊区发展森林。随着城市森林的起步，1962 年美国肯尼迪政府，在户外资源调查报告中首先使用"城市森林"这一名词；1065 年加拿大多伦多大学 Erik Jorgensen 教授将"城市"与"森林"结合起来，给学生讲授城市森林课；1968 年美国有多所大学的森林系、自然资源学院和农学院开设城市森林课；1970 年美国成立了平肖（Pinchot）环境林业研究所，专门研究城市森林，改变美国人口密集区的居住环境；1973 年国际树木栽培协会召开城市森林会议；1979 年加拿大建立了第一个城市森林咨询处，研究、回答城市森林的有关问题。1986 年新加坡大学出版《城市和森林》；1988 年美国威斯康星大学 Robert W Miller 教授著《城市森林》等，这些专著，从理论和实践方面，论述城市森林的概念、构成、树种选用、规划设计、养护管理和效益等，肯定了城市森林是森林的一个新领域。

园林是人工参与森林的活动，我国出现在商朝末，具有代表性的园是"鹿台"、"沙丘苑台"，距今已有 3000 余年的历史。如北京的颐和园、西安的兴庆宫等，说明园林的发展和变迁。园林发展很快，造园科学性越来越深，造园技术性越来越精，造园艺术性越来越高，为城市森林奠定了物质、科学、技术和艺术基础。

我国城镇人口发展很快，由 1949 年的 5700 万人，发展到 1979 年的 18 000 万人，至 2001 年城镇人口达到 45 000 万人。1979 年改革开放以来，国民经济、科学技术和文化艺术的大的发展，国家富足，"小康"生活水平的实现。1999 年国家加大经济结构战略性调整力度，继续采取拉动内需的积极财政政策，增加了对城市基础设施的建设和环境保护的投入。同时，一些地区环境恶化相当严重，各种污染物排放总量很大，污染程度处于相当高的水平。从领导到百姓，建设家园、提高居住水平、改善自然环境成为共同关注的事情。

80 年代初，城市人口"爆炸"，能源危机，资源短缺和环境日趋恶化，从人类生活和生存的高度出发，开始研究城市森林。1992 年中国林学会和天津市林学会联合召开了首届城市林业学术研讨会；1994 年中国林学会召开了第二届城市林业学术研讨会暨中国林学会城市森林分会成立大会。两次学术研讨会，就城市森林的许多理论和实践进行了讨论，达成共识。20 世纪 90 年代，中国林科院和省市纷纷设立研究机构，对城市森林展开了研究。

（二）城市森林的概念

对于城市森林的概念，目前尚未形成统一公认的看法，各国学者说法不一。日本专家认为城市森林包含：①市区绿地，主要包括城市公园、市内环境保护林、道路及河流沿岸的绿地、机关企业等专用绿地、居民区绿化及立体绿化等；②郊区绿地，主要包括郊区环境保护林、自然休养林、森林公园等城市近郊林及农、林、畜、水产生产绿地。国内有关学者将城市周围或附近一定范围内以景观、旅游、运动和野生动物保护为目的的森林成为城市森林。美国学者 Miller（1996年）认为城市森林是人类密集居住区内及周围所有植被的总称，它的范围涉及市区小社区直至大都市。目前普遍认为以美国林业工作者协会城市森林组所下的定义较为完整，即城市森林是森林的一个专门分支，是一门研究潜在的生理、社会经济福利学的城市科学，目标是城市树木的栽培和管理，任务是综合设计城市树木和有关植物以及培训市民。

城市森林与自然林相比，主要功能不是提供木材，而更侧重于保持、调节、与改善城市生态环境、维护城市生态系统的良性循环方面。所以我们认为，城市森林是生长在城市（包括市郊）的对所在环境有明显改善作用的林地及其相关植被。它是具有一定规模、以林木为主体、包括各种类型（乔、灌、藤、竹、草本植物和水生植物等）的森林植物、栽培植物和生活在其间的动物（禽、兽、昆虫等）、微生物以及它们赖以生存的气候与土壤等自然因素的总称。

二、城市森林划分原则、性质和类型

（一）城市森林理论依据

1. 森林学

森林学是城市森林的基础理论之一，研究城市森林必须首先研究森林学，因为森林是陆地生态系统的主体，是构成城市森林的重要因素，也是城市生态系统的主体。森林分布，森林结构，林种的合理布局，树种搭配，森林营造，森林抚育，森林经营管理等，都对城市森林起着举足轻重的作用。

森林学是研究有关森林培育的基本原理和方法的学科。内容分两部分：一是林学原理，包括森林的特性、森林和环境的关系、森林的更新、生长、发育和演替的规律性、森林的自然分类等；二是营林学，包括森林采伐更新方式、伐区清理、森林抚育、森林防火、森林副产品利用等。森林学还要研究与森林有关的学科，如气象学、气候学、土壤学、动物学、微生物学、森林保护、生物多样性、林区道路、森林旅游、森林景观、森林文化、森林人文学等。总之，森林为人类生存、生活、回归大自然、可持续发展提供优美的自然环境和必需品。

基于以人为本的理念，首先是人，是人的需要。人最需要的仍是衣、食、住、行，不过随着社会的进步，科学的发展，而发生了质的变化，已经不是原来意义上的衣遮体、食饱肚、住御寒、行有路的维持生存、生活的最低情景了，而是 21 世纪新的衣、食、住、行内容。首先是环境，是优美的森林环境，让人住在：由于森林起作用后的空气清新、无噪声污染、温湿度适宜、微风习习、鸟语花香、绿草如茵的居住环境；吃的是无污染的绿色食品；穿的是由树木及其他植物提供的棉、丝织品制作的既美观大方，又体现人体美的各种时装；平坦方便的道路，沿路优美的森林景观，现代化的代步工具，要行就行，要观就观，人类进入一个崭新的世界。

森林通过光合作用，把形成温室效应的二氧化碳吸收并贮存起来，同时，释放氧气。森林还能吸收二氧化硫、一氧化碳、氟化物、氯气等，净化空气；森林具有巨大的蒸腾作用，把从土壤中吸收来的水分，蒸散到空气中，增加空气湿度，降低空气温度；有些森林植物能分泌杀菌素，为疗养创造了极好的环境；有些森林植物，把空气中游离的氮固定在根部，即根溜菌，用以肥田；森林具有巨大的截流作用，以森林植物的叶枝干，将雨水截流下来，渗入到土壤中，这样，一方面减少了水土流失，另一方面把雨水储存起来，再以清泉、溪流的形式流出来，供人类和大自然的各方面利用，同时，形成森林环境，增加降水量。据报道，山西太原市西山地区石千峰区域，森林覆盖率高达 35%，是该地区降水量最多的区域，年均降水量 625mm。从较大区域来看，寨上以上森林覆盖率 12.15%，年均降水量 491mm；寨上—兰村森林覆盖率 17.8%，年均降水量 519mm；兰村—清徐出界森林覆盖率 18.8%，年均降水量 523mm。对其进行相关分析计算，相关系数为 0.99，平均森林覆盖率每增加 1 个百分点，年降水量增多 5mm，并且森林覆盖率越高，增值越大。另据研究，城市年均降水量在 600mm 以上，并且各月均衡降下，就可以有一个适宜人类生活、生存的优美的生态环境。

2. 园林学

园林学是研究如何合理运用自然因素（特别是生态因素）、社会因素来创建美的、生态平衡的、人类生活境域的学科。运力大学内涵和外延，随着时代、社会和生活的发展，随着相关学科的发展，不断丰富和扩大的。对园林的研究，是从记叙园林景物开始的，以后发展到或从艺术方面探讨造园理论和手法，或从工程技术方面总结叠山理水、园林建筑、花木布置的经验，逐步形成传统园林学科。资产阶级革命以后，出现了园林。先是开放王宫贵族的宫苑，供公众使用，后来研究和建设为公众服务的各类型的公园、绿地。

著名科学家钱学森先生，对什么是"园林"，什么是"园林艺术"，曾经明确地讲过：'园林'是中国的传统，一种独有的艺术。园林不是建筑的附属物，园林艺术也不是建筑艺术的内容。现在有一种说法，园林作为建筑的附属品，这是来自于国外的。国外没有中国的园林艺术，仅仅是建筑物附加上一些花、草、喷泉就成为园林了。外国的 Landscape、Gardening、Horticulture 三个词，都不是'园林'的相对字眼，我们不能把外国的东西与中国的'园林'混在一起"。"对'园林'、'园林艺术'要明确一下含义，明确园林和园林艺术是更高一层的概念，Landscape、Gardening、Horticulture 都不等于中国的园林，中国的'园林'是它们这三方面的综合，而且是经过扬弃，达到更高一级的艺术产物。

园林是科学，是技术，也是艺术。园林的核心是林，园林的"林"指乔木、灌木、草本植物、藤本植物、竹类和地被植物的简称或概括。园林的林，也是"森林"或称"城市森林"的一部分，是森林植物。森林植物经过园艺匠师们的选择、引种、驯化和培育，取其观赏价值较高的品种，予以应用、更新、保存和发展，形成园林植物。园林除了丰富多彩的景观外，还有层峦叠嶂、小桥流水、虫鸣鸟语等艺术领域，尤其是社会、科学技术发展到今天，森林的作用愈来愈显现出来。森林森林生态效益是没有园界的，也没有省界、国界的。园林的"园"的范围维护作用，将随社会的发展、人类的文明、科学技术的进步而失去。

山、水、建筑、植物等被称为四大造园要素，历来的排序均如此：山打头，植物排在最后。这个排序在古代森林未造破坏、生态环境尚未恶化的情况下，还显不出它的弊端，而今天则暴露出这个排序是不对的，应该把植物排在首位，只有植物才有生机勃勃的景象，才能创造出各种景观，才有春夏秋冬的季相变化。城市园林，既要运用园林学的理论、工程技术、美学艺术，又要体现 21 世纪人类发展的需要，创造出世界一流的作品。

3. 美学

美学属于哲学范畴，是一门宏观学问。美学从它的创立至今，仅有 200 多年的历史，是一门年轻的学科。因此，美学界对美学的概念、范畴等都存在分歧，尚无统一定义。一般认为，美学是研究人对现实的审美活动的特征和规律的科学。简言之，美学是研究审美规律的科学。美学研究的对象包括：人对现实的审美关系产生和发展的规律；美的本质，美的形态（自然美、艺术美、社会美），美的范畴（优美、崇高、悲剧性、喜剧性、滑稽性）；文艺的美学特征，文艺的创作和欣赏规律；审美理想、审美趣味、审美观点及其判断准确；审美教育的特点和原则等。

在城市森林中的美学，首先是景观。景观的"景"是客观存在，是物质世界；景观的"观"是景在人们头脑中的反映，是精神世界。"景"是城市森林美学的基本单元，大到山峦叠翠、森林景观、林际线、疏林草坪、湖泊荡漾和林中建筑群等。这是景观设计要贯彻的大景观、大色块、大手笔三大原则的方面，尤其是道路绿化更要强调的美学原则；小到一片叶、一朵花、一棵草、一根枝条、一株树、一个树丛、一条小路、一块石、一池清水、一副彩画、一把坐椅，甚至一只垃圾箱等都是景，都是设计者认真考虑、精雕细琢、十分重视的艺术创造，要达到一步一景，步步景景的艺术境界。"观"在城市森林是设计者，时时必须考虑的重要问题，首先，是游览路线的辟设，做到把每一位游客，引导到各个最美丽的景色观赏角度，并且是连续演进，而又多变化的景；其次，创造停息、观赏环境，让人停下来，尽情地饱览大自然的美景；第三，是留有最佳视距，让游客欣赏、拍照，保留最佳影像。

利用造园要素，创设意境。意境是艺术辩证法的基本范畴之一，也是美学中所要研究的重要问题。意境是属于主管范畴的"意"和属于客观范畴的"境"二者相结合的一种艺术境界。"意"是情与理的统一，"境"是性与神的统一。城市森林中的"意"的主管范畴，指的是园林工作者情感理想的主观创造方面，也是指园林工作者在景观艺术形象的塑造中所体现出来的思想感情，被称之为景观中的"意"。意的特征是情与理的有机统一，是艺术形象所包含的主观感情和艺术形象所蕴含的客观真理的有机统一。"境"属于客观范畴，指城市森林中的艺术形象所反映的活生生的景观画面，是四大造园要素的再现。南宋诗人叶绍翁在《游园不值》的诗中写到："应怜屐齿印苍苔，小扣柴扉久不开。春色满园关不住，一枝红杏出墙来。"春光不负赏春人，春色破围，红杏出墙，人与春光交融一起，情景相洽，意境刻画的淋漓尽致，成为对古今意境描写的范例。城市森林的情与景。景是情的"物质外壳"，情是景的"精神内核"。一个好的景观作品，力争做到：寓情于景，情景交融，或借景抒情，从而抒发人物的内心世界。"去年今日此门中，人面桃花相映红。人面不知何处去，桃花依旧笑春风。"这首七言绝句，准确地描写了情与景，成为千古绝唱。

景观植物的美学价值更是丰富多彩，无与伦比：春天的花，五彩缤纷；夏天的绿，异彩纷呈；秋天的色，丰富多彩；冬天的枝与干，耐人寻味。

综上所述，城市森林化的理论，是以森林学、工程技术、文学艺术为依托；以人为本，的理念贯穿始终的多学科的综合理论。

（二）划分城市森林的原则

1. 服务城市的原则

当森林和园林景观已构成城市生态环境的子系统，它们在改善城市环境、保证林产品供应、提供清洁用水及提供游憩场所等方面，关系到城市生存和发展时，这些林地应划为城市森林。我国城市数量多，类型多，所处的自然环境复杂，对城市森林规模、树种的需求千差万别，这里探讨影响城市对森林需求的主要因素，共不同类型、不同自然条件和社会经济环境中的城市在划分城市森林范围时参考。

2. 最大效应的原则

有些森林既被城市利用也被其他地区利用，应对利用地区在国民经济中的作用和综合效益做出评价，当城市比其他地区更重要或效益大时则此森林应划为城市森林。一般说来，城市比农村价值高，居优先地位，如缺水地区城市附近灌溉农田的水源逐步变为城市用水 水源。北京的密云水库、山东诸城市附近的三里庄水库、石家庄附近的黄壁庄水库、大通的黑泉水库、湟中的蚂蚁沟水库等许多水库在变为城市水源，这些水库周围的水源涵养林、水土保持林自然应划为城市森林。

三、城市森林的范围与性质

（一）城市森林的范围

各国对城市森林范围的界定也不尽相同。美国 Grey G W 及我国台湾高清教授认为城市森林研究的范围："包括庭院树的建造，行道树的建造，都市绿化的造林与都市范围内风景林与水源涵养林的营造"。在美国，城市有向郊区发展的趋向，这使城市的发展进入了水源涵养区范围，这批划入城市范围的水源涵养林或风景林的经营也成为城市森林学的研究范围。瑞典规定距市中心 30km 以内的林地，美国和有些欧洲国家认为由市内乘汽车或骑自行车出游当日能往返距离范围内的林地划为城市森林。奥地利维也纳市的森林很大部分是在该市行政管辖的范围之外，德国、日本有些城市森林也有类似现象。被城市利用的防护林、水源涵养林、风景林、生产林地及城市所依托的森林很多是在城市范围之外。但对维护城市良好的大环境起着巨大作用，关系到城市的生存和发展，因此也应纳入到城市森林范围中来。王木林（1997）对城市森林范围的界定较全面，他指出城市森林的范围包括生态、景观功能和物质方面经常与城市稳定交流的所有林地。

（二）城市森林性质

就自然属性而言，城市森林与自然森林既有共性又有差异。城市森林是经认为加工改造的自然因素，是受自然环境和社会环境双重影响的生物群体。它存在于城市建筑群和人海之中，林相简单而规整，林内清洁而整齐，种群较简单，结构由人为组合且有明显的栽培性特征。因此，城市森林的性质主要有两个：其一，它是与城市人工环境体系密切联系的，经人工改造了的自然因素；其二，它的物质运转与能量循环遵循一定的自然规律，但它的生存与演化不仅受自然环境的影响，而且在很大程度上受种种社会因素的制约。因此，可以认为城市森林是森林在特定的环境中的一种特殊类型。

四、城市森林类型与特点

（一）城市森林类型

根据城市森林的概念，首先可按其起源和发生类型将城市森林划分为：自然林、半自然林和人工林。进一步再按功能划分为：①环境保护林；②景观游憩林；③经济生产林；④特种用途林。再深入地划分又可根据优势树种进行群落分类并命名（宋永昌等，2002）。

有学者将城市森林分为 8 类：①防护林，指为防御风沙、洪水、海潮、污染以及为为保持水土、涵养水源等而营造的森林；②公用林地，由市政、企事业单位或个人投资建设，免费向群众开放的绿地；③风景林，供人们游览、野营、狩猎、疗养、体育运动及进行科学活动等交费使用的景区、林地等；④生产用森林、绿地，以生产木材、果品、花卉、苗木，及农、林、牧、副、鱼产品等为目的的林地、绿地、水域；⑤企事业单位林地，指属于单位使用的绿地，包括机关、学校、医院等；⑥居民区林地，包括宅旁绿地、庭院、小游园、屋顶花园及私人庭院花草、树木等；⑦道路绿地，指街道、公路、铁路两侧及分隔带、交叉路口等绿地；⑧其他林地、绿地，指上述绿地、林地中未包含的绿地，如水湿地、河道荒滩等。

还有学者认为根据我国的国情、城市的现状和绿化基础以及城市森林的发展趋向，可将我国城市森林划分为城市园林、城市绿化和市郊森林三大类。城市园林是城市绿化系统工程和城市森林的主要方面；城市绿化是多方位、多跨度营造城市的方面；而市郊森林是城市森林的外围部分。

（二）城市森林特点

1. 整体性和分层性

城市森林生态系统是城市生态系统的一个亚系统，它又由中心城市的市区森林子系统和郊区城市森林生态系统组成。它们在结构和功能上有明显的区别，市区森林子系统是在城市"灰色"本底上破碎、切割市区干热环境，从整体上发挥其生态功能，而郊区森林子系统则是在城市周围形成绿色的包围圈，为市区提供清洁、湿润、凉爽的空气，减少市区风沙、洪水的危害。因此，城市森林生态研究必须从城市森林生态系统的整体结构和功能出发，分别研究各子系统及更小系统的功能并根据等级理论进行耦合，再回到整体性上来。

2. 综合性

城市森林生态研究作为城市林业建设的科技支柱，以城市森林为研究对象，其涉及领域宽、范围广，必须由多学科、多技术进行综合研究，研究跨自然科学和社会科学。在自然科学中学科范围涉及植物学、动物学、微生物学、气象学、土壤学、生理生态学、群落生态学、生态系统生态学和景观生态学等；社会科学涉及经济学、法学、伦理学、心理学和美学等。在研究技术上，除了常规的林学和栽培学等研究方法外，还应使用 3S 技术平台、构建计算机模型等。

3. 区域性

由于城市具有特定的地理位置，决定了城市林业建设显著的区域性，这种区域性表现为气候带、地带性土壤、特定的地质、地貌和特色的地带性植被等。城市森林生态研究应特别强调区域性特点，任何违背区域性规律的城市森林，都不能持久发展，都将给城市居民带来巨大的精神、经济和时间损失。

4. 动态性

城市森林生态系统建立后，随着绿色植物的生长发育及其与环境间的相互作用，伴随时间的推移，在结构和功能上将会不断的发生变化。尽管在时间尺度上存在长短差异（如地被和草坪的变化以季度和年为单位，树木则以几年、十几年、几十年、甚至上百年为变化计量单位），但变化是绝对的。因此，研究必须要有动态的观念。

5. 应用性

城市森林生态系统研究是应用性较强的研究。它与城市规划、绿地规划与设计、绿地管护、国土利用、区域生态研究等有密切的联系，当前应用最多的属绿地规划与设计、绿地管护、城市规划和国土利用等方面。

6. 自然属性和文化属性的结合

城市森林既有自然属性，又有作为文化产物所独具的文化属性，城市森林的发展往往具有明显的地方民俗风情。在研究中不仅要尊重城市森林的自然属性，还应对其文化属性给予足够的关注。将二者巧妙的结合起来，形成城市鲜明的形象特征，即达到了城市个性的体现。

五、城市森林建设的基本原则

城市土地极其宝贵，用较少的土地换取较高的生态效益是城市发展过程中必须要走的道路。在具体操作上可以从两个方面着手，一是要把森林引入到城市，建立林网化；二是与林网相配合，实现水网化。同时在植物材料选择、引进及配置的各个环节上体现注重生态效益的意识。具体包括：

（一）按照城市区位，进行合理布局

城镇环境问题的日益突出是由多种因素造成的，除了城市规模不断扩大、城市建筑不断增多、工厂和车辆等污染源不断增多等因素的影响以外，一个主要原因是以林木为主的城市生态环境建设发展规划相对落后，一直处于"亡羊补牢"的状态，总是处于被动防守的地位。现在许多城镇虽然对城镇森林生态环境建设的发展作了规划，但在主导思想上仍然是对建筑区周围修修补补式的园林设计为主，没有从整个城镇生态环境建设的要求来考虑不同类型绿地的配置与布局，城镇绿化建设仍然在重复过去老城区建设的路子。因此，城镇森林生态网络体系建设规划应该是一个基于现实问题和长远发展的超前规划，这样可以尽早协调建筑用地和绿化用地的矛盾，避免一些老城市绿地建设先建后拆而造成的经济损失。

在时间上，要针对城镇目前存在的热岛效应、大气污染等现实的环境问题和城镇景观的分布格局进行规划，还要考虑城镇发展的趋势作好长远规划，比如未来的经济开发区、居民小区、商贸金融区等潜在发展地带。

在范围上，影响城镇环境的不仅仅是建成区本身的绿化问题，还包括与之相关的近郊及远郊地区的森林生态环境建设，因此在范围上把建城区和近郊及远郊作为一个整体来考虑。

在模式上，要考虑建设一处或几处大型森林作为城镇的"肺"，这些森林要有足够的面积，可以根据实际土地资源情况拿出几十、几百甚至上千公顷的土地建设高郁闭度、乔灌草结合、近自然结构的森林。同时，还建设几条穿越整个城镇、有足够宽度（20~100m）的

森林带，从而构成城镇森林生态环境保障体系的主体框架，再与林网化和水网化相结合，构建起城镇森林生态网络体系。

在方法上，要运用最新的景观生态学原理、地理信息系统和卫星遥感等技术手段，对城镇景观格局、城镇森林分布格局、污染源分布格局、热岛分布格局等本底特征进行全面的分析，针对现实城镇存在的污染问题和潜在的发展方向进行规划设计，基于上述技术建立城镇景观动态监测系统，从而保证城镇森林生态环境建设的健康发展。

在注重林网化与水网化建设相结合同时，还要尽可能增加城镇水体的面积，充分发挥水体在改善城镇环境方面的独特作用。城镇水网化建设在南方的许多城镇已经初具规模，对于相对干旱的北方地区城镇来说，加快城镇的水网化建设对于改善城镇环境更为重要。以山西省太原市为例，通过在流经城区的汾河上建立数道橡胶拦水坝，使城区水体面积显著增加，城镇空气质量明显改善。这种建设经验在西北地区的一些城镇像延安市都可以借鉴。

（二）以森林为主体，向结构要效益

森林是陆地上生产力水平最高、物种组成最为丰富的生态系统，根本原因就在于森林具有最大的包容性。森林是由乔木、灌木、草本、藤本植物以及以这些植物和森林环境为生境的各种动物构成的一个复合体。因此，林木（包括乔木和灌木）、藤本植物、草本植物并不是互不相容的，在城市里只是为了满足人们的某种需要而被强行割裂开来。因此，城市森林建设要以地带性分布的林木为主体，除了一些特殊用途的绿地以外，主要采取具有相容性的乔灌草结合的复层模式，在有限的土地上发挥森林各个成分的优势，产生最佳的生态效益。

（三）以乔木为主体，向空间要效益

乔木树种具有高大的形体，可以形成庞大的树冠，在地面之上筑起新的绿色平台，而林下有可以生长灌木、草本、藤本植物，这样就使有限的绿地面积增加了使用效率。而且高大乔木所形成的遮荫环境有利于人们的休憩，有利于空气流通，有利于减缓热岛效应。这种做法是中国城市绿化用地紧缺的情况下最为合适的。要改变目前城市里栽植的乔木树种普遍截冠的做法，在一些片状绿地可以不截冠，一些行道树也可以不截冠或者把截冠高度提高到3m以上可能更为合适。

（四）以生态效益为主，兼顾多种效益

城市森林建设树种的作用是多方面的，最主要的是生态功能和视觉效果。在不同的地类有不同的要求，居民区，通常要选择具有杀菌调温、遮荫防风、减噪除尘功能，不能有毒、有刺、易引起过敏反应的植物种类，既要美化环境，又要便于驻足休憩；而工业区主要强调抗污、除尘、减噪作用；商业区注重杀菌、减噪、净化、遮荫、降温功能；医院区主要考虑杀菌、美化、休憩，还不能有毒、有刺、易引起过敏反应的植物种类；主要街道、主干公路以滞尘、减噪、公路美化、遮荫、不有碍交通安全为主；河道则对减污、美化、吸污、降污、固持堤坝功能更看重。因此，城市森林建设树种选择和配置要尽可能多使用适应性强、生态效益好的，同时也要兼顾视觉效果等多种效益。

（五）重视绿化植物对人体健康的影响

城市森林建设的宗旨是要改善城市环境，为居民提供舒适健康的生产生活环境。因此，有利于人体的健康是第一位的。过去我们只知道杨柳飞絮等绿色污染会给人带来不便，而在植物体其他分泌物方面研究的很少。在城市绿化材料选择的时候用现代的眼光、生态的眼光看问题，对于不同树种和不同植物组合与人体健康的关系要进行更全面深入的研究，要知道我们造这个林子，造这种组合，究竟在改善居住环境当中起多大的作用，要有指标，要有定量性的东西。

搞好城市森林树种选择和组合模式，要源于生活，更要高于生活。要建成一个物种丰富、模式多样、结构稳定的，对于城市生态环境特别是对人的生活环境有巨大改善作用的城市森林网络体系。

（六）加强建筑物的垂直绿化

城镇里用石料、钢筋水泥搞的建筑是产生"热岛效应"的主要原因之一。夏季，人走在广场和水泥路面上，会感觉到像处在蒸笼里一样，地面温度甚至达到五六十度，难以长时间停留。因此，加强这些城镇"硬化"面的绿化建设对于减轻热岛效应尤为重要。目前我国很多城镇对于桥梁、屋顶、墙面的绿化还没有引起足够的重视，大多采取见缝插针的做法。对于这些人为活动、车辆行驶比较集中的地段，在设计之初就应该考虑绿化的问题。新加坡在桥梁建设时，专门留有种植藤本和地被植物的地方，北京的一些立交桥也留有种植五叶地锦的土带，这些做法在楼房建设以及各种灯柱、电线杆等水泥石柱表面的绿化上都可以借鉴。

（七）疏通城市现有水系，构筑沿河植被廊道

城市内的河流、湖泊、池塘等各种水体，对改善城市环境发挥着重要作用，要尽可能使这些水系相通、河岸植被相连。为此，应尽量避免简单的采用建筑垂直堤岸来约束河道的做法，在一些次级河道上保持堤岸的自然性，建设以林为主近自然的河道植被带。同时，要保护沿河自然湿地，控制污染排放。

六、西宁市森林现状分析

西宁市在全国省会城市中气候条件较差，社会经济滞后，土地资源较为丰富。处于干旱半干旱地区，降水量小，蒸发量大，植被稀疏，风沙危害严重，也是我国水土流失最严重的地区，生态环境恶劣，已经严重威胁城市的发展，建设森林城市，不仅改善城市居民生存与发展的第一需要，对城市森林具有强烈的需求。

（一）西宁城市森林的界定

城市森林学是新兴学科，随着城市化进程的加快，不划分城市森林范围已无法满足城市森林建设和经营的需要。城市森林的范围包括生态、景观功能和物质方面经常与城市稳定交流的所有林地。西宁城市森林包括西宁市区和湟源、大通和湟中三县；南北两山森林指市区南山、北山、西山的森林；市区森林指东至小峡口，西至多巴，北至生物园区，南至城南新区的河谷森林，这些森林在改善居民人居环境、调节人们身心健康方面起着直接作用。

（二）郊县森林

郊外森林指湟源、大通和湟中县的森林，这些森林在减免城市灾害、提供工农业和居民用水、林产品、游息和旅游、调节气候、维护城市良好的大环境起着巨大作用，关系到城市的生存和发展。西宁市三县林业用地369 745.9 hm²，占流域林业用地的42.9%，但森林覆盖率较高，湟源、大通和湟中县分别为27.58%、32.99%、37.97%，森林的平均覆盖率（33.21%）高于流域平均覆盖率（26.16%）7.05个百分点（表5–41）。

表5-41 西宁郊县林业用地统计表 单位：hm²

统计单位	总计	林业用地								森林覆盖率（%）
		合计	有林地	疏林地	灌木林	灌丛	未成造	宜林地	苗圃	
总计	1612000.0	862213.4	70299.1	3203.8	351361.9	61701.6	164269.5	210248.7	1128.8	26.16
西宁市	752169.3	369745.9	27728.3	1373.6	222029.7	49450.7	48978.0	19452.4	733.2	33.21
1. 湟源县	151319.9	69312.3	2775.1	6.6	38955.5	9781.8	12267.3	5475.5	50.5	27.58
2. 湟中县	248348.5	128367.9	11613.3	464.5	70321	20951.7	15759	9170.6	87.8	32.99
3. 大通县	318746.9	155047.0	11694.6	825	109331.1	18717.2	12005.9	2236.6	236.6	37.97

（三）南北两山森林

南北两山森林指市区南山、北山、西山的森林，这些森林在水土保持、风景游息和净化空气等方面起着重要作用。为了做好创建国家园林城市工作，西宁市已确定实施一批重点绿化项目，通过这些重点项目的实施，带动和提升全市的绿化水平。西宁市将本着先绿化后建设的原则，将南山东起杨沟湾，西至阴山堂、南与湟中县接壤，北至规划的凤凰山路，总面积1.05万hm²的区域建成西宁大南山公园，规划一年建设一座桥梁、一条道路、一个景区，形成绿色屏障（表5-42）。

表5-42 西宁南北两山林业用地统计表 单位：hm²

统计单位	总计	林业用地								森林覆盖率（%）
		合计	有林地	疏林地	灌木林	灌丛	未成造	宜林地	苗圃	
西宁市	33754.0	17018.7	1645.3	77.5	3422.1		8945.8	2569.7	358.3	15.01

（四）市区森林

近年来，西宁市加大了城市建设、生态环境治理、园林绿化等方面的投入力度，相继建成了新宁广场、中心广场等5个城市绿地广场，南山公园、文化公园、劳动公园3个公园。同时，对河道的治理、滨河游园的建设、道路绿化使城市环境得到了很大改善，人均公共绿地面积逐年增加，绿化覆盖率不断提高，西宁市正在朝着创建国家园林城市目标迈进。

西宁市针对缺林少绿、土岗高坡及小块废弃地较多的实际，从2003年7月开始，正式提出了创建国家园林城市的工作目标，制定了"增加绿量，合理布局，分步实施，全面推进"的创建思路，加大绿化建设力度。截至2003年底，全市共建成各类园林绿地1413hm²，绿化率达23.2%；建成区绿化覆盖面积1520.3hm²，绿化覆盖率25%。

2004年春夏两季继续以增加城市绿量，提升绿地质量，巩固绿化成果为目标，全面完成了贵南路、七一路东延长段、城南新区工业大道，生物园区纬一路等10条新建改建道路绿化，绿化里程13km，补植树木1.5万株。开展了裸露绿地补绿改造活动，在新宁路、南干道、祁连路等处栽植花灌木5.4万余株，种草及7万m²，栽植荷兰菊、沙棘等植被400多万株。1~9月，全市共栽植各类树木26.58万株，实现新增各类绿地369hm²，完成全年任务量1020hm²的36.2%。

2005年西宁市委、市政府提出创建国家园林城市的奋斗目标，将使人均公共绿地由目前的5.3m²提高到6.5m²，绿地率由目前的23.2%增加到30%，绿地覆盖率由目前的25%

增加到35%，园林绿地面积达到3360hm²。其中，新增单位附属绿地40hm²，凡是具备通透和绿化条件的机关、院校、部队和企业，一律拆除实墙，建通透式围墙，并在墙内外新建绿地。重点完成西宁市四区、城南新区、经济开发区的片区绿化，按照构建绿化生态大道，形成城市绿色交通路网的目标要求，对全市出口的国道、省道、高速公路两侧全面实施绿化，构筑起由中心城区向外延伸的绿色长廊完成平西高速公路北侧、宁湖周边、南川河湟水沿线以及南北两山等城市景观生态林建设，启动东川民和路、北川天峻路、西川大堡子、南川水磨400hm²的隔离林带建设工程，大幅提升城市绿化量，使西宁市呈现"青山绿水映城，绿色通道穿城，绿色屏障围城"的山水园林城市风貌。

七、城市森林经营对策

（一）科学规划

西宁市近年来虽然在城市绿化建设方面取得了较大的成绩，但目前仍有许多方面不尽人意，建议在今后城市建设中应把建设城市森林生态体系作为首要目标，结合市中心区用地紧缺、人口密度大、建筑拥挤等特点，合理安排各类城市森林绿地，构建开放性城市森林生态系统，为市民提供安全、舒适、优美的户外活动空间。以全面提高环境质量、合理布局、完善结构，高标准、高速度，不断优化城市生态环境，美化城市面貌，创建森林城市。首先，结合城市建设规划，运用GIS技术对绿化现状进行定位盘点、汇总量算和属性调查，编制1：5000的城市森林、绿地现状影像图，统计地块面积、植物种类，进行数量、质量和空间分析，编制城市森林规划。其次，建立城市森林管理系统图形数据库，完善城市森林项目子库、工程建设进度子库、工程竣工验收子库、管护责任子库，从而建设和保护好城市赖以依托的森林、绿地、水体，尽可能改善城市生态环境，保持其城市特色。

（二）集约经营

城市土地珍贵，要求森林产生高效，普遍进行集约经营。首先从经济、科技和领导重视等方面进行高投入，尤其应重视高科技投入，提出高要求、高标准。其次，认真作好城市森林绿地规划、设计，合理确定林种规模、任务和目标。第三，注重分类经营，根据不同林种、绿地妥善选择树木、花草种类，种植模式和养护技术及合理经营利用措施。

各类防护林、环境保护林、调节气候林、水土保持林、水源涵养林、小游园、行道树林阴道、住宅小区绿地等公益性林地、绿地，要因害设防或根据城市需求规划合理规模，确定生态、社会效益指标及经济、技术投入标准，选择合理结构、树木、花草种类和经营方案。

生产林地、公园和收费性风景林，除规定必要的生态、社会效益指标外主要是以市场为导向，根据市场供求需要和趋势、消费心理，选择合理占位进行生产和经营，充分利用距市场近和城市旅游资源，发挥科技优势做好各项服务。

（三）逐步推向市场

动用市场竞争机制提高森林、绿地经营管理水平，使之产生高效益。目前机关单位及居民区绿地和公园多由本单位自管，设绿化队，甚至还有小型温室。大多技术水平高、受过专业培训的人员很少，信息不灵，设备简陋，管理不善，病虫防治不及时，投资多，浪费大。不少单位的园林因追求见效快，树木栽植密度过大，随着树木花草生长，几年后则拥挤衰败，需梳理补植，增加了管理难度，本单位绿化队难以妥善完成此类任务。随着改革开放的深入，不断减人增效，小而全的体制将被打破，单位园林绿地可采用全部承包、分项承包或将单项绿地管护承包给专业队伍。充分发挥专业队专业水平高、设备先进的优势，提高经营管理水平，降低成本，节约投资，提高效益。

（四）纳入法制

为保证不同省、市、县管辖的林区与城市协调地进行建设和经营活动，应将城市森林的边界、城市和林区及其领导承担的义务、责任、经济方向、协作关系等以法规的形式固定下来。短期合作，应签订合同，双方责、权明确，有利于事业发展，也便于政府监督，保证协调发展。

城市林业是新兴学科，我国城市数量多，类型多，所处的环境复杂，区划城市森林范围，研究其经营战略是一个繁杂的课题，而且是林业、园林和城市建设方面改革的大事，涉及城市及附近广大地区的林业建设和经济发展。需要城市及有关地区领导，林业、园林及有关行业的有志之士认真研究，集思广益，力求切合实际，并在实践中不断改进和发展的城市对林业的需求，使城市和林业共同发展。

八、城市森林功能

（一）生态功能

1. 改善城市热岛效应

城市热岛效应是城市气候的显著特征之一，并且随着城市的发展，热岛效应的趋势越来越明显，已成为国内外共同关注的问题之一。

植物通过蒸腾作用向环境中散失水分，同时大量地从周围环境中吸热，降低了环境空气的温度，增加了空气湿度。这种降温增湿作用，特别是炎热的夏季，起着改善城市小气候，提高城市居民生活环境舒适度的作用。北京市的研究表明，一株胸径为 20cm 的槐树绿量总量为 $209.33m^2$，在炎热的夏季每天的蒸腾放水量为 $439.46kg$，蒸腾吸热为 302 040kJ，约相当于 3 台功率为 1100W 的空调工作 24h 所产生的降温效应。可见合理的植物配植可充分发挥其增湿、降温、调节环境小气候的作用，有利于人体健康，可减少过多使用空调的能耗及带来的不利影响。

城市绿化覆盖率低于 37% 时，对气温的改善不很明显，理想的绿化覆盖率面积最好能达到 40% 以上。在植物生长季节，城市热岛平面分布成多中心型，但不分布在绿化覆盖率较高的地方。夏季气温最高的 14：00，绿化覆盖率超过 20% 的地区与热岛中心之间的气温相差 2℃ 以上。在绿化覆盖率不足 10% 的地方，夏季热岛强度最高相差 4~5℃。如果市区绿化覆盖率普遍达到 50% 时夏季的酷热现象可根本改变。

2. 保持碳、氧平衡

绿色植物通过光合作用吸收 CO_2，释放 O_2，从而降低了环境中的 CO_2 浓度，补充了环境中 O_2。CO_2 是大气污染的重要物质之一。大气中的 CO_2 含量平均为 0.03%，随着工业的发展，CO_2 含量不断增加，在大城市中有时可达 0.05%~0.07%，局部地区可达 0.2%。其含量大 0.05% 时，人的呼吸已感不适；达到 0.2%~0.6% 时，就对人体有害。CO_2 是"温室效应"气体，它的增加将会引起城市局部地区的升温，产生"热岛效应"和形成城市上空逆温层，这些又会加剧城市空气的污染。

北京市 1995 年 7 月对园林植物日吸碳放氧量表明，每公顷专用绿地在夏季典型天气条件下，每天产生 754.3~1233.7kg 的 O_2，可以满足 1037~1696 个成年人全天的呼吸消耗的需要。对中国科学院沈阳应用生态所树木园树木的贮存吸收碳的功能进行了模拟分析，结果表明，面积为 39 537.78m^2 的树木园所有树木共贮存碳 169.5t，每年对碳的吸收率是 3.82t。树木通过碳贮存及碳吸收，可以减少大气中的 CO_2，对产生热岛效应有缓解作用；释放的 O_2，可以使空气变得清新，有益于市民健康。

3. 吸收有害气体

大气中有很多有害气体，SO_2 被称为大气污染的"元凶"。据测定，不同树种对 SO_2 的吸收能力大有不同，每平方米绿量的海棠、馒头柳、丁香、白蜡树的吸收能力大于 0.15g。绿色植物还能净化大气中其他有害气体，如氟化氢、氯气、氯化氢、二氧化碳、一氧化碳、臭氧、汞蒸气、铅蒸气等重金属气体以及醛、酮、醚、苯酚和致癌物质安息香吡啉等。植物还具有吸收和抵抗光化学烟雾污染物的能力，如臭氧、氧化氮和二氧化氢等。

4. 滞尘降尘

大气中的灰尘、粉尘容易使人患气管炎、支气管炎、尘肺、矽和肺炎等疾病。研究表明，树木可以起到滞尘和减尘作用，植物叶片表面特性和本身的湿润性具有很大的滞尘能力，当含尘气流经过树冠时，一部分颗粒较大的灰尘被树叶阻挡而降落。由于树木能吸附和过滤灰尘，使空气中灰尘减少，从而也减少了空气中的细菌含量。在植物的生长季节中，树林下的含尘量比露天广场上空含量的平均浓度低 42.2%。花园和公园的空气含尘量明显降低。1966 年在德国汉堡测定几乎无树木的城区，灰尘年平均值高于 850mg/m^2，而在郊区、树木茂盛的城市公园地区年平均值低于 100mg/m^2。

垂直绿化也能降低空气含尘量。广州测定了用五叶地锦绿化墙面的居住区，住宅室内比没有垂直绿化的含尘量少 22%。

5. 减菌、杀菌

空气中散布着各种细菌，其中不少病菌对人体有害。在城市人口密集的地区，因空气污染有更多的有害细菌。植物的杀菌作用一是因为很多植物能分泌杀菌素，杀灭了空气中的细菌和微生物，二是因为绿地中园林植物的叶片吸附并滞留了空气中粉尘及吸附在粉尘表面的细菌等，北京、南京、广西分别在 20 世纪 70、80 年代进行城市绿地降低空气含菌量的测定，其结果表明，由于城市中人流、车流与绿地状况不同，树木种类不同，对空气含菌量的杀菌作用有差异。有人测定北京王府井每立方米空气中的含菌量超过 3 万个，是中山公园的 7 倍，是郊外香山公园的 9.5 倍。

6. 降低噪声

噪声是一种环境污染，在城市中的各种噪声影响居民的身心健康，能引起神经官能症、心律不齐、高血压、冠心病等疾病。国内外关于植物减噪功能的测定，取得各种树木和不同绿化结构对噪声较少的量，一般认为，树木枝叶茂密，层层错落、重叠的树冠减噪效应明显。阔叶树吸音能力比针叶针叶树好。由乔木、灌木、草本和地被构成的多层稀疏林带比单层宽林带的吸音隔音作用显著。

（二）社会效益

1. 创造优雅环境，丰富市民生活

城市园林是一座知识宝库一座公园、一条林带或一处公共场所的绿色植物，含有许多种

类，其不同的形态特征、生态习性、艺术效果以及养护管理等方面的知识足够各代、各层次的人士学习、研究和探讨。在文学艺术方面，城市园林除了为文学家、艺术家提供安静、舒适优美的创作环境外，还为他们产生"灵感"创作条件。研究表明，行道树还有利于减少交通事故。

一个城市如果有许多形态各异、景色万千的树木花草群落装扮得多姿多彩、气象万千，它就给人们一种美好的感受。如果没有森林，只有高楼林立、车水马龙，那给人们的感觉只有繁忙和枯燥。通过修建城市公共休闲绿地、观光景点，让市民在节假日或茶余饭后到这些地方去散散心，享受大自然的美景和快乐，缓解紧张情绪，促进身心健康，增长知识才干，进行情感交流，增进人们彼此之间的理解、支持和友谊，建立人与自然和谐的关系，推动社会文明进步。

2. 改善投资环境，促进城市持续发展

一个美丽的城市，一个具有良好森林生态和森林景观的高原城市，是人类的追求和向往，谁都愿意在这样的城市中工作和生活，当然也愿意在这样的城市里投资办厂或投资创办其他事业。所以，城市的林业建设、森林景观，对促进城市投资环境的改善，吸引更多的人来投资、参与城市经济建设，共同把城市经济搞得繁荣昌盛，反过来促进城市森林生态建设，促进城市生态、经济和社会的可持续发展。

（三）经济价值

目前，大多数价格昂贵的居住区是最靠近公园和有街道树的附近，或者是位于郊区建筑密度低而绿地多的居住去。英国商人们早已承认这一观念："绿化就是高价格房地产"。

1. 森林生态旅游

城市郊外森林，交通便利，假日工余回到大自然中去，重温人与自然和谐相处的乐趣，欣赏自然界的奇妙世界，呼吸大自然的清新空气，正是人们回归大自然的理想场所。故此，森林生态旅游已成为当今世界新兴的旅游项目，并誉为健康旅游，成为第三产业的新的经济增长点。特别是西宁郊外大通国家森林公园，一年四季进行森林生态旅游的好地方。阳春，万木复苏，争吐新翠，天然草坪镶嵌在万木丛林中；盛夏，绿荫浓郁，苍翠欲滴，百花盛开，姹紫嫣红，蝶舞蜂狂，鸟语花香，别有一番情趣；金秋，红叶似火，色彩斑斓，果满枝头，秋高气爽，景色旖旎；严冬，银装素裹，冰凌琼花，松林绿白相间，美不胜收。

2. 生产绿色食品，丰富市场

由于森林生态环境好，无污染，生产的食品有利于人们的身心健康，森林食品越来越受到人们的欢迎和重视。森林中部分树木的叶子、果实、树汁等可制成饮料，供人们饮用。森林中的野菜、野果、食用菌等供人们食用。如桦树汁、沙棘汁饮料；柳花菜、鹿角菜、蘑菇等高原森林蔬菜成为各大宾馆餐桌上的佳肴，深受国内外消费者的青睐。

3. 培育花卉，美化生活

城市森林除高大树木外，还可生产各式各样的花卉和盆景，让市民装扮市容、美化家庭和自己的工作场所，增加了人们的乐趣，熏陶了人们的情操，缓解了人们的疲劳，提高了工作效率。

第六章 草地资源

第一节 草地分布规律及类型

湟水流域草地因流域的各县相继实施《禁牧令》，畜牧业发展由传统畜牧业向舍饲、半舍饲的高效畜牧业转变，大部分县牧业用地转为宜林地。根据湟水流域生态环境治理总体思路，草地建设的重点为湟水源头区的海晏、大通、湟源等县。

一、草地分布规律

由于湟水流域地形复杂，山峦重叠，沟壑纵横，其天然草地水平分布规律不明显，大体上从西北到东南发育着高寒草甸类、山地草甸类、山地干草原类、平原草甸类、平原荒漠类等草地类型。沼泽类草地由隐域性植被构成，分别分布在山地草甸类和高寒草甸类的水平地带之内。

草地的垂直分布比较明显。湟水流域山峰高耸，河谷深切，微弱的东南季风沿河谷而上，谷地气候显得温暖而湿润。山体上部因海拔升高，气温较低，水热条件差异明显，因此草地垂直分布规律较明显。

（一）山地阳坡

海拔 2450～3000m 地段生长着以针茅属、芨芨草属牧草为优势种的山地干草原草地类，海拔 3000～3800m 地段发育了以嵩草属牧草为优势种的高寒草甸草地类，另外，在海拔 2450～3450m 陡峻山坡，还复合分布着高寒疏林、山地草甸类灌木草甸亚类，海拔 3800m 以上为石山、冰雪带。

（二）山地阴坡

海拔 2450～3450m 地段分布着高寒疏林，海拔 3450～3850m 地段为以苔草、嵩草属牧草为优势种的高山草甸类，另外在海拔 3200～3700m 的阴湿地段，还发育着大面积的山地草甸类灌木草甸亚类、高寒草甸类高寒灌丛草甸亚类，与高寒草甸亚类复合分布，海拔 3850m 以上是石山、冰雪带。

二、草地类型与特征

湟水流域草地类型主要有高寒干草原类、山地干草原类、平原荒漠类、高寒草甸类、山地草甸类、平原草甸类、附带草地类等7个类型。

（一）高寒干草原类

该类型主要分布在湟水以北的山地阳坡，以及宁欠滩、大水塘、永丰滩、克里干塘等周

围的阳坡上，其他地方有零星分布。海拔 2600 ～ 4000m。面积 0.52 万 hm², 可利用面积
0.50 万 hm²。植物以禾本科为主，优势种为寒生多年丛生禾草紫花针茅，伴生种有短芒恰
草、冰草、早熟禾属及青海苔草等植物，草群中常混生杂类草或垫状植物和高山植物。种类
简单，群落结构层次不明显，牧草生长稀疏，覆盖度小，植株矮小，产量低，平均产鲜草
1323.18kg/hm²（表 6 - 1）。

表 6 - 1　各类草地面积统计表　　　　　　　　　　　　单位：×10⁴hm²

草地类	合计		大通县		海晏县		湟源县	
	草地面积	草地可利用面积	草地面积	草地可利用面积	草地面积	草地可利用面积	草地面积	草地可利用面积
高寒干草原类	0.52	0.5			0.47	0.46	0.05	0.04
山地干草原类	2.76	2.55	0.07	0.06	0.99	0.97	1.7	1.52
平原荒漠类	0.22	0.19			0.22	0.19		
高寒草甸类	13.51	11.65	4.00	3.44	6.64	5.65	2.87	2.56
山地草甸类	0.64	0.41	0.64	0.41				
平原草甸类	0.08	0.07			0.08	0.07		
附带草地类	1.33	1.27	1.33	1.27				
合计	19.06	16.64	6.04	5.18	8.40	7.34	4.58	4.12

（二）山地干草原类

该类型主要分布在湟水以北、药水河和波航河流域的山地阳坡、东大滩等海拔 1750 ～
3500m 的山间谷地、低山丘陵、阶地、滩地、干旱阳坡及坡麓地带，面积 2.76 万 hm², 可
利用面积 2.55 万 hm²。主要优势种有短花针茅、疏花针茅、大针茅、芨芨草、白草、青海
固沙草等。伴生种有赖草、恰草、高山早熟禾、青海苔草、矮火绒草、二裂委陵菜等。草群
结构层次分化明显，上层为禾草，下层为杂类草。主要优势种营养成分较高，适口性较好。
此类草地平均产鲜草 2457.97kg/hm²。

（三）平原荒漠类

该类型集中分布在湟水流域的山前冲积—洪积平原和山麓洪积倾斜平原，海拔 2600m ～
3100m，降水稀少，蒸发强烈，气候十分干旱，面积 0.22 万 hm², 可利用面积 0.19 万 hm²,
群落植物种类少，优势种主要有沙蒿，伴生种有赖草、膜果麻黄、假苇拂子茅、早熟禾
（P. alpina）等，群落结构简单，只有一个稀疏的建群层片，总覆盖度 15% 至 30%。平均产
鲜草 1962.00kg/hm²。

（四）高寒草甸类

在流域内天然草地中所占面积最大。广泛分布于气候寒冷、湿润的湟水流域的浑圆山顶
部、宽谷，滩地和山体上部，海拔 3000m ～ 4800m，个别地段可到海拔 5000m 以上地区，草
地面积 13.51 万 hm², 可利用面积 11.65 万 hm²，平均产鲜草 2456.49kg/hm²。因分布地区
自然特征差异较大，又分为高山草甸、沼泽化草甸、灌丛草甸 3 个亚类。

高山草甸亚类：主要分布在湟水流域山地的山体上部、圆顶山、平顶山顶部、滩地、河
谷阶地。海拔 3200m ～ 4800m，上限最高可达海拔 5200m。草地面积 8.23 万 hm²，可利用面

积 7.68 万 hm^2。植物种类丰富，主要优势种有高山嵩草、矮生嵩草、线叶嵩草、黑褐苔草、糙喙苔草等，伴生种有早熟禾、垂穗披碱草、紫花针茅、珠芽蓼、矮火绒草、多茎委陵菜、黄芪、马先蒿。群落结构简单，无明显层次，夏季草地上镶嵌着五颜六色的花朵，显得格外绚丽多彩，俗称"五花草甸"，平均产鲜草 2461.02kg/hm^2。

沼泽化草甸亚类：属于隐域性草地植被。主要分布在野牛山、大坂山、湟水两岸、呼达寺、俄日龙哇、热冷木等地，海拔 3200m~4800m 的河畔、湖滨、山间盆地、碟形洼地、高山鞍部、排水不畅和平缓滩地、山麓潜水溢出带和高山冰雪带下缘等地区。草地面积 1.38 万 hm^2，可利用面积 1.25 万 hm^2，组成草地群落的植物有西藏嵩草、水嵩草、甘肃嵩草、华扁穗草、海韭菜等，种类单纯，草群密集，总覆盖度 80% 至 95%。草地因冻融作用，整个地表凹凸不平，形成大小不一的冻胀草丘，低洼部分时有季节性积水，俗称"踏头"草地。平均产鲜草 1834.98kg/hm^2。

灌丛草甸亚类：主要分布寺寨、塔湾、大华、波航、日月乡的山地阴坡。上承山地草甸，下接疏林和农田，呈带状分布。团保山、包忽图、大、小申底、大黄沟、哈藏沟、东达沟、小新沟、茶拉沟等海拔 3200m~4800m 的山地阴坡，局部地区的山地阳坡和滩地。草地面积 3.90 万 hm^2，可利用面积 3.04 万 hm^2。草地建群植物有高山柳、金露梅、杜鹃等，伴生种有高山绣线菊、锦鸡儿、忍冬等灌丛和禾本科、莎草科等草本植物，种类较多，群落结构层次明显。草本植物营养成份含量高，草质柔软，适口性好，而且灌丛稀疏，可作牦牛、马、山羊及剪毛后绵羊的夏秋牧地。平均产鲜草 2699.22kg/hm^2。

（五）山地草甸类

主要分布在湟水流域的山地坡麓、河谷阶地。该类草地在垂直带谱中位于高寒草甸类的下部，又下分灌木草甸亚类。海拔 1750m~3500m。草地面积 0.64 万 hm^2，可利用草地面积 0.41 万 hm^2。组成灌木层的建群种有西藏沙棘、小檗、水栒子等，常见伴生种有高山柳、锦鸡儿、虎榛子、水柏枝等植物。草本层优势种有细株短柄草、矮生嵩草，伴生种有早熟禾、冰草、垂穗披碱草、针茅等。平均产鲜草 4363.09kg/hm^2。

（六）平原草甸类

主要分布于海晏县的海滩及小湖滨等地海拔 3200~3300m 的滩地上。组成群落的植物种类较贫乏。优势种主要为马蔺，伴生种有粗喙苔草、早熟禾、华扁穗草、赖草、火绒草、平车前等植物。主要分布在湟水流域湖盆周围海拔 2700m~3400m 的冲积、洪积、湖积平原上。草地面积 0.08 万 hm^2，可利用面积 0.07 万 hm^2，平均产鲜草 3084.00kg/hm^2。

（七）附带草地类

附带草地主要是农业区零星分布的小片草地，分布于湟水谷地海拔 1700~2800m 的山区田间地埂、人工林下、撂荒地等处，与农田呈镶嵌分布。此类草地虽面积不大，分布零碎，但由于地区水热条件好，植物生长茂盛，是农业区主要的家畜放牧地。草地面积 1.33 万 hm^2，可利用面积 1.27 万 hm^2，组成草群的植物种类较多，且各地差异较大。主要优势种有赖草、棘豆、二裂委陵菜、大针茅、发草、白草等优良牧草。平均每公顷产鲜草 3369.98kg。

第二节　草地资源评价

一、草地资源数量

湟水流域草地总面积 20.87 万 hm^2，占土地总面积的 13.0%。其中海晏、大通、湟源 3 县草地面积 19.06 万 hm^2，可利用草地面积 16.64 万 hm^2，占草地面积的 87.3%（表 6-2）。

表 6-2　湟水流域草地资源基本概况统计表

单位：$\times 10^4 hm^2$、kg/hm^2

编号	草地类型	草地面积	草地可利用面积	平均每公顷产草量	草地等	草地级
I	高寒干草原类	0.52	0.50	1323.18		
I 1	禾草草地组	0.52	0.50	1323.18		
I 1（1）	紫花针茅草地型	0.02	0.01	2993.40	Ⅲ	6
I 1（2）	紫花针茅 - 杂类草草地型	0.50	0.49	1268.25	Ⅲ	7
Ⅱ	山地干草原类	2.76	2.55	2457.97		
Ⅱ 1	禾草草地组	2.76	2.55	2457.97		
Ⅱ 1（1）	短花针茅 + 克氏针茅 + 青海固沙草草地型	0.07	0.06	1413.60	Ⅲ	7
Ⅱ 1（2）	大针茅 - 杂类草草地型	0.08	0.07	1833.30	Ⅲ	6
Ⅱ 1（3）	青海固沙草 + 针茅草地型	0.26	0.24	2748.90	Ⅲ	6
Ⅱ 1（4）	芨芨草草地型	1.27	1.21	2562.75	Ⅲ	6
Ⅱ 1（5）	芨芨草 - 针茅草地型	0.01	0.01	1857.60	Ⅲ	6
Ⅱ 1（6）	芨芨草 - 赖草草地型	0.39	0.37	1127.07	Ⅲ	7
Ⅱ 1（7）	羊茅 + 早熟禾草地型	0.68	0.64	3177.60	Ⅲ	5
Ⅲ	平原荒漠类	0.22	0.19	1962.00		
Ⅲ 1	半灌木、小半灌木草地组	0.22	0.19	1962.00		
Ⅲ 1（1）	沙蒿草地型	0.22	0.19	1962.00	Ⅲ	6
Ⅳ	高寒草甸类	13.51	11.97	2456.49		
Ⅳ A	高山草甸亚类	8.23	7.68	2461.02		
Ⅳ 1	莎草草地组	8.23	7.68	2461.02		
Ⅳ 1（1）	高山蒿草地型	0.54	0.53	1831.50	Ⅱ	6
Ⅳ 1（2）	高山蒿草 + 矮生蒿草草地型	3.57	3.11	2716.51	Ⅱ	6
Ⅳ 1（3）	高山蒿草 - 早熟禾草地型	0.04	0.04	3225.90	Ⅱ	5
Ⅳ 1（4）	高山蒿草 + 苔草草地型	0.04	0.04	3321.90	Ⅱ	5
Ⅳ 1（5）	矮生蒿草草地型	0.30	0.29	766.22	Ⅱ	7
Ⅳ 1（6）	矮生蒿草 + 高山蒿草草地型	0.32	0.31	2914.80	Ⅱ	6
Ⅳ 1（7）	矮生蒿草 + 杂类草草地型	0.91	0.89	1379.55	Ⅱ	7

（续）

编号	草地类型	草地面积	草地可利用面积	平均每公顷产草量	草地等	草地级
Ⅳ1（8）	蒿草 + 针茅 + 杂类草草地型	1.01	0.99	1632.00	Ⅱ	6
Ⅳ1（9）	蒿草 - 高山蒿草 + 矮生蒿草草地型	1.32	1.29	3708.30	Ⅱ	5
Ⅳ1（10）	禾叶蒿草 + 甘肃蒿草草地型	0.07	0.06	3270.75	Ⅱ	5
Ⅳ1（11）	苔草 + 杂类草草地型	0.12	0.11	2256.45	Ⅱ	6
ⅣB	沼泽化草甸亚类	1.38	1.25	1834.98		
Ⅳ2	莎草草地组	1.38	1.25	1834.98		
Ⅳ2（1）	藏蒿草 + 苔草草地型	0.21	0.20	1978.05	Ⅱ	6
Ⅳ2（2）	粗喙苔草 + 藏蒿草草地型	1.17	1.05	1807.05	Ⅱ	6
ⅣC	灌丛草甸亚类	3.90	3.04	2699.22		
Ⅳ3	灌木草地组	3.90	3.04	2699.22		
Ⅳ3（1）	高山柳 + 箭叶锦鸡儿 - 羊茅 + 苔草草地型	1.96	1.50	3272.98	Ⅳ	5
Ⅳ3（2）	高山柳 + 金露梅草地型	0.94	0.68	1082.25	Ⅳ	7
Ⅳ3（3）	高山柳 - 苔草草地型	0.27	0.22	3397.20	Ⅳ	5
Ⅳ3（4）	金露梅 - 矮生蒿草草地型	0.07	0.06	1813.50	Ⅲ	6
Ⅳ3（5）	金露梅 - 苔草草地型	0.60	0.49	2593.05	Ⅲ	6
Ⅳ3（6）	金露梅 - 珠芽蓼草地型	0.11	0.09	1281.00	Ⅲ	7
Ⅴ	山地草甸类	0.64	0.41	4363.09		
ⅤA	灌木草甸亚类	0.64	0.41	4363.09		
Ⅴ1	灌木草地组	0.64	0.41	4363.09		
Ⅴ1（1）	小檗 + 沙棘 - 短柄草草地型	0.37	0.26	4558.80	Ⅳ	4
Ⅴ1（2）	水枸子 + 细株短柄草 - 矮生蒿草草地型	0.27	0.15	4029.60	Ⅳ	5
Ⅵ	平原草甸类	0.08	0.07	3084.00		
Ⅵ1	杂类草草地组	0.08	0.07	3084.00		
Ⅵ1（1）	马蔺草地型	0.08	0.07	3084.00	Ⅳ	5
Ⅶ	附带草地类	1.33	1.27	3369.98		
Ⅶ1	禾草草地组	1.31	1.25	3374.55		
Ⅶ1（1）	赖草草地型	1.31	1.25	3374.55	Ⅲ	5
Ⅶ2	杂类草草地组	0.02	0.02	2872.35		
Ⅶ2（1）	棘豆 + 二裂委陵菜	0.02	0.03	2872.35	Ⅴ	6
	合计	18.41	16.64	2526.04		

在各类草地面积中，高寒草甸类草地面积最大，为 13.51 万 hm²，占草地面积的 70.8%；山地干草原类位居第二，为 2.76 万 hm²，占草地面积的 14.5%；附带草地类位居第三，为 1.33hm²，占草地面的 7.0%；山地草甸类位居第四，为 0.64 万 hm²，占草地面积的 3.4%；高寒干草原类居第五，为 0.52 万 hm²，占草地面积的 2.7%；平原荒漠类位居第

六，为 0.22 万 hm² ，占草地面积的 1.2%；平原草甸草地类位居第七，为 0.08 万 hm² ，占草地面积的 0.4%。

二、草地资源等级

草地资源等级主要反映草地植被的质量和产量。等表示草地草群品质的优劣，共分五等；级表示草地草群地上部分的产草量，共分八级。通过对湟水流域草地等级的综合评定，以二等六级草地所占比重最大，为 7.13 万 hm² ，占草地面积的 35.2%，其次为三等六级草地为 2.53 万 hm² ，占草地面积的 13.7%，四等五级、三等五级、二等五级分别为 2.45 万 hm² 、1.99 万 hm² 、1.46 万 hm² ，分别占 13.3% 、10.8% 、7.9% ，其余二等七级、三等七级、四等七级、四等四级四项合计为 19.1% （表 6 - 3）。从草地等级的综合评定分析，湟水流域草地资源数质量的基本特点是良质低产偏上的。

表 6 - 3　湟水流域天然草地等级统计表　　　　　单位：万 hm²

等级	1 级	2 级	3 级	4 级	5 级	6 级	7 级	合计
I								
II					1.46	7.13	1.21	9.80
III					1.99	2.53	1.07	5.59
IV				0.37	2.45		0.83	3.65
V						0.02		0.02
合计				0.37	5.90	9.68	3.11	19.06

第三节　草地资源特点

一、草地类型多样，以高寒草甸为主体

湟水流域发育着丰富多样的草地类型。从山地干草原、山地、平原草甸到高寒草原、草甸，从潮湿的灌丛到极干的荒漠、无所不有。在天然草地诸类中，高寒草甸所占的比重最大，占草地面积的 70.0% ，是湟水流域天然草地的主体。

二、牧草低矮，缺少割草地

如同青海省天然草地一样，湟水流域天然草地的牧草普遍生长低矮，为低草区，除局部滩地、河谷阶地上的芨芨草等稍高大外，大部分牧草高度都在 10~30cm 之间，其中占全流域草地面积 43.79% 的以高山蒿草、矮生蒿草为优势种的草地，高度仅 2~5cm 。牧草低矮不利于打草。因此，本流域缺少割草地。

三、以莎草草地占优势，草地耐牧性较强

在本流域 34 个草地型中，以莎草科牧草为优势种的草地型有 13 个，虽然其数量不多，

但其面积却达 9.40 万 hm^2，占全流域草地面积的 51.06%。莎草科牧草根系发达，在生草层中交错盘结，形成 10～15cm 厚的草皮层，该层虽然不利于通气透水，但却富有弹性，不易遭到破坏，具有较强的耐牧性，是理想的放牧型草地。

四、牧草营养丰富，但缺少豆科牧草

湟水流域豆科植物较少，常见的豆科植物约 40 种，而且数量少，分布零星。在仅有的豆科植物中，除去有毒、有刺、有怪味和低矮贴地的以外，所剩无几。豆科牧草在饲用牧草中占的地位甚低。

湟水流域光能资源丰富，太阳辐射强，牧草生长旺盛，营养丰富，一般都具"三高一低"（即粗蛋白高、粗脂肪高、无氮浸出物高、粗纤维低）的特点，弥补了该区豆科牧草的不足。

五、天然草地生态系统脆弱

天然草地所处环境独特，自然条件恶劣，草地生态系统极为脆弱，一旦遭破坏，很难自然恢复，有些地区草地原生植被消失殆尽，草地演替为逆行演替，群落结构简单化，生产力下降，群落旱生。据调查，海晏县东大滩等原生植被芨芨草呈死亡消失趋势，逐渐被蒿子取代形成单种群落，仅在群落中存在个别的"芨芨草圈"。植被盖度仅为 23%～30%，草群高度为 6～9cm，产草量为 500.0～800.0kg/hm^2，生产能力低，植被稀疏，地面裸露沙化严重。

第七章　流域生态环境及评价

第一节　主要生态问题

一、水土流失严重

(一)土壤侵蚀

湟水流域干流包括海晏、湟源、湟中、西宁、大通、互助、平安、乐都和民和部分等九县(市)，水土流失类型区有黄土丘陵沟壑区第四副区、土石山区和高地草原区，根据《土壤侵蚀分类分级标准》(SL1901—96)，土壤侵蚀类型有水力侵蚀、重力侵蚀、冻融侵蚀和人为侵蚀，以水力侵蚀和重力侵蚀为主要，近年来人为侵蚀也呈加剧趋势。丘四区侵蚀模数为 5000 ~ 10000 t/km² · a，土石山区为 100 ~ 500 t/km² · a，高地草原区为 946.13 t/km² · a，全流域综合多年平均为 603.23 t/km² · a (表 7 – 1)。

表 7 – 1　湟水流域土壤侵蚀类型及面积情况表　　　　　　单位：km²

县(市)	总面积	流失面积	占总面积(%)	水蚀		风蚀		冻融		合计
				面积	比例(%)	面积	比例(%)	面积	比例(%)	
海晏	1038.60	512.08	49.30	320.10	62.51	106.08	20.72	85.90	16.77	512.08
湟源	1502.50	783.08	52.12	783.08	100.00	0.00	0.00	0.00	0.00	783.08
湟中	2330.54	1033.83	44.36	1033.83	100.00	0.00	0.00	0.00	0.00	1033.83
西宁	350.00	153.17	43.76	153.17	100.00	0.00	0.00	0.00	0.00	153.17
大通	3161.22	1262.66	39.94	1262.66	100.00	0.00	0.00	0.00	0.00	1262.66
互助	3360.00	1484.77	44.19	1484.77	100.00	0.00	0.00	0.00	0.00	1484.77
平安	742.89	429.15	57.77	429.15	100.00	0.00	0.00	0.00	0.00	429.15
乐都	2600.00	1501.59	57.75	1501.59	100.00	0.00	0.00	0.00	0.00	1501.59
民和	690.80	463.58	67.11	463.58	100.00	0.00	0.00	0.00	0.00	463.58
小计	15776.55	7623.91	48.32	7431.93	97.48	106.08	1.39	85.90	1.13	7623.91

根据水利部 2000 年完成的全国第三次土壤侵蚀调查获成果和黄委会完成的黄河流域水土保持遥感普查成果以及规划外业调查情况，湟水流域干流轻度以水土流失面积为 7623.91km²，占流域总面积的 48.32%。水力侵蚀、沟道重力侵蚀主要分布在湟水中下游黄土丘陵区，多发生在每年降雨集中的时段内，沟道重力侵蚀主要分布在湟水中下游黄土丘陵区，多发生在每年降雨集集中的时段内，沟道重力侵蚀其他时间也有发生。水力侵蚀面积

7431.93km²，占水土流失面积的 97.48%；风力侵蚀主要分布在湟水上游海晏县附近，一年四季均有发生，以春季节为甚，风蚀面积 106.08km²，占水土流失面积的 1.39%；冻融侵蚀主要分布在流域上游和其他高海拔地带，又可分为冰融侵蚀和雪融侵蚀，主要发生春夏冰雪消融期，冻融侵蚀面积 85.9km²，占水土流失面积的 1.13%。在水力侵蚀面积中，轻度侵蚀面积 3111.56km²，占 40.81%；中度侵蚀面积 1400.07km²，占 18.36%；强度侵蚀面积 1597.06km²，占 20.95%；极强度侵蚀面积 1470.54km²，占 19.29%；剧烈侵蚀面积 44.68km²，占 0.59%（表 7-2）。人为侵蚀在整个流域范围内均有发生，主要有修路开矿，城镇建设，弃土弃渣，乱垦乱伐，乱采乱挖，过度放牧等。

表 7-2　湟水流域土壤侵蚀分级情况表　　　　单位：km²

| 县（市） | 总面积 | 流失面积 | 轻度 | | 中度 | | 强度 | | 极强度 | | 剧烈 | | 合计 |
			面积	比例（%）	面积	比例（%）	面积	比例（%）	面积	比例（%）	面积	比例（%）	
海晏	1038.60	512.08	282.37	55.14	143.81	28.08	85.90	16.77	0.00	0.00	0.00	0.00	512.08
湟源	1502.50	783.08	538.86	68.81	92.36	11.79	82.66	10.56	68.50	8.75	0.70	0.09	783.08
湟中	2330.54	1033.83	292.13	28.26	123.22	11.92	75.67	7.32	542.81	52.50	0.00	0.00	1033.83
西宁	350.00	153.17	7.32	4.78	83.65	54.61	6.80	4.44	49.53	32.34	5.87	3.83	153.17
大通	3161.22	1262.66	759.74	60.17	235.24	18.63	226.77	17.96	40.91	3.24			1262.66
互助	3360.00	1484.77	731.29	49.25	159.53	10.74	222.14	14.96	365.83	24.64	5.98	0.40	1484.77
平安	742.89	429.15	90.94	21.20	99.36	23.17	79.78	18.59	147.90	34.46	11.12	2.59	429.15
乐都	2600.00	1501.59	297.92	19.84	382.31	25.46	548.08	36.50	252.27	16.80	21.01	1.40	1501.59
民和	690.80	463.58	110.94	23.93	80.59	17.38	269.64	58.08	2.79	0.60	0.00	0.00	463.58
小计	15776.55	7623.91	3111.56	40.81	1400.07	18.36	1597.06	20.95	1470.54	19.29	44.68	0.59	7623.91

湟水多年平均径流总量 21.16 亿 m³，多年来均输沙总量 0.168 亿 t（民和站 1940 至 1998 年），多年平均输沙模数 1097 t/km²·a（民和站 1940 年 1998 年），湟水汇水总面积占全湟水流域总面积的 53.96%，多年平均实测径流量占全流域的 41.32%，而输沙量却占全流域的 84.42%。同时由湟水流域输沙模数分区可以看出，输沙模数 >5000 t/km²·a 的区域主要分布在西宁以下的湟水可河谷两侧的黄土丘陵区，因此湟水流域的泥沙主要来源于湟水的下游黄土丘陵区，该区域是全流域的水土流失严重区域，也是今后开展水土保持生态建设的重点防治区域。

在流域的不同部位，土壤侵蚀的方式、程度各不相同，水土流失少量的极强度、强度侵蚀发生在各侵蚀沟的沟坡、沟岸和河岸，主要分布在第四纪黄土出露的浅山丘陵沟壑区，中度侵蚀主要发生在梁峁坡上，轻度侵蚀主要发生在梁峁顶和坡度较缓的梁峁坡，咱道和高地草原区有轻微的侵蚀。一般来说，水力侵蚀主要发生在坡面上，重力侵蚀主要发生在沟道内，流域阳坡、凸坡侵蚀严重，阴坡、凹坡侵蚀相对较轻，如湟水一级支流南川河西宁至徐家寨段，阳坡侵蚀非常严重，几乎没有植被，遭遇暴雨，易发生径流冲刷，产生坡面面蚀和细沟侵蚀，使原有沟道不断扩张、下切、前进，同时极易形成新的侵蚀沟道，而阴坡上下不但有植被，县城有不少耕地，北川河西宁至桥头段，阳坡坡陡无耕地，不少地方土层剥蚀净尽, 红砂岩层出露, 残留有黄土的地方植被也甚差, 阴坡坡度则较缓, 坡面比较完整, 残留有黄土的地方植被也甚差, 阴坡坡度则较缓, 坡面比较完整, 多耕地, 县城有比较完整的山梁地貌。在凸形斜坡, 由于倾斜度逐渐增加, 使径流量和流速逐渐增大, 冲蚀土壤愈益严重, 而在凹形斜坡, 由于倾斜度逐渐增加, 使径流量和流速逐渐增大, 冲蚀土壤愈益严重, 而在凹形斜坡, 由于倾斜度逐渐变缓, 冲蚀力逐渐减小, 至斜坡末端有可能变流失为堆积。

（二）河流泥沙

河流泥沙不仅反映河流水土流失的状况, 还是河川径流质量的一个重要指标, 影响着水资源的开发和利用。评价指标包括河流的含沙量、输沙量及其时空分布。选择石崖庄、西宁、乐都、民和、桥头、王家庄、吉家堡站为代表站。

从 1956～2000 年的各代表站实测资料来看, 上游站含沙量小, 桥头、石崖庄水文站多年平均含沙量分别为 0.584、1.661kg/m³。西宁以下的干流和下游支流站含沙量比较大, 多年平均含沙量为 2.7kg/m³, 干流民和站达到 7.97kg/m³, 支流小南川河王家庄站平均含沙量 12.9kg/m³, 巴州沟吉家堡站达到 19.9kg/ m³。历年最大含沙量也是由上游向下游递增, 干流石崖庄 346kg/m³, 西宁站 919 kg/m³、乐都 893 kg/m³, 民和 843 kg/m³; 支流北川河桥头站历年最大含沙量 167kg/m³、小南川王家庄 824 kg/m³, 吉家堡站达到 1130 kg/m³。湟水干流控制站民和站多年平均的输沙量 1644 万 t, 20 世纪 50～90 年代呈减少的趋势。50 年代平均输沙量 2745 万 t, 较多年平均大 67%; 60 年代 1898 万 t, 较多年平均大 15.4%; 70 年代 2191 万 t, 较多年平均大 33.3%, 80 年代 1107 万 t, 较多年平均小 32.7%, 90 年代 1056 万 t, 较多年平均小 35.8% （表 7－3、表 7－4）。多年平均输沙模数的地区分布规律与含沙量基本一致, 上游小, 下游大。上游石崖庄、桥头水文站多年平均输沙模数分别为 167t/ km²、134t/km², 王家庄、吉家堡则达到 1516t/ km²、3438t/ km²。

影响含沙量、输沙量、输沙模数的主要因素有植被、地表岩性、地形坡度、降水强度等。湟水上游虽然降水量大, 地形相对高差比较大, 但是植被覆盖度大, 岩性颗粒较粗。侵蚀模数、输沙模数小, 河水含沙量亦小。西宁以下地表岩性为黄土、坡度大、植被稀疏, 侵蚀模数、输沙模数比较大, 巴州沟河流含沙量也是省内诸河中最大的河流之一。由于水土流失, 造成沟壑发育, 耕地面积不断减少, 粮食产量低而不稳, 人民生活日益贫困。

表 7－3　20 世纪不同年代输沙量对比分析表　　　　单位：×10⁴t

| 河流 | 站名 | 50 年代 | 60 年代 | 70 年代 | 80 年代 | 90 年代 |
		输沙量	输沙量	输沙量	输沙量	输沙量
湟水	石崖庄	65.8	51.7	65.4	51.3	36.1
湟水	西宁	416	468	470	237	232
湟水	乐都	1350	1138	1148	592	622
湟水	民和	2745	1898	2191	1107	1005
北川河	桥头	71.3	31.7	41.9	37.7	25.6
小南川	王家庄	76.7	67.4	81	38.4	33
巴州沟	吉家堡	117	68.7	90.8	23.8	60.9

二、水源涵养功能下降

湟水流域多年平均径流量为 26.3 亿 m³，人均 773m³，耕地亩均 472 m³，分别为全国平均水平的 1/3 和 1/4，现阶段水资源利用率已达到 57.6%（p=75%），缺水 3.94 亿 m³。预计到 2020 年缺水将达到 10.71 亿 m³。水资源短缺已成为制约流域经济和社会可持续发展的主要因素，已成为造成生态环境的日益恶化的主要原因之一。

由于森林质量降低，加之气候干旱化，水源涵养能力下降，部分河流已出现断流。据调查，大通宝库河 115 条支流，现已断流的就有 54 条；地处黑林河流域的青林乡卧马沟，1996 年时河水常流，仅几年时间，就出现季节性断流，枯水期群众在河床上挖井取水。东峡河解放前直径 1.0m 左右的原木能水运到桥头，而现在枯水期河水常常断流。又如，大通林区灌木林地放牧后，土壤被践踏的强度，根据地表受害状况结合植被覆盖度 51% ~75%、40% ~50%、39%以下，划分为轻、中、重度三种类型。分别测定评述了放牧对林地土壤贮水量的影响，土壤各层最大、最小、毛管持水量，轻、中、重度践踏的平均持水量次序为轻度、中度、重度，说明土壤践踏轻的持水量大。大通林区灌木林地面积占林区总面积的近 1/3；因牲畜多，放牧不当，造成林地贮水量显著下降，从牲畜践踏土壤的中、重度来看，每公顷贮水量依次降低 180t、113.6t。

据水文资料，北川河河流量（枯水季节最小流量）由 20 世纪 60 年代 0.78 m³/s 减少到 80 年代的 0.39 m³/s，洪水次数增多；据桥头水文站的统计，18 年以来洪水资料如下：来自峡门水文站（即宝库河）的洪水就有 41 次，占桥头洪水量的 80%，河水含沙量也在逐年增大。同时，地下水资源减少，地下水位降低，区内现有自备水源井的单位有 37 家，自备水源井 79 眼，据对部分机井调查后发现，丰水季节水位下降 0.5m 左右，枯水期下降 0.8 ~1.2m，泵水经常出现半管和空转现象；民营土井四水厂抽水以来，水位明显下降，尤以塔尔乡凉州庄、河州庄村明显；桥电五期工程 10 眼井，泵水以后桥头镇向阳堡村水井全部干涸。

表 7 - 4　含沙量输沙量对比分析表

河流名称	测站名称	统计时间	多年平均含沙量（kg/m³）	历年最大含沙量		多年平均输沙量（t）	最大年输沙量		多年平均输沙模数（t/km²）
				含沙量（kg/m³）	出现年份		输沙量（t）	出现年份	
湟水	石崖庄	1956~1979	1.877	299	1979	598000	1290000	1976	194
		1971~2000	1.718	346	1994	492000	1290000	1976	160
		1980~2000	1.398	346	1994	422000	1280000	1981	137
		1956~2000	1.661	346	1994	516000	1290000	1976	167
湟水	西宁	1956~1979	3.66	919	1978	4600000	14820000	1967	510
		1971~2000	2.30	919	1978	2930000	7100000	1971	325
		1980~2000	1.69	451	1994	2280000	5460000	1989	253
		1956~2000	2.70	919	1978	3510000	14820000	1967	389

（续）

河流名称	测站名称	统计时间	多年平均含沙量（kg/m³）	历年最大含沙量		多年平均输沙量（t）	最大年输沙量		多年平均输沙模数（t/km²）
				含沙量（kg/m³）	出现年份		输沙量（t）	出现年份	
湟水	乐都	1956~1979	6.97	893	1966	11780000	27400000	1961	904
		1971~2000	4.21	719	1971	7350000	17800000	1971	564
		1980~2000	3.24	558	1988	5880000	1150000	1994	451
		1956~2000	5.16	893	1966	9020000	27400000	1961	693
湟水	民和	1956~1979	10.7	843	1974	21610000	56400000	1961	1409
		1971~2000	6.76	843	1974	13640000	42500000	1979	889
		1980~2000	5.01	716	1999	10530000	19600000	1999	686
		1956~2000	7.97	843	1974	16440000	56400000	1961	1072
北川河	桥头	1956~1979	0.651	108	1971	425000	1660000	1959	153
		1971~2000	0.553	167	1982	326000	1160000	1989	118
		1980~2000	0.499	167	1982	307000	1160000	1989	111
		1956~2000	0.584	167	1982	370000	1660000	1959	134
小南川	王家庄	1956~1979	16.4	824	1978	748000	1870000	1967	2022
		1971~2000	11.0	824	1978	452000	1340000	1976	1222
		1980~2000	8.60	725	1992	347000	1250000	1981	938
		1956~2000	12.9	824	1978	561000	1870000	1967	1516
巴州沟	吉家堡	1956~1979	23.3	1130	1979	860000	3630000	1970	4479
		1971~2000	15.9	1130	1979	484000	1880000	1997	2521
		1980~2000	15.2	1010	1995	432000	1880000	1997	2250
		1956~2000	19.9	1130	1979	660000	3630000	1970	3438

三、自然灾害频繁

湟水流域地处黄土高原丘陵区，气候干旱，降雨量少，且年降水量的70%集中在6~9月份，森林和草地植被稀少。脆弱的生态环境，导致水土流失严重，自然灾害频繁，尤以干旱和洪涝最为严重。

（一）干旱

干旱是湟水流域的主要灾害，特别是春季干旱是重中之重。依据青海省技术监督局颁布的《气象灾害》标准中的干旱分级指标［4.1.1.2］（见表7-5），统计各年代湟水流域春季干旱发生的站/次得出，20世纪60年代、70年代、80年代、90年代、2001~2005年重旱分别为0、1、1、6、1次/站，中旱分别5、11、1、11、0次/站，轻旱分别为11、21、9、10、4次/站。可以看出，20世纪90年代重旱最多，70年代、90年代中旱最多，70年代轻旱也最多。也说明90年代春季重旱和中旱发生站/次比60年代、80年代、2001~2005年明显增多，而与70年代基本接近。90年代春季重、中旱加重的原因与这一地区降水减少和气温升高有着密切的关系，蒸发量增多、河流量减少，使得半干旱地区的春季旱情进一步发展，发生的站/次也明显增多。进入 21 世纪后，随着青海省春季降水的明显增多，湟水流域春季干旱有逐渐减少的变化趋势。

表 7 - 5　青海省春旱分级指标

分级指标	地　　区				青海湖周围、祁连山地、海南台地	青南高原
	东部农业区					
无	>110	>100	>90	>80	>75	>65
轻	91~110	81~100	71~90	61~80	56~75	46~65
中	71~90	61~80	51~70	41~60	36~55	26~45
重	≤70	≤60	≤50	≤40	≤35	≤25
年降水量（mm）	200~300	300~400	400~500	>500	300~400	>400

（二）霜冻

霜冻是湟水流域区仅次于干旱的主要气象灾害，分早霜冻和晚霜冻。霜冻是影响农作物高产、稳产和热量资源充分利用的限制因素。霜冻危害作物的实质是低温冻害。表 7 - 6 统计了湟水流域区 4~5 月、9 月各级最低气温出现的频率，从表中看出，4~5 月各级低温频率占总频率的 78% 以上（除牧区的海晏站），其中 < -4~-6℃、< -6℃低温频率占总频率的 98% 以上。对湟水流域区农作物危害来说，危害最大的是晚霜冻。

西宁、民和、乐都、大通、湟源、湟中、互助全年霜日分别为 226.7 d、188.6d、221.1d、272.0d、301.2d、256.3d、295.3d。其中湟源霜日最多。湟水流域区霜冻对农作物的危害是较严重的，2005 年 5 月 3~5 日东部农业区（民和除外）的极端最低气温均低于 0℃，大通、化隆、湟中、湟源、互助等站出现晚霜冻灾害，同时大通的极端最低气温突破了历年同期极值。在此次冻害过程中，民和县粮食减产估计 345 万 kg、油料 13705 万 kg，农业直接经济损失 1106.4 万元。大通全县受灾面积达 7466.7hm²，成灾面积达 533.3hm²，预计减产油料 48 万 kg，造成农业直接经济损失 105.6 万元。受灾人口 12403 户、53057 人，成灾人口 1066 户、4248 人。

表 7 - 6　湟水流域 4~5 月、9 月各级最低气温出现的频率

站名	0~-2℃			<-2~-4℃			<-4~-6℃			<-6℃		
	4月	5月	9月	4月	5月	9月	4月	5月	9月	4月	5月	9月
海晏	3.8	6.6	5.3	5.9	4.7	3.5	7.0	2.2	2.0	9.7	0.9	0.8
大通	10.3	3.6	2.6	7.1	0.9	0.6	2.9	0.2	0.0	0.9	0.0	0.0
湟源	8.2	5.0	3.7	7.7	1.8	1.7	4.4	0.2	0.1	2.5	0.0	0.0
湟中	9.1	2.0	0.8	5.0	0.5	0.1	2.5	0.3	0.0	1.5	0.0	0.0
西宁	5.7	0.6	0.2	2.0	0.5	0.0	0.6	0.0	0.0	0.2	0.0	0.0
互助	5.7	3.7	2.6	6.7	0.8	0.3	3.2	0.3	0.0	1.1	0.1	0.0
平安	4.2	0.6	0.0	2.0	0.5	0.0	0.7	0.0	0.0	0.0	0.0	0.0

（续）

	0 ~ -2℃			< -2 ~ -4℃			< -4 ~ -6℃			< -6℃		
乐都	4.6	0.5	0.0	1.5	0.0	0.0	0.4	0.0	0.0	0.0	0.0	0.0
民和	2.5	0.4	0.0	1.0	0.0	0.0	0.3	0.0	0.0	0.0	0.0	0.0

（三）冰雹

冰雹是湟水流域的主要气象灾害之一。从表 7 - 7 看出，流域区雹日出现在 4 ~ 10 月，各站年冰雹日数在 2.1 ~ 8.1d 之间，靠近祁连山的大通、互助、海晏、湟源和拉脊山附近的湟中在 4.4 ~ 8.1d，而处在湟水谷地的西宁、平安、乐都、民和只有 2.1 ~ 2.9d，年冰雹日数山区多于湟水谷地。冰雹对浅、脑山地区危害较大，而对河谷、川水地区影响较小。从季节分析，冰雹日数主要集中在夏季，占年冰雹日数的 70% 以上，最多的平安达 90%。

表 7 - 7　湟水流域月、年冰雹日数（0.1d）

站名	4 月	5 月	6 月	7 月	8 月	9 月	10 月	合计
海晏	0	7	16	17	17	11	0	69
大通	1	9	18	20	18	14	1	81
湟源	0	5	13	12	8	6	0	44
湟中	1	9	13	18	11	7	1	60
西宁	2	5	7	8	5	3	1	29
互助	0	9	15	19	13	8	2	66
海晏	0	7	16	17	17	11	0	69
平安	0	2	7	5	6	1	1	21
乐都	1	2	5	5	5	2	1	22
民和	1	3	5	4	3	3	1	21

（四）大风

从表 7 - 8 看出，湟水流域区大风出现在 1 ~ 12 月，各站年大风日数在 3.0 ~ 36.9d 之间，其中西宁、大通、湟中、湟源、海晏较多，在 11.2 ~ 36.9d 之间，最多的海晏达 36.9d；民和、乐都、互助、平安较少，在 2.8 ~ 4.9d 之间，最少的平安只有 2.8d。从季节分析，大风日数主要集中在冬、春季，占年大风日数的 50% 以上，而西宁、大通、湟中、湟源、海晏占年大风日数的 67% 以上，最多的湟源达 79%。大风带来的灾害是局部的，春季大风危害最大。例如 2005 年 3 月 31 日，西宁、海晏 2 站出现大风天气，西宁市大风天气掀翻了部分市场内的售货亭，许多广告牌也遭到了破坏，大堡子镇陶南、陶北两村的 4 座温室及马坊村 10 余座塑料大棚被毁坏，其中马坊村被毁坏的塑料薄膜和即将上市的蔬菜等直接损失达 5 万余元。

表 7 - 8　湟水流域各站月、年大风日数（0.1d）

站名	1 月	2 月	3 月	4 月	5 月	6 月	7 月	8 月	9 月	10 月	11 月	12 月	合计
海晏	27	38	57	50	38	29	19	16	10	14	33	38	369
大通	11	19	18	19	17	9	7	4	2	3	7	10	127

（续）

站名	1 月	2 月	3 月	4 月	5 月	6 月	7 月	8 月	9 月	10 月	11 月	12 月	合计
湟源	23	33	39	35	17	9	5	2	2	7	21	26	220
湟中	12	19	20	23	14	9	6	3	1	4	11	11	133
西宁	4	17	16	23	19	10	7	4	2	3	4	4	112
互助	1	4	5	4	4	2	5	6	1	1	1	1	35
平安	0	2	3	7	3	4	3	2	3	2	1	0	28
乐都	1	5	5	9	6	6	6	6	2	1	2	1	49
民和	0	3	2	5	7	5	5	2	2	0	0	0	30

（五）洪涝灾害

洪涝灾害是湟水流域自然灾害中最严重的灾害之一，由于沿岸分布有很多山洪沟道，支沟内植被稀疏，土质疏松，水土流失严重；加之山区地面坡降陡，汇流时间短，洪水来势凶猛，往往造成洪水灾害，冲毁农田、林木、房屋、桥梁、道路等，使人民生命财产遭受严重损失。20 世纪 70 年代共造成 1970 年、1973 年、1974 年、1978 年 5 次洪水灾害；80 年代 1981 年、1987 年、1989 年洪水成灾；90 年代以来 1994 年、1995 年、1997 年、1998 年也有 4 次较大洪水成灾，其中 1995 年流域的湟源、湟中、大通县、西宁市等县（市）连降暴雨，遭受严重洪灾，各地在 1 小时内平均降水量达 30mm，引起山洪爆发，使国家和人民财产受到严重损失。

另外，雪灾也是比较严重的自然灾害，但这种灾害并不是经常发生，一旦发生，对森林的破坏较为突出，如 1982 年 5 月 10 日，最低温度下降到 -3℃，湟水流域大部分青杨遭到了不通程度的危害，树干、枝条压断，树叶冻死、冻伤，梨树花部受害率达 84% ~ 97%。

四、土地退化加剧

（一）毒杂草型退化草地加剧

由于生产不断发展，家畜数量逐年增多，使得天然草地超载过牧，植被退化，生态失调，毒草大量滋生蔓延，导致了草地生产力下降，牲畜中毒后体质羸弱、流产甚至死亡。目前毒草危害已成为草地三大生物灾害之一（鼠、虫、毒草）。据调查统计，湟水流域常见毒草有 6 科，15 个属，65 种，目前对畜牧业生产造成严重危害的主要有豆科棘豆属，禾本科芨芨草属，瑞香科狼毒属，毛茛科毛茛属和乌头属，龙胆科龙胆属，大戟科大戟属等植物。湟水流域常见毒草有：黄花棘豆、甘肃棘豆、狼毒、醉马草、毛茛、唐松草、黄帚囊吾等。主要分布在海晏县的甘子河、哈勒景、青海湖、托勒、金滩、银滩、同宝；湟源县的日月、和平、大华、寺寨；大通县的娘娘山、桦林、向化、宝库、多林等高寒草甸、山地草甸等草地上。据近年调查，湟水流域有毒杂草型退化草地 4.37 万 hm^2。

（二）"黑土滩"型草地不断扩大

"黑土滩"是由于自然因素和生物因素综合作用由原生建群种为主的草地发生了根本性的破坏后所形成的次生植被或秃斑裸地组成的退化草地，广泛分布在高寒草甸草地区。该类草地原生植被基本消失，生物多样性减少，植被盖度下降，鼠害猖獗，毒杂草蔓延，自然景观为成片黑色的次生裸地。据调查，此类草地与原生植被相比，生产能力显著下降，草地鲜草产量为 400.5kg/hm²，仅占未退化草地产量的 13.23%，植被平均盖度为 45.42%，1/4m²内植物种为 8.7 种，分别为原生植被盖度和植物种数的 53.16%、47.54%。据不完全调查统计，湟水流域总体来说，黑土滩面积相对较少，约为 0.44 万 hm²，主要分布在海晏县恰朗玛滩、牧场滩、莫湘滩、岳托滩的高寒草甸草地。

（三）草地沙化趋势严峻

沙化草地主要是由于气候变化、毁草开荒、超载过牧、鼠类危害、利用不当等原因造成的。湟水流域沙化草地主要分布在湟水以北、药水河和波航河流域的山地阳坡，塔拉宣果、西玛拉不登、白佛寺、克里干塘、热水、大水塘、永丰滩、麻黄滩等地，面积约有 5.47万 hm²。

由于自然和人为的多种因素，据不完全调查统计，湟水流域天然草地退化面积已达到 9.73 万 hm²，其中，轻度退化草地 1.45 万 hm²，中度退化草地 6.01 万 hm²，重度退化草地 2.27 万 hm²。全流域退化草地较之 20 世纪 80 年代同期，平均初级生产力降低了 26.24%，植被覆盖度降低了 5%~30%，植被高度降低了 4~12cm，成为杂草遍地的退化草地。

五、水污染严重

湟水流域是青海省工业较为发达的地区之一，受经济条件、技术手段和其他众多因素的影响，工业污染问题也相对程度上比全省其他地区严重。从工业污染源的分布情况分析，工业污染源主要分布在西宁市区周围、大通县桥头镇附近、湟中县甘河滩地区、湟源县的湟水河谷，工业污染对上述地区的影响十分明显，周围的植被严重退化，地表水质严重下降。其中西宁市的南川以金属加工业为主，污染较轻，其他三条川以及大通、湟源、湟中等地，主要以金属冶炼，电解铝及火力发电为主，污染物的排放量较大，污染相对较重。根据西宁市环境监测站及西宁市所辖三县环境监测机构的监测结果表明，尽管采取了强有力的污染控制措施，但湟水干流西宁段、北川、西川、东川及南川水质仍低于地面水环境质量标准（GB3838—88）中的Ⅲ类水质标准。其中湟水干流、西川、北川水质仅能达到Ⅳ类水质。

（一）地表水水质

1. 天然水化学特征分析

天然水化学类型采用阿廖金分类法。湟水流域地表水水化学类型多为 CⅡCa、CⅢCa型，呈弱碱性，为天然优质水。

湟水流域的矿化度、总硬度自上游向中下游呈增大趋势。上游矿化度一般在 300mg/L左右，到河口增至 1000mg/L 左右，总硬度 100mg/L 左右增至 350mg/L 左右。如湟水干流海晏至民和其矿化度由 318mg/L 增至 1100mg/L，总硬度由 114mg/L 增至 361mg/L，而南川河口的矿化度高达 1700mg/L 为流域最高。这种趋势形成的原因是因为上游基本未受污染，各离子含量基本是天然本底值，而河流越往下游承受的污染物越多，各离子含量越大，已不能反映天然水化学的特征，所以表现为污染越重的河段其矿化度越高。

2. 水质评价

评价基准年采用 2000 年监测数据，个别河段为 2000 年前后监测数据。评价标准执行《地表水环境质量标准》GB3838—2002。评价项目中必评项目 6 项（溶解氧、高锰酸盐指数、化学需氧量、氨氮、挥发酚和砷）；选评项目九项（五日生化需氧量、氟化物、氰化物、汞、铜、铅、锌、镉、六价铬）；参考项目 pH 值、水温和总硬度。评价方法采用单指标法（最差的项目赋全权，又称一票否决法）。

评价代表值采用汛期（5 月至 10 月）、非汛期（1~4 月、11~12 月）和年度平均 3 个值，评价结果按单元河长统计，并以三类地面水标准值为界限，给出超标率和超标倍数等特征值，当出现不同类别的标准值相同的情况时，按最优类别确定水质类别。

（1）现状评价　根据 2000 年监测资料的评价结果，湟水干流全年评价河段长 301.4km，属于 I、II 类水质的河段长 124.9 km，占评价河段长的 41.4%；属 IV 类以上水质的河段长为 176.5 km，占评价河段长的 58.6%；湟水干流汛期评价河段长 247.5km，属于 I、II 类水质的河段长 124.9 km，占评价河段长的 50.5%；属 V 类以上水质的河段长为 122.6 km，占评价河段长的 49.5%；湟水干流非汛期评价河段长 247.5km，属 III 类以下水质的河段长 124.9km，占评价河段长的 50.5%；属 V 类以上水质的河段长为 122.6km，占评价河段长的 49.5%；南川河全年评价河段长 49.2km，属于 I、II 类水质的河段长 28.4 km，占评价河段长的 57.7%；属劣 V 类以上水质的河段长为 20.8 km，占评价河段长的 42.3%；南川河汛期评价河段长 49.2km，属于 I、II 类水质的河段长 28.4 km，占评价河段长的 57.5%，属劣 V 类水质的河段长为 20.8 km，占评价河段长的 42.3%；南川河非汛期评价河段长 43.8km，属于 I、II 类水质的河段长 23.0 km，占评价河段长的 52.5%；属劣 V 类水质的河段长为 20.8 km，占评价河段长的 47.5%；北川河全年评价河段长 153.9km，属于 I、II 类水质的河段长 117 km，占评价河段长的 76.0%；属 V 类水质的河段长为 36.9 km，占评价河段长的 24.0%；北川河汛期评价河段长 153.9km，属于 I、II 类水质的河段长 117 km，占评价河段长的 76.0%；属 V 类水质的河段长为 36.9 km，占评价河段长的 24.0%，北川河非汛期评价河段长 153.9km，属于 I、II 类水质的河段长 117km，占评价河段长的 76.0%；属 V 类水质的河段长为 36.9 km，占评价河段长的 24.0%；沙塘川河全年评价河段长 70.1km，属于 I、II 类水质的河段长 22.1km，占评价河段长的 31.5%；属 IV 类水质的河段长为 48.0 km，占评价河段长的 68.5%；沙塘川河汛期评价河段长 70.1km，属于 I、II 类水质的河段长 22.1 km，占评价河段长的 31.5%；属 IV 类以上水质的河段长为 48.0 km，占评价河段长的 68.5%，沙塘川河非汛期评价河段长 70.1km，属于 I、II 类水质的河段长 22.1 km，占评价河段长的 31.5%；属 IV 类以上水质的河段长为 48.0 km，占评价河段长的 68.5%；引胜沟、巴州沟、药水河、水峡河、黑林河全年、汛期、非汛期水质均在 I、II 类。湟水全年、汛期、非汛期不同水质类别见图 7-1。从评价结果看，人口较少和工农业用水需求量较小的地区，水质相对较好，而在社会经济较发达的湟水中、下游地区，即新宁桥、西宁、小峡、乐都、民和、朝阳桥、南川河口、沙塘川桥水质污染较为严重，污染项目主要是化学需氧量、氨氮、五日生化需氧量、六价铬。湟水干流污染最严重的河段是西宁市化学需氧量超标 0.5 倍、氨氮超标 1.5 倍、五日生化需氧量超标 0.5 倍；南川河污染最严重的河段是南川河口，化学需氧量超标 1.34 倍、氨氮超标 6.69 倍、五日生化需氧量超标 18.8 倍；北川河污染最严重的河段是朝阳桥，化学需氧量超标 0.28 倍、氨氮超标 0.6 倍；沙塘川河污染最严重的河段是沙塘川桥，化学需氧量超标 0.5 倍。这是由于这些地区人口比较密集工业发展迅速，工业废水和生活污水大部分未经任何处理，直接或经下水道集中排放于河流，造成河流水污染负荷增大，水质变差。湟水干流化学需氧量、氨氮、五日生化需氧量沿程变化见

图7-2。

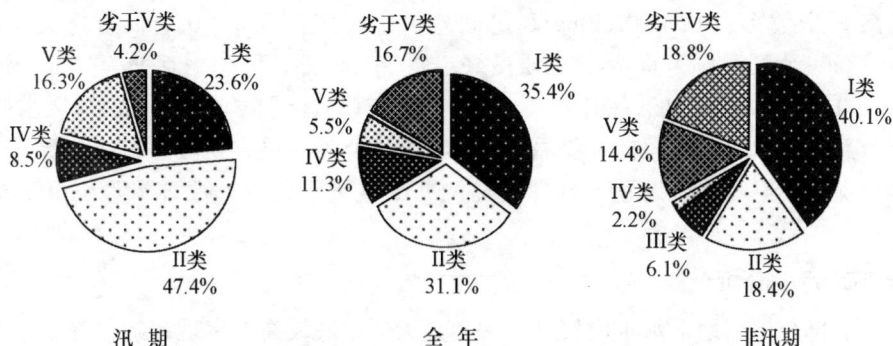

图7-1 湟水全年、汛期、非汛期不同水质类别示意图

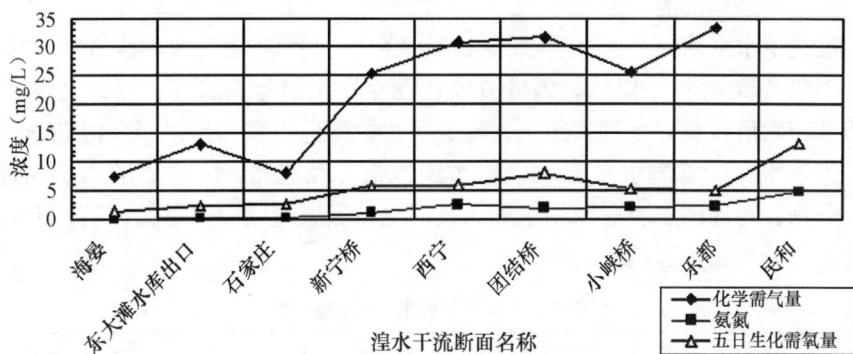

图7-2 湟水干流化学需氧量、氨氮、五日生化需氧量沿程变化图

(二) 地下水水质

1. 地下水水化学类型

地下水化学成份的形成、演变和盐份的运移、集聚等受气候、地貌、构造及水文地质条件的制约和影响。

湟水流域多具有较宽阔的河谷平原,并有较厚的松散砂砾石层分布,地下水主要受补于河水,处于强烈循环、积极交替的水化学带,大多数为溶滤成因的重碳酸盐型水,水化学类型多以 HCO_3—Ca 或 HCO_3—$Ca \cdot Mg$ 型水为主,矿化度小于 0.5g/L。由于补给区和径流区岩性的差异,部分河谷段出现总硬度、氯化物增高的现象,如西宁、乐都、民和、互助县靠近西宁边缘的沙塘川等盆地,由中、新生代红层构成,盆地红层中有多层石膏、芒硝等易溶盐类,该地带地下水化学特征主要受岩性和补给径流条件的制约,导致了地下水化学特征的差异性和复杂性,出现矿化度大于1g/L,个别地区出现大于2g/L的微咸水。水化学类型以 Cl—Ca 和 Cl—$Na \cdot Ca$ 型为主。

湟水流域pH值多在7.3~8.4之间,属弱碱性水。

2. 地下水水质现状评价

按照《地下水质量标准》(GB/T14848—93)进行评价,湟水流域大多数地下水挥发性酚类（以苯酚计）、亚硝酸盐氮、砷、铅、铁均未检出，氨氮、六价铬偶有检出，但不超标。高锰酸盐指数多在 0.3 ~ 1.2mg/L 之间，矿化度多在 0.2 ~ 0.7mg/L 之间，pH 值在 7.3 ~ 8.4 之间，水质类别为Ⅲ类，水质良好。西宁、乐都、民和、互助等少部分地区矿化度在 1 ~ 3 g/L 之间，总硬度、氯化物、总大肠菌群有超标现象，致使个别地区水质类别为Ⅳ ~ Ⅴ类。总硬度、氯化物超标主要原因为当地本底所致，总大肠菌群超标主要原因是地下水监测井口保护不好或井位设置不合理（监测井的位置距厕所、牲畜圈等小于 30m）造成局部污染。

3. 地下水污染分析

湟水流域部分地区地下水水质较差，一类是天然本底较高，表现为氯化物、总硬度等指标超标；一类为监测井水质大肠菌群超标，主要因地下水监测井口保护不好或井位设置不合理（监测井的位置距厕所、牲畜圈等小于 30m）造成局部污染。此两类污染一类是非人类活动影响的，一类是局部的。

湟水流域地下水受污染严重的是海晏县银滩乡星火社的地下水，其污染源是海北铬盐厂，该厂自 1999 年 4 月投产以后，因废渣堆放没有专用的防渗渣厂，导致其堆放的含铬废渣被风吹雨淋，六价铬顺雨水进入地下，造成星火社的地下水六价铬严重污染，污染的地下水出露后汇入湟水，造成湟水干流六价铬污染严重。经监测，出露处的六价铬超标 179.4 倍，含量十分高，对周围工农业取用水和人民的生命健康造成了严重的影响，也对湟水地表水水质造成了十分严重的影响（表 7 - 9）。

表 7 - 9　地下水水质污染分析

三级区	地级行政区	地下水性质	地下水计算面积（km²）	地下水水质类别	地下水污染区		被污染的水质项目		
					名称	面积（km²）	名称	监测值（mg/L）	超标倍数
湟水民和以上	海北	浅层地下水	2163	V	海晏县星火社	1.00	六价铬	9.87	196.4

六、野生动植物数量减少

（一）动物

青海省东部的森林动物较多，当森林植被破坏之后，最明显的变化是种类减少特别是大型兽类减少，以至绝迹，有些仅栖居在残遗的小片林分内。《西宁府新志》中记载当时（1747 年）西宁附近"兽之类有……青羊、獾、兔、黄羊、黄鼠、狐、猞猁狲（皮不及远方者）、鹿、麋、獐、狍、狼、獭、狸、豹、虎（少）"。到了《西宁府续志》的《志余》（1879 ~ 1928）时，"野生皮如沙狐、豹、猞猁之属……多由玉树运来"，鹿茸和干角也"自蒙番（即牧区）运来"，麝香则"自蒙番猎取……近年产量渐少，故价甚昂"，可见附近已经极少。建国初期，湟水流域仅在水峡、上北山等处发现有少量的熊、鹿，其余地区已基本绝迹。再如《西宁府新志》者记载的鸳鸯、鹦鹉以及虎等，则更是绝无所闻。

（二）植物

在植物方面，湟水流域的树种分布应当和大通河中下游与黄河下段两流域大体相同。由于这里开放较早，森林植被破坏最为严重，因而使得一些树种消失或大为减少。如油松，原先的湟水河谷应当有分布，但今已绝迹；又如青杆，目前在大通河和黄河下段均有，而湟水流域仅在乐都上北山林区有零星分布，其他地区绝迹。《西宁府新志》中记载的"檀"，可能是黑弹树（即小叶朴 *Celtis bungeana*），目前湟水流域完全看不到野生的。至于杨应琚在五峰下看见的椴树，至今在全省都没有发现。

七、病虫鼠害猖獗

湟水流域病虫害种类多、发生面积大、分布广、危害严重。2004年，湟水流域共发生森林病虫鼠害 14.8 万 hm^2，成灾面积 4.9 万 hm^2，成灾率 2.5‰。其中海晏县发生 0.3 万 hm^2，西宁市四区三县发生 6.3 万 hm^2，海东地区发生 8.3 万 hm^2。主要病虫种类有 30 种，分四大类：一是鼠兔害，主要是高原鼢鼠、达乌尔鼠兔和根田鼠三种；二是虫害，其中蛀干害虫有黄斑星天牛、杨木蠹蛾、杨干透翅蛾、锈斑楔天牛等，枝梢害虫和食叶害虫有桦尺蠖、春尺蠖、杨叶蝉、云杉梢斑螟、云杉丹巴鳃扁叶蜂、云杉顶芽小卷蛾、臭椿沟眶象等；三是病害，主要是杨树烂皮病、杨树叶锈病、云杉叶锈病；四是灌木林害虫，包括柠条豆象、柠条豆荚斑螟、沙棘金龟子等。这些病虫种类在整个湟水流域都有不同程度的发生。在湟水流域的退耕还林区鼠害危害十分严重，发生面积 8.9 万 hm^2，株被害率 20%～78%，林木死亡率 10%～40%；黄斑星天牛发生面积 0.3 万 hm^2，造成西宁市城东区 50%以上的道路绿化及田间林网被砍伐，通贯湟水谷地的铁路沿线、109 国道等主要公路干线两侧的绿化林及周围的农田林网防护林也被天牛一步步蚕食；杨树烂皮病发生面积 0.12 万 hm^2，平均危害率 21.2%，是造成杨树死亡的主要病害之一。

第二节　成因分析与发展趋势

一、自然因素

（一）地质因素

湟水流域南缘受控于拉脊山北缘断裂，北缘被达坂山断裂制约。盆地基底由前震旦系组成，其上有地台型三叠系分布。陆相盆地沉积始于侏罗纪，其沉积零星出露，由含煤碎屑岩组成，厚 1122～1557m。白垩系上、下统俱全，为河流—滨湖相红色砂岩、砾岩，厚 1213～1376m，上、下统之间为角度不整合接触。古近系是内陆湖相含盐碎屑岩，一般厚 700～1000m，与上白垩统角度不整合接触。新近系角不整合于古近系之上，下部为河湖相碎屑岩，上部为山麓洪积相砂砾岩，总厚达 1395m。第四系缺失下更新统，中更新统—全新统总厚仅 110m。

（二）地貌因素

湟水流域是我国西北黄土高原西缘盆地，在青海地貌分区上属北部山地大区—祁连山地区—东祁连山小区。大体上由达坂山—湟水谷地—拉脊山组成。地势西北高、东南低，地形最高处高程达 4898m，最低为湟水入黄河口处的谷地 1650m，相对高差达 3250m。境内高山、丘陵交错分布，起伏高差悬殊，地形复杂多样。

湟水干流峡盆相间，状如串珠，自上而下有海晏盆地、湟源盆地、西宁盆地、平安盆地、乐都盆地、民和盆地等六大河谷盆地。干流南北海拔高程约在 2200～2700m 之间的丘陵和低山地区，两岸支沟发育，地形切割破碎，支沟之间多为黄土或石质山梁，地表大部分为疏松的黄土覆盖于第三纪红层之上。水系呈树叶状分布，据统计，湟水一级支流共 78 条，南岸主要支流有药水河、大南川、小南川、白沈家沟、岗子沟、巴州沟、隆治沟等，北岸主要支沟有哈利涧河、西纳川、云谷川、北川河、沙塘川、哈拉直沟、红崖子沟、引胜沟等。尤其在下游黄土浅山丘陵地区，多为现代侵蚀沟，处于中年发展阶段，大部分沟道已溯源延至山脊，如在湟水流域中下游的互助县和平安县境内，其中沟壑密度大于 2km/km² 以上的土地分别占本县土总面积的 79.1% 和 78.4%。

（三）气候因素

在地史时期的早期，青海东部多数地区海拔不高，季风环流系统尚未建立，纬向地带性起主要作用，属热带、亚热带—暖温带气候，森林繁茂，生物多样性丰富。后期由于青藏高原隆起，冰期来临，气候变迁，森林发生多次进退，最后大面积消失，高原面上和荒漠地带基本上无乔木林，生物随着自然环境条件的恶化，不断灭绝、消失、融和、成份变得简单、单纯，不过在自然状态下，生物减少的速度是很慢的，需千百年甚至更长时间。

从西宁 1937～1998 年年平均气温变化及趋势分析可知：1937～1953 年、1987～1998 年为暖期，1954～1986 年为冷期，年平均气温冷暖趋势较显著。西宁 1937～1953 年年平均气温为 6.6℃，1954～1986 年 5.7℃，1987～1998 年 6.8℃，1998 年年平均气温为 8.0℃，即 1987 年以后，年平均气温比 1954～1986 年偏高 1.1℃。由于气温偏高，夏秋季降水减少，使水源枯竭，干旱加剧，春旱几乎年年发生，3～4 出现一次重旱灾，成灾面积 13.3～20.0 万 hm²。

（四）植被因素

全流域森林资源总量少，林分质量差，据 2004～2005 年森林资源二类调查结果，流域森林覆盖率仅为 26.16%，森林资源大部分分布于拉脊山、达坂山下缘。在森林面积中，乔木林少、灌木林和低效林多。稀疏的森林植被难以发挥庇护山川、防御侵蚀、削减自然灾害等防护功能，整个自然生态系统极端脆弱、容易损坏和难以修复。

（五）土壤因素

土壤类型主要为淡栗钙土，部分阳山分布有少量灰钙土，土壤发育较差，有机质含量少，结构松散，垂直节理发育，夹带较粗颗粒，结持力差，抗蚀性差，保水保肥能力低，在地形陡峭、强度侵蚀的地带常有黄土母质及红色母质出露。由于湟水流域地处青藏高原边缘地带，海拔高气候寒冷，植被生长慢，生物环境脆弱，遭遇破坏后恢复难度大，极易造成水土流失。

（六）自然灾害增加

历史上，湟水流域是"风雨时节，谷粢常贱，少盗贼"（汉书），"土木膏腴"（元《一统志》），"宁邑土旷人稀，素号产粮，岁值丰登，农伤谷贱"（蔡占琤，1929，西宁县五川公民义全碑纪）。这些大致说明了早期的环境状况，但到了近代，则"荒旱雨雹，连年频仍"（蔡占琤，1929，西宁县五川公民义全碑纪），各种自然灾害为害严重。以旱灾为例，建国初期，由 1950～1970 年的 20 年中，旱灾即发生了 8 次，平均每两年半一次，其中大旱两次（1953、1966）。旱灾的发生不完全与森林植被的消失有直接关系，但却与水土流失有关，而且由于水文的变化，水源减少，抗灾能力下降，容易酿成大灾。再以洪灾为例，前已述及，历史上记载很少，湟水从光绪十七年（1891）至中华民国十一年（1922）的 31 年中，发生大洪水 6 次，沿河的通济桥、玉带桥、河历桥、惠宁桥等多次被洪水、浑水命名，至 1949 年，洪灾成为东部的主要灾害之一，时有发生。

二、人为因素

（一）战争

湟水流域由于位处西僻，是汉民族所建各个朝代的边陲，也是一个十分敏感的地区。多少年来，为了扩边、保边，经常与少数民族发生冲突，各少数民族内部矛盾激化后也往往发生剧烈冲突。这里成为兵家必争之地，战争频繁，规模很大。如唐代薛仁贵与吐蕃作战时，吐蕃王国拥有"精骑四十万"，据记载唐兵也有 10 万人，战争对河湟地区的破坏（包括森林）之烈可想而知。

战争对森林的破坏可分为直接和间接两种。在直接方面，就是用火攻作为战略战术行动。早在秦人追爰剑时，"爰剑藏岩穴中，秦人焚之……得以不死"，焚穴应是一次军事行动。明神宗万历二十三年（1595），刘敏宽在《湟中三捷纪》中，描写了和蒙古某部在西宁西川作战时，"始以火攻，继以合击"使用"镗炮火箭及诸烘炒火具八千余车"，"焚尸积地，烟焰弥漫，林壑晦冥"。从这些零星记载中，可见战火毁林之一斑。

战争对森林的间接破坏也是触目惊心的。仅宿营地的鹿砦一项即要砍伐大批树木，双方兵员的烧柴数量也十分可观，且储之多，弃之亦多，要战守，就需要修建城池、堡垒、墩台和兵站，"为堑垒木樵，校联不绝"修建这些城堡也要砍伐大量的树木或灌丛。西宁城曾修建过几次，明万历四年（1576）重修西宁卫城时，用砖 124.5 万块，石灰 2.6 万余石，"其材木薪爨之属，则伐山浮河，便而取足，数不可得也"。至于一些较小的城堡则更多了。

战争一方面破坏各项设施，另一方面战后又重建，继续滥伐森林。明代之后，战争的另一种破坏即动辄焚毁寺院，有的战后再建。明神宗万历十九年（1591 年）兵部尚书郑洛经略青海"焚仰华寺"。清雍正元年（1723 年）官兵焚毁佑宁寺和广惠寺，雍正十年重建。可见战争对森林的破坏程度。

（二）人口增加

据统计，湟水流域人口 1950 年 86.59 万，1960 年 141.03 万，1970 年 175.04 万，1980 年 219.18 万，1990 年 270.76 万，2000 年 289.1 万，2005 年 301.3 万，55 年人口增加了 3.5 倍（表 7 - 10）。随着人口的增长，人均资源量减少，单位面积生态压力增大，生态环境恶化。加之生态环境保护意识淡薄，加速加剧生态环境恶化的程度。如牲畜过度放牧对植物的影响，在植物生长期过度放牧，会加速土壤有效营养成分的消耗，使其出现贫瘠化，破坏植物—土壤库之间的营养平衡；同时，牲畜不断的啃食，还会大大减少植物根系的营养积累，造成死根比例大增，严重影响植物的营养繁殖，破坏草皮层。另外，夏季过度放牧还会影响到植物生活史的完成，主要表现是无法形成成熟种子，即可以使植被得以复壮的有性生殖过程被终止。这些生态过程和机理都是过度放牧导致草地植被退化的直接原因。

家畜采食和践踏加重风蚀作用：在漫长的冬季，植物干枯，家畜的采食使得地表植被覆盖更加稀疏，加之地表水份极少，表土极薄，稍一践踏就会露出下面的积沙，从而引起大面积草地沙化。

表7–10　湟水流域人口变化一览表　　　　　　　单位：万人

年度 地区	1950	1960	1970	1980	1990	2000	2005
全省			282.73	376.9	447.66	516.5	543.2
湟水流域	86.59	141.03	175.04	219.18	270.76	289.1	301.25
西宁郊区	7.08	59.11	38.67	54.62	70.09	73.3	80
大通	11.99	17.88	25.67	23.67	39.11	42.5	42.9
湟中	27.28	11.01	36.48	38.47	42.94	45.5	46.7
湟源		7.83	9.85	11.61	12.76	13.3	13.6
互助	14.62	16.28	23.46	29.62	34.66	37.0	37.4
平安				8.09	10.25	11.2	11.2
乐都	11.84	14.09	20.06	25.26	28.05	29.2	28.3
民和	13.78	14.83	20.85	27.84	32.90	37.1	37.2
化隆							0.65

表7–11　湟水流域耕地变化一览表　　　　　　　单位：万 hm^2

年度 地区	1950	1960	1970	1980	1990	2000	2005
全省	45.72	83.11	59.28	58.73	57.76	66.92	54.21
湟水流域	35.28	35.96	33.31	32.66	31.45	35.21	42.44
海北州							0.87
海晏县							0.87
西宁市							20.74
西宁郊区	0.26	2.23	0.74	0.71	0.65	0.88	0.70
大通县	5.33	5.53	5.84	5.78	5.35	6.01	7.27
湟中县	10.32	8.35	8.08	6.61	6.49	6.98	9.61
湟源县	1.41	2.37	2.23	2.17	1.98	2.09	3.17
海东地区							20.83
互助县	7.90	7.28	7.33	7.11	6.93	8.38	9.46
平安县	0.00	0.00	0.00	1.38	1.36	1.33	1.92
乐都县	4.92	4.83	4.36	4.29	4.19	4.21	4.75
民和县	5.14	5.37	4.71	4.61	4.50	5.34	4.69

（三）垦殖

　　青海省东部汉赵充国之后，一直不断地进行屯田。唐代黑齿常之于仪凤三年（678）在西宁"开田五千锹五千顷，收粟斛百万余"。宋崇宁三年（110），西宁知州赵隆、将军何灌募土屯垦，兴修水利，垦地二万六千顷。

到了明宣宗正统三年（1438），西宁卫"屯科田二千七百五十六顷四十六亩"即18 376.4hm²。至清乾隆十一年（1746）时，即达29 611.5hm²。整个青海东部耕地总面积约达22.7万 hm²。过了200年，到1949年，全省（主要是东部）耕地总面积达到45.4万hm²，又增加了一倍，这是历史垦殖率增长最快时期。

垦殖本身对森林有一定影响，在被垦的土地中，有相当一部分是森林或灌丛，在生产力落后的时代，对付森林灌丛只能采用烧垦的办法。同时，早期被垦土地多在河谷两岸的平坦之处，森林灌丛可能不多。随着屯垦的规模日益扩大，人们即向山地进攻，大片的山坡被垦为耕地，且开垦的坡度越来越陡。

20世纪60～70年代，由于历史的原因，湟水流域连年发生自然灾害，经济滞后，人民生活贫困，实际上为温饱而广种薄收的经营土地，也无力经营直接关系本身以外的生态问题。耕地面积从整个流域来看变化不大，但局部来看变化不小，如湟源1950年为1.41万hm²，1960年2.37万 hm²，2000年2.09万 hm²，50年增加了54.5%；又如西宁市区1950年的0.26万 hm²，1960年2.23万 hm²，10年间增加了8.6倍（表7－11）。由此可见，随着人口的增长，人均耕地面积减少，单位面积生态压力增大，生态环境恶化。更为严重的是，人们的生态保护意识淡薄，更加剧了生态环境恶化的趋势。

（四）林火和乱砍滥伐

由于森林无人管护，森林火灾是经常发生的，除了战争引起的林火之外，在日常生产生活中引起的森林火灾当更为多见，而且一当燃烧，从无法扑救之理。

在对森林的乱砍滥伐中，规模最大的破坏，莫过于椎采。青海东部的烧炭资源不多，开发又晚，大约在14世纪末叶（明洪武时）之前，全靠烧柴。此后，开始烧煤，但因煤炭开采技术落后，产量很少，到1947年的日产量还不到100t，仅能供西宁应用，其他地区仍以烧柴为主。民和、乐都、湟源等县亦是如此。

湟水流域人口和耕地面积不断增加，森林灌丛面积缩小，林地变灌丛，灌丛变草山，烧柴愈打愈远，水土流失愈来愈严重，而人们仍需烧柴，于是就烧完木材烧灌木，随后烧野草，再往后就挖根，这就是大面积荒山的形成过程。

湟水流域从发生的森林火灾的性质分析，全部是人为活动引起的森林火灾。2000年以前主要群众上山坎柴，烤火取暖遗留的余火；林区冬季牧场，放牧人员吸烟、烧水、取暖等引起的火灾；林业生产人员在作业过程中，用火不慎引起火灾；林区及其附近耕地烧灰不慎起火；游人或上坟烧纸遗留的火种引起火灾。2000年以后，主要是游人吸烟或上坟烧纸遗留的火种引起火灾较为突出。

从发生的森林火灾的时间分析，大多发生在2～5月，此时风大，气候干燥，大气相对湿度小，经过冬季，林地草被枯干，一遇火种，极易燃烧。特别是1960～1976年期间，由于无政府主义思潮泛滥，防火护林组织瘫痪，管理制度废除，森林火灾频繁发生，森林资源损失严重。

（五）农牧交替

河湟一带是农牧民族的接触地带，由于民族生产习惯不同，历史上的农牧界线经常发生迁移，对森林的影响很大。一般地说，各少数民族通常以牧业为主，汉族则以农业为主。宋英宗治平二年（1865），西夏兵曾攻籥川（乐都），掠走数万人。蒙古可汗在灭掉西夏之后，又一次"徙西宁民于云京"。每当汉民族统治河湟时，无不大搞屯田，移民实边。在农牧交替过程中，森林首当其冲地遭到摧残。因为荒芜后的次生植被比较脆弱，反复几次，即被破坏殆尽。同时，森林对发展畜牧业也有一定的限制，牧业需要大面积的草地，牲畜不利于在森林灌丛中活动，不易看管，也会挂走身上的毛被，因而人们主观上不愿意对森林认真保护，有时甚至用烧林的办法来扩大草山面积。此外，频繁的放牧，在牲畜反复践踏下，对幼苗幼树的危害极大，不利于森林天然更新，使林相残败，林地缩小，这也是森林植被破坏、环境大变的原因之一。

湟水流域的黄土地带是开放最早的地区，这里属于我国黄土高原的最西端，处于向青藏高原的过渡地带，兼有二者的特点：一方面，黄土层易被冲刷侵蚀；另一方面海拔高，气温低，生态脆弱，植被一旦破坏，恢复困难。当森林破坏之后，在降水高度集中的条件下，迅即发生侵蚀。一般认为，水土流失也是一种地质过程，不完全是社会历史的原因。但在省域东部，除了一些红层出露以及"丹霞"状的地貌以外，大部分地区的水土流失却主要是由人类活动造成的，而且主要是在近 200～300 年内形成的。水土流失地段的大地貌比较完整。

三、发展趋势

（一）人为因素对生态环境影响趋势

根据近 20 年来经济发展与环境变动的因素进行预测分析，影响湟水流域生态环境发展趋势的主要因素如下：

1. 人口增长与生态环境

人口对于环境的影响的冲击十分巨大。由于人口的过度增长，对资源合理开发利用造成压力，对就业机会造成冲击，人们不得不从事一些不利于可持续发展的产业。城市人口的迅速增加使城市环境建设和环保面临更大的困难。同时，人口过快的增长还制约了经济发展的速度和效益，削减了国家环保的经济实力。所以，实现本世纪上半叶的环保目标必须充分重视人口问题。

对生态环境而言，人口得不到控制，环境问题就不可能得到根本解决。采取积极有效的人口控制政策和各项计划生育管理服务措施，是非常必须的。尽管计划生育政策取得了显著成效，但人口增长趋势未变，人口规模大，人口稠密，素质低，人口结构不够合理，仍是今后相当长时间里该流域急待解决的问题。要使西宁及周边地区社会、经济、环境持续发展，必须将人口控制在一个比较稳定的水平上。除继续坚定地实施计划生育、严格控制人口增长外，还需采取各种手段提高人口素质，特别是人口的资源环境素质，即改进劳动者，主要是帮助广大农民学习自然知识和技能，提高他们对自然资源的利用效率。这不仅有助于减少对资源的盲目破坏利用，而且会把大量过剩劳动力转化为改善和建设环境的人力资源。农村劳动力过剩将是延续到下世纪中叶的长期问题，如果通过一系列经济政策安排，把农村过剩人口的压力转化为建设生态环境的动力，如兴修水利、植树造林、发展草业、改造农田、回收"三废"等，则既可改善生态环境，又起到缓解人口压力，促进经济社会可持续发展的作用。

2. 工业化、城镇化与生态环境

湟水流域作为全省经济发展的主要基地之一，面临着工业化、城镇化对生态的巨大压力。2001～2050 年，我国处于全面实现工业现代化的阶段，是经济增长的黄金时代。随着

产业结构趋于合理，工业整体技术水平的提高，生态环境的变化趋势整体将趋于稳定，但工业增长对环境的负面影响仍不容乐观。21世纪前30年，工业污染强度会有所下降，"三废"（废气、废水、废弃物）排放总量缩减速度将加快，但仍无法抵消工业快速增长造成的"三废"排放总量的增长。2030~2050年，由于工业现代化的完成和经济实力的提高，环保力度加大，工业化对环境的负面影响将越来越小，工业"三废"将得到有效控制。

20世纪末，60%的污染源集中在城市。进入21世纪后，由于城市将实施更加严格的环境监控政策，现有城市环境污染强度和占污染总量的份额都将会明显下降。由于农村剩余劳动力就业的巨大压力，21世纪中叶将出现历史上最大的城市化运动，其特点是大批新兴小城市的出现。这批由农村发育起来的新建小城市将出现较为严重的污染问题，使污染总量增长。

3. 乡村工业的发展与生态环境

湟水流域乡村工业将继续高速发展，如造纸业、食品工业、印染工业、电镀工业、化学工业、建材工业及其他金属矿业等，其污染强度明显高于城市企业。目前，由于乡村工业空间集聚度低，严重制约了环保工业的发展。乡村工业是地方财政收入的主要来源，为了保持财政收入的稳定增长，地方政府有时不得不放松对污染企业的控制，使得控制乡村工业污染问题非常突出，特别是解决乡村工业污染问题的难度将大于东南沿海地区。2031~2050年，随着湟水流域经济实力的增强和经济格局的变化，以及新兴中小城市建设的规范化，乡村工业的空间集聚度将提高，在环境治理中的规模经济利用度也将提高，环境监测和管理成本降低，乡村工业的污染问题将比较容易地得到有效控制。

4. "两个转换"对生态环境的影响

改革开放以来，经济增长模式的转换和经济体制的转换已经显现出稳定生态环境的积极作用。但是由于传统的经济增长模式和经济体制仍在发挥作用，同时区域的经济发展仍停留在较低水平上，尽管在治理污染方面做出了很大努力，但污染总量并没有降低。未来随着区域经济增长方式和经济体制的转换逐步完成，由传统的增长方式和经济体制造成的对环境污染的负面影响将消失，大批遗留的污染源企业（指20世纪80年代以前建立的没有防治污染设施，资源、能源消耗率高的企业）基本得到治理，湟水流域将走向社会、经济和生态环境协调发展之路，从而有条件遵照可持续发展的思路，充分利用经济手段和市场机制来促进可持续发展。在建立社会主义市场经济体制后，政府职能发生根本转变，政府由直接插手企业管理的职能中退出来，转而大大加强政府宏观管理的职能和对公共物品的管理职能，其中最重要的就是对环境的宏观管理和环境公共物品的管理，包括做出环境保护制度安排，即利用有关环境和资源保护的法律、法规体系和必要的行政手段，维护可持续发展的环境。通过发展公共物品，解决企业自身难以解决的外部经济问题，承担起支持发展环保产业的责任。如加强环保机构的建设，提高环境保护立法质量和执法力度，强化环境统计和监测体系，建立县—地（州）—省—全国的环境信息体系和网络，开展环保宣传教育活动，从税收、信贷和价格方面对环保企业的发展给予有力支持等。

5. 科技进步对环境保护的影响

环境保护科学技术进步，能够扩大自然资源可供范围和可供量，提高资源利用效率，降低物耗，降低单位产品的排污量，提供有效的控制污染技术。发展环保科学技术，将扩大环境容量,相应扩大人口的生存空间,从而大大减轻人口的环境压力。改革开放以来,在国家政策引导和价格机制诱导的作用下,解决使用稀缺资源的科技发展很快,并得到较广泛的应用,不仅资源利用效率越来越好,而且解决了部分由资源严重浪费导致的环境污染问题。进入 21 世纪以后,随着国家环保科技教育的发展和各项高技术研究发展计划的落实,将逐步锻炼造就一支从事可持续发展科学技术研究、结构合理的精干科研队伍。市场经济的发展,科技市场的形成,将促进环保科学技术成果的转让与推广,形成科学研究、技术开发、生产、市场有机结合的"一条龙"体系,科技进步对环境质量改善的作用将越来越大。

(二)气候因素对生态环境的影响趋势

1. 热量

湟水流域区农、林、牧业及特色经济的发展,种植哪一类作物,适生树种的选择,耕作制度的确定,在很大程度上取决于积温的多少。表 7 - 12 列出了湟水流域区各台站各界限温度初日、终日、初终间日数及积温。从中看出,湟水流域区≥0℃积温在 1582 ~ 3345℃之间,初终间日数 194 ~ 258d。除海拔较高的海晏积温较少外,其余各站在 2075 ~ 3345℃之间,其中平安、乐都、民和在 3000℃以上。是我省热量资源最丰富的地区。≥5℃的积温为 1245 ~ 2715℃初终间日数分别达 187 ~ 228d,反映出湟水流域区热量资源丰富。跟黄河谷地的循化、尖扎、贵德等地相当。很适合发展高产、稳产绿色经济。

表 7 - 12　湟水流域区各站界线温度初终日及积温

站名	≥0℃				≥5℃			
	初日	终日	初终间日数	积温(℃)	初日	终日	初终间日数	积温(℃)
海晏	10 月 4 日	10 月 20 日	194	1582	4 月 29 日	8 月 10 日	160	651
大通	3 月 24 日	2 月 11 日	223	2127	12 月 4 日	10 月 19 日	192	1285
湟源	3 月 24 日	10 月 31 日	219	2075	12 月 4 日	10 月 18 日	190	1245
湟中	3 月 28 日	1 月 11 日	218	2126	4 月 15 日	10 月 19 日	187	1300
西宁	3 月 14 日	12 月 11 日	243	2789	3 月 28 日	10 月 29 日	215	2130
互助	3 月 22 日	5 月 11 日	228	2239	10 月 4 日	10 月 21 日	194	1508
平安	11 月 3 日	11 月 17 日	249	3020	3 月 22 日	1 月 11 日	226	2411
乐都	10 月 3 日	11 月 17 日	254	3134	3 月 23 日	1 月 11 日	225	2511
民和	6 月 3 日	11 月 19 日	258	3345	3 月 20 日	1 月 11 日	228	2715

2. 降水

这里水分资源仅指自然降水量。水分资源能否得到充分利用,主要视作物、牧草生长季内的降水量占年降水量百分率的高低。一般湟水流域区具有雨热同季的气候特点,水分资源能得到较好的利用。表 7 - 13 列出了湟水流域区各站作物和牧草生长季降水量及其占年降水量的百分率(%),从中看出,湟水流域区作物和牧草生长季降水量的利用率民和 77%,其余台站在 87%以上,降水量的利用率是很高的。在降水量的利用率上,湟水谷地、川水地区由于降水量较少,自然降水是不能满足农作物和牧草正常生长发育的,降水资源比较贫乏。湟水流域区农业用水主要依赖水库的灌溉。而牧业区和脑山、浅山地区农作物、牧草的生长则以自然降水为主。

表 7 - 13　湟水流域生长季降水量及其占年降水量百分率（%）

站名	作物生长季降水量（mm）	年降水量（mm）	%	牧草生长季降水量（mm）	%
海晏	360	392	92	360	92
大通	457	520	88	457	88
湟源	367	405	90	367	90
湟中	465	538	87	465	87
西宁	338	374	90	338	90
互助	433	493	88	433	88
平安	306	337	91	332	99
乐都	302	330	92	302	92
民和	262	342	77	303	89

3. 光能

光能资源除前用日照时数来表征外，更具有实际意义的是太阳辐射量。表 7 - 14 是西宁月、年太阳辐射量（MJ/ m^2），从中看出，年太阳辐射量为 5689 MJ/ m^2。各月太阳辐射量在 279 ~ 640 MJ/ m^2 之间，5 月最大，为 640 MJ/ m^2，12 月最小，只有 279 MJ/ m^2。

表 7 - 14　西宁月、年太阳辐射量（MJ/ m^2）

1 月	2 月	3 月	4 月	5 月	6 月	7 月	8 月	9 月	10 月	11 月	12 月	合计
308	361	486	575	640	629	631	605	455	395	326	279	5689

根据青海省太阳能资源分析，柴达木盆地是青海省太阳能资源利用前景最好的地区，湟水流域区也是较好的利用地区之一，太阳能资源丰富。而且利用佳期较长，具有较好的开发潜力。由此看出，湟水流域区光能资源完全能满足作物、林木及牧草的光合作用的需求。

4. 风能

目前国内外运用发电机来利用风能资源，通常将"起动风速"到"停机风速"之间的风能称为"有效风能"，期间的累计时间称为"有效风能时数"，在我国目前多取 3 ~ 20m/s 范围产生的风能称为有效风能。根据风能区划，全省分为风能资源丰富区、较丰富区、可利用区、季节利用区和贫乏区。从表 7 - 15 看出，湟水流域区年平均有效风能储量 60 ~ 355kW. h/ m^2，年平均有效风能累计时间 550 ~ 3182h，出现频率 6% ~ 36%。

湟水流域区海晏属风能季节可利用区，年平均有效风能 355kW. h/ m^2，年平均有效风能累计时间 3182h，出现频率 36%；流域区其他地区属风能资源贫乏区，年平均有效风能 60 ~ 169kW. h/ m^2，年平均有效风能累计时间 550 ~ 2056h，出现频率 6% ~ 24%。由此可见，在流域区风能资源除海晏有一定的开发、利用价值外，其余地区无开发价值。

表7-15 湟水流域区年有效风能储量和连续最多最少时段

站名	年有效风能	连续最多时段			连续最少时段		
		月份	有效风能	占年储量（%）	月份	有校风能	占年储量（%）
海晏	355	2~5	179	50	7~10	72	20
大通	71	2~5	37	52	7~10	8	11
湟源	145	2~5	90	62	6~9	9	7
湟中	84	2~5	44	53	7~10	12	15
西宁	164	2~5	88	54	7~10	38	23
互助	60	2~5	33	54	7~10	9	15
乐都	169	2~5	81	48	7~10	33	19
民和	83	2~5	46	56	7~10	16	19

5. 气候资源的综合利用和评价

湟水流域区属于干旱和半干旱农牧林气候区。流域区平均气温 0.5~7.9℃，最暖月平均气温 12.1~19.7℃，最冷月平均气温 -13.5~ -6.2℃，≥0℃积温在 1582~3345℃之间，作物生长季 162~202d，牧草生长季 172~212d；降水量在 329.6~537.8mm；年日照时数 2483.3~3912.7h，年总辐射量 5689 MJ/m²。可见流域区光能资源丰富，降水量、热量资源基本能满足春小麦、蚕豆、洋芋等作物的生长条件。浅、脑山地区降水量较多，降水集中，充分利用雨季的有利条件，增加水库蓄水量，补给川水地区由于降水量不足而带来的缺水。

流域区农业生产有利条件是：夏秋季≥30℃的高温天气过程较少，作物没有内地常见的"午睡现象"；春季气温回升早，但升温幅度比内地小，使麦类的分蘖—拔节期增长；夏秋季温度较低，使灌浆成熟期增长，因此养分积累多、颗粒较大，千粒重也高；日较差大，夜间温度低，可以减少作物呼吸消耗，使光合作用效率增高，有利于碳水化合物和糖类的积累。不利的气候条件，首先流域区干旱是最大的农业灾害，危害大，面积广，波及湟水谷地和浅山地区，特别是 20 世纪 70 年代和 90 年代影响最大。其次霜冻也是本区较大的农业灾害，由于流域区大部分台站海拔高度在 2400m 以上，地理位置偏北，又靠近祁连山区，冷空气容易堆积，20 世纪 70 年代和 80 年代影响较大。为了改善本流域区的生态条件，减少沙地，保持水土流失，扩大牧林比重，扩大绿色地表植被面积。

6. 气候对生态环境影响预测

用周期分析方法对 2005~2025 年湟水流域区降水量和气温进行预测：年平均降水量以略少为主，年平均气温以略偏高为主，降水量预预测如表 7-16 和图 7-2 所示。

根据上述预测，未来 20 年湟水流域区降水量仍以 0.65/10a 的速率缓慢减少，气温以 0.1℃/10 的速率升高，从总趋势来看气候仍以较干旱为主，气候变化趋势对农业的发展不十分有利，发生干旱的几率较大，对发展绿色产业有一定的制约作用。

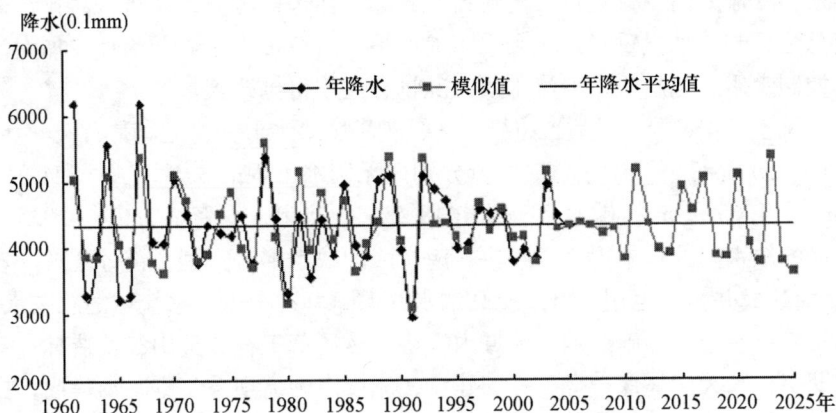

图7-2 1961~2025年湟水流域年降水量及模拟曲线

表7-16 2006~2025年湟水流域区降水量、气温预报值及距平 （单位：mm，℃）

	年份	2006	2007	2008	2009	2010	2011	2012	2013	2014	2015
降水	预报值	4362	4317	4190	4280	3813	5163	4344	3958	3908	4902
	距平	0	-1	-3	-1	-12	19	0	-9	-10	13
气温	预报值	47	49	55	53	53	55	52	53	54	53
	距平	-5	-3	3	1	1	3	0	1	2	1
	年份	2016	2017	2018	2019	2020	2021	2022	2023	2024	2025
降水	预报值	4548	5029	3853	3835	5072	4046	3753	5365	3779	3604
	距平	5	16	-11	-12	17	-7	-14	24	-13	-17
气温	预报值	53	53	54	52	51	48	49	55	53	52
	距平	1	1	2	0	-1	-4	-4	3	1	0

第三节 环境影响评价

一、环境影响要素

（一）规划方案

湟水流域生态建设是改善湟水流域生态环境，使湟水流域所面临的涵养水源能力下降、水资源短缺和水土流失严重等突出问题得到初步解决，为流域及相关地区社会经济的可持续发展及西部大开发战略的顺利实施提供保障。

生态建设规划实施后，工业和城镇生活实施节水后，大中城市用水重复利用率将大大提高。新增水源工程、现有水利工程挖潜改造、调水工程等开源工程的实施，将使湟水流域的资源性缺水和工程性缺水得到一定程度的缓解。

2010年前，流域内大中城市将加强污水处理厂（站）建设，改造和完善水环境监测网站，布设湟水干支流断面、排污口、支流口、省际断面等监测点；实行入河排污许可制度和污染物入河总量控制，加强重点水域和水源地保护，进行重点污染源治理，加大污水处理和回用力度，控制水质恶化趋势，河流水质状况将会逐步得到改善。

2020 年，调水工程部分生效后，将极大地缓解流域缺水形势，尤其是石头峡水库生效后，多年平均和 $p = 75\%$ 条件下，流域总缺水量分别由无调水工程的 3.18 亿 m^3 和 4.31 亿 m^3 减少为 1.21 亿 m^3 和 1.65 亿 m^3，缺水率分别由 18.5% 和 25.0% 下降至 7.0% 和 9.5%，其中干流区和北岸区的缺水问题基本得到了解决，南岸区的缺水形势得到了部分缓解。若石头峡水库在 2020 年前建成并投入运用，可以提高调水的保障率，减少湟水流域的总缺水量。

生态建设综合措施的实施，加上流域内推耕还林还草工程、荒山荒坡造林种草工程、三北防护林四期工程、天然林保护等工程的建设，流域内沟道坝系工程基本建成，拦沙蓄水效益逐步发挥，坡耕地还林草，荒山荒坡造林种草工程基本完成，流域新增水土 流失得到控制，原有水土流失得到治理，群众生活水平得到保证和提高。

水资源规划建设的施工活动将不可避免的对施工区环境产生一定影响，水保沟道坝系工程布设若与地质条件不协调，相互干扰，就会造成地表地下水流不畅坝地（底）地下水位抬高，引起土壤盐渍化的迅速发展。各项水土保持工程措施若不能严格按照设计标准施工，将危及工程安全。

（二）环境影响要素识别

方案实施后，将产生巨大的环境效益，但同时也可能带来一些潜在的不利影响。为此需对环境影响因子进行识别。

根据规划方案特点和流域环境状况，确定自然环境、生态环境和社会环境 3 个子系统。自然环境子系统主要包括水资源分配、水质、大气、噪声、固体废弃物、地下水位、土壤、森林植被、河道泥沙；生态子系统包括植物、动物；社会环境子系统主要包括经济社会、土地利用、生命财产安全等。识别结果见表 7 - 17。

由表中可看出，流域治理规划对水资源分配、地表水质、地下水、河道泥沙淤积、植被等有显著影响。

表 7 - 17 湟水流域综合治理规划环境影响矩阵表

因子 治理措施		自然环境因素										生态因素		生活环境要素		
		水资源	水质	大气	噪声	固体废弃物	地下水	土壤	森林植被	泥沙	局地气候	植物	动物	经济社会发展	土地利用	生命财产安全
1. 水资源	节水改造	S	E				A	S						S		
	开源工程	S	S					S			S	E	E	S		
2. 防洪措施	堤防工程		E	E	E	E			S		S			S		S
	河道整治		E	E	E	E			S					S		S
3. 水质保护	污水治理工程	S	S				S					E		S		E
	水质监控建设						S					E		S		E
4. 水土保持	工程措施	S	E	E		E		S	S	S		S	S	S	S	
	生物措施	S	E	E		E		S	S	S	S	S	S	S	S	

注：S 为可能有显著影响；E 为可能有影响；空白为无影响或影响甚微。

二、环境影响评价

湟水流域综合规划实施后，将有利于缓解流域水资源短缺，减少流域水污染及水土流失。下面就规划方案中各种治理措施对环境所产生的不同影响，分别进行评价。

（一）水资源配置和节水影响

规划方案水资源优化配置所采取的节水、开源措施，将缓解湟水流域严重缺水状况，促进流域生态环境向良性循环发展。

1. 对水资源影响

湟水流域水资源短缺，多年平均现状缺水 3.11 亿 m^3，预测 2010 年，随着社会生活水平的不断提高，流域缺水量将达到 5.76 亿 m^3；2020 年和 2030 年缺水分别为 8.54 亿 m^3 和 10.56 亿 m^3。

在"引大济湟"工程生效前，流域经济发展必须以水资源的承载能力作为经济发展的前提条件，以供定需，加大产业机构调整力度，全面推行节水技术改造和水资源优化配置，合理安排好生活、生产、和生态用水，降低国民经济需耗水量，以有效缓解近期流域缺水状况。

湟水流域灌区实施节水改造后，安排节水面积 9.7 万 hm^2，使湟水流域现有灌溉面积全部达到节水标准，灌溉水利用系数由现状的 0.42 提高到 0.55 以上，可减少灌溉水量和超采地下水，增加城市和工业供水量，缓解湟水流域的缺水状况，提高湟水水资源的承载能力，为建立节水型社会打下基础。工业实施节水后，工业用水重复利用率有现状的 30% 提高到 85%~90%，综合万元产值取水量降至 32m^3。城市生活供水管网损失率下降到 6% 以下，新建住宅节水器具普及率达到 100%，初步建成节水型社会。提高流域污水处理规模，加大污水回用量。集雨工程规划安排 12 184 眼水窖，涝池 2406 座，年蓄水 1~2 次，可解决干旱地区人畜饮水，以及播种、抗旱等补充灌溉；为保证城乡生活用水以及提高当地水资源的利用效率，缓解水资源供需矛盾，2030 年前续建完成一些水源工程，新增供水量 5090 万 m^3。

2020 年水平，调水工程生效后，将极大地缓解流域水形势，尤其是石头峡水库生效后，多年平均和 P=75% 条件下，流域总缺水量分别由无调水工程的 3.18 亿 m^3 和 4.31 亿 m^3 减少为 1.21 亿 m^3 和 1.65 亿 m^3，缺水率分别由 18.4% 和 24.9% 下降至 7.0% 和 9.5%，其中干流区和北岸区的缺水问题基本得到了解决，南岸区的缺水形势得到了部分的缓解。若石头峡水库在 2020 年前建成并投入运用，可以提高调水的保证率，减少湟水流域的总缺水量。

在多年平均条件下，2030 年水平，从大通河调水 3.22 亿 m^3，湟水流域总缺水量由 3.74 亿 m^3 减少为 1.12 亿 m^3，缺水率由 20.5% 下降至 6.2%，北岸区的缺水问题得到了完全解决；干流区缺水量减少为 0.15 亿 m^3；南岸区的缺水量由 1.08 亿 m^3 减少为 0.97 亿 m^3，缺水率由 32.7% 下降至 29.4%，缺水形势得到了部分的缓解，缺水部门主要为农业缺水。

因此，为解决本地区资源性缺水状况，外流域调水工程的兴建势在必行，以增加湟水流域的水资源总量，从根本上解决湟水流域的资源性缺水问题。

2. 对地下水影响

湟水流域平原区地下水年可开采量为 2.48 亿 m^3，2000 年已过量开采，其中干流区西宁市和北川河地区地下水严重超采。黑泉水库（距西宁市 75km）建成生效后，设计供水量

2.7 亿 m^3，计划以地表水置换地下水供给西宁市城镇生活和工业用水以及北川河工业用水，缓解该地区地下水超采严重的局面，避免地下水位持续下降、地面沉降等生态环境恶化状况的发生。按照总量控制、区域地下水采补平衡的原则，2010～2020 年地下水供水量 2.42 亿 m^3，2030 年地下水供水量达到 2.48 亿 m^3。

水资源优化配置及节水措施实施后，在控制地下水开采总量的前提下，在地区分布上将进行合理调整。利用"引大济湟"调水工程调入的地表水补充该地区超采的地下水，并有计划、有目的地实施地下水回补，以达到采补平衡。

上述分析表明：规划方案的实施，将使流域内地下水开采布局不合理的现象得到改善，地下水超采的状况得到控制，局部地区因超采地下水而带来的环境地质问题也将逐步得到缓解和控制。

3. 对生态环境影响

湟水流域现状缺水量达 3.11 亿 m^3，严重的水资源短缺形成了工农业用水长期挤占生态环境用水的格局。这种以牺牲生态环境为代价的经济发展模式造成西宁市和北川河地区地下水超采，地下水位下降，局部地区森林草地资源的劣变；大规模河道外用水导致河流下游水量减少，湿地面积逐步缩小；植被退化导致了水土流失；不适当的灌溉方式加重了次生盐渍化；用水量的不断增加还导致污水排放量的增大，造成地表水和地下水的污染，进一步导致有效水资源量的减少，使国民经济遭受严重损失。

水资源优化配置措施实施后，有利于改善流域内工农业用水长期挤占生态环境用水的格局，为合理利用有限的水资源，预留出 5.5 亿 m^3 生态环境低限用水提供了保障。为提高河流的稀释自净能力，恢复水生生物的生存环境，保护生物的多样性和完整性，维持流域生态环境的平衡奠定基础。

4. 对经济社会影响

湟水流域矿产资源丰富，经济发展潜力很大。为减小与全国平均水平和东部地区的差距，湟水流域必须把握国家西部大开发战略实施的历史机遇，加快基础设施建设、生态环境建设和中小城镇建设，实现国民经济的快速发展。并通过产业结构的调整和优化，逐步完成由农业经济向工业经济的过渡，同时，重点发展第三产业。

考虑流域各县（市）国民经济发展前景和近 10 年国内生产总值增长趋势，2000～2010 年、2010～2020 年、2020 年～2030 年年均增长率分别为 7.5%、6.3% 和 5%，2010 年流域 GDP 将达到 315.5 亿元，人均 GDP 为 9561 元，2020 年达到 581.1 亿元，人均 GDP 为 16 285 元，2030 年达到 942.3 亿元，人均 GDP 为 24 636 元。

西部大开发战略的实施，给湟水流域经济社会发展带来了难逢的发展机遇。但是，严峻的水资源缺乏问题已经成为流域经济社会持续发展的制约因素。

流域水资源规划实施后，将采取水资源的合理配置和节水改造等措施，以现有的水资源条件合理调整经济结构和产业布局，逐步扭转流域内掠夺性开采水资源的现象：工业以水定产，限制高耗水项目上马，同时加大工业污染治理力度，2010 年工业用水定额比现状下降 50% 左右，为 109m^3/万元，工业产值达 336.6 亿元；农业将发展节水灌溉，农业需水所占比重由现状的 72.3% 下降为 66.1%。2020 年工业用水定额略低于全国目前的平均水平，为 57m^3/万元，农业需水比重下降为 61.5%，2030 年工业用水定额继续下降，接近全国目前先进用水水平，为 32m³/万元，农业需水比重下降为 57.3%，农业灌溉需水将减少 1.93 亿 m³；雨水利用工程将建成集雨水窖 12184 眼，涝池 2406 座，可解决缺水区人畜饮水，并可为旱作农业补灌关键水；当地水源工程的实施，可增加供水量 5090 万 m³。

在"引大济湟工程"实现前，2010 年首先利用黑泉水库供水量 1.12 亿 m³，兴建黑泉水库灌区即北干渠一期工程，发展灌溉面积 30.0 万亩；2020 年前建设北干渠二期工程，利用引大调水还可以扩大灌溉面积 50 万亩；2030 年前建设西干渠工程，供水范围为北川河、西纳川和云谷川，利用引大调水再扩大灌溉面积 29.69 万亩。上述措施将有效缓解湟水流域水资源短缺问题，为流域工农业生产和生活用水提供了保障，以水资源的可持续利用保障了流域经济社会的可持续发展。

5. 调水工程影响

湟水干流地区的湿地主要分布在上游海晏县境内，而大通河在湟水下游享堂段汇入干流，因此，大通河的入流量对湖泊沼泽湿地不构成影响；大通河入湟以下河段，河流两岸开发程度较高，河流水生生物较少，没有国家级或省级保护的水生物种，因此，从生物保护方面考虑，没有对河道内流量过程的特殊要求；湟水干流泥沙的主要来源在民和以上的丘陵区，在民和以上干流区，乐都至民和段近 20 年实测年输沙量 588 万 t，径流量 12.78 亿 m³，河道内不存在泥沙淤积问题，随着湟水流域水土保持生态建设，水土流失量将进一步减少，调水后水资源量的增加及合理调配，能够满足民和以下河段年径流量需求，不会造成新的泥沙淤积问题。调水工程的实施，不仅解决了当地贫困问题，同时促进了基本农田建设，退耕还林等保护生态环境措施的实施，实现生态的置换，有效地缓解了滥垦过牧对土地的压力，有助于从根本上改善区域生态恶化问题，为流域的可持续发展创造有利条件。

（二）水资源保护

湟水流域水资源保护规划方案将根据审定的水环境承载能力，采取入河污染物总量控制、强化区域水污染防治，加强污染物入河和河流省际断面水质监测、监督管理等措施，为改善湟水流域水质污染状况，实现湟水流域水资源保护目标提供保障。

湟水流域上游基本未受污染，在社会经济较发达的湟水中、下游地区，即新宁桥、西宁、小峡、乐都、民和、朝阳桥、南川河口、沙塘川桥水质污染较为严重。这是由于这些地区人口比较密集和工业发展迅速，工业废水和生活污水大部分未经任何处理，直接或经下水道集中排放于河流，造成河流水污染负荷增大，水质变差。治理湟水水污染，恢复湟水水功能已成为一项紧迫任务。

湟水现状污染严重，尤其是西宁以下河段，污染物入河量已远远超过水体的纳污能力，使河段水质全年均处于 V 类、劣 V 类状态。为遏制水污染情况继续恶化，改善河流水环境质量，如果仅靠以往的污染物浓度控制措施，已不能满足湟水水资源保护和监督管理工作的需要。为实现湟水既定的水功能区水质目标，满足周边区域对水资源的需求，应在入河排污口浓度控制的基础上，进一步控制使入河污染物满足水体纳污能力的要求，实施入河污染物总量控制制度，做到浓度控制和总量控制双管齐下。排污口监测现状排放情况下 CODCr 现状入河削减量 1.05 万 t/a，削减率 28%；氨氮现状入河削减量 831t/a，削减率 27.4%。

现阶段重点治理西钢、黎明化工厂、青稞酒厂等湟水流域重点污染源，以总量控制为依据，以达标排放为手段，通过技术改造、中水回用提高水利用效率，减少污水排放量，在

2010 年前使现有重点污染企业全部达标排放；对生产工艺落后，污染严重、排污量大的互助造纸厂等企业坚决关停，今后不再审批类似项目。对排放剧毒污染物六价铬的西宁星火铬盐厂，重点治理其含铬废水和含铬废渣的污染，防止直排入河或通过下渗入河，造成湟水六价铬污染。

对青海省水环境监测中心和海东分中心进行扩建，增加 2 个自动监测站，2010 年新增水功能区、取退水口水质监测断面 10 处。在大中城市和对重点水源地有影响的城镇修建污水集中处理工程。

水资源保护规划实施后，将使湟水流域水资源的恶化趋势得到遏制，水体功能逐步得到恢复与改善，提高水资源可利用程度。

流域水体质量的改善将为湟水流域鱼类的生长、繁殖、发育及资源的恢复提供条件。因污染水体下渗造成的湟水流域重要城镇和重点工业区的地下水污染问题将逐步得到解决。

总之，水资源保护措施将有利于改善流域生态环境，促进经济社会持续发展。

（三）防洪工程环境影响

湟水流域防洪工程措施实施后，将缓解沿河两岸及西宁市区严峻的防洪形势，有利于区域经济社会的持续发展，但防洪工程施工将不可避免的对施工区局部环境产生一定影响。

1. 施工影响

（1）对水环境影响　湟水防洪工程对水环境的影响主要发生在施工期间，其影响主要来自施工人员生活污水、施工机械冲洗废水，混凝土和泥浆废水以及机械设备漏油等。由于工程施工作业点分散，大型施工机械不多，各作业点施工人数较少，因此，施工活动对水环境的影响微弱、且是短期的和可逆的，将随着施工的结束而消失。

（2）对环境空气影响　防洪工程施工期的废气来源主要为：料场取土、车辆运输、混凝土生产等产生的粉尘和飘尘，主要污染物为 TSP、SO_2 和 NOx。

由于防洪工程涉及的施工区域多为大堤或河道，施工道路多是土石路面，且工程土石方运输量大，因此，在整个施工范围内，废气的主要污染源是粉尘，汽车运输粉尘污染将是污染环境空气的主要因素。

但从总体来说，由于施工区域多为农村，施工区环境背景良好，施工场地为线状分布，排放源密度不大，因此，工程不会对区域环境空气质量产生较大的不利影响。

（3）对声环境影响　防洪工程施工期对声环境的影响主要为施工机械噪声和运输车辆噪声。在施工时，应尽量将高噪声设备布置在距离敏感点（居民点、学校等）较远的地方，并采取一定的隔声措施，避免夜间施工，以减轻对敏感点的影响。

（4）固体废弃物影响　防洪工程施工期产生的固体废弃物主要由工程弃土、弃渣和施工人员生活垃圾组成，如处理不当，将会引起新增水土流失，污染水体、堵塞沟道、引发疾病流行。在施工中，应采取有效的防治措施，避免对环境产生不利影响。

2. 社会经济影响

现状防洪工程中，一部分是群众自筹资金修建的一些简易堤段，防洪标准低，质量较差，无法阻挡较大洪水的侵害：部分城镇段设防标准较低，需进一步提高防洪标准。湟水干流现有防洪工程长度 27.79km，折合治理河段长度 13.90km，仅占防洪规划范围内河道长度 252km 的 5.5%。现有防洪工程由于数量少，防护范围有限，不能形成完整的防洪工程体系。西宁市周围现有山洪沟道约23条，山洪沟一般汇水面积较小，沟床纵向坡度大，洪水来得突然，水流湍急，加之沟边违章建筑多，沟道内倾倒垃圾现象突出，极易障洪并致灾。

湟水干流选定的重点保护区河段长44.17km（不含西宁市区），规划堤防长度57.88km，其中已建堤防长度12.78km，新建堤防工程长度45.11km；湟水5条主要支流防护工程规划河段总长24.02km，规划堤防长48.04km，其中已建堤防7.82km，新建堤防长度40.22km；规划布置新建乡村段护岸工程24.52km；西宁市湟水干支流规划新建堤防102.57km，其中干流55.37km，支流47.2km。

兴建防洪工程有利于提高河道防洪能力，有利于水土保持和环境卫生的改观，同时结合防洪堤工程建设，进行河道拓宽、疏浚、增大河道行洪断面，减少洪灾损失。

（四）水土保持措施影响

1. 对自然环境影响

到2010年，规划区新增措施累计蓄水202 869万 m^3；保土2978万t。到规划期末，规划区新增措施累计蓄水548 296万 m^3，保土7775万t。产水模数由原来的25万 $m^3/km^2 \cdot a$ 下降到期末时的19万 $m^3/km^2 \cdot a$，侵蚀模数由4200t/$km^2 \cdot a$ 下降到2832t/$km^2 \cdot a$，每年拦减泥沙1345万t。

（1）对径流、泥沙影响 流域水保方案实施后，规划区将新建淤地坝1852座，其中骨干坝521座，中小型淤地坝1331座，将有效遏制沟头延伸、沟谷下切、沟岸扩张，拦截大部分原来流失掉的径流量。

方案实施后，流域内共新增造林362.66万亩，其中乔木林107.11万亩，灌木林215.03万亩，经济林40.52万亩；种草94.84万亩；为促进生态自我修复，提高草地覆盖度，新增封禁保护281.04万亩，其中实施草场改良117.46万亩。新增林草覆盖度18.92%。上述措施将有利于防止土壤面蚀，有效减少入河泥沙。经计算预测，规划区各项措施实施后，规划期末年拦减泥沙1345万t，将有效减缓河道淤积，缓解湟水洪水威胁。

（2）对土壤影响 水土保持项目的实施将直接改善土壤的水肥条件和物理性质，其中以基本农田建设对土壤改良作用最为明显。

坡面通过实施工程措施和生物措施后，将提高土壤的抗旱保墒保肥能力。由于减轻了地表冲蚀，保土效果明显增大，从而增加土壤的有机质和氮、磷、钾含量，改善土壤的理化性状，提高土壤肥力，促进土壤生态系统的良性转变。根据规划区土壤养分实测资料（全氮0.106%、全磷0.081%、全钾2.64%、有机质1.76%）推算，到规划期末规划区每年可减少养分流失61.7万t，其中全氮1.43万t、全磷1.09万t、全钾35.51万t、有机质23.67万t，土壤保土保肥能力将明显增加。

水土保持措施的实施将极大的改善土壤的可耕性，改善土壤团粒结构和微生物的生存环境，有利于土壤有机质的形成和积累，可变"三跑一低田"（跑水、跑土、跑肥、低产）为"三保一高田"（保水、保土、保肥、高产），对当地陆生生物和生态环境将产

（3）对陆生动植物影响 到规划期末，新增林草面积457.50亩，地面植被覆盖度净增18.92%，宜林、宜草面积基本上进行了防护林、经济林和种草建设，沟道及坡面造林和种草相间，建成水土保持防护体系，改善流域的生态环境，形成良好的生态状况。随着流域林草覆盖度的增加，流域内野生动物数量也将会有所增加。

（4）对局地气候影响　通过规划措施的实施，随着林木郁闭度的提高和土壤含水量的增加，将使流域内林地及其周围地区的水分条件和热量状况改善，调节流域小气候，比如流域内年平均温度略有升高，并且白天的空气最高温度将有所降低，夜间最低温度会有升高，气温的日较差减小，空气湿度增大，陆面蒸发相对减小；同时无霜期有所增长，冰雹、霜冻等气象灾害相对减轻。

此外，随着流域内林草覆盖度的增加，植物通过光合作用，吸收大量 CO_2，释放出 O_2，并且还有吸附尘埃、杀灭细菌、减少噪音、净化空气、美化环境等作用。

（5）对水质影响　水土保持项目的实施，使项目区水土流失得到有效控制，各种措施对径流的拦蓄、滞洪以及林草对水源的涵养作用等，将对径流产生过滤和净化作用，有利于改善径流水质状况。其主要影响表现为：①减少水体中泥沙和悬浮物含量；②降低水体中矿化度、硬度、大肠菌群等含量，提高水体氧化能力，改善水质；③控制土壤侵蚀和土壤养分流失，减少非点源污染。

在项目实施过程中，为了提高农业产量和防治植物病虫害，农药和化肥的施用量将会有所增加。但考虑到项目实施后，拦蓄径流增加，进入河道的农药化肥将减少，对水质产生影响的机会也较小。并且在项目实施过程中，各级水保部门将指导农民依照《中华人民共和国农药使用标准》（GB4285—84）和有关地方法规要求，合理使用农药和化肥，选择高效低毒的农药，并尽可能减少使用农药，采用生物天敌法，在使用化肥的同时，多种绿肥、牧草，增加有机肥料和土壤有机质，因此，在项目实施过程中，农药化肥的使用将不会对河道水质产生影响。

2. 社会环境影响

水保方案实施后对社会环境的影响是多方面的，主要有：

（1）对经济社会影响　规划方案实施后，对基本农田的增加，生态环境的改善和提高具有巨大的作用。

①项目实施后，将提高规划区的土地利用率，可利用土地的增加为当地农业发展提供了基础。

②项目实施后，将减少水土流失，使土壤具有涵养水源的作用，大雨时能拦蓄，减少地表径流，无雨时，土壤不发生干裂，同时农田林草的增加，在项目区会形成良好的小气候环境，可以减少洪涝、干旱等自然灾害。

③水保项目的实施将改善土壤条件，提高土地生产力和单位土地的经济效益。

④规划区农牧业的发展，提高项目区农牧民的经济收入。

⑤农田基本建设项目的实施，可增加农田耕地面积，提高农业现代化水平，使当地居民的经济生活水平大大提高。

总之，项目实施后，会极大地提高人民生活水平，改善当地供水、供电、交通等条件，促进当地经济社会的发展。

（2）土地利用状况变化　水保措施中的基本农田建设、林业建设、草场建设、小型和微型工程建设将极大地改变项目区土地利用状况。

基本农田建设包括梯田、坝地。规划修建淤地坝 1852 座，新增林草面积 457.50 万亩，封禁治理 281.04 万亩，流域林地覆盖率净增 18.92%；同时加强对现有林、草场的改造、管护与开发利用，将大大提高规划区土地的载育能力。

项目建设不存在新增开荒问题，新修水平梯田是对原有 15°以下坡耕地的改造，15°以上的坡耕地全部退耕还林，进行造林种草。

（3）促进产业结构调整、增加农牧民收入　目前湟水流域水保规划区基本是维持自给自足的农业经营模式，资源优势得不到充分合理的利用，生产规模小，经济效益低。规划的实施将建成一批具有一定规模的农、林、牧业生产基地和水土保持产业基地，促进农业结构和产业结构的调整。

从流域外引进优良、适应本流域自然环境的林草品种以及林草品种的培养、改良技术，引进提高成活率、保存率、单位生物量的林草快速营造技术，提高流域林草质量和林草覆盖度，增加载畜量，提高农牧民的经济收入。

（4）对人群健康影响　规划区医疗卫生设施落后，偶有流行性疾病和传染性疾病发生，在部分地区有氟病、克山病等地方性疾病发生。

项目实施后，规划区新增林草面积，将大大提高区域植被覆盖度，使空气得以净化，生活用水水质得到改善，自然灾害减少，区内生态环境恶化趋势逐步得到遏制。区内自然环境的改善，将使人群的身体素质得到提高，增强抗御疾病的能力，将会有利于减少流行性传染病发生的机率；同时，项目实施后，随着经济社会的发展，人们生活水平的提高，当地医疗条件会得到大大改善，这一切都将对规划区人群健康产生有利影响。

3. 建设期环境影响及风险分析

水保措施建设均为分散作业，施工人员少，且多为流动性大的地方工程，并且项目建设是在项目区水土流失严重的坡耕地、荒山荒坡以及沟道实施水土保持工程，施工一般不会对环境产生不良影响，道路开通和料场开挖在采取一定的水保措施后也不会产生新的水土流失。

在骨干工程和淤地坝的建设过程中若处理不当，存在着工程安全风险问题。骨干工程和淤地坝一般坝高 15~30m，控制流域面积在 3~5km² 范围以内，库容一般在 10 万~100 万 m³，骨干坝 2/3 以上的库容是拦沙库容。在没有淤积以前可以拦蓄洪水，削减洪峰流量；淤积以后，泥沙沉淀、固结，成为与坝体相联结的土地。如果发生溃坝，也只有少量的水流下泄，溃坝流量很小。骨干工程和淤地坝大都修在荒僻的支、毛沟内，远离村镇和居民点 3km 以上，而且居民点多修建在沟岸较高的位置上，因此工程不会对居民安全造成影响。

三、环境保护对策

为了避免规划的各项措施实施过程中对环境产生不利影响，应同步采取相应的环保措施予以防范。

（一）水环境保护措施

（1）施工人员生活区应远离水体，或设置在附近村庄，以免生活污水和垃圾污染湟水水质。

（2）施工现场应设置厕所，粪便应及时运走。

（3）施工机械和车辆应定期检查，尽量减少机械车辆跑、冒、滴、漏的油料污染附近土壤，进而渗入水体。

（4）混凝土及泥浆废水经沉淀处理后排放，防止污染周围水体。

（二）空气环境保护措施

（1）尽量选用低能耗、低污染排放的施工机械，对于排放废气较多的施工机械，应安装尾气净化装置。

（2）加强施工机械、车辆的维修和保养，特别是要经常检查汽车的密封元件及进、排气系统，以减少油料的泄露，保证排气系统通畅，尽量减少因机械、车辆状况不佳造成的污染。

（3）水泥在装卸运输过程中，应采取良好的密封状态运输，避免物料漏失和对沿线环境造成污染；装载多尘物料时如砂、土等，应堆放整齐以减少受风面积，并适当加湿或盖上苫布以尽量降低运输过程中的起尘量。多尘物料堆积边坡角度不宜过大，应适当加湿，防止被风吹散。

（4）加强施工道路养护，每个施工段位应配备相应数量的洒水车，每天洒水应不少于2次，以减少扬尘对沿线居民和附近农作物的危害。

（三）声环境保护措施

1. 交通噪声控制

当车辆经过居民区时，尽量减少鸣笛，并限速行驶排运输时间，尽量避免车辆噪声，影响居民的休息，做好运输车辆的维护工作。

2. 施工机械噪声控制

在施工布置时应合理安排混凝土搅拌机等噪声较大的机械，使之尽量避开居民区，必要时设置隔声屏，混凝土生产系统的空压机出口端应设置消声器；晚间10时至早上6时，高噪声设备禁止运行；设备选型时尽量采用低噪声设备，加强机械设备施工期间的维修和保养；混凝土搅拌机、推土机、挖土机、压路机等高噪声设备的操作人员应实行轮班制，每人每天工作时间不得超过6h；并配备耳塞等防护设备。

（四）固体废弃物处置措施

1. 施工人员生活垃圾

集中选点堆放，禁止随意堆放，并委托当地环卫部门定期清运到合适的地方堆肥，作为当地农民的有机肥料。

2. 施工弃土

选择合适的弃土场进行处置，也可利用防洪工程建设已有的弃土场进行处置；弃土场建设包括弃土、削坡及护坡工程、土地整治等；根据弃土堆放的稳定性分析结果，对自然堆放形成的边坡进行削坡处理，同时采用浆砌石护坡。

弃土在堆置过程中，应先将地表原土清理至土场外侧荒地上，弃土结束后应对土面进行平整、压实，可利用生物措施保护土面，边坡平台应采取绿化措施，一般采用春季撒播草籽的办法恢复植被，草籽宜选用当地优势草种，如白草、蒿草等。

3. 弃渣处置

工程产生的废渣应选择合适的场地进行填埋处置，防止这些废渣进入河道。

（五）工程安全措施

为进一步保证工程安全，在工程设计中应考虑以下几点情况：

（1）梯田工程上部有集水面积较大坡面时，在梯田区上方10m处沿等高线开挖截水沟或引洪渠；在沟掌集流洼地修梯田时，每块田坝上都要设溢流堰排水口，以排泄梯田洪水，增加梯田安全稳定性。

（2）淤地坝选址时应充分考虑坝址处的地质、地形条件，避免在沟岔、弯道、泉眼附近筑坝，同时淤地坝建设中坝体、引水建筑、溢洪道相配套，使淤地坝建设符合防洪要求。

（3）在修筑治河工程时，应根据建筑物和河道情况，设置相应的护底工程和消能工程。

（4）工程建成后，应由项目主管部门聘请基建工程质量监督站进行验收，以保证工程质量。

四、环境影响综合评价

（一）有利影响

1. 缓解水资源供需矛盾

湟水流域水资源短缺，多年平均现状缺水 3.11 亿 m^3，预测 2010 年缺水将达到 5.76 亿 m^3，2020 年和 2030 年缺水分别为 8.54 亿 m^3 和 10.56 亿 m^3。2030 年水平，调水工程生效后，多年平均条件下，流域总缺水量减少为 1.12 亿 m^3，缺水率下降至 6.2%，较大程度的缓解了流域水资源紧缺状况。

2. 缓解和控制地下水超采现象

水资源优化配置方案实施后，将使地表水供水量增加，地下水局部超采现象将得到控制，因超采地下水而带来的环境地质问题也将逐步得到缓解和控制。

3. 遏制水质恶化趋势

水资源保护规划的实施，将使湟水流域内现状水质较好的河段和水域得到维护，饮用水水源地水质逐步恢复水功能区要求，污染较重河段水质得到改善。

4. 改善流域生态环境

规划方案实施后，种植水保林、人工草地和梯田，将大大增加流域的植被覆盖率，在有利于涵养水源、防风固沙、保持水土的同时，也为陆生动物提供了良好的生存环境和生活条件。

规划区大面积的造林可降低风速，降低林内地面和林内大气温度，增加空气湿度，净化空气等，有利于改善局地气候，防止干热风害，提高作物产量。

水资源保护规划实施后，将使长期以来，因污水灌溉所导致的土壤板结、碱化、农作物质量下降、农业减产等问题逐渐得到解决；流域水体质量的改善将为湟水流域鱼类的生长、繁殖、发育及资源的恢复提供条件；因污染水体下渗造成地下水污染问题将逐步得到解决；处理过的污水用于城市绿化、道路防尘和中水回用等，使水资源得到了重复利用，从而增加了流域的可供水量，使流域内工农业用水长期挤占生态环境用水的格局得到改善，为提高河道水体的自净能力、保护尘物多样性和完整性、防治沙漠化、防治水土流失、绿化国土、维持流域生态平衡奠定基础。

总之，规划措施的实施将有利于改善流域生态环境，促进经济社会持续发展。

5. 缓解湟水防洪严峻形势

规划的堤防加固、河道整治工程实施后，将增强堤防抗御洪水的能力，使湟水堤防防洪标准进一步提高，可减轻湟水的洪涝灾害；为确保湟水沿岸及西宁市区的防洪安全，促进流域社会、经济、环境的稳定和持续发展提供必备条件。

6. 减少入河泥沙、改善土壤的可耕性

流域规划水保方案实施后，每年拦减泥沙1345万t，将有效地减少入河泥沙；极大地改善土壤的可耕性和土壤团粒结构，有利于微生物的生存环境和土壤有机质的形成与积累，将对当地陆生生物和生态环境产生显著的影响。

7. 促进经济社会发展

规划方案实施后，将扭转流域掠夺性开发利用水资源的现象，改善流域供水条件，为工业进一步发展提供必备的水资源条件，预测2030年，工业产值将达到1472.5亿元；规划水保措施的实施将提高规划区的土地利用率，改善土壤的可耕性，为当地农业发展奠定基础；林草面积的增加，可改善当地放牧条件，增加农牧民的经济收入。规划方案的实施对促进流域经济社会可持续发展具有重要的战略意义。

（二）不利影响

1. 施工不利影响

（1）对水、大气、声环境影响　由于防洪工程施工作业点分散，施工机械和施工人数较少，施工活动对水环境影响微弱；又由于施工场地为线状分布，粉尘、废气排放源密度不大，且施工区有较好的扩散条件，因此施工活动不会对区域环境空气质量产生大的影响。工程施工机械噪声较大，施工时，应尽量将高噪声设备布置在距离敏感点较远的地方，并采取一定的隔声措施，以减轻对敏感点的影响。

上述影响均是短期的和可逆的，将会随着施工的结束而消失。

（2）固体废弃物影响　施工生活垃圾随意排放，将造成蚊蝇孳生，鼠类繁殖，导致疾病流行，威胁施工人员和附近居民身体健康；施工弃土处置不当易引起水土流失，且经雨水淋溶导致污染物进入湟水水体，对水质产生不利影响。

2. 工程安全风险

在水保骨干工程和淤地坝的建设过程中若处理不当，存在着溃坝风险问题。但溃坝流量很小，骨干工程和淤地坝又大都修在荒辟的支、毛沟内，远离村镇和居民点3km以上，且居民点多修建在沟岸较高的位置上，因此工程不会对居民安全造成影响。

（三）综合评价

湟水流域综合治理规划是一项旨在改善流域生态环境、促进流域经济发展的项目，其不利影响微弱，且采取相应措施可得到有效减免。规划方案实施后，将缓解湟水流域水资源供需矛盾，提高河道的防洪能力，改善流域水质污染现状，大幅度提高流域林草植被覆盖率，涵养水源，减轻流域水土流失，减少入湟泥沙，促使流域生态环境恶化趋势发生逆转，并逐步向良性循环发展，为流域及相关地区经济社会的可持续发展及西部大开发战略的顺利实施提供保障。

湟水流域生态建设是一项有利于环境建设与环境保护的系统工程，具有较高的经济效益、广泛的社会效益和巨大的生态效益。

第八章 流域生态产业及评价

生态产业是按生态经济原理和知识经济规律组织起来的基于生态系统承载能力、具有高效的生态过程及和谐的生态功能的集团型产业。不同于传统产业的是生态产业将生产、流通、消费、回收、环境保护及能力建设纵向结合，将不同行业的生产工艺横向耦合，将生产基地与周边环境纳入整个生态系统统一管理，谋求资源的高效利用和有害废弃物向系统外的零排放。以企业的社会服务功能而不是产品或利润为生产目标，谋求工艺流程和产品结构的多样化，增加而不是减少就业机会，有灵敏的内外信息网络和专家网络，能适应市场及环境变化随时改变生产工艺和产品结构。工人不再是机器的奴隶，而是一专多能的产业过程的自觉设计者和调控者。企业发展的多样性与优势度，开放度与自主度，力度与柔度，速度与稳度达到有机的结合，污染负效益变为资源正效益。生产产业建设需要在技术、体制和文化领域开展一场深刻的革命。

建设比较发达的产业体系是生态建设的一大目标，也是实施生态建设为主的发展战略的重要组成部分，是实现生态文明的经济动力，也是"生产发展、生活富裕"的物质基础。由于自然条件的限制，决定了青海以生态建设为主的特点，从而使全省的生态产业仍处于较低的简单层次。因此，湟水流域生态产业发展，是保护和建设好生态环境的基础。立足于自身特点发展生态旅游业包括森林公园、自然保护区、城市公园自然和人文景观的生态旅游及餐饮业服务等；特色种植业包括中藏药、种苗、花卉、经济林、食用菌等的种植；特种养殖业包括野生动物的饲养与繁殖、林下家禽的养殖等；加工业包括木材和林副产品的加工，充分发挥生态产业在农牧民增收奔小康中的作用。

第一节 生态旅游业

一、自然景观

（一）山峰与草原

1. 拉脊山

祁连山系东端最南一条支脉，又称拉鸡山、小积石山、唐述山等，藏语意为"湟水南面的山"，为湟水干流及其支流湟水的分水岭，是一条从西北向东南延伸的条形断块山，西北部与日月山相接，向东南部延伸至民和南部黄河之畔，东西长170km，最宽10km，海拔3500～4000m，最高峰马场山，海拔4484m。山势一般较平缓，中间发育有小型山间盆地。由花岗岩等坚硬岩石组成，山脊和山峰表现陡峭、高耸，如青阳山（4217m）、拉脊山（4469m）、青沙山（4328m）、马阴山（4303m）、尕长峡山（4209m）、东沟山（4047m）。

拉脊山年降雨量 400～500mm 以上，河网较密，多呈树枝状—梳状水系；植被条件较好，森林零星分布；中低山带是重要的旱作农业区，高山草甸带是优良的牧场；北侧沿拉北断裂带，有多处低温碳酸盐矿泉水出露地表，具有良好的医疗保健价值。

2. 达坂山

达坂山蒙古语意为"可以翻越的山岭"。西北起于卡当山，东南至省界同冷龙岭交汇，是大通河与湟水的分水岭，西北—东南走向，长约 200km，宽 15～30km。海拔 3500～4000m，最高仙米达坂峰，海拔 4353m，西面的平顶山为一比较平坦的山地夷平面。海拔 4000m 以上以冰缘作用的地貌形态为主。植被茂密，现为青海省的主要林区之一。

3. 日月山

日月山西北部与大通山相连，东南部与拉脊山相接，是一条北北西向断块山，长 90km，宽 10～20km。藏语称"尼玛达娃"，蒙古语称"纳喇萨喇"，即太阳和月亮的意思。因山体红层出露，古称"赤岭"。

日月山是我国重要的一条自然地理分界线，东西两侧的自然景色在较短距离内截然不同，为我国季风区与非季风区、外流区域与内流区域的分界线，是传统观念上黄土高原最西缘，青海省农业区与牧业区的分界线。青藏公路从日月山垭口穿过，海拔 3520m，是青海进藏的门户。唐朝文成公主进藏时经过这里，今建有日亭、月亭、公主纪念堂，自然风光秀丽，成为享誉国内外的一座历史文化名山。

4. 老爷山

老爷山位于大通县黑林河、宝库河和东峡河汇合的桥头镇东侧苏木莲河畔，又称"元朔山"、"北武当"，是大通中部的一座主要山峰。面积约 2.5km^2，天然林区占地 190hm^2 左右，山顶海拔高度为 2900m，相对高度为 480m。老爷山自古以"苍松翁翳，石磴盘梯，川流紫带，风景佳丽"而闻名遐迩。

老爷山之美，除了山青庙秀、林荫花香之外，更以其山势的峥嵘崎峻而著称。1985 年至 1999 年间，分两期新建了老爷山公园仿古山门、关帝殿、登山石阶、文化长廊、双鹤池、日月亭、半壁亭、朔山云梯、大雄宝殿、老爷山底至双鹤台汽车路、长 282m 的文化碑廊；并由群众捐资兴建了老爷山顶玉皇宫、雷祖庙及其配房。仿古山门、大殿、小亭等的圆柱上均刻挂有省内著名书法家的绝句楹联。这些建筑不拘一格，各具特色，有的高大雄伟，有的小巧玲珑，有的造型奇特、险象横生，有的富丽壮观，别具匠心，使老爷山景观更具神韵。

每年盛大的"六月六"花儿会，朝山会吸引海内外游客，游客每年达 10 万人次，成为我省著名的旅游景点。主要景点有玉皇殿、关公殿、感应寺大殿、文化长廊、飞来石、将军峰、上山虎、观音洞、老虎洞，半壁亭等。

5. 金娥山

金娥山，俗称娘娘山，古时称金山。金娥山，素以金泉流水著称。每逢夏季山上野草丛生，山花烂漫，山阴有一片林木，平缓处农田片片，风景极为秀丽。山麓有金泉，流水潺潺，山顶有湫池，夏季积水一潭。池中金娥飞舞，五彩斑斓，故称之为金娥池。

娘娘山位于桥头镇西侧，距县城 5km，距省会西宁 37km，总面积约 100km^2，主峰海拔为 4010m，天然林区有 800hm^2，娘娘山具有很深的文化内涵，它既是西王母的诞生地，又是隋炀帝西巡大宴群臣之地。天然优美的自然生态景观使娘娘山形成了独有的三大特色：山高、山美、山神。每年游人达 5 万人次，主要景点：金猴观海、弥勒佛、明长城等。

6. 南朔山

南朔山地处湟中县县城城郊，距省会西宁市 37km，平均海拔 2800m，是湟中县最大的人工林区，植被覆盖率达 80% 以上。南朔山环境宁静优雅，气候清爽怡人，文化内涵丰富，是我省道教文化的圣地。主要景点有金狮守门、神龟背仙草、二仙对弈、骆驼吃草等。道观殿宇，洞窟屋榭、亭台阁舍，援崖倚石、错落有致；断壁绝崖被绿树掩映，滴水成溪，流水潺潺，清静幽雅。佛洞岩画、青灯石窟，仙境传说给南朔山的自然景观增添了几许扑朔迷离的色彩。

7. 金银滩

金银滩位于海北州西海镇，分金滩和银滩，一条小河穿流其间，北岸草滩盛开着金露梅的金黄色的小花，故称金滩；南岸草滩盛开着银露梅，盛开的小花洁白如银，谓之银滩。夏日的金银滩，蓝天、草原、小河和那美丽的、芳香的金银交织在一起，一时间竟不知身在何处，哼着那西部歌王王洛宾先生风靡海内外的名曲——《在那遥远的地方》，仿佛回到那美丽的地方。王洛宾先生将中国西部的草原风光描绘得十分格外诱人，它也是得西海郡故城所在地名叫金银滩草原的地方变得异常吸引目光。

（三）森林

1. 察汗河

察汗河为大通国家级森林公园的景区之一。察罕河景区位于宝库风景名胜区大坂山南麓，距县城 45km，距省会西宁 82km，面积 3114hm²，海拔 2868～4235m 之间，森林覆盖率达 29.4%，察汗河发源于达坂山，为宝库河一级支流。有大西沟风景区、柏木圈风景区、石门风景区和东沟风景区四个景区组成，各景区景点丰富集中，奇石、山水、花草，树木构成独具特色的高原风光。奇石造型逼真，形态各异、维纱维肖，如"将军岩"、"骆驼峰"、"唐僧诵经"、"玉兔盗仙草"等，任凭游人想象；山水以"瀑布"表现，落差不等，气势各异，有"浪漱奇石"、"双龙戏水"、"高峡飞流"等瀑布；每当初夏季节，满山遍野的杜鹃花争相竟放，有白色的，粉色的、紫色的等姹紫嫣红、沁香宜人。整个公园景观既有江南风光的秀美，又有青藏高原雄伟、粗犷、险峻的地貌特征。被誉为青藏高原的"张家界"。每年游人达 12 万人次。

2. 鹞子沟

鹞子沟为大通国家级森林公园的景区之一。鹞子沟景区位于大通县东北部东峡镇，距县城 18km，距省会西宁 56km，景区主要由两条自北向东平行的山脉组成，属大坂山的支脉。海拔 2450～4348m，面积 1633hm²，森林覆盖率达 82.9%。公园地势舒缓，地形开阔，如鹞子展翅掠地而过，花草植物繁多，森林分布错落有致，交相辉映，凝彩滴翠，姿态万千，或高大挺拔，或虬枝盘悬，或娇艳妩媚，或婀娜多姿，微风吹拂，松涛澎湃。季相变化丰富，四季景色各异，是休闲娱乐、科研、避暑的生态旅游胜地。每年游客达 16 万人次。主要景点：松海探幽、深溪蓄翠、盆子坑、沙棘盆景园等。

3. 黑大峡

黑大峡位于湟源县东峡林场，距省会西宁 38km，距县城 12km，面积 5330hm²，森林

404.3hm²，草地 2666.7hm²。1996 年被青海省林业局批准为省级森林公园，是以白桦为主的天然林区，南北向，沟纵深近 15.25km，沟内分三岔：即西岔、三岔、石峡三沟，总经营面积为 2000hm²。景区内山青水秀，峰怪石奇，树木茂密，流水潺潺，风景异常优美，较出名的最高点有：黑鹰峰、千吨方台石、石门尔、白土窟、松树湾、大小蒜外锤岩、上下夹道（也称一线天）、千丈罗圈崖、七层岩、尖崛石、夫妻岩、望郎峰等，并有多种野生动植物。景区内独特的森林、交通、地理、文化等资源成为集避暑、休闲、游乐为一体的旅游胜地。

4. 水峡

水峡位于湟中县西北部，东邻大通县，西靠湟源县，北接海晏县，南连本县的拦隆镇。隶属上五庄林场管辖，1996 年被青海省林业局批准为省级森林公园。公园面积为 63 331hm²，其中，游览区 10 000hm²。游览区至县城 50km，距西宁 50km。公园植物种类繁多，植被垂直分布明显，风景资源丰富。有林地面积 4744.5hm²，疏林地面积 317.1hm²，灌木林面积 9176.9hm²，森林覆盖达 22%。游览区分为 3 个旅游点：水电站进水口附近为森林木屋，连接旅游招待所，形成既有现代文明宾馆，又有古朴气息的森林木屋，相互照应；缠头坟附近为帐篷群，根据需要设置民族帐篷、旅游帐篷等，水边开阔地段开展野饮野餐；石陇沟为观光旅游区，可欣赏森林、瀑布、小溪。

5. 南门峡

南门峡位于互助县南门峡林场，1996 年被青海省林业局批准为省级森林公园。南门峡森林公园距县城 14km，距省府西宁 50km，北与海洲门源县相接，西与大通县相邻，东和互助县边滩乡相连，南与互助台子和五峰乡毗邻。总面积为 2778hm²，其中有林地为 1524.4hm²，灌木林地面积 1096.4hm²，森林覆盖率为 94.34%。境内风景优美，山高峰奇，林密水秀。主要有森林景观及其附近的南门峡水库、八孔大渡槽、却藏寺、油菜基地和虹鳟鱼场等人文景观。

6. 夏宗寺

夏宗寺位于平安县城三合镇脑山地区的夏宗寺林场（也叫峡群寺林场），1996 年被青海省林业局批准为省级森林公园，距县城 30km，为平安县唯一的天然次生林林区，森林公园东与本镇窑洞、帮业隆村相邻，南与化隆县相交，西与瓦窑台村相交，北与庄科村毗连。林区总面积 3599.4hm²，其中有林地 502.1hm²，灌木林地 2849.4hm²，灌丛林 189.1hm²，立木总蓄积量达 2.6 万 m³，森林覆盖率为 93.8%。峡群寺森林公园具有成片的天然云杉、山杨纯林、少量云桦混交林及人工青杨林。林区内有众多珍禽异兽狍鹿、猞猁、獐子、野狐、石鸡、梅花鹿等。野生植物资源也比较丰富，旅游区内山清水秀、鸟语花香、景色迷人、气候凉爽，是集旅游度假、疗养为一体的深山仙境。现已建成了弥勒大佛一尊、飞龙瀑布一座、药水泉亭一处，旅游住房 25 间 1200m²。夏宗寺院建成了大仙康、小仙康、麻拉葛娃、八卦亭等多处景点。

7. 仓家峡

仓家峡位于乐都县上北山林场，距县城 21km，1996 年被青海省林业局批准为省级森林公园。林区横跨达拉、共和、寿乐三个镇，南北长约 29km，东西宽约 7km，总面积 33 428.7hm²，其中林业用地面积 29 293hm²，占林区面积的 87.6%，森林覆盖率为 69.5%，全区活立木蓄积量为621 553m³。林区内分布野生动物有：狍鹿、猞猁、旱獭、赤狐、石鸡、梅花鹿、林麝、雪鸡、兰马鸡、岩羊、野兔、狼、熊等。

8. 七里寺

七里寺，原名"慈利寺"，位于民和县古鄯镇，距县城50km。在七里寺，还有一座药王庙，一个药水泉。七里寺药水泉，地处积石山下，两峡之口，峡水奔流，水清见底，森林茂密，四季鸟鸡成群，空气格外新鲜，正是"山山水水，时时清清秀秀，花花草草，处处红红绿绿"，是个旅游疗养生息的好地方，古鄯驿是商朝以后，由京城通往西域的必经之地，后来文成公主进藏，唐僧取径，丝绸之路，也经此而过。

七里寺矿泉水已有千余年的饮用历史，据《西宁府续志》记载："其味幸温，饮之愈胃疾"。千余年来，青、甘、川、藏等省区不远千里慕名而来饮疗者络绎不绝，此泉有健脾、和胃、消食化淤、杀菌祛痰之效能，被民间赐予"药水泉"之美名。1989年，经地矿部水文地质工程地质研究所鉴定，矿泉水富含偏硅酸、碳酸氢根、锶、氢、钙、锌、锂、硒、碘等多咱微量元素，特别是锶、偏硅酸、游离二氧化碳的含量及矿化度达到饮用天然矿泉水国家标准的界限指标，被专家誉为水之精、矿泉水之首，实属国内外稀有珍贵、优质天然矿泉水。

二、人文景观

（一）遗址与寺庙

1. 柳湾

柳湾遗址也被称为柳湾墓地，位于乐都县东17km的柳湾村一带，是目前我国已开掘的规模最大、保存较为完整的原始社会晚期氏族公共墓地，距今有3500～4500年历史，总面积约112 500m²。1974～1978年的考古发掘，出土了各种文化类型古代墓葬1700余座，大批贫富分化墓、夫妻合葬墓和殉人墓等震惊了中外考古界，出土文物近4万件，其中陶器1.7万余件，石器、骨器1300余件，装饰品1.8万余件，充分反映出当时农业、手工业所达到的高超水平，为研究的原始社会晚期青海地区文化历史的发展及其与中原文化的联系提供了大量实物研究资料。

墓地附近原有的柳湾文化陈列室将改建为中国柳湾彩陶博物馆，展览内容比之以前会有极大的丰富。

2. 马家窑

舞蹈纹饰彩陶盆是世界级品。1973年出土于大通县后子河乡上孙家寨村马家窑类型墓葬中。距今5000～5800年，属于新石器时代马家窑文化，为母系氏族公社遗存。彩陶盆为直口，浅腹；口径29cm、底径10cm、高14cm。器表粗糙，似未经打磨，盆内画面上绕着3组手拉手跳舞的妇女，5人一组，微微扭动的身躯，稍屈的双腿，似乎正要迈出轻捷的步伐而翩翩起舞，服饰化一、动作、头饰摆向一致，尾饰也均朝一个方向。舞蹈纹饰彩陶盆原物已由中国历史博物馆收藏，青海省博物馆存有复制品。

3. 明长城

明长城座落大通县娘娘山，与老爷山隔河相望。它建于明代中期，为抵御蒙古人入侵，明嘉靖（公元 152～1566 年）在西宁卫周边地建明长城，清初基本完成，当地称"古边墙"。明长城由甘肃永登延伸入青海境内经互助到大通元朔山、南门、金娥山、延伸到湟中、贵德、同仁县境。边墙为就地取材，夯土筑成，厚度和高度各不一致。明长城绵延数百里，虽经 400 年的风雨剥蚀，至今沿山的脊部蜿蜒崎岖，城墙之间有烽火台矗立其间。目前，在大通县境内的明长城保护较为完好，长城气势雄伟壮观、象一条蜿蜒长龙卧在娘娘山，成为大通独具特色的一道人文风景线。目前，还处于原始待开发状态。

4. 原子城

这里是中国爆炸第一颗原子弹和第一颗氢弹以及成功进行第一次核试验的地方，至今还保留着老干部、老科学家居住过的将军楼和很多试验、发射遗迹。

现今的原子城，又名西海镇，是青海省海北藏族自治州州府所在地。原子城位于自治州东北部、海晏县境内的金银滩草原上，距海晏县城 9km，平均海拔 3210m，占地面积 570km^2（建厂初期 1170km^2），其中厂房 33.3 万 m^2，有铁路专用线 38.9km，沥青混凝土标准公路 75km，距青海省省会西宁 120km。

在看似一个大工厂的原子城到处可以看到记录那段历史的建筑。原子城东北角耸立着"中国第一个核武器研制基地"的纪念碑；"两弹"纪念馆（又称基地展览馆、靶场等）记录着曾经的光荣历史；还有完好无损地被保存下来"亚洲第一坑"——填埋坑和爆破实验场等遗迹。

5. 塔尔寺

塔尔寺位于省会西宁湟中县鲁沙尔镇，始建于明洪武十二年（1379 年），是黄教创始人宗喀巴的诞生地，是中国藏传佛教的六大名寺，是一组藏汉艺术结合，殿宇富丽堂皇的大型古建筑群。寺内殿宇相连，高低错落有致，金碧辉煌，气势宏伟。现有殿宇房屋 9300 间，活佛府邸 30 余院，佛塔 11 座。最盛时有僧 3600 名，活佛 80 余名。塔尔寺不仅是佛教圣地，也是一座藏汉文化的艺术宝库。密布全寺的艺术精品，绚丽多姿，素服胜名。酥油花、堆绣、壁画艺术登峰造极，堪称"三绝"。寺内有显宗、密宗、医学和明轮四大经院，是传授和研究佛教哲学、伦理学、藏医学和天文历算的最高学府之一。塔尔寺现为全国重点文物保护单位之一，每年前来朝拜的信徒和游客络绎不绝。

6. 瞿昙寺

瞿昙寺属明代寺院，位于乐都县曲坛乡。初属噶举派，明末改宗格鲁派。开创僧三罗喇嘛，今西藏洛扎县卓枕人，明洪武二十二年（1389）被朱元璋请至京城，尊为上师。洪武二十五年，明王朝拨款建寺。翌年，朱元璋赐名"瞿昙寺"，封三罗为西宁僧纲，主持西宁卫宗教事务。历代明朝皇帝多赐匾额、印钤、修佛堂，立碑记。清康熙年间，该寺活佛班觉丹增被封为"灌顶净觉弘济大国师"。全寺布局和殿堂飞檐、斗拱、画栋、藻井等具有明代汉式宫殿建筑风格。现存明代汉、藏文对照御制碑，明、清匾额，青铜巨钟，明钺，象牙佛珠及明清皇帝所赐"皇帝万岁"牌、金印、象牙印等许多珍贵文物。厢廊壁画 400 m^2，具有敦煌艺术特色，颇负盛名。1982 年 2 月，该寺被列为全国第二批文物保护单位。

7. 广惠寺

广惠寺又名郭莽寺，初创于清朝顺治四年（1647），是青海著名的五大黄教寺院之一，西靠蜈蚣岭与鹞子沟隔河相望，在甘肃、内蒙等地颇有影响，该寺鼎盛时有僧众 700 多人，经堂僧舍 600 间。寺主敏珠尔活佛在黄教界的地位很高。目前第九世敏珠尔活佛坐床，寺院也正在恢复重建中，吸引八方游人和虔诚信徒观光、敬香诵经。

8. 佑宁寺

佑宁寺湟水北部地区最大的格鲁派寺院，号称"湟北诸寺之母"。位于互助土族自治县五十乡的寺滩。建于明万历三十一年（1603），至今有 400 年的历史。康熙年间，有大、小殿堂、活佛府邸、僧舍等 2000 多个院落，僧侣 7000 多人。设有显宗、密宗、时轮、医明四大学院，下辖 49 座属寺。原有活佛 20 多位，著名的有所谓"五大囊"、"九小囊"活佛。五大囊活佛在清代均受封为呼图克图。其中章嘉、土观驻京、地位甚尊。特别是章嘉活佛一直是格鲁派在内蒙古地区的教主，在国内外很有影响。佑宁寺还以学风纯正、多出佛教学者闻名中外，三世土观、三世松巴、三世章嘉等著述颇丰。寺院以土族为主要僧源。

9. 却藏寺

却藏寺为佛教黄教派古寺名刹，位于互助县南门峡林场却藏滩龙风穴，背靠龙头，左有凤凰山，右有龙山，对面狮子山。该寺建于清顺治五年（1648），曾两度被毁，两次重修。鼎盛时期有僧侣三千余人，其主要建筑"千佛殿"仿北京九龙殿建造，民间俗有"去了却藏寺，北京再甭去"的谚言。1958 年宗教活动改革时期再度被毁，1981 年 7 月底经国家批准恢复宗教活动，现有僧人 18 人，且重修和维修了卫批房舍和宗教场所。其中以千佛殿最为出名，此殿共三层，有房间 42 间，油漆彩绘，画栋雕梁，富丽堂皇，颇有往日的神采。进入寺内，香烟袅袅，善男信女你来我往，驻足殿前，既可领略藏传佛教的经义，也可赏鉴佛教艺术的博大和精深。

10. 白马寺

白马寺位于西宁市 30km 的互助红崖子沟湟水北岸，与湟水南岸的平安驿隔水相望，白马寺古称金刚崖寺，藏语称为"玛藏观"。初创于公元 11 世纪，属于西藏佛教史的后宏期，距今已有 900 多年的历史。

现今白马寺址的左下角摩崖石壁上，有一尊石雕佛像，藏语称为"弥勒望河"。这尊佛像形象古朴浑厚，线条粗犷，具有佛像早期的特征。

11. 东关清真寺

清真大寺位于西宁市城东区回族聚居的东关，建于明朝，是省级文物保护单位。它的建筑布局是伊斯兰风格，礼拜大殿却是中国古典宇宙式结构，大殿脊背和宣礼塔顶又装饰着藏传佛教的鎏金法幢与两尊宝饼，分别是在上世纪 20 年代时，甘肃拉卜楞寺和青海塔尔寺为庆贺清真寺修缮完成而送的贺礼。

回族、撒拉族是青海的两个穆斯林民族。凡是回族、撒拉族聚居的地方，不论城市还是乡村，都会有肃穆神圣的清真寺。在青海数以千计的清真寺中，西宁东关清真大寺是最雄伟、最宏大的清真寺，能容纳 3000 人同时做礼拜，与西安化觉寺，兰州桥门寺，喀什艾提卡尔寺并称为西北四大清真寺。

清真大寺是伊斯兰教信众进行宗教活动的神圣场所。每到星期五，成千上万的穆斯林男性民众从四面八方不约而同的赶来，在寺里万头簇拥，气氛肃穆。比如，"开斋节"那天，经过斋月期间的净心洁体、净性消罪后，穆斯林男人们纷纷涌向大寺，参加节日会礼，祈祷真主，消除罪孽。做完会礼后，一个个脸上喜气洋洋的，相互致以节日的祝贺，回家后再领着小孩挨家挨户地去拜年，尽情享受节日的欢乐。

12. 北禅寺

北禅寺，又名北山土楼观、北山寺，位于西宁市北湟水之滨的北山上，海拔2400m，整个建筑背倚北山，好像天然的观景台，西宁市尽收眼底。据传北魏孝明帝时（516~528），佛教盛行于鄯州，曾做到佛龛于土楼山断岩之间，藻井绘画，从艺术风格上看，当属晚唐和宋元时代的遗迹，被列为国家重点保护的文物之一，是我国"丝绸之路"南线古代文化的宝贵遗产。土楼山顶有一座5层砖塔，名"宁寿塔"。据考证，建于明初，1915年重修，至今仍巍然屹立山顶。

北禅寺早先为佛教寺庙，在道教盛行的年代里改宗于道。这种亦佛亦道的寺庙所存不多。北禅寺还是青海境内修筑较早的宗教建筑，初建于北魏明帝时期，是湟中羌人为纪念东汉护羌校尉邓训，在北山修建"贤圣之祠"距今已有1800年历史。

13. 南禅寺

南禅寺始建于公元1410年，公元1863年，南禅寺毁于兵燹。1879年，西宁地区木工行、斗面行和镇、道、署、县官吏等募捐重建南禅寺老祖殿、萧曹殿，同时修建财神殿、护法殿、瘟祖殿等。1895年，南禅寺再次毁于兵燹。公元1897年，知府裕端令府吏募捐再建南禅寺萧曹殿。次年，中营游击邓咸林奉镇、道之命，倡募督工再建关帝庙。公元1911年，西宁知府陈问淦令绅民捐募再建南禅寺老祖殿，并增修桓候殿。1918年，再建财神殿、南禅山寺。南禅寺被列为省级文物保护单位。

（二）博物馆

1. 青海省博物馆

位于西宁市城西区，占地面积22 800m²，内设主、侧9个展厅，展出面积9146m²。核心景观有：青海省史前文明展、青海民族文物展、藏传佛教艺术展3个展览，曾获得第五届"全国十大精品陈列展"提名奖。博物馆自筹备起，就致力于地方历史、民族、民俗、宗教等文物的搜集与研究，如今馆世藏各类文物已达47 000余件。新馆开放以来，推出了以时代先后为排序、以实物形式集中反映青海不同历史时期的发展概貌，又分别自成体系、各具特色的专题陈列。

2. 青海省民俗博物馆

民俗博物馆，也称馨庐，位于西宁市城东区。内有青海风俗展、马步芳公馆、青海解放图片展等。马步芳公馆始建于1942年6月（民国三十一年），为马步芳私邸，是一座壮观的建筑群体，从高空俯视院落布局，很像"囍"字。整个公馆占地面积29 950m²，建筑面积6183 m²，分6个大院、一座花园、290间房屋。公馆形如城堡，四周封闭式土墙，安全牢固，威严气派。公馆设计精巧，工艺精细，充分体现了解放前西北民居建筑的独特风格，具有相当高的观赏花历史价值，是西北民居建设的典范。

（二）民族风情

1. 土族

土族在汉文史书上称为"西宁州土人"、"土人"。土族自称"土护家"、"察汗蒙古尔"等；藏族称其为"霍尔"、"白鞑番"；蒙古人称其为"察罕蒙古尔"、"朵尔朵"；汉族称他们为"土民"。1952 年统一定名为土族。由于他们仅仅聚居在河湟流域的几个县中，成了"孤岛"居民。

关于土族的族源，一般认为源自鲜卑慕容部分支吐谷浑，在长期的历史发展演变过程中，融洽了蒙古、藏、汉等民族成分，成为中国 56 个民族成员之一。

吐谷浑国被吐蕃灭亡后，其中小部分人跟随诺曷钵和弘化公主内迁，居住在灵州等地，而大部分人留在了故地。吐蕃对吐谷浑人表面上保留独立的政权形式，但其政权要无条件地服从吐蕃的命令，定期向吐蕃贡献赋税、供应兵马粮草，抽调青壮年当兵打仗，实际上是一个被役属的"小邦之国"。吐谷浑人受这样的统治达 180 年之久。在这期间，游牧区的吐谷浑人日益吐蕃化了。致使许多吐谷浑人融在吐蕃之中。但在湟水流域的部分吐谷浑人，依然顽强地保留着本民族是特点。

土族作为一个民族共同体，形成在元明之际。官方文献中所谓"西宁州土人"的"土"字，有两种含义，一是"土著"，包括世居当地的各个少数民族，二是指土族。

土族是个善于吸收先进民族文化来创造自己独特文化的外向型民族。因与藏族关系密切，所以他们笃信藏传佛教，出现了许多享有盛誉的名僧大德。

2. 藏族

藏族是世居青海最早的民族之一。随着历史发展，已成为羌人、汉人、鲜卑等多民族故土的青海，到隋唐时期，吐蕃族如一支崛起的新贵开始正式建立王朝，其中心在西藏。随着吐蕃兼并吐谷浑国，青海才有了吐蕃族。吐蕃大相禄东赞家族的高级军官赞婆，长期驻兵青海，后来归附唐朝，住在青海。后来经常和唐军作战的吐蕃军队，大多是从西藏征调过来的。

吐蕃势力进入青海后，大量的羌人、吐谷浑人和唐人（吐蕃统治下的汉人）等融合到吐蕃族中。青海吐蕃人形成后，建立了青唐角厮啰政权，角厮啰本人也是从西藏辗转来到青海的。角厮啰政权的兴起，标志着青海藏族的形成。元朝时期，许多西藏人定居青海，壮大了青海藏族的势力。所以说青海藏族的来源比较复杂，融合有多种部族和民族的成分。

在明代，青海藏族完全形成，定居在青海广大地区，完全归属明朝。居住在河湟、从事农业湿柴的藏族被称为"熟蕃"，居住在牧区从事畜牧业的藏族被称为"野蕃"，直到民国时期，才统称为藏族，全民笃信藏传佛教，并创造出悠久的历史和灿烂的文化，迄今已成为世界眼睛中最纯净的神秘的人文部落。

3. 回族

"大分散，小聚居"是回族分布的鲜明特点。作为一个共同体，发端于唐宋之际，形成在元明时期。早在唐朝，来自波斯、阿拉伯的商人到中国做生意，长时间的买卖营生，使一些人习惯了在中国的生活，它们乐而忘返定居下来。

北宋时西域商人不断来到内地经商，青唐城里就有许多坐地经商的西域人。西域商人，被称为"蕃客"，是回族的先民之一。自元代开始，回族先民大量迁入青海。踏马而来的蒙古大军中，有大批信奉伊斯兰教的西域人及工匠和家属。随着战事的结束，大多蒙古军人解甲归田，垦殖种粮，只留下小部分。它们与原来本地的阿拉伯人等通婚，以伊斯兰教为纽带，吸收和融合了汉、维吾尔、蒙古、藏等多种民族成份，逐渐形成"回回"民族，史书上说元朝时"回回遍天下，及是居甘肃者为多"，也就包括了当时属甘肃行省的青海东部地区。

三、旅游资源评价

（一）地文景观独特奇异

山势雄伟、山景丰富，怪石嶙峋俊俏，雄、奇、险、幽、秀、美融为一体。悬崖绝壁，惊险异常，奇峰怪石，自然造化，形态各异，层峦叠嶂，雪峰林立，怪石嶙峋，形态万千，令人神清气爽，胸臆顿开。

沟谷狭阔相间，峡谷突兀险峻，呈现出险峻幽深的峡谷景观特征。随着峡谷的宽窄变化，河流呈现出滩谷相连，狭阔相间的景象，使游人产生强烈的空间收放节奏感。走进峡谷深处，群山重峦叠嶂，森林遮天蔽日，水流缓急相间，给人以不同的美学享受。悬崖峭壁之下时有天然石洞，洞内滴水形成冰柱，长年不化，洞外鲜花盛开，春意融融，咫尺天地，包揽春、夏、秋、冬景色。

悬崖岩层突兀整齐，草原牧场宽广阔秀，造成了鲜明的形象对比，给人以强烈的视觉冲击；色彩斑斓，如梦如幻；山间盆地，一马平川，田园风光，溢光流彩。

如此形象多样、色彩纷呈的祁连山区自然地理景观，是天之造化、地之恒韵、人之天堂。

（二）植物景观丰富多彩

植被垂直分布明显，形成由下而上依次更迭的杨桦阔叶林—针阔叶混交林—针叶林—高山灌木林—高寒草甸—高山寒漠草甸植被类型。既有莽莽苍苍古朴神秘的云杉林，又有婆娑多情丰姿绰约的山杨，也有山花烂漫的高山灌丛林和芳草萋萋的高山草地。优美的植物景观不仅随空间分布变化万千，而且随季相变化也十分明显。春天，万物复苏，五彩缤纷，植物形态千变万化，散发着妩媚动人的芳香。高山灌丛，百花盛开，群芳争艳，金露梅、银露梅竞相开放，春意盎然，漫步花海，径幽香远，使人顿觉心旷神怡。夏季，漫山浓荫滴翠，葱绿一片，高山草原，嫩绿点点，莽莽云杉，青翠挺拔。漫步其中，游人可领略森林绿野、鸟语花香的自然景色，嗅到各种树木花卉散发的清香，尽情享受自然美，使人顿感清新舒畅，精神旺盛。既增进了身心健康，陶冶情操，又增长了自然知识。秋季，红叶如染，野果甸甸，落叶飘零，又是另一派景象。冬季，草木萧疏，杨桦凋零，青松伫立，雪压枝头，银装素裹，枝冠不同，形状有异，仿佛银柳闪烁，玉菊怒放，满树梨花，一派北国风光。

以青海云杉为主体的森林景观，林木挺拔茂密，林相古朴幽美，森林生态系统完善，森林气息浓郁，具有一定的代表性、典型性和稀有性，具有很高的艺术观赏价值和科学研究价值，可作为标本采集、登山野营、休闲疗养、康体保健的上佳去处。

（三）水域风光秀美

区内山峦纵横，水景与山景浑为一体，正如古人云"山得水而活，水得山而媚"，"因山而峻，因水而秀"。这里既有急流奔腾滚珠溅玉的河流，形姿绰约静谧如镜的高山湖泊，还有水质甘甜冬夏不竭的涌泉。区内水体清澈透明，水质清冽甘美，暑热口渴之时，取之即饮，无异于甘露仙霖，用以沏茶醇正清香，沁人心脾。

湟水流域的东大滩水库、黑泉水库、蚂蚁沟水库、盘道水库、南门峡水库、古鄯水库等众多高原人工湖泊，四周雪峰林立，河流纵横，水色清碧，微波漪澜，湖光、山色、雪峰、草甸交相辉映，景色如画，宛如"瑶池"再现，令人心臆顿舒，乐而忘返。

湟水及其支流药水河、大南川、小南川、白沈家沟、岗子沟、巴州沟、隆治沟、西纳川、云谷川、北川河、沙塘川、哈拉直沟、红崖子沟、引胜沟等等大小河流从入云冲霄的雪山冰川下穿涧流峡跌宕而下，蜿蜒逶迤，以排山劈岩之势奔涌向前。两岸奇峰耸立，山重水复，幽涧深潭，鸟语花香；水流湍急处，激流若奔，滚珠泻玉；水流平缓处，清流浅湾，一泓碧水，芳草如茵。

有动有静，有色有泽，有桀有驯，有形有影，有源有势。

水景万千，风光无限，领略生命之力量，洞悟自然之道义，莫过于湟水之水。

（四）气象天象景观惟妙

湟水流域地处青藏高原与黄土高原的过渡带，气象天象景观非常丰富，时常可以看到一些与其他山川迥异的奇特天象气象景观。

天如汪洋，深不可测，其蓝如染，令人陶醉。云海茫茫、薄雾朦胧；日出月落，彩光普照；浓雾来时，如烟如幕；薄雾飞来，山峦潜影。云海景观更是迷人，时而山中白云缭绕，崖下浮出一片片白云，冉冉上升；时而黑云压顶，低云密布，山雨欲来，而山下却丽日晴空。有时狂风大起云涌似潮，上下翻腾，波涛滚滚，一会儿烟消云散，一片晴空，万物皆现，变化之多，难以卜测，短短的时间内，可以品味到春、夏、冬的滋味，领略魅力无穷的大自然之美，真是妙不可言。

晴空下，七彩夺目，星月下，耀眼如灿河。难怪人们在领略了雪峰的奇丽后，诗云"朝辞盛夏酷暑天，夜宿严冬伴雪眠，百里春花秋叶落，四季风光一日间"。

每当夕阳西下之时，天际晚霞轻飞，紫云飘摇，圣山之巅冰雪晶莹，熠熠闪光，时呈殷红淡紫，而现浅黛深蓝，疑为霓虹变幻，实乃自然天成。

气象天象绝伦美妙，漫步在这变幻无穷的天幕之下，除却烦恼，了然轻松。

（五）高原气候凉爽宜人

湟水属大陆性气候。地势高峻，空气稀薄干洁、透明度大，日照充足，太阳辐射强烈，气候凉爽，夏无酷暑，春、夏、秋三季景观相异，季相丰富，紫外线强，杀菌消毒，空气芬芳清新，富含负氧离子，具有发展旅游业得天独厚的气候环境条件。

（六）宗教文化高深莫测

湟水流域的塔尔寺、瞿昙寺、广惠寺、佑宁寺、白马寺、北禅寺、清真大寺等众多的寺院，万千虔诚的信徒，构成了一个静如湖水，却又丰富多彩，高深莫测，却又平易近人的宗教社会。神像、经书、建筑在山岭丛中，在绿林掩映之下，固守着雪山的圣洁；颂经之天籁声音，飘扬着的无数经幡，保育着一方平安。是信仰的力量，是高深的天道，总之，对外界而言，这是神秘的乐土，是令人产生"到此一游"的客观源动力。

（七）民族风情纯朴诱人

藏族、土族、回族、撒拉族、汉族等多个民族，构成了特有的种族结构，也会聚了多种民族风情。其生活习俗、服饰特色、饮食居住、婚丧嫁娶、文化娱乐、社会风尚等等，都构成了旅游者探询的对象。淳朴好客的各民族人民，在生生不息地继承着他们的文化传统，同时也在不断的相互影响、相互渗透、相互学习，共同发展。但是他们的勤劳、淳厚、朴实、勇敢、豪放、耿直、聪明，他们的能歌善舞、争强好胜、热爱运动、自立自强的优良传统都构成了诱人的"无形资产"。

综所上述，湟水流域生态旅游以科学发展观为指导，牢固树立旅游业是动力产业、朝阳产业、综合产业的产业观，把旅游业培育成新的经济增长点；突出特色和重点，实施旅游精品战略。以青海湖、鸟岛、沙岛为支撑点，充分利用"环青海湖国际公路自行车赛"在国际国内的影响和青海湖的品牌形象，依托当地民族文化、人文景观和自然生态，重点建设好环西宁生态风光民族文化体育旅游圈；加强科学规划和管理，不断完善基础配套设施。高度重视旅游环境的建设和保护，突出旅游业的整体建设，合理设置举办旅游"郁金香节"、"青洽会"等活动；是建立多元化投融资体制，保证旅游业发展资金需求；重视旅游购物环节，积极开发有地方特色的旅游商品；强化行业管理，促使旅游业发展规范化、法制化、标准化；加快改革和创新，不断增强湟水流域旅游业的竞争力。因此，必须正视和解决影响旅游业发展的诸多问题，有计划、有步骤地促进旅游资源优势向经济优势、产业优势转变，实现生态旅游业发展的新跨越。

第二节　特色种植业

一、中藏药材种植

青海是我国的中藏药材资源大省，境内有药用价植的野生植物达 1461 种，历来以盛产冬虫夏草、雪莲、大黄等名贵中药材闻名。但是，连年的掠夺性采挖却使得不少优质中藏药材日益枯竭，有的药材甚至要从别的地区或国外进口。

据悉，从 20 世纪 50 年代开始，青海省中藏药材收购量呈上升趋势，但是药材产区却不断缩小，产量逐年下降。这些药材中大多属于野外自然生长，无法人工种植，或人工种植质量不够理想。乱采滥挖导致许多野生中藏药材自然再生能力下降严重，个别品种甚至有灭绝的危险。

80 年代以来，野生大黄的产量不断下降，现在产量已经不到 70 年代的 1/10。过去青海曾经是大黄销售大省，目前其市场主导地位已经被甘肃省的人工栽培大黄所取代。据有关部门统计，青海中藏药材年需求在 2500t 左右，而市场供应量却不足 1000t。藏茵陈、雪莲等一些中藏药材市场供应量因为缺口较大，甚至不得不从西藏、新疆等地收购。目前青海省药材种植面积达 7300hm²，但还未形成产业规模，处在野生资源采集阶段，药材资源种植与大规模开发的要求还很不适应，如重点品种所需藏茵陈原料 80% 是从尼泊尔、印度进口。

原本计划在"十五"期间，将医药工业打造成为青海省支柱产业，但是由于野生药材原料短缺、"亏空"较大，药材种植基地产量严重滑坡，中藏药种植进展缓慢等问题，这一计划的实现已是困难重重。加大 GAP 种植基地的培育，是青海做强做大中藏药产业，促进中藏药产业健康发展的必由之路，而解决培育、监管、创新等问题则更是当务之急。

随着藏医、藏药宣传力度的加大及人们物质文化水平的提高，人们对藏医、藏药的独特疗效有了进一步的认识，这也正是大力发展藏药的有利时机。丰富独特的药材资源也带动了制药业的发展，青海晶珠藏药高新技术产业股份有限公司、青海柴达木高科技药业有限公司生产能力强大、产品品种多样、发展势头良好、产品销路广阔。中藏药资源为企业的发展奠定了基础，企业的发展也为中藏药资源创造了商机。因此在退耕还林还草工程中，加大林药间作规模，进而提高退耕农户的经济收入。

二、花卉种植

随着国民经济的发展，人民生活水平的不断提高，人们对庭院、环境美化的要求，今后观赏花卉花木需求将不断增加，这必将有力地推动花卉产业的发展。据调查统计，西宁、海东花卉种植面积已经达到160hm²，仅西宁地区就有规模花卉繁育基地8处，西宁市也连续三年举行了"郁金香"节。

湟水流域独特的气候条件特别适应发展冷凉球根花卉，杜鹃、报春、龙胆、绿绒蒿是高原独有的四大名花，芍药、牡丹、石竹、萱草、福录考、金不凋等宿根花卉在西宁地区表现尤为突出，在中国花卉协会编制的花卉产业战略布局中把青海省划为重点球根生产区，这些都说明在湟水流域发展花卉产业大有潜力可挖。

三、特色农产品

历经多年市场经济和农业产业化发展的磨砺，地处世界屋脊的青海省正在迎来一场高原农业发展史上的巨大变革：农村牧区的结构调整使传统落后的农牧业生产摆脱了僵化而单一的经营套路，特色农业的快速崛起使农牧民群众从优势互补、效益优先中得到越来越多的实惠。

伴随着农牧业结构调整和特色产业发展的脚步，全面放开粮食市场，取消粮食定购任务。这一政策的出台标志着为实现粮食自给而长期艰苦奋斗的历史已经结束，表明连续多年的农牧业结构调整取得了显著成果，一个全新的、独具高原特色的新型农牧业产业化发展的时代已在变革中初具雏形。

青海高原独特的气候条件和人文环境，使土豆、蚕豆、豌豆、油菜等一大批农作物品种始终保持着集耐寒、耐旱、无病害、洁净无污染等多种特点于一身的高品质优势。但在过去一味追求粮食自给的农业生产过程中，这些优良作物的种植面积很小，产业化发展始终低迷不振，品质优势没能转化成经济优势。

近年来，青海省将加快种植业结构调整，提高经济效益作为农牧业发展的目标，包括高原名品"三豆一菜"（土豆、蚕豆、豌豆、油菜）在内的许多农作物的良种不断得到改良和提高，农业科研部门先后培育出的十几个优质、高产马铃薯、油菜及蚕豆等作物品种，均以显著的抗寒、抗旱、抗雹、抗病和适应能力强等优势热销全国各地。

除了"三豆一菜"外，青海省种植业结构调整中以反季节蔬菜为龙头的无公害蔬菜业也快速崛起。湟水流域将在今后加快发展高原"菜园地"，力争建成西北地区最大的无公害蔬菜生产基地。

四、林木种苗

湟水流域是青海省主要种苗生产区域，已形成了以国有苗圃和国有林场为主体的种苗生产基地。近几年，通过种苗工程项目，加大了基础设施建设，种苗生产的科技含量进一步提高，种苗生产规模、质量和数量不断增加，生产水平有了明显提高。截至目前，现有良种基地8处，面积382hm²，采种基地8处，面积2200hm²；苗圃1427处，总面积2199.8hm²，可育苗面积 1690hm²，其中国有苗圃 68 处，可育苗面积 553.5hm²；集体苗圃 189 处，可育苗面积 346.9hm²；个体苗圃 1170 处，可育苗面积 789.6hm²。

五、经济林

在湟水流域经济林的发展上，立足资源优势，实行规模开发。湟水流域农业区自然条件好，有大面积可以灌溉的河谷阶地、河岔水地，且交通便利，有利于发展经济林。按照区域化布局、集约化经营、规模化发展、产业化培育的思路，进行经济林基地建设，因地制宜，将品种质量放在首位，狠抓苹果、梨的品种优化，使经济林建设实现由量的提高向质的优化转变。另外，在经济林的区域布局上，川水地区重点建设苹果、桃生产基地，川水沟岔地区重点建设核桃、杏等杂果生产基地。建设布局上，湟水流域的山区以小基地大果园和庭院经济林发展为主营造经济林。经过这几年的发展，该区现有苹果、梨、杏、桃等水果类经济林 8600hm²，年产果品 2800 万 kg。

六、特色种植业评价

（一）中藏药具有发展潜力

青海地处青藏高原，有着丰富而独特的中药藏药资源，共有药用资源 1660 种。但是由于地理、气候条件等原因，天然药用资源再生能力低下。长期以来，中药藏药只采不种，使得许多中药藏药资源数量和质量均大幅度下降，部分品种破坏性采挖问题严重，致使野生资源保有量下降，许多品种甚至处于濒危境地。据统计，青海省目前濒危药材的品种有：雪莲、麻黄、红景天、藏茵陈、青海茄参、雪灵芝等。为了改变中药藏药资源面临枯竭状况，近年来青海省大力发展人工种植中药藏药替代野生资源。目前青海省药材种植的主要有大黄、秦艽、藏茵陈、花锚、柴胡、党参等 19 个品种。对于目前无法人工培育的，如冬虫夏草等，青海省也出台了相应的法律、法规，并采取封育和严格限制采挖人员等保护措施。

加快青海省中藏药产业的发展，在很大程度上取决于藏药材种植业的发展。因此，青海省相关方面提出要进一步加强青海地道中藏药材野生变家种（家养）研究和中藏药材栽培技术研究，加快特色植物沙棘、白刺、枸杞等封育繁殖基地建设，培育藏茵陈、大黄、红景天等地道药材 GAP 生产基地，实现青海省主流中藏药材的规模化种植。同时，积极开展珍稀中藏药动植物资源的种植（养殖）和替代品研究，为中藏药产业可持续发展提供资源保障。

（二）花卉市场的逐年升温，野生花卉开发不力

青海地处高原，独特的冷凉气候条件孕育了丰富的花卉资源，形成了高原特有耐寒、耐旱、抗盐碱、耐水湿的观赏花卉，芍药、牡丹、石竹、金不凋等宿根花卉在西宁地区表现尤为突出。东部多数地区又是郁金香、唐菖蒲、百合等冷凉花卉的适生地，生产的鲜切花花大、茎长、色泽艳丽，很受市场欢迎。第六届中国花卉博览会青海省取得了 7 个奖项，展览不仅体现了青海的风光风貌，同时也看到了青海花卉业的迅猛发展。

经过近几年的发展，青海省涌现出了一批前景看好的花卉生产企业。西宁市卉源农业有限公司、青海农发高科技园艺有限公司和青海阳光花卉有限责任公司有几十栋节能温室用于百合鲜切花反季节栽培和康乃馨、非洲菊等鲜切花生产；青海省宏兴生物技术开发有限责任公司和金达利实业有限责任公司着重于郁金香种球的繁育种植。大大弥补了冬季北方花卉市

场的不足，更缓冲了南方市场的供需矛盾。目前，产品已远销上海、广东、北京、成都等地。青海农发高科技园艺有限公司还以"公司＋基地＋农户"的运作模式，与农户签订种植合同，发展订单农业，带动了西宁农业产业结构调整，促进了全省花卉产业的发展。

与此同时，西宁市还建立了一些规模较大的花卉市场，花卉市场的建立给花卉走向市场提供了平台，花卉市场的逐年升温也带动了整个花卉产业的发展。不过，也有一些花卉公司，由于资金不足、花卉专业人才缺乏严重影响了企业的发展，从而影响整个花卉产业的发展。

独特的地理和气候环境孕育了丰富的野生花卉资源。全省已收集野生观赏性植物500多种，其中具有较高观赏价值的花卉有180多种。青海省野生花卉大多还没有进入市场，据统计现被开发利用的不足50种。

青海对野生花卉的开发利用程度并不高，有些野生花卉虽然已经有了生产技术、景观示范等基础，但由于没有苗木，面临着无法开发的局面。造成青海省野生花卉得不到开发的主要原因是缺乏从事野生花卉开发利用研究的专业技术人员，加上野生花卉的生长环境一般在偏远地区，加大了野生花卉的开发难度。此外，因野生花卉不同于其他已被驯化的花卉，常规的生产技术较难种植成功，这在很大程度上影响和制约了青海省野生花卉的开发利用进程。

（三）特色农产品

在追求粮食自给的漫长过程中，省、县、乡村干部和农民群众可谓千方百计，费尽心思。为了提高粮食产量，粮食主产区每年都在推广、普及十几项实用技术。播种季节，几千名干部和农业技术人员深入田间地头进行指导，农闲时节还对农民群众进行大规模技术培训。这些措施虽然取得明显成效，但就全省粮食生产的总体成果来看，离完全自给的目标还相差甚远。

改革开放以来，社会主义市场经济的快速发展和国家实施的西部大开发战略，促使青海省的决策者们放弃了单纯的对粮食自给的追求，根据市场变化确定了将农业发展的方向转向多种经营，转向追求效益，利用当地独特气候优势发展具有竞争力的特色农业的新经营方略。

在大刀阔斧的种植业结构调整中，小麦、青稞等粮食主打品种已不再是农牧民群众增收的当家产品，取而代之的是土豆、油菜、蚕豆等经济类作物。青海全省优质油菜的种植面积已超过小麦成为农牧区最主要的优势作物。近几年先后培育出的优良土豆新品种也供不应求，乐都、平安、民和、互助等县的山区农民大规模扩大种植面积，种植规模将在百万亩以上，成为群众增收致富的一大亮点。全省可供蚕豆、豌豆种植的土地面积至少在百万亩以上，必将在未来几年内形成一定的产业化优势。

（四）林木种苗生产

根据湟水流域造林规模，总需苗量188 572.23万株，按建设期限分，近期需苗134 682.01万株，年均需苗木26 936.1万株；远期需苗53 890.22万株，年均需苗木5389.0万株。按造林树种分，针叶树（青海云杉、青杆、祁连圆柏、油松等）71 291.43万株，阔叶树（乔木）苗木45 921.56万株，沙棘、柠条以及其他花灌木树种370 858.35万株，各类经济苗木500.0万株。

良种基地、采种基地建设主要以国营林场为主，主要树种为青海云杉、祁连圆柏、桦树、沙棘、柠条等。

国营苗圃及国营林场苗圃，育苗树种以云杉、圆柏、杨树、山杏、榆树以及其他花灌木树种为主。集体及个人苗圃，主要是乡、村办苗圃及林业专业户苗圃，主要培育苗木为生长快，出圃周期短的杨、柳、沙棘等苗木为主。现有种苗基地苗木品种大多数为青杨、沙棘、青海云杉、柳等，适宜营造林的耐寒、旱树种苗木少，用于园林绿化的大苗紧缺。苗木品种单一、生产布局不合理。

（五）经济林市场竞争力弱

青海湟水流域虽然有独特的经济林品种，但由于气候条件、市场供求关系及传统种植习惯的影响，使得全省经济林发展水平不尽理想。品种多为苹果、梨、桃、杏、核桃、花椒等，市场竞争力弱，经济效益差。因此，湟水流域经济林建设以花椒、核桃、枣等干果类为主。

第三节　特种养殖业

一、鹿场

湟源县日月鹿场是省定的野生鹿种饲养繁育基地，位于湟源县日月山东侧，距省会西宁市80km，建于1978年，总面积为2000亩＊，现有白唇鹿、梅花鹿和马鹿3个品种，共245头，年产鹿茸40kg。

大通县种牛场养鹿场地处大坂山南麓，距西宁市92km，自1970年建立以来，先后从东北等地区引进梅花鹿、白唇鹿、马鹿3个品种，现经营鹿场面积9000余亩，驯养繁殖鹿400余头，年经营利用鹿20余头。

二、牛羊育肥

青海省是我国五大牧区之一，拥有近5亿亩天然草场。近年来，在加快种植业结构调整的同时，不断深化省内高海拔草地牧业的生产经营改革，鼓励和引导农业区千家万户从牧区贩运牛羊进行家庭育肥养殖，全省畜牧业发展由此已经形成了一个农牧区优势互补、效益共享的"西繁东育"新格局。

"西繁东育"是根据农牧结合的省情优势而致力发展的一种牛羊反季节贩运育肥，从而提高牧业效益的生产模式。每年冬春，牧区牲畜膘情不良，出栏旺季或价格低廉时，农牧民们将大量牛羊贩运到自然条件较好、饲草料资源丰富的东部农区进行舍饲圈养育肥，待市场转旺时再集中出售。这种紧盯市场变化、反季节育肥销售的牧业经营方式风险小，形式活，周期短，效益高，深受农牧民群众欢迎。

三、西宁野生动物园

西宁野生动物园位于城西湟水与北川河交汇处南岸，占地3.5hm²，园内有动物多种，有黑颈鹤、灰鹤、班头雁、黄鸭、鱼鸥、棕头鸥、雪豹、猞猁、棕熊、野牦牛、岩羊、藏原羚、白唇鹿、麝、野驴等。每年还会有大象、长颈鹿、大熊猫等动物到这里巡展。据不完全

＊ 1亩＝0.067hm²，下同。

统计，从 1998 至今，已收容救护了猞猁、岩羊、马熊、兔狲，狼、草原雕、猎隼、藏马鸡、蓝马鸡、斑头雁、赤麻鸭、大天鹅、猫头鹰等 30 余种数百只野生动物。人工驯养、繁殖成功了荒漠猫、蓝马鸡、岩羊等青藏高原特有的珍稀野生动物，并初步建立了人工种群，为青海野生动物救护繁育中心的建设提供了较好的基础条件。

四、杰森特种动物养殖

杰森特种动物养殖基地，已投入建设资金 400 万元，开办了特种养殖，现有饲养圈舍及生产用房 3300m³，驯化养殖品种有鸵鸟、肉鸽、珍珠鸡、贵妃鸡、乌骨鸡、山鸡等，目前存栏各种种禽 7000 余只。

五、特种养殖业评价

（一）牛羊育肥

青海六州牧区八成以上的牧户已实现定居放牧，全省 85% 的可利用草场也已承包到户。草原牧民绝大多数已摆脱了"逐水草而居"的游牧生活，全省牧业生产正由传统的粗放型、头数型向效益型转变。广大牧民群众不再以牛羊多少论财富，而是将目光转向科学放养和提高效益上。"西繁东育"作为牧区牲畜资源与农区饲草料资源优势互补、效益共享的重点工程来抓，利用农区大规模开展退耕还林还草工程的时机，鼓励和引导农户积极参与牛羊反季节贩运育肥，在提高退耕种草效益、增加收入的基础上减轻牧区草场压力。如平安县石灰窑乡下河滩村，是贫困农区实施牛羊"西繁东育"的示范点。每年秋冬季节，村民们从省内各牧区低价购进瘦弱牛羊，暖棚育肥 3 ~ 4 个月后出栏。按现在的养殖规模，全村 75 户示范户每年可出售育肥羊 4 万多只，利润应在 400 万元以上。牛羊育肥养殖的兴起还带动了全县运输、饲料等相关产业的快速发展，为地方经济的发展注入了新的活力。

（二）西宁野生动物园

西宁动物园在为游人展示的同时，积极进行人工驯养、繁殖青藏高原特有的珍稀野生动物，初步建立了人工种群，为青海野生动物救护繁育中心的建设提供了较好的基础条件。在开展野生动物救护的同时，发挥科研优势，开展野生动物饲养繁育技术的研究，取得了许多研究成果。

（三）特种动物养殖

生产的鹿茸、鹿血等产品完全保持了野生鹿种的特色，品质优越，质量高，深受广大消费者喜欢，开发潜力较大。杰森特种养殖基地鸵鸟、肉鸽、珍珠鸡、贵妃鸡、乌骨鸡、山鸡等禽蛋产品上市销售，为丰富全市"菜蓝子"提供美味佳肴。

第四节　绿色产品加工业

一、农产品加工

（一）油菜加工

随着品种改良和种植技术的改造，作为青海省六大作物之一的油菜产量有了较大提高，目前油菜种植面积已达 20 万 hm²，总产量 28.61 万 t，已成为青海省的第一大农作物，与省外其他油品相比，青海油菜品质好、油籽平均出油率达 38%，比全国平均出油率高出了 7 个百分点。

（二）土豆加工

传统的马铃薯产业是青海山区群众的主要避灾作物，在正常年景又有较高的经济价值和较好的商品属性，而且生长期较短、耐储存、退化慢、增产幅度大而闻名全国。因此，在我省建立脱毒马铃薯种薯产业化基地有着较为优越的条件。

（三）蔬菜加工

蔬菜是青海种植业中效益较高的农作物之一，目前青海省通过推广应用高新技术，无污染、无公害的反季节蔬菜已远销国内外，有专家预测，青海省蔬菜市场潜力巨大，自产蔬菜仅占全省蔬菜消费总量的 25%，如果做到自产蔬菜基地占领本地市场，满足全省消费、发展前景相当广阔。

二、林产品加工

（一）野生蔬菜加工

在现代消费生活中，人们寻求安全、营养、保健食品已成为一种时尚。健康的天然野生蔬菜即成为人们追寻的真正的绿色食品。野生蔬菜不同于一般蔬菜，它是大自然植物资源的一个组成部分，生长于良好的生态环境，不受人为影响。它的特点是无公害的污染、高营养、具有健康保健治疗作用。

1. 鹿角菜

鹿角菜是多年生草本植物，属藻类，因形似鹿角而得名，干菜发白稍淡黄色，生长在海拔 2500～3000m 的森林的苔藓中，含有丰富的氨基酸，纤维素及多种微量元素，每 100g 含粗纤维 25.25%，维生素 C 1.63mg，粗蛋白 2.54%，胡萝卜素 55mg，并含有钙、铁、磷、锌等多种微量元素，是一种惟独不含砷的纯天然绿色食品。鹿角菜，生长在高山积雪中，不怕严寒，不腐烂变质，干菜用水浸泡后变新鲜翠绿，晶莹剔透，具有很强的离子交换功能和吸附作用，改善人体消化功能，对肠胃道疾病、糖尿病有一定的食疗作用，有扶正祛邪之功效，久食可增强体质，防治男女肾气亏损，精力不佳以及溃烂等病。

2. 柳花菜

柳花菜生长在海拔 2500～3000m 森林之中，属野生菌类，是现存最原始的植物，生长期长达 3 年之久，寄生于柳枝杆上，其形如木耳，又名绿木耳。柳花菜，味平、性寒，具有丰富的氨基酸，高蛋白，粗纤维，是人体最佳的膳食纤维来源。有清脑明目、降血压、补血亏、治疗神经衰弱等功效。

3. 蕨菜

蕨菜又名龙爪菜、龙头菜、吉祥菜、如意草、荒地蕨、猫爪子等，属凤尾蕨科植物。广布湟水流域林区，喜生于浅山区阳坡的针阔混交稀疏林中，资源非常丰富。食用其味甘、性寒，无毒，有清热解毒、增智安神、化痰降气之效，风味独特，药食兼宜。蕨菜生于山林下，不受"三废"污染，食用安全性高，营养丰富，受到国内外人民欢迎。

4. 苦菜

苦菜是一种天然的无任何污染的绿色植物，具有丰富的营养和广泛而独特的医用功能。苦菜，含有大量人体必需的氨基酸、维生素、磷等微量元素，含有苦碟子化学成分。具有清热、凉血、解毒作用。可防痢疾、黄疸、血淋、痔瘘、疔肿；具有降血脂、降低胆固醇、减肥、降血压，改善微循环，增加心肌供氧量作用。

（二）饮料加工

1. 桦树汁饮品

白桦为桦木科落叶中生乔木，适应性强，在原始森林被采伐后或火烧迹地上，常与山杨混生构成次生林的先锋树种，有时成纯林或散生于其他针阔叶林中，分布于湟水流域。正确合理地从桦树中引流桦树液，并不影响桦树的生长发育，它可做为林业生产中综合利用的一个项目与其他林区作业同时进行，故开发桦树液资源有较高的经济价值。桦树汁饮品是由桦树液经科学加工调配而成的一类饮料，市场十分畅销。

2. 沙棘汁饮品

沙棘又名醋柳、酸刺。为落叶灌木，胡颓子科植物，国产沙棘属5种，4亚种，其中以中国沙棘（亚种）为主。中国沙棘集中分布于湟水流域。沙棘汁饮品各种营养成分丰富，其中含有8种人体必需的氨基酸、不饱和脂肪酸和多种维生素C，具有保健和营养滋补的双重功效，属纯天然绿色食品，符合人们对健康饮料的需求。

三、绿色产品加工业评价

（一）农产品加工

青海优质油菜的种植面积已超过小麦成为农牧区最主要的优势作物。相当规模的油料加工和营销业由此兴起，并出现了一批依靠加工油料致富的"亿元村"。现在，青海优质油菜原种和加工产品大量销往甘肃、新疆、宁夏、内蒙古、黑龙江、西藏等省（自治区），显示出强劲的市场竞争力。近几年先后培育出的优良土豆新品种也供不应求，乐都、平安、民和、互助等县的山区农民大规模扩大种植面积，种植规模将在百万亩以上，成为群众增收致富的一大亮点。

（二）林产品加工

随着改革开放和商品经济发展，我国野生资源的开发利用逐渐受到重视。由原来的自采自食转向农民采集，工厂收购加工，成批销售出口。野菜深加工的研究也已进行，加工品的种类及方法出现多样化、高档化。除传统的干制、腌制外，还开发了罐制、盐渍、小菜制品、野菜汁和野菜保鲜品，使得我国有10余种野菜出口20多个国家。总之，合理开发利用山野菜资源，可使山区农民尽快脱贫致富，具有广阔的商业开发前景，同时也将成为山区农业经济一个新的亮点。

1. 野菜营养丰富

野菜不但和蔬菜一样有人体必需的糖、脂肪、蛋白质、维生素、无机盐、微量元素和食物纤维等营养物质，而且许多野菜的营养成分，特别是其中的胡萝卜素、抗坏血酸和核黄素含量都高于常见的蔬菜。资料表明，所测234种野菜中每100g鲜重含胡萝卜素高于5mg的有 88 种，维生素 B$_2$ 含量高于 0.5mg 的 87 种，维生素 C 含量高于 100mg 的有 80 种，含钙量在 200mg 以上的有 43 种。

2. 野菜是佳味良药

几乎所有的野菜都具有医疗保健价值，含有治病的活性物质，在中药学里占有重要地位。食用野菜，可补充营养、防治疾病。近代医学表明：有些山野菜有防治心血管病及癌症之功能。如茵陈菜能治肝炎，马齿苋能治疗肠炎，鱼腥草能治疗肺炎，车轮菜能消肿利水，睡菜能治疗烦躁失眠等。

3. 野菜味鲜形美

我国野菜种类繁多，约计 600 多种，能常采食的野菜大约有一二百种，其色、味、形各异。野菜由于含有各种不同量的叶绿素、胡萝卜素、番茄素、叶黄素等，因此各俱佳颜。野菜的香气是由挥发性物质散发出来的，因所含的苷和脂类不同，而香气各自独特。野菜的味道是由于各自所含的有机酸、糖和绵脆程度等不同，决定了其具有甘甜适口、醇香宜人的味道，有的野菜特别味美可口，为一般蔬菜所不及。野菜有的形美迷人，如蕨菜形如龙头。

4. 野菜最洁净

许多野菜享有山珍之王的美誉，究其原因，除了营养丰富、味美可口之外，还因为它们生长在山野，没有受到农药、化肥、污水的污染。如各种蕨菜生于山坡林下，不受"三废"污染，实用安全性高，因此，是一种最"环保"的卫生菜。

5. 野菜可调剂蔬食供应

蔬菜的季节性和区域性很强，收获和供应有淡旺季之分，生产和销售有不平衡之处，有时不能满足人们需要。丰富的野菜资源是大自然赐给人们的蔬食营养宝库，可以弥补淡季蔬菜的不足。由于一年四季都有各种野菜出产，只要合理开发利用，就可起到补充和调剂食用蔬菜的作用。即使在蔬菜旺季，适量采食一些野菜，也可以增加食谱，调节口味。

6. 野菜有经济价值

合理开发利用山珍野菜，不仅可以调整人们的食物营养结构，而且有经济价值。因为采集野菜投入少，收益大。近年来在国外，特别是日本和东南亚各国形成了一股"野菜热"，而且最欢迎我国的一些山珍野菜。如每年都有大量的蕨菜产品出口国外，1t 蕨菜干的价格相当于 40t 大豆，为国家换取了大笔外汇。

7. 野菜有生态效益

许多野菜，如蕨菜、茵陈等繁殖容易且快，茎叶覆盖面大，水土保持效果好。野菜花美丽动人，千姿百态，也是绿化、美化环境的优良草种。野菜还是"蔬菜的天然基因库"，研究开发野菜，可为引驯培育优质、高产蔬菜提供种质资源。如现已栽培出荠菜等高营养品种。总之，野菜的生态效益很好。

8. 具有广阔的前景

野生蔬菜分布较广，种类多，开发野生蔬菜具有广阔的前景。随着人们物质生活水平的提高，尤其是人均肉、禽、蛋、奶、鱼的消费量明显提高后，消费需求必然要向一个更高层次发展。近些年来，在美国、日本等国家和香港地区，野生蔬菜畅销不衰。

9. 林产品加工滞后

湟水流域野生蔬菜仅对鹿角菜、柳花菜、蕨菜、苦菜进行加工，规模小、品种单一，市场青睐；桦树汁、沙棘汁等饮品产量低，工艺落后，市场供不应求。但是，不论是野生蔬菜，还是饮品加工，整体上相对滞后。

第九章　生态建设与保护的理论和实践

第一节　生态建设与保护基础理论

一、可持续发展理论

可持续发展（sustainable development）的核心思想是：当今人类的经济和社会发展，必须是"既满足当代人的需要，又不对后代人满足他们的需要的能力构成危害。"或者说，"满足当代人的发展需要，应以不损害、不掠夺后代人的发展作为前提"（Timberlake，1988）。在空间上应遵循互利互补的原则，不能以邻为壑；在时间上应遵守理性分配的原则，不能在"赤字"状况下展开运动；在伦理上应遵守"只有一个地球""人与自然平衡""平等发展权利""互惠互济""共建共享"等原则，承认世界各地"发展的多样性"，以体现高效和谐、循环再生、协调有序、运行平稳的良性状态。因此，可持续发展可以在不同的空间尺度和不同的时间尺度，作为一种标准去诊断、核查、监测、仲裁"自然—社会经济"复合系统的运行状态是否"健康"。

"持续发展已经变成未来的最优选择"。而可持续发展的执行，必然落实到一个特定的空间，就是通常所谓的区域，它们均表现为一个由自然系统、经济系统和社会系统组成的紧密耦合体。然而，可持续发展研究以及与其相关的国土整治、区域开发、环境治理、资源经济增长与自然改造等，无一例外地都要在"区域"这个舞台上被充分地表现出来。

对于区域的可持续发展状况作出诊断，也为了对区域的可持续发展战略作出仲裁，必须把区域的可持续发展评价放在首位。此类评价，既与过去的区域评价、生态环境评价有很多的共同之处，也与其评价理论与方法存在着许多不同之处。可以肯定，可持续发展评价的着眼点，首先在于它是两种功能的有机结合：从纵的方面讲，即从过程角度出发，可持续发展评价强调资源的世代分配、强调过程的顺畅运行、强调社会稳定健康、强调人类在发展上的伦理道德与责任感；从横的方面讲，即从区域系统的瞬态场景出发，可持续发展强调结构的均衡、强调生产链的协调、强调供需关系的平衡、强调管理的有序。学者们倾向认为，惟有从纵的和横的交叉认识上，才可能对区域的可持续发展评价和规划，作出有水平的内涵提示。从这里可以认识到，区域可持续发展评价与规划，事实上是一种战略性的、根本性的、指导性的，也是带有风险性的管理行为。有关具体的评价原理和方法还不成熟，有待进一步研究。

二、环境科学理论

环境是相对于某一中心事物而言的。环境科学所研究的环境，其中心事物是人类，是以人类为主体的外部世界，即人类生存、繁衍所必需的相应的物质条件的综合体。环境可分为自然环境和人工环境。自然环境是人类出现之前就存在的，是人类目前赖以生存、生活和生产所必需的自然条件和自然资源的总体，即阳光、温度、气候、空气、地磁、岩石、土壤、动物、植物、微生物以及地壳的稳步增长定性等自然因素的综合。人工环境是指由于人类活动而形成的物质、能量和精神产品，以及人类活动中所形成的人与人之间的关系或上层建筑。环境科学中所研究环境是指自然环境。《中华人民共和国环境保护法》所称的环境是："大气、水、土地、矿藏、森林、草原、野生动物、野生植物、水生生物名胜古迹、风景游览区、温泉、疗养区、自然保护区、生活居住区等。"

环境科学是研究人类活动与其环境质量关系的科学。从广义上说，它是对人类生活的自然环境（包括原生和次生环境问题）进行综合研究的科学；从狭义上说，它只研究由人类活动所引起的环境质量的变化以及保护和改进环境质量（只限于次生环境问题）的科学。环境科学的研究对象是人类与其生活环境之间的矛盾，在这一对矛盾中，人和社会因素占有主导地位，决定环境状况的因素是人而不是物。环境科学是自然科学、社会科学和技术科学的交叉学科。研究的内容概括有：①人类和环境的关系；②污染物在自然环境中的迁移、转化、循环和积累的过程和规律；③环境污染的危害；④环境状况的调查、评价和环境预测；⑤环境污染的控制和防治；⑥自然资源的保护和合理使用；⑦环境监测、分析技术和预报；⑧环境区域规划和环境规划；⑨环境管理。环境科学已形成很多分支学科，其中环境卫生学、环境生态学、环境工程学对林业生态工程构建具有重要的指导意义。

三、生态系统理论

生态系统理论是英国著名植物生态学家坦斯利（A. G. Tansley）1935 年首先提出的，此后经过美国林德曼（R. L. Lindeman）和奥德姆（E. P. Odum）继承和发展形成。生态系统概念是：在一定的空间内生物和非生物成分通过物质的循环、能量的流动和信息的交换而相互作用、相互依存所构成的一个生态功能单元。地球上大至生物圈，小到一片森林、草地、农田都可以看作是一个生态系统。一个生态系统由生产者、消费者、还原者和非生物环境组成，它们有特定的空间结构、物种结构和营养结构。其中营养结构以物质循环和能量流动为特征，形成相互联接的食物链和食物网结构。生态系统的功能包括生物生产、能量流动、物质循环和信息传递。对于林业生态工程具有直接指导意义的是生态系统平衡与生态稳态理论。

生态平衡（ecological balance）定义到目前尚无统一的表述。中国生态学会 1981 年 11 月召开的"生态平衡"学术讨论会上提出的定义是："生态平衡是生态系统在一定时间内结构与功能的相对稳定状态，其物质和能量的输入、输出接近相等。在外来干扰下，能通过自我调节（或人为控制）恢复到原初稳定状态。当外来干扰超越自我调节能力，而不能恢复到原初的状态谓之生态失调或生态平衡破坏。生态平衡是动态的，维护生态平衡不只是保持其原初状态。生态系统在人为有益的影响下，可以建立新的平衡，达到更合理的结构，更高效的功能和更好的效益。"生态稳态（ecological homeostasis）是一种动态平衡的概念，生态系统由稳态不断变为亚稳态，进一步又跃为新稳态。生态稳态是在生态系统发育演变到一定状态后才会出现，它表现为一种振荡的涨落效应，系统以耗散结构维持着振荡，能够使系统从环境不断吸收能量和物质（负熵流）。所谓的生态平衡，只不过是非平衡中的一种稳态，是不平衡中的静止状态，平衡是相对的，不平衡是绝对的。生态平衡在受到自然因素（如火灾、地震、气候异常）和人为因素（如物种改变、环境改变等）的干扰，生态平衡就会被破坏，当这种干扰超越系统的自我调节能力时，系统结构就会出现缺损能量和物质流就会受阻，系统初级生产力和能量转化率就会下降，即出现生态失调。

四、生态经济理论

生态经济学是研究社会再生产过程中，生态系统和经济系统之间物质循环、能量转化和价值增值规律及其应用的科学，是生态学和经济学相互渗透和有机结合而形成的一门研究生态—经济符合系统的结构和运动的边缘学科，其诞生以 20 世纪 60 年代末美国经济学家 K. E. Boulding 的论文《一门科学——生态经济学》为标志，是一门新兴的学科，其理论体系和方法论尚处于形成和探索阶段。我国生态经济学始于上世纪 80 年代初，虽然起步较晚，但发展很快，初步形成了自然科学和社会科学密切结合的独具特色的理论体系。一般认为，生态经济系统是由生态系统和经济系统通过技术中介及人类劳动过程耦合形成的。生态经济系统是生态经济学的灵魂，生态经济系统的特性及二者耦合过程是生态经济学的核心原理。

生态经济系统的协调有序性，实质上是生态系统有序性与经济系统有序性的融合。首先，生态系统有序性是生态经济系统有序性的基础。经济系统也遵循经济有序运动规律性，不断地同生态系统进行物质、能量、信息等交换活动，以维持一定水平的社会经济系统的有序稳定性；其次，这两个基本层次有序性必须相互协调，并共同融合为统一的生态经济系统有序性。生态经济系统的协调有序性，还表现在生态系统的自然生长与经济目标的人工导向协调。但是人工导向的协调不能超越生态经济阈的限度，否则很容易导致系统的逆行演替。

生态经济系统中的生态循环与经济循环都离不开生产过程中的相互耦合，即经济系统把物质、能量和信息输入生态系统后，改变了生态系统各要素的比例关系，使生态系统发生新的变化，从中吸取对自己有利的东西，来维持系统正常的循环运动，一方面生态自然物质、能量效益提高，另一方面经济过热的增长速度趋于稳定，从而使二者达到协调发展的目标。然而，耦合完成，经济产品产出，生态系统和经济系统酒会分离，直至下次生产中再次耦合。

流域生态经济系统视研究的范围而定，小流域生态经济系统一般是较为单一的生态经济系统，或者是包括农、林、牧、渔综合的生态经济系统。大流域生态经济系统是包括农村、城市、城郊的综合性生态经济系统。研究大流域生态经济系统，可以为国家制定经济总体发展规划提供理论依据。

经济系统在生态经济系统中具有主体结构的地位，这主要表现在经济系统的主导作用。人作为经济活动的主体，通过各种形式的调节控制，使得经济系统的再生产过程成为一种具有一定目的的社会活动，并通过技术系统的中介去改造生态系统，强化或者改变生态系统的结构和功能，使之为自己的目的服务。当然，经济系统这种主体结构是有条件的、相对的，作为基础结构的生态系统并非完全被动地接受经济系统所施加的影响，它会在内部机制的作用下对这种影响做出反应，并通过一定的形式反馈给经济系统，经济系统必须根据生态系统反馈的信息，调整对生态系统施加影响的方式，否则就有可能破坏生态系统基础结构。基础结构一旦遭到破坏，经济系统的主导地位就随之丧失。

生态经济持续发展目标的关键在于能否使生态系统反馈机制与社会经济系统反馈机制相互耦合为一个机制，这一过程实质上是经济系统对生态系统的反馈过程。一个良性循环的生态经济系统，其生态系统和经济系统必然是互为因果关系，也就是实现生态、经济、技术耦合。如果单纯追求暂时的经济利益，而选择一种掠夺式的技术和经济手段，这样的耦合虽然符合经济机制，但却不符合生态机制，因为无益于生态生产力持续稳定增长，无益于生态资源的更新，必然出现环境污染、资源枯竭等所谓生态危机。这样的耦合，实际上是暂时的耦合，因其两者的因果关系是暂时的、不稳定的。还有一种情况，经济系统使用的技术、经济手段根本与生态系统反馈机制的要求无关，这不仅不能使生态生产力持续稳定增长，就连暂时性的增长都不可能。

五、生态系统恢复与重建理论

生态系统的干扰可分为自然干扰和人为干扰，人为干扰往往是附加在自然干扰之上。自然干扰的生态系统总是返回到生态系统演替的早期状态，一些周期性的自然干扰使生态系统呈周期性的演替，自然干扰也是生态演替不可缺少的动力因素。人为干扰与自然干扰有明显的区别，生态演替在人为干扰下可能加速、延缓、改变方向甚至向相反的方向进行。人为干扰常常产生较大的生态冲击或生态报复现象，产生难以预料的有害后果。如草原过度放牧，导致草原毒草化，甚至出现荒漠化。生态恢复与重建理论认为由于人为干扰而损害和破坏的生态系统，通过人为控制，生态系统将会发生明显变化，结果可能有 4 种：①恢复，即恢复到未干扰时的原状；②改建，即重新获得某些原有性状，同时获得一些新的性状；③重建，获得一种与原来性状不同的新的生态系统，更加符合人类的期望，并远离初始状态；④恶化，不合理的人为控制或自然债等导致生态系统进一步受到损害。

人类采取措施恢复和重建生态系统时，必须符合生态学规律，从生态系统的观点出发，否则，一个措施使用不当，就会引起另一种严重后果。如美国中西部地区由于砍伐森林导致水土流失，后采用引进葛藤，经过几年种植，水土流失得到了一定控制，但应无相应的食草动物，葛藤在该地区迅速扩展，成为一种蔓延杂草。

随着人口的增加和科学技术的发展，人类活动的范围在不断扩大，干扰生态系统的能力也变得超乎寻常。在林业生态工程，特别是天然林保护和改造、城市绿化、矿区废弃地整治建设过程中，生态系统恢复和重建理论，具有十分重要的指导意义。必须认真研究森林生态系统在干扰情况下的演替规律，并结合现有的技术经济条件，确定规划、设计和管理各种参量，以最终确定合乎生态演替规律的有益于人类的林业生态工程建设方案，使受损的生态系统在自然和人类的共同作用下，得到真正的恢复、改建和重建。如云杉林就是一个比较稳定的生态系统，有人甚至认为是一种顶级群落，它自我更新和调节的能力很强。只要不过度采伐，轻度的干扰云杉林完全可以自我恢复。但是如果采用强度采伐，云杉林将出现逆行演替，甚至出现不可逆演替。如果采取措施如人工辅助更新或人工造林，云杉林又能得到更新。

第二节　流域生态建设的必要性与生态地位

一、生态建设的必要性

（一）符合国家西部大开发战略决策

生态环境是人类生存和发展的基本条件，是经济、社会发展的基础。保护和建设好生态环境，实现可持续发展，是我国现代化建设中必须始终坚持的一项基本方针，是把我国现代化建设事业全面推向 21 世纪的重大战略部署。全面实施这项跨世纪的宏伟工程，既是中华民族发展史上的伟大壮举，也是履行有关国际公约的实际行动和对世界文明作出的重要贡献。

西部生态环境恶化已引起中央领导和地方政府以及社会各界的高度重视和广泛关注。1997 年 8 月，江泽民总书记发出"再造一个山川秀美的西北地区"的号召；1998 年 10 月在党的十五届三中全会通过的《中共中央关于农业和农村工作若干问题的决定》中对保护和改善生态环境做出了战略部署，确定"把黄河长江中上游地区、风沙区和草原区作为全国生态环境建设的重点地区"；1998 年 11 月国务院制定了具有长期战略指导意义的《全国生态环境建设规划》。2000 年党中央、国务院提出西部大开发战略，生态环境建设列为西部大开发战略目标的能否如期实现的关键和重点。

为了贯彻落实党和国家关于西部大开发的战略部署，青海省政府相继制订了《青海省生态环境建设规划》、《青海省以粮代赈、退耕还林（草）规划》、《青海省天然林保护和建设规划》等报告，做了大量的前期基础工作。目前，"三北"防护林体系建设、退耕还林（草）、天然林保护工程已在湟水流域全面实施，各级政府积极贯彻中央精神，加大植树种草力度，为湟水流域生态环境综合治理奠定了坚实基础。

（二）实现区域生态平衡的需要

湟水流域地处黄土高原向青藏高原的过渡地带，是青海省生态环境脆弱的地区之一。近几十年来，由于自然环境条件变化和人为活动的综合影响，、水土流失严重、水源涵养功能低，流域生态环境恶化，已严重制约着流域社会经济的可持续发展，对流域人民的生产生活构成威胁。青海省省会城市西宁市位于湟水流域中游，是青藏公路、青藏铁路两大交通大动脉必经这地，是外界进入青海的窗口，也是青海省人口集中居住的地区。流域经济和社会发展对青海省的经济和社会发展具有重要的意义，因此湟水流域被列为青海省近期生态环境保护和建设的重点区域。

湟水流域生态环境问题受到了青海省及流域各级政府的高度重视。2005 年 5 月，青海省委书记赵乐际在视察西宁南北山绿化工作时强调指出："湟水流域作为青海省一个重要的地区，居住着全省近 60% 的人口，随着基础设施建设的不断完善和三江源自然保护区、青海湖生态保护区等项目陆续规划实施，当前要把整个湟水流域的绿化和生态保护工作提上议事日程，把这项工作做为"十一五"规划中全省绿化、环保的重点，认真作好项目规划和前期工作。争取用 20 年左右的时间，建成湟水河南北两岸绿色走廊"。"要将西宁建设成为山川秀美，山花烂漫，和谐文明，人人向往的高原花园城市。要搞好西宁南北山风景区项目的规划，建设一个走廊式的大南山公园，做到南山一体化，把南北山绿化融入到整个城市建设中。"为了认真贯彻赵乐际书记的重要指示精神，落实科学发展观，构建湟水流域人与自然和谐发展，推进流域生态环境治理步伐，加快实现全面建设小康社会的宏伟目标，结合青海省"十一五"规划工作的全面展开，由青海省林业局牵头，开展了由两院院士及省内外有关专家参加的湟水河流域科学考察，并组织相关专业技术人员深入湟水流域开展规划工作，在此基础上编制完成青海湟水流域生态环境综合治理总体规划。

（三）实施西部大开发战略的根本和切入点

历史上，湟水流域曾经水草丰盛，林木繁茂。长期以来，由于自然条件和经济、社会、历史等原因，湟水流域森林植被遭到了严重破坏，许多地方已成不毛之地，不少地方失去了生产、生存的基本条件。发展和繁荣湟水流域的经济，首先要解决生态问题。如果生态环境继续恶化，基础设施和生活环境没有生态屏障，人才进不去，资源利用不了，西部开发难以实现。依据《全国生态环境建设规划》，国家将用50年左右的时间，动员和组织全国各族人民，依靠科学技术，加强对现有天然林及野生动植物资源的保护，大力开展植树种草，治理水土流失，防治荒漠化，建设生态农业，改善生产与生活条件，加强综合治理力度。

二、湟水流域生态地位与作用

（一）是促进区域和全省经济可持续发展的关键

当前，生态环境与经济社会的协调、人与自然和谐相处的可持续发展成为国际社会的广泛共识。湟水流域人口众多，人均资源占有量较少，经济与生态协调发展的任务十分艰巨。进入新世纪以来，我国将经济社会可持续发展放在十分突出的地位。明确提出了全面建设小康社会的奋斗目标和总体要求，把生态建设作为全面建设小康社会的目标之一。湟水流域日益恶化的生态环境，不仅制约了青海的经济和社会发展，而且严重影响着全省经济社会的可持续发展。只有加强生态建设，改善湟水流域生态环境，才能改善投资环境，广泛引进国内外资金、技术、人才和信息，实现小康社会。

生态建设具有双重属性，既可以提供生态社会效益，又可以提供经济效益，以成为经济和社会发展的重要基础，林业建设是生态建设最根本、最长期的措施。正如温家宝同志指出的，在可持续发展战略中，应赋予林业以重要的地位；在生态建设中，应赋予林业以首要的地位；在西部大开发中，应赋予林业以基础的地位。湟水流域是带动青海经济腾飞的重要地带，湟水流域经济和社会发展，对全省经济和社会发展有着举足轻重的作用。国民生产总值222.11亿元，占全省的56.9%。在西部大开发中起"强东拓西"的作用。

（二）在全省生态建设中起到重要的示范作用

西宁有着悠久的历史，是我国黄河流域文化组成部分。据城北区朱家寨遗址、沈那遗址和西杏园遗址等考古发现，早在四五千年以前就有人类在这块土地上生产、生活，繁衍生息。两汉以来，地处湟水谷地的西宁等地生产得到了发展，人口也不断增加，西宁及其周边地区在政治、经济、交通和军事上的地位越来越重要。十六国时期，鲜卑族秃发部据今甘肃西部、青海东部地区建立地方割据政权南凉，曾一度建都西平（今西宁）。公元445年，北魏灭鄯国，改西平郡为鄯善镇（今西宁）。公元618年唐朝建立后，在青海东部设鄯、廓二州。鄯州辖龙支、湟水二县，今西宁为湟水县辖地。公元1104年北宋改鄯州为西宁州，隶属于陇西都护府，从此，"西宁"这一名称一直沿用到今天。1927年（民国16年）撤西宁道，设西宁行政区长官。1929年，南京政府设立青海省，以西宁为青海省省会。1950年1月1日青海省人民政府成立，西宁市为青海省省会。

湟水流域是青海省人口密度最大，经济、文化最为繁荣的地区。总人口301.25万人，占全省总人口（538.6万人）的55.9%；建立和完善湟水流域生态保护体系，不仅对提高湟水流域人民生产生活环境质量，政治稳定，经济发展，文化繁荣，而且对推动全省生态环境保护和建设，全面实现小康社会，具有重要的战略和示范意义。

（三）是青海东部地区最重要的生态安全屏障

湟水流域黄土高原向青藏高原的过渡地带，也是农业区向牧业区的过渡地带，分布在这一区域的生物物种也具有典型的过渡性，以占全省2%的土地养活着全省近55.9%的人口，分布在这一流域的森林植被涵养着湟水水源，并孕育了灿烂的河湟文化，使湟水成为青海近300万各族人民群众的母亲河，是青海东部地区最重要的生态安全屏障。所以湟水流域的森林植被建设，生态治理，是青海省的经济社会可持续发展的重要基础，关系到全省生态安全体系的建立，关系到全省生态文明建设的整体进程，是建设和谐青海生态环境根本要求。

第三节　生态建设与保护的可行性分析

早在100多年前，中欧阿尔卑斯山各国就普遍认识到森林调节径流的功能，并做了一些有意义的观测试验。此后，日本受西欧的影响，非常重视森林的水源涵养作用，从本国特殊的自然灾害出发，对森林涵养水源的机理做了详细的研究。前苏联、德国、奥地利等国家在水源区及水库周围，都划出一定面积的森伐林带，以保护水源和延长水库寿命。其他国家如美国、英国、加拿大、澳大利亚，也从不同角度进行了探讨。

早在明清时代，我国就有关于森林涵养水源、保持水土的记载，20世纪20~30年代，有人做了些开拓性的工作；新中国成立后，有关部门即开始这方面的试验研究。1981年7月四川出现特大洪灾，激起了人们对这一问题的关注，从而推动了江河、水库上的森林涵养功能研究工作的广泛开展。1988年的长江和松花江、嫩江洪水灾害，再一次引起人们的思考。虽然不能说上游森林植被破坏是"两江"洪水灾害的根本原因，但至少可以说是加剧洪水灾害的罪魁祸首。诸多事实、经验及科学研究证明，森林具有特殊的功能，"蓄水于山""蓄水于林"，对于河源区是十分必要的。可以肯定，在这些地区防止森林植被的消失，提高森林覆盖率，建设以水源涵养为主要目的的生态工程体系，是调节河流洪枯流量，合理利用水资源的一个重要途径。

一、植被恢复与重建

（一）水源涵养林

水源涵养林是以调节、改善水源流量和水质而营造的森林，是国家规定的五大林种中防护林的二级林种，是以发挥森林涵养水源功能为目的的特殊两种。虽然任何森林都有涵养水源的功能，但是水源涵养林要求具有特定的地理位置即河流、水库等水源上游。根据林业部关于《森林资源调查主要技术规定》，将以下三种情况下相应的森林，化为水源涵养林：①流程在500km以上的江河发源地汇水及主流、一级二级支流两岸山地、自然地形中的第一层山脊以内的森林。②流程在500km以下的河流，但所处地域雨水集中，对下游工农业生产有重要影响，其河流发源地汇水区及主流、一级支流两岸山地，自然地形中的第一层山脊以内的森林。③大中型水库、湖泊周围山地自然地形的第一层山脊以内的森林；或其周围平地250m以内的森林和林木。就一条河流而言，一般要求水源涵养林的布置范围占河流总长的1/4；一级支流上游和二级支流的源头以上及沿河直接坡面，都应区划一定面积的水源涵养林，必须使集水区森林覆盖率达到50%以上，其中水源涵养林覆盖率占30%。

湟中县南朔山水源涵养林生态建设典型实例

1. 基本情况

南朔山地处祁连山皱褶系西宁断陷盆地拉脊山腹地，平均海拔 2800m，是湟中县最大的人工林和封山育林区，南朔山南、西、东三面群山环绕。气候属高原大陆性气候，平均气温 0 ~ 5℃，年均降水 550 ~ 650mm，土壤以灰褐土为主，海拔 3200m 以上出现草甸土。自然植被属干旱草原—半干旱荒漠类型，优势树种有山柳、锦鸡儿、金露梅等，草种有苔草、地丁、冰草、披肩草、老芒麦等。人工栽植的有青海云杉、白桦、青杨、日本落叶松、沙棘等。周边分布着 3 个乡镇及 5 个行政村，人口约 4000 多人，民族以汉、藏、回为主，主要收入以农业为主。

南朔山地理位置优越，交通便利，距省会西宁市 37km，距湟中县城 12km。南朔山远看形似屏障，山势险峻，奇石林立，亭台洞阁点缀在花草林木间，溪水潺潺、鸟鸣声声，景致美不胜收。环境宁静优雅，气候清爽宜人，文化内涵丰富，是青海省道教文化的圣地，同时，也是全县机关单位义务植树基地之一和天保工程实施区。南朔山地区的大石门河是湟水一级支流，也是全县十几万人口的生活水源地。

2. 主要做法和经验

南朔山地区自 1987 年开始实施封山育林，坚持全社会办林业，全民搞绿化的方针，组织湟中县县直机关单位进行义务植树，绿化荒山荒坡。经过十余年的不懈努力，已绿化荒山荒坡 1053.3hm²，其中义务植树造林 733.3hm²，天保工程人工造林 320.0hm²；飞播造林 3453.3hm²；封山育林 8000hm²，在重点地区网围栏全封闭式封育 66km，主要营造了青海云杉、中国沙棘、青杨、日本落叶松、华北落叶松等树种，植被覆盖率达 80% 以上，生态环境得以大幅度的改善，为全县的封山育林工作起到了示范带头作用，逐步成为全县乃至全省的林业生态建设工程的精品和亮点。具体工作中主要抓了以下几个方面：

（1）明确目标，落实责任　牢固树立以大工程带动生态环境建设大发展思路，按照建优美环境、植绿色通道、造森林屏障、保水源涵养、防水土流失的思路，结合本地区实际，把封山育林工程项目作为林业工作的重点，坚持保护与建设并重，封造结合、突出重点、整体推进。依托退耕还林、"三北"防护林四期工程、天然林保护工程等生态重点建设项目，坚持"封、育、造、管"的综合措施，认真抓好水源涵养林工作。并按小班划定责任区，将责任落实到人，争取栽一片，活一片，封一片，绿一片。

（2）科学规划，合理布局　根据不同地区的立地类型，在对致使生态环境恶化的主要因素进行详尽普查和科学分析的基础上，采取工程措施和生物措施相结合，封育和人工造林相结合的措施，开展封山育林，巩固生态建设成果。2001 年该地区开始实施天然林保护工程，随着国家专项资金的逐年投入，南朔山林区将立地条件较好的北起隔山叫，南至白石头沟口，东起营盘垭豁，西至香子圈垭豁的 5333.3hm² 未成林地和灌木林拉设了网围栏全封闭管护，严禁放牧和人为活动。目前，已郁闭成林 466.6hm²，大多数地块灌木盖度已达 30% 以上，收到了很好的效果。2002 年又对大小石门地区（原省军区 801 军牧场）及佛坪山用网围栏进行全封闭管理。

（3）强化管理，依法治林　坚决贯彻落实国家《森林法》及省《禁牧令》，划定了林木管护"责任区"和"封育区"，共完成封山育林和森林抚育 8000hm²，清理牧场 30 余处。并严格执行《湟中县关于保护生态环境实行禁牧的通告》、《湟中县牲畜舍饲圈养进行封山育林实施办法》等法律法规，为生态建设保驾护航。始终坚持"两手抓"，即一手抓造林绿化，一手抓管护，制定一系列严格的保护管理措施，巩固和发展森林资源成果，提高林木成活率和保护率。健全完善林木管护制度，加强护林员队伍建设，坚持"预防为主，积极消灭"方针，建立健全"全社会抓保护，全民搞防火"机制，确保了森林资源的安全。

3. 成效评价

南朔山是湟中县鲁沙尔镇、甘河滩工业区（省级）以及大石门水库（库容 860m³）的主要水源地，该区分布有大石门河、白梢河流 2 条，该两条河在南朔山地区流域面积达 21 733.3hm²。1987 年前，南朔山地区是湟中县甘河滩、西堡、鲁沙尔、大源、大才等 5 个乡镇的樵采区和夏季役畜的牧场，并有草富庄一个行政区从事农业生产。由于樵采和过渡放牧，这里的生态质量逐年下降，特别是十年浩劫期间，这里仅存的 80hm² 青海云杉全部破坏，昔日"青石坡前万树松"的美丽景色消失。植被和种群资源下降，麝、狍鹿、狼等野生动物不见踪迹，至 1987 年，南朔山地区植物种群多以散生的金露梅、小檗、高山柳、锦鸡儿为主，原有的白桦、山杨、圆柏、云杉林消失，50% 以上的土地成为黑土滩（坡），区域内 2 条河流成为季节性河流，流量不稳且泥沙含量极高，1986 年大石门河流域，沙土侵蚀模数达 862t/km²·a。2001 年大石门河流量 0.36～0.57m³/s。

自 1987 年在南朔山地区开辟县直机关义务植树以来，在该区大力开展的封山育林为主体的生态环境建设，对原有草富庄村进行了整体搬迁。尤其从实施天保工程以来，该区以营造水源涵养林为目标，采取封山育林、人工促进天然更新、人工造林等措施，共实施封山育林 8 万亩，人工造林 4800 亩，并成立了南朔山林场。经过多年的建设，这里的生态得以全面改善，林木覆盖率已由过去的 16% 提高到现在的 76.4 %。植被的恢复，一是全面改善了环境质量，水流量稳定，据水文部门提供的数据，大石门河流量明显提高，由 2001 年 0.36～0.57m³/s，提高到 2005 年的 0.22～0.83 m³/s；大石门河流域水土浸蚀模数由 1986 年 862t/km²·a，下降到 2005 年的 102t/km²·a。二是自然环境的改善，加快了对南朔山的旅游景区的开发速度。进入"十五"期间以来，初步形成了县城鲁沙尔镇、西宁市居民假期消遣旅游的景区，南朔山的旅游景区年均接待游客达 26.8 万人（次），对南朔山林场的进一步发展后续产业提供资金保障。

（二）水土保持林

世界各国由于水土流失特点和生产传统的差异，使得林业在水土保持上的应用方法与侧重点也有所不同。前苏联在防止土壤侵蚀危害的工作中，比较多地注重发挥森林的作用，如在侵蚀地、荒谷、森林草原和草原等一些水土流失地区营造防蚀林；同时强调坡耕地上营造水流调节林，以控制地表径流和调节坡耕地上的径流泥沙；石质山地强调山坡造林与坡地工程相结合，以避免水土流失和山地泥石流危害。欧洲一些国家如德国、奥地利等国，为了防止山区、山洪、泥石流、滑坡、雪崩等火灾，采用"森林工程体系"的治理措施，在流域治理中十分强调沟道、坡面工程，加强现有林经营管理以及人工造林措施的有机结合，从而取得良好的效果。

我国人们对于森林的保持水土作用造有所认识。南宋嘉定年间（1208～1224），魏岘所著的《四明它山水利备览·自序》，较系统地阐述了森林的水土保持作用及其改善河川水文条件的功能等。山区农民历来对村庄、住宅前后的"照山"和"靠山"备加爱护，也说明了对森林保持水土作用的认识。至于在生产上广泛采用人工造林和封山育林等方法，用以护坡、保土、保田、护路、保护水利工程（渠道、水塘、水库、水工建筑物等），防护河川，防止滑坡、山崩、泥石流等，在中国的一些水土流失地区都有长期的历史传统。20 世纪 20 年代，我国水土保持学的先驱者就在山东崂山、山西五台山等地，研究森林的水土保持效应。

1949 年后，我国大力开展水土保持工程。根据水土流失发生发展规律，以及长期积累的经验，提出水土保持必须按照流域或水系进行综合治理的新思路。水土保持林因此在小流域综合治理中，得到更加广泛的推广和应用，其概念也得到不断的完善。

近年来，在水土流失地区，水土保持林业生态工程实际上就是水土保持林体系的深化和拓宽。可以说，水土保持林业生态工程是在水土流失地区，人工设计的以木本植物群为主体的生态工程，其目的是控制水土流失，改善生态环境，发展山丘区经济。它包含了原有水土保持林内容，更加注重其组成结构的设计与施工。而水土保持林业生态工程体系，则是以水土保持林业生态工程为主体的，包括林农牧水复合生态工程及其他林业生态工程是系统整体。

总结新中国 50 年来水土保持的科学研究和生产实践，对于林业生态工程，至少可以说有以下几点认识：一是按大中流域综合规划，小流域为具体治理单元，在调整土地利用结构和合理利用土地的基础上，实施山水田林路综合治理，逐步改善农牧业生产条件和生态环境条件，而造林种草等林业生态工程是不可缺少的措施。二是积极发展造林种草。建设林业生态工程是增加流域内林草覆盖率，改善生态环境的根本措施，也是防治水土流失的主要手段和治本措施。三是由于林业生态工程不仅具有生态防护效益，同时也是当地的一项生产措施，发展林业生态工程可为当地创造相当的物质基础和经济条件，可以说也是水土流失地区脱贫致富的有效措施之一。四是由于水土保持是一项综合性、交叉性很强的学科，林业生态工程（即通常所说的生物措施）与水利工程是防治水土流失相辅相成、互为补充的两大措施，前者长远的战略性的措施，后者是应急保障措施，二者必须紧密结合起来，才能真正达到控制水土流失、发展农牧业生产、改善生态环境的目的。五是由于林业生态工程是以木本植物为主的林、草、农、水相互结合的生态工程，乔灌草相结合的"立体配置"和带、网、块、片相结合的"平面配置"是其发挥最大的经济效益的技术保证。

平安县边家滩干旱浅山造林试验示范区生态环境综合治理典型材料：

1. 概况

边家滩位于平安县小峡镇、洪水泉乡境内，海拔 2160～2340m 之间，年均气温为 6.2℃，年降水量在 300～350mm 之间，降水主要集中在 6～9 月，年平均蒸发量 1800mm 左右，无霜期 180 天，气候为温带半干旱地区，属典型的干旱浅山黄土丘陵沟壑区。该区总面积 1466.7hm²，1998 年前有宜林地 1333.3hm²，区内土壤以灰钙土为主，土层深厚，贫瘠干旱，保水保肥能力差，水土流失严重。

为尽快治理水土流失，改善生态环境，平安县于 1998 年 2 月成立青海省边家滩干旱浅山造林试验示范区，本着"因地制宜，因害设防，由近及远，先易后难"的原则，加快该区造林绿化步伐，科学治理，共完成造林 1246.7hm²，修筑淤池坝、土谷坊 153 个，治理侵蚀沟 15 条。示范区林草植被盖度达到 80% 以上，基本上实现了道路绿荫化，荒山林草化、灌木化，各项生物和工程措施有效地遏制了洪灾的发生，减缓了水土流失，生态环境步入良性循环。成功地探索出了一条适宜东部干旱浅山丘陵区荒山综合治理的典型模式。

2. 作法和经验

（1）领导重视，措施落实　围绕"种草植树，保持水土，防止荒漠化，改善生态环境"和加快农民脱贫致富、建设生态经济型林业这一主题，平安县主要领导多次深入示范区调查研究，同林业部门共同定方案、定措施，精心安排部署。在县委、县政府的协调下，林业和水电部门各尽其责，充分发挥了多部门的优势和力量。由于领导重视，保证了造林高起点、高质量、高标准。

（2）因地制宜，科学规划，合理布局　示范区沟壑纵横，地形支离破碎，水土流失严重，为了有效治理，坚持治坡与治沟相结合，以治坡为主，工程措施与生物措施相结合，以生物措施为主。在坡面上营造水土保持林，利用水平沟、汇集径流整地截留强降水形成的地表径流和泥土，遏制洪灾发生，减少地表土的水侵蚀；沟底修筑土谷坊、淤池坝，在沟底和沟坡营造水土保持林，遏制侵蚀沟的继续发展；道路两旁营造护路林，树种选择青杨、沙枣、沙棘、柽柳、柠条等，既绿化美化道路，又保持水土。

（3）适地适树，科学造林　示范区地处东部干旱浅山丘陵区，春季水分匮乏是制约造林成功的关键因子，为了解决这一难题，技术方面采取系列抗旱造林技术组合配套应用；汇集径流提前整地技术；容器苗雨季造林技术；应用 ABT 生根粉、高效吸水剂、地膜覆盖造林等；根据适地适树原则，在阴坡半阴坡或有灌溉条件的地区营造云杉、青杨等乡土树种；阳坡半阳坡地区营造白榆、山杏、沙枣、沙棘、柽柳、油松、柠条等抗旱树种。同时，修建 10t 蓄水池 60 座，用于云杉、青杨等树种的灌溉造林。

示范区试验站对不同海拔、坡度、坡向上各树种造林效果进行对比试验，总结经验，为青海省东部干旱浅山黄土丘陵沟壑区的林业生产提供科学依据。

（4）加强基础设施建设，巩固并发展造林成果　为巩固边家滩干旱浅山造林示范区的造林，平安县成立了边家滩干旱浅山造林试验站，调配工作能力和事业心强的林业技术人员3 名，专职护林员 6 名。修建办公室 60m²，并解决了吃水、电等问题。修建护林哨房 6 间，拉设网围栏13 000m，开辟简易道路 3km，建立宣传碑一座。工程技术人员负责造林规划、组织、指导群众造林，幼林抚育管理及宣传森林法，制定护林防火公约等，并对护林员进行分区划片管理，责任到人。

3. 治理成效

边家滩自 1998 年以来，累计造林 1246.7hm²，通过连续不断地治理后，产生了良好的生态、社会和经济效益。一是水土流失得到遏制，生态环境得到明显改善。1999 年 7 月份一场大暴雨，使小峡镇上、下店等村大面积受灾，房屋被淹，农田被毁，而边家滩下的柳湾、下红庄两村则由于边家滩干旱浅山造林示范区实行了集水抗旱造林，将强降雨拦截在汇集径流坑内，作到了水不出山，泥不出沟，避免了洪涝灾害。根据有关数据估算，治理后，该区保持水土29 220t，保持土壤 N、P、K 37.2 万 kg，涵养水量 29.22 万 m³。

通过综合治理，区域生态环境改善，促进了地方经济社会可持续发展。项目区基本实现道路绿荫化，荒山林草化、灌木化，初步形成生态功能良好的生态建设示范区，对全县的生态环境建设起到辐射、示范作用。同时边家滩以其良好生态环境，已成为 109 国道边的一道亮丽的风景线。

（三）农田防护林

农田防护林是以一定的树种组成、一定的结构成带状或网状配置在田块四周，以抵御自然灾害，改善农田小气候环境，给农作物的生长和发育创造有利条件，保证作物高产稳产为主要目的的人工林生态系统。

农田防护林抵御的灾害主要是：①尘风暴，是风沙危害的主要形式。强烈的风沙常侵蚀表土，吹走或刮露肥料、种子，甚至发芽的幼苗，沙土入农田，又造成沙压，使种子不能出土。也有时由于沙割（沙粒不断抽打叶片），而使幼苗枯萎。②风灾，指由于风力过大，导致作物生理干旱而萎蔫或枯死。当风速≥10m/s时，作物同化作用降低，机械损伤，如倒伏、落花落果、成熟籽粒脱落等。③低温冷寒，低温冷寒是气温在0℃以上，有时甚至接近20℃的条件下对农作物产生的危害。多发生于秋季水稻抽穗扬花期。当冷空气入侵，气温降到20℃以下，花药不能开裂，15℃以下开花停止，造成不育或灌浆不饱满而致减产。④其他自然灾害，如涝、土壤盐渍化、霜冻及冰雹等。

1949年前，我国农田防护林主要是个体农民为防止风沙的危害在田地边缘栽植成行的林木，用以保护农作物取得较好的收成，同时又获得木料以增加经济收益。它的特点是不规整、网眼小、分布零散、规模小，是一种分散式的林带，形成不完整的防护林体系。

20世纪50年代初期到60年代末期大网格宽林带建设，此阶段主要学习苏联营造防护林的经验。为了改善农田小气候环境和保障农作物高产稳产，由国家或集体统一规划营造大面积的农田防护林带。营造的防护林带，要求主林带的走向与主要害风方向垂直，带距都按林带有效防护距离来配置，林带宽大都在30～40m，具有宽林带、大网格的特点。由于我国耕地少、人口多和自然灾害性质复杂，宽林带大网格的配置形式不是最佳模式。但是，营造的质量还是比较好的，成绩是显著的。

70年代至今是窄林带小网格并实现农田林网化，70年代农田防护林建设的特点是以生态学与生态经济学的原理为基础，实现山、水、田、林、路综合治理和开发利用，逐步建立起生态农业。为此，各地区结合当地的生产实际，改造旧日的农田防护林带。把宽林带大网格变为窄林带小网格，并实现农田林网化。

湟源县小高岭农田防护林建设典型实例：

1. 基本情况

湟源县小高陵流域位于湟源县城以南，日月山下，和平乡境内，距省会西宁市58km，距湟源县县城8km。该流域属半浅半脑山地区，总体地貌属于拉脊山地貌，流域以"八条沟、十面坡"为基本地形骨架，境内多为干旱坡地为主，沟壑纵横、地形复杂，海拔2735～3421.7m，相对高差696m。全流域有12个社、505户，总人口为2296人，其中劳动力1253人。以汉族为主，有藏、回等少数民族。总土地面积为1320hm²，总耕地面积为376hm²，现有人工造林保存面积和封山育林成林面积为517.5hm²亩，人均0.25hm²；"四旁"植树28万株，人均133株；其中农田林网植树10万株，控制农田面积达186.7hm²，林木蓄积量达9600m³，人均占有4.6 m³；森林覆盖率达39.2%。

20世纪70年代以前，小高陵流域是该县典型的荒山秃岭，当地所说的拉羊皮不占土的穷山沟，森林和植被稀少，加之长期开荒、放牧、采樵等人为活动，使原来就不十分茂盛的植被遭到严重的破坏，水土流失、岩石裸露、林木残败、草木植被稀少，泉溪干涸，土地沙化严重。从 70 年代开始小高陵村开始致力于山、水、林、田、路综合治理，坚持不懈地治理水土流失，防治土壤沙化，植树造林，兴修水利，修建梯田，绿化荒山的活动。这不仅恢复了大地植被、提高了森林覆盖率、改善了生态环境，还有力地促进了农牧业生产的发展，有效遏制了土地沙化、土壤肥力恶化的趋势，生态环境走上了良性循环。特别是从 2000 年开始国家对生态建设力度的加大，通过政府投资实施"三北"四期工程、退耕工程、低产农田土壤改造、种植业产业化调整、农区畜牧业建设、优质牧草生产基地建设、农田水利、防洪、人畜饮水等"农、林、牧、水"系列项目的相继起动，极大地推动了该流域生态治理进程。一系列措施的实施，改善了当地人民群众的生产生活条件，有效地推进了流域内人民群众脱贫致富奔小康的步伐。同时也走出了一条干旱浅山丘陵区开发水土保持生态建设的成功之路。

2. 主要做法及经验

（1）因地制宜，科学布局　流域治理中依照"合理规划，抓好重点，以点带面，集中力量，科学布局，全面推进"的原则，因地制宜，优化配置，实行工程、生物和保土耕作三大水保措施相结合的综合治理模式。

（2）集中资金，捆绑项目，规模治理　为确保流域建设按期保期保量完成，湟源县充分结合退耕还林草工程、以工代赈项目、坡改梯工程、集雨利用工程，将项目资金捆绑使用，集中力量，大力开展营造水土保持林，实施人工种草，封禁治理，实施坡耕地改造，配套田间水系，合理开发利用水土资源，提高耕地产出能力，从而形成了山、水、田、林、路集中连片，规模综合治理，体现出水土保持综合防治特点。

（3）治理与开发相结合，促进流域经济发展　流域建设中农、林、牧、水等部分全面发展，使流域内初步形成了特色产业，既保护了流域治理成果，又增加了群众收入，促进了流域经济发展。在治理水土流失，改善生态环境的同时，为更好地推动区域经济发展和农民增收，实现快速治理高效开发的双赢，积极协调，多方整合，依靠政府扶贫开发项目，利用农业生产中产出的大量秸秆、麦草等生产沼气，解决部分能源问题，推行舍饲圈养，做大做强牛羊育肥养殖业和日光节能温棚蔬菜育苗种植业，同时，通过交通部门项目扶持完成全村道路硬化工程。

（4）义务植树、绿化家乡，提高群众造林绿化意识　该村大面积的常规造林，主要利用群众劳务工和义务工来完成，由村委、村办林场统一管理，统一安排，统一兑现奖罚。每到造林季节，动员全村 11 岁以上的学生和 60 岁以下的群众，以质计工，按工投劳，多投多得，少投少得，不投不得，并予处罚，同时把社员投劳与林场解决群众用材挂钩，投劳多的多批，不投的少批或不批，有效地调动了群众造林绿化的积极性，使植树造林做到规范化、基地化、科学化、制度化。

（5）集约经营，强化管理，充分发挥林业的三大效益　为了提高林业经济效益，该村在加强中幼龄抚育的同时，注重低产林的改造，发展经济林，使造林、管理、开发、利用相结合，增加了林业收入，这不仅壮大了集体经济，还解决了群众的困难。同时转变观念，长远打算，致力于山、水、林、田、路综合治理，舍得花资金，花劳力，敢于啃硬骨头，大力营造水土保持林和农田防护林，使农业生态环境得到改善，减轻了霜冻、风沙和其他自然灾害的危害程度，农作物单位面积产量逐年增加，同时封山育林的实施保护，扩大了草场，加快了畜牧业的发展。由于林业的发展和效益的提高，有力地促进了本村经济的发展，近几年

农民人均收入递增率达 8.3%，使人民群众的生活水平不断提高，村里各项生产和公益事业得到了长足发展

3. 治理成效评价

小高陵流域通过近几年连续不断地治理后，产生了良好的生态、社会和经济效益：一是水土流失得到遏制，生态环境得到明显改善。二是群众生产生活条件显著改善，经济收入明显增加。经过治理后，现有人工造林保存面积和封山育林成林面积为 517.5hm²，人均 0.25hm²；"四旁"植树 28 万株，人均 133 株；其中农田林网植树 10 万株，控制农田面积达 186.7hm²，林木蓄积量达 9600m³，人均占有 4.6m³；森林覆盖率达 39.2%。彩电、洗衣机、摩托车、农用车已进入普通家庭，群众的饮食结构发生了历史性变化，生活环境和生活质量有了很大改善，经济实力明显增强。小流域综合治理促进了农村经济的稳步增长，为全面建设小康提供了环境支撑与基础保障。三是树立了人与自然和谐相处的新观念。通过项目的实施，流域内形成了比较完善的水土流失防护体系，基本做到了水不下山，泥不出沟。自然灾害明显减轻，生态环境的显著改善和经济收入的大幅度提高使流域内群众经济上得到了实惠，思想得到了解放，观念得到了更新，坚定了搞好水土保持、建设美好家园的信心，树立了人与自然和谐相处的新观念。四是通过采取切实可行的生物措施和工程措施有效地控制水土流失，保护、培育森林资源和恢复林草植被，提高了森林覆盖率，减少了风沙危害，改善了农业生产条件，建立起了一个功能稳定、结构合理、可持续发展的生态环境，探索出了一条高寒地区小流域综合治理成功经验。

（四）天然林草地保护

山地森林的林间及其林缘地段，分布有许多可供畜牧业利用的草地都是被天然林或天然次生林所包围的林缘草地。这些草地大部分与天然林一起分布在江河上游地区，与森林构成一个大的天然林草复合系统，同样起着涵养水源的作用，也是生物多样性的重要组成部分，应实施强有力的保护。

林间草地气候条件好，土壤肥力较高，适宜于多种牧草的生长，其产量高，而且放牧割草后，恢复更新能力强。其首要的任务是在保护好森林的基础上合理利用。如果对林间草地利用不当，破坏森林，将引起水土流失，使这些草地与森林一起退化或消失。因此，建立围栏保护森林，合理利用林间草地和管理畜群，不仅是畜牧业发展的问题，而且是水源涵养的一向重要措施。

林缘草地是森林外缘地带的草地。一种情况是，分布在森林分布线以上地带，由于海拔高，常称为亚高山草地（甸）；另一种情况是林缘附近分布的小片或带状的草地。草地以中生杂草类为主，其特点是不像干草原那样干旱，又有天然林为之防护，比干草原草层高、密度大、产量高，适宜多种优良牧草生长。草地的利用同样主要是保护好原有森林，正确处理好林、牧矛盾。林缘外侧有稀疏均匀分布的乔木疏散防护林，也有不正规条带式森林与宽幅草地的林、草交替类型。关于林缘草地的利用，原则上与林间草地一样，有条件的地区要逐步过渡为以割草为主，放牧为辅。暂时尚无条件的，仍为放牧利用，但必须遵守《中华人民共和国森林法》、《森林管理条例》有关条款进行。对于水源涵养林区的禁伐林地要禁牧。有条件的可以割草，不允许割掉灌木。同样也不允许靠近森林边缘冬季放牧。因为冬季在林种进行放牧，会使幼树芽鳞受到啃食，从而伤害树木更新，冬季应进行补饲。

大通县宝库林场林草地保护典型实例：

1. 基本情况

大通县宝库林区位于西宁市以北，祁连山支脉达坂山南麓，宁张公路、城西公路贯穿全林区，地理坐标北纬 36°55′ ~ 37°32′，东经 100°52′ ~ 101°39′，东西长 66km，南北宽 44km，林区地处大通县脑山地区，海拔 2610 ~ 4600m，林区内有宝库河、祁汗沟河、逊让河、青林河、青山河等。年平均温度 2.4℃，年无霜期 45 ~ 60d，年平均降水量 549.9mm。林区总面积 131 864.4hm²，占全县总面积的 33.08%，其中，有林地面积 2655.25hm²，未成林造林地 1596.35hm²，灌木林地面积为 49 053.5hm²。主要天然树种是白桦、山杨、青海云杉。辖区分布于宝库、西山、青山、青林、逊让、多林 6 个乡镇。林场现有职工 20 名，设有 28 个护林点，131 名护林员。林场对辖区分为四个护林组（管护站），察汗河、青林、祁汗沟、五间房，有 11 名职工分片承包管护。

2. 主要的做法和经验

（1）加强森林培育　宝库林区处于半农半牧区，林牧矛盾突出，实施封山育林和人工造林地块落实困难，宝库林场积极联系有关乡镇、村委，抓好组织协调工作，广泛宣传有关政策，争取当地群众支持，同时明确责任，分片包干，全力以赴完成任务。天保工程实施以来，累计完成人工模拟飞播造林 533.3hm²，植苗造林 166.7hm²，造林树种为云桦混交，株行距 1.5m×2m，成活率 90% 以上。封山育林 966.7hm²，地点在宝库乡俄博图村，目的树种为小檗、金露梅，类型为灌草型，架设网围栏 12 000m，森林病虫鼠害防治 5000hm²。完成国家天保种苗工程柳林滩苗圃建设项目，新建苗圃 6hm²，目前已全面育苗。

林业生产中严格依照设计内容和标准实施造林，尽量做到集中连片，规模治理，高标准营造，把好苗木质量关，严格执行造林技术规程、封山育林要求，工程实施中严把技术关，技术人员跟班作业，随时解决出现的问题，使技术上得到保证、质量上达到要求。利用林场苗圃培育的 7 年生云杉与 2 年生白桦混交，株行距 1.5m×2m，造林结束后实施保护措施，架设网围栏、宣传牌等，造林时间 2003 年 4 月下旬至 5 月上旬，并加强管理，确保工程质量和效益。封山育林进行了补植补栽，架设网围栏，每 5m 设 1 桩，拉 4 道刺丝，设立标志牌，设专职护林员一名专人管护，封育年限 5 ~ 8 年。积极开展病虫鼠害防治，进行了预测预报和规划设计，每年 5 月中旬至 7 月在危害严重地区全面喷施烟雾剂、林虫敌等多种药剂进行化学防治。8 月份，用杀虫灯诱捕成虫；在林区各造林地和苗圃投放克鼠星等鼠药灭鼠，从而有效控制了宝库林区病虫鼠害的发生。

（2）强化资源管护　为了加强天然林资源保护，宝库林场认真落实"林场天然林资源管护职责"、"天然林资源管护站管护职责"、"天然林资源管护承包人职责"、"管护站责任落实表"等，各队部加强资源管护档案管理，林场与管护站、管护站与职工个人（管护承包人）层层签订管护承包责任书，明确管护职责、范围、承包期和奖惩办法，固定管护承包人员，把森林资源管护任务落实到人头、山头和地块，天然林资源得到了有效保护。偷砍滥伐、毁林开垦、乱占林地、乱捕滥猎野生动物等各类破坏森林资源现象的很少发生。但由于引大济湟和北干渠工程的开工，在征占用林地中，严格依征占用林地的审批程序，逐级上报，在各级审批材料齐全后才允许开工，并随时检查施工中占地动态，及时处理，杜绝乱征滥占林地现象。

历年将森林防火工作作为重点来抓，因林区森林资源分布零散，管护难度比较大，工作中一是召开林区联防委员会议，建立专业防火队伍，签订护林防火公约和防火协议，与林区学校、村委会签订防火协议，与重点村、重点农户签订护林防火公约，并发放森林防火及野生动物保护的宣传材料，利用宣传车广播宣传，刷写宣传标语。二是加大宣传力度，全面贯彻实施国家《森林法》及《森林防火条例》和《大通县林业管理条例》，积极配合林业派出所，严肃查处违反森林防火的行为。三是制定野外用火管理制度，加强野外用火管理。四是对护林员责任具体落实到山头地块，白天巡山检查、晚上住护林点，坚守工作岗位，对重点地区、重点时间、重点人员进行重点管理，尤其对林缘的俄博、坟地进行登记、分片承包，做到定人定点，死看死守，对存在的火灾隐患进行预防和消除。

（3）重视基础设施建设　对林场辖区内 5 处护林点危旧房进行了改造，共维修房屋 200m²，全部采用砖木结构；建设祁汉沟阴山沟防火道路 3km。在全林区 20 个护林点购置太阳灶；在察汗河建设防火道路 3km；购置森林防火宣传车一辆；购置摩托车 5 辆；在察汗河五道梁山顶建设防火瞭望塔一座；购置了部分病虫害防治器械药品等。

3. 成效评价

天保工程实施后，林区新增森林面积 1133.3hm²，林区天然乔木林、灌木林得到了全面的保护，增加林区水涵养水源，调节降水，缓解洪涝灾害和旱情，稳定和延长河道流层的作用。该地区的水源涵养面积增加 1133.3hm²，每年增加涵养水源 34 万 m³。若不计满足用水需要而给工农业生产带来的其他效益，仅以城镇、农业用水 1.0 元/t 计算，年涵养水源效益为 34 万元。水土保持面积增加 2266.7hm²，每年防止水土流失总量可达 27 625t。若按保护国土，保障农业、水利、交通等行业的生产与建设的经济效益来衡量，那将是上述效益的若干倍。这对缓解工程建设区及湟水流域旱情，洪涝灾害等方面具有十分重要的意义。

（五）退耕还林

湟水流域退耕还林工程 2000 年开始实施，随着工程规模的增加和范围的扩大，退耕还林工程实施管理工作任务增大。为此，省委、省政府高度重视，把实施退耕还林工程作为我省落实实施西部大开发的重要内容，切实加强领导，认真组织实施。省政府专门成立了省退耕还林办公室，落实了编制，并安排了工程监理经费，通过招标形式确定监理单位，对工程实行全面监理，全过程监理，保证了工程的建设进度和质量。在退耕区各级领导及广大农牧民群众的努力下，退耕还林工作进展顺利，圆满完成了国家安排的任务。至 2005 年国家安排湟水流域退耕还林计划任务 160 949.8hm²，其中退耕地还林 63 665.3hm²，荒山造林种草 97 284.5hm²。完成退耕还林面积 160 949.8hm²，其中退耕地还林 63 665.3hm²，荒山造林种草 97 284.5hm²。

建设成效一是生态环境得到初步改善。退耕还林工程实施 5 年来，累计完成退耕还林面积 160 810.7hm²，其中退耕地还林 63 526.2hm²，荒山造林种草 97 284.5hm²。林草植被的增加，湟水流域的生态环境得到初步改善，涵养水源能力逐步增强，水土流失得到有效控制，流域生态环境得到改善。二是促进农村产业结构调整，为农民增加收入创造了条件。退耕还林工程的实施，促进了农村产业结构调整，使流域区内农牧业生产结构得到优化。退耕还林工程实施以来，农牧民直接得到了实惠，增加了收入。据省统计局调查，2004 年全省农牧民人均收入增加 187.2 元，实施退耕还林工程促进农业产业结构调整作用明显，是增加农牧民人均收入的原因之一。三是促进了农村社会和经济发展。退耕还林工程的实施，流域林草植被盖度得到提高，水土流失得到初步治理，区域内生态环境将得到改善，促进了农村经济和社会健康稳定的发展。

民和县隆治乡秦家岭村退耕还林典型实例：

1. 基本概况

隆治乡位于民和县东部，为全县面积最大的一个乡镇，距县城30km，交通较为便利，该乡共有10个行政村，49个社，1906户，总人口9060人。全乡80%以上耕地属低位干旱浅山，坡度在25°以上的耕地占总耕地面积的50%以上，该乡于2002年开始实施退耕还林工程，工程实施以来，全乡共退耕造林2633.3hm²，周边荒山造林1358.5hm²，涉及10个村，42个社，1446户。秦家岭村位于隆治乡以南，东南与甘肃永靖县接壤，西与民和县大庄乡接壤，北面与该乡白武家村接壤，海拔2300~2400m，属于高位干旱浅山类型，有3个社，91户农户，全村总人口396人，其中在校学生98人，现有劳力189人。该村于2003开始实施退耕还林工程，共计退耕还林133.7hm²，退耕还林面积占全村总耕地面积的72.9%，涉及3个社，89户。退耕地面积在2.7hm²亩以上的有8户，在3.3hm²以上的有2户，在2hm²以上的有9户，1.33hm²以上的有29户，0.67hm²以下的有8户。全村现有耕地面积49.7hm²，种植作物以小麦、马铃薯、豌豆和胡麻为主，其中小麦平均亩产75kg、马铃薯400~500kg、胡麻25~40kg、豌豆60kg。全村外出劳力73人，现有牲畜473头，水窖199眼，电视机67台，摩托车14辆，手扶拖拉机40辆，汽车2辆。2004年全村农村经济总收入79万元，其中，农业收入15万元，牧业收入18万元，农牧民外出劳务收入5万元。年人均收入1580元，全村农牧民经济收益所得总额63.9万元，占全乡所得总额1449.6万元的4.4%。

2. 主要做法

（1）立足实际，优先安排退耕还林工程任务　秦家岭村由于自然条件恶劣，旱灾、冰雹等自然灾害严重，粮食产量低而不稳，甚至绝收，长期以来群众过着靠天吃饭，广种薄收的日子，人均收入水平很低，生活艰难穷困，且植被稀少，水土流失严重，为实现生态环境好转和农民大幅增收的"双赢"目标，根据群众意愿优先安排退耕还林任务，从2003~2004年两年安排退耕还林工程任务133.7hm²，由国家给予粮食补助（折合为现金）385 840元，现金补助55 120元，共计退耕还林收入达440 960元，使得该村退耕还林工程实施后，群众收入大幅度上升，生活状况逐渐改善。当前广大群众已从退耕还林工程中受益，退耕还林积极性高涨，并强烈要求下达退耕还林工程任务。调查表明，全村49.7hm²现有耕地中，群众愿意退耕的面积有33.6hm²，占现有耕地面积的67.7%。

（2）合理规划，增加饲草产量和牲畜饲养量　依托退耕还林工程提高退耕地草带利用率，大力发展畜牧业，走"以林促牧，林牧并举"的路子。为提升该村抗御自然灾害的综合能力和整体生活水平，一是依托退耕还林工程，大力发展草产业，增加牧草资源，使畜牧业形成规模，成为该村经济新亮点。二是投资修建饲草加工设备，刺激群众生产饲草的积极性，提高草带利用率。三是加大贷款力度，扶持贫困户发展养殖，达到生态改善，群众增收的目的。

（3）整村推进，调整种植业结构　退耕后，围绕"人多地少"的限制因子，通过调整产业结构，提高农民收入，解决之后顾之忧。一是改变原先的农产品种植结构，在减少一定的传统粮食种植面积，扩大牧草种植面积，增加油料、中药材等种植面积，提高种植作物的附加值；二是确定"科技兴农、科技兴林"的思路，将现有的紫花苜蓿草种更新为蛋白质含量高，优质高产的大叶苜蓿草种，大幅提高草产量，并相应增加牛、羊等牲畜的载畜量。并通过开展小尾寒羊杂交改良、推广牛胚胎移植技术等措施，改良畜种结构，提高经济效益。三是进行劳动力的结构调整，使劳动力从第一产业中解放出来，并通过劳务输出从事建筑业、商饮业和服务业等第二、三产业，增加了收入。

3. 成效分析

（1）退耕还林收入对比 通过表9-1可以看出，该村2003年仅退耕还林工程人均增收306元，2004年人均增收806元。全村退耕面积最大的一社农户李永有共计退耕3.76hm²，可年增收入9040元。

表9-1 秦家岭村退耕还林前后粮食、现金收入对比表

| 年度 | 退耕还林面积（hm²） | 退耕还林收入合计（元） | 粮食补助 | | 现金补助（元） | 人口（人） | 人均增收（元） |
			数量（kg）	折合现金（元）			
2002	0	0	0	0	0	391	0
2003	50.03	120080	75050	105070	15010	393	306
2004	83.66	320880	200550	280770	40110	398	806
合计	133.7	440960	275600	385840	55120	—	—

（2）牧业收入对比 由于退耕还林施行林草间作模式，改变了传统的放牧方式为舍饲圈养，促进了草的转化，发展了畜牧业。草带内种植以紫花苜蓿为主的牧草，每亩可产鲜草1500~2000kg，可饲养羊2只。苜蓿种植1年后，随着生长量增加，产草量也开始增加，牛羊饲养量也相应地增加了。据统计，全村牛羊饲养量473头（只），其中，羊384只，占总饲养量的81.2%，品种主要以小尾寒羊为主；牛14头，占总饲养量的3%，品种主要以秦川牛为主。全村牛羊饲养量与退耕前2002年相比增加186头（只）。按年出栏2只羊（15~20kg/只）计算，加上剪羊毛收入（50元/只），年增收入可达580~740元。据统计，2004年全乡牧业收入390万元，其中秦家岭村牧业收入18万元，人均牧业收入454.5元。2004年与2002年人均牧业收入相比增加122.5元，增长36.9%。

（3）劳务输出对比 退耕还林工程的实施不仅解决了农民的吃饭问题，而且使劳动力从第一产业中解放出来，并通过劳务输出从事建筑业、商饮业和服务业等第二、三产业，增加了收入。

表9-2 劳务输出对比表 单位：人、元

年度	劳务输出人数	劳务收入	人均劳务收入	较2002年增减（%）
2002年	101	3.9	386	
2003年	85	2.2	259	-32.9
2004年	126	5.0	397	2.8

由表9-2可看出，2003年由于退耕还林开始实施，本村整地、造林等工作用工量较多，当年劳务输出人数较上年有所下降。2004年劳务输出人数开始增多，劳务输出人数占

全村劳力 189 人的 66.6%。说明退耕后剩余劳动力增加并得到转移。

（4）种植业结构调整对比　退耕后，由于耕地减少，全村种植业也发生了一些变化。2002 年，粮食作物种植面积占全村总播种面积 81.6%，油料作物占 12.5%。今年，全村剩余耕地 49.67hm² 亩中，粮食作物种植面积占 71%，油料作物占 12.8%。对比表明，退耕后粮食作物种植面积有所下降，但牧草种植绝对面积达到 90hm²，同时，百合、中药材种植面积有所增加，其中百合种植面积 4.67hm²，防风、柴胡、大黄等中药材面积近 6.67hm²。以百合为例，虽然百合经济效益下滑，但每公顷百合产量可达 11 250~15 000kg，每千克按0.4 元计算，仍可增加收入 4500~6000 元。

（六）西宁南北山绿化

1989 年青海省委对省会城市西宁市郊的南北山提出"绿化西宁南北两山，改善西宁生态环境"的战略决策，决定以灌溉造林的方式启动西宁南北两山绿化工程，成立西宁南北两山绿化指挥部，省委书记任总指挥，把南北两山 3000hm² 荒山承包给西宁地区 148 个省、市行政、企事业单位和个人，划分了 40 个绿化责任区。依靠全社会的力量，采取多渠道、多形式集资办林业的办法，实行"谁造林、谁所有、谁受益"，制定各项优惠政策，充分调动承包者的积极性。多年来国家投资近 4000 万元，兴建提灌工程 39 处，铺设上水压力管道67.487km；修筑各级公路 166km，其中主干道路 51km；累计完成了灌溉造林 3000hm²，栽植各类苗木 3000 万株。南北两山水土流失得到了有效治理，生态环境得到了初步改善。同时便利的交通使部分绿化区已成为人们休闲、娱乐之地。

存在问题一是森林面积少，林分质量低，防护效益难以体现，城市进一步发展受到严重制约。西宁市南北两山对峙，属黄土高原向青藏高原过渡地带，梁峁并存，沟壑密集，地形破碎，坡度在 25° 以上的陡坡占有相当比例，加之西宁地区降雨比较集中，土壤侵蚀非常剧烈，水土流失严重。现有的林分生长不良，且呈团状分布，不能有效的发挥森林的防护效益，水土流失、滑坡、塌方等自然灾害时有发生，严重制约着城市建设进一步发展。二是树种单一，植被景观与现代化城市建设要求相差较大。目前，南北两山造林主要以青杨、白榆与柠条为主，只有少量的青海云杉、油松等常绿树种，均呈现零星或块状分布，一年仅在春夏季节尚可看见一些绿色生机，其他季节依然体现出一片黄土高原的荒凉景象，植被景观单一，严重影响着省会城市的形象和旅游事业的发展。三是区域内迎坡面陡崖、裸露地块分布较多，亟待治理。在第一山脊迎坡面，有多处分布着陡崖、裸露地块，大多数在城市、公路干道等人们极易看到的地方，不仅影响城市的市容市貌，造成安全隐患，而且影响到投资环境，制约地方经济、社会的可持续发展。四是投资严重不足，导致绿化标准和档次降低，绿化成效难以保证。多年来，青海省、西宁市在不断总结以往南北两山绿化成功经验的基础上，开展了规模性的造林绿化、治理水土流失等为主要内容的造林绿化建设工程。但是，由于投资的严重缺乏，灌溉等基础设施建设和保障措施跟不上，绿化速度缓慢，成效难以保证。

长岭沟水土保持科技示范园典型实例：

1. 基本情况

长岭沟水土保持科技园位于西宁市城西区。园区属黄土高原丘陵沟壑区第四副区，面积181.67hm²。海拔 2300~2600m，多年平均降雨量 368mm，蒸发量 1762.8mm，年平均气温

6℃，水土流失十分严重。1987年被青海省水土保持局选作为水土保持科研试验场，并开展了水土保持综合治理和科研课题试验研究工作。2001年开展水土保持科技示范园建设。经过多年努力，截至2005年累计兴修水平梯田、条田28.33hm²，造林105.13hm²（植树315万株），苗圃地5.33hm²，自然修复66.67hm²，修建泵站3座，总功率294kW，蓄水池、窖60余座，控制灌溉面积106.67hm²。治理程度达93%。林木覆盖度由治理前的荒山秃岭提高到91.4%，每年拦蓄泥沙占总流失量的85%。通过治理，园区内绿树成荫，鸟语花香、郁郁葱葱，争奇斗艳，形成了从山梁到山脚，从山坡到沟道的水土保持综合防护体系。

2. 主要做法

在治理过程中，注重水土保持科学研究，充分发挥科技示范的作用，先后开展节水灌溉示范536.2亩，不同林种配置、标准整地试验示范33.33hm²，建立12个径流观测小区、气象观测站1处，人工模拟降雨对比观测小区及科教楼1座，并开展水土保持苗木繁育、引种试验以及水土保持科学技术研究。几年来与各科研机构密切合作，先后开展了《小流域治理模式》等十多项科研课题，获部省级科技进步奖7项。已成为青海省水土保持科研试验基地，是展示水利、水保成效的窗口。园内不断加强科教示范建设，为大、中、小学生学习参观与实践提供场所，成为开展青少年水土保持科普宣传及教育的"户外课堂"。

3. 成效评价

在搞好科技示范的同时，积极开展城市水土保持建设，建成小游园、儿童乐园、垂钓园、茶园等观光娱乐场所13处，占地面积4.33hm²，种植草坪10 000m²。修建花坛、喷泉、瀑布等景点20余处。为城市水土保持建设探索出了一条新途径，提高了水土保持的社会知名度和美誉度，是人与自然和谐相处旅游观光的好去处。

二、水土保持工程措施

（一）水土流失状况

湟水流域干流包括海晏部分、湟源、湟中、西宁、大通、互助、平安、乐都和民和部分等九县（市），水土流失类型区有黄土丘陵沟壑区第四副区、土石山区和高地草原区，根据《土壤侵蚀分类分级标准》（SL1901—96），土壤侵蚀类型有水力侵蚀、重力侵蚀、冻融侵蚀和人为侵蚀，成为水力侵蚀和重力侵蚀为主要，近年来人为侵蚀也呈加剧趋势。丘四区为5000~10 000t/km²·a，土石山区为100~500 t/km²·a，高地草原区为946.13 t/km²·a，全流域综合多年平均为603.23 t/km²·a。

根据水利部2000年完成的全国第三次土壤侵蚀调查获成果和黄委会完成的黄河流域水土保持遥感普查成果以及规划外业调查情况，湟水流域干流轻度以水土流失面积为7623.91km²，占流域总面积的48.32%。水力侵蚀、沟道重力侵蚀主要分布在湟水河中下游黄土丘陵区，多发生在每年降雨集中的时段内，沟道重力侵蚀主要分布在湟水河中下游黄土丘陵区，多发生在每年降雨集集中的时段内，沟道重力侵蚀其他时间也有发生。水力侵蚀面积7431.93km²，占水土流失面积的97.48%；风力侵蚀主要分布在湟水上游海晏县附近，一年四季均有发生，以春季节为甚，风蚀面积106.08km²，占水土流失面积的1.39%；冻融侵蚀主要分布在流域上游和其他高海拔地带，又可分为冰融侵蚀和雪融侵蚀，主要发生春夏冰雪消融期，冻融侵蚀面积85.9km²，占水土流失面积的1.13%。在水力侵蚀面积中，轻度侵蚀面积 3111.56km²，占 40.81%；中度侵蚀面积 1400.07km²，占 18.36%；强度侵蚀面积 1597.06km²，占 20.95%；极强度侵蚀面积 1470.54km²，占 19.29%；剧烈侵蚀面积 44.68km²，占 0.59%。人为侵蚀在整个流域范围内均有发生，主要有修路开矿，城镇建设，弃土弃渣，乱垦乱伐，乱采乱挖，过度放牧等。

（二）水土流失危害

水土流失是一种灾害，是土地荒漠化形成的重要过程。水土流失直接毁坏土地，降低土壤肥力，影响农牧业生产，加剧干旱洪涝灾害发生发展，是造成当地生态环境恶化，经济社会发展落后，群从生产落后、生活贫困的主要根源，也是导致大量流失泥沙进入河流、淤塞河道水库，直接间接危害国民经济和人民群众生产、生活、生存条件的重要根源。

水土流失使沟壑不断发展，农田面积减少。严重的水土流失促使坡面沟道侵蚀以及滑坡、崩塌、泻溜等重力侵蚀发生、发展，不断蚕食坡面和农田，使沟壑面积不断扩大，溯源侵蚀和沟岸发生、发展，不断蚕食面坡面和农田，使沟壑面积不断扩大，溯源侵蚀和沟岸侧蚀不断加剧，形成了沟壑纵横、地面支离破碎的地貌景观。特别是在水土流失严重、人口密集、农业生产集中的湟水流域中下游的黄土浅山丘陵区，大部分沟壑溯源侵蚀已至山脊，地坡愈切愈小，沟道越切越深，坡度越切越大，坡面蚕食严重，减少耕地面积。据统计，仅湟水中下游地区每年由于沟蚀而损失的耕地近万亩，千年沃土，付诸东流，土地生产力降低，粮食产量低而不稳，群众缺粮、缺钱、缺"三料"，生产生活条件得不到改善，极大制约着农业发展和群众生产生活水平的提高以及全面建设小康社会的进程。

水土流失产生的大量泥沙淤积拦蓄工程，增加河库泥沙。由于水土流失使森林植被覆盖面积微缩，草场退化严重，荒漠范围扩大，更加剧了水土流失，致使大量坝库、涝池、渠道严重淤积，调蓄库容减小，从而使工程措施的使用年限日趋减少，工程效益逐渐降低，水资源利利用率降低，制约了流域经济社会的发展，同时增加入黄泥沙，淤积下游河道，降低防洪能力。

水土流失促使山洪、泥石流、滑坡等自然灾害的发生。严重的水土流失导致了山区土壤涵蓄能力降低，加之流域夏季降雨历时短、强度大，并且随着植被破坏、当地小气候环境恶化、热对流加强、局地限性降水增多，极易造成山洪爆发、滑坡和泥石流，给当地人民群众造成严重的经济损失，破坏当地及下游生态环境，甚至危及城镇、工矿、交通和人民群众生命财产安全。

（三）治理经验与成效

20 世纪 50~60 年代，以造林治理荒坡为主，结合平整梯田和修筑沟头防护工程，保护农田免受山洪危害，技术措施较为分散单一，树立了如青海湟中县丰台沟、湟源县小高陵、互助县大菜子沟等治理水土流失的典型。70 年代以来地改土，兴修梯田，建设基本农田为主，结合沟壑治理，修建小型库坝和农田水利，治理措施较为集中，涌现出如青海互助县西山乡、大通县塑北乡阿农堡村、民和县大庄乡等先进典型。80 年代以来全面形展了流域中下游黄土丘陵浅山小流域综合治理，列项治理的重点小流域进行造林种草，兴修梯田，修筑谷坊、涝池、淤地坝、小型水库、防洪堤坝等工程，因地制宜，布设技术措施，使治理区形成多层次的水土保持防护体系，涌现出如互助县西山流域、大通县洪水沟流域、民和县柴沟流域等治理典型。特别是 2001 年黄河水土保持生态工程正式启动后，以县市为单位、以小流域为单元，进行以基本农田建设、林草植被建设、沟道工程建设、小型拦蓄工程建设、封育保护和预防监督、水土流失监测为主集中连片、综合性、规模化治理。

截至 2004 年，湟水流域内干流共完成水土流失综合治理面积364 108.45hm²，治理程度47.76%（占水土流失面积比例）。其中修建梯田149 760hm²，坝地 619.27hm²，人工造林123 451.94hm²，经果林 4050.65hm²，人工种草46 870.11hm²，封禁39 356.48hm²，修建治沟骨干工程 51 座，淤地坝 696 座，水窖112 385眼，谷坊 3481 座，涝池 81 座，沟头防护111 处。这些水土流失综合治理措施的实施，取得了明显的经济社会和生态效益。一是土地资源利用率和土地生产力提高，提高了粮食、牧草产量和经济收入。随着粮食、牧草的增产和林果的增多，农牧民收入增加，生产生活条件明显改善，促进了农牧区经济的发展。二是减少了进入河道的泥沙。流域水土保持生态工程建设，使黄河流域生态环境逐步得到改善，水土流失得到有效控制和综合治理，减少了河道泥沙来源，减轻了水土流失的危害程度和旱涝等自然灾害，对实现黄河"长治久安"的长远目标具有战略意义。三是改善了农牧业生产条件和群众生活基本条件。通过兴修道路、水窖、防洪坝、涝池、治沟骨干坝、集雨灌溉等水保基础设施工程，解决了流域部分群众行路难、吃水难、保粮难等老大难问题，取得显著的社会效益。

三、水利灌溉

（一）现状用水水平分析

1. 用水情况纵向对比

通过对湟水流域1980～2000 年用水量统计分析，其变化趋势见图 9 -1。由趋势图可以看出，湟水流域的用水量变化分为两个阶段，1980～1990 年增长速度缓慢，年均增长率0.14%；1990～1995 年上升趋势较为明显，年均增长率达到4.27%；1995 年以后湟水流域增加的用水量仅 0.17 亿 m³，年均增长率0.14%，总用水量基本呈稳定状态。

用水增长的过程同时伴随着用水结构的调整，工业和城乡生活用水占总用水量的比重从1980 年的22.2%增加到2000 年的32.5%，农业灌溉的比重从77.8%下降至67.5%。用水结构变化对比见表 9 -3。

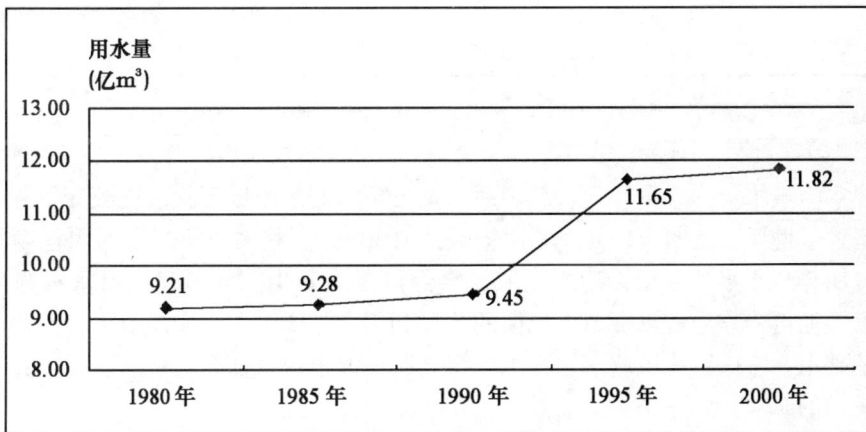

图 9 -1　湟水流域用水量变化趋势

2. 2000 年各部门用水指标横向比较

将湟水流域各部门用水指标和全国、黄河流域、海河流域平均值对比，湟水流域生产部门指标均高于全国、黄河流域和海河流域平均值，其中工业用水定额、万元 GDP 综合用水定额和农田灌溉定额分别是海河流域的 3.6 倍、2.2 倍和 1.6 倍；而城镇和农村生活用水定额低于全国、黄河流域和海河流域平均值。说明湟水流域生产用水水平相对低下，用水效率有待进一步提高；生活用水标准不高，与流域地处西部、少数民族比重大有关。

同时，从人均用水量的角度看，与全国、海河、淮河、黄河对比，进一步分析湟水流域的用水水平（表 9-4）。由表可见，湟水流域人均工业用水量与全国平均水平一致，但高于其他地区；人均农业用水量高于淮河、海河流域，低于黄河和全国平均水平；人均生活用水量比全国和淮河流域均值低，比黄河流域高，与海河流域相近。

表 9-3 2000 年各部门用水横向比较

区域	万元 GDP 用水量（m³／万元）	工业万元产值用水量（m³／万元）	农田灌溉亩均用水量（m³／亩）	城镇生活定额（L／人·d）	农村生活定额（L／人·d）
全国	610	78	479	219	89
黄河流域	674	79	449	159	39
海河流域	349	60	296	211	68
湟水流域	774	215	485	137	45

表 9-4 2000 年人均用水量对比 单位：m³／人·年

区域	人均生活用水量	人均工业用水量	人均农业用水量	人均总用水量
全国	46	91	301	430
淮河	41	52	220	312
海河	32	50	193	274
黄河	27	54	296	383
湟水	31	91	264	392

（二）水资源开发利用程度分析

根据湟水流域水资源总量和现状总供用水量分析，湟水流域现状水资源开发利用程度为 53.2%，超过了世界公认的合理开发利用警戒线（40%）。其水资源开发利用程度与其他流域相比，也属较高水平。今后，湟水流域社会经济发展和生态环境建设对水资源的新增需求，总体上不能再依靠当地水资源大规模的开发利用，需要在大力发展节水、治污和产业结构调整等基础上，考虑跨流域调水。否则，将会制约湟水流域社会经济的发展，并且对生态环境造成恶劣的影响。

（三）现状水资源供需分析

现状水平水资源供需平衡分析，主要是了解在现有工程设施和供水规模条件下，水资源可能满足工农业需水的程度，是预测工农业可能发展规模的基础。

经计算，在来水频率为多年平均、P=50%、P=75%和P=95%时，地表水供水量分别为 $8.53 \times 10^8 m^3$、$8.48 \times 10^8 m^3$、$8.21 \times 10^8 m^3$ 和 $7.56 \times 10^8 m^3$；地下水供水量为 $2.2 \times 10^8 m^3$；湟水流域现状水平需水量 $13.84 \times 10^8 m^3$，其中农业需水 $10.0 \times 10^8 m^3$，工业和生活需水 $3.84 \times 10^8 m^3$；缺水量分别为 $3.11 \times 10^8 m^3$、$3.16 \times 10^8 m^3$、$3.43 \times 10^8 m^3$ 和 $4.08 \times 10^8 m^3$，缺水率分别为22.5%、22.8%、24.8%和29.5%；多年平均地表耗水量为 $6.36 \times 10^8 m^3$。现状水平供需平衡结果见表9-5。

表9-5　不同水平年用水量对比表　　　　单位：$\times 10^8 m^3$，%

| 年份 | 农业灌溉 | | | 工业 | | | 城镇生活 | | | 农村生活 | | | 总用水量 | |
	用水量	比重	年均增长率	用水量	比重	年均增长率	用水量	比重	年均增长率	用水量	比重	年均增长率	合计	年均增长率
1980	7.25	77.8		1.57	16.8		0.19	2.1		0.30	3.3		9.32	
1990	6.66	70.5	-0.85	1.95	20.7	2.19	0.47	5.0	9.48	0.36	3.8	1.84	9.45	0.14
1995	8.24	70.7	4.35	2.48	21.3	4.93	0.53	4.6	2.43	0.41	3.5	2.64	11.65	4.27
2000	7.98	67.5	-0.32	2.75	23.3	1.04	0.64	5.5	1.90	0.44	3.8	0.71	11.82	0.14

注：表中农业灌溉一栏包括农田灌溉和林牧渔用水，农村生活一栏包括农村生活和牲畜用水。

从缺水部门分析，均为农业用水短缺；从分区来看，流域各分区基本均存在不同程度的缺水状况，其中干流区相对其他区域缺水较少，约占总缺水量的12%左右，北岸区缺水程度最为严重，占总缺水量的49.0%以上，其次是南岸区，占总缺水量的38.8%。根据缺水类型的划分标准，现状湟水流域资源型缺水和工程型缺水并存。因此，解决湟水流域的缺水问题，需要在节水、治污回用和产业结构调整的基础上，充分开发利用当地水资源的前提下，从附近的大通河调水加以解决（表9-6）。

表9-6　湟水流域现状水平水资源供需平衡表　　　　单位：$\times 10^8 m^3$

| 分区 | | 需水量 | | | 供水量 | | | 地表耗水 | | | 缺水量 | | |
		农业灌溉	工业生活	小计	地表水	地下水	小计	农业灌溉	工业生活	小计	农业灌溉	工业生活	小计
多年平均	干流区	3.15	1.74	4.89	3.42	0.81	4.23	2.27	0.19	2.46	0.66	0.00	0.66
	北岸区	4.30	1.80	6.10	3.32	1.19	4.51	2.47	0.07	2.54	1.59	0.00	1.59
	南岸区	2.55	0.30	2.85	1.79	0.19	1.98	1.32	0.04	1.36	0.87	0.00	0.87
	流域合计	10.00	3.84	13.84	8.53	2.20	10.73	6.06	0.30	6.36	3.11	0.00	3.11
50%	干流区	3.15	1.74	4.89	3.39	0.81	4.20	2.24	0.19	2.43	0.69	0.00	0.69
	北岸区	4.30	1.80	6.10	3.40	1.19	4.59	2.53	0.07	2.60	1.51	0.00	1.51
	南岸区	2.55	0.30	2.85	1.69	0.19	1.88	1.24	0.04	1.28	0.97	0.00	0.97
	流域合计	10.00	3.84	13.84	8.48	2.20	10.68	6.01	0.30	6.31	3.16	0.00	3.16

（续）

分区		需水量			供水量			地表耗水			缺水量		
		农业灌溉	工业生活	小计	地表水	地下水	小计	农业灌溉	工业生活	小计	农业灌溉	工业生活	小计
75%	干流区	3.15	1.74	4.89	3.46	0.81	4.27	2.30	0.19	2.49	0.62	0.00	0.62
	北岸区	4.30	1.80	6.10	3.19	1.19	4.38	2.36	0.07	2.43	1.32	0.00	1.32
	南岸区	2.55	0.30	2.85	1.56	0.19	1.75	1.13	0.04	1.17	1.10	0.00	1.10
	流域合计	10.00	3.84	13.84	8.21	2.20	10.41	5.79	0.30	6.09	3.43	0.00	3.43
95%	干流区	3.15	1.74	4.89	3.11	0.81	3.92	2.03	0.19	2.22	0.97	0.00	0.97
	北岸区	4.30	1.80	6.10	3.06	1.19	4.25	2.26	0.07	2.33	1.85	0.00	1.85
	南岸区	2.55	0.30	2.85	1.39	0.19	1.58	1.00	0.04	1.04	1.27	0.00	1.27
	流域合计	10.00	3.84	13.84	7.56	2.20	9.76	5.29	0.30	5.59	4.08	0.00	4.08

四、草地建设

（一）草地虫鼠害

1. 草地虫害

草地虫害主要指蝗虫和毛虫造成的危害。蝗虫属直翅目蝗虫科，在湟水流域能造成较大危害的蝗虫种类主要有雏蝗属、蚁蝗属、皱膝蝗属、痂蝗、尖翅蝗属、小车蝗属等。蝗虫分布广，食性杂。主要分布在海晏县的托勒、哈勒景；湟源县的寺寨、巴燕、东峡、和平、大华、申中、塔湾、日月；大通县西北部和东南部的山地干草原、高寒干草原、平原荒漠类草地上，干旱年份时有发生。草原毛虫属鳞翅目（Lepidoptera）、毒蛾科（Lymantriidea）、草原毛虫属（又名草毒蛾属）（Gynaephora），它是一种完全变态的昆虫，一生可分为卵、幼虫、蛹（茧）成虫四个发育阶段，各阶段形态特征都不相同。主要分布在海晏县的托勒；湟源县的寺寨、巴燕、塔湾、日月；大通县西北部和东南部凉爽湿润的生态环境中，以莎草科植物为主的高寒草甸、山地草甸类草地常常是其频发区和虫源地。

湟水流域总体来说，草原虫害危害较轻。据 2005 年调查，草地蝗虫发生面积 1.453 万 hm^2，危害面积 0.533 万 hm^2；草原毛虫发生面积 2.067 万 hm^2，危害面积 1.333 万 hm^2，平均密度 6.8 头/m^2（表 9 - 7）。

表 9 - 7 湟水流域害虫发生及危害面积统计表 单位：$\times 10^4 hm^2$

县名	草原蝗虫		草原毛虫	
	发生面积	危害面积	发生面积	危害面积
大通县	0.067			
湟源县	0.053			
海晏县	1.333	0.533	2.067	1.333
合计	1.453	0.533	2.067	1.333

2. 草地虫害防治

虫害的防治目前多实行生物防治与化学防治相结合，开展综合防治的方法。在草原毛虫防治上，采用梭型多角体病毒和菊脂类化学农药防治技术；在草原蝗虫防治上，采用蝗虫微孢子虫复合制剂和菊脂类农药灭治技术。从而有效地控制虫害种群数量，害虫存量保持在维持生物链平衡的水平上，促进草地生态趋于良性循环。

（二）草地虫鼠害防治

1. 草地鼠害

草地鼠害因其分布地域的广泛性和为害的持续性，对草地生态环境、草地生产力以及草地畜牧业造成的破坏远远超过雪、旱灾的危害，湟水流域有50%多的黑土滩型退化草地是因鼠害所至。草地害鼠种类主要有高原鼠兔、中华鼢鼠和高原田鼠，以高原鼠兔分布最广，危害最大。高原鼠兔分布在海拔3200～4200m的山地干草原类和高寒草甸类草地，尤以草甸草地为甚。由于鼠兔为群居鼠类，密集分布，数量极大。据近期调查，湟水流域草地鼠害面积176 319万 hm²。其中：高原鼠兔面积81 427hm²，高原鼢鼠面积为94 892hm²（表9－8）。

表9－8　湟水流域鼠害危害等级、面积统计表　　　　单位：hm²

县名	鼠种	鼠害面积	≤2级 面积	≥3级 面积	3级以上面积			
					3级面积	4级面积	5级面积	6级面积
大通县	高原鼠兔	3635	3635					
	高原鼢鼠	38810	6410	32400	32400			
	小计	42445	10045	32400	32400			
湟源县	高原鼠兔	16820	15676	1144	1144			
	高原鼢鼠	24856		24856	24102.79	753.21		
	小计	41676	15676	26000	25246.79	753.21		
海晏县	高原鼠兔	60972	5435	55537				55537
	高原鼢鼠	31226	6600	24626			24626	
	小计	92198	12035	80163			24626	55537
合计		176319	37756	138563	57646.79	753.21	24626	55537
其中	高原鼠兔	81427	24746	56681	1144			55537
	高原鼢鼠	94892	13010	81882	56502.79	753.21	24626	

2. 草地鼠害防治

鼠害防治遵循防、灭结合，药灭和生防结合的原则。鼠害灭治主要采用 C 型肉毒梭菌毒素灭治高原鼠兔，利用人工弓箭方法对高原鼢鼠进行灭治，将使其灭效达90%以上。控制主要采用生物技术控制害鼠，天敌控制害鼠是生物灭鼠的有效方法之一，草原上的鹰、鼬、狐等猛禽与食肉兽以鼠类为食物之一，是鼠类的天敌，利用鼠类这些天敌防治鼠害，即达到生物控制的目的，又避免草地污染和二次、三次连锁中毒现象。在草地上设置鹰架，是利用鹰喜欢落栖独立高物的生物特性，利用人工装置，引导鹰到鼠害草地上活动，捕食鼠类，从而控制鼠害发生的目的。在灭治后的草地和暂时没有形成鼠害的草地上建设鹰架

5060 架，有效控制鼠害发生，害鼠有效洞口数控制在 150 个/hm²。

（三）毒杂草型草地

由于生产不断发展，家畜数量逐年增多，使得天然草地超载过牧，植被退化，生态失调，毒草大量滋生蔓延，导致了草地生产力下降，牲畜中毒后体质羸弱、流产甚至死亡。目前毒草危害已成为草地三大生物灾害之一（鼠、虫、毒草）。

1. 草地毒草的种类

据调查统计，湟水流域常见毒草有 6 科，15 个属，65 种，目前对畜牧业生产造成严重危害的主要有豆科（Leguminosae）的棘豆属（Oxytropis），禾本科（Gramineae）的芨芨草属（Achnatherum），瑞香科（Thgmelaceae）的狼毒属（Stellera），毛茛科（Ranunculaceae）的毛茛属（Ranunculus）和乌头属（Aconitum），龙胆科（Gentianaceae）的龙胆属（Gentiana），大戟科（Euphordiaceae）的大戟属（Euphorbia）等植物。湟水流域常见毒草有：黄花棘豆、甘肃棘豆、狼毒、醉马草、毛茛、唐松草、黄帚囊吾等。主要分布在海晏县的甘子河、哈勒景、青海湖、托勒、金滩、银滩、同宝；湟源县的日月、和平、大华、寺寨；大通县的娘娘山、桦林、向化、宝库、多林等高寒草甸、山地草甸等草地上。据近年调查，湟水流域有毒杂草型退化草地 4.37 万 hm²。

2. 草地毒草的防治

选择灭效高，无残留，选择性强的专用化学药品对狼毒和黄花棘豆进行灭治。目前常用的除草剂有使它隆、草甘膦和 2，4 - D 类药物，灭除的主要对象为狼毒、黄花棘豆。灭效均在 90% 以上。使它隆是一种内吸型选择性较强的除草剂，对棘豆和狼毒杀灭效果明显，不伤害单子叶植物，对人畜低毒，成本低；草甘膦是一种内吸传导型广谱灭生性除草剂，对棘豆和狼毒有彻底的灭除作用，但要采用点喷，否则对其他牧草会造成伤害。2，4 - D 丁酯为内吸型选择性除草剂，对双子叶毒草均有效，灭除效果为 90% ~ 94.2%。

灭治时间选择在毒草的初花期至盛花期（6 ~ 7 月）。进行人工防除，灭治效果要达到 95% 以上。

（四）"黑土滩"型草地

1. "黑土滩"型草地分布

"黑土滩"是由于自然因素和生物因素综合作用由原生建群种为主的草地发生了根本性的破坏后所形成的次生植被或秃斑裸地组成的退化草地，广泛分布在高寒草甸草地区。该类草地原生植被基本消失，生物多样性减少，植被盖度下降，鼠害猖獗，毒杂草蔓延，自然景观为成片黑色的次生裸地。据调查，此类草地与原生植被相比，生产能力显著下降，草地鲜草产量为 400.5kg/hm²，仅占未退化草地产量的 13.23%，植被平均盖度为 45.42%，1/4 m² 内植物种为 8.7 种，分别为原生植被盖度和植物种数的 53.16%、47.54%。

据不完全调查统计，湟水流域总体来说，黑土滩面积相对较少，约为 0.44 万 hm²，主要分布在海晏县恰朗玛滩、牧场滩、莫湘滩、岳托滩的高寒草甸草地。

2. "黑土滩"型草地的防治

（1）建立多年生人工草地　采用围栏封育→灭鼠→耕种→施肥→增加生物学产量及盖度的模式。播种在 5 月上旬至 6 月中旬的雨季进行。草种以多年生禾本科牧草，如多叶老芒麦、垂穗披碱草、中华羊茅、西北羊茅、冷地早熟禾等当家品种为主进行混播。栽培措施采用：翻耕＋耙耱＋条播（撒播）＋施肥＋镇压。在生长季每两年追施尿素 150kg/hm²。

（2）建立半人工草地　采用围栏封育、灭鼠、补播、灭杂、施肥等技术措施进行综合改良，在短期内可使原生植被盖度得到恢复，并能大幅度提高其优良牧草的产量。

对于原生植被盖度在 50% 以上，但毒杂草和鼠害严重的退化草地，采用"封育＋灭鼠＋除莠"的方法进行综合治理改良。首先进行围栏封育，然后在冬春季节用生物毒素进行灭鼠，于 6 月中旬至 7 月上旬用甲磺隆、阔叶净等除草剂进行毒杂草防除。

对于原生植被盖度在 30% ~ 50%，且土层较薄的滩地和不便于机械作业的退化草地，根据具体情况采取采取"封育＋灭鼠＋补播＋施肥"措施，原则上尽量不破坏原生植被，特别是莎草科植物。补播在 5 ~ 6 月雨季进行，滩地利用机械进行补播，坡地采用人工撒播种子后，借助畜力踩踏进行补播。由于此类草地肥力普遍低，人工施肥有助于幼苗的生长和越冬，是补播成功的关键，施肥后可大幅度提高优良牧草的比例、盖度、高度和品质。

（五）沙化型草地

1. 沙化型草地分布

沙化草地主要是由于气候变化、毁草开荒、超载过牧、鼠类危害、利用不当等原因造成的。湟水流域沙化草地主要分布在湟水以北、药水河和波航河流域的山地阳坡，塔拉宣果、西玛拉不登、白佛寺、克里干塘、热水、大水塘、永丰滩、麻黄滩等地，面积 5.47 万 hm²。对于沙化型退化草地，可通过实施人工补播优良牧草，灭除毒草，消灭鼠害，围栏封育，营造护牧林等措施来治理。

2. 沙化型草地的防治

选择在原生植被盖度在 30% ~ 50% 的沙化草地上。在实施中根据草地地形及和草地权属关系等确定围栏面积的大小和形状。一般以 500 亩为一个围栏单元，该流域的沙化草地、退化草地和黑土型草地都实施围栏建设。围栏大、中、小立柱埋入地下部分不得少于 0.6m，留在地上部分不得少于 1.4m。围栏门采用双扇结构，其规格为 1.3m×2m；围栏平均 14ml 根立柱，立柱埋地 45 ~ 50cm，立柱最长间距 <16cm，网片下线距地面 <30cm，>30cm 时每隔一根立柱埋一个地锚，地锚（长形石块或长 60cm 的水泥立柱）拉力或石块重量 >8kg，网片松紧程度适宜，角柱用两根立柱并立，按网片方向顶立两根支撑杆；网片线头间采用"∞"字形接线方式。按照国家机械行业 JB/T7137—93 镀锌钢丝围栏网技术标准执行，网片规格为 91L—8/110/60。

五、生态移民

（一）贫困人口特征

（1）贫困人口多，贫困面大　干旱是该地区发生频率最高、最严重的灾害。根据资料分析，区域内每年严重干旱的发生率为 20%，中度以下的发生率为 45%，总发生率高达 65%。而农业生产用地又多为山旱地，占总耕地面积的 70% 以上，水土流失十分严重，并常有雹、洪、涝、泥石流、霜冻、病虫害等发生。该区农业人口占全省农牧业总人口的 72.57%，贫困人数达 95.51 万人，占全省贫困总人数的 71.54%（按现行贫困标准）。

（2）贫困程度深，稳定脱贫难度大　农民赖以生存和发展的物质资源十分有限，人均耕地不足 1 亩，加之自然灾害影响，25 度以上坡耕地又须退耕还林（草），人均占有粮食不能满足最低的生活需求，13 万余人缺乏基本生存条件，需要异地安置。发展种植业，缺乏水利灌溉条件；发展养殖业，饲草饲料有限；发展二三产业，劳动力缺少基本技能。致使收入不稳定性因素多，极易返贫。据调查，在贫困农户现有收入构成中，外出打工或挖药材（如虫草等）收入占全年收入的近 1/3，这部分收入的不确定性极易造成人均收入的年际波动和变化。部分贫困农户近几年享受国家退耕还林（草）政策粮及现金补助，这部分折算成农户收入，约占年人均收入的 1/4 左右，10 年之后若无后续产业的支撑或形不成新的收入来源，将势必减少收入，影响贫困农户的基本生活，加之目前因灾、因病、因教育费用负担等因素的影响，使这种类型的贫困农户极易返贫。

该区是青海扶贫开发工作的重点地区。

（二）贫困成因

从青海省湟水河流域所属县贫困地区的特征看，造成长期贫困的原因很多，主要有以下几个方面。

1. 先天性因素

生存环境十分严酷。湟水河流域地处东部农业干旱山区，干旱缺水，水土流失严重，土壤瘠薄，农业用地中山旱地占 70% 以上，有灌溉条件的面积不到 30%，使农牧民生存空间越来越小，其危害程度不亚于其他灾害。特殊的地理环境和恶劣的自然条件使该区域成为全国农业生产条件最差的地区，贫困人口相对集中、贫困面广、贫困程度深的区域，由此导致贫困的概率在 30% 以上。恶劣的生存环境是人力无法改变的。

2. 并发性因素

（1）社会发育严重滞后　青海深居内陆，绝大多数浅、脑山区在山大沟深，地广人稀，农牧民与外界的联系很少，基本处在与世隔绝的多重封闭状态中，加之特殊的历史、文化等原因，导致农村社会发育程度非常低。社会发育迟缓和传统的生产生活方式，使农牧民抵御贫困风险的能力极弱。区位劣势明显，基础设施缺乏，远离商品大市场，使浅脑山区农村的市场交易成本极高，小规模的家庭分散经营又难以适应大市场的需求，由此导致贫困群体的弱势地位更加突出。

（2）自然灾害种类多，发生频率高　自然灾害是导致浅脑山区贫困面大、贫困人口多、贫困程度深的一个重要原因。由于气候条件恶劣，干旱、低温、病虫害、冰雹、霜冻、洪涝等灾害频频发生，十年九旱已基本形成规律，个别地方甚至年年有灾，轻则减产减收，重则颗粒无收，粮油等农作物的产量较低。自然灾害已成为当地农村经济发展瓶颈。

（3）产业结构单一　由于受地理、气候的制约，湟水河流域地区主要依靠第一产业，第二三产业发展缓慢，第三产业增长主要靠行政、事业单位财政转移性收入和工资支出拉动，产业结构十分单一。农牧业产业化发展水平不高，农畜产品的生产与加工、销售脱节，产业延伸增值少，商品率低，农牧民低价出售初级农畜产品而高价购买各类加工品和生产资料，利益受到双重流失，农畜产品产出效益极低。与此同时，农牧业内部结构也较为单一，农牧业生产经营大都以农牧户分散经营为主，经营规模小，基本以牲畜或粮食作物为主，其他收入很少。产业结构的失衡使农村牧区劳动力转移的途径十分有限。

（4）基础设施薄弱　青海浅脑山区绝大部分地区处于大山深处或高海拔地区，由于投入大、成本高，长期以来农村牧区的基础设施处于落后状态。实施西部大开发以来，虽然国家和地方财政投入不少，但贫困地区基础设施滞后的状况并没有大的改变。主要表现在人畜饮水困难，水利设施少且老化失修严重；道路、电力建设严重不足；通讯落后，信息不灵等方面，尤以缺水对农民收入的影响最大。农牧业生产还未摆脱靠天吃饭的局面，农牧业生产季节性特征明显，基本为一年一熟，劳动力、土地资源的生产率极低。

（5）劳动力素质低　由于社会发育迟缓，使农牧民思想观念落后、保守愚昧、安于现状、固守传统、不思进取等贫困文化沉淀较高。教育投入严重不足，文盲率高达47%。劳动力素质低下，使农牧民掌握和运用适用技术的能力差，多数农牧民只懂得从事简单的种养业，对其他的劳动技能一无所知或知之甚少，使他们无法开辟增收门路。并发性因素的改变，需要一个长期的历史过程。

3. 差异性因素

（1）地方疾病种类多，发病率高　严酷的自然环境使浅脑山地区成为一个地方病高发区，尤其是妇女患病率高，农村疾病死亡率达0.7%以上；人口预期寿命与全国相比均有较大差距，加之医疗设施非常简陋，买药难、看病难的问题十分突出。如乐都县一些贫困山区约30%的家庭中有人患病。由于农民收入有限，若家庭成员中有一人患有严重疾病，医药费支出便会使其成为贫困户。在有卫生室的村庄，也因缺医少药，无专业医疗人员，处于"大病看不了，小病看不好"的境地。

（2）贷款偿还能力极弱　国家为帮助和扶持贫困农牧民走出贫困，2001~2004年共投入扶贫贴息贷款16.20亿元，用于发展农牧业生产。由于自然灾害、疾病、孩子上学等不可抗拒因素，加之贷款期限太短，而农牧业效益周期长，目前约50%左右的农牧民尚未还清贷款，每年借新贷还旧贷，成为贫困农牧民的一项沉重负担。

（三）生态移民的经验与成效

进入新阶段以来，青海省扶贫开发工作认真贯彻《中国农村扶贫开发纲要（2001~2010年）》精神，着力实施《青海省扶贫开发纲要（2001~2010年）》，坚持开发式扶贫的方针，以解决温饱为目标，以贫困户为主攻对象，全力组织实施整村推进、劳动力转移、产业化扶贫、异地扶贫等重点项目，加强基础设施建设，努力改善贫困地区生产生活条件，积极培育和发展特色产业，多方拓展贫困群众增收渠道，扶贫工作取得显著的成效。

湟水河流域大多处于东部农业干旱山区，是国家和青海省的重点扶贫县。从2001年~2005年，全省先后实施了19个异地扶贫项目，总投资为6.65亿元，共安置移民11 456户、55 335人。

青海省异地扶贫主要建设内容为：土地开发（包括置换土地）53.72万亩；封草育林15万亩；新建引水枢纽9座，干渠1628km，分干渠53.22km，修建各类渠系建筑物199座；修建人畜引水口4座、50~500t蓄水池12座，各种桥（涵）建筑物136座。新建扩建初级中学7所、小学24所、卫生院5所、村卫生室52所，修建畜棚266座。

通过实施异地扶贫项目，从根本上改变了贫困人口的生存条件，实现了迁入区劳力与资源的优化配置，有利地推动了迁入区的经济发展。同时，迁入区通过农田林网等设施的配套建设，保证了项目区生态环境向良性循环方向发展。

六、农村能源

建立农村生活用能合理结构，必须立足于贫困农户的种植业和养殖业，以不破坏和牺牲生态为前提，既要考虑到用能结构的合理性，又要考虑农民的收入来源，同时还应考虑充分利用太阳能和常规能源，逐步提高农民的用能水平，使其良性循环。

实施太阳能利用、沼气、省柴节煤、秸秆气化、以电代薪和以气代薪工程，实行多能互补。

1. 太阳能利用工程

重点发展太阳灶和太阳房住宅。在湟水流域的浅、脑山地区应大力推广普及太阳灶，积极发展太阳房住宅。"十一五"期间发展太阳灶 29 万户，建设太阳能住宅 2 万户。每台太阳灶 180 元，总投资为 5220 万元，其中国家投资 4000 万元，群众自筹 1220 万元。每栋太阳能住宅 6000 元，总投资 12 000 万元，其中国家投资 10 000 万元，群众自筹 2000 万元。每个太阳灶年可节省柴草 1200km，折标煤 690kg，总节省柴草 46.8 万 t，折标煤 20.1 万 t。每个太阳房年可节省标煤 1000kg，总节煤量为 2 万 t。

2. 沼气工程

重点发展温棚、猪圈、厕所、沼气池"四位一体"生态能源模式和温棚养猪、沼气池、种植业"三位一体"种养模式。这两种模式是以沼气为纽带，将种植、养殖业有机结合形成循环链，既发展能源，又增加农民收入，保护生态环境。主要在湟水河流域地区适度发展沼气工程。"十一五"期间发展"四位一体"温棚 5000 户，猪—沼—种植业"三位一体"模式 1.5 万户。每个占地 0.5 亩的"四位一体"温棚需投资 1.3 万元，总投资 6500 万元，其中国家投资 5200 万元，群众自筹 1300 万元。每个猪—沼—种植业三配套需投资 4000 元，总投资 6000 万元，其中国家投资 4800 万元，群众自筹 1200 万元。每个"四位一体"温棚使农民种植业年增收 2000 元，年总增收 1000 万元。每个 $8m^3$ 的沼气池每年节约的薪柴相当于 1 亩树林，节约柴草 1000kg，5000 户年节约柴草 5000t，折合 2500t 标煤。沼气池每年产生沼液和沼渣约 25t，可节约化肥 80kg。每个养殖业—沼液（沼渣）—种植业生态模式，使农户年均增收 1000 元，年总增收 1500 万元，节约柴草 1.5 万 t，折合 7500t 标煤。2 万口沼气池可节约 160 万 kg 化肥。

3. 省柴节煤工程

重点发展省柴灶和节煤灶。"十一五"修建和改造省柴节煤灶 20 万户，每个灶需投资 246 元，总投资 4920 万元，其中国家投资 4000 万元，群众自筹 920 万元。每个灶可以节约柴草 1000kg，折标煤 590kg，20 万个灶每年节约柴草 20 万 t，折标煤 10 万 t 标煤，折合人民币 2925 万元。

4. 秸秆气化工程

主要示范秸秆气化集中供气工程，每个点供 200～300 户农户生活用能。重点在湟水河流域的半浅半脑和脑山地区进行示范，积极开展户用秸秆气化炉试验。"十一五"建 3 个秸秆气化集中供气示范站，每个站投资 100 万元，总投资 300 万元，全部由国家投资。试验户用秸秆气化炉 3000 户，每户投资 1000 元，全部由国家投资，总投资 300 万元。每个秸秆气化站按供气 200 户计算，户均每日消耗秸秆 2.5kg，节约秸秆 15kg，年户均节约秸秆 3t。

600 户年节省秸秆 1800t。折合标煤 900t，年节支 18 万元。户用秸秆气化炉每日秸秆用量 4 ~ 5kg，日节约秸秆 10kg，年户均节约秸秆 2t，3000 户年节省秸秆 6000t，折标煤 3000t，年节支 60 万元。

5. 以电带薪工程

重点在湟水河流域示范推广以电带薪工程。"十一五"建设 10 个以电带薪示范点。每个以电带薪示范点投资 30 万元，共需国家投资 300 万元。每个以电带薪点供 500 户农民，每户年可节约柴草 3.4t，共节约柴草 3400 万 t，折合 1700 万 t 标煤。

6. 以气代薪工程

重点在湟水流域浅脑山区建设煤气供应站。"十一五"在三类地区建设煤气供应站 5 个。每个煤气供应站需投资 150 万元，可供应约 2000 人。共需国家投资 750 万元。每户可节约柴草 3.4t，共节约柴草 11 330t，折合 5665t 标煤。

七、人工影响天气

（一）湟水河流域的水汽输送

经统计计算，青海省东北部地区 3 ~ 5 月的 5 年平均水汽输送量，其上空 3 ~ 5 月年平均输入水汽量为 2312.7 亿 t，水汽总输出量为 2108.4 亿 t，水汽净输入为 204.3 亿 t，占总输入量的 8.8%。这也说明在输入 2312.7 亿 t 水中只有 204.3 亿 t 变成降水或留在作业区上空，其余变成过路水移出青海省。因此，通过人工催化截留水汽的潜力很大。

青海省东北部上空 3 ~ 5 月水汽主要从西部输入，由东部输出。其中西部输入量占总输入量的 79.9%，东部输出量占总输出量的 82.5%。随着月份的递增，水汽输送量逐月增加，月平均增加幅度为 46.7%。同时西部输入量占的比例 5 月下降较大，南部输入的比例 5 月上升明显，这说明高原上空盛行西风开始减弱，西南部暖湿气流逐步加强。

青海省东北部水汽输送主要在对流层下进行，其中 500hPa 以下水汽输送占 40.2%，500 ~ 400hPa 占 34.7%，这两层占水汽总输入量的 74.9%，同样水汽的输出主要也在 400hPa 以下的中低空，说明高原上空水汽的输送主要在对流层以下的中低空进行。临近作业区西部的都兰附近为水汽辐散区，沿西北部的祁连山脉一线以东水汽由辐散转为辐合，东南部的青海省黄南州一带为水汽辐合中心，因此，这一地区有利于水汽在此堆集。

（二）湟水河流域人工增雨的可能性

大气中的水资源基本是以水汽为主，水汽本身无法形成降水，只有云中的液态水才有可能通过自然过程或人工影响产生降水，人工降雨的资源条件可定义为云中还没有通过自然过程转化为降水的液态水。通过对资料计算分析表明：在有云无雨时，水汽与液态水比值一般为 50 ~ 2000，平均值为 371，液态水在大气总水量中所占份额一般还不到 1%。在有降水时，水汽与液态水比值一般为 20 ~ 100，平均值为 95，液态水在大气总水量中所占份额一般不超过 2%，当有强降水时，占大气总含水量的 2% ~ 5%。由此可说明，汽态水通过凝结、凝华等微观过程转变为液态水的比例只有总水汽含量的 1% ~ 5%，人工增雨有相当的潜力可挖，如果进行人工增雨催化作业，将大气中汽态水转化为液态水的比例增加 1%，可能增加的降水将在 20% 以上。

通过对云总凝结水量和降水效率进行估算，1997 年 3 月下旬到 5 月上旬微波辐射计观测期间，大气总凝结水量为 284 亿 m^3，实际降水量为 34 亿 m^3，平均降水效率为 0.12，说明实际降水占大气总凝结水量的比例较低，如果实施人工增雨催化作业，将降水效率提高 1%，则增加的降水约为 2.5 亿 m^3，效益将是十分可观的。

（三）人工增雨现状和经验

青海省的人工增雨工作最早开始于 20 世纪 80 年代末，当时主要利用地面高炮作为人工增雨的主要作业手段。从 1992 年开始至今，在青海省东部农业区开展了以春季抗旱为目的的春季飞机抗旱人工增雨作业。从 1997 年开始，青海省的人工增雨工作由抗旱性增雨作业拓展到以水资源增蓄性为目的的人工增雨作业，至今已连续 7 年实施了黄河上游地区人工增雨工作。

2001 年 1 月 18 日，由中科院大气物理研究所、中科院寒区旱区环境与工程研究所、中国气象科学研究院、北京大学、总参大气环境研究所、青海省畜牧厅、青海省水利厅、青海省电力公司等单位的有关专家组成的专家组对 1997～2000 年黄河上游人工增雨效果进行了评估，专家组一致认为：黄河上游人工增雨项目选体正确、意义深远。以改善黄河上游地区生态环境和增加黄河水量为目的的黄河上游人工增雨工作很有必要，该地区的云系有较大的增雨潜力，适合人工增雨作业。1997～2000 年共为黄河上游地区约 3.5 万 km^2 的区域内增加降水 50 亿 m^3，增加黄河径流量约 10 亿 m^3，约 40 亿 m^3 留在当地，对该地区的牧草生长和生态补充了水源。黄河上游人工增雨的效益不仅在青海省，而且对中下游地区的经济、社会发展和生态环境建设具有重要作用，继续开展黄河上游人工增雨工作非常必要，意义重大。为"三江源"地区生态环境的改善和沿黄经济的发展做出了贡献，同时在大范围人工增雨作业的技术路线、运行和管理等方面积累了一定经验，为在我国同类地区开展增蓄性人工增雨工作起到了一定的示范作用。

第十章　生态建设与保护构想

第一节　战略思想、指导方针和建设原则

一、战略思想

林业是经济和社会持续发展的主要基础，是生态建设最根本、最长期的措施。森林作为自然界陆地上面积最大、分布最广、组成结构最复杂、物种资源最丰富的生态系统，对改善生态环境、维护生态平衡具有不可替代的作用。森林作为一个巨大的可再生的自然资源库，与其他生态系统有着必然的多渠道的关联，是维系人与自然和谐统一的纽带，更是国土安全的保障。为此，中国林业发展总体战略思想亦是青海湟水流域生态建设的战略思想，"确立以生态建设为主的林业可持续发展道路；建立以森林植被为主的国土生态安全体系；建设山川秀美的生态文明社会"。其核心是"生态建设、生态安全、生态文明"，三者相互关联、相辅相成，生态建设是生态安全的前提，生态安全是生态文明的基础和保障，生态文明是生态建设和生态安全所追求的最终目标。

二、指导方针

以改善生态环境为宗旨，以实施西部大开发战略为契机，抓住加大生态环境建设这个千载难逢的机遇，坚持"严格保护，积极发展，科学经营，持续利用"的战略指导方针，围绕湟水流域经济、社会的发展战略，在国家大力扶持下，认真总结以往生态建设和保护的经验教训、切实加强领导、调动全社会力量，遵循自然规律和经济规律，实行治理与保护、建设与管理并重。在新的历史时期，围绕国家可持续发展的整体目标，按照"生态建设、生态安全、生态文明"的战略思想，严格保护天然林、野生动植物以及湿地等典型的生态系统；积极发展人工林、林产品精深加工、森林旅游等绿色产业；高新技术与传统技术相结合，加强森林科学经营；实现森林木质和非木质资源以及生态资源的持续利用，使工程建设区的生态环境得到明显改善，生态、经济与社会效益的协调统一，促进国民经济和社会可持续发展。

二、建设原则

以《21 世纪议程林业行动计划》为指南，根据系统生态学和生态经济学的理论与方法，尽可能体现时代性、战略性、长期性、问题导向性、效益最大化及公众参与等要求，使规划具有科学性、可行性和指导性。规划中坚持几条基本原则。

（一）系统协调的原则

随着可持续发展战略在我国的确立和实施，坚持把生态建设纳入各级政府国民经济和社会发展规划，牢固确立生态建设在国民经济和社会可持续发展中的战略基础地位，并与农村经济结构的战略性调整和农民增收、区域经济发展相统筹，避免走国际发达国家先破坏后治理、边破坏边治理的老路，促进生态、环境、资源与经济和社会的协调发展。

人口的压力引起不合理的农业生产活动对土地和自然资源过度利用，致使土地草地退化，已成为流域最大的生态问题。当前，比较突出的是必须对流域土地利用结构特别是对农、林、牧各业的土地利用结构进行战略性调整，以生态治理、保护和优化作为土地区划的首要因素，积极调整农村产业结构，转变种植业和畜牧业粗放的经济增长方式，把不适宜耕作和放牧的土地调整为生态建设用地，做到对土地使用的规划、合理利用和严格保护。

在可持续发展思想指导下，努力协调好生产、生活用水与生态用水，把生态用水纳入流域水资源的供需综合平衡，对水资源要严格限制并禁止高耗水工业如造纸业等；城镇化建设布局和规模要以水定需；水的开发利用包括远距离调水规划和工程措施要与生态建设规划和工程相衔接；同时，生态用水也要厉行节约，包括耐旱树种（灌木）、草种选择等。

（二）科学布局的原则

流域生态脆弱地带是需要保护和重建生态系统的地区。但内部的地域分异规律显著，在自然环境和地理条件等方面有显著差异，各区域的生态问题也截然不同。分类施策，分区突破，分区确定建设重点和主攻方向。坚持统一规划，重点突出，集中治理，先易后难的原则，确保生态单位重要和生态脆弱的地区首先得到治理。坚持因地制宜，分类指导，综合治理的原则，乔灌草结合，造封飞结合，以生物措施为主，生物措施与工程措施并举。技术上要高起点，必须改变以往粗放经营的发展模式，走质量效益型的发展道路，以高质量、高成效求得生态建设的良性发展、稳步推进，形成良性的累积增长。

通过深入系统地调查研究和论证，有目的、有方向、有原则地进行科学规划和布局；有计划、有重点、有步骤地合理安排工程项目，要讲实效，不搞重复建设。

（三）保护第一的原则

保护自然资源和生态环境是生态建设的重要任务。要使生态系统和环境系统之间的物质循环和能量转换正常进行，维持有益于人类的良性的生态平衡。为了获得最佳的生态效益，必须将保护区内的自然资源和生态环境保护好，使生态系统和生物种群，在人工保护下正常地生存、繁衍与协调发展，使各种有科学价值的自然景观在人工的保护下保持本来面目。所以，保护自然资源和生态环境是发挥保护区各种功能，实现自然资源永续利用的前提和基础，是生态建设的根本任务，同时也是衡量生态环境良性循环成败的关键。因此，湟水流域生态建设必须坚持保护第一的原则，最大程度地减少人为干扰，对一切不利于保护管理的因素均应予以消除。

（四）重点治理的原则

生态建设与环境保护是一项长期而艰巨的任务，短期内需要大量的资金投入。虽然财政有效支付能力逐年增长，但对于巨大的林业生态建设资金需求仍存在较大的缺口。如何匹配公共财政有效支付能力与生态建设资金需要间的关系，是生态建设者始终要面临的基本问题。因此生态建设必须坚持从实际出发，积极进取，量力而行。

　　按照区域经济非均衡发展理论，在经济增长的初级阶段，极化效应比扩散效应更为显著，不同时期选择支配全局的重点地区、重点部门发展经济，会取得事半功倍的效果，对于生态建设同样如此。生态环境恶化是开发战略的重要制约因素，以往实践证明，任何单一的治理措施都难以适应生态建设要求。在建设生态建设的突破口上，应充分利用工程方式推进生态建设。以大工程带动生态建设的大发展，由国家集中资金支持生态工程建设，这是一种非均衡的发展，其目的是利用其极化效应起到显著的带动作用，使西部生态早日进入自我良性发展的可持续发展时期。但国家的支持不可能是长期的、无限的，还必须在实施工程建设的同时，发挥市场配置资源的基础性作用，一方面逐步推行森林生态效益补偿制度；另一方面积极鼓励发展生态产业，增强林业生态建设的发展后劲。

　　（五）效益最佳的原则

　　根据生态经济学的原理，生态经济是建立在自然界的生态系统与人类社会经济系统相互作用基础上的复合系统的发展过程，整个系统的最大化，建立在内部系统效益均衡协调的基础上。生态建设战略设计时，要遵循生态效益、经济效益最佳的原则。在理论或实践上过分强调生态效益或经济效益都是不可取的。开发中离开了生态建设，经济建设是无本之木，离开了经济建设，生态建设缺乏物质保证。重视生态效益和经济效益的因果辩证关系，才能最终实现林业生态和经济的"双赢"。

　　生态建设要坚持生态效益优先，生态、经济、社会效益相结合，治理保护与开发利用相结合，远期利益与近期利益相结合，把生态建设与农民增收、调整农业产业结构以及区域经济发展相统筹。生态建设在坚持生态优先的同时，必须充分注重经济效益的发挥，把生态建设与农民增收和脱贫致富结合起来，与区域经济发展结合起来，最大限度地调动广大干部群众参与生态建设的积极性，努力实现有机结合和依存统一。

　　（六）合理利用的原则

　　森林的生态、社会效益高，而直接经济效益低；森林周期长，经营成本高。该项目林产品主要是生产、生活用水等，副产品是木材、薪材等。林产品具有特殊性，投入者是国家和集体，受益者是工农业主及下游人民，这种商品不能直接拿到市场上去交换，但凝结在商品中的劳动要反映价值，劳动者的成果得不到社会的认可，同时也缺乏必要的林产品收费制度。

　　自然资源的合理开发利用是生态建设和保护的经济基础，也是妥善解决当地居民生产、生活问题的关键。因此，应发挥自然保护区的资源优势，按照生物自然更新的规律，在不破坏自然资源和自然环境的前提下，积极发展种植业、养殖业、采集业、旅游业等产业，不断提高森林的利用价值，积累更多的资金用于自然保护区的发展，逐步实现"以资养区"，增强自身发展能力和示范功能，促进社会经济的发展。总之，在流域自然资源的利用中，要有生态学观点和经济学观点，要有科学的依据和具体的限制性措施，只有这样才可以避免对自然资源造成的破坏和浪费。

　　（七）科研先导的原则

　　科研工作是生态建设和保护的灵魂，既是先行性工作，又是基础性工作，是实现对自然资源有效保护与合理开发、利用的关键。湟水流域应当成为多种学科的科研基地和教学实习基地。鉴于湟水流域生态地位的重要性，加强与科研单位、大专院校的横向联合，加强多学科研究，为今后的持续发展打下良好的基础。

（八）科学管理的原则

科学管理就是为实现既定目标所采取的合理的组织领导、法令性措施和现代化技术手段，科学管理是生态建设成效的关键。湟水流域应加强科学管理工作，形成功能完善、职责分明、相互协调、结构合理、高效率的管理机构；组建一支素质高、业务能力强的精悍的保护队伍。

第二节　基本思路与战略目标

一、基本思路

湟水流域生态保护和建设总的思路为：通过采取保护、治理、转变等措施，使自然生态系统与人工生态系统相结合，使人与自然相对平衡，保持生态良好和可持续发展。

（1）实施退耕还林和生态移民工程，通过禁牧、减畜、禁鱼和移民等措施，妥善进行一些重点保护区域的生态搬迁试点，使生态环境有效恢复。

（2）加大保护力度，对草地、林地、湿地和野生动物集散地等实施保护工程，通过保护森林、草地、湿地和生物多样性集中区等，保证该地区的生态功能得到有效发挥。

（3）对部分生态退化比较严重，靠自然难以恢复的地段，必须辅于工程措施，加速生态恢复。

（4）生态移民工程、水利工程等人工措施对生态环境干扰较大的建设工程要先试点、示范再逐步实施。

二、战略阶段

鉴于湟水流域生态建设的艰巨性和长期性，有必要周期性地对流域动态变化进行监测、反馈、调整和修正。因此，在进行战略设计中应充分考虑到生态建设与发展的内在规律性，根据不同发展阶段的特点，分阶段提出目标控制阈值，在不同时间上因地制宜地确定建设目标、任务、重点和模式。

（一）战略阶段的划分

生态建设离不开社会经济本身的发展及其对森林的需求，因此，划分发展阶段时必须采取历史的、经济的、自然的、系统的和综合的观点，把湟水流域生态建设放到社会经济发展的宏观背景中进行动态分析和研究。同时，从可持续发展的角度，特别是资源和环境的角度审视湟水流域生态建设的发展阶段。鉴于湟水流域生态建设既是西部大开发战略的根本和切入点，也是青海生态建设和可持续发展的重要组成部分，因此，战略阶段的划分，必须重点考虑国家西部大开发战略的整体推进和青海生态建设的重点布局。

西部大开发战略的提出和生态建设在西部开发中的优先地位，标志着西部生态建设成为战略重点之一，为开辟林业等生态发展的广阔空间，也为林业等生态建设布局的战略性调整、推动全省生态协调发展提供了一个历史机遇。因此，湟水流域生态建设的战略步骤必须服从于国家西部大开发战略的整体部署和中国林业等生态建设的战略安排。力争到21世纪中叶，建成与西部社会经济水平相适应的生态体系和生态产业体系。考虑到水土流失的治理任务重、难度大，在战略步骤上分三步走：第一步是在前5年加大生态建设力度的关键时期，在保护好现有植被的条件下，治理为主；第二步即2011～2020年，全面完成生态治理任务，转入巩固提高阶段；第三步在2021～2050年，进入生态建设稳定运行状态。本发展战略重点对第一步和第二步进行研究。

（二）战略步骤

第一阶段（2006～2010年）：保护优先，治理为主。

目前，湟水林业生态环境整体恶化的趋势没有得到遏制，主要表现在湟水源区沙漠化加剧，拉脊山、达坂山低山丘陵区水土流失严重，流域内自然灾害频繁。根据生态系统恢复理论，即对生态系统的破坏，超过了系统自身恢复更新的临界值时，系统就会出现恶化并以加速进行。要使系统恢复平衡能力，需要加大治理的力度，使生态系统达到正常的循环状态，才能逐步实现生态环境效益的优化。因此，湟水流域生态建设的第一阶段以人为强度干扰恢复和重建生态脆弱的森林生态系统和草原生态系统，减轻湟水流域社会经济的发展和人们生活环境的压力。

第二阶段（2011～2020年）：治理与保护并重。

在完成第一阶段的治理恢复任务后，彻底扭转生态环境恶化的趋势，在认真分析第一阶段经验的基础上，贯穿治理与保护并重的战略思路，一方面重点治理困难立地条件下的植被恢复，另一方面巩固治理成效，维护生态系统良性循环。

第三阶段（2021～2050年）：全面保护。

当生态系统经过治理与修复，进入稳定运行状态后，第三阶段生态建设的重点将转移到生态系统的优化及生态功能的发挥。建立起适应可持续发展的良性生态系统，实现环境与人类的和谐共处。

三、战略目标

（一）总体目标

经过不懈的努力，到2020年，适宜的土地全部绿化，典型森林、草地、湿地等生态系统和国家重点野生动植物种群得到有效保护，流域森林面积由现在的41.6万 hm^2，将增加到84.14万 hm^2，森林覆盖率由现在的26.2%提高到52.3%。湟水流域水源涵养功能显著增强，流域水土流失得到基本治理，生态环境得到明显改善，湟水流域绿色走廊雏形基本形成。使城市贴近自然、融入自然，实现城乡一体化，构建各种衔接合理、结构完善的现代近自然的城市森林生态系统，达到城在林中，人在绿中的森林效果，使城镇的空气更加新鲜，水源得到良好保护，环境污染得到明显缓解，生物多样性得以合理保护，形成"林荫气爽，鸟语花香；清水长流，鱼跃草茂"的美好的生态环境，从而为"绿色西宁、生态城市"的建设奠定基础；实现生态、经济与社会效益的协调统一，促进流域国民经济和社会可持续发展。

（二）分期目标

近期目标（2006～2010年）：到2010年，新增森林面积17.16万 hm^2，流域森林覆被率达到36.1%，水土流失治理率60%，绿地与城市面积比率30%，森林病虫害防治率80%，生态经济增长科技贡献率 40%，公众对林业生态环境满意度达到 65%，生态产值占农业总产值比重 10%。初步建立以水源涵养林、水土保持林为主体的森林生态体系。生态环境向良性循环发展，重点地区城镇和农村人居环境明显改善。

远期目标（2011~2020 年）：到 2020 年，新增森林面积 24.93 万 hm^2，流域森林覆被率提高到 52.5%，水土流失治理率 95%，绿地与城市面积比率大于 40%，森林病虫害防治率 95%，生态经济增长科技贡献率 60%，公众对林业生态环境满意度达到 90%，生态产值占农业总产值比重大于 20%。以森林主体的生态安全体系初步形成，森林质量得到全面提升，森林生态功能显著提高，城乡人居环境得到全面改善。实现"天更蓝、水更绿、居更佳"，山川秀美、社会经济和生态协调发展的新局面（表 10-1）。

表 10-1　湟水流域生态环境建设发展目标

主要建设指标	2005 年	2010 年	2020 年
1. 森林面积（万 hm^2）	42.05	59.21	84.14
2. 森林覆盖率（%）	26.1	36.7	52.2
3. 水土流失治理率（%）	40	60	95
4. 绿地与城市面积比率（%）	25	30	>40
5. 森林病虫害防治率（%）	70	80	95
6. 生态经济增长科技贡献率（%）	30	40	60
7. 公众对林业生态环境满意度（%）	50	65	90
8. 生态产值占农业总产值比重（%）	3.1	10.0	≥20.0

第三节　生态建设布局

一、总体布局

根据区域分异规律、生态功能和生态环境现状，以天然林保护、退耕还林、三北防护林和野生动植物保护及自然保护区建设重点工程为框架，水利配套工程、水土保持工程、农村能源和小城镇建设、人工影响天气等措施，构建"点、线、面"结合的湟水流域生态建设网络体系。

"点"是指以人口相对密集的城市为中心，辐射周围城镇所形成的具有一定规模的森林生态网络点状分布区。它包括城市公园、城市园林、郊县的自然保护区、森林公园及远郊外森林风景区。随着经济的高速增长，青海城市化发展趋势加快，尤其是湟水流域，已形成湟水为主线，西宁省会为中心，把城镇像珍珠一样串在一起的城市走廊的雏形。因此，以绿色植物为主体的城市生态环境建设已成为青海森林生态网络系统工程建设不可缺少的一个重要组成部分，引起了全社会和有关部门的高度重视。同时，按照城市自然、地理、经济、社会状况和城市性质确定城市绿化指标体系，并制定城市"三废"（废气、废水、废渣）排放以及噪音、粉尘等综合治理措施和专项防护标准。近年来，在国家有关部门提出的建设森林城市、生态城市、园林城市、文明卫生城市等城市评定标准中，均把绿化达标列为重要依据，表明我国城市建设正逐步进入法制化、标准化和规范化的轨道。

"线"是指以湟水干流及一级支流两侧，铁路、公路干线及主要支线，谷地农田生态防护林为主体，按照不同的绿化标准、防护目的和效益指标，确定不同的组合的乔、灌、草立体防护体系。发挥其护岸、护路、护田和改善生态环境及美化人居环境的作用。

"面"是指以达坂山南坡和拉脊山北坡为主体，包括湟水源头森林草原生态区、高位石质山天然林保护区、低山丘陵水土流失区以及重点建设的西宁南北山绿化区等，形成以水源涵养、水土保持、生物多样化、基因保护等经营目的，集中连片的生态公益林网络体系。

二、工程布局

（一）植被恢复与重建

1. 湟水流域水源涵养林建设工程

建设范围包括湟源、湟中、大通、互助、平安、乐都、民和等县的拉脊山北坡、达坂山南坡，即俗称的脑山地区。东西长 150km、宽 20~30km，面积约 4890km²。结合天然林保护工程，实施封山育林、人工造林等生态建设工程，恢复和增加森林资源，增强森林水源涵养功能。

2. 湟水流域水土保持林建设工程

建设范围包括湟源、湟中、大通、互助、平安、乐都、民和等县的浅山地区，面积约 9600km²。结合退耕还林、三北防护林、水土保持工程措施，把湟水河两岸水土流失较严重的地区作为治理重点，开展生物和工程措施相结合，综合治理水土流失。

3. 湟水两岸"绿色走廊"建设工程

建设范围包括互助、平安、乐都、民和等县湟水干流两岸一级山脊，东西长 100km，宽 10~20km，面积约 1500km²。结合现有和规划的水利工程（引大济湟北干渠工程），采用渠灌、提灌站供水，配套管网和蓄水池，进行坑灌等节水灌溉措施，提高绿化质量。在近城镇区营造高标准、高质量的针阔叶混交林，适度提高常绿树种和园林绿化树种的比例，争取早日建成湟水两岸"绿色走廊"。

4. 西宁市南北两山绿化工程

建设范围包括西宁市南北两山及大通、湟源、湟中县的湟水河干支流两岸一级山脊之内的区域。东起西宁城东区小峡口，西至湟源县城关镇，南起湟中县鲁沙尔镇，北至大通县桥头镇。面积 1029km²。以水利工程为先导，发展灌溉林业，扩大造林规模，提高造林绿化质量，增加西宁地区南北山森林覆盖面积，森林覆盖率由现在的 10.5% 提高到 34.6%；争取通过 10 年的造林绿化，水土流失得到基本控制，生态环境得到显著改善，高原森林城市雏形基本形成，投资和人居环境明显好转，逐步实现生态、经济与社会效益的协调统一，促进国民经济和社会可持续发展。

5. 湟水源头林草保护与建设工程

在海晏、湟源、湟中、大通等县草地退化严重的区域。对天然草地中的退化草地、沙化土地，采取生物措施和工程措施相结合、保护和治理结合的办法，突出封育、休牧、轮牧，改善天然草场环境，尽快恢复牧草植被，提高草地生产力。研究出台相关政策，重点解决牲畜超载严重的现象，减轻天然草场的放牧压力过大而造成的草场严重退化。

（二）水土保持工程措施

湟水流域经济社会相对贫困落后，水土流失严重，土地资源利用不合理，利用程度低，生态失调较严重，通过多年科学试验研究和水土保持治理实践，次此规划的水土流失防治措施主要为工程措施，其总体布局为：沟道是水沙流失的通道，沟岸重力侵蚀严重，应以工程措施为主，工程措施与生物措施相结合；对支毛沟，修建沟头防护、土石谷坊，营造固沟林，防止沟道发展，在大的支沟内修建一定数量以骨干工程和淤地坝为主坝库的工程，拦洪淤沙，治沟淤地造地，发展小片水地和川台地，并建设沟底防冲林、护岸林、护坡林、护路林，形成用材林和苗圃基地，同时解决部分人畜饮水和过沟交通问题，形成防治用相结合的防护体系。

（三）水利灌溉配套工程

水资源开发利用与流域自然地理、经济社会、工业发展布局和水资源特性以及水利工程等诸多因素关系密切。为了因地制宜地指导流域水利建设，合理地开发利用水资源，需按照自然地理特点、经济社会发展状况，结合湟水流域的水资源特性分区，对各区水资源量、供需分析和开发利用进行研究。考虑到地形、地貌、水资源开发利用条件、水利化发展方向的基本一致性，兼顾流域支沟分布及行政区划适当的完整性，小流域水文气象条件相似性，控制性水文站网和已建、规划水利工程的控制作用等因素，本次规划将湟水流域划分为3个二级区，30个三级区。

（四）生态移民

坚持就近就地小型调庄移民的原则。充分利用各县本地的资源，把生存条件极差，就地无法脱贫的贫困群众从山上往山下搬迁，从环境恶劣的地方往自然条件好的地方搬迁。

（五）农村能源

湟水流域的农村能源建设的总体布局是：以全面建设小康社会为中心，坚持因地制宜，突出重点，多能互补的原则。重点实施六项工程，即太阳能利用工程、沼气工程、省柴节煤工程、秸秆气化工程、以电代薪和以气代薪工程等，为增加农牧民收入、建设社会主义新农村奠定基础。

（六）人工影响天气

树立科学发展观，以实现保护和恢复生态功能、促进人与自然和谐与可持续发展、加快农牧民达到小康生活三大目标为基本方向；充分发挥气象事业的基础性、现实性和前瞻性作用；全面的提升人工增雨的科技创新能力和业务服务水平。按照人工增雨科学理论及作业实践经验总结，科学合理设计和建设湟水流域人工增雨作业工程体系，充分发挥现有气象基础设施的作用，加快新理论新技术新设备应用，边建设边作业边受益，在最短的时间内争取最大的生态、经济和社会效益。

第十一章　植被恢复与重建

森林作为自然界陆地上面积最大、分布最广、组成结构最复杂、物种资源最丰富的生态系统，对改善生态环境、维护生态平衡具有不可替代的作用；森林作为一个巨大的可再生的自然资源库，与其他生态系统有着必然的多渠道的关联，是维系人与自然和谐统一的纽带，更是国土安全的保障。为此，植被恢复与重建是湟水流域生态建设和保护的核心，是生态建设和保护的重点。

第一节　湟水流域水源涵养林建设工程

一、建设范围

本区位于湟水流域拉脊山南坡、达坂山北坡，即俗称的脑山地区，包括海晏、湟源、湟中、大通、互助、平安、乐都、民和、化隆 9 县的脑山地区，海拔 2300～4200m，总面积 655 474.6hm²，占流域总面积的 40.7%。地形地貌为祁连山支脉拉脊山和达坂山，是湟水河各支流水系的发源地，山高坡陡，河谷深切。年平均温度 5℃ 以下，年降水量 450～650mm。大通国家级森林公园、上北山、峡群寺等 6 个省级森林公园分布于此，有宝库、东峡、峡群寺、上北山等 17 个国有林场。

二、发展战略

严格保护，积极培育，保育结合，休养生息，实现资源有效保护与合理利用的良性循环。以实施天然林保护工程为主，使拉脊山北坡、达坂山南坡的天然林得到有效保护，加快人工造林、封山育林和低产林改造等措施，发挥大自然生态修复能力，选择适宜的森林植被结构和植物种类，大力发展水源涵养林，恢复与重建森林生态系统，增强森林植被在水资源保护和配置中的作用。充分发挥森林植被在涵养水源、调节水量、改善水质中的作用，保证工农业和城镇生活用水。

三、建设目标

对建设区的有林地继续实施全面禁伐。规划水源涵养林建设总规模 293 470.5hm²，其中人工造林 44 773.8hm²，封山育林 158 455.3hm²，低效林分改造 90 241.4hm²。新增森林面积（含退耕还林 30 954.6hm²）163 714.8hm²，森林覆盖率由现在的 44.28% 提高到 69.22%，森林质量和生态跟你显著提高。

近期目标（2006～2010 年）。人工造林 25 849.0hm²，林分改造 90 241.4hm²，封山育林 82 912.6hm²，新增森林面积 54 571.6hm²，森林覆盖率由现在的 44.28% 提高到 52.61%。

远期目标（2011～2020 年）：人工造林 3657.4，hm²，林分改造 2751.4hm²，封山育林 75 542.7hm²，新增森林面积 109 143.2hm²，森林覆盖率由 2010 年的 52.61% 提高到 69.22%。

四、建设内容与规模

结合天然林保护工程，实施封山育林、人工造林等生态建设工程，恢复和增加森林资源，增强森林水源涵养功能。水源涵养林建设总规模293 470.5hm²。按建设内容分，封山育林 158 455.3hm²，宜林荒山造林 44 773.8hm²，低效林改造 90 241.4hm²，分别占总规模的 54.0%、15.3%和30.7%；按行政区域分，海北州 10 257.8hm²，西宁市（湟源、湟中、大通 3 县）129 785.5hm²，海东地区 153 427.1hm²，分别占总规模的 3.5%、44.2%和 52.3%；按建设期限分，近期（2006～2010 年）162 818.1hm²，远期（2011～2020 年）130 652.3hm²，分别占55.5%和44.2%。

第二节　湟水流域水土保持林建设工程

一、建设范围

本区位于湟水流域的浅山山地区，包括海晏、湟源、湟中、大通、互助、平安、乐都、民和 8 个县的浅山地区，总面积 490 593.8hm²，占流域总面积的 30.4%。海拔 1750～3000m，坡度 15～35℃，属于黄土山地丘陵沟壑地貌，在第三纪红土层上普遍覆盖着次生黄土层，厚度可达 200m。经现代流水侵蚀切割，多数已成为黄土梁和丘陵沟壑，水土流失严重，有些山体第四纪黄土已消失殆尽，露出第三纪红色岩层，形成荒山秃岭荒漠化景观。年平均温度 3～5℃以下，年降水量 350～450mm，年蒸发量 1200～1800mm。土壤类型以栗钙土为主，局部地区分布有干旱红土，干旱缺水，水土流失严重，土壤贫瘠，有机质含量低。

二、发展战略

以改善区域生态环境，控制水土流失为中心，以小流域为单元，保护和治理并重，采取生物措施和工程措施有机结合，恢复和扩大林草植被，保持水土、涵养水源、遏制生态环境恶化趋势，带动群众脱贫致富，促进地区经济和社会可持续发展。

三、建设目标

通过生物、工程、预防、保护等措施，使区域的水土流失基本得到控制，生态环境明显改善。规划水土保持林建设总规模 199 949.7hm²，其中人工造林 92 346.5hm²，封山育林 39 520.3hm²，低效林改造 68 082.9 hm²，新增森林面积（含退耕还林 76 938.0hm²）191 430.5hm²，森林覆盖率由现在的 10.85% 提高到 49.87%，森林质量和生态效益显著提高。

近期目标（2006～2010 年）：人工造林 60 242.9hm²，林分改造 44 278.3hm²，封山育林 24 900.6hm²，新增森林面积76572.2hm²，森林覆盖率由现在的 10.85% 提高到 26.46%。

远期目标（2011～2020 年）：人工造林 32 103.6hm^2，林分改造 23 804.6hm^2，封山育林 14 619.7hm^2，新增森林面积 114 858.3hm^2，森林覆盖率由 2010 年的 26.46% 提高到 49.87%。

四、建设内容与规模

水土保持林建设总规模 199 949.7hm^2。按建设内容分，宜林荒山造林 92 346.5hm^2，封山育林 39 520.3hm^2，低效林改造 68 082.9hm^2，分别占总规模的 46.2%、19.8% 和 34.0%；按行政区域分，海北州 739.3hm^2，西宁市（大通、湟中、湟源 3 县）35 841.5hm^2，海东地区 163 368.9hm^2，分别占总规模的 0.4%、17.9% 和 81.7%；按建设期限分，近期 129 421.9hm^2，远期 70 527.9hm^2，分别占 64.7% 和 35.3%。

第三节　湟水两岸"绿色走廊"建设工程

一、建设范围

建设范围包括海东行署所辖的互助、平安、乐都、民和四县湟水河干流两岸一级山脊之内的区域。东起民和马场垣乡下川口、西至平安小峡，东西长约 110km，南北宽约 10～20km，总面积 18 096.7km^2，占湟水流域总面积的 1.12%。

二、发展战略

以西宁南北山绿化为模式，强化政府行为，调动全社会力量，实行机关、企事业、个体承包绿化责任制；以水利（提灌）工程为先导，扩大造林规模，提高造林绿化质量；遵循自然规律和经济规律，实行造林绿化与封育结合、治理与保护并重；使建设区的生态环境和景观格局得到明显改善，促进人与自然和谐发展。

三、建设目标

以林灌水利工程为先导，灌溉林业与旱作林业相结合，提高造林规模和造林质量，集中连片实施，使严重水土流失得到基本治理，生态环境和城镇人居环境明显改善，森林覆盖率由现在的 5.8% 提高到 34.6%，实现生态、经济与社会效益的协调统一，促进国民经济和社会可持续发展。

近期目标（2006～2010 年）：以水利（提灌）工程为先导，提高造林质量，集中连片实施，人工造林 6452.0hm^2，林分改造 4970.8hm^2，新增森林面积 9220.1hm^2，森林覆盖率由现在的 5.78% 提高到 56.73%。

远期目标（2011～2020 年）：人工造林 3657.4hm^2，林分改造 2751.4hm^2，新增森林面积 3657.4hm^2，森林覆盖率由 2010 年的 56.73% 提高到 86.73%，城市人居环境进一步得到改善，高原森林城市雏形基本形成，实现生态、经济与社会效益的协调统一，促进国民经济和社会可持续发展。

四、建设内容与规模

建设总规模 15 080.2hm²，其中按造林类型分，宜林荒山造林 9208.4hm²，林分改造（未成林地、灌木林改乔灌混交林）5876.8hm²，分别占总规模的 80.2% 和 19.8%；按县分，互助县 2901.4hm²，平安县 2006.5hm²，乐都县 7766.3hm²，民和县 2406.0hm²，分别占总规模的 42.4%、10.3%、38.1% 和 9.2%；按建设期限分，近期 11 422.8hm²，远期 3657.4hm²，分别占 69.6% 和 30.4%。

第四节　西宁市南北两山绿化工程

一、建设范围

建设范围包括西宁市南北两山及市辖大通、湟源、湟中县的湟水河干支流两岸一级山脊之内的区域。东起西宁城东区小峡口，西至湟源县城关镇，南起湟中县鲁沙尔镇，北至大通县桥头镇。地处东经 101°15′ ~ 101°56′，北纬 36°33′ ~ 36°55′ 之间，东西长约 66km，南北宽约 45km，面积 41 314.0hm²，占湟水流域总面积的 2.6%，占西宁市总面积（7488km²）的 5.5%。

二、发展战略

构建以森林为主体，与其他植被有机结合的绿色生态圈，形成城市林网化、水网化以及近郊远郊森林公园、自然保护区协调配置的城市森林生态网络体系。加快城市生态发展步伐，建设城区绿岛、城边绿带、城郊森林，使城市生态环境建设由单一绿化性向生态绿化性转变，创造安全、优美、自然、舒适的人居环境。在国家和青海省大力扶持下，认真总结以往林业建设的经验教训、切实加强领导、调动全社会力量，遵循自然规律和经济规律，实行治理与保护、建设与管理并重，以水利（提灌）工程为先导，扩大造林规模，提高造林质量，使建设区的生态环境得到明显改善，实现生态、经济与社会效益的协调统一，促进国民经济和社会可持续发展。

三、建设目标

遵循自然规律和经济规律，实行治理与保护、建设与管理并重，以林灌水利工程为先导，灌溉林业与旱作林业相结合，提高造林规模和造林质量，集中连片实施，使严重水土流失得到基本治理，生态环境和城市人居环境明显改善，森林覆盖率由现在的 24.1% 提高到 89.1%，实现生态、经济与社会效益的协调统一，促进国民经济和社会可持续发展。

近期目标（2006 ~ 2010 年）：以水利（提灌）工程为先导，提高造林质量，集中连片实施，人工造林 3648.0hm²，林分改造 13 406.6hm²，新增森林面积 18 018.4hm²，森林覆盖率由现在的 24.1% 提高到 67.7%。

远期目标（2011 ~ 2020 年）：人工造林 1119.2hm²，林分改造 7707.8hm²，新增森林面积 8827.0hm²，森林覆盖率由 2010 年的 67.7% 提高到 89.1%，城市人居环境进一步得到改善，高原森林城市基本形成，实现生态、经济与社会效益的协调统一，促进国民经济和社会可持续发展。

四、建设内容与规模

西宁地区南北山绿化总规模 25 880.4hm^2，其中按造林类型分，宜林荒山造林 4766.0hm^2，林分改造（未成林地、灌木林改乔灌混交林）21 114.4hm^2，分别占总规模的 18.4% 和 81.6%；按县分，西宁 12 644.3hm^2，大通 5003.6hm^2，湟中 5629.3hm^2，湟源 2603.1hm^2，分别占总规模的 48.9%、19.3%、21.7% 和 10.1%；按建设期限分，近期（2006～2010 年）17 053.4hm^2，远期（2011～2020 年）8827.0hm^2，分别占 65.9% 和 34.1%。

第五节 流域退耕还林工程

一、建设范围

在湟水流域 9 县（市）的坡耕地实施。

二、发展战略

坚持以人为本，树立和落实科学发展观，统筹人与自然和谐发展。认真贯彻落实《退耕还林条例》、《国务院关于进一步做好退耕还林还草试点工作的若干意见》、《关于进一步完善退耕还林还草政策措施的若干意见》等文件精神，要以实现生态改善、生产发展、生活富裕为目标，把退耕还林工作与调整农业结构、增加农民收入有机结合起来，促进经济、社会和生态的协调发展。

三、建设目标

退耕还林工程是我国林业建设上涉及面最广、政策性最强、工序最复杂、群众参与度最高的生态建设工程，主要解决重点地区的水土流失问题。这是调整国土利用结构、增加森林覆盖、治理泥沙危害的根本性举措。以恢复林草植被，治理水土流失为重点，与生态移民、小小城镇建设、能源建设相结合，宜乔则乔，宜灌则灌，宜草则草，完善相关政策，逐步建立长期稳定的生态效益补偿机制，确保"推得下，还得上，稳得住，能致富"。

四、建设内容与规模

根据青海省退耕还林总体规划，湟水流域 2006～2010 年退耕还林工程总规模 218 593hm^2，其中退耕地还林还草96 173hm^2，荒山造林58 600hm^2，封山育林63 820hm^2。

按地区分，海北州退耕还林规模13 380hm^2，其中退耕地还林还草380hm^2，荒山造林3000hm^2，封山育林10 000hm^2；西宁市退耕还林工程规模32 253hm^2，其中退耕地还林还草20 700hm^2，荒山造林 333hm^2，封山育林 11 220 hm^2；海东地区退耕还林工程规模 172 960hm^2，其中退耕地还林还草75 093hm^2，荒山造林55 267hm^2，封山育林42 600hm^2。

第六节　湟水源头林草保护与建设工程

一、建设范围

建设范围包括海北州海晏县及西宁市所辖的大通、湟的部分区域，面积 312 870.2hm²，占湟水流域总面积的 19.4%。

二、发展战略

对天然草地中的退化草地、沙化土地，采取生物措施和工程措施相结合、保护和治理结合的办法，突出封育、休牧、轮牧，改善天然草场环境，尽快恢复牧草植被，提高草地生产力。

三、建设目标

近期目标（2006～2010 年）：用 5 年时间进行草地建设，基本遏制草地退化趋势，生态环境得到明显改善。鼠害防治面积累计 20.5 万 hm²，防治虫害 1.75 万 hm²，沙化草地治理 5.47 万 hm²，"黑土型"草地治理 0.13 万 hm²，灭治毒杂草 5.5 万 hm²。

远期目标（2011～2015 年）：在前 5 年建设的基础上，推进舍饲畜牧业发展，使流域高效畜牧业经济有较大发展。

四、建设内容与规模

湟水源头区建设总规模 50 927.2hm²，其中按类型分，林分改造（未成林地、灌木林改乔灌混交林）433.0hm²，封山育林 50 494.2hm²，分别占总规模的 0.9% 和 99.1%；按县分，海晏县 15 619.6hm²，大通 12 155.1hm²，湟源 23 152.5hm²，分别占总规模的 30.7%、23.9% 和 45.4%；按建设期限分，近期（2006～2010 年）25 281.2hm²，远期（2011～2020 年）25 646.0hm²，分别占 49.6% 和 50.4%。

第七节　城镇绿化和农田防护林建设工程

一、建设范围

建设范围包括湟水干流及其支流谷地，河谷海拔高程在 1650m～2500m 之间，两岸有宽阔的河谷阶地，水热条件较好，耕地肥沃，农业生产历史悠久，当地称为川水地区，是青海省东部地区主要农业生产基地。总面积 92 772.3hm²，占湟水流域总面积的 5.8%。

二、发展战略

以现代城市森林建设理论为指导，把城市地域内的建成区、近郊区、远郊区等地区的森林生态环境建设作为一个整体，进行系统规划，建立相对稳定而多样化的城市森林生态体系；加大农田林网的更新改造，建立针阔、乔灌结合的农田防护林体系；加大四旁绿化、公路、铁路、河道防护林带建设，构建乡村、道路、河流防护林体系。

三、建设目标

近期目标：到 2010 年，通过营造各种类型的森林和以林木为主体的绿地，城市规划建成区绿化覆盖率达到 30% 以上，基本建成以林木为主体的城市森林生态网络的框架；农田防护林网更新改造取得明显成效，现有的道路、河流防护林带基本形成，村镇绿化率达到 40% 以上。

远期目标：到 2020 年，建立以大型片林和主干森林廊道为骨架、各种类型防护林体系为补充的比较完备的城市森林体系，使城市的林木覆盖率达到 40%；农田防护林网重新建成，道路、村镇、河流防护林体系建设日趋完善。基本实现"天蓝、水清、地绿"的阶段性目标。

四、建设内容与规模

城镇绿化总规模 24 706.1hm^2，按建设地区分，海北州城镇绿化面积 900.0hm^2，西宁市 11 636.1hm^2，海东地区 12 170.0hm^2，分别占总规模的 3.6%、47.1% 和 49.3%；按建设期限分，近期 11 936.1hm^2，远期 12 770.0hm^2，分别占 48.3% 和 51.7%。

农田林网和四旁植树总规模 3033.15 万株，其中，农田林网 2135.15 万株，四旁植树 898.0 万株。

按建设地区分，海北州农田林网和四旁植树总规模 71 万株，西宁市农田林网和四旁植树总规模 1008.83 万株，海东地区农田林网和四旁植树总规模 1953.32 万株；按建设期限分，近期农田林网 1273.15 万株，四旁植树 445.0 万株；远期农田林网 1315.0 万株，四旁植树 862.0 万株。

第九节　森林资源保护与管理

一、发展战略

森林资源是林业生存与发展的物质基础，保护和发展森林资源是林业一切工作的出发点和落脚点。森林资源林政管理贯穿于森林的培育、保护、利用的全过程和各个环节，是林业工作的重要组成部分，是林业主管部门行使政府管理职能的主要体现，在林业发展全局中具有不可替代的作用。随着湟水流域林业生态环境建设规模的扩大，森林资源保护与管理成为林业管理工作的核心。严格保护、积极发展、科学经营、持续利用的方针，增加森林资源总量，提高森林质量，培育稳定的森林生态系统，充分发挥森林的生态、经济和社会效益。

二、建设目标

提升森林资源经营管理水平；健全省、地（州、市）县、国有林场四级防火指挥管理体系，预测预报、监测体系和火灾救助体系；建立和健全森林公安机构和设施；近期遏制林业有害生物严重危害和蔓延的势头，逐年加大生物防治比例，成灾率每年降低 2 个千分点，远期以无公害防治手段将主要林业有害生物控制在危害经济阈值以下，并逐年降低林业有害生物发生面积和成灾率，流域内林业有害生物成灾率降到 0.45% 以下；改善林业站的办公及生活条件，配备必要的交通、通讯、办公设备，保证各项业务工作的正常开展；加强科学研究和已成熟科技成果的推广，加快能力培训，提高生态监测水平，为林业生态建设提供科技和人才支撑。

三、建设内容与规模

（一）森林资源管理

1. 森林资源行政管理体系建设

加强和完善森林管理机构，建立省、州（地、市）、县三级森林资源管理体系。改善交通、通讯、办公等条件。

2. 湟水流域森林资源信息平台与网络

建设湟水流域森林资源信息平台与网络一套，建设内容包括硬件、软件、网络设计组装、开发和培训等。

3. 森林资源调查监测、评估体系建设

建立省、地（州、市）县三级森林资源调查监测体系；在充分利用青海省林业规划设计院的技术力量和基础设施的基础上，成立青海省森林资源监测和评估中心，承担森林资源监测及评估工作。建设重点为基础设施和软硬件设备。

4. 木材运输检查站建设

完善目前现有的民和享堂木材检查站建设，建设内容包括土建、办公、通讯、交通等设备。

5. 林政稽查体系建设

成立省、地（州、市）、县三级林政稽查机构，负责流域林政案件的执法任务。建设内容包括土建、办公、通讯、交通等设备。

6. 森林资源监督体系建设

在西宁、海东两个地（市）由省林业局派驻森林资源监督专员办，全面负责地（市）森林资源监督工作。建设内容包括土建、办公、通讯、交通等设备。

7. 资源管理培训

规划流域每年开展林政资源管理培训班两次，以提高林政资源管理人员的业务水平。同时，可以采取不同形式的培训方式，如脱产进修、攻读学位、考察等，以适应现代林政管理工作的需要。

（二）森林防火

（1）省级森林防火指挥中心。在省林业局建设省级森林防火指挥中心一处，建设面积 500m^2，配备林火监测系统设施设备 1 套。

（2）地（州）市森林防火指挥中心。在西宁、海东、海北3个地（州、市）各建1处森林防火指挥中心，每处建设面积200m²，共计600m²；各配备林火监测系统设施设备1套，共3套。

（3）县级森林防火指挥中心。在流域8县各建1处森林防火指挥中心，每处建设面积100m²，共计800m²；各配备林火监测系统设施设备1套，共8套。

（4）国有林场森林防火管理站。在流域各国有林场建立森林防火管理站，建设内容主要包括通讯系统、防火瞭望塔、防火道路及防火隔离带等建设内容。

（三）森林公安

1. 森林公安局

在省直单位和西宁、海东、海北3个地（州）市各改扩建森林公安局1处，配备相应的的设施设备。

2. 森林公安分局

湟水流域各县森林公安分局，加强基础设施建设，配备公安设施、设备。

3. 林区派出所

流域新增林区派出所11个，新增人员50名。其中：西宁市新增1个，配备人员5名；海东地区新增9个，配备人员45名。

（四）林业有害生物防治

1. 基础设施建设

2006～2010年，着力建设以下基础设施，营林技术试点2处；监测预警体系中省级测报点3处、县级测报点9处、监测点27处；检疫检验除害处理系统中地级检疫检验中心实验室1处、地级除害设施1处；应急防空体系中省应急防控中心1处、省级森防物资储备中心1处、地级药剂药械库1处；信息传输处理系统中省级测报中心1处、地级预警中心2处；在互助县建立鼠害天敌繁育中心1处。

2011～2020年，从基础抓起，加强省级、县级预警体系的健全和完善，着力建设一支功能齐备、设施健全、保障有力的监测预警队伍。

2. 队伍建设

每年组织防治、检疫、测报等方面的高新技术培训和工作实践经验交流各1次，不断充实和提高森防工作人员素质和技术水平。

3. 林业有害生物防治

每年完成预防任务6.61万hm²，其中预防鼠（兔）害3.25万hm²，杨树蛀干害虫0.33万hm²，云杉叶锈病0.47万hm²、云杉小卷蛾类和云杉梢斑螟0.07万hm²、杨树烂皮病0.13万hm²，其他病虫害2.49万hm²。

（五）乡镇林业站建设

1. 机构建设

按照乡站建设布局，林业站的设置坚持精减的原则，在现有基础上，结合林业工作特点和当地实际工作需要科学合理设置。凡是新建立林业站的，都应该根据机构编制管理权限和程序，由县级林业行政主管部门提出意见，报县级人民政府和编制部门审批，成立正式机构，确定人员编制。

按照省委省政府关于贯彻《中共中央国务院<关于加快林业发展的决定>的实施意见》，进一步理顺林业站管理体制，争取各级政府和各级编制部门的支持，到2007年底使所有的乡镇林业站作为县级林业主管部门的派出机构，强化其执法监管的地位和作用，加大行业管理的力度，并将林业站工作和事业经费纳入当地财政预算。

2. 基础设施建设

本着重点突出，分期建设的原则。根据流域林业站发展的现状和当地林业生态环境建设任务情况，因地制宜地进行基础设施建设和设备配备。改善林业站的办公及生活条件，配备必要的交通、通讯、办公设备，保证各项业务工作的正常开展。

（1）办公用房建设　主要是建设林业站办公用房和生活用房，以新建为主。从2006～2010年，规划建设和改善94个乡镇林业站的办公及生活用房。其中建设89个独立站站房，每站建设站房130m²；建设5个片站站房，每站建设站房150m²。规划期内共新建林业站办公用房12 320m²。

（2）办公设施、仪器设备及交通通讯设备配备　为了提高林业站人员办公效率，创造良好的办公条件是前提和基础，规划期内给各林业站配备电脑、传真机、档案柜等办公设备和GPS等测量工具。同时，为便于林业站工作人员宣传，管护巡逻，进行业务指导、护林防火，及时制止破坏森林资源案件的发生，规划期内给每站配备必要的交通工具、通讯设备（固定电话）。

3. 人员队伍建设

根据林业生态建设发展的需要，按照国家及国家林业局有关文件规定和标准化乡镇林业站建设要求，进一步做好林业站的正式定编和专业技术人员补充工作，争取省编制部门的支持，与省林业局联合出台《关于理顺乡镇林业站管理体制及人员编制工作的通知》，对乡镇林业站进行定编、定员、定性，进一步规范和明确林业站的性质、人员编制、管理体制、机构设置。保证林业站机构、人员和管理体制的稳定，使林业站人员独立站达到3～5人；片站达到4～6人。林业站职工经过岗位培训，持证上岗率达到90%以上。

第十节　科技支撑

一、建设范围

建设范围包括湟水流域海北州的海晏县，西宁市5区及所辖湟源、湟中、大通3县，海东行署所辖的平安、互助、乐都、民和县。

二、发展战略

生态大发展，必须以科技为先导，以创新为动力，大幅度提高生态建设与产业建设的质量和效益。加强科技人员和农牧民的培训，加大生态建设与保护的宣传力度，加快森林、草原、水文、水质和气候等监测工作。把新科技革命作为推动生产力的强大动力和根本途径，建设高效、集约、持续的现代生态环境建设模式。

三、建设目标

尽快突破生态建设和保护等关键技术瓶颈，加速培养造就一批在省内外知名的学术带头人，建立完善的科研、培训、宣传和监测体系等科技支撑。

四、建设内容与规模

（一）科技攻关

1. 林业改革研究

湟水流域非公有制林业发展政策研究，湟水流域产业结构优化研究。

2. 流域林业生态建设网络体系构建技术

以流域为单元的防护林体系多林种、多树种空间配置技术；困难立地条件下水土保持植被恢复技术；农田防护林体系高效持续复合经营技术；城市林业生态环境建设技术；森林生态系统定位监测技术、森林生态效益监测网络、森林资源信息管理系统等。

3. 林木良种选育技术

主要根据林业建设工程需要，采用常规育种与生物技术相结合，有性繁殖与无性繁殖相结合的技术路线，加快培育出一批适应生态建设与市场需求的林木新品种、名特优花卉新品种。

4. 天然次生林保护及其恢复技术

重点开展天然次生林分类评价与可持续经营指标体系的应用，退化天然林恢复与重建技术、保护技术、经营与采育更新技术的应用等。

5. 节水抗旱造林技术

重点开展集水型节水技术、蓄水保墒配套技术、节水灌溉技术、地表防渗处理技术、抗旱造林技术的应用。

6. 森林病虫鼠害综合控制技术

以重点工程建设为重点，利用病虫害的检疫、监测和预警技术，重大林木病虫害的生态控制技术、生物防治技术及环境协调性农药喷洒控灾技术，重点加强对杨树蛀杆害虫、退耕还林区鼠害防治技术。

7. 重大森林火灾预警及控制技术

加强森林防火技术体系的应用，抓好森林防火标准化建设和防火装备开发技术，强化重大森林火灾预测预报技术的应用，加大对森林气候灾害监测、预警及信息管理技术的应用。

8. 高原花卉繁育、中药材、野生动物养殖技术

主要珍贵野生动植物资源、中药材等开发利用技术。

9. 数字林业技术和生物技术

（1）数字林业技术　以重点林业工程建设为切入点，按照工程管理要求，选择有关市

（县），进行动态监测和管理。开展数字化信息采集、管理、分析系统建设，制定数字林业各种特征信息的采集、处理标准和规范，建立多级比例尺、分布式数据库的林业基础信息反馈数据库和管理网络系统，形成重大林业工程进展监测年报制度，为管理决策部门、生产科研单位及公众提供林业信息服务。

（2）生物技术　一是利用转基因技术培育一些抗逆境的林木新品种；二是用于优质经济林的培育及产业化；三是用于林木种苗快繁技术。

（二）技术推广

1. 优良树种、品种推广

（1）在西宁（含大通、湟源、湟中）、平安、乐都、民和、互助推广生长快、抗性强、材质好的三倍体毛白杨造林，推广株数 15 万株。

（2）在民和、乐都的湟水谷地（川水）地带，推广经济价值高的美国黑核桃进行造林，推广面积 100.0hm^2。

（3）在西宁（含大通、湟源、湟中）、民和、乐都、平安、互助、海晏等市（县）推广具有果大无刺、产量高、品质好的大果沙棘造林，推广面积 450.0hm^2。

（4）在民和、乐都、平安、互助、西宁市推广抗旱、耐寒性强、生长快、适应性强的樟子松造林，推广面积 300hm^2。

（5）在互助、乐都、民和、平安、西宁（含大通、湟源、湟中）等市（县）的脑山地区推广抗寒强的紫果云杉造林，推广面积 100.0hm^2。

（6）在湟水流域推广耐旱、耐寒、生长快的小叶杨造林，推广株数 25 万株。

（7）在互助、乐都、民和、平安、西宁（含大通、湟源、湟中）等市（县）推广喜光、有较强抗旱能力的河北杨造林，推广株数 25 万株。

（8）在互助、乐都、民和、平安、西宁（含大通、湟源、湟中）等市（县）推广喜光、耐寒、生长快的辽河杨造林，推广株数 25 万株。

（9）在互助、乐都、民和、平安、西宁（含大通、湟源、湟中）等市（县）推广抗寒、抗病虫害的中林"三北"1 号杨造林，推广株数 25 万株。

2. 育苗技术推广

推广容器育苗技术，育苗 200 万株；推广祁连圆柏扦插育苗技术，育苗 50 万株；推广地膜覆盖育苗技术，推广面积 200hm^2。

3. 推广工程造林技术

在西宁（含大通、湟中、湟源）、民和、乐都、平安、互助等市（县）推广川水农田林网、山地农田林网营造及更新技术，推广 150 万株；在西宁（含大通、湟中、湟源）、民和、乐都、平安、互助、海晏等市（县）推广直播造林种子处理——多效复合剂包衣技术，处理种子 5 万 kg。

4. 推广综合配套技术

（1）推广植物生长调节剂在林业生产中的应用技术，处理各类苗木 1 亿株。

（2）杨树伐根嫁接技术，推广 20 万株。

（3）固体水在林业生产中的应用技术，推广面积 100.0hm^2。

（4）在西宁（含大通、湟中、湟源）、民和、乐都、互助、平安、等市（县）推广汇集径流整地造林技术，推广面积1000hm²。

（5）在西宁（含大通、湟中、湟源）、民和、乐都、互助、平安、等市（县）推广树（草）种配置及栽培技术，推广面积1000hm²。

（三）培训

1. 培训对象

国外培训对象为省、地、县三级高级专业技术人员及管理人员；省外培训对象为各县专业技术人员；省内培训对象为建设区的技术员及农户等人员。

2. 培训计划

在建设期内共进行44.44万人次的培训，按培训方式分，国外培训77人次，省外培训983人次，省内培训44.34万人次（农民培训42.21万人次）；按建设期限分，近期（2006～2010年）培训14.86万人次，远期（2011～2020年）培训29.58万人次。

3. 培训内容

（1）有关方针、政策，国内外有关生态环境建设的基本理论。

（2）国内外最新资料、科技动态等实用成果。

（3）建设的标准、质检、工程经济核算、评估与决策。

（4）先进成熟的科技成果、实用技术、生态林业管理技术。

（5）良种选育、种苗培育、造林苗木保障技术、新品种造林与合理空间培植技术、病虫害防治技术、森林防火技术。

（6）径流林业技术、生根粉及新材料应用技术。

（7）小流域治理技术、防灾减灾技术等。

（8）森林可持续经营技术。

（四）监测

设立生态定位观测及效益监测站9座，监测点40个，主要监测植被生长动态变化，林地水源涵养、水土保持效益，区域自然灾害动态变化，生物多样性动态变化，水土流失动态变化等，探索不同类型的生态环境综合治理的效果和规律。

第十一节 种苗建设

一、发展战略

种苗是林业建设造林的物质基础，其质量、数量、品种直接影响着造林的成败。在湟水流域林业生态建设中，切实加强种苗基地建设，为湟水流域生态建设提供质量优良、数量足够、品种对路的良种壮苗。重点加强对现有种子基地和苗圃的基础设施建设和经营管理，并根据建设任务量，挖掘老苗圃潜力，进行改扩建，扩大育苗面积，调整育苗结构，积极采用先进的育苗技术，建设一批良种基地、采种基地和标准化苗圃。

二、建设目标

积极挖掘现有苗圃潜力，提高圃地利用率，增加苗木量的同时，鼓励集体和个人育苗，大力发展标准化苗圃建设，保障工程建设苗木需求。近期目标，到 2010 年，苗木数量达到 134 682.01 万株，年均苗木 26 936.1 万株；远期目标，到 2020 年，苗木 53 890.22 万株，年均苗木 5389.0 万株。按树种分，针叶树（青海云杉、青杆、祁连圆柏、油松等）71 291.43 万株，阔叶树（乔木）苗木 45 921.56 万株，沙棘、柠条以及其他花灌木树种 370 858.35 万株，各类经济苗木 500.0 万株。

三、建设内容与规模

（一）苗圃和采种基地建设

1. 苗圃基地

建立省级林木良种繁育中心 1 处，面积 100hm²，流域各县建成骨干苗圃 1 处，育苗面积共计 369hm²，加大工厂化育苗规模，以缩短育苗周期，满足工程建设需要。

2. 采种基地

良种基地建设：建设良种基地 816.7hm²，主要树种云杉、桦树、柠条等，全为新建。

（二）种苗基础设施建设

1. 种苗质量检验站

种苗质量关系到造林成败的关键，种苗质量检测是堵绝种苗病虫害流行、漫延的主要环节。建立健全种苗质量管理机构，配套完善检疫、检验设施，加强检测、检疫人员的技术培训和业务能力，提高检测检疫水平。

（1）省级种苗质量监督检验中心。在西宁市建设省级种苗质量监督检验中心 1 处，建设面积 200m²，设备 1 套。

（2）地级种苗质量检验站。在西宁市、海东地区、海北州各建 1 处，建设总面积 460m²，设备 3 套。

（3）县级种苗质量检验站。在湟水流域各县各建 1 处，建设总面积 960m²，设备 8 套。

3. 种苗信息化建设

（1）省级种苗信息中心。在西宁市建设省级种苗信息中心 1 处，配置设备 1 套。

（2）地级种苗信息站。在西宁市、海东地区、海北州各建 1 处，各配置设备 1 套，共 3 套。

（3）县级种苗信息室。在湟水流域各县各建 1 处，各配置设备 1 套，共 8 套。

4. 种子贮藏加工设施

重点建设县级种子贮藏加工设施，各建 500m² 的晒场 1 处、100m² 的种子贮藏库 1 处、种子加工设备 1 套。

第十二节 产业建设

建设比较发达的林业产业体系是林业工作的一大目标，也是实施生态建设为主的林业发展战略的重要组成部分，是实现生态文明的经济动力，也是"生产发展、生活富裕"的物质基础。由于自然条件的限制，决定了青海林业以生态建设为主的特点，从而使全省的林业产业仍处于较低的简单层次。因此，湟水流域林业产业发展，在保护和建设好生态环境的基础上，立足于自身特点发展高原经济林、中藏药材种植、生态旅游、动物养殖、花卉生产等特色林业产业，充分发挥林业产业在农牧民增收奔小康中的作用。

一、特色种植业

（一）经济林建设

青海省虽然有独特的经济林品种，但由于气候条件、市场供求关系及传统种植习惯的影响，使得全省经济林发展水平不尽理想。据统计，湟水流域目前有经济林面积 2140.0hm²，品种多为苹果、梨、桃类，市场竞争力弱，经济效益差。因此，湟水流域经济林建设以花椒、核桃、枣等干果类为主。

规划 2006～2010 年发展经济林面积 5550.0hm²，种植区分布于海东地区的平安县、民和县、乐都县、互助县。

（二）花卉种植

湟水流域独特的气候条件特别适应发展冷凉球根花卉，杜鹃、报春、龙胆、绿绒蒿是高原独有的四大名花，芍药、牡丹、石竹、萱草、福录考、金不凋等宿根花卉在西宁地区表现尤为突出，在中国花卉协会编制的花卉产业战略布局中把青海省划为重点球根生产区，这些都说明在湟水流域发展花卉产业大有潜力可挖。

规划 2006～2010 年发展花卉 1000hm²。主要培育郁金香、芍药、牡丹、杜鹃、报春、龙胆、绿绒蒿、石竹、萱草、福录考、金不凋、菊花、丁香、月季、牡丹、百合等，引进应用节能节水滴灌微喷技术和采用国际先进的低温储藏及营养保鲜技术，进行花卉苗木、盆景繁育、花卉驯化、鲜切花生产。种植区主要为西宁市及海东地区平安县。

（三）中药材种植

丰富独特的药材资源也带动了制药业的发展，青海晶珠藏药高新技术产业股份有限公司、青海柴达木高科技药业有限公司生产能力强大、产品品种多样、发展势头良好、产品销路广阔。中藏药资源为企业的发展奠定了基础，企业的发展也为中藏药资源创造了商机。因此在退耕还林还草工程中，加大林药间作规模，进而提高退耕农户的经济收入。

规划在 2006～2010 年湟水流域退耕还林工程中建设林药间作面积 1.0 万 hm²。支持 1～2 家具有一定规模的企业，采用龙头企业＋农户的模式，进行中药材种植开发。

二、特种养殖

（一）西宁野生动物园

在西宁市建立一个旨在保护生物多样性，提高公众保护意识，进行科普教育和展览展示的野生动植物保护示范园区。这个园区可作为生态旅游一个重要的组成部分，展示青海省特有的高原物种和其他珍稀保护动植物。建设内容包括示范园动物馆舍，园区景观绿化以及模拟生境建设，救护繁育中心，办公设施，基础设施等，建设规模：面积333.3hm²，其中建设区域66.7hm²，绿化风景区266.6hm²，救护繁育中心能收容和饲养60只大中型珍贵濒危兽类，100只小型珍贵濒危兽类和300只珍贵濒危鸟类，同时饲养3500只其他兽类和鸟类。

（二）特种动物养殖

利用人工养殖技术，进行一些高经济价值动物的饲养开发，充分发挥其经济效益。建设的内容包括马鹿、梅花鹿、马鸡等的养殖基地，建设地点选择具有适宜上述动植物养殖的天然林区。规划建设高原经济动物养殖基地7个，养殖规模50 000头（只），其中，2006~2010年20 000头（只），2011~2020年30 000头（只）。

三、生态旅游

（一）西宁大南山公园

以西宁大南山公园为主体，建设规模为10 500hm²，重点为城区的4800hm²，以绿化为主，配以风情园，植物园等20多处景区景点。景区建设按照生态环境治理模式，恢复和扩大林草面积，从根本上改善西宁地区的生态环境和投资环境。

（二）森林公园

1. 国家级森林公园建设

大通县国家森林公园两景区的景观、宣教、环保等基础设施建设。其中遥子沟景区新建旅游三级公路3050m，四级支路公路6600m，景区旅游步行道3200m，停车场4166hm²，150KVA变配电系统及4500m供电线路，购置无水生态环保厕所6座，建3000hm²藏式宾馆；察汉河景区道路6km，停车场2处6000hm²，观光步行道20km，输电线路6km，程控电话线路6km，给水5km，垃圾箱及垃圾清运车辆，建3000 m²（20栋）欧式别墅及花园区

2. 省级森林公园建设

建设湟源东峡林场、湟中上五庄、西宁湟水林场、平安峡群寺、互助南门峡、乐都上北山等6处省级森林公园，新建互助松多林场、民和古鄯林场2处省级森林公园。

主要建设内容：湟源东峡林场修建旅游宾馆、环卫设施、购置观光车、缆车，道路硬化等；湟中上五庄森林公园修建道路，购置环卫设施，景点建设等；西宁湟水林场森林公园建设景区、道路及环卫设施等；平安峡群寺森林公园修建宾馆、景点、道路建设；互助南门峡森林公园修建旅游宾馆、环卫设施、人文景观、购置观光车、缆车，道路硬化等；互助松多林场省级森林公园修建宾馆、道路及野生动植物展馆等；乐都上北山森林公园修建宾馆、景点、道路建设；民和古鄯林场森林公园修建旅游宾馆、景点，购置环卫设施，道路建设等。

（三）自然保护区建设

1. 大通北川河源区自然保护区建设

自然保护区位于东经100°51′~101°56′，北纬36°51′~37°23′之间。北与祁连县、门源县相接，西与海晏县毗邻，东与互助县为邻，南与本县的青山、新庄、石山等乡接壤。东西长约95km，南北宽约69km，包括大通县青林、宝库、东峡、向化、弯沟5乡，分属大通东

峡林场和大通宝库林场，总面积 19.83 万 hm²。是以区域森林生态系统水源涵养为主体功能的自然保护区。主要建设内容有保护区基础设施、社区发展、生态旅游、宣传教育等。

2. 民和南大山自然保护区建设

自然保护区位于民和县的西南，为拉脊山南坡，北与乐都县相接，西与化隆县毗邻，东西宽约 35km，南北长约 60km，分属民和县的塘尔垣、西沟、古鄯 3 个国有林场，总面积 4.3 万 hm²。建设以区域森林生态系统水源涵养为主体功能的自然保护区。主要建设内容有保护区基础设施、社区发展、生态旅游、宣传教育等。

第十二章　生态建设与保护配套工程

湟水流域水利灌溉配套、水土保持、生态移民与农村能源、人工影响天气、科技支撑和生态产业等其他建设与保护工程是生态建设不可缺少的有机组成部分。这些生态建设的配套工程与植被恢复和重建工程相互联系，植被恢复和重建工程是生态建设和保护的前提，水利灌溉配套、水土保持、生态移民与农村能源、人工影响天气、科技支撑和生态产业等其他建设与保护工程是生态建设与保护的保障。

第一节　水利灌溉配套工程

一、建设范围

根据地形条件、生态环境恶化程度、水源等因素，确定林灌水利工程实施区域为湟源县、湟中县、大通县、西宁市、互助县、平安县、乐都县、民和县等8个县（市）。

二、发展战略

湟水流域两岸生态环境建设，是通过"引大济湟"工程增加湟水河水量，根据湟水流域的自然条件和湟水流域造林的实践，灌溉造林是提高成活率的最有效措施。充分利用现有水利工程设施和新建提灌工程、自流灌溉工程及管网配套，发展林业灌溉，集中治理湟水河两岸浅山地区水土流失，促进湟水流域生态环境进一步好转。

在工程布置时，坚持全面规划、统筹兼顾、标本兼治和综合合理，力争使每个提灌站或自流灌溉工程布置合理，控制面积最大。对原有提灌站和引水渠道通过维修改造和节水改造进行挖潜，完善灌区配套设施，优化林灌灌溉制度等，扩大灌溉面积。在灌水方式上，以节水增效为中心，力争采用沟灌或管灌等管道技术，以提高灌溉水利用系数。对近期规划项目，尽量利用现有灌区干渠和就近水库进行提灌或自流灌溉；远期规划项目可通过扩大延伸和续建大南川水库、云谷川水库、小南川水库、南门峡水库（四库）灌区，充分利用"四库"剩余水量，将"四库"水源引至西宁市市区上北山、下北山、南山、西山，解决西宁市荒山绿化灌溉用水。

林灌水利工程总布局为湟水沿岸8个县（市）主干公路两侧一级山脊之内的造林地，采用自流灌溉或提灌站供水，配套管网和蓄水池，进行坑灌。各自流灌溉工程主要由引水枢纽、干支渠和配套管网及渠系建筑物组成；各提灌工程主要包括：泵站工程、蓄水工程、配套管路工程3个部分。其中泵站工程由引渠、进水池、泵房和压力管路组成；蓄水工程主要为容积不同的蓄水池（包括出水池），基本为钢筋砼圆形池；各站配套管路工程主要包括管网、阀门井、减压井、给水栓等。各提灌工程具体布置应根据各县（市）河道两岸地形、规模等进行合理布置，规划布置时必须按照全面统一的布置原则，尽可能集中连片，使每个自流灌溉灌区和提灌站尽可能控制最大面积，发挥最大效益。

三、建设原则

（一）坚持因害设防、重点实施的原则

根据湟水南岸生态环境现状，从改善生态环境和国土整治的角度出发，把水土流失较严重的地区做为治理重点，优先安排实施。

（二）坚持节约、利用与保护为核心的原则

充分利用水土资源，以水资源的合理配置、节约、利用与保护为核心，尽量使规划区现有宜垦荒地和生态治理均得到灌溉。

（三）兼顾生态、经济与社会效益的原则

在保证生态平衡的基础上严格核定规划区发展规模，兼顾生态、经济与社会效益。

（四）坚持子工程相互配套的原则

根据各工程实际，研究制定各种配套和节水改造技术措施，促进工程节水目标的实现。

四、建设目标

遵循自然规律和经济规律，实行治理与保护、建设与管理并重，以林灌水利工程为先导，灌溉林业与旱作林业相结合，提高造林规模和造林质量，集中连片实施，使严重水土流失得到基本治理，使湟水流域各地区的生态环境得以改善，高原森林城市雏形基本形成，实现生态、经济与社会效益的协调统一，促进国民经济和社会可持续发展。

五、建设内容与规模

为保证生态环境建设项目顺利实施，选择易于灌溉的水源和易于兴建水利提灌工程的区域作为水利项目实施的建设区。根据地形条件、生态环境恶化程度、水源等因素，确定林灌水利工程实施区域为湟源、湟中、大通、西宁、互助、平安、乐都、民和等8个县（市）。

（1）自流灌溉工程　修建干支渠383.89km；配套管网1753.15km；各类渠系建筑物28 641座；总控制面积为7933.3hm^2。

（2）提灌工程　上水压力钢管总长143.645km；输水管道及配套管网2211.01km；移动支管1334.70km；蓄水池247座，总容积15 850m^3；球形水窖2817眼，总容积385m^3；总灌溉面积为2.52万hm^2。

第二节　水土保持工程措施

一、建设范围

湟水流域干流包括海晏部分、湟源、湟中、西宁、大通、互助、平安、乐都、民和部分等9个县（市），水土流失类型区有黄土丘陵沟壑第四副区、土石山区和高地草原区，根据《土壤侵蚀分类分级标准》（SL1901~96），土壤侵蚀类型有水力侵蚀、重力侵蚀、冻融侵蚀和人为侵蚀，成为水力侵蚀和重力侵蚀为主要，近年来人为侵蚀也呈加剧趋势。丘四区为 5000~10 000 t/km² · a，土石山区为 100~500 t/km² · a，高地草原区为946.13 t/km² · a，全流域综合多年平均为 603.23 t/km² · a。

二、发展战略

根据流域土壤侵蚀强度、水土流失特点和沟道地形地貌特征等实际情况，按照《水土保持治沟骨干工程暂行技术规范》要求，坚持"因地制宜，除害兴利"的方针，通过治沟骨干工程、淤地坝和小型水保工程建设，有效利用和保护水土资源，拦蓄径流泥沙，发展坝地农业和灌溉农业，巩固退耕还林还草成果，改善生态环境，为发挥生态自我修复能力，实现大面积植被恢复创造条件，为加快防治水土流失步伐，控制并减少泥沙对下游河道的危害，有效减少入黄泥沙，促进流域群众脱贫致富和经济社会可持续发展提供保障。

通过多年科学试验研究和水土保持治理实践，水土流失防治措施主要为工程措施，沟道是水沙流失的通道，沟岸重力侵蚀严重，应以工程措施为主，工程措施与生物措施相结合，对支毛沟，修建沟头防护、土石谷坊，营造固沟林，防止沟道发展，在大的支沟内修建一定数量以骨干工程和淤地坝为主坝库的工程，拦洪淤沙，治沟淤地造地，发展小片水地和川台地，并建设沟底防冲林、护岸林、护坡林、护路林，形成用材林和苗圃基地，同时解决部分人畜饮水和过沟交通问题，形成防治用相结合的防护体系。

三、建设原则

（一）以水土保持重点治理区为重点，小流域为单元的原则

水土保持重点治理区不仅土壤侵蚀模数最高，生态环境最恶劣，同时也是流域人口最集中的农业区，在水土保持重点治理区修建治沟骨干工程和淤地坝，能够最大限度利用水沙资源，拦蓄径流泥沙，建设高效基本农田，促进退耕还林还草，促进群众脱贫致富奔小康，有效减少入黄泥沙。以小流域为单元进行水土流失及其危害综合防治，是经过多年实践经验总结出来的基本经验，按照水沙运行规律以小流域为单元进行治沟骨干工程和淤地坝建设，对最大限度发挥工程蓄洪、拦泥、淤地、灌溉、养殖等综合效益和投资效益具有十分重要的意义。

（二）实际需求和理论潜力分析相结合确定建设规模的原则

科学合理地确定治沟骨工程和淤地坝建设规模，是实现工程投资和效益最优的基本条件。根据流域土壤侵蚀强度、水土流失特点、沟道地形地貌以及减沙目标、生态环境建设目标，通过分析流域内治沟骨干工程和淤地坝建设成功典型，理论分析流域可建设治沟骨干工程和淤地坝规模潜力，然后根据流域自然条件实际、经济社会现状，在规划外业勘察和理论潜力分析的基础上，最终确定流域实际需求建设治沟骨干工程和淤地坝规模。

（三）结合其他生态工程建设的原则

生态自我修复、退耕还林还草是流域生态环境建设的重要内容和目标，也是当前国家政策优惠实施的有利时机，实践证明，治沟骨干工程和淤地坝建设对大面积的生态修复、退耕还林还草等生态工程建设具有极大的促进和保障作用，因此协调好治沟骨干工程、淤地坝和

其他生态工程建设之间的关系，加快建设步伐，为最终实现流域环境、资源、社会可持续发展奠定基础。

（四）坚持生态效益、经济效益和社会效益相统一的原则

坚持生态效益、经济效益和社会效益相统一的规划原则，就是优先在水土流失及其危害严重、生态环境恶劣、工程综合效益显著的地区建设治沟骨干工程和淤地坝。

四、建设目标

由于水土流失重点治理区主要集中在湟水中下游的黄土丘陵区，面积约 9230km²，占省境内流域的 58.5%，在近年来的水土保持综合治理中取得了明显的效果，具有一定的治理基础。根据湟水流域内国民经济发展规划目标的要求，另外通过对自然条件、经济社会条件、水土保持综合治理现状的综合分析，依照治理分区工程规划措施的类型、数量和布局情况，确定本次规划的基准年为 2005 年，规划期 15 年，规划时段为近期 5 年（2006~2010年），远期 10 年（2011~2020 年），本次规划的重点为近期 5 年，远期 10 年只做框架性规划。

近期目标（2006~2010 年）：通过 5 年时间的水土保持工程建设，共新增治沟骨干工程 140 座，淤地坝 1387 座，小型水保工程 63 400（座、处）。

远期目标（2011~2020 年）：在 5 年工程建设的基础上，再新增小型水保工程 63 449（座、处），使流域生态环境显著改善，流域经济有较大发展。

五、建设内容与规模

（一）骨干工程

根据骨干工程建设规模分析和实际需求，本次规划共新增骨干工程 140 座（包括民和县、湟中县各 2 座加高加固骨干工程）。根据外业勘察期间各县市水保业务部门在 1:100000 的地形图上标注的现状骨干坝和规划新增骨干坝的位置进行统计，新增骨干工程总体布局和预测工程量情况见表 12-1。

表 12-1 湟水流域规划骨干工程及工程量表

县名	骨干坝（座）	工程量（万 m³）		材料消耗				
		土方	石方	水泥（t）	钢材（t）	木材（m³）	油料（t）	炸药（t）
湟源	9	47.76	0.13	185.31	19.91	13.33	21.53	11.30
湟中	29+2	245.40	0.66	952.19	102.31	68.50	110.61	58.06
大通	14	125.72	0.81	327.23	34.85	42.19	453.13	51.99
互助	36	387.58	1.18	1716.84	107.28	30.24	594.02	117.00
平安	22	205.47	0.42	731.21	37.79	32.43	534.91	33.31
乐都	14	155.73	0.32	554.24	28.64	24.58	405.43	25.25
民和	12+2	156.80	0.35	557.34	28.94	24.78	410.48	25.62

（二）淤地坝

根据上述分析结果，流域内现有淤地坝 696 座，本次规划共新增淤地坝 1387 座，主要布设在湟水流域黄土高原丘陵沟壑区第四副区，新增淤地坝总体布局情况及其工程量见表 12-2。

表 12-2　湟水流域规划淤地坝及工程量表

| 县名 | 骨干坝（座） | 工程量（万 m³） | | 材料消耗 | | | | |
		土方	石方	水泥（t）	钢材（t）	木材（m³）	油料（t）	炸药（t）
湟源	36	385.99	0.24	655.48	31.50	93.46	75.60	108.22
湟中	238	1370.73	1.42	2597.92	59.50	45.82	0.00	74.38
大通	279	2991.46	1.86	5079.98	244.13	724.35	585.90	838.74
互助	311	1791.17	1.85	3394.76	77.75	59.87	0.00	97.19
平安	77	624.17	0.48	1106.03	42.01	102.35	76.46	122.15
乐都	296	4784.27	4.74	11771.92	303.70	240.94	0.00	2960.00
民和	150	2424.46	2.40	5965.50	153.90	122.10	0.00	1500.00

（三）小型水保工程

1. 谷坊

通过对湟水流域各县（市）的工程措施规模及流域内谷坊建设成功的典型小流域比较和分析，在丘四区主要以骨干工程和中小型地坝为主，谷坊的建设规模与坝系布设的规模相当，土石山区主要的工程措施为谷坊群，谷坊群的布设密度和间距与流域内的支毛沟长度和沟道比降成正比。通过对流域内谷坊现状调查得知，土谷坊的稳定性较差，为保障谷坊群安全稳定，在流域内以修建石谷坊为主。通过以上分析，流域内共新增谷坊 143 750 座，具体规划布局和工程量情况见表 12-3 和表 12-4。

表 12-3　湟水流域谷坊规划表　　　　　　　　　　　　单位：座

地名	现状谷坊	新增谷坊	座/km²	地名	现状谷坊	新增谷坊	座/km²
海晏	80	200	10	互助	65	25935	10
湟源	823	10539	10	平安	40	5850	10
湟中	215	19860	11	乐都	314	24660	10
西宁	738	3000	11	民和	53	12545	10
大通	1211	21243	11	合计	3539	123832	13

表 12-4　谷坊及工程量表

| 地名 | 谷坊（座） | | 土方（万 m³） | 石方（万 m³） | 地名 | 谷坊（座） | | 土方（万 m³） | 石方（万 m³） |
	土谷坊	石谷坊				土谷坊	石谷坊		
海晏	0	200	0.03	0.80	互助	5187	20748	330.65	128.96
湟源	2108	8431	36.88	57.96	平安	1170	4680	19.24	26.33

（续）

| 地名 | 谷坊（座） | | 土方 | 石方 | 地名 | 谷坊（座） | | 土方 | 石方 |
	土谷坊	石谷坊	（万 m³）	（万 m³）		土谷坊	石谷坊	（万 m³）	（万 m³）
湟中	3790	15890	69.70	98.44	乐都	4932	19728	410.77	123.30
西宁	0	3000	17.99	15.76	民和	2509	10036	63.38	67.70
大通	4248	16995	509.68	107.72	合计	23944	99708	1458.32	626.97

2. 沟头防护

沟头防护工程是治沟的第一道防线，它是在侵蚀沟的顶部开挖截洪沟，分散和排走径流，避免径流直接汇入沟内，阻断和分散集中股流对沟头的直接冲刷，防止沟头溯源侵蚀。

沟头防护工程有蓄水式沟头防护工程和泄水式沟头防护工程两种形式。根据沟头上游来水量的大小和地形条件不同采取不同的沟头防护工程。当沟头上部来水比较少时，可采用蓄水式防所长程，主要是拦蓄上游坡面径流，防止径流排入沟道，同时变害为利，综合利用水资源；当沟头集水面积大且水量多。且无条件或不具备采取蓄水式沟头防护时，应采用汇水式沟头防护工程，将上游来水安全排走。

湟水流域现有沟头防护工程共 111 处。根据流域地形地貌和水土流失，配合其他沟道工程防护措施，沟头防护主要布设在土层较厚沟蚀发育的沟蚀发育的沟道内，以控制沟蚀的发生发展，共布设沟头防护 3197 处。沟头防护规划见表 12 - 5。

表 12 - 5　湟水流域沟头防护工程规划情况表

地名	沟头防护（处）	地名	沟头防护（处）	地名	沟头防护（处）
湟源	24	大通	1725	乐都	133
湟中	38	互助	900	民和	65
西宁	113	平安	199	合计	3197

第三节　草地建设

一、建设范围

湟水流域包括海北藏族自治州的海晏县，西宁市 5 区及所辖湟源、湟中、大通 3 县，海东行署所辖的平安，互助、乐都、民和、化隆 5 县。

二、发展战略

以草地改良建设为前提，抑制草地退化、沙化和土地荒漠化的趋势；以牧业基础设施建设为中心，提高畜牧业产业化经营水平。因地制宜、统筹规划，分期有序地实施各项工程。通过加大草地建设力度和重点工程建设的实施，大大提高冬春草地的承载能力和牧户的舍饲水平，在优化畜群结构和畜草平衡的基础上发展可持续草地畜牧业，分阶段、分层次、有步骤地把传统畜牧业尽快转变为高效生态畜牧业，并使当地农牧民的生产条件得到改善，生活水平逐年提高。

三、建设原则

（一）坚持生态保护、生态治理和牧民增收相结合

在草地建设过程中，离开广大农牧民的积极参与和支持是行不通的。为此，只有在生态保护、和生态环境治理中，让广大农牧民得到实惠，生活水平逐年提高，才能调动广大农牧民的积极性和参与意识，才能更好的完成各项工程建设任务。

（二）坚持因地制宜，分类指导的原则

在实施规划中要加强指导，突出重点，分区治理，集中联片分期分批，先易后难，建设一片，巩固一片，发展一片，有计划有步骤地推进。

四、建设目标

加强围栏、人工草地、鼠害防治、暖棚及畜圈草地基础设施建设，基本遏止草地退化、沙化和土地荒漠化进程，使境内的草地生态系统向良性循环和进展演替方向发展，牧业生产条件得到明显改善；加强科技示范、科技推广及社会化服务体系建设，实行以草定畜，并逐步向舍饲、半舍饲畜牧业转变，传统畜牧业尽快转变为高效生态畜牧业，走具有湟水特色的高效生态畜牧业路子；提高畜牧业生产性能，大幅度增加肉、毛、皮的产量，充实市场供应，增加牧民的收入，项目完成后年增加畜牧业产值 40.23 亿元。同时对民族团结、社会安定起到促进作用。

近期目标（2006～2010 年）：通过 5 年时间草地建设，基本遏制草地退化趋势，生态环境得到明显改善。鼠害防治面积累计 20.5 万 hm^2，防治虫害 1.75 万 hm^2，沙化草地治理 5.47 万 hm^2，"黑土型"草地治理 0.13 万 hm^2，灭治毒杂草 5.5 万 hm^2，退化草地改良 9.5 万 hm^2；建立草产业加工厂 4 座，发展舍饲棚圈 3.0 万幢。

远期目标（2011～2015 年）：在前 5 年工程的基础上，发展舍饲棚圈 3.0 万幢，推进舍饲畜牧业发展，使流域高效畜牧业经济有较大发展。

五、建设内容与规模

（一）沙化草地治理

主要是针对大通县、湟源县、海晏县沙化草地进行围栏封育建设，33.3hm^2 为一个封育单元，共需建设 1641 个配套围栏，建设总规模为 5.47 万 hm^2，其中大通 1.0 万 hm^2、湟源 1.5 万 hm^2、海晏 2.97 万 hm^2。

（二）退化草地改良

大通县、湟源县、海晏县中度以上退化草地首先进行围栏建设，然后进行补播、施肥等改良措施。退化草地改良建设总规模为 9.5 万 hm^2，其中大通 2.0 万 hm^2，湟源 2.5 万 hm^2，海晏 5.0 万 hm^2。

（三）"黑土滩"型草地治理

在海晏县的"黑土滩"型退化草地，对原生植被盖度低于 25%，土层较厚且便于机械作业的重度退化草地上建立人工草地，面积 0.05 万 hm^2；对原生植被盖度在 25% 以上，土

层较薄和不便于机械作业的严重退化草地上建立半人工草地，面积 0.082 万 hm²。

（四）灭治毒草

在大通县、湟源县、海晏县天然草地毒杂草严重的退化草地实施，选择狼毒、黄花棘豆严重的毒杂草型退化草地采用生物灭治方法，共灭治 5.5 万 hm²。其中海晏 2.0 万 hm²，大通 2.0 万 hm²，湟源 1.5 万 hm²。

（五）鼠害防治

在大通县、湟源县、海晏县鼠害发生的天然草地实施，选择高原鼠兔、高原田鼠、高原鼢鼠危害的地段进行地上及地下鼠的灭治，共灭治 20.50 万 hm²。其中海晏 9.0 万 hm²，大通 7.5 万 hm²，湟源 4.0 万 hm²。

（六）草地防虫

在大通县、湟源县、海晏县虫害发生的天然草地，选择草原蝗虫和草原毛虫发生的草地上进行灭治，共灭治 1.75 万 hm²。

（七）牲畜棚圈及配套设施

在湟水流域的大通县、湟源县、海晏县、湟中县、民和县、西宁市、化隆县、互助县、平安县、乐都县的冬春草地，地形平坦、距水源较近的地段，修建高标准砖木（或预制）结构、玻璃钢窗半棚式畜用暖棚 6 万幢，每幢 200m²，共计 1200 万 m²。另外，配套畜圈建设每个 400m²，共计 2400 万 m²。

（八）草产业

在平安、民和、乐都、互助 4 县建立牧草加工厂 1 处，加工高蛋白饲草颗粒、草粉方捆干草、圆捆青贮饲草的加工。购置青草烘干、打包机械及草加工生产线，机械化作业以生产高蛋白饲草颗粒饲料和加工调制青干草、青贮牧草为主。另外，加工的饲草料还有草饼、草粉和草捆等形态。

（九）舍饲畜牧业

在湟水流域的民和、乐都、互助、平安、大通、湟中、湟源、西宁、海晏、化隆等县（市）实施。在 6 万户暖棚建设户中进行绵羊育肥，每年户均规模 240 只，分两期每期 120 只；购进陶赛特种公羊和藏系母羊杂交繁育，每户购进 4 只种公羊；购进肉、奶兼用牛，每户购进 2 头。

（十）科技支撑

培训分两个层次，对省和县的技术骨干，主要学习草地监测网络系统软件，3S 动态监测管理技术，资料信息存储技术等；对项目区的基层干部、牧业技术人员和科技示范户进行先进适用技术培训，畜牧业经营管理，饲草生产技术，家畜品种选育和人工授精技术，畜疫防治技术，草原保护和合理利用技术，牧业机械使用和简单维修技术，牛、羊舍使用、维护和养畜技术，优质饲草料地种植、管理、收获、饲草加工、储藏与饲喂技术、划区轮牧技术、牛羊疫病防治、家畜改良和现代畜牧业经营管理技术等。

科技培训在项目建设期内举办畜牧业科技培训班，每年举办 4～5 期，每次培训天数不少于 2 天，共培训 4～6 天，每个项目村有 3～5 个技术干部，每 10 户有 1 个科技示范户，每户有一个科技明白人。计划培训牧民 6.0 万人次。

第四节 生态移民

一、建设范围

生态移民的范围包括在湟水流域所属的民和、乐都、互助、湟中、湟源、大通、海晏等县就地无法脱贫的生态移民，涉及农户 4673 户，20 358 人。

二、发展战略

生态移民是青海省通过异地扶贫开展的措施进行扶贫开发工作的一项战略性措施，涉及农林牧、水电路、文教卫等诸多方面，是一项难度大、工程建设复杂的社会系统工程。湟水河流域的迁出区，多数为干旱山区，靠天吃饭，经营粗放，耕作技术落后。在异地扶贫中，应注重科技投入，进行农牧业生产的技术指导和培训，应科学规划农林牧、水电路、文教卫基础设施建设项目，合理布局移民安置社区，以利于实现异地扶贫的规模效益。正确处理移民和迁入区的关系，在安置搬迁移民的同时，妥善处理迁入区周边群众的利益关系。在迁出区广泛宣传移民政策，宣传项目迁入区的自然条件和经济社会发展现状，组织移民代表考察项目迁入区的自然条件和发展前景，使广大群众对迁入区有一定的感性认识，在此基础上，按照个人申请，群众评议，村委推荐，乡政府审核，县领导审批的程序，确定移民搬迁的村、户、人。在迁入区与农林牧、水电路、文教卫基础设施建设项目结合，改善生存环境，创造生产条件，解决贫困人口温饱问题的根本措施。

坚持以人为本，全面、协调、可持续的发展观，以改善湟水流域生态环境和贫困群众生存条件为重点，在移民安置方式上，从实施大规模的异地搬迁转移到就近就地小型调庄上，充分利用各县本地的资源，把生存条件极差、就地无法脱贫的贫困群众从山上往山下搬迁，从环境恶劣的地方往自然条件好的地方搬迁。加强基础设施建设，调整产业结构，努力增加群众收入，从整体上推进青海省扶贫开发工作。按照"生产发展，生活宽裕，乡风文明，村容整洁，管理民主"的要求，为建设社会主义新农村创造条件。

三、建设原则

（一）坚持以人为本与群众自愿相结合的原则

以人为本搞好移民安置社区建设，为贫困群众创造一个安居乐业的生存环境；按照政府建基地，群众搞搬迁的方式，在群众自愿条件下，引导贫困群众主动参与移民搬迁项目。

（二）坚持因地制宜与基础建设相配套的原则

遵循自然规律，顺天应时，宜农则农，宜牧则牧，宜林则林，把资源优势转化为产业优势和经济优势，努力增加群众的收入，加快脱贫致富的步伐；农林牧、水电路、文教卫基础设施配套建设，综合治理，全面发展。

（三）坚持项目科学管理的原则

项目区基础设施建设、产业结构调整，社会发展事业都要实行项目管理，严格按程序办事，切实搞好项目的前期准备、施工建设和运行管理工作。

四、建设目标

全面贯彻落实《纲要》所提出的各项任务指标，通过异地扶贫解决农民贫困问题，2006~2010 年解决 4673 户，20 358 人的温饱问题，使人均年增长接近全国同期水平。使项目区经济增长、环境治理、社会进步等方面持续、稳定、协调发展，为建设社会主义新农村、全面进入小康社会奠定基础。具体目标是：

（1）到 2010 年力争使项目区的贫困农民基本解决温饱，年人均纯收入平均增长 6% 以上。

（2）使安置后的农民户均农田达到 7 亩，户均生活用房达到 $60m^2$，此外，新增菜棚面积总计 5.88 万 m^2，畜棚 17 155 栋。

（3）使项目覆盖区 100% 的贫困户通电、通路、解决人畜饮水问题。

（4）基本普及九年义务教育，使贫困适龄儿童入学率达 95% 以上。

（5）进行科技扶贫和农民的培训，使项目区 80% 以上的农民达到每户有一个劳动力掌握除种植业和畜牧业以外的一项使用技术。

（6）实现村村有卫生室，人人有医疗、保健、防疫条件，基本消除地方病，婴幼儿死亡率、孕产妇死亡率分别达到青海省同期目标水平。

五、建设内容与规模

异地扶贫项目应与退耕还林还草、休牧育草、小城镇建设、行业发展和产业化发展相结合，主要建设内容为：

（1）土地开发工程：土地平整 $648hm^2$，土地调整 $166.1hm^2$。

（2）水利灌溉工程：修建提灌站 7 座，机井 9 眼，干渠 35.78 km，支渠 51.20km，斗渠 40km。

（3）供电工程：10kV 线路 80.20km，220V 线路 354.97km，配备变压器 53 台。

（4）人畜引水工程：修建引水口 15 座，机井 19 眼，输水管道 157.20km，蓄水池 23 座，建筑物（引水房）171 座。

（5）移民建房工程：修建住房 5 773 $210m^2$。

（6）教育工程：新建中学 1 所，新建小学 16 所，维修小学 12 所。

（7）卫生工程：新建村卫生院 30 所，维修村卫生院 18 所。

（8）道路工程：修建乡村公路（四级沙石路）242.20km，修建桥涵 39 座。

（9）农牧工程：新建日光节能温室 3918 栋，牲畜暖棚17 155栋。

第五节　农村能源

一、建设范围

湟水河流域海晏县、湟源县、湟中县、西宁市、大通县、互助县、平安县、乐都县、民和县的主要干旱山区，能源缺乏（简称"缺能"）较为严重的区域主要在干旱山区的浅脑山地区，因此农村能源研究的主要区域是针对缺能较为严重的浅山和脑山地区。

二、发展战略

以全面建设小康社会为中心，坚持"因地制宜、多能互补、综合利用、讲求效益"和"开发与节约并重"的农村能源建设方针，以科技为依托，在尽可能减少对生态环境负面影响的同时，提高常规能源的使用量和可再生能源的利用，把提高农牧民生产能力、增加家庭收入同解决生活用能短缺有机的结合起来，优化和建立合理的用能结构，建立农村能源综合利用体系，提高能源资源利用的转换效率，从根本上解决能源短缺问题，为保护生态环境和提高贫困人口生活质量做出贡献。

三、建设目标

湟水流域所属县属严重缺能区，发展重点是普及推广太阳能利用工程、沼气工程、省柴节煤工程和以煤代薪工程。农村能源建设的目标是：以全面建设小康社会为中心，坚持因地制宜，突出重点，多能互补的原则。重点实施六项工程，即太阳能利用工程、沼气工程、省柴节煤工程、秸秆气化工程、以煤代薪、以电代薪和以气代薪工程等，为增加农牧民收入、建设社会主义新农村奠定基础。

四、建设内容与规模

主要实施六大工程，即太阳能利用、沼气、省柴节煤、秸秆气化、以煤代薪、以电代薪和以气代薪工程，实行多能互补。

1. 太阳能利用工程

在湟水流域的浅、脑山地区大力推广普及太阳灶，积极发展太阳房住宅。太阳灶 29 万台和太阳房住宅 2 万户。

2. 沼气工程

重点发展温棚、猪圈、厕所、沼气池"四位一体"生态能源模式和温棚养猪、沼气池、种植业"三位一体"种养模式的沼气工程 2 万户。这两种模式是以沼气为纽带，将种植、养殖业有机结合形成循环链，既发展能源，又增加农民收入，保护生态环境。

3. 省柴节煤工程

在全省农牧区的浅、脑山地区大力推广普及省柴节煤灶。重点发展省柴灶和节煤灶 20 万户。

4. 秸秆气化炉工程

重点在湟水流域的退耕还林还草地区进行秸秆气化炉工程。户用秸秆气化 3000 户；集中供气炉 3 个点。

5. 以电带薪工程

重点在东部农业区的湟水流域区位条件较优、经济条件较好的地区示范推广以电带薪工程 10 个点。

6. 以气代薪工程

重点在湟水流域浅脑山区建设煤气供应站 5 个点。

第六节　人工影响天气

一、建设范围

人口影响天气所涉及的区域包括湟水流域海北州的海晏县，西宁市5区及所辖湟源、湟中、大通3县，海东行署所辖的平安，互助、乐都、民和、化隆县。

二、发展战略

大气降水是陆地水资源的根本来源。在科学的设计指导和严密的组织管理下，通过人工施加影响开发利用空中水资源，实施飞机播撒碘化银、干冰等催化剂，把对有利作业的云层进行催化影响后，出现了云层增厚、云顶高度升高、云系加强、水汽向雨水转化、雨滴增加、雨量增加等宏、微观物理现象，有效地增加湟水流域水资源总量。大大缓解湟水河流域的干旱状况，明显地增加土壤水分，有利草木植被生长，改善生态环境；有效地扑救森林草场火灾，保护植被资源；提高空气湿度，减少空气中的尘埃，提高大气清洁度，减轻环境污染，提高人民生活质量。

三、建设目标

通过人工影响天气，可以最大限度地将丰富的空中水资源转化为可有效利用的地表水资源，为解决干旱地区人畜饮水、灌溉、生活用水等问题开辟新的途径。通过工程建设，建成针对不同季节、不同天气采用不同方式进行人工增雨、人工增雪、人工防雹作业的较完整的作业体系。每年比工程计划实施前年增加降水5亿~8亿m^3。如果水价取0.2元/m^3计算，年平均增水效益为1亿~1.6亿元以上，可有效地增加湟水流域水资源，将有效地缓解工农业生产和人民生活用水供需矛盾。

四、建设内容与规模

在充分利用气象系统现有基础设施和"三江源"人工增雨工程新建业务设施的基础上，合理布局，科学安排，建设适合湟水流域的人工增雨决策指挥平台、人工增雨作业体系和人工增雨效果评估平台。

1. 人工增雨决策指挥平台

人工增雨决策指挥平台包括决策指挥所需的基本数据的采集、传输、预处理和分析，在进行综合判断后，在作业的时机、作业的时空范围、作业的播撒剂种类和剂量等方面给出科学判断意见。在飞机作业后进行实时指挥，保证增雨作业效果最大化。内容和规模见表12-6。

表 12 - 6　人工增雨决策指挥平台建设项目表

项目	地点	规模
人工增雨指挥中心	西宁	1 处
人工增雨指挥分中心	海晏、湟源、平安、乐都、民和、湟中、大通、互助	8 处
人工增雨作业基地	西宁	1 处
GBPP - 100 雨滴谱仪	海晏	1 套
闪电定位仪（一主三副）	西宁、平安、湟中、互助	1 套
地基 GPS 数字化大气探测站	海晏、平安、民和、湟中、大通、互助各 1 套	6 套
天气状况自动监测站	海晏、湟源各 2 个，平安、乐都、民和、湟中、大通、互助、西宁各 1 个	11 个
雨量自动监测站	海晏布 10 个、湟源 10 个、平安 8 个、乐都 12 个、民和 15 个、湟中 15 个、大通 14 个、互助 14 个、西宁 8 个	106 个
指挥系统通讯传输网络建设	含中心至分中心及作业点	1 套
中心决策指挥系统	西宁市	1 套
分中心决策指挥系统	海晏、湟源、平安、乐都、民和、湟中、大通、互助	8 套
移动大气要素监测平台		1 部
移动气象要素监测平台		1 部
移动人工增雨作业指挥平台		1 部
后勤保障车	西宁、海晏、湟源、平安、乐都、民和、湟中、大通、互助	9 部

2. 人工增雨作业体系

人工增雨作业体系由飞机催化系统和地面催化系统组成。在湟水流域流域进行常年性立体式的人工增雨作业，对于流域内的大范围降水系统、地域性降水云系进行科学合理的人工催化，充分开发空中水资源。建设项目和规模见表 12 - 7。

表 12 - 7　人工增雨作业平台建设项目表

项目	地点（及装置量）	规模
作业高炮	海晏 4 门、湟源 5 门、平安 5 门、乐都 6 门、民和 6 门、湟中 5 门、大通 4 门、互助 4 门	39 门
车载式小型火箭发射装置	海晏 2 部、湟源 2 部、平安 1 部、乐都 2 部、民和 2 部、湟中 2 部、大通 2 部、互助 2 部、西宁 1 部	16 部
地面燃烧炉	海晏 5 架、湟源 5 架、平安 5 架、乐都 6 架、民和 6 架、湟中 5 架、大通 4 架、互助 4 架、西宁 3 架	43 架
技术设备保障支援中心	西宁	1 处
技术设备保障系统	西宁	1 套

3. 人工增雨效果评估体系

流域人工增雨工程的评估体系，利用综合监测系统收集到的气象、生态和大气成分等多方面的资料信息对人工增雨及其他综合治理措施实施后的效果进行科学合理评估（表12 - 8）。

表12 - 8　人工增雨效果评估建设项目

项目	地点（及装置量）	规模
效果评估校验站	海晏2个、湟源2个、平安1个、乐都3个、民和3个、湟中3个、大通2个、互助2个、西宁1个	19个
大气要素监测站	西宁	1个
湟水流域卫星遥感生态监测评估系统（含数据库建设）	西宁	1套
中心综合分析实验室	西宁	1处
遥感监测设备	西宁	1套
气象要素综合分析服务系统	西宁	1套

第十三章　投资估算与效益评价

第一节　投资估算

一、估算依据

（1）高原降效系数，由于工程所在地海拔高程均不同，因此，定额中人工和机械高原降效系数根据各县（市）海拔不同乘以相应的系数。

（2）根据青海省水利厅、建设厅颁发的《青海省水利水电工程设计概（估）算费用构成及计算标准》、《青海省水利水电工程初步设计编制办法》青水生技字（1995）第165号文中的有关规定进行计算。

（3）人工工资根据《费用标准》的补充通知青水字（1998）第142号文的规定方法进行计算。

（4）装饰费按西宁市交通局、物价局、市交字（1991）第054号文规定计取。

（5）运输费按照青海省交通厅运输定额站颁发的有关规定进行计算。

（6）主要材料价格参照当地定额站发布的《价格信息》中的主材指导价确定，苗木、种子价格按当地市场价。

（7）湟水流域调查研究所取得的技术经济指标。

二、主要技术经济指标

（一）植被恢复与重建

1. 退耕还林工程

退耕地还林补助按8年计算，当年退耕地补助（包括粮食补助、生活补助、科技支撑、前期工作费和工程监理）黄河流域退耕还林3536.25元/hm²，以后每年退耕地补助（包括粮食补助、生活补助）黄河流域退耕还林2700元/hm²；荒山造林750.0元/hm²。

2. 林业生态建设

人工造林及低效林改造，封山育林1050元/hm²。

3. 城镇绿化

国道公路绿化	4.0万元/hm²	铁路绿化	4.0万元/hm²
城镇绿化	4.0~6.0万元/hm²	乡村绿化	3.0万元/hm²

4. 其他投资

前期工作费按项目投资的1.2%计算，建设单位管理费按工程投资的1%计算，监理费按工程投资的 1.8% 计算。

（二）水土保持工程措施

（1）采用的价格水平年　按 2004 年价格计算。

（2）基础单价　人工预算单价：按《黄河水土保持生态工程设计概（估）算编制办法及费用标准》（试行）之规定，限度 14.07/工日。

（3）工程单价组成　工程单价包括直接费、间接费、计划利润、税金等四部分。组织民工施工的工程不计算计划利润和税金。

①直接费：直接费包括基本直接费、其他直接费。其他直接费限度基本直接费的 2%。

②间接费：间接费以直接费为计算基础，费率分土石方工程取 3%，混凝土工程取 3.5%。

③计划利润：计划利润取工程直接费和间接费之和的 3%

④税金：税金取直接费、间接费、计划利润 3 项之和的 3.22%。

（三）水利灌溉配套工程

（1）定额　采用 1993 年青海省水利厅颁发的《青海省水利水电工程建筑工程预算定额》进行编制并扩大 10%。

（2）材料价格　主要材料及当地材料按照概算价值进入单价，然后按预算差价计税金后进入其他费用，次要材料以预算价进入单价。

（四）草地建设

1. 网围栏单位投资标准

围栏材料费用（500 亩，2310m）为 1.706 万元；围栏安装费按 4 人一天（4 个工）安装 400m（2 圈）计算，安装 2310m 需投劳 23 个日工，每个工日按 20 元计，围栏投劳折价 460 元；长途运费 0.6 元/t·km，短途运费 1.0 元/t·km，1 个 2310m 围栏配套的运输费平均为 550 元。

2. 退化草地改良单位投资标准

退化草地每亩投资 101.14 元。其中围栏建设投资同沙化草地治理，每亩 36.14 元。草地补播的资金投向为牧草种子和地面处理和肥料款 3 项，合计为 65.0 元/亩。

3. "黑土滩"型退化草地单位投资标准

"黑土滩"型退化草地每亩投资 150.00 元。其中围栏建设投资同沙化草地治理，每亩 36.14 元，草地补播的资金投向为牧草种子和肥料款 3 项，合计为 70.15 元/亩，地面处理 29.0 元/亩，灭鼠、灭杂 8.71 元/亩，运输及技术咨询 6.0 元/亩。

4. 毒杂草防治单位投资标准

药品费 5.5 元/亩，人工 0.6 元/亩，劳保 0.6 元/亩，运费 0.3 元/亩，其他 0.15 元/亩，合计每亩投资 7.25 元。

5. 鼠害防治单位投资标准

鼠害防治中地上鼠单位投资 1.46 元/亩，其中药品和饵料 0.27 元/亩，劳保用品 0.036 元/亩，人工 0.635 元/亩，运费 0.231 元/亩，物资费 0.13 元/亩，其他 0.16 元/亩；地下鼠单位投资 1.8 元/亩。人工招鹰架每个招鹰架投资额为 400 元。

6. 虫害防治单位投资标准

药品及器械 1.62 元/亩，运费 0.26 元/亩，人工 0.63 元/亩，物资费 0.24 元/亩，其他 0.16 元/亩。

7. 畜棚及其配套畜圈单位投资标准

畜棚及其配套畜圈建设单位投资 35200 元/幢。

8. 草产业加工单位投资标准

草产品加工基地建设投资 219.20 万元，草产品加工机械设备购置 134.03 万元，草产品加工物质消耗 70.0 万元，合计为 423.23 万元。

（五）生态移民

（1）教育部、建设部颁发的《农村普通中小学建设标准（试行）》；

（2）卫生部、教育部颁发的《乡镇卫生院建设标准》；

（六）农村能源

（1）青海省建设厅颁发的《青海省建筑工程预算定额》；

（2）青海省建设厅公布的《2005 年第二季度建筑材料市场指导价》，主要材料价格依据"费用标准"中规定的价格作为原价，并根据"第二季度知道价"加上运杂费及采保费计算材料差价；次要材料价格执行市场价。

（七）人工影响天气

1. 所有设备价格均依据厂家报价和市场询价；

2. 建筑工程采用同类工程类比法进行估算；

3. 国家有关基本建设工程的投资估算规定。

三、总投资

湟水流域生态建设总投资 1 486 416.4 万元。按建设项目分：植被恢复与重建投资 816 357.19 万元，水土保持工程措施投资223 710.82万元，水利灌溉配套工程投资56 059.28 万元，草地建设投资 280 179.59 万元，生态移民投资 44 782.59 万元，农村能源投资 37 948.93万元，人工增雨工程投资27 378.00万元（表 13 - 1）。

表 13 - 1   湟水流域生态建设总投资估算表   单位：万元

序号	内容	投资	2006~2010 年	2011~2020 年
一	植被恢复与重建	816357.19	476927.67	339429.52
二	水土保持工程措施	223710.82	136311.84	87398.98
三	水利灌溉配套工程	56059.28	36680.50	19378.78
四	草地建设	280179.59	153036.27	127143.32
五	生态移民	44782.59	44782.59	
六	农村能源	37948.93	37948.93	25701.00
七	人工增雨工程	27378.00	16458.0	10920.0
八	总投资	1486416.4	902145.8	609971.6

按建设期分：近期（2006~2010 年）投资 902 145.36 万元，占总投资的 60.7%；远期（2011~2020 年）投资 609 971.6 万元，占总投资的 39.3%。

（一）植被恢复与重建

湟水流域林业生态环境建设总投资 816 357.19 万元。其中建设投资 784 958.84 万元，其他投资 31 398.35 万元，分别占总投资的 96.2% 和 3.8%（表 13 - 2）。

按建设内容分：水源涵养林建设投资 125 488.68 万元，占总投资的 15.4%；水土保持林建设投资 114 765.55 万元，占总投资的 14.1%；湟水源头区林业建设投资 5831.28 万元，占总投资的 0.7%；西宁南北山绿化投资 46 842.51 万元，占总投资的 5.7%；湟水下游绿色走廊建设投资 40 773.47 万元，占总投资的 5.0%。另外，退耕还林草工程投资 224 958.40 万元，占总投资的 27.6%；森林资源保护与林政管理投资 25 848.90 万元，占总投资的 3.2%；种苗建设投资 10 970.00 万元，占总投资的 1.3%；城镇绿化及农田防护林建设投资 121 396.05 万元，占总投资的 14.9%。

按建设期分：近期（2006 ~ 2010 年）投资 476 927.67 万元，占总投资的 58.4%；远期（2011 ~ 2020 年）投资 339 429.52 万元，占总投资的 41.6%。

（二）水土保持工程措施

湟水流域水土保持工程建设总投资为 223 710.82 万元，其中建筑工程 198 135.98 万元，占基本费的 93%（表 13 - 3）。土谷坊建设投资 9254.97 万元，占总投资的 4.1%；石谷坊建设投资 165 353.10 万元，占总投资的 73.9%；沟头防护建设投资 159.76 万元，占总投资的 0.1%；淤地坝投资 33 262.00 万元，占总投资的 14.9%；骨干坝投资 15 680.99 万元，占总投资的 7.0%。

表 13 - 2　湟水流域林业生态环境建设投资估算表　　　　　单位：万元

| 项目 | 合计 | 近期（2006 ~ 2010 年） | | | | | | 远期（2011 ~ 2020 年） |
		计	2006	2007	2008	2009	2010	
合计	816357.19	476927.67	64248.40	109369.54	106285.04	100883.24	96141.45	339429.52
1. 水源涵养林建设	125488.68	75196.90	15233.39	15840.63	15074.03	14567.12	14481.73	50291.78
1.1 人工造林	37023.96	23299.29	5145.98	4913.40	4279.74	4507.76	4452.42	13724.66
1.2 封山育林	16637.80	8705.82	1808.49	1726.08	1735.37	1710.32	1725.56	7931.98
1.3 低效林改造	71826.92	43191.78	8278.93	9201.15	9058.92	8349.04	8303.75	28635.14
2. 水土保持林建设	114765.55	75195.14	14447.09	15545.35	16424.62	14271.65	14506.44	39570.41
2.1 人工造林	38770.32	25981.87	4746.03	5474.49	6493.96	4605.02	4662.37	12788.45
2.2 封山育林	4149.63	2614.57	531.47	512.05	539.85	497.39	533.80	1535.06
2.3 低效林改造	71845.60	46598.70	9169.59	9558.81	9390.81	9169.23	9310.27	25246.90
3. 湟水源头林业建设	5831.28	3176.75	785.28	797.03	508.80	541.32	544.33	2654.53
4. 西宁南北山绿化	46842.51	30527.23	3342.58	6756.42	6191.18	7136.15	7100.90	16315.28
4.1 人工造林	16385.08	12476.87	1236.03	2647.03	2762.84	2923.31	2907.66	3908.21
4.2 低效林改造	30457.42	18050.36	2106.55	4109.39	3428.34	4212.84	4193.24	12407.06
5. 湟水中下游绿色走廊	40773.47	30194.63	1258.09	6235.14	6981.76	8145.96	7573.68	10578.84

（续）

项目	合计	近期（2006~2010 年）						远期（2011~2020 年）
		计	2006	2007	2008	2009	2010	
5.1 人工造林	33853.86	24223.66	1258.09	4712.99	5417.14	6677.56	6157.88	9630.20
5.2 低效林改造	6919.61	5970.97	0.00	1522.15	1564.62	1468.40	1415.80	948.64
6. 退耕还林草工程	224958.40	100438.00	9594.67	15895.18	20454.93	25640.68	28852.55	124520.40
7. 森林资源保护与管理	25848.90	18587.40	2256.50	9346.50	3707.50	1828.40	1448.50	7261.50
7.1 森林资源林政管理	2765.00	2515.00	25.00	1535.00	645.00	285.00	25.00	250.00
7.2 森林防火	8820.00	6020.00	600.00	2940.00	1320.00	610.00	550.00	2800.00
7.3 森林公安队伍	2900.00	2600.00	30.00	1930.00	580.00	30.00	30.00	300.00
7.4 林业有害生物防治	9750.90	5839.40	1184.50	2544.50	839.50	631.40	639.50	3911.50
7.5 林业站建设	1613.00	1613.00	417.00	397.00	323.00	272.00	204.00	
8. 种苗建设	10970.00	10970.00	0.00	4830.00	4890.00	830.00	420.00	0.00
8.1 种苗基地	9820.00	9820.00	0.00	4410.00	4610.00	550.00	250.00	
8.2 种苗质量检验	330.00	330.00		150.00	70.00	70.00	40.00	
8.3 种苗信息化建设	350.00	350.00		140.00	80.00	80.00	50.00	0.00
8.4 种子加工储藏设施	470.00	470.00	0.00	130.00	130.00	130.00	80.00	
9. 农田防火林及城镇绿化	121396.05	56671.05	9185.11	12175.30	12635.30	12164.81	10510.53	64725.00
9.1 农田林网	9099.45	5154.45	973.11	1007.10	1085.10	1034.61	1054.53	3945.00
9.2 城镇绿化	112296.60	51516.60	8212.00	11168.20	11550.20	11130.20	9456.00	60780.00
10. 林业产业化	48391.99	48391.99	3967.55	15504.44	13482.00	10155.00	5283.00	0.00
10.1 种植业	10274.75	10274.75	909.15	3091.40	3091.40	2091.40	1091.40	0.00
10.2 养殖业	13000.00	13000.00	0.00	6000.00	4000.00	3000.00	0.00	0.00
10.3 森林公园	15316.00	15316.00	2060.00	3950.00	4400.00	2950.00	1956.00	0.00
10.4 自然保护区	9801.24	9801.24	998.40	2463.04	1990.60	2113.60	2235.60	0.00
11. 林业科技与技术培训	19692.00	9235.20	1707.04	2237.04	1847.04	1722.04	1722.04	10456.80
11.1 林业科研	2260.00	1620.00	324.00	324.00	324.00	324.00	324.00	640.00
11.2 科研监测	650.00	650.00		515.00	135.00			
11.3 林业技术推广	2010.00	1610.00	322.00	322.00	322.00	322.00	322.00	400.00
11.4 技术培训	14772.00	5355.20	1061.04	1076.04	1066.04	1076.04	1076.04	9416.80
1~11 项合计	784958.84	458584.30	61777.31	105163.02	102197.16	97003.12	92443.70	326374.54
12. 其他投资	31398.35	18343.37	2471.09	4206.52	4087.89	3880.12	3697.75	13054.98
12.1 前期工作费	9419.51	5503.01	741.33	1261.96	1226.37	1164.04	1109.32	3916.49
12.2 项目管理费	7849.59	4585.84	617.77	1051.63	1021.97	970.03	924.44	3263.75
12.2 项目监理费	14129.26	8254.52	1111.99	1892.93	1839.55	1746.06	1663.99	5874.74

表 13-3 湟水流域水土保持工程分年度规划投资表　　　　单位：万元

项目\年度	合计规模	合计投资	计规模	计投资	2006年规模	2006年投资	2007年规模	2007年投资	2008年规模	2008年投资	2009年规模	2009年投资	2010年规模	2010年投资	远期(2010~2020年)规模	远期投资
一、海北州		331.67		331.67												
1. 海晏		331.67		331.67												
土谷坊																
石谷坊	200	331.67	200	331.67					200	331.67						
沟头防护																
淤地坝																
骨干坝																
二、西宁市		96819.13		59511.66		8006.09		14810.09		15913.99		13261.46		7520.03		37307.47
2. 湟源		16669.13		9065.43		947.51		2370.55		2421.64		2074.45		1251.27		7603.70
土谷坊	2108	814.80	1020	394.26	120	46.38	200	77.31	270	104.36	230	88.90	200	77.31	1088	420.54
石谷坊	8431	13981.75	4100	6799.33	500	829.19	1050	1741.29	1050	1741.29	850	1409.62	650	1077.94	4331	7182.42
沟头防护	24	1.20	9	0.45			2	0.10	3	0.15	2	0.10	2	0.10	15	0.75
淤地坝	36	863.33	36	863.33	3	71.94	9	215.83	10	239.81	10	239.81	4	95.93		
骨干坝	9	1008.06	9	1008.06			3	336.02	3	336.02	3	336.02				
3. 湟中		36998.14		23528.55		3487.59		6375.84		5671.29		5065.15		2928.69		13469.59
土谷坊	3790	1464.93	2110	815.57	320	123.69	400	154.61	520	200.99	470	181.67	400	154.61	1680	649.36
石谷坊	15890	26351.55	8160	13532.33	1040	1724.71	1900	3150.91	1900	3150.91	1850	3067.99	1470	2437.81	7730	12819.23
沟头防护	38	1.90	18	0.90			3	0.15	5	0.25	5	0.25	5	0.25	20	1.00
淤地坝	238	5707.54	238	5707.54	45	1079.16	100	2398.13	50	1199.06	43	1031.19				
骨干坝	31	3472.22	31	3472.22	5	560.04	6	672.04	10	1120.07	7	784.05	3	336.02		
4. 西宁		4980.77		4980.77		747.02		1079.44		1328.20		1162.16		663.95		
土谷坊																
石谷坊	3000	4975.12	3000	4975.12	450	746.27	650	1077.94	800	1326.70	700	1160.86	400	663.35		
沟头防护	113	5.65	113	5.65	15	0.75	30	1.50	30	1.50	26	1.30	12	0.60		
淤地坝																
骨干坝																
5. 大通		38171.09		21936.91		2823.97		4984.26		6492.87		4959.69		2676.12		16234.18
土谷坊	4248	1641.96	2200	850.36	210	81.17	520	200.99	810	313.09	360	139.15	300	115.96	2048	791.60
石谷坊	16995	28184.06	7710	12786.06	750	1243.78	2030	3366.50	2030	3366.50	1900	3150.91	1000	1658.37	9285	15398.00
沟头防护	1725	86.20	833	41.63	80	4.00	190	9.49	302	15.09	135	6.75	126	6.30	892	44.57
淤地坝	279	6690.77	279	6690.77	53	1271.01	40	959.25	98	2350.16	60	1438.88	28	671.48		
骨干坝	14	1568.10	14	1568.10	2	224.01	4	448.03	4	448.03	2	224.01	2	224.01		
三、海东地区		126560.02		76468.5102		6538.45		18896.01		22826.76		16099.25		12108.04		50091.51
6. 互助		47948.24		29789.27		1995.20		7517.13		8084.46		6501.66		5690.82		18158.97
土谷坊	5187	2004.91	2880	1113.19	300	115.96	540	208.72	860	332.41	600	231.92	580	224.18	2307	891.71
石谷坊	20748	34407.93	10350	17164.17	500	829.19	2500	4145.93	2550	4228.85	2500	4145.93	2300	3814.26	10398	17243.77
沟头防护	900	44.97	430	21.49	50	2.50	80	4.00	100	5.00	100	5.00	100	5.00	470	23.49
淤地坝	311	7458.17	311	7458.17	25	599.53	85	2038.41	100	2398.13	65	1558.78	36	863.33		

（续）

项目\年度	合计		近期（2006~2010年）												远期（2010~2020年）	
			计		2006年		2007年		2008年		2009年		2010年			
	规模	投资	规模	投资	规模	投资	规模	投资	规模	投资	规模	投资	规模	投资	规模	投资
骨干坝	36	4032.25	36	4032.25	4	448.03	10	1120.07	10	1120.07	5	560.04	7	784.05		
7.平安		12534.08		7613.99		928.80		1716.98		2443.72		1742.66		781.84		4920.09
土谷坊	1170	452.24	640	247.38	100	38.65	120	46.38	220	85.04	100	38.65	100	38.65	530	204.86
石谷坊	4680	7761.19	1840	3051.41	300	497.51	380	630.18	380	630.18	400	663.35	380	630.18	2840	4709.78
沟头防护	199	9.94	90	4.50	15	0.75	15	0.75	20	1.00	20	1.00	20	1.00	109	5.45
淤地坝	77	1846.56	77	1846.56	7	167.87	20	479.63	30	719.44	20	479.63				
骨干坝	22	2464.16	22	2464.16	2	224.01	5	560.04	9	1008.06	5	560.04	1	112.01		
8.乐都		43295.93		24165.81		2162.88		5308.60		7217.95		5478.77		3997.61		19130.12
土谷坊	4932	1906.34	1950	753.73	300	115.96	360	139.15	500	193.26	400	154.61	390	150.75	2982	1152.62
石谷坊	19728	32716.39	8890	14742.94	810	1343.28	2090	3466.00	2090	3466.00	2000	3316.75	1900	3150.91	10838	17973.45
沟头防护	133	6.65	52	2.60			10	0.50	20	1.00	12	0.60	10	0.50	81	4.05
淤地坝	296	7098.45	296	7098.45	20	479.63	57	1366.93	125	2997.66	65	1558.78	29	695.46		
骨干坝	14	1568.10	14	1568.10	2	224.01	3	336.02	5	560.04	4	448.03				
9.民和		22781.76		14899.43		1451.57		4353.30		5080.63		2376.16		1637.78		7882.33
土谷坊	2509	969.79	1150	444.50	100	38.65	260	100.50	320	123.69	240	92.77	230	88.90	1359	525.29
石谷坊	10036	16643.44	5600	9286.89	500	829.19	2000	3316.75	2000	3316.75	600	995.02	500	829.19	4436	7356.54
沟头防护	65	3.25	55	2.75			10	0.50	20	1.00	20	1.00	5	0.25	10	0.50
淤地坝	150	3597.19	150	3597.19	15	359.72	25	599.53	45	1079.16	35	839.34	30	719.44		
骨干坝	14	1568.10	14	1568.10	2	224.01	3	336.02	5	560.04	4	448.03				
四、合计		223710.82		136311.84		14544.54		34037.77		38740.75		29360.71		19628.07		87398.98
土谷坊	23944	9254.97	11950	4618.98	1450	560.46	2400	927.66	3500	1352.84	2400	927.66	2200	850.36	11994	4635.99
石谷坊	99708	165353.10	49850	82669.92	4850	8043.11	12800	21227.18	12800	21227.18	10800	17910.43	8600	14262.01	49858	82683.18
沟头防护	3197	159.76	1600	79.95	160	8.00	340	16.99	500	24.99	320	15.99	280	13.99	1597	79.81
淤地坝	1387	33262.00	1387	33262.00	168	4028.85	336	8057.70	458	10983.41	298	7146.41	127	3045.62		
骨干坝	140	15680.99	140	15680.99	17	1904.12	34	3808.24	46	5152.33	30	3360.21	13	1456.09		

（三）水利灌溉配套工程

水利灌溉配套工程总投资56 059.28 万元（表13－4）。其中，湟源投资1430.54 万元，湟中600.63 万元，大通9888.98 万元，西宁29 802.66 万元，互助1672.13 万元，平安3276.13 万元，乐都4263.29 万元，民和5124.92 万元。

按建设内容分：自流灌溉工程投资为28 139.21 万元，占总投资的50.2%；提灌工程投资为27 070.07 万元，占总投资的48.2%。

按建设期限分：近期（2006~2010年）投资36 680.51 万元，占总投资的65.4%；远期（2011~2020年）投资19 378.78 万元，占总投资的34.6%。

表 13 - 4　水利灌溉配套工程分期实施投资估算表

序号	项目所在地	项目总数（项）	计划投资（万元）					
			2006 年	2007 年	2008 年	2009 年	2010 年	2011 ~ 2020
	合计	123	56059.28					
一、	湟源县	10	1430.54					
			99.50	268.50		205.50	667.54	189.50
二、	湟中县	4	600.63					
						293.40	145.38	161.85
三、	大通县	11	9888.98					
			2067.26	1958.45		1450.71	1668.31	2744.25
四、	西宁市	16	29802.66					
				8467.43	19378.78	1111.11	303.36	541.99
五、	互助县	28	1672.13					
			258.60			722.63	476.70	214.20
六、	平安县	8	3276.13					
			1123.59			763.15	672.74	716.65
七、	乐都县	26	4263.29					
			835.00	915.00		681.29	1170.00	662.00
八、	民和县	20	5124.92					
			516.24	899.28		1260.02	1562.43	886.95
	每年合计		6487.79	6666.46	6117.40	4900.18	12508.66	19378.78

（四）草地建设

草地建设总投资 280 179.59 万元。其中建设投资 269 452.82 万元，其他投资 10 726.77 万元，分别占总投资的 96.2% 和 3.8%（表 13 - 5）。按建设内容分退化草地治理投资 19 036.40 万元，占总投资的 6.8%；舍饲畜牧业建设投资 249 132.92 万元，占总投资的 88.9%；科技培训投资 1283.5 万元，占总投资的 0.5%；其他投资 10 726.77 万元，占总投资的 3.8%。按建设期分近期（2006 ~ 2010 年）投资 153 036.27 万元，占总投资的 54.6%；远期（2011 ~ 2020 年）投资 127 143.32 万元，占总投资的 45.4%。

表 13 - 5　湟水流域草地建设及舍饲畜牧业发展总投资概算表　　　　　单位：万元

项目	合计	近期（2006 ~ 2010 年）						远期（2011 ~ 2020 年）
		计	2006	2007	2008	2009	2010	
合计	280179.59	153036.27	27228.97	34432.02	35293.31	28251.23	27830.74	127143.32
一、退化草地治理	19036.40	19036.40	2547.98	5726.78	5726.78	2719.58	2315.27	
1. 鼠害	687.15	687.15	137.43	137.43	137.43	137.43	137.43	
2. 虫害	76.39	76.39	15.28	15.28	15.28	15.28	15.28	
3. 毒杂草	598.13	598.13	119.63	119.63	119.63	119.63	119.63	
4. 退化草地改良	14412.45	14412.45	2275.65	4551.30	4551.30	1517.10	1517.10	
5. 沙化草地治理	2965.29	2965.29		813.15	813.15	813.15	525.84	
6. "黑土型"草地治理	297.00	297.00		90.00	90.00	117.00		

（续）

项目	合计	近期（2006~2010年）						远期
		计	2006	2007	2008	2009	2010	（2011~2020年）
二、舍饲畜牧业建设	249132.92	127474.92	23506.8	27240.06	28064.86	24331.6	24331.6	121658
1. 草业加工厂	1692.92	1692.92		846.46	846.46			
2. 舍饲暖棚	211200	107360	20064	22528	23232	20768	20768	103840
3. 舍饲养殖	36240	18422	3442.8	3865.6	3986.4	3563.6	3563.6	17818
三、科技培训	1283.5	664.5	132	146.5	150	118	118	619
四、其他投资	10726.77	5860.45	1042.19	1318.67	1351.67	1082.05	1065.87	4866.32
1. 前期工作费	3218.03	1758.14	312.66	395.60	405.50	324.61	319.76	1459.90
2. 项目管理费	2681.69	1465.11	260.55	329.67	337.92	270.51	266.47	1216.58
3. 项目监理费	4827.05	2637.20	468.99	593.40	608.25	486.92	479.64	2189.84

注：前期工作费按工程投资的1.2%计算；建设单位管理费按工程投资的1%计算；工程监理费按工程投资的1.8%计算

（五）生态移民

湟水流域生态移民建设工程总投资为46 681.74 万元。其中，建设项目投资44 882.67 万元，其他投资1799.07 万元，分别占96.2%和3.8%

按建设内容分：土地开发投资1444.44 万元，占总投资的比重为3.1%；水利灌溉投资1557.27 万元，占总投资的3.3%；供电投资1879.22 万元，占总投资4.0%；人畜饮水投资5012.02 万元，占总投资10.7%；移民住房投资20 269.66 万元，占总投资的43.4%；教育投资1826.53 万元，占总投资3.9%；卫生投资259.61 万元，占总投资的0.6%；道路投资4839.3 万元，占总投资的10.4%；农业设施投资7794.62 万元，占总投资的16.7%；其他投资1799.07 万元，占总投资的3.8%（表13-6）。

按建设期分：移民工程全部安排在近期完成，其中2006 年投资6316.62 万元，2007 年投资9151.19 万元，2008 年投资9966.53 万元，2009 年投资7574.19 万元，2010 年投资13673.21 万元。

表13-6 湟水流域生态移民工程项目投资估算表　　　　　单位：万元

项目	合计	近期（2006~2010年）					
		计	2006	2007	2008	2009	2010
合计	46681.74	6316.62	9151.19	9966.53	7574.19	13673.21	
一、工程项目投资	44882.67	6073.67	8798.53	9582.16	7282.87	13145.44	
1. 土地开发	1444.44	17.83	24.3	658.62	24.91	718.78	
2. 水利灌溉	1557.27	345.47	432.6	281.97	207	290.23	
3. 供电	1879.22	283.98	425.7	362.55	331.42	475.57	
4. 人畜饮水	5012.02	628.34	752.18	1299.89	661.26	1670.35	
5. 移民建房	20269.66	2741.36	4397.2	4296.1	3466.4	5368.6	
6. 教育	1826.53	313.93	707.24	49.55	334.75	421.06	

（续）

项目	合计	近期（2006~2010 年）					
		计	2006	2007	2008	2009	2010
7. 卫生	259.61	59.8	40.25	27.65	21.7	110.21	
8. 道路	4839.3	608.18	660.56	949.91	1106.35	1514.3	
9. 农牧	7794.62	1074.78	1358.5	1655.92	1129.08	2576.34	
二、其他投资	1799.07	242.95	352.66	384.37	291.32	527.77	
1. 前期工作费	539.18	72.89	105.57	114.99	87.39	158.34	
2. 项目管理费	449.29	60.74	87.98	95.81	72.83	131.93	
3. 项目监理费	808.76	109.32	158.37	172.48	131.09	237.5	

（六）农村能源

湟水流域农村能源总投资为 63 649.93 万元。按建设项目分：太阳灶投资 5220.00 万元，占总投资的 8.2%；太阳能住宅投资 23 100.00 万元，占总投资的 336.3%；沼气池投资 24 062.50 万元，占总投资的 37.8%；节柴煤灶投资 4713.36 万元，占总投资的 7.4%；秸秆汽化站投资 800.00 万元，占总投资的 1.3%；秸秆汽化炉投资 370.00 万元，占总投资的 0.6%；以电代薪投资 780.00 万元，占总投资的 1.2%；以汽代薪投资 2100.00 万元，占总投资的 3.3%；技术培训投资 56.00 万元，占总投资的 0.1%；其他投资 2448.07 万元，占总投资的 3.8%（表 13 - 7）。

表 13 - 7　农村能源建设投资估算表

项　目 \ 年　度	合计	近期（2006~2010）						远期（2011~2020）
		计	2006	2007	2008	2009	2010	
总计	63649.93	37948.93	7675.79	8118.68	7575.82	7660.32	6918.33	25701.00
太阳灶	5220.00	5220.00	1049.40	1044.00	1081.80	981.00	1063.80	
太阳能住宅	23100.00	12000.00	2190.00	2340.00	2520.00	2670.00	2280.00	11100.00
沼气池	24062.50	12500.00	2281.25	2437.50	2625.00	2781.25	2375.00	11562.50
节柴、煤灶	4713.36	4713.36	964.32	1013.52	944.64	895.44	895.44	
秸秆气化站	800.00	800.00	800.00					
秸秆气化炉	370.00	300.00	68.00	73.00	83.00	38.00	38.00	70.00
以电带薪	780.00	300.00		270.00	30.00			480.00
以气带薪	2100.00	600.00		600.00				1500.00
技术培训	56.00	56.00	27.60	28.40				
其他	2448.07	1459.57	295.22	312.26	291.38	294.63	266.09	988.50
1. 海北州	489.70	489.70	23.24	84.49	117.29	132.34	132.34	
2. 西宁市	27994.30	14834.30	3127.20	3098.00	3059.20	3065.90	2484.00	13160.00
3. 海东地区	32717.86	21165.36	4230.13	4623.93	4107.95	4167.45	4035.90	11552.50

按建设期分：近期（2006~2010 年）投资 37 948.93 万元，占总投资的 59.6%；远期

（2011~2020 年）投资 25701.00 万元，占总投资的 40.4%。

（七）人工影响天气

人工影响天气建设工程总投资估算为 27 378.00 万元，其中建安 18 945.00 万元，设备购置费为 3430.0 万元，其他 5003.00 万元，占总投资的 69.2%、12.5% 和 18.3%（表 13 - 8）。

按建设内容分：人工增雨作业指挥平台投资 5911.00 万元，人工增雨作业体系投资 3024.00 万元，增雨作业效果评估平台投资 1640.00 万元，专家咨询、宣传投资 750.00 万元，人工增雨维持运行投资 15 000.00 万元，其他投资 1053.0 万元，分别占 21.6%、11.0%、6.0%、2.7%、54.9% 和 3.8%。

按建设期限分：近期（2006~2010 年）投资 16458.00 万元，远期（2011~2020 年）投资 10 920 万元，分别占 60.1% 和 39.9%。

表 13 -8 人工影响天气工程投资估算总表　　　　　　　　单位：万元

建设项目	合计				近期（2006~2010）						远期（2011~2020）
	合计	建安	设备	其他	计	2006年	2007年	2008年	2009年	2010年	
合计	27378.00	18945.00	3430.00	5003.00	16458.00	5943.60	3858.40	2662.40	1934.40	2059.20	10920.00
一、人工增雨作业指挥平台	5911.00	1335.00	2226.00	2350.00	5911.00	2811.00	1800.00	620.00	200.00	480.00	
二、人工增雨作业体系	3024.00	2460.00	564.00	0.00	3024.00	1564.00	500.00	500.00	460.00	0.00	
三、增雨作业效果评估平台	1640.00	150.00	640.00	850.00	1640.00	290.00	360.00	390.00	150.00	450.00	
四、专家咨询、宣传报道	750.00			750.00	250.00	50.00	50.00	50.00	50.00	50.00	500.00
五、人工增雨维持运行费	15000.00	15000.00			5000.00	1000.00	1000.00	1000.00	1000.00	1000.00	10000.00
前五项合计	26325.00	18945.00	3430.00	3950.00	15825.00	5715.00	3710.00	2560.00	1860.00	1980.00	10500.00
六、其他	1053.00			1053.00	633.00	228.60	148.40	102.40	74.40	79.20	420.00
1. 前期工作费	315.90			315.90	189.90	68.58	44.52	30.72	22.32	23.76	126.00
2. 项目管理费	263.25			263.25	158.25	57.15	37.10	25.60	18.60	19.80	105.00
3. 项目监理费	473.85			473.85	284.85	102.87	66.78	46.08	33.48	35.64	189.00

注：前期工作费按工程投资的 1.2% 计算；建设单位管理费按工程投资的 1% 计算；工程监理费按工程投资的 1.8% 计算

第二节　效益评价

随着人们生活水平与生活质量的提高，科学技术的发展，人类对自然资源的进一步认识，由以往培育的目的在于利用林副产品获取直接经济效益，现在更加重视森林对净化空气、调节气温、美化环境、防沙治沙、涵养水源、减少水土流失、减缓自然灾害的重要作用，尤其是在高寒、干旱、缺水、土地沙化严重、风沙频繁出现的地区，森林与草地的生态效益显得尤为重要。

湟水流域生态建设，不仅有着显著的生态效益和社会效益，而且有一定的经济效益。生态建设规划完成后，湟水流域生态系统结构更趋合理、水源涵养、水土保持功能进一步加强。对实现整个湟水流域生态、社会、经济的可持续发展具有极其重要意义，对我省的社会发展和经济建设必将产生深远的影响。

一、生态效益

(一)林业生态建设工程

湟水流域林业生态建设规划任务完成后,森林覆被率由现在的26.2%将提高到52.5%。森林面积的扩大,森林质量的提高,使涵养水源、保持水土、调节气候、保护环境、净化空气、降低噪音、减少水旱灾、保护生物多样性等多种生态效益也将明显地增强和提高,对改善区域生态环境,维护生态平衡具有重要的作用。全流域森林生态效益价值约3.24亿元。

(1)涵养水源,保持水土,改善生态环境 湟水流域地处黄土高原向青藏高原过渡地带,由于森林植被覆盖度低,生态环境脆弱且日益恶化,水涝旱灾严重,水土流失严重,每年输入黄河的泥沙量1364万t。据测算,每公顷森林蓄水约300.0 m^3,有林地区比无林地区相对湿度高15%~25%;湟水流域土壤侵蚀模数平均4000t/km^2·a,单位面积林地比无林地减少90%,每吨流失表土含氮1.0kg,磷0.7kg,钾4kg,折合人民币50元,每年防止水土流失量为36t/hm^2。通过林业生态环境建设,增加水源涵养林面积42.54万hm^2,每年涵养水源的总量达12 762.0万 m^3,不仅降低了水涝旱灾发生的可能性,也提高了水资源的有效性,增加了农田灌溉及城市供水能力,按城市居民生活用水1.0元/m^3 计算,每年水源涵养效益12 762.0万元;每年防止水土流失总量可达1531.44万t,可减少相当8.73万t氮、磷、钾肥料的流失,价值17 460.0万元,同时减少输入黄河的泥沙量,使下游河道、水库的淤泥减轻,减少下游清泥费用每吨1.4元计算,每年可节约清淤挖泥费用2144.0万元。以上3项合计达32 366.0万元。

(2)防风防洪,减少自然灾害 项目区年降水量329.6~537.8mm,且主要集中在6~8月,加之项目区地表植被缺乏,易发生洪涝、干旱等自然灾害。大面积的造林及水保工程的实施对调节区域气候状况,减少自然灾害作用明显。另外,森林保护工程以及林区道路的建设将为护林防火和病虫害防治提供有力的保障,各种自然灾害可能造成的损失将会大大减少。

(3)净化空气,改善流域气候 湟水流域是青海省环境污染较为严重的地区,通过林业生态环境建设的实施,可大量减少空气污染,消除噪音,改善区域气候。主要体现在以下几个方面:一是滞尘,据有关资料,森林叶面积的总和为森林占地面积的数十倍,一般城市绿化区空气中的飘尘量较非绿化区低10%~15%;二是吸收二氧化硫、氯气、汞、臭氧等有害气体,杀死白喉、肺结核、痢疾等病菌;三是减轻噪音、提高空气湿度、调节气温、降低风速、减轻霜冻干旱,调节气候。

(二)草地及舍饲畜牧业建设工程

通过草地退化基地建设,可以有效地减轻天然草地放牧压力,遏止天然草地的退化,有利于草地生态环境的改善和恢复,提高天然草地的初级生产力水平和牧草的利用率,对于维护草地生态平衡,实现草地资源的持续利用,促进草地畜牧业向良性发展具有重要意义;舍饲畜牧业建设,对增加区域农牧民收入、调整农村产业结构和生态建设发挥重要作用。

(三)水土保持建设

到2020年,规划区新增措施蓄水843 834.80万 m^3;保土4004.0万t。产水模数由原来的26.0万 m^3/km^2·a下降到1685m^3/km^2·a,使入黄泥沙每年减少320万t,规划区输沙量由目前的 1990 万 t 减少到 1670 万 t。

（四）人工影响天气

项目的实施后，年降水量可达到 8 ~ 11 亿 m³ 以上，比实施前年增加降水 5 ~ 8 亿 m³。如果水价取 0.2 元/ m³ 计算，年平均增水效益为 1.6 ~ 2.2 亿元以上。降水量的增加，对改善湟水流域生态环境产生积极作用，进而促进流域社会经济可持续发展。

（五）农村能源建设

湟水流域农村能源建设关系到流域的经济建设和发展，尤其对湟水流域生态环境建设具有重要作用。农村能源规划项目中，绝大多数项目具有明显的生态效益。如太阳能利用和沼气池建设能源生态模式，一个 8 m³ 的沼气池，年产沼气 400 m³，年节约薪材 1000kg，相当于 2.0 亩薪炭林，提高农作物秸秆还田比例，使用沼气、沼液、沼渣，改善土壤肥力。有效解决农村燃料短缺的矛盾，避免群众因燃料不足而乱砍滥挖，极大地促进农村生态环境的改善。

（六）生态移民建设工程

通过工程实施，将加大生态建设的力度，增加林草地面积，提高水源涵养功能，有效防止土地沙化和水土流失。生态环境得到改善。

（七）林灌水利工程建设

湟水流域林灌水利工程实施，使湟水两岸一级山脊内 3.31 万 hm² 林地实现灌溉，进而提高灌溉造林规模和质量，林草植被的增加，对涵养水源，控制水土流失效果显著。同时，湟水两岸是青海省城市和人口密集的区域，项目建设可大量减少空气污染，消除噪音，改善区域气候。

二、经济效益

（一）林业生态建设工程

到 2020 年，流域新增森林面积 42.54 万 hm²，净增贮备的活立木蓄积量 336.7 万 m³，按出材率 60%、600 元/ m³ 计算，共有林木贮备效益 1.2 亿元。

规划实施后，生态环境的改善，将会吸引大量游客参与生态和森林旅游，预计到 2015 年，游客流量将达到 200 ~ 300 万人次，并将逐年增加，按人均消费 200 元计，可创产值 3 ~ 6 亿元。随着生态旅游事业的发展，基础设施的完善，到 2020 年参与生态和森林旅游的游客可达 400 ~ 500 万人次，年产值达 8 亿 ~ 10 亿元。同时，通过因地制宜地开展多种特色经营，也将拉动当地经济及周边地区的经济发展，增加人们的经济收入，提高群众的生活水平。

（二）草地及舍饲畜牧业

项目实施投产后：①年可增加鲜草 23 691.2 万 kg，经加工制成草捆和草粉等草产品，按 0.7 元/kg 计算，可增加产值 5527.95 万元；畜草平衡后，剩余的 8761.20 万 kg 鲜草经草产品加工厂加工制成高蛋白草颗粒饲料，按 1.2 元/kg 计算，可增加产值 3504.48 万元。②每个项目户饲养的奶牛，每头可产 750kg 鲜奶，2 头可产鲜奶 1500kg，6 万户项目户可产鲜奶 9000 万 kg，按 2.0 元/kg 计算，可增加产值 18 000.0 万元。③6 万项目户利用暖棚进行绵羊育肥和牲畜科学饲养，6 万户中每户每年育肥出栏 240 只，共计出栏育肥羊 1440 万只，每只按 250 元计，可增加产值360 000.0万元；牲畜科学饲养后，可提高繁活率和降低死亡率，冷季减少掉膘，经测算每只可增加产值 21.15 元，每幢暖棚以饲养 120 只计算，共可增加产值 2538.0 元，6 万幢暖棚共计增加15 228.0万元。

以上三项合计共增加产值 40.23 亿元。

（三）生态移民

本规划项目实施后，预计新增纯收入 1887.55 万元，人均增收 692.51 元。其中：种植业预期效益：项目迁入地将新增基本农田 $648hm^2$，若全部以种植粮食作物（小麦）计算，每亩纯收入按 196 元计算，每年产值将新增收入 190.51 万元，人均增收 70 元；项目区新建蔬菜温棚 3918 栋，每亩温棚年收入按 4000 元计，温棚蔬菜种植年收入将达到 1567.20 万元，人均增收 574.51 元，以上人均增收合计 644.51 元。畜牧业预期效益：在项目迁入地新建牲畜暖棚 5410 栋，每栋 $60m^2$ 计，如果全部按养羊测算（每只羊 $0.8\ m^2$），牲畜的繁殖成活率可提高 5 个百分点，每个畜棚年新增收入约 240 元，项目区每年因使用畜棚将新增收入 129.84 万元，人均增收 48 元。

（四）农村能源建设

经过项目的实施，并大力推广可再生能源利用技术，基本可以实现农村能源的良性循环利用，节能效益为年节约柴草 57.96 万 t，折合 28.98 万 t 标准煤。年可增加农民收入 1.06 亿元。

三、社会效益

1. 改善投资环境，促进流域社会经济可持续发展

规划完成后，流域生态环境可得到较大改善，森林植被得到有效保护和恢复，水土流失得到有效控制。对改善投资环境，提高整体经济的持续、快速、健康发展起到推动作用。

2. 为社会注意新农村建设奠定良好的基础

规划完成后，流域农牧民生产和生活环境得到改善，农村产业结构的调整，将增加农牧民收入，对促进社会主义新农村建设产生积极作用。

3. 强化全民生态环境保护意识

规划完成后，湟水流域的生态环境将得到进一步改善，良好的气候条件和生活环境与以前形成鲜明对比，流域居民可以切身体会到生态建设的重要性，从而增强生态环境保护意识。

4. 生态移民可改善贫困户生存生活条件

项目实施后，可解决处于青海省生存条件较差地区的贫困户 22 614 户、约 9 万余人的温饱问题。通过基础设施项目的建设，将极大地改善贫困户经济收入和生活质量，促进民族团结，保持社会稳定和繁荣，由于减轻迁出地的人口压力，对迁出地的经济发展和生态建设将起到积极的促进作用。

5. 提高劳动生产力，增加就业机会

通过建设，土地资源将得到充分合理的利用，随着区域气候的改善、水土流失的有效控制和土壤肥力的提高，土地生产力将有所提高。规划实施后，必将促进旅游业、服务业、种植业、养殖业的发展，同时可为社会提供更多的就业机会，减轻就业压力。

四、总体评价

湟水流域生态建设，不仅有着显著的生态效益和社会效益，而且有一定的经济效益。项目建成后，使湟水流域生态系统结构更趋合理、水源涵养功能进一步加强、生物多样性得到有效保护。进一步促进地方经济文化发展，提高当地居民生活质量。对实现整个湟水流域生态、社会、经济的可持续发展具有极其重要意义，对青海省及其西部的社会发展和经济建设必将产生深远的影响。

第十四章　湟水流域生态建设管理体系

　　生态管理是运用生态学、经济学、社会学等跨学科的原理和现代科学技术来管理人类行为对生态环境的影响，力图平衡发展和生态环境保护之间的冲突，最终实现经济、社会和生态环境的协调可持续发展。信息管理是当今社会高科技发展的标志，各国政府和企业都十分重视。环境与生态方面的国际机构和其他行业一样关注信息管理。20世纪70年代以来，很多国家、国际组织都建立了环境与生态的信息管理网格，在国家尺度上，如美国的"长期生态学研究网格"（LTER Network）、英国的环境化研究网格（ECN），加拿大生态监测分析网格（EMAN）、德国陆地生态学研究网格（TERN）等；在国际区域间，如美洲的泛美研究所（IAI）、亚太地区的全球环境监测网格（APN）等；甚至建立了一些全球性的网格，如全球陆地观测网（GTOS）、全球气候观测网格（GOOS）等。联合国环境规划署（UNEP）还相继建立了全球资源信息数据库（GRID）、国际地圈—生物圈计划（IGBP），国际信息环境系统（IEIS）等3个大型的生态信息系统。我国是UNEP的主要国家，参加了国际生态环境资料查询系统、全球生态环境监测系统等，并与之进行了广泛的合作。

　　我国的生态工程还没有纳入信息化管理轨道，但中国生态系统研究网格（Chinese Ecosystem Research Network）在中国科学院和国家有关部门的支持下，从1988年开始筹建，至今已有10年的历程。我国林业部门先后建立了11个生态系统定位观测站，在森林生态功能方面取得了丰硕成果，受到了国际IGBP的重视，目前也正在向信息管理的方向发展。目前国家生态环境建设已启动，林业生态工程建设的力度很大，急需全国的林业生态工程信息网格，以提高我国的管理水平。限于资料，本章只能介绍一些信息管理基础指示，并讨论林业生态工程信息网格建立的方法。

　　随着电子计算机技术与信息系统的发展，针对流域生态环境建设项目点多面广、水文生态效益计量评价指标多、信息量大的特点，克服传统信息管理和评价方法的局限性，建立流域生态环境建设管理信息系统，是解决流域生态环境建设管理、水文生态效益评价、预测的有效途径之一。

第一节　信息管理基础

　　现代科学技术的发展很大程度上依赖于信息科学的发展和推广应用。管理信息系统作为信息科学的一个重要分支，主要是分析与研究管理领域中的信息处理问题。

一、管理信息系统（MIS）

（一）数据与信息

在管理信息系统的研究和应用中，经常要涉及数据（data）和信息（information）两个术语。可以说，数据是信息的表达，而信息则是数据的内容。数据是通过数字化或记录下来可以被鉴别的符号，不仅数字是数据，而且文字、符号和图像也是数据，数据本身并没有意义。信息是对数据的解译、运用与解算，即使是经过处理以后的数据，只有经过解译才有意义，才成为信息。就本质而言，数据是客观对象的表示，而信息则是数据内涵的意义，只有数据对实体行为产生影响时才成为信息。可见，信息是用数字、文字、符号、语言等介质来表示事件、事物、现象等的内容、数量或特征，以便向人们（或系统）提供关于现实世界新的事物的知识，作为生产、管理和决策的依据。但是，要从数据中得到信息，处理和解译是非常重要的环节。所谓数据处理，是指对数据进行收集、筛选、排序、归并、转换、存贮、检索、计算以及分析、模拟和预算等操作。

信息来自于数据，它具有客观性、适用性、传输性和共享性的特点。正是这些特点，使信息成为当代社会的一项重要资源，它已渗透到各个学科领域。

二、地理信息系统（GIS）与遥感技术

（一）地理信息系统

地理信息系统简称 GIS（Geographic lnformation System），是在计算机软件和硬件的支持下，运用系统工程和信息科学的理论，科学管理和综合分析具有空间内涵的地理数据，以提供对规划、管理、决策和研究所需信息的技术系统，或者简单地说，地理信息系统就是综合处理和分析空间数据的一种技术系统，它一般由以下 5 个基本的技术模块组成（图 14 - 1）。

1. 据输入和检查

按照地理坐标或特定的地理范围，收集图形、图像和方案资料，通过有关的量化工具（数字化仪、扫描仪和交互终端）和介质（磁带、磁盘和磁鼓），将地理要素的点、线、面图形转化为计算机能够接受的数字形式，同时进行编辑检查并输入系统。

2. 数据存贮和数据库管理

数据库是地理信息系统的关键之一，它保证地理要素的几何数据、拓扑数据和属性数据的有机联系和合理组织，以便使用户有效提取、检索、更新和共享。

3. 数据处理和分析

数据处理和分析是地理信息系统功能的主要体现，也是系统应用数字方法的主要动力，其目的是为了取得系统所需要的信息，或对原有的信息结构形式的转换。这些转换、分析和应用的类型是为了取得系统所需要的信息，或对原有信息结构形式的转换。这些转换、分析和应用的类型是极其广泛的，包括比例尺和投影的数字变换、数据的逻辑提取和计算、数据处理和分析，以及地理或空间模型的建立。

4. 数据传输与显示

系统将分析和处理的结果传输给用户，它以用户恰当的形式（报表、统计分析、查询应答或地图形式）显示在屏幕上，或输出在硬拷贝上，提供应用。

5. 用户界面

用户界面是用户系统交互的工具。由于地理信息系统功能复杂，且用户又往往为非计算机专业人员，用户界面是地理信息系统应用的主要组成部分。它通过用户询问语言的设置，

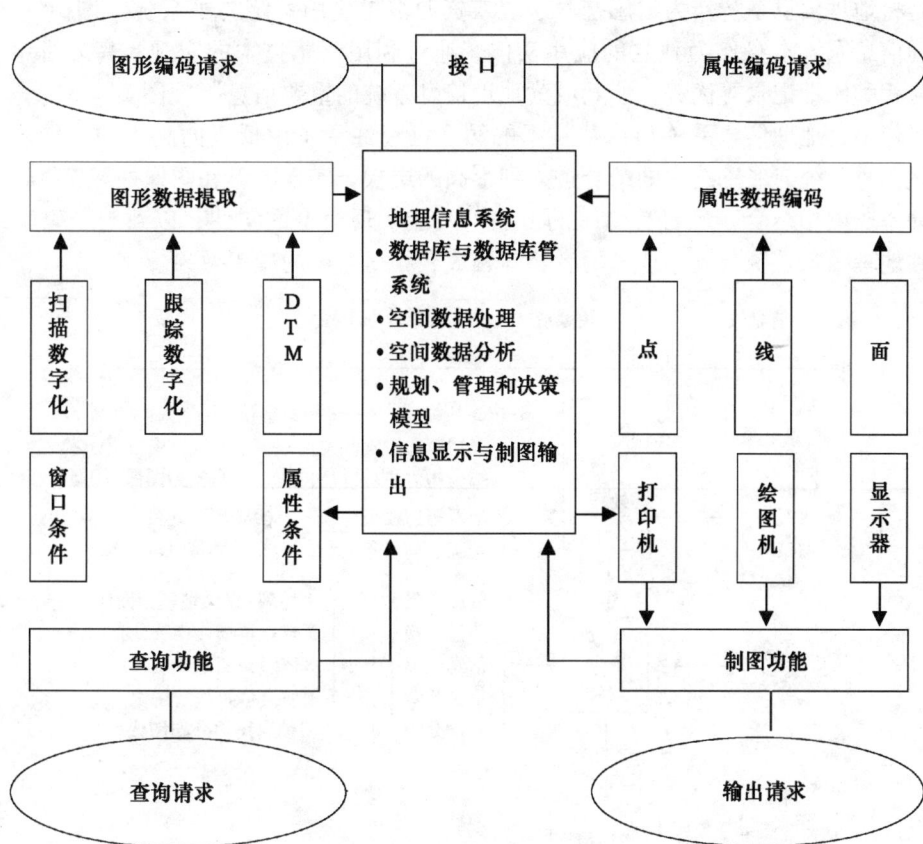

図 14 - 1 地理信息系统的构成

采用人工智能的自然语言处理技术，提供多窗口和光标选择菜单等控制功能，为用户提供方便。

（二）地理信息系统与遥感技术

"遥感"一词出现于 20 世纪 60 年代初期，70 年代是航天遥感技术形成的年代，1972 年 6 月，美国成功地发射出第一颗陆地卫星，标志着航天遥感时代的开始。80 年代航天遥感技术进入蓬勃发展的时期。特别是 1986 年法国成功地发射了 SPOT - 1 地球观察卫星，其 HRV - 1 图像分辨率提高到 10m，开创了实用遥感的新时期。我国航天遥感从 70 年代初开始，现已建成陆地卫星和气象卫星地面接收站；先后发射 9 颗与遥感有关的回收型科学探测与技术实验卫星，并正在筹备资源卫星的联合发射；根据国民经济建设的需要，应用遥感技术开展了土地资源、农业资源、森林和草场资源，以及水资源等的调查和监测。直到目前，国土、人口、资源、环境、森林、石油和矿产等数据库已相继建立。

遥感作为一种高性能的信息采集手段，其应用价值和效益不应当局限在资源清查和环境监测，而应当研究遥感信息的综合开发和利用，将遥感作为一项信息工程，形成信息获取和信息处理，直到预报、规划和决策的综合信息流程。显然，要做到这一点，只有实现遥感技术与地理信息系统技术的结合，即把遥感作为地理信息系统的信息源和数据更新手段，而把地理信息系统作为支持遥感信息综合开发和提供遥感应用的理想环境。因此，相应发展途径：一是将地理信息系统作为遥感技术系统或资源卫星应用系统的子系统（图 14 - 2）。二是将地理信息系统本身作为独立的应用实体，通过利用遥感技术的宏观、高分辨率、多波段、多时相和磁带记录等优势，使其成为地理信息系统的重要信息源（图 14 - 3）。

应当指出，地理信息系统与遥感技术的结合已经经历了由低级向高级的发展阶段。目前，地理信息系统与遥感技术的结合进入到很高的层次，实现图形和图像处理相结合，综合分析和动态监测相结合，既有有传统的方法，又能实现模型的构建，以致与专家系统相连接，达到地理信息系统与遥感技术两者相辅相成、相得益彰的理想效果。

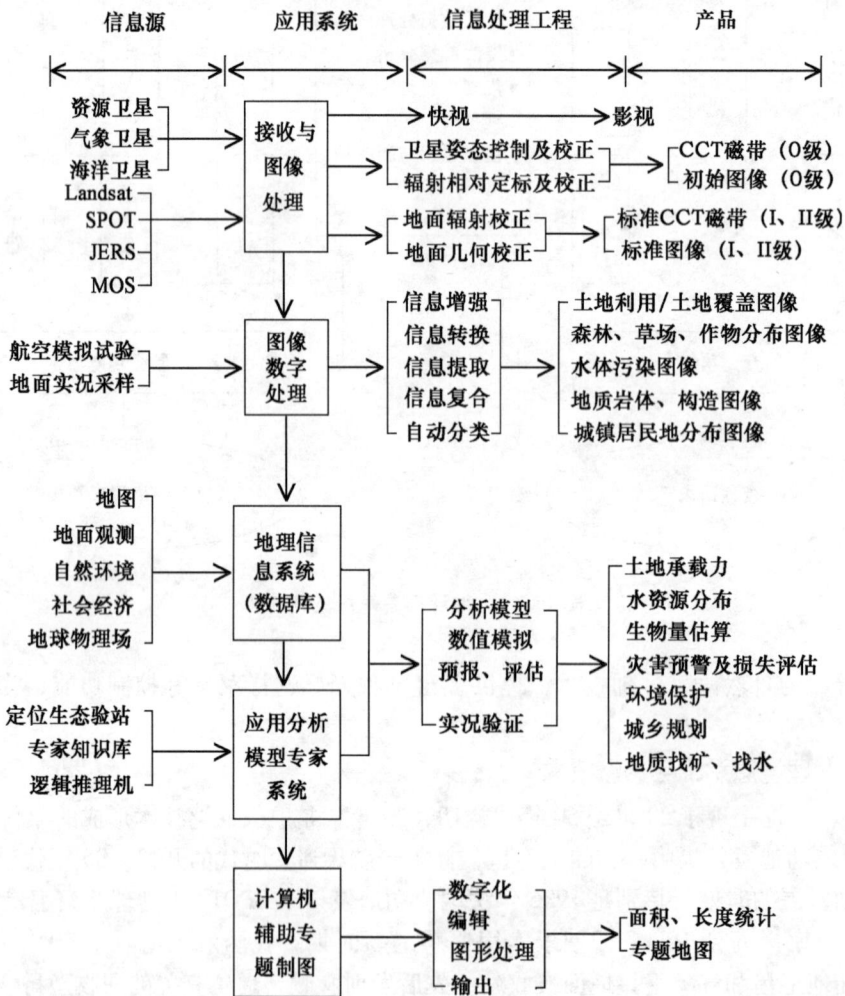

图 14 - 2　资源卫星应用系统信息流程（据陈述彭，1988）

```
                        ┌──────────┐
                        │   GIS    │
                        └────┬─────┘
            ┌────────────────┼────────────────┐
            ▼                                  ▼
      ┌──────────┐                      ┌──────────┐
      │  数据库   │                      │ GIS软件  │
      └────┬─────┘                      └────┬─────┘
      ┌────┴────┐                    ┌───────┴───────┐
      ▼         ▼                    ▼               ▼
┌─────────┐ ┌─────────┐        ┌─────────┐    ┌─────────┐
│基本数据库│ │专业数据库│        │基本软件包│    │专业软件包│
└─────────┘ └─────────┘        └─────────┘    └─────────┘

                    ┌──────────┐
                    │   接口    │
                    └──────────┘

                ┌──────────────────┐
                │  遥感图像处理系统  │
                └──────────────────┘

                ┌──────────────────┐
                │ 卫星遥感图像/数据库 │
                └──────────────────┘

      ┌──────────────┐        ┌──────────────────┐
      │ 特征提取图像处理│        │应用图像分析与专题制图│
      └──────────────┘        └──────────────────┘

      ┌──────────────┐        ┌──────────────┐
      │·图像分析处理   │        │·样本选取      │
      │·与DTM匹配     │        │·专业分析      │
      │·几何纠正      │        │·专题分类      │
      │·标准地学编码图像│        │·专题制图      │
      │ 处理          │        │              │
      └──────────────┘        └──────────────┘
```

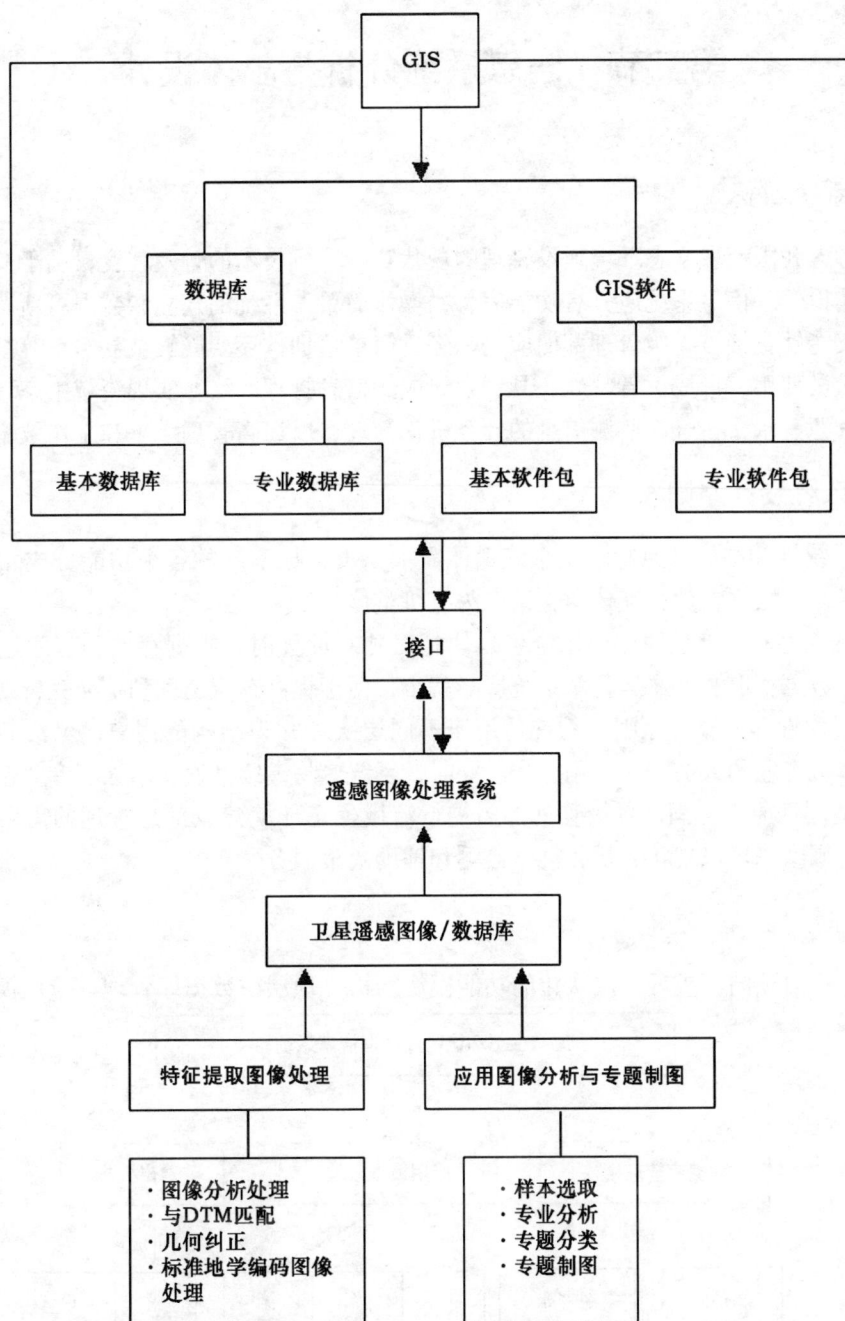

图 14-3　地理信息系统数据库管理与更新（据傅肃性，1998）

第二节　信息系统分析与总体设计

一、系统目标

充分考虑我国流域生态环境建设管理的现状和计算机技术的普及程度，基于 GIS 的流域生态环境建设管理信息系统应具有功能完善，操作简单，系统的建立和数据更新费用低的特点。它不仅能够直接被省级管理部门应用，经过简单培训，还要能够被县、乡等基层管理部门的管理人员使用，形成由省、地、县、乡组成的信息管理网络。实现流域生态环境建设工程和森林资源、水文、气象监测信息的计算机化管理，以提高管理水平和工作效率。

二、系统设计原则

（1）系统性和结构性原则　从系统整体需求出发，把系统的各个功能分成相对独立的模块，各模块间数据参数相互传递，结合为有机整体。

（2）独立性和扩充性原则　系统各模块相对独立性强时，数据存储和程序运行的独立性就较强，数据存取和程序运行对系统影响就小，便于提高运行速度和扩充完善系统。

（3）通用性和开放性原则　系统适用于不同层次和知识结构的用户，灵活简便，非本专业和计算机专业的人员均能使用操作。同时，系统应易继续开发，增强其专业性。

（4）适用性原则　满足各级管理部门进行流域生态环境建设信息管理的需要，为管理部门进行流域生态环境现状分析，动态监测和辅助决策服务。

三、系统结构与功能

系统采用自顶向下扩展、层次化的功能模块结构，顶层由数据库管理、应用模型和系统

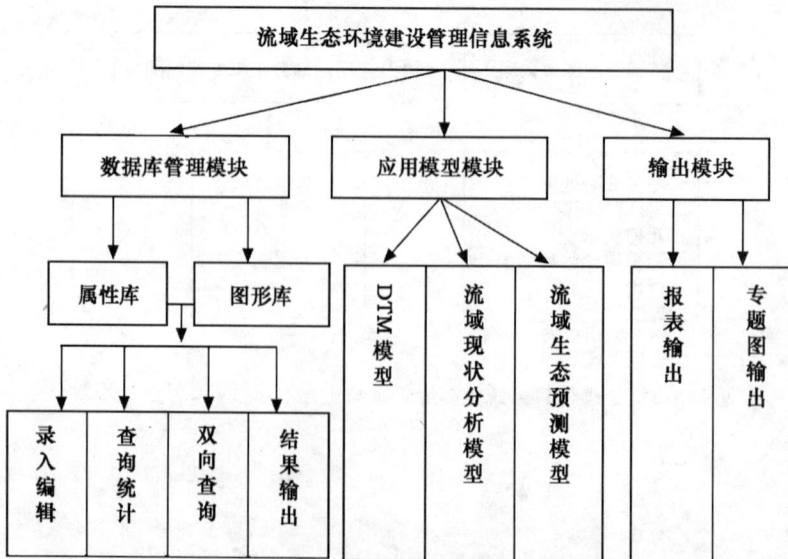

图 14 - 4　流域生态环境建设管理信息系统结构与功能设计图

输出三个模块组成，除了每个模块能独立运行外，各模块又紧密地联系在一起；每个模块由上至下又可分解成小的相对简单的模块，实现输入、处理、输出三大功能（图14-4）。

四、系统研制开发的技术路线

采取专业技术人员、管理人员和计算机软件开发人员相结合的方法。在实施过程中，针对流域生态环境建设管理的特点，考虑我国流域生态环境建设管理的现状，研究分析和设计系统的体系结构，建立原型系统（图14-5），并对原型系统进行测试，针对测试发现的问题，对系统进行维护，以最终形成使用的系统。

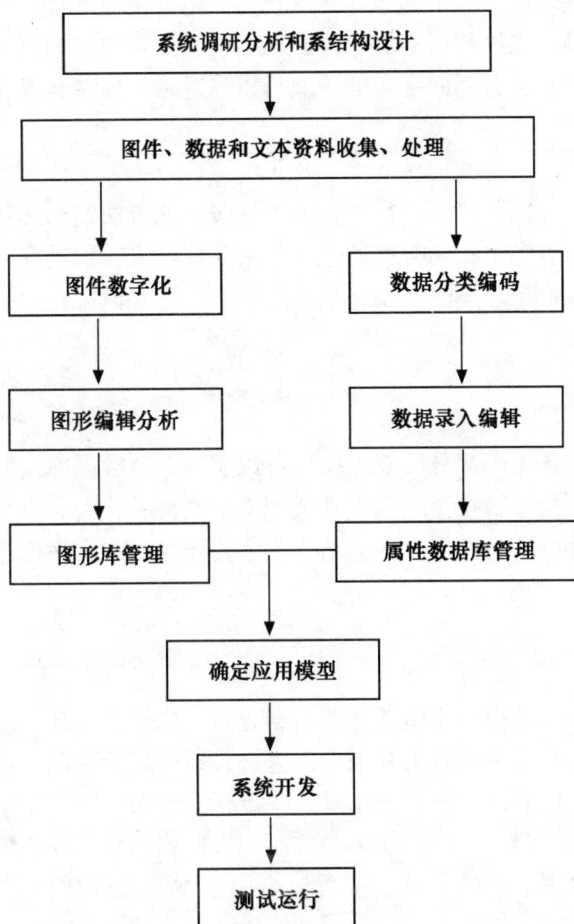

图14-5　系统研制开发的技术路线

第三节　属性数据库管理子系统

属性数据库管理子系统是存储、分析、统计、评价、查询、更新、属性制图等核心工具，也是流域生态建设信息管理系统的一个重要组成部分，需具备数据库结构操作、属性数据内容操作、数据的逻辑运算、属性数据的检索、从属性数据到图形的查询、属性数据报表输出等功能。用户一方面可能随意地提取数据库中的任何数据参与数据处理、制图、分析、评价，充分发挥数据库中数据的价值，另一方面经图形提取得到的数据及分析、评价、决策模型运算的结果返回数据库，以备其他模型调用或输出，最大限度地发挥属性数据库管理子系统的功能。属性数据库管理子系统设计有数据结构操作、属性数据输入、数据库操作、属性数据查询统计及报表输出等功能。

一、数据库结构操作

数据库结构操作主要包括 3 个部分。建立新库：包括字段名称、类型及长度的定义，建好一个新库后可直接输入属性数据；修改库结构：包括字段内容、类型及宽度，以及字段的插入、删除；拷贝结构：具有相同字段的库文可以通过拷贝库结构来建立一个新的库文。

二、数据输入

数据输入主要包括 3 部分内容。数据输入包括按一般方法输入和数据拷贝，当 2 个字段的内容或 2 个记录的内容完全相同时可通过拷贝来完成输入，以提高输入效率；数据修改包括修改属内容以及插入记录、删除记录，插入字段、删除字段等；数据追加，是在一个原有数据库后边加新记录。

三、数据库操作

数据库操作主要包括 4 个部分。双库拼接可以实现 2 个数据库按字段或按记录连结；文本文件转换是把数据库文件转换为文本文件或把文本文件转化为数据库文件；数据库排序是根据需要把数据库文件按记录或字段根据给定的条件排列；显示库信息是显示数据库的子段信息或字段内容

四、数据查询统计

属性数据查询是对符合指定逻辑条件的数据查询；属性空间查询是对符合逻辑条件的属性，查询其空间图形分布，是从数据到图形的查询。条件统计输出：按照一定目的进行逻辑运算，并统计其结果，把查询或统计的结果按一定格式输出。

这是系统较重要的功能，它可以使用户方便、快速找到所需要的数据。用户可以以多种途径（立地类型、地块号、所选字段、字段组合及基本字段的数值范围）查询系统。查询界面为交互式菜单方式，

五、报表输出

格式报表是按一定目的设计表头表格形式，以及附加注记等，其结果进行保存。表格输出则把事先设计好的表格文件打印输出。为了使统计分析结果更加形象、直观便于用户使用，也可以将统计分析结果制作成统计图。通过统计图可以得到各地块的量化信息情况，以便上报管理部门。

第四节　图形数据库管理子系统

在流域生态建设管理体系中，涉及大量专题图件，如地形图、土地利用现状图、植被图、土壤类型图等，这些图形各自从某一方面反映了流域自然特征。本子系统的建立就是在 GIS 支持下，将图形数字化，实现对各类专题图的管理。

图形数据库管理子系统主要完成图形图像数据的输入，图形图像变换、查询、图形整饰输入等功能，是系统的核心工具。

一、结构与功能设计

图形数据库管理子系统的结构与功能，主要包括图形输入（点、线输入和图形修改）、图形转换（坐标配准、图形格式）、图形操作（放大缩小、合并叠加等）、图形图像查询（空间属性查询、空间层次查询）、信息提取（按条件选择、面积长度量算）、图形输出（屏幕输出、文件输出、绘图输出）、系统维护。

二、二维图形数据库的设计

（一）图形输入

采取扫描输入和数字化仪输入两种方式。为了提供图形输入的效率，可能采用市场上流行的专业数字化软件（如 R2V，Goway 等），也可能利用一些 GIS 平台软件提供的数字化功能（如 MapGIS、Cigystar 等）。

（二）图形转换

（1）坐标配准能够使得地理底图、数字地形数据（高程值）、各种专题图都转换到统一的坐标系和单位中（我国采用高斯—克吕格影），以便于做进一步的分析工作。

（2）格式转换　本系统应该实现矢量数据结构向栅格数据结构的转换。

（三）图形操作

图形操作包括图形的放大、缩小、漫游、居中、叠加、拼接等。

放大功能用于放大当前所显示的图形，使图形显示更为细致，便于精确进行信息查询。单击一次鼠标，就进行一次放大操作；缩小功能用于缩小图件，使用户在显示窗口中能够浏览更多、更全面的信息。单击一次鼠标，就可进行一次缩小操作。图件可被连续地放大或缩小；漫游功能把要进行查询的区域拖到屏幕任何位置。当激活漫游操作时，在图形显示窗口中拖动鼠标，将使图件伴随着鼠标的拖动而移动；居中功能把要进行查询的区域定位于屏幕中央。当激活居中操作时，可把图件的任何一点居中于屏幕中央。

（四）信息提取

信息提取主要显示与所选择的图形地块相关联的属性数据（如长库、面积等），使用户直观明确该地块的特征。

（五）图形输出

通过本功能可以输出用户满意的图形。图形数据主要来源于各部门绘制的专题图件，包括地形图、土壤类型图、植被图、土地利用现状图等。

三、DTM 的建立

流域数字地形模型（DTM）是定义于二维区域上的一个有限项的向量序列，它以离散分布的点来模拟连续分布的地形。它是将地形图以平面上等间距规则采样或内插而形成的，所建立的数字地形模型为栅格数字地形模型，用矩阵表示为：

$$DTM = \{Z_{i,j}\} \qquad (i=1, 2, 3, \cdots m-1, m; j=1, 2, 3, \cdots, n-1, n)$$

其中 $Z_{i,j}$ 为格网结点 (i, j) 上的地形属性数据，当该属性数据为高程时，则该模型为数字高程模型（DEM）。流域生态建设管理体系中，地貌形态是影响生态环境建立中考虑的主要因子。在 GIS 支持下定量地描述流域地形形态及分布特征，计算相关因子，如坡度、坡向等，这对于分析生态环境因子的变化规律有很大帮助。

DTM 包括三维图的显示和地形特征属性的计算两部分。同时，还可以在三维图上进行直观的查询。

DTM 模型是对地形图经等高线差值形成的，在此基础上对地形各种属性进行分析。建立的程序和内容主要包括以下几部分：

1. 显示查询

将插值运算后的模型按照各点坐标，经消隐，即得到三维图。在专题叠加显示后的三维图上直接查询地理属性和专题图属性。

2. 地形因子计算

基本地形因子包括坡度、坡向、阴影、海拔、地表粗造度、坡长等内容，其中阴影计算是根据太阳高度角来计算地面上的光照情况。

3. 剖面分析

根据不同确定目的，如地貌形态、区域轮廓形状、绝对与相对高程、斜坡特征、流域基准面等选择区域断面，将剖面所通过点的高程按一定的纵模比例尺以图像方式进行显示，剖面线的转折点对应于剖面图上，以便分析。

第五节　模型库管理子系统

通过流域生态环境动态分析模拟模型，可以模拟和分析流域生态环境的动态过程，并预测未来的变化，为流域管理和规划提供依据。模型库管理子系统也是流域生态环境信息系统的核心内容之一，拟建设的模型库包括基础模型库和专业模型库（图 14 - 6）。

基础模型库中的模型将设计成具有标准化输入／输出接口的库函数形式，它包括以下两个方面的内容：单一通用模型的代码库、源库、属性库和索引库；构建综合模型的模型单元（模型元数据）的代码库、源库、属性库、索引库及通用接口函数。其中，代码库和源库属于子程序级的文本库，前者存储模型的执行代码，后者存贮模型的源代码。属性库及索引库均以关系方式来进行组织，进而表示各个基本模型单元（模型元数据）型之间的关系，前者存贮模型字典，后者存贮索引关键字等信息。专业模型库和基础模型库之间具有通用接

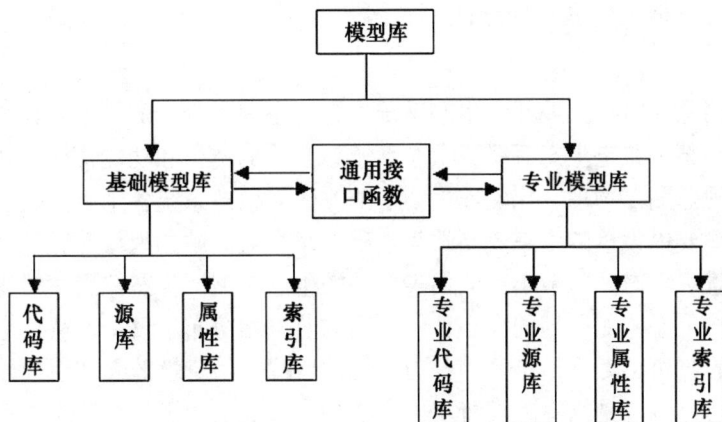

图 14 - 6　模型库组成及其功能结构

口，可以对任何一个基础模型库进行访问和操作。专业模型库同样包括代码库、源库、属性库和索引库，只是这里的代码库指包括相应专业部分的模型执行代码，它与其他专业的模型库不具有共用成分，源库存储的也只是相应专业模型的源代码，而属性库除包括专业模型的一切信息或者称之为标准的专业模型文档库外，还包括与基础模型库相关基础模型单元进行组合的一切信息。

第六节　监测信息管理系统

　　生态监测就是运用可比的方法，在时间和空间上对稳定区域范围内生态系统或生态系统组合体的类型、结构和功能及其组合要素进行系统的观察和测定的过程，是以生态学原理为基础，运用可比的和较成熟的方法，对不同尺度的生态系统状况及其变化趋势进行连续观测和评价的综合技术。其结果用于评价和预测人类活动对生态系统的影响，为合理利用资源、改善生态条件和保护自然资源提供决策依据。

一、生态监测分类

（一）根据生态监测的详细程度分类

1. 宏观监测

　　宏观生态监测的对象是区域范围内各类生态系统的组合方式、镶嵌特征、动态变化和空间分布格局等及其在人类活动影响下的变化。宏观生态监测以原有的自然本底图和专业图件为基础，主要依赖于遥感技术和生态图技术。监测所得的几何信息多以图件的方式输出。

　　主要内容是监测区域范围内具有特殊意义的生态系统的分布及面积的动态变化，例如森林生态系统、草原生态系统、湿地生态系统等等，这类生态系统十分脆弱，极易受到人类活动的影响而发生变化。因此，宏观监测的地域等级至少应在区域生态范围之内，最大可扩展到全球一级。宏观生态监测最有效的方法是应用遥感技术，建立地理信息系统。当然区域生态调查与生态统计也是宏观生态监测的一种手段。

2. 微观监测

微观生态监测是指对一个或几个生态系统内各生态因子进行的物理和化学的监测。微观生态监测的对象是某一特定生态系统或生态系统聚合体的结构和功能特征及其在人类活动影响下的变化。微观监测以物理、化学或生物学的方法对生态系统各个组分提取属性信息。因此，微观生态监测要以大量的生态监测站为基础，每个监测站的地域等级最大可包括由几个生态系统组成的景观生态区，最小也应代表单一的生态类型。生态监测站的建立与选择一定要有代表性，可按生态监测计划的大小，将不同的监测站分布于整个区域甚至全球系统。根据监测的具体内容，可将微观生态监测分为干扰性监测、污染性监测和治理性监测。其分述为：①干扰性生态监测，是指对人类特定生产活动所造成的生态干扰监测，例如，砍伐森林所造成的森林生态系统的结构和功能、水文过程和物质迁移规律的改变；草场过渡放牧引起的草场退化，生产力降低；湿地的开发引起的生态型的改变及生活污染的排放对水文生态系统的影响等。显然，这类监测的内容是十分广泛的。②污染性生态监测，主要是指对农药及一些重金属污染等在生态系统中食物链的传递及富集的监测。③治理性生态监测，则是对破坏生态系统经人类的治理后生态平衡恢复过程的监测等，例如对侵蚀地的治理与植物重建过程的监测等。上述3类微观生态监测均应以背景生态系统监测资料作为类比，以揭示在人类的影响下，生态系统内部各个过程所发生的变化及其程度。

一个完整的生态监测计划必须把各个空间尺度的监测结合起来，才能全面而又清楚地了解生态系统在人类活动影响下的综合变化，宏观监测必须以微观监测为基础，微观监测也必须以宏观监测为主导，二者只能互相补充，不能互相代替。

宏观监测和微观监测既相互独立，又相互补充，一个完整的生态监测计划必须包括宏观监测和微观监测两种尺度。由多个微观监测点再配合以宏观监测便可形成生态监测网。

（二）根据生态监测的对象和内容分类

1. 空气质量和废气监测

监测的对象有一氧化碳、氮氧化物、二氧化氮、氨、氰化物、光化学氧化剂、臭氧、氟化物、五氧化二磷、二氧化硫、硫酸盐化速率、硫酸雾、硫化氢、二硫化碳、氯气、氯化氢、铬酸雾、汞、总烃及非甲烷烃、芳香烃（苯系物）、苯乙烯、苯（a）芘、甲醇、甲醛、低分子质量醛、丙烯醛、丙酮、光气、沥青烟、酚类化合物、硝基苯、苯胺、吡啶、丙烯腈、氯乙烯、氯丁二烯、环氧氯丙烷、甲基对硫磷、敌百虫、异氰酸甲酯、肼和偏二甲基肼、TSP、PM10、降尘、铍、铬、铁、锰、铅、铜、钵、镍、镉、砷、烟尘及工业粉尘、林格曼黑度。

2. 降水监测

监测内容为电导率、pH 值、硫酸根、亚硝酸根、硝酸根、氯化物、氟化物、铵、钾、钠、钙、镁。

3. 地表水和废水监测

地表水监测包括：河流、湖泊和水库、饮用水源地3个方面的内容。废水监测主要指污染源排放监测。监测指标有：水温、水流量、颜色、臭、浊度、透明度、pH 值、残渣、矿化度、电导率、氧化还原电位、银、砷、铍、铬、铜、汞、铁、锰、镍、铅、锑、硒、铊、铀、锌、钾、钠、钙、镁、总硬度、酸度、碱度、二氧化碳、溶解氧、氨氮、亚硝酸盐氮、硝酸盐氮、凯氏氮、总氮、磷、氯化物、氟化物、碘化物、氰化物、硫酸盐、硫化物、硼、二氧化硅（可熔性）、余氯、化学需氧量、高锰酸盐指数、五日生化需氧量、总有机碳、矿物油、苯系物、多环芳烃、苯并（a）芘、挥发性卤代烃、氯苯类化合物、六六六、滴滴涕、有机磷农药、有机磷、挥发性酚类、甲醛、三氯乙醛、苯胺类、硝基苯类、阴离子合成洗涤剂。

4. 土壤底质固体废弃物监测

砷、铍、铋、镉、钴、铬（Ⅵ）、铜、汞、锰、镍、铅、锑、硒、锡、铊、钒、锌、氯化物、氰化物、氟化物、硝酸盐、硫化物、硫酸盐、油分、pH 值、卤代挥发性有机物、非卤代挥发性有机物、芳香族挥发性有机物、半挥发性有机物、1，2—二溴乙烷/1，2—二溴—3 - 氯丙烷、丙烯醛/丙烯腈、酚类、酞酸酯类、亚硝胺类、有机氯农药及多氯联苯类、硝基芳烃类和环酮类、多环芳烃类、卤代醚、有机磷农药类、有机磷化合物、氯代除草剂、二噁英类。

此外，固体废弃物还包括危险废物的毒性试验鉴别，监测项目包括：易燃性、腐蚀性、反应性、浸出毒性、放射性、爆炸性、生物蓄积性、刺激性、感染性、遗传变异性、水生生物毒性。

5. 生物监测

生物监测以生物群落监测为主，生物毒理学监测为辅。生物监测包括：河流、湖泊水库、城市水体和环境空气 4 个方面的监测。监测指标有：底栖动物、大肠菌群、着生生物、浮游植物、鱼类急性毒性试验、蚤类急性毒性试验、藻类急性毒性试验、发光细菌急性毒性试验、微型生物群落级毒性试验、二氧化硫（植物叶片中硫含量）。

6. 辐射监测

辐射监测包括：空气、气溶胶、沉降物、降水、水体、土壤、底泥、生物 8 个方面的监测。监测指标有：辐射空气吸收剂量率、总 α 能谱分析、总 β 能谱分析、γ 能谱分析、3H、210Po、210Pb、U、Th、226Ra、总 α、除 K 总 β、90Sr、137CS。

7. 森林生态系统监测

大气（二氧化硫、氮氧化物、总悬浮颗粒物）、土体（土壤质量、土壤盐基饱和度、pH 值）、水体（pH 值、溶解氧量、浊度、F⁻，Cl⁻）、植物［林冠状况、病虫害、火灾、树叶中养分（氮、磷、钾、钙、镁等）、植被结构、树叶中的化学污染物（二氧化硫等）］、生态系统多样性、动物（鸟类丰度、鸟鸣声频度、蚯蚓丰度）、景观（地面覆盖情况、土地利用状况、水土流失模数或强度等级、其他干扰证据）。

8. 农业系统生态监测

气候（温度、日照时数、雨量、无霜期、气候灾害、风力与风向、蒸发量）、土地（面积、土地利用类型、地形、坡度、土地侵蚀状况、地面景观）、土壤（土壤类型、土层厚度、土壤营养、土壤营养障碍、土壤质地、土壤湿度、土壤元素背景值）、水文（年径流量、地面水储量、水深、水温、透明度、含盐量、地下水位和变幅、地下水流向、水质背景值）、生物种类、生物数量、与主体生物间的关系、植被状况、植被结构、物种多度、生物多样性指数、作为天敌的生物种类数量和活动强度、土壤生物种类和数量、环境指示生物状况、农作物（种类与品种、产量与生产率、光能利用率）、家畜家禽（种类与品种、产量与生产率、饲料转化率）、鱼类（种类与品种、产量与生产率、饵料转化率）、人口（人口总数、人口密度、人口素质、人口从业状况）、经济与技术（工业产值、农业产量与产值、区域经济类型、城市化程度、人均产值、人均收入、经济产投比、单位面积投入物质量、单位面积投入能源量、土地耕作与经营方式）。

9. 生态破坏监测

水土流失量、土地沙化或盐渍化程度与数量、土地肥力减退情况、病虫害猖撅程度、植被破坏情况、生物多样性变化、气候状况变化。

10. 化学污染监测

土壤污染、水源污染、大气污染、农牧渔产品污染、野生生物生境污染、污染对生物及其生境的影响。

二、监测信息管理系统设计的目标和原则

（一）系统设计的目标

系统总体设计是在需求分析的基础上，寻找能够实现生态建设管理和决策支持特定功能的最佳软件结构，解决如何把一个软件系统划分成多个功能模块，形成优化的、完整的系统构图，并回答各模块间调用关系如何。

本系统总体设计的目标是充分利用先进的 GIS 技术、数据库技术、网络通信技术、分布式计算等技术，建设一个科学、高效的流域生态监测信息系统。在充分整合与利用生态建设空间数据和基础地理信息的基础上，实现对生态监测信息的科学组织和有效管理，使管理人员能够方便地对各种空间信息进行可视化管理，并实现空间信息的查询、维护以及专题分析、专题制图、信息服务等功能，并能结合生态建设管理业务和技术应用需要，为系统开发和建设提供全面解决方案。

本系统设计的根本任务是将系统分析阶段提出的逻辑模型转化为相应的物理模型。系统总体设计分成三个部分进行。首先是功能设计，根据系统研制目标，确定系统必须具备的空间操作功能；其次是数据库设计，在进行数据分类和编码处理的基础上，进行数据采集设计、数据结构设计、数据存储和检索设计等，确定空间数据的存储和管理模式；最后是应用设计，包括制定系统开发和系统集成方案，建立系统的应用模型和产品的输出。

（二）系统设计的原则

考虑到生态建设和环境保护工作的扩展和管理机构职能的调整，使系统具有可扩展性；同时注意系统的专用性和通用性相结合。采用面向对象的设计技术，以保证系统的灵活性，并使系统的各个模块可以方便地组合搭配，各职能部门灵活地配置功能；同时，考虑到先进性和实用性相结合，把先进的网络数据库技术、地理信息系统技术的应用，生态建设项目信息有机结合起来。

1. 实用性

最大程度的满足生态建设管理部门业务需求，为管理人员及技术人员提供有效的技术工

具。要保证系统运行的稳定，数据提供准确迅速，界面友好，操作方便，功能完善，系统维护性好。系统要具有优化的系统结构和完善的数据库系统，与其他系统（如办公化自动化系统等）数据共享和协同工作能力。

2. 标准性

整个系统的建设遵循标准化、统一化的原则，以支持系统的推广应用。系统在数据分类编码、数据格式、数据接口、软件接口和系统开发等方面要严格执行国家与行业相应的标准和规范。

3. 先进性

系统在技术上要具有先进性，包括软、硬件的先进性、网络环境的先进性等，将现有的先进技术尽可能的应用到系统中来。

4. 动态性

系统要能够顾及生态监测数据不断变化和增加的需要，也要充分考虑到环境保护业务发展的需要。系统需要根据环境数据、业务、结构等各种变化，动态的调整、优化和扩展有关的功能。

5. 开放性

系统需要采用开放式设计，可以在应用中不断由用户补充和更新功能，具备良好的与其他系统的数据交换和功能兼容能力。系统还需要具备统一的软件和数据接口，以为后续系统的开发留出余地。

6. 经济性

单纯追求先进的技术将会耗费大量的资金，并不实际。因此系统建设需要先进性与实用性并重，在实用的基础上，以最小的投入获得最大的产出，在软件、硬件的配置方面尽量选择性能价格比高的，在系统开发方面注重可操作性，缩短开发周期，降低开发成本。

7. 安全性

面对网络运行环境，建立完善的安全防护机制，保证合法用户能够方便的访问数据和使用系统，阻止非法用户操作系统。同时，系统要有足够的容错能力，以保证数据的逻辑准确性和系统的可靠性。

三、流域生态监测信息管理系统总体框架设计

流域生态监测信息管理系统总体框架由三个主体部分构成（图14-7）：GIS平台、空间数据库系统、应用系统。其中空间数据库系统为系统提供数据支持，可由空间数据获取、组织存储和管理等部分组成；GIS平台为系统提供GIS基本功能及其开发环境，可由空间数据查询、空间数据编辑、空间数据发布、空间分析、专题制图等部分组成；应用系统为系统提供应用和分析功能，可由生态建设管理、环境监测、生态规划、建设项目管理、排污申报和收费、城市环境综合治理、环境污染总量控制、环境监理、环境污染模拟预测、自然生态管理等部分组成。

考虑到本系统数据涉及大量空间数据，要求系统具有多种采集方式来采集空间数据，并且有一定的精度要求。常用的采集方式有：手扶跟踪数字化输入、扫描数字化输入、GPS接

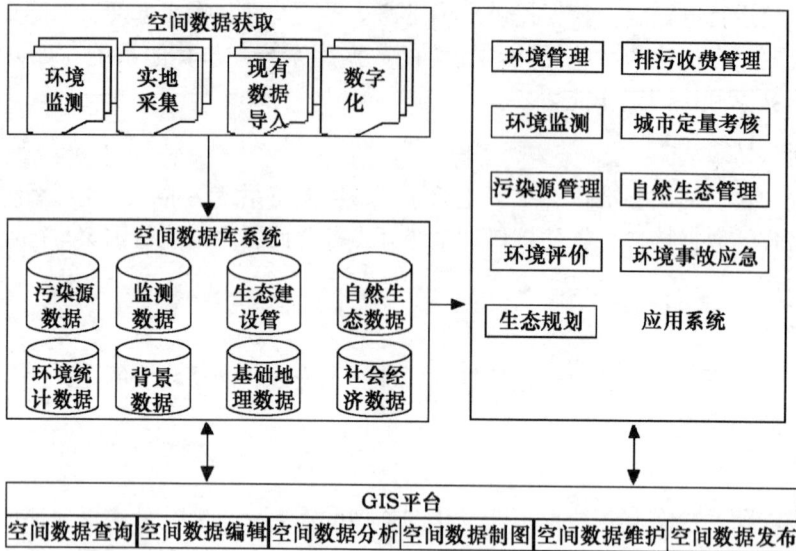

图 14 - 7　系统总体框架设计

收机、航空摄影测量、卫星遥感影像数据、其他类型数据。在环保部门，大量环境要素为点状要素，例如，流域内水质监测断面、突发性污染事故现场地点等，各县环境监测站一般通过手持式 GPS 对这些点状环境要素测定经纬度。以上的采集功能通过 GIS 软件实现，跟踪数字化输人再进行数据编辑。GPS 接收机的数据通过外部数据转换接口进人 GIS。航空摄影测量和卫星遥感影像数据直接进入 GIS 并和其他矢量数据在地理空间上配准。其他类型数据通过相应的转换接口进人 GIS。

空间数据处理包括数据结构定义、数据的增加、删除、修改等。考虑到所选比例尺地理数据的地图学投影变换模型的参数，特别是每幅地图的图廓点的经纬度、大地坐标值等数据等特点。本系统数据分图层内在数据和外部属性数据两种情况。内在属性数据主要存放描述图层本质特征或重要属性的数据，一般在系统中较少被修改，具有相对稳定性，其中的某个或部分字段具有关键字作用。外部数据存储在大型关系数据库中，与图层通过一定的关键字段相关联，支持数据录人、逻辑校验审核、中间结果生成、汇总数据表生成、系统维护等功能的实现以及各种图形操作，包括图形放大、缩小、漫游和图层要素控制（颜色、类型、大小、分类等）、专题图的制作和输出、数据查询和统计分析等。

流域生态建设信息管理系统主要由四个子系统构成，包括生态建设信息管理子系统、森林资源监测信息管理子系统、气候监测信息管理子系统、水文监测信息管理子系统

四、空间数据库流程

空间数据库建设是本系统的核心，因此，这里需要重点说明一下。空间数据库建设一般可分为数据库设计、数据入库和数据整理 3 部分工作。其大体流程如图 14 - 8 所示。

空间数据库设计主要包括：数据字典设计（数据项、数据结构、数据流、数据存储等）、数据库逻辑结构设计、数据库物理结构设计（数据存储结构、存储路径存储分配等）。其中最重要的工作是根据环境空间数据分类编码和应用需要定义数据图层结构和相关属性表

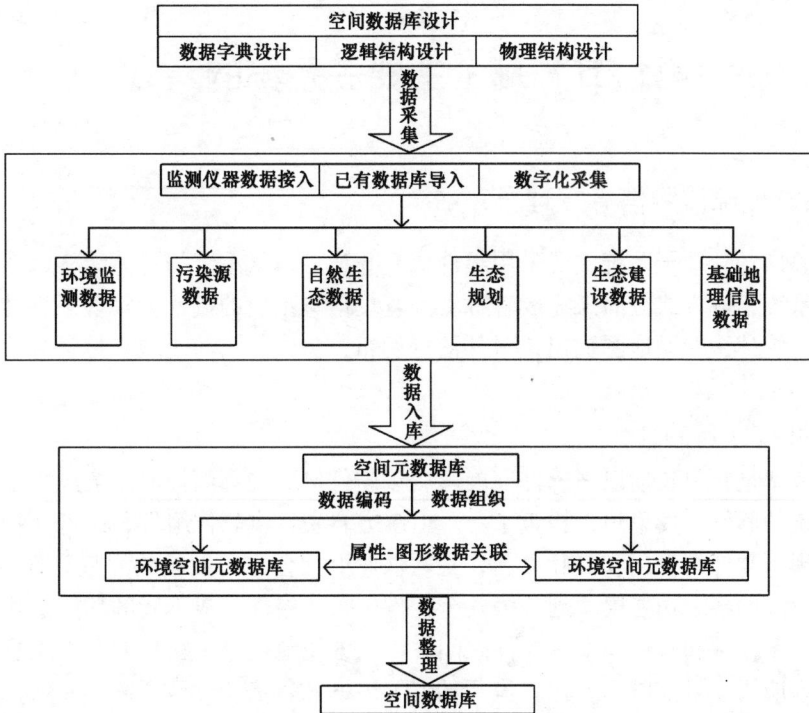

图 14 - 8　空间数据库建设流程

结构、数据库表结构、元数据库表结构和数据字典结构。

　　系统数据入库一般有监测仪器数据接入、已有地理基础数据库导入、人工直接采集（包图层数字化、人工录入等）等多种方式；数据入库包括空间数据入库和属性数据的入库。数据入库应按规定统一的空间数据入库标准（如可采用 MapGIS，ArcGIS 等数据格式作为入库前数据标准格式）；空间数据入库要注意明确环境图元的编号（ID 号）；属性数据录入时要确保属性数据库记录内容与相应图形上标注的编码一一对应。数据入库过程中要通过图形要素的目标标识码实现环境业务属性记录与环境空间图形库中对应图形实体的关联。

　　数据整理和检验主要是对入库数据进行自动化检查，并对空间数据质量、属性数据质量和数据精度进行控制。自动化检查包括如对环境空间数据的错误进行改正、自动处理交叉点、悬挂点、冗余点；自动构建多边形、删除多余线；自动处理岛、环、面域；批量属性标识和修改等。空间数据质量控制包括空间地理特征的完整性、空间特征表达的完整性、空间数据的拓扑关系、空间数据的地理参考系统正确性、空间数据使用的大地控制点的正确性；属性数据质量控制主要包括属性表的定义是否符合数据库设计、主关键项定义和唯一性、各属性表的外部关键项的正确性、关系表之间的关系的正确性；数据精度控制主要包括平面投影坐标系统参数、空间定位精度等。

第七节　几个主要子系统的建立

一、森林资源监测信息管理子系统

森林资源信息管理子系统主要采用组件式 GIS 技术，从系统的总体结构、系统功能、数据库建立、系统集成方式方面来完成森林资源管理信息系统的设计。实现了森林资源管理中数据的输入、统计，专题地图输出，对外信息发布，完成湟水河流域森林资源管理信息系统的开发。

（一）组件式 GIS 简介

组件化技术是针对长期以来软件发展落后于硬件发展的题而提出的解决方案，它从根本上改变了传统的软件开发思想，构筑了一个由多方自主提供软件组件，组件间相互协调工作的体系，实现了软件的复用和健壮更新，是软件业沿社会方向发展的大趋势。COMGIS 的基本思想是把 GIS 的各大功能模块划分为几个控件，每个控件完成不同的功能。各个 GIS 控件之间，以及 GIS 控件和其他非 GIS 控件之间，可以方便地通过可视化的开发工具集成起来形成最终的 GIS 应用。目前国际上比较流行的 COMGIS 软件有 ESRI 的 MapObjects，Mapinfo 公司的 MapX 等。

（二）软件平台选择

根据森林资源管理信息的需要，选用基于 COMGIS 平台 MapX 实现基本的 GIS 功能，选用 SQLServer 2000 进行数据管理。系统组件 MapX 是 MapInfo 公司向用户提供的具有强大地图分析功能的 ActiveX 控件产品。由于它是一种基于 Windows 操作系统的标准控件，因而能支持绝大多数标准的可视化开发环境，如 Visual C＋＋，Visual Basic，Delphi，Power Builder 等。MapX 采用基于 MapInfo Professional 的相同的地图化技术，可以实现 Mapinfo Professional 具有的绝大部分地图编辑和空间分析功能。而且，MapX 提供了各种工具、属性和方法，实现这些功能是非常容易的。

（三）系统的总体结构设计

本系统采用 MapInfo 公司的 MapX 和 VisualBasic 作为开发工具，实现基本的 GIS 功能，包括数据输入、图形数据和属性数据的编辑、查询、统计分析、输出。同时，根据研究区森林资源管理现状和需求，森林资源管理信息系统采用 C/S（Client/Sever）体系结构，将数据与应用程序分开，分别由数据库服务器及客户机来执行，实现网上图像下载、数据查询和分析。

系统总体结构如图 14－9 所示。

（四）数据库的设计

1. 空间数据库的设计

空间数据分层管理。森林资源管理涉及的空间数据包括：行政界线图层，如省界线、县界线、乡镇界线、村界线；专题图层，如小班界线；基础数据图层，如等高线、铁路、各级公路、各级水系等。

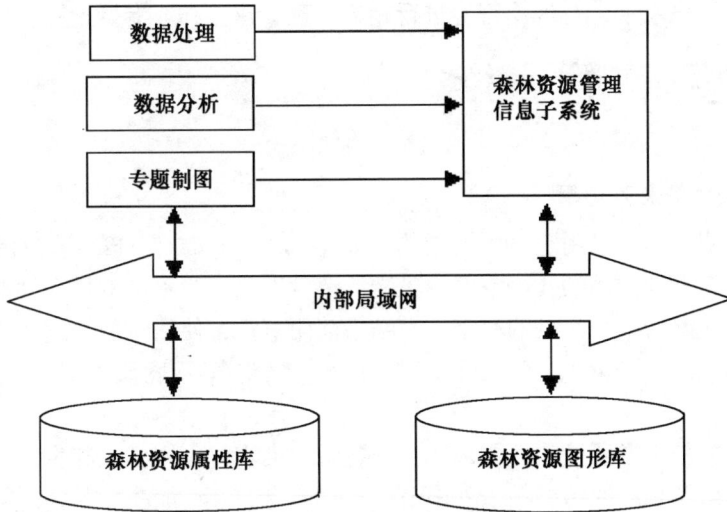

图 14 - 9 系统总体结构

空间数据按简洁、直观、无歧义的原则进行编码，各图层编码用图层名的第一个汉语拼音字母组合而成，如省界线用 sj 表示、县界线用 xj 表示。小班是森林资源管理的最小单位，空间数据中的各小班的编码必须与属性数据库中的小班编码相一致，以便使两者可以连接。按照统一的原则，小班编号按省、地区、县、乡、村、小班级编码，以数字表示。

2. 属性数据库的设计

属性数据库中各字段名按简洁、直观、无歧义、惟一、适用、可扩展的原则进行编码，各字段的取值依据各字段值的取值范围和国家规定行业惯例进行编码。如龄级按拉丁文 I ～ XII 分别用阿拉伯字母的 1～12 表示，龄组按幼、中、近成熟、成熟、过熟分别用阿拉伯字母的 1～5 表示，各字段代码应在代码库中统一进行设计。

（五）子系统的主要功能实现

1. 数据录入

森林资源管理信息系统的数据录入包括空间数据及森林资源二次调查数据，一般采用数据工程的形式手工录入到数据库中。本次研究将基础地理信息进行数字化，在 MapInfo 中处理完成各图层地图文件，并由 MapX 统一处理，形成研究区基础地理信息库。对于电子文档等属性数据，可以采用 SQL Sever 的 DTS 模块将数据导入数据库中，构成研究区的属性数据库。最后，在本系统中完成空间数据和属性数据的连接，形成应用系统最后运行的数据库系统。系统中的数据都统一由 SQL Server 进行管理，MapX 通过 ADO 方式与数据进行交互。

2. 森林资源的动态监测

森林资源是动态发展变化的，如小班界线、林分状态、权属等都处于变化之中。该系统能够实现空间数据和属性数据的及时更新，使管理者和决策部门随时掌握森林资源的现状，为政策的制定和正确的决策提供依据。

3. 林业专题图输出

在 GIS 控件的支持下，从数据库中读取相应的数据，与基础地理信息一起建立相关的专题地图，并根据用户要求，对地图符号进行相应处理，建立林业专题地图。

二、气候监测信息管理子系统

（一）空气质量监测

1. 空气污染指数及其计算

空气质量监测中通常采用空气污染指数（air pollution index，API）来反映和评价空气质量。这种方法是将常规监测的几种空气污染物的浓度简化成为单一的概念性数值形式、并分级表征空气质量状况与空气污染的程度，其结果简明直观，使用方便，适用于表示城市的短期空气质量状况和变化趋势。有利于普通公众了解空气环境质量的优劣（陆雍森等，1999）。

空气污染指数是根据环境空气质量标准和各项污染物对人体健康和生态环境的影响来确定污染指数的分级及相应的污染物浓度限值。空气质量的好坏取决于各种污染物中危害最大的污染物的污染程度。我国目前采用的空气污染指数（API）分为 5 级，详见表 14 - 1。当各项污染物浓度超过 API 等于 500 时所对应的限值时，API 按 500 计，即 API 不超过 5000。

表 14 - 1　空气污染指数的分级

空气污染指数 API	空气质量类别	空气质量描述	表征颜色	对健康的影响	对应空气质量的适用范围
0 ~ 50	I	优	浅蓝	可正常活动	自然保护区、风景名胜区和其他需要特殊保护的地区
51 ~ 100	II	良	海绿		城镇规划中确定的居住区、商业交通居民混合区、文化区、一般工业区和农村地区
101 ~ 200	III	轻度污染	浅黄	长期接触，易感人群症状有轻度加剧，健康人群出现刺激症状	特定工业区
201 ~ 300	IV	中度污染	红	一定时间接触，心脏病和肺病患者症状显著加剧，运动耐受力降低，健康人群中普遍出现症状	
>300	V	重度污染	褐	健康人运动耐受力降低，有明显症状，提前出现某些疾病	

空气污染指数的计算方法（国家环境保护总局，1997）：

（1）求某污染物每一测点的日均值

$$\bar{C}_{点日均} = \sum_{i=1}^{n} Ci/n$$

式中：Ci——测点逐时污染浓度；

　　　n——测点的日测试次数。

（2）求某一污染物全市的日均浓度值

$$\bar{\bar{C}}_{市日均} = \sum_{j=1}^{m} \bar{C}_{点日均} j / m$$

式中：m——全区的测点数。

（3）将各污染物的市日均值用下式计算各项污染物的 API 指数

$$I = \frac{I_大 - I_小}{C_大 - C_小}(\bar{\bar{C}} - C_小) + I_小$$

式中：I——某污染物的污染指数；

　　　$\bar{\bar{C}}$——该污染物的全市日均值；

　　　$C_大$ 和 $C_小$——在 API 分级限值表中最贴近 $\bar{\bar{C}}$ 的两个值，值 $C_小 < \bar{\bar{C}} \leqslant C_大$

（4）在 API 分指数中选取最大值为全市当日的 API　API = max（ISO_2，INO_2，IPM_{10}）所对应的污染物即为该城市空气中的首要污染物（表 14 - 2）。

表 14 - 2　空气污染指数对应的污染物浓度限值

污染指数 API	污染物浓度/（mg/m³）				
	PM₁₀ 日均值	SO₂ 日均值	NO₂ 日均值	CO 小时均值	O₃ 小时均值
50	0.050	0.050	0.080	5	0.120
100	0.150	0.150	0.120	10	0.200
200	0.350	0.800	0.280	60	0.400
300	0.420	1.600	0.565	90	0.800
400	0.500	2.100	0.750	120	1.000
500	0.600	2.620	0.940	150	1.200

2. 空气质量监测的数据统计方法

（1）平均值的统计方法

①平均值的统计方法

$$\bar{C} = \frac{1}{n} \sum_{i=1}^{n} Ci$$

式中：$\bar{C}$——算术平均值；

　　　C_i——某组监测数据中的第 i 个值；

　　　n——某组监测数据的数目。

②几何均值的计算公式为

$$\bar{C} = \sqrt[n]{\prod_{i=1}^{n} Ci}$$

式中：$\bar{C}$——几何均值；

　　　Ci——某组检测数据中的第 i 个值；

　　　N——某组监测数据的数目。

（2）单点监测数据平均值的计算　单点监测数据平均值的计算主要为日、月、季、年平均值计算。日平均值应由小时均值（或一次值）计算得出。月均值应由日均值得出，季均值应由月均值得出，年均值应由季均值得出。单一测点监测数据和进行日、月、季和年平均值计算时，应满足监测周期和频率的要求。例如，二氧化硫每月应有 14 天以上监测数据方能计算月平均值，否则不进行平均。监测过程中，如果样品浓度低于监测分析方法的最低检出限，则该监测数据以 1/2 最低检出限的数值记录参加平均值统计计算。

（3）多个测点监测平均值计算　多个测点监测数据平均值主要计算功能区或区域的日、月、季、年算术平均值。计算公式如下：

$$\bar{C} = \frac{1}{m} \sum_{i=1}^{n} Ci$$

式中：$\bar{C}$——多个监测点监测数据的平均值；

Ci——i 监测点的平均值；

M——监测点的数目。

进行区域范围的平均计算，具有监测数据的监测点数应占整个区域内所布监测点总数的 90% 以上，否则不讲行区域平均值计算。

在进行城市范围平均值计算时，清洁对照点若在城区内，且代表区域占城市面积 15% 以上，则参加统计。若清洁对照点远离市区，或清洁对照点代表区域不足城市面积的 15%，不参加统计。

（4）降水酸度平均值计算　降水平均 pH 值采用氢离子（H^+）雨量加权法计算。其计算公式如下：

$$pH = -\log [H^+]$$
$$pH = -\log [H^+]_{平均}$$
$$[H^+]_{平均} = \frac{\sum [H^+] i \cdot Vi}{\sum Vi}$$

式中：$[H^+]$——氢离子物质的量浓度；

V_i——各次样品的降水量。

硫酸根、硝酸根、氨离子、镁离子、钠离子浓度平均值也按雨量加权算术平均值计算。

（5）超标倍数的统计计算　超标倍数按如下公式计算：

$$超标倍数 = \frac{C - C_o}{C_o}$$

式中：C——监测数据值；

C_o——环境质量标准。

计算中，执行《环境空气质量标准》（GB3095）一级、二级、三级标准中的哪一级应予以注明。

（6）超标率的统计计算

$$超标率 = \frac{超标数据个数}{总监测数据个数} \times 100\%$$

不符合检测技术规范要求的监测数据不计人总监测数据个数。未检出点计人总监测数据个数中。

3. 降水监测

（1）降水监测功能分析 由于燃煤含杂质硫分约 1%，在燃烧中将排放酸性气体 SO_2；燃烧产生的高温尚能促使助燃的空气发生部分化学变化，氧气与氮气化合，也排放酸性气体 NOx。它们在高空中为雨雪冲刷、溶解，使雨水的 pH < 4.6 则成为了酸雨；这些酸性气体转变成雨水中的杂质硫酸根、硝酸根和钱离子。

酸雨地区的分布受各种因素制约。从宏观来看，中国大陆的酸雨分布取决于中国各地酸、碱性物质的排放量；促成大气中酸碱物质转化的物质，如 CO 和 O_3 的当地排放量；再加上当地的气象条件，如中国各地年均温度，中国各地年均雨量，中国各地年均大气湿度，中国各地年日照时数和中国各地土壤的酸碱性等。不下雨时，大气中酸性物质可被植被吸附或重力沉降到地面叫干沉降；下雨时，高空雨滴吸收包含酸性物质继而降下时再冲刷酸性物质降到地面叫湿沉降。"湿沉降"取决于酸雨中致酸碱性物质浓度，而"干沉降"除了取决于大气中酸碱性物质浓度，还将取决于大气中 SO_2 的浓度和总悬浮颗粒物的浓度，后者在空中已吸附了少量硫，并以硫酸根的形式存在。

（2）降水监测子系统功能结构 降水监测子系统功能结构包括原始数据查询与分析、城市月报查询与分析、城市季报查询与分析、城市年报查询与分析、测点月报查询与分析、测点季报查询与分析、测点年报查询与分析 7 个部分，如图 14 – 10 所示。

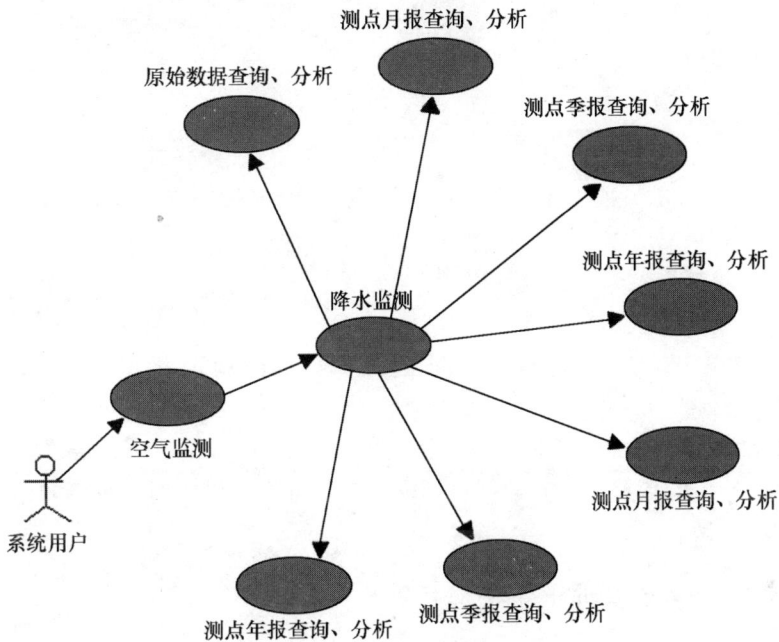

图 14 – 10 降水监测体系功能

（3）降水监测子系统功能实现 按上述功能结构，可实现降水原始数据查询、城市测点月报、季报、年报的数据和对其数据进行横向对比分析和纵向对比分析的结果专题图与图表等多种表达和管理。

4. 降尘监测子系统

（1）降尘监测功能分析　自然降尘简称降尘，系指大气中自然降落于地面上的颗粒物，其粒径多在 $10\mu m$ 以上。自然降尘的能力虽主要决定于自身重量及粒度大小，但风力、降水、地形等自然因素也起着一定的作用，把自然降尘和非自然降尘分开是很困难的。降尘是大气污染的参考性指标。在降尘的测定中，除测定降尘量外，有时还需测定降尘中的可燃性物质、水溶性物质、非水溶性物质、灰分以及某些化学组分如硫酸盐、硝酸盐、氯化物、焦油等。通过这些物质的测定，可以分析判断污染因子、污染范围和程度等。

（2）降尘监测子系统功能结构　降尘监测子系统功能结构包括原始降尘数据查询与分析、城市月报查询与分析、城市季报查询与分析、城市年报查询与分析、测点预报查询与分析、测点季报查询与分析、测点年报查询与分析 7 个部分，如图 14-11 所示。

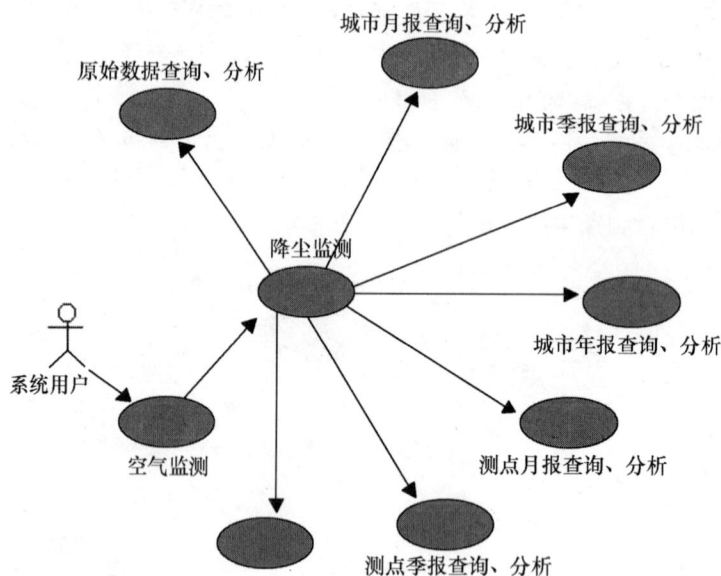

图 14-11　降尘管理体系功能结构

（3）降尘监测子系统功能实现　按上述功能结构，可实现降尘原始数据查询、城市测点月报、季报、年报的数据和对其数据进行横向对比分析和纵向对比分析的结果专题图与图表等多种表达和管理。

三、水文监测信息管理子系统

（一）水体质量评价方法

水体质量评价标准：

（1）江、河、湖、库　执行《地表水环境质量标准》，现行标准为 GB3838-20020。

（2）集中式饮用水源地　执行《生活饮用水标准》。

（3）渔业水域　执行《渔业水质标准》。

（4）排污河（渠）　排放的污水用于灌溉时，执行《农田灌溉水质标准》。

（5）工业废水　执行《污水综合排放标准》。

（6）地下水　参照《生活饮用水卫生标准》。

（二）水体质量数据统计方法

1. 地表水数据统计方法

地表水数据常见的统计方法有最大（小）值、最大（小）值超标倍数以及表 14 - 3 所列指标方法。

表 14 - 3　地表水数据几项统计方法

指标	按水期统计方法	按年度统计方法
水样总数	某断面某水期内分析的水样总数	某断面全年内分析的水样总数
平均值	$\dfrac{\text{某断面某水期水样检出浓度数值总和}}{\text{某断面某水期水样总数}}$	$\dfrac{\text{某断面全年水样检出浓度数值总和}}{\text{某断面全年水样总数}}$
超标率（%）	$\dfrac{\text{某断面某水期水样超标次数}}{\text{某断面某水期水样总数}} \times 100\%$	$\dfrac{\text{某断面全年水样超标次数}}{\text{某断面全年水样总数}} \times 100\%$

2. 地下水数据统计方法

（1）统计原则　潜水层、承压水层分别统计；单层取水与混合取水分别统计；丰水期、枯水期分别统计。

（2）超标率计算

$$\text{超标率（%）} = \frac{\text{超标井数}}{\text{监测井数}} \times 100\%$$

细菌总数和大肠菌数平均值计算采用几何均值的计算方法，计算公式如下：

$$\bar{C} = \sqrt[n]{\prod_{i=1}^{n} Ci}$$

式中：$\bar{C}$——几何均值；

Ci——某次检测值；

n——监测次数。

3. 水体质量评价方法

（1）污染指数法　污染指数评价法是用水体各监测项目的监测结果与其评价标准之比作为该项目的污染分指数，然后通过各种数学手段将各项目的分指数综合得到该水体的污染指数，作为水质评定尺度。目前常用的有综合污染指数法、内梅罗污染指数法等。例如，综合污染指数计算：

$$P_j = \sum_{i=1}^{n} P_{ij}$$

$$P_{ij} = \frac{C_{ij}}{C_{io}}$$

式中：P_j——断面 j 的水污染综合指数；

P_{ij}——断面 j 第 i 项污染物的污染指数；

C_{ij}——实测值；

C_{io}——第 i 项污染物的评价标准值（对参加评价的断面应规定统一的水质类别要求，如 IV 类）；

N——参评项目数。

污染分担率：

$$K_j = \frac{P_{ij}}{P_j} \times 100\%$$

式中：K_j——该污染物的污染分担率。

（2）模糊评价法　由于水体环境本身存在大量不确定性因素，各个项目的级别划分、标准确定都具有模糊性，因此，模糊数学在水质综合评价中得到了广泛的应用。模糊评价法的基本思路是：由监测数据建立各因子指标对各级标准的隶属度集，形成隶属度矩阵，再把因子的权重集与隶属度矩阵相乘，得到模糊积，获得一个综合评判集，表明评价水体水质对各级标准水质的隶属程度，反映了综合水质级别的模糊性。模糊数学用于水质综合评价的方法主要有模糊聚类法、模糊贴近度法、模糊距离法等。

设影响地表水环境质量的因子有 n 个，由这几个因子构成评价因子集 U，则 $U = \{u_1, u_2, u_3, \cdots, u_n\}$。给定 m 个评判标准，并由其组成与 U 相对应的评价标准集 V，则 $V = \{v_1, v_2, v_3 \cdots, v_m\}$。在 U 和 V 给定后，其模糊关系可用模糊矩阵 R 表示：

$$R = (r_{ij}) = \begin{Bmatrix} r_{11} & r_{12} & \cdots & r_{1m} \\ r_{21} & r_{22} & \cdots & r_{2m} \\ \vdots & \vdots & \vdots & \vdots \\ r_{n1} & r_{n2} & \cdots & r_{nm} \end{Bmatrix}$$

式中：r_{ij}——第 i 种污染物的环境质量数值，可以被评为 j 类环境质量的可能，即 i 对 j 的隶属度。当污染物的环境质量数值不在标准区间内，取 $r_{ij} = 0$。n 表示污染因子数，$i = 1, 2, 3, \cdots, n$。m 表示水体质量级别数，$j = 1, 2, 3, \cdots, m$。

评价因子集 U 的模糊子集 $A = \{a_1, a_2, a_3, \cdots, a_i\}$，式中 a_i 表示因素 U_i 在水体质量所有因子的权重权数。其中 $\sum_{i}^{n} a_i = 1$，则水环境质量模糊综合评价模型为：

$$B = AR$$

式中：$B = \{b_1, b_2, b_3, \cdots, b_j\}$；

$bj = \sum_{i}^{n} a_i r_{ij}$ （$i = 1, 2, 3, \cdots, n, j = 1, 2, 3, \cdots, m$）

模糊综合指数 $b_0 = max\{b_j\}$；（$j = 1, 2, 3, \cdots, m$）。

模糊关系矩阵尺代表了每一个污染因子对每一级水体质量标准的隶属程度，也可以把隶属度看成为污染物的浓度和环境质量标准的指数。假设水体级别划分为 m 级，则可以 $S(1)$，$S(2)$，$\cdots$，$S(m)$ 表示。监测值为 X 的污染因子对各个水体级别的隶属度 r_{ij} 按下式计算

$$r_{ij} = \begin{cases} 1 \\ \frac{s(j+1) - x}{s(j+1) - s(j)} s(j) \leqslant x \leqslant s(j+1) & (j = 1, 2, 3, \cdots, m) \\ 0 \end{cases} \quad \begin{matrix} x < s(j) \\ x > s(j+1) \end{matrix}$$

污染因子的权重系数是衡量参加评价的各污染因子对水体环境质量影响的大小，分别赋予不同的权重，采用污染贡献率计算方法求单因子权重系数，计算式为。

$$a_1 = \frac{C_i/C_{oi}}{\sum\limits_{i=1}^{n} C_i/C_{oi}}$$

式中：C_i——i 种污染因子的实测浓度（mg/L）；

C_{0i}——第 I 种污染因子的分级基准值（mg/L）。

（3）灰色评价法 由于我们对水环境质量所获得的数据都是在有限的时间和空间范围内监测得到的，信息是不完全的或不确切的，因此可将水环境系统视为一个灰色系统，即部分信息已知，部分信息未知或不确知的系统，灰色系统的原理也较多地应用于水质综合评价。其基本思路是：计算水体水质中各因子的实测浓度与各级水质标准的关联度，然后根据关联度大小确定水体水质的级别。对处于同类水质的不同水体可通过其与该类标准水体的关联度大小进行优劣比较。灰色系统理论进行水质综合评价的方法主要有灰色聚类法、灰色关联评价法、灰色贴近度分析法、灰色决策评价法等。

（4）物元分析法 物元分析法是物元分析理论在水环境质量评价领域的应用。其思路是：根据各级水质标准建立经典域物元矩阵，根据各因子的实测浓度建立节域物元矩阵，然后建立各污染指标对不同水质标准级别的关联函数，最后根据其值大小确定水体水质的级别。

（5）单因子评价法 现行国家水质标准中已确定悲观评价原则，即以水质最差的单项指标所属类别来确定水体综合水质类别。其方法是：用水体各监测项目的监测结果对照该项目的分类标准，确定该项目的水质类别，在所有项目的水质类别中选取水质最差类别作为水体的水质类别。

另外，还有一些评价方法，如密切值法、集对分析法、层次分析法等，适用于某些特定场合，应用受到一定限制。

4. 湖库富营养化及调查

湖库富营养化是指湖库等水体接纳过量的氮、磷等营养性物质，使藻类以及其他水生物异常繁殖，水体透明度和溶解氧变化，造成湖泊水质恶化，加速湖库老化，从而使湖库生态系统和水功能受到阻碍和破坏。

水生生物对污染物的富集系数为：

$$生物富集系数 = \frac{生物体中污染浓度}{水中污染物浓度}$$

表 14 - 4 列出一些常见水生生物对几种重金属的富集系数。

表14 -4 常见水生生物对几种重金属的富集系数

元素	淡水			海水		
	淡水藻	无脊椎动物	鱼类	藻类	无脊椎动物	鱼类
Cr	4×10^3	2×10^3	4×10^2	2×10^3	2×10^3	4×10^2

（续）

元素	淡水			海水		
	淡水藻	无脊椎动物	鱼类	藻类	无脊椎动物	鱼类
Co	10^3	1.5×10^3	5×10^2	1.0×10^3	10^3	5×10^2
Ni	10^3	10^2	4×10	2.5×10^2	2.5×10^2	10^2
Cu	10^3	10^3	2×10^2	10^3	1.7×10^3	6.7×10^2
Zn	4×10^3	4×10^4	10^3	10^3	10^5	2×10^3
Cd	10^3	4×10^3	3×10^3	10^3	2.5×10^5	3×10^3
As	3.3×10^3	3.3×10^3	3.3×10^2	3.3×10^2	3.3×10^2	2.3×10^2
Hg	10^3	10^5	10^3	10^3	10^5	1.7×10^3

由表 14 – 4 可见，生物相的监测分析对了解水体重金属污染具有十分重要的意义。

（三）河流水质监测

湟水河流域的水质监测主要是对湟水河水质的监测。根据河流水质监测业务需求，河流水质监测子系统的主要功能（图 14 – 12）应包括以下 5 点。

（1）河流水质数据和图件的输入、编辑 可将基础数据和图件以键盘、扫描仪及数字仪等输入设备录入计算机，也可利用其他系统将图件和数据转入本系统，同时对数据和原图进行编辑。

（2）河流水质数据资料的统计分析查询 包括对数据库中的各种数据可进行统计分析查询，这种查询的范围可自行设定，查询结果可用报表、地图、表格或文字说明的形式打印输出。

（3）河流水质数据适时查询、更改、补充，数据库的操作能及时反映在地图上 而对地图的操作也将更改数据库中的数据。

（4）河流水质数据空间分析 对图形进行地形分析、缓冲区分析、叠置分析等操作，并能将统计分析结果以各种专题图件及统计图件的形式表现出来。

（5）辅助决策分析 主要包括水质评价模型，水质分析及预测模型等。

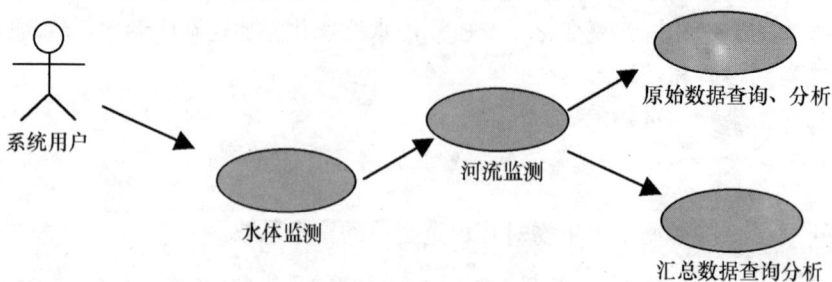

图 14 – 12 河流水质监测功能设计

2. 水质监测子系统实现

根据设计，河流水质数据可按不同指标项汇总数据或种类月份统计数据查询，也可按记录方式显示成直方图、线图、饼图等，还可以利用 GIS 方式进行数据查询、分析和表达。

（四）湖库水质监测

湖库水质监测与河流水质监测在水体特征、监测重点等方面存在一定的区别。根据湖库监测业务需求，湖库水质监测子系统的主要功能应包括：

（1）湖库水质数据和图件的输入、编辑　可将基础数据和图件以键盘、扫描仪及数字仪等输入设备录入计算机，也可利用其他系统将图件和数据转入本系统，同时对数据和原图进行编辑。

（2）湖库水质数据资料的统计分析查询　包括对数据库中的各种数据可进行统计分析查询，这种查询的范围可自行设定，查询结果可用报表、地图、表格或文字说明的形式打印输出。

（3）湖库水质数据适时查询、更改、补充　数据库的操作能及时反映在地图上，而对地图的操作也将更改数据库中的数据。

（4）湖库水质数据空间分析　对湖库与水质图形进行地形分析、缓冲区分析、叠置分析等操作，并能将统计分析结果以各种专题图件及统计图件的形式表现出来。

（5）辅助决策分析　主要包括水质评价模型，水质分析及预测模型，湖库水生物分析模型等。

2. 湖库水质监测子系统实现

根据设计，系统可支持湖库水质、水生物、水生产力监测数据和报表数据查询、按种类月份统计数据查询，利用图表和专题图等多种手段输出和表达湖库水质、水生物数据（图14-13）。

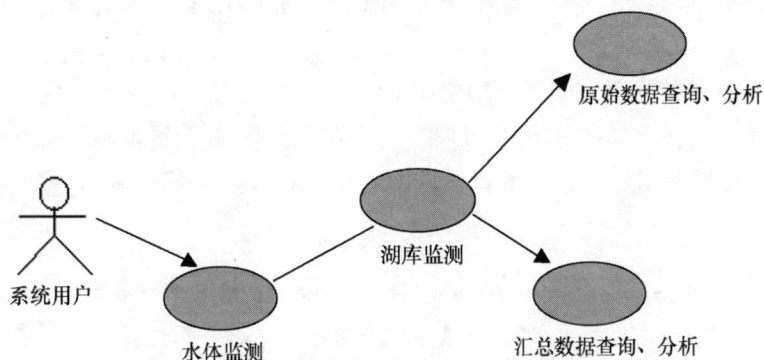

图 14-13　湖库水质监测子系统功能设计

（五）饮用水源地水质监测

1. 饮用水源地水质监测功能设计

饮用水源地水质管理需要的功能主要包括：饮用水质数据管理功能（包括数据查询、编辑、报表生成、数据管理等）、统计分析、专题制图等（图14-14）。

2. 饮用水源地水质管理子系统实现

根据系统功能设计，系统可支持饮用水源地水质数据和报表数据查询、按种类月份统计

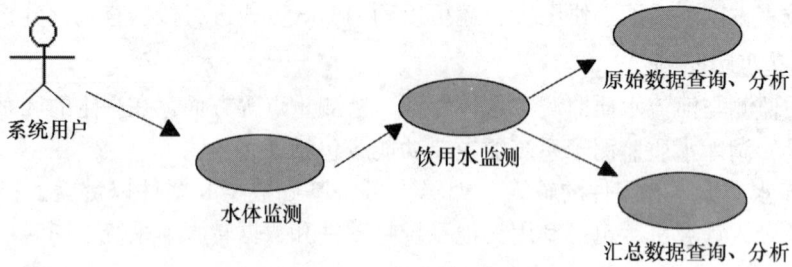

图14-14 饮用水源地水质管理子系统功能设计

数据查询，并利用图表和专题图等多种手段输出和表达。

（六）水质自动监测信息管理

1. 水质自动监测信息管理功能设计

水质自动监测一般可分为地表水和废水监测两种类型。水质自动监测系统可以自动、连续地测定几个项目，做到及时掌握水质变化情况，控制污染物的总量排放，为实施污染物总量控制提供技术支持。从1999年9月，国家开始对我国部分主要湖库开展地表水自动监测工作。测定项目有水温、pH值、溶解氧（Ix））、电导率、浊度、高锰酸钾指数、氨氮和总有机碳（TOC）等。实施自动监测的项目主要是COD，另外监测的项目还有pH值。

水质自动监测信息管理的中心任务是自动生成水质自动监测日报、周报、月报、季报、年报，并以图表或专题图等多种方式进行直观显示和查询。生成日报需要显示每个小时的数据以及当日的平均数据、最值数据；周报、月报需要该周、该月中每天的数据以及该周、月平均数据、最值数据；季报、年报需要该季、该年中刻月的数据以及该季、年平均数据、最值数据。

2. 水质自动监测信息管理子系统功能实现

根据系统功能设计，可实现日报、周报、月报、季报、年报数据报表自动生成、数据查询、数据管理、专题制图（包括环境背景数据图和自动监测专题图等）等。

第十五章 湟水流域生态建设保障体系

湟水流域的生态环境建设是可持续发展的支撑因子，主要包括粮食、生活能源、经济收入、政策与管理体制、法律法规以及技术系统。这些因子并不是单个起作用的，相互之间有着千丝万缕的联系，而且随着社会的发展在不断变化，必须综合考虑各因子之间的结构和平衡关系（图 15 – 1）。

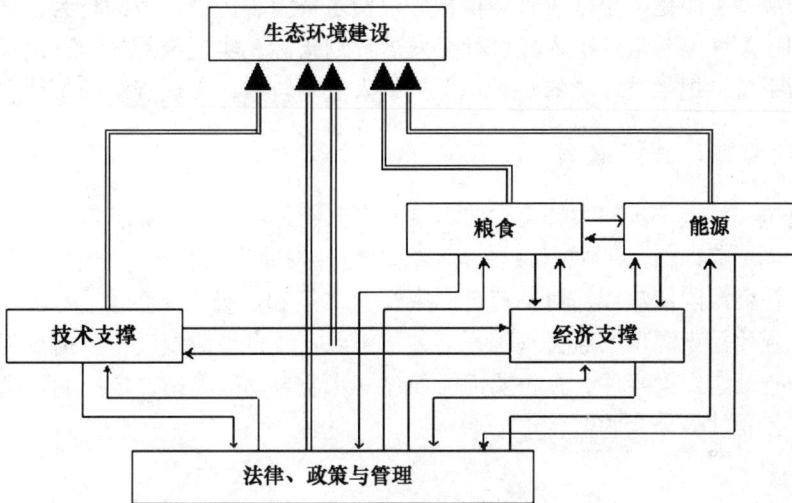

图 15 – 1 生态环境建设的支撑体系框架

第一节 法律、法规保障

法律手段是国家为了维护社会经济活动的秩序，通过立法和司法等手段，对社会经济运行进行的控制、指导、规范和监督，是国家进行宏观调控所不可缺少的重要手段。

一、加强立法，有法可依

有法可依，是实现和加强社会主义的前提。有法可依，就必须高度重视立法工作，根据社会主义改革和建设的实际需要和可能，逐步制定出一套完备的法律。法律是国家机关执法的准绳，有了法律才能办事有依据，才能有效地保护人民，惩罚犯罪；有了法律，才能使广大人民知道可以做什么，应该怎样做。为此，根据区域的实际情况，建议省人大制定出关于水资源合理利用、生态保护与建设等方面的法律或条例。

青海省湟水流域水污染防治条例颁布实施以来，对依法保护湟水水资源提供了法律保障，促进了流域水污染防治工作的开展。但是，某些条款在执行过程中尚存在一些问题，需作适当修改，使之更趋完善。还需成立《条例》修改工作小组，开展专题研究，借鉴国内外水污染防治先进经验，引入目标责任制、出入境断面水质考核制度、整改义务代履行制度等，增加大气污染防治等内容，增强《条例》的权威性和可操作性。

二、强化执法，有法必依

依据已经颁布的《森林法》、《水法》、《草原法》、《土地管理法》、《水土保持法》、《环境保护法》等有关法律和青海省《绿化条列》等一些地方法规，加大宣传力度，不断提高建设区群众及全社会的法制观念，加强执法管理机构队伍的建设，加强对水资源的统一管理，坚决打击滥垦、滥挖、滥采等破坏植被和浪费水资源、污染环境的行为，把水土资源合理开发利用和生态恢复与重建纳入经济社会发展计划指标，实现统筹规划，综合整治，逐步恢复生态平衡系统，把生态环境的建设与保护纳入法制轨道，实现资源的永续利用。

三、公众监督，违法必究

强化环境执法，进一步加大环境执法力度，严把新建项目环评关、审批关、三同时、验收关，提高环境影响评估论证质量，防止不合理的开发建设项目带来新污染和水环境的破坏。狠抓重点污染源限期治理，对不符合国家产业政策和污染严重的企业，要坚决实行关、停、并、转，强化污染源现场监督管理，安装污染源在线自动监测设备，提高现有环保设施运转率，严厉查处水污染事件，在重要河流段设立水质自动监测站，定期向社会公布湟水水质污染状况，接受社会公众的监督。

第二节　政策、体制保障

凭借国家政权力量，依靠上下级之间的权威和服从关系，按照行政系统，运用行政策、体制保障手段，对社会经济运行直接调控的手段。政策、体制应既具有强制性，又具有简捷性、相对稳定性和及时性等特点，因此采用符合实际的有科学根据的手段进行宏观经济调控，可以达到精简、节约、高效的目的。特别是对那些市场经济运行难以涉足的领域，或者是市场经济运行中出现的弊端，应采取必要的行政手段，以弥补经济手段和法律手段的不足，保证整个国民经济的正常运行。

湟水流域退化的生态环境条件导致了这一地区相对落后的社会经济，反过来落后的社会经济条件又加剧了这一地区生态环境的进一步恶化。湟水流域的的发展必须以生态环境保护与建设作为先决条件，而生态环境保护与建设又必须以打破人与自然关系的恶性循环为突破口。从长远看，其根本出路在于，一方面加大保护与建设的投入力度，通过退耕还林还草，保护现有植被促进自然生态环境系统良性发展，另一方面通过发展经济，调整和优化经济结构，彻底转变"靠山吃山、靠水吃水"的资源过度依附性和掠夺性的生产方式，拓宽当地居民的生活和致富门路，才能把生态环境保护与建设建立在可持续发展的轨道上。

合理的生态环境建设政策不仅决定了工程实施的可行性程度，更主要决定了是否能长期保持效果。生态环境建设的实施要取得理想的效果需要具备以下几个特征：政策连续性、与农民利益相连、系统性、可以落实的法律约束力、植被恢复技术是基础。合理的政策应该是与退耕区的生态、粮食、能源、经济、科技以及社会的各个方面的现实条件相适应，能够合理协调、统一所有因素，最终达到政策的目标效果。

一、加强领导，提高认识

水是国民经济的命脉，加强水源涵养生态建设和保护是一项长期的任务，建设地位非常重要。因此，各级领导要充分认识到加强水源涵养生态建设的重要性和紧迫性，切实抓好这项工作。各有关部门应各司其则、协调行动，精心组织项目的实施，同时，要切实抓好植被、水资源的保护工作，要彻底禁止边建设边破坏的现象，使生态工程发挥长期效益。

二、健全机构，强化管理

实践证明，再好的方针政策、法律、规划，如没有相应的机构保证，没有一支训练有素的队伍去监督执行，都无法发挥其应有的作用。在经济体制改革和机构建设中，要充分重视政府环境保护职能的发挥，进一步健全和建立各级环保机构，努力提高环境管理人员的素质，逐步建立起各级人民政府环境保护部门的专业执法队伍，赋予这支队伍以现场监查权、排污收费权、行政处罚建议权等有关权力。

加强环境保护的基础工作，强化环境统计和监测体系、环境标准、环境信息收集整理工作，强化环境统计和监测体系，建立全国环境信息网络，使提高环境保护水平有一个坚实的基础。

三、制定和争取优惠政策，加快生态环境建设步伐

为了有效保护脆弱的生态环境，保证城市社会、经济的可持续发展，建议人大等有关部门积极制定环境监督管理、环境经济与投资、污染物削减、生态保护与恢复、能源与资源环境等政策，使区域的生态环境得到有效的建设和保护，逐步恢复水源涵养等生态功能。

四、加强环境保护教育，提高全体公民的环保意识

我国的环境保护教育开始于20世纪70年代，80年代将环保宣传纳入政府工作中，以各种方法进行环保教育宣传活加。21世纪，要在更大的范围和更高的层次上进行环保宣传教育，努力提高全体公众的环保意识。公众的自觉力量不仅是对污染者的重要威慑力量，不仅会积极推动政府采取措施保护环境，而且他们本身是维护和建设环境的重要力量。

要通过各种宣传工具，广泛、深入、持久地向全体民众普及环境保护科学知识和环保法律知识，唤起人们的环境危机的忧患意识，改变那种视环境单纯的物质生产和物质消费对象的狭隘功利观念，培育新的环境价值观念，树立新的行为规范。随着公众环保意识的提高，形成环境保护的深厚社会基础，形成声势浩大的保护环境行动，有效阻止破环生态环境的行为。同时，由于公众观念的转变，生活方式的转变，将为绿色产业的发展，提供更多的机会和广阔的市场。

鼓励公众参与，提倡可持续的家庭消费理念，研究家庭消费的变化趋势和动力机制，提出既能改善生活质量，又可持续的家庭消费模式，积极开展形式多样的环境宣传教育活动，增强实施可持续发展战略的大局意识，树立全民环境责任意识，从环保职业道德、文明道德

等方面入手，把环境教育纳入德育范畴，鼓励公众参与，增强社会监督，激发全社会各方面力量共同投入到环境保护工作中来。

五、加强环境污染监管

（一）加强水污染防治的统一监督管理

省政府应设立湟水流域水、气污染防治委员会，负责协调和解决湟水流域水污染防治等重大问题，监督检查流域水、气污染防治工作，制定湟水流域水污染防治规划和水污染物排放总量控制计划并纳入全省国民经济和社会发展计划，加强环保、水利建设，农业、林业、畜牧、国土资源等部门的分工协作，形成齐抓共管，共同治污的新格局。

（二）采取综合治理措施，保障经济和环境双赢

实施引大济湟工程，扩大水体环境容量，做好水资源综合开发与整治工作，合理调度水利工程设施，保证主要河道生态用水，科学整治河道，增强水域自净能力，对地下水资源实施保护性开发，科学划定水源地的保护范围，强化水源地保护管理。继续实施小流域综合治理工程，控制水土流失，加强水源涵养林，退耕还林（草）、"三北"防护林等重点林业工程建设，对集中式畜禽饲养基地必须建设污水处理设施，做到达标排放。

（三）调整优化产业结构，合理规划工业布局

限制和禁止高耗水、重污染项目的建设，改造水污染严重的生产工艺，推进清洁生产技术，减少工业废水的污染负荷，在工业布局上要充分考虑水资源量、水环境容量和承载力，避开上游段水源地环境脆弱段；要按照"调整改造存量，优化控制增量"的原则，加快现有工业行业结构调整与产品升级换代，加大电力、化工、造纸、冶金、纺织、机械等高耗水、基础性行业的节水技术改造力度。要合理调整农业产业结构，河谷灌区应大力发展节水型生态农业，提高取水和供水经济效益，积极推广节水灌溉技术和有机食品生产管理技术。同时，根据区域水资源承载能力，协调控制好国民经济三次产业比例关系及城镇化发展规模，保障社会经济与水资源协调发展，为节水型社会建设创造有利条件。

（四）加大投入力度，形成多元化的投入机制

一是加大资金投入，引入市场机制，引导社会资金投入环境保护，鼓励民间资本、国外资本的投入形成环保投资主体的多元化。政府部门出台相关政策在用电，建设用地费、税等方面给予优惠，促进城镇污水处理厂、垃圾厂、排水管网等环保基础设施的建设。完成西宁市污水处理厂二期、青海生物科技产业园、甘河滩高新技术工业园废水集中处理工程以及大通县桥头镇、湟中县鲁沙尔镇污水处理厂建设。

六、统一科学的总体规划

湟水流域的生态环境建设，必须站在时代的高度、全省国民经济全局可持续发展的高度、创新和开发战略的高度、实现青海省体制与政策等开发环境大突破和经济社会大跨越的高度，理论联系实际，借鉴我国其他地区地区开发、建设的成功经验，提出符合本流域特点，既有大思路、又有落足点，既兼顾当前需要与长远发展，又具有针对性和可操作性的生态环境建设、保护的思路和框架。具体规划可集生态、气象、水文、地质、地理、林业、水利、国土规划等各方面学科，在调查研究的基础上，充分听取不同地域的有关专家意见后予

以制定，作为生态环境建设和保护的纲领性文件。

七、大力提倡节约用水，保障生态用水安全

对河流、地下的工农业和民用用水量进行严格控制。在生态环境建设过程中，通过节水树草种选择和确定合理的植被布局、结构，大力提倡节约用水，加速发展节水高效农林牧业，推广实行超量加价的水价政策以及用水限额灌溉制度；严格控制地下水的开采范围及用量。

八、积极控制人口，逐步降低区域人口容量

湟水是青海省东部农业区的母亲河、生命河，它的流域面积虽然仅占青海省总面积的2.4%，但却居住着全省60%的人口。近年来，由于人口剧增和土地资源的严重浪费，流域内人均占有耕地由1953年的$0.35hm^2$减少到1994年的$0.13hm^2$。流域内人均占有水量$983m^3$，仅为全国人均的1/3。人口的持续膨胀是致使生态环境持续恶化的人类非科学性经济开发活动加剧的动因。因此，必须将控制人口增长，提高人口素质作为一项长期国策予以坚持。同时引导一部分农村人口从土地上分离出来，引导这部分人口从事非农业生产并有序的流向城镇，减轻治理环境的压力，对区域社会经济稳定发展意义重大。

第三节　经济杠杆与投资保障

目前湟水流域的经济发展水平落后，人民生活贫困，地方政府财政能力极其有限，在发展经济和生态环境保护与建设两方面难以做到统筹兼顾、良性互动。如果没有外部力量的输入，仅仅依靠地方自身力量难以走出生态环境恶化和社会经济发展落后二者相互不断加重的"发展陷阱"。

目前，由于我国处于经济转型期间，中央财政的巨幅增长和向公共财政的完全转型只能逐步实现，不可能向公益性很强的生态环境保护与建设事业投入大量资金。湟水流域的江河源头、高寒湿地、高山冰川和等需要保护，大片退化土地和水土流失地区需要治理，许多生活集中地带需要改善生产生活条件，一些农牧区群众的定居点和中小城镇的布局需要调整，大量过度垦殖和放牧地区需要逐步退耕还林还草等等。所有这些都是湟水流域生态建设中必须优先实施的，需要有大量资金投入。但是，中央财政、省财政既要扶持许多收不抵支的地方财政，又要向该区生态环境建设以及其他事业投入资金，有限的财政不可能承担该地区生态环境保护与建设所需全部资金。

就企业和私人机构而言，能够投向生态环境保护与建设事业的资金数量十分有限，虽然可以接受来自国内外企业财团和国际、国内公益组织的公益性资助，但数量毕竟有限；政府可以通过政策优惠，扶持、吸引企业和私人从事一些开发性的生态环境保护与建设，但是由于收益太小，企业和私人的积极性不可能很高；当地群众可以以工代资，义务劳动，但在许多方面代替不了资金投入。因此，必须拓展其他融资渠道，保障生态环境保护与建设工程顺利开展。

经济手段主要包括制定经济政策、运用经济杠杆和编制经济计划等，调整不同经济主体

物质利益关系，引导和调节经济运行的一种手段。

一、创造环境市场发育的外部条件

要创造环境市场发育的外部条件和有效的制度供给，实行有利于环境保护的税收政策，对污染排放物征收环境补偿税。制定对废水、废气、固体废弃物排放征收环境补偿税的方法、步聚和标准。对于环境保护的工程项目给予必要的税收优惠。大部分环境保护项目，如污染治理项目、自然生态环境保护项目、环境保护示范工程项目，一般直接的经济效益都不高，因此有必要对这类项目在基本建设投资方面给予一定的税收优惠，如实行免交投资方向调节税等。对于"三废"综合利用产品和环境保护产品的生产给予一定的税收优惠。

二、建立综合的经济与资源环境核算体系

传统的国民经济衡量指标（GNP）既不能反映经济增长导致的生态破坏、环境恶化和资源代价，也未计算非商品劳务的贡献，并且没能反映投资取向。这些不利因素将会消弱未来经济增长的基础。为此需要建立一个综合的资源环境与经济核算体系来监控整个国民经济的运行，在对自然资源价格以及国际上同类资源的可比价格上，最后提出如何把资源核算纳入国民经济体系的方法以及自然资源的价格政策，逐步建立起一个新的综合核算体系。有关政府部门应在经济与资源环境综合核算体系的建立、完善以及正常运作方面发挥重要作用。

三、鼓励发展环保产业

环境保护产业是环境保护事业的物质基础。进入 21 世纪，政府环境保护主管部门要协同技术监督部门加强环保产业的监督管理，提高环保产品质量。环保工业产品的质量，是整个环保产业发展的重要标志，也是关系到环境污染治理设施建成后能否正常运行并发挥治理效益的关键。为此，要组织制定环保产品的国家标准或行业标准，组建若干个环保产品质量监测中心，以无害于环境的产品实行绿色产品标志制度，建立低劣产品淘汰制度。

四、多方筹措资金，落实建设和保护经费

积极申请国家支持，抓住西部大开发的机遇，争取国家对西部地区生态环境建设投资资金，建设拉脊山与达坂山水源涵养生态建设示范区、水土保持生态建设示范区。认真研究制定从东部发达地区征集资金用于西部地区生态保护的政策，建立多元化的投入机制，以"谁建设、谁拥有、谁收益"的方式吸引企业、集体、个人投资，加快生态建设步伐。

五、确定合理供水价格、开征水资源调节税

运用水价和水资源调节税是当前社会主义市场经济体制下进行水资源有效管理的主要手段。应确定合理的水供应价格，来促进节约用水并通过水价来调整用水分配结构。同时要开征一定的水资源调节税来支持政府水资源开发管理和水利、林业建设，通过不同税率来限制高耗水、高污染企业的出现或非正常用水的扩大，通过不同的税率引导适合区域特点的水资源利用结构和产业结构的新成。根据西宁市目前水价普遍偏低的现状（2000 年生活和生产用水平均每吨水价 0.85 元），建议市政府、人大等有关部门制定出合理的生产、生活用水价格和水资源调节税。

六、建立生态效益补偿机制

生态效益补偿机制，一方面要求当地的企业和居民在经济开发过程中，必须对生态环境的损失作出经济上的补偿；另一方面，它意味着环境保护不仅仅是一个地区的事情，特别是对于湟水流域上游为保护生态环境付出了代价，中下游收益地区应当分担一部分成本，反哺一定的资金。这样才能把生态环境的经济外部性成本内部化，保障中上游地区环境建设的积极性和资金扶持力度。生态效益补偿机制应早日建立实施。

在我国至今还没有征收生态税的先例，但是类似的做法在一些发达国家经过多次反复已开始实施，并且收到了良好效果，例如德国对一些燃油大户企业、涉及环保企业征收生态税（Ecological Tax）。在湟水流域退耕还林，恢复生态环境的过程中可以效仿类似的做法。

七、建立有利于资源利用补偿机制

资源、环境问题的地区差异将是 21 世纪前半期困扰中国的一个重大问题。例如，水环境治理的上游地区与下游地区的协调问题；森林资源保护与水土流失治理的上游地区与下游地区的利益互补问题等，都需要在加强国家对环境保护与资源持续利用宏观调控能力的基础上，提高统筹规划与管理水平。国家在环保投资的分配与使用上，要以国家资源环境信息系统提供的科学分析为依据，进行应用模型分析和仿真方案优选决策，统筹规划安排。

八、发行生态环境建设彩票，面向社会筹措资金

优先实施生态环境保护与建设这一基础战略，就必须大力拓展资金投入渠道，构筑能够长期支撑湟水流域生态环境保护与建设的资金补偿机制和保障体系。目前，在这方面除了接受国际国内社会的各种援助，并在现行财税制度基础上完善中央转移支付制度，逐步加大中央各项专项资金投入特别是生态环境保护与建设资金投入，减免、调整有关税收外，还可发行生态环境建设彩票，面向社会筹措资金。随着我国改革开放和经济社会的不断发展，人们的收入水平将不断提高，市场秩序也会不断完善，只要管理和组织得当，生态环境建设彩票可以长期持续发行。

九、建立有利于水资源利用和生态重建的综合决策系统

水资源的决策要转变传统的部门决策为综合决策，应成立流域水资源管理委员会，由水资源水文专家、水利工程专家、林业专家、土壤学家、农学家、经济地理学家、城市学者等共同组成专家委员会参与决策，以减少决策的片面性、盲目性，提高决策质量。同时，积极制定有利于节水的投入政策和生态重建的补偿机制，形成国家、集体、个人共同投入、自我发展、自我更新的发展节水工农业的新机制，促进生态系统向良性方向发展。

十、发展生态产业

（一）"一村一品"模式的经验，大力发展特色农业

"一村一品"运动的原意是一个村生产一种农特产品，以提高附加值和农户收入，培养振兴农村的人才。"一村一品"是一种经济模式，其核心精神是：自主自立，锐意创新；立足本地，面向世界；培养人才，面向未来。"一村一品"运动有 3 条准则：一是区域与国际

接轨，最大限度地搞活具有地方特色的农业，这种特色产品应获得国际社会的认可和评价；二是由当地农民设想、设计具体开发项目，政府行政机构只起到支持和扶助的作用；三是为振兴农村积极培育营农指导员和农业科技示范带头人。日本的"一村一品"运动有一个最大的特点就是区域与国际接轨，最大限度搞活具有地方特色的农业，这种特色产品应获得国际社会的认可和评价。

湟水流域具有生物资源丰富、光热充足、劳动力密集等优势，但由于交通不便，远离出海口和交通运输主干线，远离以大城市为主体的特色农产品消费群，信息化程度低、科技水平低、生产方式粗放，资源浪费严重，经济效益普遍不高等因素，制约了农业的发展。随着西部大开发步伐的加快，青藏铁路、公路国道主干线、科技教育等一批重点工程相继启动，制约湟水流域农业发展的这些劣势将不复存在，而流域内的优势则不会消失，加上加入WTO后给该流域农业带来的良好发展契机，湟水流域发展特色农业的基本思路是：从日本的"一村一品"运动中吸取经验，以科技作依托，以农业产业化为拉动力，采用现代农业技术和传统的农业技术有机结合，深化农业科技体制改革，改进农业科技应用推广办法，以适应特色农业发展的需要；广泛开展农民科技培训，提高农业生产、经营者的素质，突出抓好实用技术的研制和推广工作，大力推广实用无公害技术、特种种养技术、节水技术和农产品加工技术；充分发挥区域优势，重拳出击，突出环境特色，打绿色牌；突出虫草、枸杞、大蒜、药材等特色，打珍稀牌；突出气候特色，打时差牌；突出草原特色，打草原牌；突出野生特色，打野生牌，重点突出蚕豆、大蒜、洋芋等地方农产品特色；打特色牌，形成名、特、优、新系列产品，通过龙头企业的示范作用，带动其他地区，利用自身优势，发展特色农业，建设特产之乡，实现区域农业规模化生产、集约化生产、专业化生产，稳步增加农民收入，改变以往以破坏生态环境为代价，换取眼前短期的经济效益，实现农民增收和生态环境保护的"双赢"，带动整个区域经济的发展。

（二）林农复合经营，提高土地利用率，增加单位土地上的产值

林农复合经营是指在同一土地经营单位上，把林、农、牧、副等有机地结合在一起而形成具有多种群、多层次、多效益、高产出特点的复合生产系统。从经济上看，这种生产系统收益高、见效快、投资回收期短，可以起到以短养长、以耕代抚的作用，提高劳力、财力和肥力的利用率；从生态方面看，林农复合系统在空间上是多层次的立体结构，在时间上合理套种农作物和经济植物，更有效地提高光能和土地资源利用率，充分发挥土地生产潜力。林农复合经营比单一经营能更有效地改善生态环境，增加植物种类，减少病虫害，实现生态系统的良性循环，同时提供更多产品种类，满足社会多方面的需求。湟水流域人地矛盾尖锐，在河谷阶地区（川水区）、黄土丘陵区（浅山区）等立地条件较好的地类可实施林—果、林—药、林—菜、林—经、林—渔等林农复合经营模式；中山区实施林地放养和圈养。林地放养是最常见的林—草—牧复合经营，据研究，$1hm^2$ 林草地放养小鸡 90 只，育肥时间比农家养的鸡快 1 倍。圈养式是指利用林地资源，收获林下牧草及树叶作为饲料，在饲养场、家庭圈养或半圈养场内饲育牲畜。实施林农复合经营不仅可提高土地和其他自然资源利用率，也可使农民在短期内受益。

（三）建饲料林，发展畜牧产业

畜牧业是湟水流域的传统产业之一，已成为该流域农牧民收入的重要来源。在山地侵蚀沟、坡梁地带等立地条件不好、不适宜种粮食和营造用材林、经济林的土地，选用柠条、沙

棘、沙打旺、四翅滨藜等营养丰富、适应性强、产量高、适口性强，可作为饲料的木（草）本植物，营造能够保持水土，并且能刈割或耐牲畜啃食的人工林。这样不仅可为畜牧业提供饲料（特别是圈养），同时具有保护草场、牧场，减少水土冲刷和风蚀沙化，恢复植被。由于树叶、嫩枝含有丰富的牲畜所需的各种营养成分，因此人们称树叶为"空中饲料库"。树叶可以弥补枯草季节饲料的不足，尤其是在灾害性天气的情况下，树叶和幼枝就成了牲畜的救命草。

（四）保护性开发特色旅游资源

湟水源头森林茂密，风景秀丽，利用独特的自然景色，发展旅游业及相应第三产业，可以弱化当地居民对农业经济的依赖；加大西宁市南北两山绿化工程实施力度，把它建成山花烂漫、绿树成荫的高原花园和保护西宁市环境的屏障。

（五）实施农村能源工程

选择燃烧值高、生长快、萌芽力强、易燃、无臭、无毒的柠条、榆等树种，利用荒山荒岭、房前屋后，田间地头进行密植，每隔2~3年修枝一次，郁闭后逐年间伐获得薪材。同时还要建好沼气池，推广太阳灶，让农民不再为燃料发愁。

第四节　实施科技行动计划

一、落实科学发展观

开展湟水流域的生态环境建设，关系到整个青海省能否实现可持续发展。必须提高各级领导的可持续发展意识，提高科学决策水平，在生态环境建设中，深刻意识湟水流域的生态环境建设不仅关系到当前青海省发展的全局，更关系到子孙后代的发展，要解决群众生产生活的实际问题，坚持改善生态环境同改善农业生产条件相结合，以抢救土地资源、科学利用水土资源、发展经济为目的，保护基本农田，提高土地生产能力，以解决农民的吃饭问题。在进行生态环境综合治理时，要坚持以人为本的理念，处理好生态建设与群众脱贫致富的关系，实现可持续发展。

二、加强技术合作和环境保护设备及软科学的研究

加强技术合作，引进、吸收和消化国外先进的环境保护技术，利用国际先进的污染治理技术、资源回收技术、无废水处理技术，促进中国的环境保护工作。

加强环境保护新仪器、新设备的研究，发展环境保护产业，建立一批集约化、专业化的环境保护实体，提供系列产品和成套服务。

加强环境保护与社会经济协调发展的软科学研究，提高环境管理的水平，促进社会经济与环境保护决策的科学化、现代化。

发展高效、低耗的工业装备，为减少工业污染提供技术支持；采用先进的物资回收技术，提高资源、能源利用率，减少污染物排放。

开发符合国情的污染治理技术和生态环境破坏恢复技术，包括投资少、效益高的废水治理技术、城市大气污染治理技术、固体废弃物的无害化处理技术等。

三、大力推广适用技术

加强资源综合利用技术的研究和推广，开发林业、农业废弃物的再利用技术，城市污水资源化和工业废水的综合利用技术，城市垃圾和工业固体废弃物的综合利用技术。

要充分发挥西宁市各种科技力量雄厚的优势，研究开发和推广水源涵养建设和保护的方法、技术；大力推广林业适用技术，如 ATP 生根粉、汇集径流整地等，提高苗木成活率，增加植被覆盖度，增强水源涵养功能；大力发展高效节水农业，加快建立节水型社会生产体系，区域建设与保护关键的对策就是要依靠科技进步，除大规模增加森林植被的同时，还应全面开展节约用水。应以常规节水为中心，结合地膜工程，以水定植措施，推广耐旱良种、喷灌、滴灌和高效节能日光温室生产技术等，形成高效节水型农业生产发展新格局，努力形成包括节水农业、节水工业和节水城市的节水型社会经济体系；大力进行生态农业、生态城镇、农村能源等发面的建设，加强对生物多样性的保护，加大对工农业和城市生活垃圾污染的治理力度，防止新的污染源的产生；同时积极开展水源涵养建设和保护的动态监测与评估，不断进行宏观调控，加强对管理人员的素质与能力的培训，提高环境管理水平。

四、实施科技人员培训

以科学发展观武装科技人员的头脑，培养各级领导和科技人员的可持续发展意识，提高科学决策水平。对其加强新技术的发展现状及使用方法等方面的培训，促使其对灌溉节水技术、节水种植制度、覆盖农业节水技术、节水制剂、水肥信息采集技术、植被"近自然"恢复技术、高效驱鼠剂等新技术和新材料的掌握和了解。

五、实施农、牧民实用技术培训

积极宣传普及植树种草、水土保持、生态农业等科技知识，根据湟水流域的特点，对农、牧民进行种植、养殖、农副产品加工、果蔬储藏等方面的实用技术培训，促使其摒弃毁林开荒、乱捕滥猎等落后生产、生活习俗，把广种薄收的生产方式转移到依靠科学精耕细作上来，开发适销对路、市场前景良好的经济果林，为农民增收增加新途径，发展特色农业、农副产品加工业以及特色旅游业等，真正为治理区群众的生产生活找到出路，为群众的长远发展找到依靠，从而使生态环境建设逐步步入良性发展轨道。

第五节　生态环境建设工程质量监督体系

一、建立生态环境建设工程质量标准

针对湟水流域的特点，参照农、林、水、环境保护等各行业标准，制定完善、统一的工程质量标准，做到按标准规划设计、按标准施工、按标准验收。组建专门的工程质量监督队伍，对工程的每一个环节进行跟踪检查，建立工程建设技术档案，严把质量关。

二、建立生态环境建设工程信息系统

充分考虑湟水流域生态环境建设管理的现状和计算机技术的普及程度，提取工程实施过程中的各种动态数据，建立生态环境建设工程信息系统，对不同区域的生态环境状况发展趋势进行监测评价，并对水土流失、影响因素与防治措施等进行综合分析研究，制定相应的对策。它不仅能够直接被省级管理部门应用，经过简单培训，还要能够被县、乡等基层管理部门的管理人员使用，形成由省、地、县、乡组成的信息管理网络。实现流域生态环境建设工程和森林资源、水文、气象监测信息的计算机化管理，加强对整个生态工程建设区的科学管理，降低项目投资，强化对工程实施的监督，以提高管理水平和工作效率。

系统采用自顶向下扩展、层次化的功能模块结构，顶层由数据库管理、应用模型和系统输出 3 个模块组成，除了每个模块能独立运行外，各模块又紧密地联系在一起；每个模块由上至下又可分解成小的相对简单的模块，实现输入、处理、输出三大功能。

三、建立生态环境建设工程效益监测评价体系

生态环境建设工程效益监测与评价指标体系是工程建设科技支撑的重要内容，通过对工程实施后的生态效益、经济效益和社会效益开展定位监测，不仅可以为工程的科学评价和管理提供理论依据，而且可以提高工程的科技含量和建设质量。

1. 生态环境建设工程效益评价指标体系

制定工程效益评价方法，并建立工程效益评价体系，对工程实施的生态效益、经济效益和社会效益进行全面、系统、定量的评价。

2. 生态环境建设工程效益监测网络

在湟水流域根据不同的环境背景以及建设模式，结合试验示范区建设，选择有代表性的区域，建立 2 ~ 3 个大、中、小不同尺度的工程效益定位监测站，解析、耦合各种信息进行，定期向工程科技支撑领导小组提供工程建设的生态效益、经济效益和社会效益监测报告，提出建设性的建议。

第六节　湟水流域生态环境建设应注意的问题

一、植被建设与管护相结合

在过去几十年里，湟水流域在防止水土流失、困难立地造林、改良牧场等方面付出了艰辛的努力，对保持整个流域的生态环境起到了积极作用。但破坏天然植被甚的问题依然存在。只建设不管理、边建设边破坏等现象在很大范围存在，很大程度上抵消了在生态建设方面的努力。

在人工造林种草过程中，采用乡土树种、草种，适地适树、适地适草、多树种混交的基本规律没有被广泛重视，造林种草的成活率低，重复补植营造的现象严重，造成造林资金的巨大浪费，这在荒山荒滩的人工林营造工程中表现得非常突出；植被恢复过中，乔、灌、草

的合理搭配没有得到足够的重视，忽视了灌草抑制水土流失的作用；大规模的天然林更新过程中，重视强调了人工造林更新，忽视了利用自然力封山育林及其植被演替规律；忽视树草种耗水与生态用水间的协调，致使大面积植被枯死；忽视从景观水平上对植被恢复的前景及特殊立地对植被恢复的限制等方面的研究等等。因此，湟水流域以植被恢复为手段的生态环境建设，应该更偏重于从机制的设计上而不完全是从投入上解决问题；从新的建设方法上而不是重复原本就存在问题的建设模式上来推进。只有这样，才能改变年年造林不见林、种草不见草的格局。

二、生态建设与粮食生产的关系

要将生态环境建设与提高粮食生产力或食物总供给能力结合起来。湟水流域生态环境条件较差的地方，往往是经济发展水平较差的地方，也是贫困面比较集中的地区，大规模的退耕会使得一些生态环境相对脆弱区域的粮食供应相对紧张，因此基本农田的建设取不容忽视，要协调好调入粮食和调出人口的关系以及方案选择。坚决阻止过度的垦殖、樵采和放牧，否则将会导致农、林、牧三败俱伤，老百姓依然生活在贫困线上。

三、植被建设与生态适宜性的关系

植被建设要遵循生态学原理，重视生态适宜性，适地适树，多树种、乔灌草结合，合理规划，使防护林、薪炭林、用材林、经济林的比例与具体立地条件相适应，避免"绿化达标"之后再搞一次"低产林改造"的重复劳动。

四、生态建设与体制创新的关系

湟水流域的环境治理需要中央政府的投资，也需要地方政府的配合与实施，必须重视体制创新的力量。近几年，青海省在小流域承包治理方面有过成功的做法；只有切实落实荒山荒沟荒坡治理的长期承包政策，才能使农民在治理方面的投入与今后的收益相挂钩，才能使造林、种草与管护联系起来。有些甚至可以通过出售所有权的办法，拍卖给私人或者企业，让其拥有一定时期的所有权，并用长期合同的形式规定下来。因此，在重视生态建设技术措施的同时，还应重视体制改革、创新的作用。

五、工程措施与生物措施相结合

工程措施与生物措施是相互补充的关系而非相互矛盾。如在黄土原面，淤地坝可以保存土壤养分，是最好的基本农田，应因地制宜，扩大淤地坝的范围，保障当地的粮食供给；在沙漠地区，草格方障也被证明是有效的办法，因而工程措施是环境改善的重要方面。另一方面，环境的治理更要重视生物措施，因为生物措施是改善生态环境的基础。在种草种树方面，可以选择山上陡坡和山顶种草、山底缓坡种树的形式，在保持水土的同时，为农户提供发展畜牧业的条件。另外，具体的造林种草方式，要根据自然条件、树草种特性、土壤植被和资金投人状况水平进行选择，如飞播造林、封山育林和人工造林或者多种造林种草组合方式。

六、局部利益与整体利益相结合的关系

湟水流域生态环境建设地域广泛，必须注意区域之间、部门间的协调。如水资源分配、污染治理、农业结构调整等，需要区域之间的相互协作，每一个部门都应该从区域长远发展的高度应认识环境建设，相互协作、借鉴和学习，避免部门分割，条块分割。

七、环境改善与人口增长的关系

过高的人口增长速度，导致土地垦殖现象不断扩张。青藏高原河谷水源丰富，在海拔较低、气候较温暖湿润之处，适合农作物生长，因而人口密集。环境学家研究表明，在这类半干旱荒漠区，要保持环境资源的良性循环，合理的人口密度是每平方千米不超过 20 人，而今在该地区人口密度已高达 1500 人/km^2，大大超出土地承载力，人口增长对土地的压力是生态环境退化的直接原因。

八、生态建设与基础设施建设的关系

在实施区域环境治理的过程中，生态环境建设与基础设施建设两者在一定程度上相互联系。如水利工程建设会平衡水的分布和有效利用水资源，地下水埋藏较浅地区对生态环境的改善很有必要。值得注意的是在基础设施建设过程中应首先强调生态环境的保护和对区域环境的效应，决不能走边破坏、边治理的老路。生态环境建设也要有重点分区域予以推进。

九、生态建设与区域经济发展的关系

造成湟水流域生态环境破坏严重的原因，有自然因素，也有人为因素。在近几十年来，主要是由于人类活动的强度超出了当地生态环境的承载能力，这也是当地农牧民需要粮食和燃料，向自然索取的必然结果。出现这一局面的根本原因还在于贫困。因此，生态环境建设必须考虑与当地的经济相结合。

生态环境建设本身需要大量的资金和人力投入，在建设过程中必须兼顾到区域发展和强区富民的需要。比如，在林草措施中注意采用经济价值较高又具有浓郁地方特色的林、草类，并且形成规模优势和实现产业化，就可以提高居民收入，生态环境建设会有更大的实施空间。湟水流域的群众十分需要脱贫致富，必须寻找到生态环境治理与收入增长的结合点。

十、重点建设与面上治理相结合

一些地方重点区域或流域生态环境建设取得成效，但由于缺乏科技推广工作，面上生态环境建设效果仍然很差，收不到好的效果以及国家对其的宏观要求，只见投入不见效果。

国家投资的城镇、川道等重点项目区的治理速度快、效果好，而偏远乡镇的差距很大。湟水流域各区域自然地理条件差异大，经济发展极不平衡。因此在湟水流域生态环境工程实施过程中要先易后难，由点到面，依次推进，走重点突破，带动全局的路子。

十一、生态环境建设与产业结构调整相结合

湟水流域生态环境建设必然会导致农业生产结构发生变化。生态环境建设首先是区域土地利用结构的变化，在产业结构调整过程中，以基本农田、基本草地和基本林地建设为基

础，重视传统农业的改造和特色农业的深度开发，发挥特色资源优势，优化农业空间结构，推进农业生产专业化，使其最大限度的发挥社会、经济效益，为生态环境建设顺利实施奠定物质基础。

为了实现这一目标，必须由单一耕地支撑变为基本农田、基本草地、基本林子（经济林）三大支撑，即建设高产稳产的基本农田，实现农业由广种薄收、低产低效向少种精种、高产高效转变；建设高产稳产的基本草地，实现畜牧业由传统的粗放放牧经营向现代舍饲、集约经营转变；建设具有地域资源优势的基本经济林地，实现经济林果由传统的零星种植、粗放经营向集中连片、基地化种植、产业化经营的高效园艺业转产。

十二、总体规划与分步实施相结合的关系

湟水流域生态环境建设要有总体规划，而且要作为当地经济和社会发展规划的重要组成部分，把生态环境建设与当地农民脱贫致富、农村经济发展结合起来。要通过法律的形式使其成为政府的工作方向。要重视调整产业结构及重大骨干性生态工程建设的必要性和迫切性，强调实施重点突破战略，选择若干条件好的地区、产业和项目率先突破，发挥示范带头作用，有目标、分阶段推进。要根据区域自然资源优势，着力发展若干个特色粮、油、菜、瓜、果、药、林特、畜产品等商品基地，形成规模优势，支撑生态环境建设工程的实施。应重视对节水技术、高效旱作技术、中低产田改造技术、农田整治技术等的研究、推广和应用，保障粮食生产。要提倡建设"集约自给型农业、保护效益型林业、商品致富型牧业"，为区域经济的可持续发展奠定基础。

一、湟水流域野生植物名录

蕨类植物门 PTERIDOPHYTA

木贼科 Equisetaceae

问荆属 *Equisetum* L.

问荆（马草、土麻草、笔头草）*Equisetum arvense* L.

产西宁、大通、湟源、湟中、乐都、互助。生于林下、沼泽地、河滩，海拔 2230 ~ 4100m。中药，全草入药。

木贼属 *Hippochaete* Milde

节节草（木贼草）*Hippochaete ramosissima*（Desf.）Böerner

产西宁、大通、湟中、民和、互助。生于耕地边、田边、沼泽地，海拔 1900 ~ 3400m。

蕨科 Pteridaceae

蕨属 *Pteridium* Scop.

蕨（蕨菜、如意菜）*Pteridium aquilinum*（L.）Kuhn. var. *Latiusculum*（Desv.）Underw. ex Heller

产海东地区。生于林缘灌丛中。嫩茎可食。中药，全草入药。

铁线蕨科 Adiantaceae

铁线蕨属 *Adiantum* L.

长盖铁线蕨 *Adiantum fimbriatum* Christ

产民和。生于林缘、山坡石缝中及山谷石下，海拔 2000 ~ 3000m。

掌叶铁线蕨 *A. pedatum* L.

产西宁、乐都、民和、互助。生于山沟、林下、石崖下、田边，海拔 2200 ~ 2800m。中药，全草入药。

蹄盖蕨科 Athyriaceae

冷蕨属 *Cystopteris* Bernh.

皱孢冷蕨 *Cystopteris dickieana*

产乐都。生于阴坡灌丛、岩石缝隙，海拔 2800 ~ 3300m。

冷蕨 *C. fragilis*（L.）Bernh

产乐都。生于山坡石缝或云杉林中，海拔 3200 ~ 3600m。

高山冷蕨 *C. montana*（Lam.）Bernh.

产大通、乐都、互助。生于林缘、林下、阴坡灌丛中、山顶，海拔 2300～3600m。

宝兴冷蕨 *C. moupinensis* Franch.

产互助。生于山沟林下，海拔 2100～2300m。

青海冷蕨 *C. tangutica* Crub.

产互助。生于林下，海拔 2300～2600m。

铁角蕨科 Aspleniaceae

铁角蕨属 *Asplenium* L.

西北铁角蕨 *Asplenium nesii* Christ

产大通、乐都。生于岩石上及岩石缝隙，海拔 2600～3600m。

球子蕨科 Onocleaceae

荚果蕨属 *Matteuccia* Todaro

中华荚果蕨 *Matteuccia intermedia* C. Christ

产西宁。生于林内，海拔 2240～2700m。

岩蕨科 Woodsiaceae

岩蕨属 *Woodsia* R. Br.

蜘蛛岩蕨 *Woodsia andersonii*（Bedd.）Christ

产乐都。生于岩石缝隙，海拔 2600～3200m。

鳞毛蕨科 Dryopteridaceae

耳蕨属 *Polystichum* Roth

毛叶高山耳蕨 *Polystichum mollissimum* Ching

产湟中、乐都。生于山坡灌丛、林下、田边、路边，2700～3400m。

鳞毛蕨属 *Dryopteris* Adanson

美丽鳞毛蕨 *Dryopteris laeta*（Kom.）C. Christ

产西宁、互助、乐都、民和。生于山坡林下、田边、路边、河边、岩石缝隙，海拔 2000～2800m。

近多鳞鳞毛蕨 *D. subbarbigera* Ching

产大通、湟中、互助、乐都、民和。生于山坡林下、水沟边、岩石缝隙，海拔 2600～4100m。

水龙骨科 Polypodiaceae

瓦韦属 *Lepisorus* Ching

网眼瓦韦 *Lepisorus clathratus*（Clarke）Ching

生于高山岩石缝中。

粗柄瓦韦 *L. crassipes* Ching et T. X. Ling

产湟源、乐都。生于阳坡石缝中，海拔 2600m。

高山瓦韦 *L. soulieanus*（Christ）Ching et S. K. Wu

产互助、乐都。生于岩石下、林缘、林下，海拔 2600～3800m。

太白瓦韦 *L. thaipaiensis* Ching et S. K. Wu

产大通。

槲蕨科 Drynariaceae

槲蕨属 *Drynaria* **J. Sm**.

秦岭槲蕨 *Drynaria sinica* Diels

产湟源、湟中、大通、互助、乐都、民和。生于山坡、灌丛、林下、岩石缝隙及田边。海拔 2100～3500m。

裸子植物门 GYMNOSPERMAE

松科 Pinaceae

云杉属 *Picea* **Dietr**.

青海云杉（泡松、松树）*P. crassifolia* Kom.

流域各县均有分布。生于河谷、阴坡、山坡，海拔 2400～3700m。优良乡土造林树种。木材材质坚韧，可作建材。四季常绿，树形优美，亦可为观赏树种。

柏科 Cupressaceae

圆柏属 *Sabina* **Mill**.

祁连圆柏（柏树、柏香树）*S. przewalskii* Kom.

分布于流域各县。生于阳坡、半阳坡、河谷、山沟林下、林缘、山脊、岩石缝隙、沙石滩，海拔 2250～4200m。优良乡土造林树种。木材材质坚韧，可作建材。四季常绿，树形优美，亦可为观赏树种。带枝嫩叶入药。

刺柏属 *Juniperus* **L**.

刺柏 *J. formosana* Hayata

产民和。生于山坡、河谷、林下，海拔 2080～2900m。乡土造林树种。木材材质坚韧，可作建材。四季常绿，树形优美，亦可作为观赏树种。

麻黄科 Ephedraceae

麻黄属 *Ephedra* **Tourn ex L**.

中麻黄 *E. intermedia* Schrenk ex Mey.

产西宁、平安、民和。生于干旱山坡、沟谷、岩石缝隙、盐渍地、草原，海拔 1650～3800m。中药，茎可入药。

单子麻黄（麻黄草）*E. Monosperma* Gmel. ex Mey.

产大通。生于山顶岩石缝隙、砾石滩，海拔 3100～3900m。根、茎、叶、花、果、全草入药。

草麻黄 *E. sinica* Stapf

产民和。生于山坡、河滩、沙丘，海拔 2300 ~ 3400m。中药，茎可入药。

被子植物门 ANGIOSPERMAE

杨柳科 Salicaeeae

杨属 *Populus* L.

山杨（山白杨）*P. davidiana* Dode

产西宁、大通、湟中、互助、乐都、民和。生于山坡、山脊和沟谷地，海拔 2000 ~ 3200m。乡土造林树种；木材供造纸；中药，树皮、树根、叶入药；树皮可提取栲胶。

光皮冬瓜杨 var. *rockii*（Rehd.）C. F. Fang et H. L. Yang

产互助。生于山坡、山谷及溪流边，海拔 3000m。乡土造林树种；木材可作建材。

柳属 *Salix* L.

秦岭柳 *S. alfredi* Goez

产大通、乐都、互助。生于山坡、山谷、林下，海拔 2000 ~ 3800m。

奇花柳 *S. atopantha* Schneid.

产海晏、湟中、乐都。生于山坡、山谷及河滩中，海拔 2100 ~ 3650m。水土保持树种；乡土造林树种。

庙王柳 *S. biondiana* Seemen

产海晏、乐都、互助。生于山坡、山谷及河流两岸，海拔 3090 ~ 4000m。水土保持树种；乡土造林树种。

密齿柳（陇山柳、麻柳）*S. characta* Schneid.

产大通，生于山坡、沟谷和林缘灌丛中，海拔 2100 ~ 3600m。水土保持树种；乡土造林树种。

乌柳（筐柳）*S. cheilophila* Schneid.

产西宁、大通、湟源、湟中、乐都、互助。生于山坡、山谷及河流两岸，海拔 1550 ~ 4300m。重要水土保持树种；乡土造林树种。树皮及须根入药。

光果乌柳 *S. Cheilohila* Schneid. var. *cyanolimnea*（Hance）Ch. Y. Yang

产西宁、大通。生于河流两岸及林下，海拔 1550 ~ 3550m。水土保持树种；乡土造林树种。

银背柳 *S. ernesti* Schneid.

产互助。生于山坡上，海拔 2800m。水土保持树种；乡土造林树种。

川柳 *S. hylonoma* Schneid.

产大通、平安、互助。生于山坡、林下，海拔 2710 ~ 2850m。水土保持树种；乡土造林树种。

贵南柳 *S. juparica* Gorz

产互助。生于山坡、林下，海拔 2700 ~ 4100m。水土保持树种；乡土造林树种。

拉马山柳 *S. lamashanensis* Hao

产西宁、民和。生于山坡，海拔 1900 ~ 3400m。水土保持树种；乡土造林树种。

长花柳 *S. longiflora* Anderss.

产于海晏、乐都、民和。生于山坡、林下，海拔 2100～4000m。水土保持树种；乡土造林树种。

旱柳 *S. matsudana* Koidz.

产海东各地。生于田边、河边、路边、滩地。水土保持树种；乡土造林树种。树皮含鞣质，可提取栲胶；中药，叶、芽、树皮、枝、根入药。

坡柳 *S. myrtillacea* Anderss.

产大通、湟中、乐都、互助。生于山坡、山谷、林中、灌丛下及溪流边，海拔 2450～4200m。水土保持树种；乡土造林树种。

毛坡柳 *S. obscura* Anderss.

产大通。生于山坡、山谷、溪流边，海拔 3100～3800m。水土保持树种；乡土造林树种。

山生柳（高山柳）*S. oritrepha* Schneid.

湟水河流域林区有分布。生于山谷、山坡、草地中，海拔 2100～4300m。水土保持树种；乡土造林树种。树皮、叶含鞣质，可提取栲胶。

康定柳 *S. paraplesia* Schneid

产海晏、西宁、大通、湟源、互助、乐都。生于山坡、林间空地、山谷、林中及河流两岸，海拔 2100～4000m。水土保持树种；乡土造林树种。

大苞柳 *S. pseudospissa* Gorz

产互助。生于山坡、灌丛中，海拔 2700～2900m。水土保持树种；乡土造林树种。

青皂柳 *S. pseudo - wallichiana* Gorz

产乐都、互助。生于山坡、山谷、林中、溪流边，海拔 2500～3150m。水土保持树种；乡土造林树种。

川滇柳 *S. rehderiana* Schneid.

var. *rehderiana* 原变种

产海晏、西宁、大通、湟中、乐都、民和、互助。生于山坡、沟谷、林下及灌丛中，海拔 2300～3750m。水土保持树种；乡土造林树种。

灌柳 var. *dolia* （Schneid.）N. Chao

产西宁、乐都、互助。生于山谷、水边及林下，海拔 2700～3900m。水土保持树种；乡土造林树种。

硬叶柳 *S. sclerophylla* Anderss.

产海晏、互助。生于高山河滩、山顶灌丛、山坡林中，海拔 2800～4300m。水土保持树种；乡土造林树种。

近硬叶柳 var. *sclerophylloides* （Y. L. Chou ）T. Y. Ding

产互助。生于高山草地、山谷、山坡、灌丛中，海拔 2800～4000m。水土保持树种；乡土造林树种。

山丹柳 *S. shandanensis* C. F. Fang

产湟源。生于山坡、山谷、林下，海拔 2500～3800m。水土保持树种；乡土造林树种。

中国黄花柳 *S. sinica* （Hao.） C. Wang et C. F. Fang

产西宁、大通、平安、乐都、民和、互助。生于山坡、山谷、林下、溪流边，海拔 2000～3400m。水土保持树种；乡土造林树种。

齿叶黄花柳 var. *dentate*（Hao.）C. Wang et C. F. Fang

产大通。生于山坡、山谷、林下，海拔 2700～3000m。水土保持树种；乡土造林树种。

匙叶柳（铁杆柳）*S. spathulifolia* Seemen

产西宁、大通、湟源、乐都、互助。生于山坡、山谷、林中、溪流边，海拔 2200～3960m。水土保持树种；乡土造林树种。

光果匙叶柳 var. *glabra* C. Wang et C. F. Fang

产大通、乐都、民和、互助。水土保持树种；乡土造林树种。

洮河柳 *S. taoensis* Gorz.

产西宁、大通、乐都、互助。生于山坡、山谷、水边，海拔 2200～4100m。水土保持树种；乡土造林树种。

桦木科 Betulaceae

桦木属 *Betula* L.

红桦（纸皮桦）*B. albo - sinensis* Burk.

产大通、互助。生于山坡林地、山麓，海拔 2500～3400m。木材可做器具；水土保持树种；乡土造林树种。中药，树皮可入药。

白桦（桦树）*B. platyphylla* Suk.

产海晏、湟源、湟中、平安、乐都、民和、互助。生于山坡、沟谷林地，海拔 2300～3300m。水土保持树种；乡土造林树种。

糙皮桦（紫桦）*B. utilis* D. Don

产湟中、乐都、民和、互助。生于山坡林地、沟谷，海拔 2500～3900m。重要水土保持树种；乡土造林树种。

虎榛子属 *Ostryopsis* Decne.

虎榛子 *O. davidiana* Decne.

产西宁、乐都、民和、互助。生于林缘、山坡及河边，海拔 2300～2500m。水土保持树种；乡土造林树种。树皮含鞣质，可提取栲胶。

桑科 Moraceae

葎草属 *Humulus* L.

华忽布花（啤酒花）*H. lupulus* L.

产大通、西宁有栽培。生于林缘、山谷、沟边、灌丛及荒地，海拔 2200～2400m。中药，全草入药。

荨麻科 Urticaceae

荨麻属 *Urtica* L.

宽叶荨麻 *U. laetevirens* Maxim.

产大通、互助、乐都、民和。生于河滩、草坡、山沟林下，海拔 1800～3600m。中药，全草入药；藏药，茎、叶、花、果入药，茎、叶可食。

三角叶荨麻 *U. triangularis* Hand. – Mazz.

产大通、互助。生于河滩、草坡、山沟林下，海拔 2100 ~ 4150m。茎、叶可食。

桑寄生科 Loranthaceae

油衫寄生属 *Arceuthobium* M. Bieb.

油衫寄生 *A. chinense* Lecomte

产大通。寄生于云杉树干或枝条上，海拔 2600 ~ 3100m。

蓼科 Polygonaceae

荞麦属 *Fagopyrum* Gaertn.

苦荞麦 *F. tataricum*（L.）Gaertn.

产西宁、大通、湟源、乐都、民和、互助。生于村边、耕地和田边，海拔 2100 ~ 4000m。中药，带果全草入药。果实富含淀粉，供食用。

冰岛蓼属 *Koenigia* L.

冰岛蓼 *K. islandica* L.

产互助、乐都、民和。生于河滩、山坡、湿草甸和沙土地，海拔 3000 ~ 4400m。中药，全草入药。

大黄属 *Rheum* L.

河套大黄 *Rh. hotaoense* C. Y. Cheng et T. C. Kao

产乐都。生于山沟林间，海拔 2400m。

掌叶大黄 *Rh. palmatum* L.

产互助、乐都。生于林缘、草坡、灌丛中，也有庭院栽植，海拔 2700 ~ 4000m。中、藏药，根入药。

小大黄 *Rh. pumilum* Maxim.

产大通、湟中、乐都、互助。生于高山流石坡、高山草甸或高山灌丛中，海拔 3000 — 4300m。中、藏药，根入药。

酸膜属 *Rumex* L.

酸膜 *R. acetosa* L.

产大通。生于山麓、山沟、河滩草地及灌丛草甸，海拔 2800 ~ 4200m。

水生酸膜 *R. aquaticus* L.

产西宁、大通、湟中、乐都、互助。生于水沟边、河滩草地、沼泽草地和林间湿润草地或灌丛间，海拔 2100 ~ 3800m。中药，全草入药。

尼泊尔酸膜 *R. nepalensis* Spreng.

产乐都、互助、民和。生于林缘、灌丛、河滩、沟边、田边，海拔 2700 ~ 4000m。中药，根、叶入药。

巴天酸膜 *R. patientia* L.

湟水流域各地都有分布，多生村旁、路旁和渠边，海拔 2200 ~ 3600m。中药，根、叶入药。

蓼属 *Polygonum* L.

头序蓼 *P. alatum Hamilt.* et D. Don

产西宁、乐都、民和、互助。生于林下、林缘、灌丛、山坡崖下阴湿地，海拔2000～4100m。

萹蓄 *P. aviculare* L.

产西宁和海东各地。生于田边、路边荒地及海边、渠旁，海拔1700～3600m。中药，全草入药；藏药，根入药。

卷茎蓼 *P. convolvulus* L.

产西宁、大通、湟中、乐都。生于林缘、灌丛和田边，海拔2100～3600m。

齿翅蓼 *P. dentato - alatum* F. Schmidt ex Maxim.

产互助。生于林缘、田边，海拔2100～2300m。

陕甘蓼 *P. hubertii* Lingelsh.

产大通、乐都、互助等县。生于林下或林缘、灌丛及沟边湿地，海拔2200～3500m。

水蓼 *P. hydropiper* L.

产西宁、大通。生于山沟和溪水边，海拔2300～2500m。

酸膜叶蓼 *P. lapathifolium* L.

产西宁、大通、湟源、乐都、民和。生于林下湿地、河边、道旁和沟渠边，海拔1650～2600m。中药，全草入药。

圆穗蓼 *P. macrophyllum* D. Don

湟水流域各地都有分布。生于高寒草甸和高山灌丛，海拔3000～4500m。

柔毛蓼 *P. pilosum*（Maxim.）Forb. et Hemsl.

产大通、民和、互助。多生于林下、林缘、灌丛、草甸、阴湿山坡、沼泽草甸中。

西北利亚蓼 *P. sibiricum* Maxim.

湟水流域各地都有分布。生于村边、渠边、河岸、河滩、盐碱地草原，海拔1800～4300m。中药，根状茎入药。

珠芽蓼（染布子）*P. viviparum* L.

湟水流域各地都有分布。生于高山草原和林缘灌丛中，海拔1800～4200m。中药，根状茎入药；藏药，根茎、种子入药。

黎科 Chenopodiaceae

滨藜属 *Atriplex* L.

野滨藜 *A. fera*（L.）Bunge

产西宁。生于路边、渠边及河岸盐碱地。本种为盐碱地牧草。

西伯利亚滨藜 *A. sibirica* L.

产西宁、民和。生于田边及旱盐碱地，海拔1900～3100m。中药，果实入药

轴藜属 *Axyris* L.

轴藜 *A. amaranthoides* L.

产互助、乐都。生于山沟、河滩草丛中，海拔2400～4100m。

驼绒黎属 *Ceratoides*（Tourn.）Gagnebin

华北驼绒黎 *C. arborescens*（Losinsk.）Tsien et C. G. Ma

产平安、乐都、民和。生于固定沙丘、荒坡、沙地，海拔 1700 ~ 3200m。

驼绒黎（白蒿子）*C. latens*（J. F. Gemel.）Reveal et Holmgren

产西宁、大通、乐都、互助。生于干旱山坡、干旱河谷阶地、河滩、荒漠平原，海拔 2500 ~ 4300m。可作荒漠区牧草。

黎属 *Chenopodium* L.

黎（白黎、灰灰菜）*Ch. album* L.

湟水流域各地都有，为常见的田间杂草、嫩叶可食，海拔 1700 ~ 4200m。

刺黎 *Ch. aristatum* L.

产西宁。

菊叶香黎 *Ch. foetidum* Schrad.

产西宁、海东。生于田边、住宅旁、荒地、半干旱山坡、河滩、林缘草地、沟渠旁，海拔 2000 ~ 3600m。

灰绿黎（灰条）*Ch. glaucum* L.

湟水流域各地都有。生沟边、路边、村边及河滩盐渍土上。

杂配黎 *Ch. hybridum* L.

产大通、乐都、互助。生于荒地、路旁、林缘、灌丛，海拔 2300 ~ 3500m。全株作饲料。

地肤属 *Kochia* Roth.

地肤 *K. scoparia*（L.）Schrad.

产乐都、西宁。生于农田边、庭院及路边荒地、草滩羊圈和水沟旁，海拔 2300 ~ 3300m。中药，果入药。

猪毛菜属 *Salsola* L.

猪毛菜 *S. collina* Pall.

湟水流域各地都有分布。生于田边、路边荒地、河滩、阶地、村边与含盐碱的沙质土壤上，海拔 1700 ~ 4000m。嫩茎叶可食；种子可榨油。中药，地上部分入药；藏药，茎、果入药。

碱蓬属 *Suaeda* Forsk ex Scop.

碱蓬 *S. glauca*（Bunge）Bunge

产西宁。生于田边、路边、荒地、水边，海拔 2200m。种子可榨油，供工业用。

盘果碱蓬 *S. heterophylla*（Kar. et Kir.）Bunge

产西宁。生于河滩、湖滨、盐碱荒漠沙地，海拔 2200 ~ 4000m。

奇异碱蓬 *S. paradoxa* Bunge

产西宁。生于阳坡荒地、水沟边湿润盐碱地，海拔 2300 ~ 2600m。

石竹科 Caryophyllaceae

拟漆姑草属 *Spergularia*（Pers.）J. et C. Presl

拟漆姑草 *S. salina* J. et C. Presl

产西宁、民和、互助。生于河谷、阶地、河岸、水边、荒地，海拔 1650～2880m。

漆姑草属 *Sagina* L.

漆姑草 *S. japonica*（Sw.）Ohwi

产西宁。生于田边或荒地。

薄蒴草属 *Lepyrodiclis* Fenzl

薄蒴草 *L. holosteoides*（C. A. Mey.）Fenzl ex Fisch. et C. A. Mey.

产西宁、大通、湟源、湟中、互助、乐都、民和。生于山坡荒地、林间空地、荒地、田边、河滩，海拔 2280～4150m。

卷耳属 *Cerastium* L.

卷耳 *C. arvense* L.

产西宁、大通。生于高山草地、高山草甸、河滩，海拔 2350～4200m。中药，全草入药。

蔟生卷耳 *C. caespitosum* Gilib.

产西宁、大通、湟中、互助、乐都、平安。生于山坡草地、林下、灌丛、草甸、河滩，海拔 2350～4300m。中药，全草入药。

苍白卷耳 *C. pusillum* Ser.

产大通。生于高山草甸、阳坡，海拔 2380～4500m。

无心菜属 *Arenaria* L.

鳞状雪灵芝 *A. bryophylla* Fernald

产湟中。生于高山顶端、山坡岩石缝中，海拔 4200～4250m。

甘肃雪灵芝 *A. kansuensis* Maxim.

产大通、湟中、互助。生于山顶流石坡、高山草坡、砾石坡、高山宽谷，海拔 4000m。中药，全草入药；藏药，根入药。

黑蕊无心菜 *A. melanandra*（Maxim.）Mattf. ex Hand. - Mazz.

产大通、湟中、互助。生于高山草甸、河岸岩石上、流石滩，海拔 3750～4300m。中药，全草入药。

福禄草（西北蚤缀）*A. przewalskii* Maxim.

产大通、湟中、互助、乐都。生于高山草甸，海拔 3500～4300m。中药，全草入药。

青藏雪灵芝 *A. roborowskii* Maxim.

产大通。生于山顶阳坡、高山流石坡，海拔 3800～4300m。

漆姑无心菜 *A. saginoides* Maxim.

产西宁。生于河岸沙滩、山坡草地、高山草甸，海拔 2300～4300m。

繁缕属 *Stellaria* L.

垫状繁缕（变种）*S. decumbens* Edgew. var. *pulvinaata* Edgew. et Hook. f.

产大通。生于山顶阳坡、倒石堆、高山草甸、山坡草地，海拔 3800～4300m。

繁缕 *S. media*（L.）Cyrill.

产西宁、大通。生于山顶潮湿处、林缘、灌丛、田间、路边或山坡草地，海拔2316～3850m。中药，地上部分入药。

沼泽繁缕 *S. palustris* Ehrh. ex Retzius

产民和。生于林下草地、田边，海拔2300～2400m。

亚伞花繁缕 *S. subumbellata* Edgew.

产互助。生于山沟、林下，海拔3000～4040m。

毛湿地繁缕（变种）*S. uda* F. N. Williams var. *pubescens* Y. W. Cui et L. H. Zhou

产大通、互助。生于阴坡、草甸、灌丛、山坡草地、河滩，海拔2200～4040m。

雀舌草 *S. uliginosa* Murray

产大通。生于渠边、潮湿地，海拔2300～2500m。

伞花繁缕 *S. umbellata* Turcz.

产大通、互助。生于河谷、河滩、石缝、草甸、山坡、林下，海拔2190～4300m。

太子参属 *Pseudostellaria* Pax

假繁缕 *P. maximowicziana*（Franch. et Savat.）Pax ex Pax et Hoffm.

产大通、互助。生于山坡、林缘、石缝，海拔2700～4300m。

窄叶太子参 *P. sylvatis*（Maxim.）Pax ex Pax et Hoffm.

产大通。生于灌丛、林下、林缘，海拔2450～4000m。

石头花属 *Gypsophila* L.

尖叶石头花 *G. acutifolia* Fisch.

产西宁、湟源、互助。生于山坡、石缝，海拔2240～2800m。观赏花卉。

紫萼石头花 *G. patrinii* Ser.

产湟源、民和。生于山坡、河岸沙地、阴坡、岩石缝间，海拔2240～2560m。

女娄菜属 *Melandrium* Roehl.

无瓣女娄菜 *M. apetalum*（L.）Fenzl

var. *apetalum* 原变种

产大通、湟源、湟中、互助、民和。生于高山砾石带、高山草甸、山坡草地、灌丛和河边滩地，海拔2500～4300m。

喜马拉雅女娄菜 var. *himalayensis* Rohrb.

产互助，海拔2800～4300m。

女娄菜 *M. apricum*（Turcz.）Rohrb.

产西宁、大通、湟源、互助、乐都、民和。生于山坡草地、灌丛、林下、河边及冰川边缘，海拔2000～4150m。中药，全草入药；藏药，全草入药。

腺女娄菜 *M. glandulosum*（Maxim.）F. N. Williams

产互助。生于山坡、草甸、阴坡、高山砾石带、滩地，海拔2800～4300m。

变黑女娄菜 *M. nigrescens*（Edgew.）F. N. Williams

产湟中。生于高山草甸，海拔4100～4300m。

蝇子草属 *Silene* L.

米瓦罐（麦瓶草）*S. conoidea* L.

产西宁、大通、湟源、互助、民和。多生于麦田、荒地、山坡、河谷，海拔 1940 ~ 3600m。中药，全草入药。嫩苗可食。

蔓麦瓶草 *S. repens* Patr.

产大通。生于高山石碴、山顶、阳坡、草地。中药，花、果入药；藏药，全草入药。

细蝇子草 *S. tenuis* Willd.

产大通、湟源、湟中、互助、乐都、民和。生于高山草甸、山坡草地、林下、河滩、河边、岩石缝隙，海拔 2400 ~ 4300m。

石竹属 *Dianthus* L.

瞿麦 *D. superbus* L.

产大通、湟中、互助、民和。生于山坡、草丛或岩石缝中，海拔 3000 ~ 3500m。中药，全草入药。

麦蓝菜属 *Vaccaria* Medic.

麦蓝菜 *V. segetalis*（Neck.）Garchers.

产互助。生于菜边、田边、河谷地带，海拔 2300 ~ 3040m。

毛茛科 Ranunculaceae

芍药属 *Paeonia* L.

赤芍 *P. veitchii* Lynch 川

产大通、湟中、互助、民和、乐都。生于林下、林缘、灌丛，海拔 2500 ~ 3700m。中、藏药，根入药。

金莲花属 *Trollius* L.

矮金莲花 *T. farreri* Stapf

产大通、湟源、互助、乐都。生于山坡灌丛、草甸、高山流石坡、河滩，海拔 2900 ~ 4300m。中药，花入药。

青藏金莲花 *T. pumilus* D. Don var. *tanguticus* Bruhl

产大通。生于山坡、草地、河滩、高山草甸、灌丛，海拔 2700 ~ 4300m。

毛茛状金莲花 *T. ranunculoides* Hemsl.

产大通、乐都、互助、民和。生于山坡草地、林下草甸、沼泽草甸，海拔 2500 ~ 3900m。

升麻属 *Cimicifuga* L.

升麻 *C foetida* L.

产大通、湟中、互助。生于林下、林缘、灌丛中海拔 2700 ~ 3650m。中、藏药，根可入药。

乌头属 *Aconitum* L.

西伯利亚乌头 *A. barbatum* Pers. var. *hispidum* DC.

产民和。

伏毛铁棒锤 *A. flavum* Hand. – Mazz.

产大通、湟中、乐都、互助、民和。生于山坡草地、林缘、灌丛、河滩，海拔 2600 ~ 4300m。中、藏药，块茎入药。

露蕊乌头 *A. gymnandrum* Maxim.

湟水流域各地分布，多生于村边、路边或草地，海拔 2230 ~ 4300m。中、藏药，块茎入药。

高乌头 *A. sinomontanum* Nakai

产大通、互助。生于林间或林缘灌丛中，海拔 2300 ~ 3200m。中药，根可入药。

松潘乌头 *A. sungpanense* Hand. – Mazz.

产互助、民和。生于林下、林缘、灌丛中，海拔 2000 ~ 2800m。中药，根入药。

甘青乌头 *A. tanguticum*（Maxim.）Stapf

产大通、湟中、互助。生于河边、水边、阴坡、高山草甸，海拔 3450 ~ 4300m。

翠雀属 *Delphinium* L.

白蓝翠雀花 *D. albocoerulum* Maxim.

产大通。生于河谷、山坡、高山草甸、高山流石坡，海拔 2850 ~ 4300m。中、藏药，全草入药。

宽距翠雀花 *D. beesianum* W. W. Smith

产大板山。生于山坡，海拔 3650m。

蓝翠雀花 *D. caeruleum* Jacq. ex. Camb.

产大通、湟中、湟源。生于山坡草地和高山灌丛，海拔 2700 ~ 4300m。中药，地上部分入药。

单花翠雀花（新记录）*D. candelabrum* Ostf. var. *monanthum*（Hand. – Mazz.）W. T. Wang

产东峡兰雀山。生于草地，海拔 2750m。

腺毛翠雀花 *D. grandiflorum* L. var. *glandulocum* W. T. Wang

产大通。生于山坡草地，海拔 2700 ~ 3000m。

大通翠雀花 *D. pylzowii* Maxim.

产大通、互助、湟中。生于山坡草地、灌丛、河滩、沼泽草甸、高山流石摊，海拔 2500 ~ 3500m。藏药，全草入药。

扁果草属 *Isopyrum* L.

扁果草 *I. anemonoiddes* Kar.

产互助、民和。生于林下、山坡、河滩、海拔 2600 ~ 4490m。

蓝堇草属 *Leptopyrum* Reichb.

蓝堇草 *L. fumarioides*（L.）Reichb.

产民和。生于田边，海拔 2200m。中药，全草入药。

拟耧斗菜属 *Paraquilegia* Drumm. et Hutch.

乳突拟耧斗菜 *P. anemonoides*（Willd.）Engl.

产大通、互助、湟中、民和。生于山坡岩石缝隙，海拔 2300 ~ 3800m。

拟耧斗菜 *P. microphylla* （Royle） Drumm. et Hutch.

产互助。生于山坡岩石缝隙、灌丛、林缘，海拔 2900 ~ 4300m。藏药，全草入药。

耧斗菜属 *Aquilegia* L.

无距耧斗菜 *A. ecalcarata* Maxim.

产大通、民和。生于山坡岩石缝隙、林下、灌丛、河滩，海拔 2100 ~ 3800m。中药，根或全草入药。

甘肃耧斗菜 *A. oxysepala* Trautv. et Mey. var. *kansuensis* Brühl

产大通、互助、民和。生于林下、林缘、灌丛。

耧斗菜（原变型）*A. viridiflora* Pall. *forma. viridiflora*

产大通、互助、西宁。生于山坡岩石缝隙、林缘、林下，海拔 2200 ~ 3200m。

唐松草属 *Thalictrum* L.

直梗高山唐松草 *Th. alpinum* L. var. *elatum* Ulbr.

产大通、互助。生于高山草甸、河谷草地，海拔 3300 ~ 4000m。中药，全草入药。

贝加尔唐松草 *Th. baicalense* Turcz.

产大通、互助、西宁、民和。生于山地、林下或潮湿草坡。中药，根入药。

丝叶唐松草 *Th. foeniculaceum* Bunge

产民和。生于干旱山坡，海拔 1700 ~ 1800m。

腺毛唐松草 *Th. foetidum* L.

产西宁。生于林下、林缘、灌丛、山坡草地、岩石缝隙，海拔 2560 ~ 3900m。

亚欧唐松草 *Th. minus* L.

var. *minus* 原变种

产大通、民和、互助。生于林缘、灌丛草甸、山坡草地，海拔 2460 ~ 3700m。

东亚唐松草 var. *hypoleucum* （Sieb. et Zucc.） Miq.

产互助。生于山坡、谷地、林缘，海拔 2100 ~ 3100m。

沟柱唐松草 *Th. uncatum* Maxim.

产互助、民和。生于山坡、灌丛、林下，海拔 3000 ~ 3500m。

瓣蕊唐松草 *Th. petaloideum* L.

产西宁、大通、互助、乐都。生于山坡、林下、林缘灌丛中，海拔 2230 ~ 3450m。中药，根入药。

长柄唐松草（甘青唐松草）*Th. przewalskii* Maxim.

产西宁、大通、湟中、民和。生于山坡岩石缝隙、林下、林缘灌丛中，海拔 2230 ~ 3450m。中药，根、花、果入药；藏药，花、果入药。

箭头唐松草 *Th. simplex* L.

var. *simplex* 原变种

产西宁。生于山坡草地，海拔 2200m。藏药，花、果入药。

短梗箭头唐松草 var. *brevipes* Hara

产大通。生于山坡草地或小沟边，海拔 2700 ~ 3000m。中药，全草入药；藏药，花、果入药。

展枝唐松草 *Th. squarrosum* Steph. ex Will.

产西宁、大通。生于田边、草地，海拔 2230 ~ 2780m。

银莲花属 *Anemone* L.

小银莲花 *A. exigua* Maxim.

产大通、民和。生于云杉林下或云杉混交林中，海拔 2550 ~ 3600m。

叠裂银莲花 *A. imbricata* Maxim.

产大通。生于灌丛、高山流石坡，海拔 3200 ~ 4300m。藏药，叶入药。

疏齿银莲花（亚种）*A. obtusiloba* D. Don subsp. *ovalifolia* Brühl

产大通、互助、西宁、乐都、民和。生于河滩、河谷草地、林缘、灌丛、高山草甸、高山流石坡，海拔 2290 ~ 4300m。藏药，根、叶、花、果入药。

草玉梅 *A. rivularis* Bush. – Ham.

产西宁、大通。生于渠边、山麓、山坡草地、沟边或河滩草地，海拔 2300 ~ 3650m。中药，叶、花、果入药；藏药，根、叶、花、果入药。

大火草 *A. tomentosa*（Maxim.）péi

产民和。生于林缘山坡和河滩，海拔 1650 ~ 2600m。中药，根状茎入药。

小花草玉梅 *A. rivularis* Bush. – Ham. var. *flore – minore* Maxim.

产大通、老爷山。生于渠边、河滩、灌丛中、桦林下，海拔 2300 ~ 3800m。

条裂银莲花 *A. trullifolia* Hook. f. et Thoms. var. *linearia*（Brühl）Hand. – Mazz.

产大通。生于河滩、高山流石坡、山坡草地、山坡草甸，海拔 2290 ~ 4300m。中药，根、花入药。

铁线莲属 *Clematis* L.

芹叶铁线莲 *C. aethusifolia* Turcz.

产西宁、湟源、互助。生于林缘、灌丛、山顶阴坡、阳坡、河边，海拔 2000 ~ 2800m。中药，全草入药；藏药，茎、叶、花入药。

甘川铁线莲 *C. akebioides*（Maxim.）Hort. ex Veitch.

产西宁、民和。生于林下、山坡、沟谷、灌丛，海拔 2200 ~ 3000m。

短尾铁线莲 *C. brevicaudata* DC.

产大通、湟中。生于林缘、灌丛、山坡草地，海拔 1850 ~ 3000m。中药，藤茎入药。

灰绿铁线莲 *C. glauca* Willd.

产西宁、湟源。生于山坡草地、田边、沟边，海拔 2230 ~ 2750m。中药，全草入药。

黄花铁线莲 *C. intricata* Bunge

产湟中。生于林缘、灌丛、河边、山坡草地，海拔 2220 ~ 4100m。中药，全草入药。

长瓣铁线莲 *C. macropetala* Ledeb.

产大通、互助、湟中、民和。生于林缘、灌丛、河边、阴坡林下、草地，海拔 2400 ~ 2800m。中药，全草入药。

小叶铁线莲 *C. nannophylla* Maxim.

产西宁、湟中、互助。生于山顶阳坡，海拔 1890 ~ 2650m。

长花铁线莲 *C. rehderiana* Craib

产大通、乐都。生于河滩、山坡，海拔 2500～4000m。中药，全草入药。

西伯利亚铁线莲 *C. sibirica*（L.）Mill.

产互助。生于山坡林缘、林下、河滩，海拔 2600m。

甘青铁线莲 *C. tangutica*（Maxim.）Korsh.

产西宁、大通、湟中、互助、乐都、民和。生于河滩、草地、灌丛、山坡、林下，海拔 2300～4280m。

星叶草属 *Circaeaster* Maxim.

星叶草 *C. agrestis* Maxim.

产大通、互助。生于林下、林缘、灌丛、山崖下，海拔 3050～4300m。

美花草属 *Callianthemum* C. A. Mey.

美花草 *C. pimpinelloides*（D. Don）Hook. f. et Thoms.

产互助、湟中。生于灌丛、山坡草地、高山草甸，海拔 3200～4300m。

侧金盏花属 *Adonis* L.

甘青侧金盏花 *A. bobroviana* Sim.

产西宁。生于阴坡，海拔 2250～2400m。

蓝侧金盏花 *A. coerulea* Maxim.

产大通、乐都、互助。生于林缘、灌丛、山坡草地，海拔 2230～4300m。

毛茛属 *Ranunculus* L.

鸟足毛茛 *R. brotherusii* Freyn

产大通、互助、乐都。生于高山草甸、山坡草地、河滩、沼泽草甸、高山流石坡，海拔 2800～4300m。

茴茴蒜 *R. chinensis* Bunge

产大通、西宁、互助，多生于溪边潮湿地带，海拔 2200～3800m。中药，全草入药。

川青毛茛 *R. chuanchingensis* L.

产大通。生于高山草甸，海拔 3040～4300m。

大通毛茛 *R. dielsianus* Ulbr. var. *leiogynus* W. T. Wang

产大通。生于山坡草地，海拔 2120m。

甘藏毛茛 *R. glabricaulis*（Hand. – Mazz.）L. Liou

产西宁。生于河边、山地岩石中，海拔 2300～4300m。

毛茛 *R. japonicus* Thunb.

产乐都、民和。生于路边、田边，海拔 2500～2800m。

棉毛茛 *R. membranaceus* Royle

产互助。生于沟边、湿地，海拔 3180～4300m。藏药，花入药。

浮毛茛 *R. natans* C. A. Mey.

产大通，多生于河谷、溪边或浅水中，海拔 2460～3200m。

云生毛茛 *R. nephelogenes* Edgew.

var. *nephelogenes* 原变种

产西宁、大通、互助。生于高山草甸、河滩、沼泽或溪边草地，海拔 2210～4300m。

长茎毛茛 var. *longicaulis* （Trautv.） W. T. Wang

产西宁、大通。生于山地阴坡、河滩、林下、水渠，海拔 2400~3760m。

美丽毛茛 *R. pulchellus* C. A. Mey.

产海晏、西宁。生于山坡、河滩、沼泽草甸，海拔 2700~4300m。

高原毛茛 *R. tanguticus* （Maxim.） Ovcz.

var. *tanguticus* 原变种

产海晏、西宁、大通、乐都、互助、民和。生于河边、沼泽草甸、灌丛草甸、高山灌丛和草地，海拔 2280~4300m。藏药，花入药。

毛果毛茛 var. *dasycarpus* （Maxim.） L. Liou

产互助。生于阳坡、林缘、高山灌丛，海拔 2800~3200m。藏药，花入药。

鸦跖花属 *Oxygraphis* Bunge

鸦跖花 *O. glacialis* （Fisch. ex DC.） Bunge

产大通、互助。生于高山草甸、高山流石坡、倒石堆，海拔 2300~4300m。中药，全草入药。

碱毛茛属 *Halerpestes* Greene

水葫芦苗 *H. cymbalaris* （Pursh.） Greene

产西宁、大通。生于林下、林缘湿地、水边、沼泽地，海拔 2230~2900m。

三裂碱毛茛 *H. tricuspis* （Maxim.） Hand. - Mazz.

产西宁、大通、互助。生于水渠边、河滩、沼泽草甸、阴坡，海拔 2230~4200m。

水毛茛属 *Batrachium* S. F. Gray

水毛茛 *B. bungei* （Steud.） L. Liou

产大通。生于河滩沼泽、水边，海拔 3000~4300m。

硬叶水毛茛 *B. foeniculaceum* （Gilib.） V. Krecz.

产大通。生于河滩沼泽，海拔 3000m。

小檗科 Berberidaceae

小檗属 *Berberis* L.

锥花小檗 *B. aggregata* Schneid.

产互助。生于阳坡或山沟灌丛，海拔 2450~2600m。

毛叶小檗 *B. brachypoda* Maxim.

产民和。生于灌丛、林缘，海拔 2500m。中药，内皮入药。

秦岭小檗（黄刺）*B. circumserrata* （Schneid.） Schneid.

产乐都、互助。生于山坡、阶地，海拔 3200~3600m。

直穗小檗（珊瑚刺）*B. dasystachya* Maxim.

产大通、民和、乐都、互助、湟源、湟中、平安。生于山坡、河谷、山麓，海拔2500~3800m。中药，内皮入药。

鲜黄小檗（黄花刺）*B. diaphana* Maxim.

产大通、湟源、湟中、互助、乐都、民和。常与秦岭小檗混生，海拔 2395~3850m。中药，内皮入药。根、茎、枝皮可作染料。

拟小檗（置疑小檗）*B. dubia* Schneid.

产湟源、民和。生于山坡、灌丛中，海拔 2500m。中药，内皮入药。

甘肃小檗 *B. kansuensis* Schneid.

产大通、民和、乐都、互助。多与直穗小檗伴生。根、皮可作染料。

细叶小檗 *B. poiretii* Schneid.

产西宁、民和。生于山坡、河岸、林下，海拔 1700～2300m。

延安小檗 *B. purdomii* Schneid.

产西宁、大通。生于谷地、山坡灌丛，海拔 2350～2580m

匙叶小檗（白黄刺）*B. vernae* Schneid.

产大通、湟源、互助、乐都、民和。生于山坡、沟谷、河漫滩或林缘灌丛中，海拔 1800～3850m。

刺檗 *B. vulgaris* L.

产西宁、大通、乐都、互助。生于山坡、河谷、林下，海拔 2240～4100m。中药，茎、枝内皮入药。

淫羊藿属 *Epimedium* L.

淫羊藿 *E. brevicornum* Maxim.

产民和。生于灌丛、林下，海拔 2500m。中药，根入药。

桃儿七属 *Sinopodophyllum* Ying.

桃儿七 *S. hexandrum*（Poyle）Ying

产大通、民和、乐都、互助。生于山沟、阴坡、林下、灌丛、河滩，海拔 2300～3800m。中药，根入药；藏药：根、果入药。

罂粟科 Papaveraceae

白屈菜属 *Chelidonium* L.

白屈菜 *Ch. majus* L.

产西宁、大通。生于林下、林缘，海拔 2230～2700m。

绿绒蒿属 *Meconopsis* Vig.

多刺绿绒蒿 *M. horridula* Hook. f. et Thoms.

var *horridula* 原变种

产大通、互助。生于高山倒石堆、山坡、河滩，海拔 3700～4300m。中、藏药，花或全草入药。

总状花绿绒蒿 var. *racemosa*（Maxim.）Prain

产大通、互助。生于灌丛下、林下草地、高山石碓、山坡草甸、沙砾地，海拔 3200～4300m。中药，花入药。

全缘叶绿绒蒿 *M. integrifolia*（Maxim.）Franch.

产大通、乐都、互助。生于高山草甸、山坡草地，海拔 3200～4300m。中药，全草入药。

五脉绿绒蒿 *M. quintuplinervia* Rogel

产大通、互助、湟中、乐都、民和，海拔 2300~4300m。中药，花入药；根、茎、叶、花、果、全草入药。

罂粟属 *Papaver* L.

山罂粟（亚种）*P. nudicaule* L. subsp. *rubro - aurantiacum*（DC.）Fedde

产大通、平安、湟中、民和、乐都、互助。生于山地阴坡，海拔 2800~3000m。中、藏药，花入药。

角茴香属 *Hypecoum* L.

细果角茴香 *H. leptocarpum* Hook. f. et Thoms.

产西宁、乐都、民和、互助。生于山顶阳坡、阴坡灌丛中、河滩，海拔 2250~4300m。藏药，全草入药。

紫堇属 *Corydalis* Vent.

灰绿黄堇 *C. adunca* Maxim.

产西宁、大通、民和、乐都、互助。生于灌丛、林下、阴坡、河滩、山前洪积扇，海拔 1700~4300m。藏药，全草入药。

大通黄堇 *C. bokuensis* L. H. Zhou

产大通。生于山坡草地，海拔 3050m。大通特有种。

弯花紫堇 *C. curviflora* Maxim.

产湟中、大通、乐都。生于高山草甸、灌丛、林下，海拔 2600~4000m。中、藏药，全草入药。

叠裂黄堇 *C. dasysptera* Maxim.

产湟中、大通、乐都、互助。生于阴坡灌丛、流石坡、高山砾石带，海拔 2700~4300m。中药，全草入药。

塞北紫堇 *C. impatiens*（Pall.）Fisch. ex DC.

产湟中、民和、乐都、互助。生于阴坡林下、灌丛、岩石缝隙、山麓，海拔 2300~4300m。

条裂黄堇 *C. linarioides* Maxim.

产湟中、大通。乐都、互助、民和。生于阴坡草地、灌丛、灌丛草甸，海拔 2800~4300m。中药，全草入药。

蛇果黄堇 *C. ophiocarpa* Hook. f. et Thoms.

产西宁、互助。生于河滩、河边石缝，海拔 200~3550m。

宽瓣延胡索 *C. pauciflora*（Steph.）Pres. var. *latiloba* Maxim.

产大通。生于高山砾石带、山坡草地、灌丛、林下，海拔 4000~4300m。中藏药：根、茎、叶、花、果或全草入药。

大坂山延胡索 *C. pauciflora*（Steph.）Pres. var. *foliosa* L. H. Zhou

产大通（大板山）。生于阳坡，海拔 3700m。大坂山特有种。

草黄花黄堇 *C. straminea* Maxim. ex Hemsl.

产大通、民和、乐都、互助。生于阴坡灌丛、林下、草甸，海拔 2400~3600m。

十字花科 Cruciferae

芝麻菜属 *Eruca* Mill.

芝麻菜 *E. sativa* Mill.

产湟中、民和、西宁。生于浅山阴坡，海拔 1800～3000m。藏药，茎、叶、花、果入药。种子可榨油。

独行菜属 *Lepidium* L.

独行菜 *L. apetalum* Willd.

本区广泛分布。生于农田边、林边荒地、路边，海拔 1700～4300m。中、藏药，种子、根或全草入药。

楔叶独行菜 *L. cuneiforme* C. Y. Wu

产大通。生于山坡、河滩、田边，海拔 2500～3700m。

柱毛独行菜 *L. ruderale* L.

产乐都。生于阳坡，海拔 3000m。

高河菜属 *Megacarpaea* DC.

短羽裂高河菜 *M. delavayi* Franch. var. *pinnatifida* P. Danguy

产乐都。生于山坡灌丛，海拔 3000～4300m。

双果荠属 *Megadenia* Maxim.

双果荠 *M. pygmaea* Maxim.

产大通、乐都、互助。生于灌丛、林下、山崖下阴湿处，海拔 3000～4000m。

菥蓂属 *Thlaspi* L.

菥蓂 *Th. arvense* L.

广布各地。生于田边、路边、宅旁、沟边、山坡荒地，海拔 2000～4200m。中、藏药，果实、种子或全草入药。

荠属 *Capsella* Medic.

荠菜 *C. bursa - pastoris*（L.）Medic

广布各地。生于田边、路边和田间，是主要的农田杂草，海拔 1700～4000m。中、藏药，全草入药。种子可榨油。

双脊荠属 *Dilophia* Thoms.

双脊荠 *D. fontana* Maxim.

产互助。生于碎石山坡、草地灌丛、河滩砂砾地，海拔 3200～4300m。

穴丝荠属 *Coelonema* Maxim.

穴丝荠 *C. draboides* Maxim.

产大通、互助。生于高山砾石带、草甸、矮灌丛边，海拔 3500～4100m。

葶苈属 *Draba* L.

高山葶苈 *D. alpina* L.

产互助。生于高山灌丛、山坡草甸，海拔 3500～4300m。

毛葶苈 *D. eriopoda* Turcz

产海东各地。生于山坡、林缘、灌丛草甸、湿润草原，海拔 2300～4300m。

苞序葶苈 *D. ladyginii* Pohle

产乐都、互助。生于河滩、山坡、林缘、灌丛草甸、湿润草原，海拔 2500～4300m。

蒙古葶苈 *D. mongolica* Turcz.

产互助、大通。生于山地石缝、草丛、灌丛、水边，海拔 2900～4100m。

葶苈 *D. nemorosa* L.

产大通。生于田间、路边、荒地，海拔 2000～4000m。中药，全草入药。

喜山葶苈 *D. oreades* Schrenk

产湟中。生于高山流石坡、泥石流谷坡和高山泥石灌丛地，海拔 3800～4300m。中药，全草入药。

碎米荠属 *Cardamine* L.

大叶碎米荠 *C. macrophylla* Willd.

产乐都、民和、互助。生于林缘、林下、灌丛、河滩湿地，海拔 2400～3900m。

紫花碎米荠 *C. tangutorum* O. E. Schulz

产西宁及海东地区。生于林下、林缘和林间空地、林缘、山坡、草甸，海拔 2400～4300m。中药，花入药。

南芥属 *Arabis* L.

硬毛南芥 *A. hirsute*（L.）Scop.

产大通、互助。生于林缘、河谷，海拔 2200～2800m

垂果南芥 *A. pendula* L.

产大通、互助、民和。生于林缘草地、山坡、河滩、田边，海拔 1800～3900m。

高原芥属 *Christolea* Camb.

柔毛高原芥 *Ch. villosa*（Maxim.）Jafri .

产乐都、互助。生于阴坡灌丛、草甸流石滩，海拔 3300～4300m。

蔊菜属 *Rorippa* Scop.

沼生蔊菜 *R. islandica*（Oed.）Borb.

产西宁、大通、乐都、民和。生于田边、河边、及山坡荒地，海拔 1800～2600m。藏药，茎、叶、花、果入药。

异蕊芥属 *Dimorphostemon* Kitag.

异蕊芥 *D. pinnatus*（Pers.）Kitag.

产乐都。生于山坡草甸、灌丛中，海拔 2700～4200m。

涩芥属（离蕊芥属）*Malcolmia* R. Br.

涩芥 *M. africana*（L.）R. Br.

产西宁、互助、民和。生于田边、河边、山坡、河滩，海拔 2100～3700m。

短梗涩芥 *M. brevipes*（Kar. et Kir.）Boiss.

产西宁、大通、乐都。生于田边、河边、及山坡荒地，海拔 2300～3400m。

刚毛涩芥 *M. hispida* Litw.

产西宁、大通、乐都、民和。生于田边、荒地、及干旱山坡，海拔 2300～3000m。

四棱荠属 *Goldbachia* DC.

四棱荠 *G. laevigata*（M. – Bieb）DC.

产西宁、乐都。生于田边、河边、河滩、林边荒地，海拔 2800～4040m。

桂竹香属 *Cheiranthus* L.

红紫桂竹香 *Ch. roseus* Maxim.

产乐都、互助、大通。生于高山草坡与石砾堆积处，海拔 2800～4300m。中药，全草入药。

山萮菜属 *Eutrema* R. Br.

密序山萮菜 *E. heterophylla*（W. W. Smith.）Hara

产湟中、大通、乐都、互助。生于山坡草甸、灌丛，海拔 3000～4300m。

念珠芥属 *Neotorularia* Hedge et J. Léonard

蚓果芥 *N. humilis*（C. A. Mey.）Hedge et J. Léonard

广布各地、生于林缘、林下、灌丛、田间、地边和荒滩，主要农田杂，海拔 1700～4200m。

播娘蒿属 *Descurainia* Webb et Berth.

播娘蒿 *D. sophia*（L.）Webb ex Prantl

各地均有。生于林缘、林下、灌丛、田间、地边和荒滩，是主要农田杂草，海拔2100～4300m。中、藏药，全株地上部分入药。

阴山荠属 *Yinshania* Ma et Zhao

锐棱阴山荠 *Y. acutangula*（O. E. Schulz.）Y. H. Zhang

产互助（北山林场黑龙沟）。生于山谷林下，海拔 2300m。

景天科 Crassulaceae

瓦松属 *Orostachys*（DC.）Fisch.

瓦松 *O. fimbriatus*（Turcz.）Berger

产西宁、乐都、互助。生于山崖、山坡，海拔 1900～3500m。中藏药，干燥的地上部分。

八宝属 *Hylotelephium* H. Ohba

狭穗八宝 *H. angustum*（Maxim.）H. Ohba

产西宁、大通、互助、乐都、湟中。生于灌丛下、林下，海拔 2000～3500m。

红景天属 *Rhodiola* L.

唐古特红景天*Rh. algida*（**Ledeb.**）**Fisch. et C. A. Mey. var.** *tangutica*（**Maxim.**）**S. H. Fu**

产湟中、湟源、大通、乐都、互助。生于高山岩石缝隙、高山草甸、灌丛，海拔3090～4300m。藏药，花、根入药。

小丛红景天 *Rh. dumulose*（Franch.）S. H. Fu

产大通。生于高山岩石缝隙、高山草甸、灌丛，海拔 2500 ~ 4100m。藏药，花、根入药。

喜马红景天 *Rh. himalensis*（D. Don）S. H. Fu

产大通、湟中、互助。生于高山岩石缝隙、高山草甸、灌丛，海拔 3000 ~ 43000m。

圆丛红景天 *Rh. juparensis*（Fröd.）S. H. Fu

产大通、老爷山、东峡兰雀山。生于山坡草甸、高山岩石、高山砾石，海拔 3500 ~ 4000m。

狭叶红景天 *Rh. kirilowii*（Regel）Maxim.

产西宁、大通、乐都、互助。生于高山岩石缝隙、高山草甸、灌丛，海拔 2300 ~ 4300m。中药，全草。藏药，根入药。

四裂红景天 *Rh. quadrifida*（Pall.）Fisch. et Mey.

产大板山。生于山地阳坡，海拔 3850m。

对叶红景天 *Rh. subopposita*（Maxim.）Jacobsen

产大通。生于高山流石坡，海拔 3800 ~ 4100m。

洮河红景天 *Rh. taohoensis* S. H. Fu

产大通。生于岩石下、高山草甸、山坡、水边，海拔 2600 ~ 4300m。

景天属 *Sedum* L.

隐匿景天 *S. celatum* Fröd.

产东峡、桦林桦尖台。生于山地阳坡，海拔 2900m。

费菜 *S. aizoon* L.

var. *aizoon* 原变种

产西宁、平安、乐都、互助。生于山沟林下、林缘、河边、田边，海拔 2200 ~ 3500m。

乳毛费菜 var. *scabrum* Maxim.

产大通、老爷山。生于草甸、灌木林下、草丛中，海拔 2300 ~ 2900m。

大炮山景天 *S. erici - magnusii* Fröd.

产乐都。生于山坡草地，海拔 3800m。

高原景天 *S. przewalskii* Maxim.

产互助、乐都。生于石缝或林缘草地，海拔 3000 ~ 4200m。

阔叶景天 *S. roborowskii* Maxim.

产大通。生于山顶阳坡石缝或岩石上，海拔 2200 ~ 4300m。

虎耳草科 Saxifragaceae

虎耳草属 *Saxifraga* L.

黑虎耳草 *S. atrata* Engl.

产大通、湟源、互助、乐都。生于石缝或高山草甸，海拔 3000 ~ 3810m。藏药，花入药。

零余虎耳草 *S. cernua* L.

产大板山。生于林缘、高山草甸、高山碎石缝隙。

优越虎耳草 *S. egregia* Engl.

产东峡。生于高山草甸，海拔 3800m。

山地虎耳草 *S. montana* H. Smith

产大通、互助、乐都、湟源。生于海拔 3200～3900m。的高山碎石缝、高山草地或高山灌丛。中药，全草入药。

矮生虎耳草 *S. nana* Engl.

产互助。生于高山碎石缝，海拔 3900～4100m。

青藏虎耳草 *S. przewalskii* Engl.

产乐都、互助。生于海拔 3800m。以上的高山碎石上。中药，全草入药。

狭瓣虎耳草 *S. pseudohirculus* Engl.

产互助。生于高山灌丛、高山碎石缝或高山草甸，海拔 3100～4300m。

唐古特虎耳草 *S. tangutica* Engl.

产民和、大通、互助、乐都。生于灌丛、高山草甸、岩石缝，海拔 2900～4300m。

爪瓣虎耳草 *S. unguiculata* Engl.

产大通、互助、乐都。生于高山碎石缝或高山草甸，海拔 3200～4300m。

金腰属 *Chrysosplenium* L.

长梗金腰 *Ch. axillare* Maxim.

产互助、生于林下、灌丛、岩石缝，海拔 2900～4300m。藏药，全草入药。

裸茎金腰 *Ch. nudicaule* Bunge

产大通、互助。生于草甸、石缝，海拔 3470～4300m。藏药，全草入药。

中华金腰 *Ch. sinicum* Maxim.

产民和、互助。生于林缘草地，海拔 2300～2700m。

单花金腰 *Ch. uniflorum* Maxim.

产互助。生于高山草甸或岩石缝中，海拔 3100～4300m。

梅花草属 *Parnassia* L.

黄瓣梅花草 *P. lutea* Batalin

产互助。生于高山草甸或高山灌丛，海拔 3700～4300m。

细叉梅花草 *P. oreophila* Hance

产大通、互助、湟源、湟中、乐都。生于山坡、草甸、河谷，海拔 2500～3800m。

绿花梅花草 *P. trinervis* Drude var. *viridiflora*（Batalin）Hand. – Mazz.

产大通、互助。生于沼泽草甸、山沟，海拔 3400～3950m。

绣球花属 *Hydrangea* L.

东陵八仙花 *H. bretschneideri* Dipp.

产大通、互助。生于林下、山坡，海拔 2100～2600m。可作观赏花卉。

山梅花属 *Philadelphus* L.

山梅花 *P. incanus* Koehne

产湟源、互助。生于林下，海拔 2200～3700m。中药藏药，全草入药。

甘肃山梅花 *P. kansuensis*（Rehd.）S. Y. Hu

产大通、互助、民和。生于林下、灌丛、河谷，海拔 2300～2500m。

毛柱山梅花 *P. mitsai* **S. Y. Hu**

产西宁、互助。生于山沟、路边或庭院中，海拔 2240～2600m。

茶藨属 *Ribes* L.

长刺茶藨 *R. alpestre* **Wall. ex Decne.**

产互助。生于林缘、山沟，海拔 2700～4000m。水土保持树种。

腺毛茶藨 *R. giraldii* **Jancz.**

产大通、互助。生于河谷、山坡，海拔 2000～2500m。水土保持树种。

冰川茶藨 *R. glaciale* **Wall.**

产西宁、大通。生于高山灌丛、岩石缝隙、河岸坡地，海拔 2150～4010m。水土保持树种。

糖茶藨 *R. himalense* **Royle ex Decne.**

产西宁、大通、互助、民和、湟源、乐都。生于灌丛、林下、河滩，海拔 2300～4100m。水土保持树种。藏药，茎、果入药。

狭萼茶藨 *R. laciniatum* **Hook. f. et. Thoms.**

产互助。生于林缘、林下、河谷，海拔 2800～3100m。水土保持树种。

柱腺茶藨 *R. orientale* **Desf.**

产互助、民和、乐都。生于林下、林缘、山坡、河谷，海拔 2700～4300m。水土保持树种。

美丽茶藨（小叶茶藨子、麦果子）*R. pulchellum* **Tuycz.**

产大通。生于山沟，海拔 2600m。水土保持树种。

青藏茶藨 *R. qingzangense* **J. T. Pan**

产互助。生于林下、河谷，海拔 2600～3700m。水土保持树种。

狭果茶藨（长果茶藨子、酸瓶）*R. stenocarpum* **Maxim.**

产湟源、互助、大通。生于路边、村旁、河边及林缘，海拔 2800m。水土保持树种。

蔷薇科 Rosaceae

珍珠梅属 *Sorbaria*（Ser.）A. Br. ex. Aschers.

华北珍珠梅 *S. kirilowii*（Regel）**Maxim.**

产互助、民和。生于山坡阳处、灌木林。海东有栽培种，可作庭院观赏树种，海拔 1800～2900m。

绣线菊属 *Spiraea* L.

楼斗叶菜绣线菊 *S. aguilegifolia* **Pall.**

产互助、大通。生于山坡，海拔 2000～2600m。

高山绣线菊 *S. alpina* **Pall.**

产海晏、大通、互助、民和、湟中、乐都。生于高山山坡、草甸、灌丛、河滩，海拔 2800～4300m。水土保持树种。

蒙古绣线菊 *S. mongolica* **Maxim.**

产西宁、大通、互助、民和、湟源、平安、湟中、乐都。生于山坡、沟谷或林缘、灌丛、河滩，海拔2100~4100m。水土保持树种。中药，花入药。

细枝绣线菊 *S. myrtilloides* **Rehd.**

产西宁。生于山坡林下、灌丛、林缘，海拔2600~4100m。

南川绣线菊 *S. rosthornii* **E. Pritz. ex Diels**

产互助、民和、乐都。生于山沟林缘或山坡林中，海拔2000~3800m。水土保持树种。

鲜卑花属 *Sibiraea* Maxim.

窄叶鲜卑花 *S. angustata*（**Rehd.**）**Hand. – Mazz.**

产海晏、大通、互助、湟源、湟中、平安、乐都。生于山坡、草地、林缘，海拔2500~4300m。水土保持树种。

鲜卑花 *S. laevigata*（**L.**）**Maxim.**

产海晏、西宁、大通、互助、民和、湟中、乐都。生于高山、溪边、林缘和灌丛中，海拔2300~4000m。水土保持树种。

栒子属 *Cotoneaster* B. Ehrh.

尖叶栒子 *C. acuminatus* **Lindl.**

产大通、民和、湟源、乐都。生于山坡灌丛、白桦林，海拔2000~3800m。

灰栒子 *C. acutifolius* **Turcz.**

产大通、互助、湟源、乐都、民和。生于山坡、草地、林缘、河谷林中，海拔2100~3800m。水土保持树种。中药，枝、叶入药。

匍匐栒子 *C. adpressus* **Boiss.**

产大通、互助、湟源、平安、乐都、民和。生于山脊、山坡、草地、林缘，海拔2500~4300m。藏药，茎、叶、果入药。水土保持树种。本种平卧岩壁间，入秋后红果累累，适作园林装饰树种。

川康栒子 *C. ambiguus* **Rehd. et Wils.**

产民和。生于山坡、林缘，海拔2500~2700m。水土保持树种。

散生栒子 *C. divaricatus* **Rehd. et Wils.**

产乐都。生于山坡、河谷、林缘，海拔3000~3900m。水土保持树种。

水栒子（栒子）*C. multiflorus* **Bunge.**

产西宁、大通、互助、湟源、湟中、平安、民和。生于山坡、草地、林缘、水边，海拔2500~4300m。水土保持树种。可作观赏树种。藏药，茎、叶、果入药。

毛叶水栒子 *C. submultiflorus* **Popov**

产大通、互助、湟源、湟中、平安、乐都、民和。生于山坡、草地、林缘，海拔2500~4300m。

西北栒子 *C. zabelii* **Schneid.**

产大通。生于林缘灌丛中，海拔2600m。水土保持树种。

山楂属 *Crataegus* L.

山楂 *C. kansuensis* **Wils.**

产西宁、湟源、民和。生于山坡、林缘或庭院栽培，海拔2100~2800m。水土保持树种。可作观赏树种。中药，果实入药。

花楸属 *Sorbus* L.

陕甘花楸 *S. koehneana* Schneid.

产西宁、大通、湟中、湟源、平安、乐都、民和、互助。生于山区杂木林中或林缘，海拔 2500~3000m。水土保持树种。可作观赏树种。

湖北花楸 *S. hupehensis* Schneid.

产大通、民和、湟源。生于林下或林缘灌丛中，海拔 2000~3500m。水土保持树种。可作观赏树种。树皮含鞣质，可提取栲胶。

四川花楸 *S. setschwanensis*（Schneid.）Koehne

产大通、东峡、老爷山、娘娘山。生于河谷两岸灌木林或林下，海拔 2300~2750m。

太白花楸 *S. tapashana* Schneid.

产大通、民和、湟中。生于山坡林下，海拔 2300~3800m。水土保持树种。可作观赏树种。

天山花楸（皂角）*S. tianschanica* Rupr.

产大通、互助、湟源、乐都。生于山坡、林内、林缘，海拔 2300~3600m。水土保持树种。可作观赏树种。中药，茎、果实入药。

苹果属 *Malus* Mill.

花叶海棠（涩枣子）*M. transitoria*（Batalim）Schneid.

产西宁、湟中、湟源、民和、互助。生于山坡丛林中、河滩沟谷灌丛，海拔 2000~3700m。景观树种。

蔷薇属 *Rosa* L.

陕西蔷薇 *R. giraldii* Crép.

产西宁、大通、湟源、互助。生于山坡、林下灌丛、河滩，海拔 2300~3100m。水土保持树种，可作观赏树种。

细梗蔷薇 *R. graciliflora* Rehd. et Wils.

产大通、湟源、湟中、乐都。生于云杉林下或灌丛中，海拔 2700~3700m。水土保持树种，可作观赏树种。

黄蔷薇 *R. hugonis* Hemsl.

产西宁、民和、互助。生于山坡灌丛或庭院栽培，海拔 2200~2600m。水土保持树种，可作观赏树种。

华西蔷薇 *R. moyesii* Hemsl. et Wils.

产西宁、大通、湟中、湟源、乐都、民和、互助。生于山坡、河谷或灌丛中，海拔 2100~3500m。水土保持树种。可作观赏树种。

峨眉蔷薇（狼牙刺）*R. omeiensis* Rolfe

产西宁、大通、湟中、湟源、乐都、民和、互助。生于阴坡林内、林缘、灌丛及河谷山坡上，海拔 2300~3900m。水土保持树种。可作观赏树种。根皮含鞣质，可提制栲胶。中药，果实入药。

刺梗蔷薇 *R. setipoda* Hemsl.

产互助。生于海拔灌丛，海拔 2100m。水土保持树种。可作观赏树种。

扁刺蔷薇 *R. sweginzowii* **Koehne**

产西宁、大通、互助、湟源、湟中、民和。生于山坡、草地、林缘、水边，海拔1800 ~ 3200m。水土保持树种。可作观赏树种。藏药，茎枝入药。

秦岭蔷薇（狼牙棒）*R. tsinglingensis* **Pax et Hoffm**

产大通（东峡林区）。生于林缘灌丛中，海拔 2400 ~ 2800m。水土保持树种。可作观赏树种。

小叶蔷薇（红刺玫）*R. willmottiae* **Hemsl.**

产西宁、大通、互助。生于山坡、沟谷或灌丛中，海拔 2600 ~ 3000m。水土保持树种。可作观赏树种。

龙芽草属 *Agrimonia* L.

龙芽草 *A. pilosa* **Ledeb.**

产大通、互助、湟中、乐都、民和。生于林下、林缘、灌丛、山坡草地、路边、河滩草地，海拔 1850 ~ 3500m。中药，全草入药。

地榆属 *Sanguisorba* L.

地榆 *S. officinalis* **L.**

产西宁、民和、互助、乐都。生于路边、水沟草丛、山坡草地、草甸，海拔 2000 ~ 3000m。

悬钩子属 *Rubus* L.

秀丽梅 *R. amabilis* **Focke**

产民和、互助。生于山坡、河谷、山沟林下，海拔 2300 ~ 2900m。中药，根入药；藏药，茎入药。果实可食。

紫色悬钩子（莓子）*R. irritans* **Focke**

产西宁、大通、互助、湟中、乐都。生于山坡草地、高山灌丛、林下、及山沟湿润处，海拔 2700 ~ 3800m。中药，果实入药；藏药，茎入药。

菰帽悬钩子 *R. pileatus* **Focke**

产民和、互助。生于山沟林下，海拔 2000 ~ 2400m。

库页悬钩子 *R. sachalinensis* **Lévl.**

产西宁、湟源、湟中、乐都。生于山坡、林下、水沟，海拔 2200 ~ 2700m。中、藏药，叶、茎入药。

无尾果属 *Coluria* R. Br.

无尾果 *C. longifolia* **Maxim.**

产互助、湟中、大通。生于高山草甸、砾石流草地、河滩、灌丛，海拔 2600 ~ 4300m。

路边青属 *Geum* L.

路边青 *G. aleppicum* **Jacq.**

产互助、湟中、大通、乐都、民和。生于山坡草地、林缘、林下、河滩、路边，海拔 1850 ~ 3800m。根茎入药。

羽叶花属 *Acomastylis* Greene

光果羽叶花 *A. elata*（Royle）**Bolle** var. *leiocarpa*（Evans）**Bolle**

产湟中。生于高山阴坡，海拔 3800～4200m。

草莓属 *Fragaria* L.

纤细草莓 *F. gracilis* Lozinsk.

产湟中、乐都、民和、互助。生于林下、灌丛中、河滩、山坡草地，海拔 2000～2800m。

西南草莓 *F. moupinensis*（Franch.）Card.

产西宁、民和。生于林下、河滩、山坡草地，海拔 2300～2900m。

东方草莓 *F. orientalis* Lozinsk

产西宁、大通、乐都、互助。生于阴坡林内、林缘、灌丛及河谷山坡上，海拔 2300～4100m。果实可食。中药，全草入药。

野草莓 *F. vesca* L.

产大通、互助。生于林下、河滩、山坡草地，海拔 2300～2600m。

地蔷薇属 *Chamaerhodos* Bunge

地蔷薇 *Ch. erecta*（L.）Bunge

产大通、民和。生于干旱阳坡或河滩，海拔 2200～3400m。

砂生地蔷薇 *Ch. sabulosa* Bunge

产西宁。生于阳坡草地、沙地、湖边，湖边 2440～3200m。

山莓草属 *Sibbaldia* L.

伏毛山莓草 *S. adpressa* Bunge

产西宁、大通、乐都、互助。生于田边、沟边、河滩、林间空地、干旱山坡，海拔 2350～4200m。

隐瓣山莓草 *S. procumbens* L. var. *aphanopetala*（Hand. – Mazz.）Yü et Li

产乐都、互助。生于高山草甸、沼泽河滩、灌丛，海拔 3200～4300m。

四蕊山莓草 *S. tetrandra* Bunge.

产大通、互助、湟中。生于高山流石坡、碎石缝、山坡草地，海拔 3800～4300m。

沼委陵菜属 *Comarum* L.

西北沼委陵菜 *C. salesovianum*（Steph.）Aschers. et Graebn.

产湟源、民和。生于河滩灌丛、河谷、山坡，海拔 1900～3700m。

委陵菜属 *Potentilla* L.

星毛委陵菜 *P. acaulis* L.

产西宁、大通。生于干旱阳坡，海拔 2300～3300m。

窄裂委陵菜 *P. angustiloba* Yü et Li

产大通。生于河滩，海拔 3000m。

蕨麻 *P. anserina* L.

产湟水流域各地。生于高山草甸、林缘、灌丛、河滩、沟谷山坡、路边、田边，海拔 1700～4300m。块根富含淀粉供食用。藏药，块根入药。

二裂叶委陵菜 *P. bifurca* L.

产湟水流域各地。生于阳坡、草地，能耐干旱，海拔 2080 ~ 4300m。

匍枝委陵菜 *P. flagellaris* Willd. ex Schlecht.

产民和、互助。生于山坡、水沟边，海拔 2200 ~ 2400m。

金露梅（黄鞭麻）*P. fruticosa* L.

产湟水流域各地。生于山坡沟谷或林缘灌丛中，海拔 2500 ~ 3000m。优良水土保持树种。可作观赏树种。叶、果含鞣质，可提制栲胶。中药，花、叶入药。

银露梅（白鞭麻）*P. glabra* Lodd.

产大通、乐都、互助。生于山坡、河滩、灌丛、林缘，海拔 2400 ~ 4200m。优良水土保持树种。

腺毛委陵菜 *P. longifolia* Willd. ex Schlecht.

产西宁、互助。生于山坡草地、河滩、灌丛林下，海拔 2300 ~ 3200m。

多茎委陵菜 *P. multicaulis* Bunge

产乐都、西宁、大通、湟中、互助。生于阳坡、草地、河滩、路旁、田边、灌丛、林下，海拔 3200 ~ 4050m。

多裂委陵菜 *P. multifida* L.

产乐都、西宁、大通、湟中、互助。生于山坡草地、河滩、灌丛林下，海拔 3200 ~ 4200m。

小叶金露梅 *P. parvifolia* Fisch.

产湟水流域各地。生于高山草甸、林缘、灌丛、河滩、沟谷山坡，海拔 2230 ~ 4300m。水土保持树种。可作观赏树种。

华西委陵菜 *P. potaninii* Wolf

产乐都、民和、西宁、大通。生于山坡草地、灌丛林下，海拔 2300 ~ 4000m。

钉柱委陵菜 *P. saundersiana* Royle.

产海晏、西宁、湟中、互助、大通、乐都、湟源。生于高山灌丛、草甸、山坡草地、河滩、多石山顶，海拔 2500 ~ 4300m。

齿裂西山委陵菜 *P. sischanensis* Bunge ex Lehm. var *peterae*（Hand. – Mazz.）Yü

产乐都、民和、西宁、湟源。生于山坡草地、路边、水边，海拔 1700 ~ 3600m。

朝天委陵菜 **P. supina** L.

产西宁。生于湿地、田边、荒地，海拔 2200 ~ 2400m。

菊叶委陵菜 *P. tanacetifolia* Willd. ex Schlecht.

产西宁、湟中、互助、大通、乐都、湟源。生于山坡草地、河滩、林缘，海拔 2150 ~ 3000m。

臭樱属 *Maddenia* Hook. f. et Thoms.

四川臭樱 *M. hypoxantha* Koehne

产民和、西宁有栽培。生于山坡、灌丛，海拔 2300 ~ 2600m。

樱属 *Cerasus* Mill.

刺毛樱桃 *C. setulosa*（Batal.）Yü et Li

产民和。生于山坡灌丛中，海拔 2500 ~ 2600m。水土保持树种。可作观赏树种。

托叶樱桃（缠条）*C. stipulacea*（**Maxim**）**Yü et Li**

产互助、大通、乐都、湟源、民和。生于山坡林下、河滩、灌丛，海拔2000~3450m。水土保持树种。可作观赏树种。

毛樱桃（野樱桃）*C. tomentosa*（**Thunb.**）**Wall.**

产西宁、互助．生于沟谷、林下和林缘灌丛中，海拔2200~2950m。水土保持树种。可作观赏树种。中药，果实、核、叶入药。

川西樱桃 *C. trichostoma*（**Koehne**）**Yü et Li**

产大通。生于山坡、林下、林缘，海拔2400~3950m。水土保持树种。可作观赏树种。

稠李属 *Padus* Mill.

稠李 *P. racemosa*（**Lam.**）**Gilib.**

产民和、西宁有栽培。生于山坡灌丛中，海拔2200~2600m。水土保持树种。可作观赏树种。

桃属 *Amygdalus* L.

甘肃桃 *A. kansuensis*（**Rehd.**）**Skeels**

产民和。生于山坡林内，海拔1700~2200m。水土保持树种。可作观赏树种。

杏属 *Armeniaca* Mill.

野杏 *A. vulgaris* **Lam.** var. *ansu*（**Maxim.**）**Yü et Lu**

产西宁、互助。生于阳面山坡或山沟林下，海拔2200~2800m．水土保持树种。可作观赏树种。

豆科 Leguminosae

槐属 *Sophora* L.

苦豆子 *S. alopecuroides* **L.**

产西宁、大通、湟源、湟中、互助、平安、乐都、民和。生于河谷、田边等阳光充足、排水良好的石灰性土壤或沙质土上，海拔1700~2800m。中药，根茎、种子入药。

黄华属 *Thermopsis* R. Br.

披针叶黄华 *Th. lanceolata* **R. Br.**

产西宁、大通、湟源、湟中、互助、平安、乐都、民和。生于干旱的山坡草地、田埂、路边、沙砾滩地，海拔2200~3500m。藏药，全草入药。

光叶黄华 *Th. licentiana* **Pet. – Stib.**

产大通、民和、互助、湟源、乐都。生于沟谷林缘、阴坡灌丛、山坡草地，海拔2800~3500m。

扁蓿豆属 *Melilotoides* Heist. ex Fabr.

青藏扁蓿豆 *M. archiducis – nicolai*（**Sirj.**）**Yakovl.**

产西宁、大通、湟源、湟中、互助、平安、乐都、民和。生于沟谷草甸、河滩砾地、林缘灌丛、山坡草地，海拔2000~4250m。

扁蓿豆 *M. ruthenica*（**L.**）**Sojak**

产西宁、大通、湟源、湟中、互助、平安、乐都、民和。生于田边及山坡草地，海拔

1900 ~ 2700m。

苜蓿属 *Medicago* L.

天蓝苜蓿 *M. Lupulina* L.

产西宁、大通、湟源、湟中、互助、平安、乐都、民和。生于山坡、沟谷草地、田边、水边湿地，海拔 2000 ~ 3500m。优质牧草，中、藏药，全草入药。

苦马豆属 *Sphaerophysa* DC.

苦马豆 *S. salsula*（Pall.）DC.

产西宁、大通、湟源、湟中、互助、平安、乐都、民和。生于河谷滩地的沙质土壤上，海拔 2000 ~ 3000m。

锦鸡儿属 *Caragana* Fabr

短叶绵鸡儿（毛儿刺）*C. brevifolia* Kom.

产西宁、大通、湟源、湟中、互助、平安、乐都、民和。生于沟谷或林缘灌丛中，海拔 2100 ~ 3800m。优良水土保持树种。可中药，根入药。

川西绵鸡儿 *C. erinacea* Kom.

产大通。生于砾质干山坡或林缘灌丛中，海拔 2550 ~ 4300m。水土保持树种。

鬼箭锦鸡儿（浪麻）*C. jubata*（Pall.）Poir.

产西宁、大通、湟源、湟中、互助、平安、乐都、民和。生于阴山坡和高山灌丛中，海拔 3000 ~ 4300m。水土保持树种。藏药，全草入药。

白毛锦鸡儿 *C. licentiana* Hand. – Mazz.

产互助、民和。生于山坡灌丛、田边、草原砾质地，海拔 1800 ~ 2200m。水土保持树种。

甘蒙绵鸡儿 *C. opulens* Kom.

产西宁、大通。生于草原石质坡地、灌丛、干旱阳坡，海拔 1800 ~ 3600m。水土保持树种。

荒漠锦鸡儿 *C. roborovskyi* Kom.

产西宁、乐都、民和、平安。生于荒漠地带和半荒漠地带的草原干山坡、沙丘地，海拔 1700 ~ 3100m。水土保持树种。

康青锦鸡儿 *C. tibetica* Kom.

产西宁、乐都。生于草原、半荒漠地带，海拔 2200 ~ 3500m。水土保持树种。

狭叶锦鸡儿 *C. stenophylla* Pojark.

产大通。生于山地半荒漠地带的干山坡、沙丘、沙滩。水土保持树种。

甘青锦鸡儿 *C. tangutica* Maxim. ex Kom.

产西宁、乐都、互助。生于山坡、沟谷及 疏林下和灌丛，海拔 2200 ~ 3800m。水土保持树种。

黄芪属 *Astragalus* L.

斜茎黄芪 *A. adsurgens* Pall.

产西宁、大通、湟源、湟中、互助、平安、乐都、民和。生于林缘草地、灌丛、河滩、盐碱沙地、山坡草甸、草原，海拔 1900 ~ 3600m。中药，种子入药。

漠北黄芪 *A. austrosibiricus* **Schischk.**

产大通。生于山坡草地、林缘、河滩、草甸，海拔 2800m。

祁连山黄芪 *A. chilienshanensis* **Y. C. Ho**

产湟中、大通、互助。生于林间草地、阴坡灌丛、高山草甸、沼泽草甸，海拔 2600～4200m。

丛生黄芪 *A. confertus* **Benth. ex Bunge**

产大通、湟中。生于高山草地、山坡、河滩沙地、林缘草甸，海拔 3500～4300m。

金翼黄芪 *A. chrysopterus* **Bunge**

产大通、湟中、互助、民和、乐都，多生于林下和林下灌丛中，海拔 2300～3750m。中、藏药，根、花或全草入药。

达板山黄芪 *A. dabanshanicus* **Y. H. Wu**

产大通。生于林缘草地，海拔 3280m。

达乌里黄芪 *A. dahuricus*（**Pall.**）**DC.**

产民和。生于河滩荒地、沟边，海拔约 2380m。

大通黄芪 *A. datunensis* **Y. C. Ho**

产大通、湟中。生于高山草甸、山坡灌丛及水边草地，海拔 3800～4000m。

密花黄芪 *A. densiflorus* **Kar. et Kir.**

产大通。生于高寒草甸间的沙砾地、河岸沙滩、山坡草地及林缘灌丛，海拔 2900～4300m。

黄白花黄芪 *A. dependens* **Bunge var.** *flavescens* **Y. C. Ho**

产西宁、湟中。生于山坡草地、河旁沙地，海拔 2000～3800m。

西北黄芪 *A. fenzelianus* **Pet. – Stib.**

产乐都。生于阴坡高山草甸、山坡草甸，海拔 3200～4300m。

多花黄芪 *A. floridus* **Benth. ex Bunge**

产西宁、大通、互助。生于林缘草地、河谷、山坡灌丛，海拔 2300～4300m。

乳白花黄芪 *A. galactites* **Pall**

产西宁。生于山坡、草滩、沙地，海拔 2000～3200m。

乐都黄芪 *A. lepsensis* **Bunge var.** *leduensis* **Y. H. Wu**

产乐都。生于山坡草地，海拔 2800m。

甘肃黄芪 *A. licentianus* **Hand. – Mazz.**

产大通、互助、乐都生于高山草甸、阴坡灌丛草甸，海拔 3500～4300m。

马衔山黄芪 *A. mahoschanicus* **Hand. – Mazz.**

产西宁、大通、湟源、湟中、互助、平安、乐都、民和。生于林缘灌丛、高山草甸、阳坡、河滩草甸、沙地，海拔 2000～4250m。中药，全草入药。

膜荚黄芪 *A. membranaceus* **Bunge**

var. *membranaceus* 原变种

产大通、湟中。生于林缘灌丛、林间草地、山坡、河滩草甸，海拔 2400～3400m。中、藏药，根、花入药。

蒙古黄芪 **var.** *mongholicus*（**Bunge**）**Hsiao**

西宁有栽培。中、藏药，根、花入药。

草木樨状黄芪 *A. melilotoides* **Pall.**

产西宁、大通、湟源、湟中、互助、平安、乐都、民和。生于阳坡草地、沟边、河滩、田边，海拔 1800~2900m。中药，全草入药。

单体蕊黄芪 *A. monadelphus* **Bunge ex Maxim.**

产大通、乐都、互助。生于林缘草地、灌丛，海拔 2800~3600m。

线苞黄芪 *A. peterae* **Tsai et Yü**

产大通、湟源、湟中、互助、平安、乐都、民和。生于水沟林缘、阴坡灌丛及草甸和河岸草地，海拔 2000~4300m。

黑紫花黄芪 *A. przewalskii* **Bunga ex Maxim.**

产湟中、大通、乐都、互助。生于山坡、沟谷、林下、林缘草甸、阴坡灌丛，海拔 2900~4300m。

小米黄芪 *A. satoi* **Kitag.**

产西宁、大通、湟中。生于沟谷草地，海拔 2400~3750m。

糙叶黄芪 *A. scaberrimus* **Bunge**

产西宁、大通。生于山坡、田边、河滩沙地，海拔 2000~3200m。

青海黄芪 *A. tanguticus* **Batalin**

产西宁、大通、湟源、互助。生于沟谷林缘、灌丛、河滩草地或石砾地带，海拔2400~4300m。中药，全草入药。

肾形子黄芪 *A. weigoldianus* **Hand. – Mazz.**

产大通、湟源、湟中、互助、平安、乐都、民和。生于高山草甸、阴坡灌丛草甸，海拔 3100~4300m。

甘草属 *Glycyrrhiza* L.

甘草 *G. uralensis* **Fisch.**

产西宁、大通、湟源、湟中、互助、平安、乐都、民和。生于碱化沙地、沙地草原、田边、山麓，海拔 2100~2950m。中、藏药，根入药。根茎可作校味、调和诸药。

米口袋属 *Gueldenstaedtia* Fisch.

甘肃米口袋 *G. gansuensis* **H. P. Tsui**

产西宁。生于阳坡草地、河岸沙地，海拔 2000~2300m。

米口袋 *G. multiflora* **Bunge**

产民和。生于山坡，海拔 1800~2300m。中药，全草入药。

狭叶米口袋 *G. stenophylla* **Bunge**

产西宁、大通、湟源、湟中、互助、平安、乐都、民和。生于山坡、滩地，海拔 2000~2500m。

高山豆属 *Tibetia*（Ali）H. P. Tsui

高山豆 *Tibetia himalaica*（Baker）**H. P. Tsui**

产大通、湟源、湟中、互助、平安、乐都、民和。生于高山草甸、林缘灌丛、沟谷阶地、阳坡、河滩，海拔 2400~4150m。

棘豆属 *Oxytropis* DC.

刺叶柄棘豆 *O. aciphylla* Ledeb.

产海晏。生于砾石山坡、沙丘、沙砾滩地及阳坡阶地，海拔 2800~3500m。

二色棘豆 *O. bicolor* Bunge

产西宁、大通、乐都、民和、湟源。生于山坡草地、山脊、沙砾滩地、渠岸、田边，海拔 2100~3600m。

小花棘豆 *O. glabra*（Lam.）DC.

产西宁、大通、湟中、湟源、互助、平安、乐都、民和。生于河滩沙地、湖盆边缘、沙丘间和山坡草地，海拔 2200~3000m。全草有毒，马等误食后成瘾。中药，全草入药。

密花棘豆 *O. imbricata* Kom.

产西宁、大通、湟中、湟源、互助、乐都、民和。生于山坡草甸、河滩沙地、山坡石缝、路旁、田边、河边，海拔 1800~3800m。

甘肃棘豆 *O. kansuensis* Bunge

产西宁、大通、湟源、湟中、互助、平安、乐都、民和。生于高山草甸、林下、阴坡灌丛，海拔 2300~4300m。中药，花入药。

宽苞棘豆 *O. latibracteata* Jurtz.

产大通、海东。生于高山草甸、高寒草原、荒漠、河滩地、阳坡草地、岩石缝隙，海拔 2500~4300m。

黑萼棘豆 *O. melanocalyx* Bunge

产湟中。生于高山草甸、林缘草地、阴坡灌丛，海拔 3500~4300m。中药，全草入药。

黄毛棘豆 *O. ochrantha* Turcz.

产西宁、互助。生于山坡草地、河滩草甸、砾地，海拔 2300~4200m。

黄花棘豆 *O. ochrocephala* Bunge

产西宁、大通、湟中、湟源、互助、平安、乐都、民和。生于林缘草地、沟谷灌丛、高山草甸、山坡砾地，海拔 2000~4300m。中药，全草入药。

少花棘豆 *O. pauciflora* Bunge

产大通、互助。生于高山草甸、高寒草原、阴坡灌丛、滩地，海拔 3600~5000m。

祁连山棘豆 *O. qilianshanica* C. W. Chang et C. L. Zhang

产乐都。生于高山草甸，海拔 2800~4200m。

兴隆山棘豆 *O. xinglongshanica* C. W. Chang

产大通。生于阴坡草地，海拔 2200~2700m。

泽库棘豆 *O. zekuensis* Y. H. Wu

产大通。生于山坡草地和河滩，海拔 2700~3500m。

胡枝子属 *Lespedeza* Michx.

达乌里胡枝子 *L. davurica*（Laxm.）Schindl.

var. *davurica* 原变种

产西宁、大通、湟源、湟中、互助、平安、乐都、民和。生于干山坡、灌丛石缝、田边草地，海拔 1800~2900m。

牛枝子 var. *potaninii*（Vass.）Liou f.

产西宁、大通、湟源、湟中、互助、平安、乐都、民和。生于干山坡、灌丛石缝，海拔1700～2200m。

岩黄蓍属 *Hedysarum* L.

红花岩黄蓍 *H. multijugum* Maxim.

产西宁、大通、湟源、湟中、互助、平安、乐都、民和，多生于旱阳坡、沙滩沟谷、沙砾地，海拔1800～3800m。

块茎岩黄蓍 *H. algidum* L. Z. Shue ex P. C. Li

产大通。生于高山草甸、阴坡灌丛、河滩草地，海拔2280～3500m。

野豌豆属 *Vicia* L.

山野豌豆 *V. amoena* Fisch.

产西宁、大通、湟源、湟中、互助、平安、乐都、民和，多生于草地、路旁和田野，海拔1800～3800m。中药，全草入药。

窄叶野豌豆 *V. angustifolia* L. ex Reich.

产西宁、湟源、湟中、互助、平安、乐都、民和。生于河滩、山地、林缘、田边草丛，海拔2100～3300m。

大花野豌豆 *V. bungei* Ohwi

产西宁、大通。生于林缘、草地，海拔2100～2500m。

新疆野豌豆 *V. costata* Ledeb.

产西宁、湟源、湟中、互助、平安、乐都、民和。生于林缘灌丛、河滩草甸、河谷草地、田边，海拔1800～3900m。

广布野豌豆 *V. cracca* L.

产西宁、湟源、湟中、互助、平安、乐都、民和。生于林缘灌丛、河谷草地、田边，海拔1800～2800m。

大龙骨野豌豆 *V. megalotropis* Ledeb.

产乐都。生于阴坡草丛、阳坡疏林地、阳坡草甸、田边，海拔2600～4200m。

歪头菜 *V. unijuge* A. Br.

产海晏、西宁、大通、湟源、湟中、互助、平安、乐都、民和。生于山坡湿地、林下、草地、林缘草甸、河谷灌丛，海拔1800～3000m。中药，全草入药。

山黧豆属 *Lathyrus* L.

毛山黧豆 *L. palustris* L. var. *pilosus*（Cham.）Ledeb

产乐都。生于林缘灌丛，海拔2700m。

牧地山黧豆 *L. pratensis* L.

产民和。生于草甸、草地，海拔2700m。

五脉山黧豆 *L. quinquenervius*（Miq.）Litv. ex Kom. et Alis.

产西宁、湟源、湟中、互助、平安、乐都、民和。生于林缘、河谷草地、田边、草坡，海拔1800～2600m。

牻牛儿苗科 Geraniaceae

薰倒牛属 *Bieberstenia* Steph. ex Fiech.

薰倒牛 *B. heterostemon* Maxim

产西宁、湟中、互助、平安、乐都、民和。生于山坡、草地、田边、河滩，海拔1900～3700m。中、藏药，全草及花入药。

老鹳草属 *Geranium* L.

粗根老鹳草 *G. dahuricum* DC.

产西宁、民和。生于山坡草地及田边。1850～2150m。

毛蕊老鹳草 *G. eriostemon* Fisch.

产大通、乐都、互助、湟中、湟源。生于林下、林缘灌丛、或山沟湿润处，海拔1800～2900m。

尼泊尔老鹳草 *G. nepalense* Sweet

产大通。生于阴坡草地、河滩、田边，海拔2300～2600m。

草原老鹳草 *G. praense* L.

产大通、乐都。生于林下、灌丛下草地、河滩。藏药，根及根状茎入药。

甘青老鹳草 *G. pylzowianum* Maxim.

产湟中、互助、乐都、湟源。生于高山草甸、灌丛下、林下、滩地，海拔2900～3900m。中、藏药，根及根状茎入药。可作观赏花卉。

老鹳草 *G. sibiricum* L.

产西宁、大通、乐都、互助、民和、湟源。生于山坡草地、林间林缘、灌丛及路旁，海拔2100～3700m。

牻牛儿苗属 *Erodium* L'Hér.

牻牛儿苗 *E. stephanianum* Willd.

产西宁、乐都、民和、互助。生于山坡草地、田边、路旁，海拔1700～3750m。藏药，叶、花入药。

亚麻科 Linaceae

亚麻属 *Linum* L.

短柱亚麻 *L. pallescens* Bunge

产西宁、民和。生于山坡草地、河滩沙地、林缘，海拔1800～3800m。

多年生亚麻 *L. perenne* L.

产海晏、西宁、湟源、乐都。生于山坡草地、山沟荒地及路边，海拔2300～3800m。中药，花果入药。

宿根亚麻 *L. perenne* L.

产东峡。生于半阳坡、田边、路旁，海拔2400m。

蒺藜科 Zygophyllaceae

白刺属 *Nitraria* L.

大白刺 *N. roborowskii* Kom.

产西宁。生于荒漠草原、戈壁沙滩、沙丘上及渠边或沟边沙地，海拔2300～3300m。优良防风固沙植物。

小果白刺 *N. sibirica* Pall.

产西宁、乐都、民和。生于山坡滩地、湖边沙地、荒漠草原、沙丘路边，海拔1650～3700m。优良防风固沙植物。

白刺 *N. tangutorum* Bobr.

产西宁、民和。生于山坡、河谷、河滩、戈壁滩、冲积扇前缘，海拔1900～3500m。优良防风固沙植物。亦可作牧场饲料。中药，果入药。

骆驼蓬属 *Peganum* L.

多裂骆驼蓬 *P. multisectum*（Maxim.）Bobr.

产西宁、乐都、民和。生于山坡、草地、沙丘、路边沙地，海拔1700～3900m。

蒺藜属 *Tribulus* L.

蒺藜 *T. terrestris* L.

产西宁、大通、民和。生于干旱坡地、干草原、河滩、沙地或田边杂草地，海拔1800～3250m。藏药，种子、果实或全草入药。

霸王属 *Zygophyllum* L.

霸王 *Z. xanthoxylon*（Bunge）Maxim.

产西宁、民和、乐都。生于沙质河流阶地、山沟、干山坡及黄土陡壁和河谷地，海拔1600～2600m。

远志科 Polygalaceae

远志属 *Polygala* L.

西伯利亚远志 *P. sibirica* L.

产大通、湟源、湟中、乐都、民和。生于林下、灌丛中、河谷坡地、山坡路旁和草地，海拔1800～4000m。中、藏药，根、花或全草入药。

远志 *P. tenuifolia* Willd.

产西宁、民和、互助。生于干旱山坡及岩石缝中，海拔2000～2700m。

大戟科 Euphorbiaceae

大戟属 *Euphorbia* L.

乳浆大戟 *E. esula* L.

产乐都。生于的田边，海拔2300m。

泽漆 *E. helioscopia* L.

产西宁、湟中、互助、乐都。生于林缘、山坡、河滩、田边，海拔2210～3800m。藏药。

地锦草 *E. humifusa* Willd.

产西宁、乐都、互助。生于干草原、山坡、河滩、田边，海拔1900～3250m。中、藏药，全草入药。

甘青大戟 *E. micractina* Boiss.

产湟中、民和、互助。生于高山草甸、灌丛下、林缘，海拔2400～4300m。

疣果大戟 *E. micractina* **Boiss.**

产大通。生于灌丛，海拔 3400m。

唐古特大戟 *E. tangutica* **Proch.**

产大通、乐都、互助。生于灌丛下、林下、山坡草地，海拔 2300~2800m。

阴山大戟 *E. yinshanica* **S. Q. Zhou et G. H. Liu**

产民和。生于山谷、河滩，海拔 2600~4000m。

卫矛科 Celastraceae

卫矛属 *Euonymus* L.

卫矛 *E. alatus*（**Thunb.**）**Sieb.**

产互助。生于山坡林内，海拔 1800~2300m。水土保持树种。

紫花卫矛 *E. porphyreus* **Loes.**

产民和。生于山坡林下、灌丛中，海拔 2200~3700m。

八宝茶（鬼箭羽、打鬼条）*E. przewalskii* **Maxim.**

产西宁、大通、湟源、湟中、互助、乐都、民和。生于林下、林缘或灌丛中，海拔 2400~3600m。水土保持树种。

石枣子 *E. sanguineus* **Loes. ex Diels**

产互助。生于山坡林缘、灌丛中，海拔 2300~2500m。水土保持树种。

槭树科 Aceraceae

槭属 *Acer* L.

五尖槭 *A. maximowiczii* **Pax.**

产民和。生于山坡、河谷林缘或疏林中。海拔 1800~2600m。水土保持树种。

桦叶四蕊槭 *A. tetramerum* **Pax var.** *betulifolium*（**Fang**）**Fang**

产互助，西宁有栽培。生于林下。行道绿化和观赏树种。

无患子科 Sapindaceae

文冠果属 *Xanthoceras* Bunge

文冠果（木瓜）*X. sorbifolia* **Bunge.**

产西宁、乐都，也栽培于庭院或苗圃。生于林缘，海拔 2200m。行道绿化和观赏树种。藏药，树干及枝条入药。

凤仙花科 Balsaminaceae

凤仙花属 *Impatiens* L.

水金凤 *I. noli - tangere* **L.**

产乐都、互助。生于山坡灌丛下，海拔 1700~2800m。

鼠李科 Rhamnaceae

鼠李属 *Rhamnus* Mill.

甘青鼠李 *Rh. tangutica* **J. Vass.**

产西宁、大通、互助。生于山沟林下、山坡灌丛、水边，海拔 2100~3700m。水土保持树种。

葡萄科 Vitaceae

蛇葡萄属 *Ampelopsis* Michx.

掌裂草葡萄 *A. aconitifolia* Bunge var. *glabra* Diels et Gilg

产西宁。生于灌丛中或林下，海拔 2100～2300m。

锦葵科 Malvaceae

锦葵属 *Malva* L.

野葵（冬寒菜）*M. verticillata* L.

产西宁、大通、湟源、湟中、互助、乐都、民和。生于村边、路边、田畔，海拔1800～4200m。嫩叶可食，种子可入药。藏药，花入药。

藤黄科 Guttiferae

金丝桃属 *Hypericum* L.

突脉金丝桃 *H. przewalskii* Maxim.

产大通、乐都、民和、互助。生于沟谷灌丛中、林缘、林下，海拔 2300～2800m。

柽柳科 Tamaricaceae

红砂属 *Reaumuria* L.

红砂 *R. soongarica*（Pall.）Maxim.

产海东及西宁。生于荒漠、半荒漠、盐碱地及干旱山坡，海拔 1800～3000m。优良防风固沙植物。

柽柳属 *Tamarix* L.

甘蒙柽柳 *T. austromongolica* Nakai

产乐都、民和、西宁。生于盐碱化河滩、灌溉盐碱地边和山坡，海拔 1850～2500m。优良防风固沙植物。

水柏枝属 *Myricaria* Desv.

三春水柏枝（砂柳、三春柳）*M. paniculata* P. Y. Zhang et Y. J. Zhang.

产海东及西宁。生于河谷滩地、河床沙地、砾石滩，海拔 2200～3000m。中药，嫩枝入药。

具鳞水柏枝 *M. squamosa* Desv.

产西宁、海东。生于河滩、河谷阶地、河床、湖边沙地及水边，海拔 2200～4000m。

堇菜科 Violaceae

堇菜属 *Viola* L.

双花堇菜 *V. biflora* L.

产湟源、乐都、互助。生于高山草甸、灌丛下、林下、林缘、山坡、河滩、岩石缝中，海拔 2800～4200m。中药，花、叶入药。

鳞茎堇菜 *V. bulbosa* Maxim.

产大通、乐都、民和、互助。生于高山草甸、草原、灌丛下、林下、水边、荒地，海拔2560~4150m。

裂叶堇菜 *V. dissecta* Ledeb.

产西宁、大通。生于草甸、灌丛下、林缘，海拔2220~3200m。

早开堇菜 *V. prionantha* Bunge

产西宁、互助、湟中、民和、乐都。生于灌丛下、林下、山坡、河滩、田边，海拔2200~2800m。

白花堇菜 *V. patrinii* Ging. ex DC.

产大通。生于湿草地、沼泽湿草地、灌丛、林缘，海拔2750~3200m。

圆叶小堇菜 *V. rockiana* W. Beck.

产乐都、互助。生于草甸、灌丛下、林下、山坡、河滩，海拔2600~3700m。

块茎堇菜 *V. tuberifera* Franch.

产西宁、乐都、民和。生于高山草甸、林下、山坡、河谷、田边，海拔2300~3930m。

瑞香科 Thymelaeaceae

狼毒属 *Stellera* L.

狼毒 *S. chamaejasme* L.

产西宁、大通、湟源、湟中、互助、平安、乐都、民和。生于草原、干旱山坡、高山草甸、河滩，海拔2200~4300m。根、茎含纤维，可作造纸原料。中、藏药，根入药。

瑞香属 *Daphne* L.

黄瑞香 *D. giraldii* Nitsche

产乐都、互助、民和。生于林下、林中空地、灌丛中，海拔2200~2500m。观赏植物。中药，茎皮、根皮入药。

甘肃瑞香（冬夏青、祖师麻）*D. tangutica* Maxim.

产西宁、大通、湟源、湟中、互助、平安、乐都、民和。生于山坡灌丛、林下、林缘或原始缝隙中，海拔2700~3800m。藏药，果入药。

胡颓子科 Elaeagnaceae

沙棘属 *Hippophae* L.

西藏沙棘（酸达列、十字棵、鸡爪柳）*H. thibetana* Schlecht

产海东。生于高山草地、灌丛、河漫滩、河谷、阶地，常与高山柳、金露梅混生，海拔2900~4300m。优良水土保持树种。果可食，可制饮料，可酿酒。藏药，果入药。

肋果沙棘（大头黑刺）*H. neurocarpa* S. W. Liu et T. N. He

产大通。生于河谷，海拔3100m。面积约有200亩，多雄株，雌株结实极少、喜光、耐严寒。果可食，可制饮料，可酿酒。藏药，果入药。

沙棘（黑刺、中国沙棘）*H. rhamnoides* L. subsp. *sinensis* Rousi

产湟水流域各地。生于高山灌丛、河谷两岸、阶地、河滩，海拔1800~3800m。果可食，可制饮料，可酿酒。中、藏药，果入药。

柳叶菜科 Onagraceae

露珠草属 *Circaea* L.

高山露珠草 *C. alpina* L.

产互助、湟中、民和、乐都、平安。生于岩石缝中、林下、灌丛、田边，海拔 2300～4300m。

柳兰属 *Chamaenerion* Seguier

柳兰 *Ch. angustifolium*（L.）Scop.

产大通、互助、湟中、民和、乐都、平安。生于林缘、林下、灌丛、砾石中，花色艳丽，可作庭院观赏植物，海拔 2150～3800m。极佳的蜜源植物。

柳叶菜属 *Epilobium* L.

毛脉柳叶菜 *E. amurense* Haussk.

产湟中、互助、平安、乐都、民和。生于林下、林缘、山沟、河滩，海拔 2300～3100m。

沼生柳叶菜 *E. palustre* L.

产西宁、大通、湟中、互助、平安、乐都、民和。生于高山湿润草地和沼泽。中药，全草入药。

杉叶藻科 Hippuridaceae

杉叶藻属 *Hippuris* L.

杉叶藻 *H. ulgaris* L.

产西宁、大通、互助。生于沼泽草甸、湖边、河边、水池边，海拔 2080～4300m。中药，全草入药。

五加科 Araliaceae

五加属 *Acanthopanax* Miq.

红毛五加 *A. giraldii* Harms.

var. *giraldii* 原变种

产大通、民和。生于灌木丛中，海拔 2300～2600m。中药，根皮和茎皮入药。

毛叶红毛五加 **var. *pilosulus*** Rehd.

产西宁、大通、互助、湟中、民和、乐都。生于山坡林下、灌丛，海拔 1800～3000m。

伞形科 Umbelliferae

变豆菜属 *Sanicula* L.

首阳变豆菜 *S. giraldii* Wolff.

产互助、湟中、大通、民和、乐都。生于林缘灌丛或林下，海拔 2300～3550m。

窃衣属 *Torilis* Adans.

小窃衣 *T. japonica*（Houtt.）DC.

产民和。生于山坡、河滩，海拔 1850～2500m。

峨参属 *Anthriscus* Hoffm.

峨参 *A. sylvestris*（L.）Hoffm.

产民和。生于山坡、林下，海拔 2300 ~ 3700m。中药，根入药。

独活属 *Heracleum* L.

白亮独活 *H. candicans* Wall. ex DC.

产大通。生于山坡，海拔 3300 ~ 3700m

裂叶独活 *H. millefolium* Diels

产大通，湟源。生于高山草甸、草原、灌丛、林下、湿地、山崖缝，海拔 2700 ~ 4300m。

茴芹属 *Pimpinella* L.

直立茴芹 *P. smithii* Wolff

产大通、湟中、互助、乐都。生于灌丛中、林下、林缘、田边，海拔 1800 ~ 3650m。

西风芹属 *Seseli* L.

粗糙西风芹 *S. squarrulosum* Shan et Sheh

产西宁、大通、互助、湟中、湟源。生于灌丛下、山坡、河滩、田边，海拔 2248 ~ 3200m。

棱子芹属 *Pleurospermum* Hoffm.

粗茎棱子芹 *P. crassicaule* Wolff

产大通、乐都。生于灌丛、高山灌丛、高山草甸，海拔 3050 ~ 4000m。

异伞棱子芹 *P. franchetianum* Hemsl.

产西宁、互助、湟中、湟源、乐都。生于灌丛、林下、林缘、河滩、地埂，海拔 2300 ~ 2800m。

P. hookeri Clarke

西藏棱子芹 var. *thomsonii* Clarke

产大通。生于高山灌丛、高山草甸、高山流石坡，海拔 3230 ~ 4300m。

海东棱子芹 var. *haidongense* J. T. Pan

产湟中、互助、乐都．生于高山草甸、山坡、高山灌丛或干山坡，海拔 2800 ~ 3900m。

青藏棱子芹 *P. pulszkyi* Kanitz

产大通、互助、乐都。生于高山灌丛、高山草甸、高山碎石缝，海拔 3800 ~ 4300m。

藁本属 *Ligusticum* L.

串珠藁本 *L. moniliforme* Z. X. Peng et B. Y. Zhang

产大通。生于灌丛中、高山草甸、河边，海拔 3100 ~ 4150m。

长茎藁本 *L. thomsonii* Clarke

产大通、互助、乐都。生于高山灌丛、高山草甸、林下、林缘、田边，海拔 2600 ~ 4300m。

丝瓣芹属 *Acronema* Edgew.

尖瓣芹 *A. chinense* Wolff

产乐都。生于灌丛下、林缘，海拔 2600 ~ 3880m。

柴胡属 *Bupleurum* L.

线叶柴胡 *B. angustissimum*（Franch.）Kitag.

产互助。生于山沟、河旁，海拔 2700m。

B. longicaule Wall. ex. DC。

秦岭柴胡 var. *giraldii* Wolff

产乐都、互助。生于山坡、草甸、滩地，海拔 2600～4300m。中药，全草入药。

空心柴胡 var. *franchetii* H. Boiss.

产民和。生于河谷、山麓，海拔 2500m。

黑柴胡 *B. smithii* Wolff.

产西宁、大通、湟源、湟中、互助、乐都、民和。生于灌丛、林缘、山坡、田边，海拔 2400～3800m。中药，全草入药。

银州柴胡 *B. yinchowense* Shan et Y. Li

产互助。生于阳坡、山沟草地，海拔 1850～3000m。

迷果芹属 *Sphallerocarpus* Bess. ex DC.

迷果芹 *S. gracilis*（Trevir.）K. – Pol

产西宁、大通、互助、乐都、民和。生于林下、灌丛下、草甸、山坡草地、草原、田边、河旁，海拔 1800～4300m。

羌活属 *Notopterygium* H. Boiss.

宽叶羌活 *N. forbesii* H. Boiss.

产大通、湟源、湟中、互助、乐都、民和。生于林缘、灌丛、林下，海拔 2300～3900m。中、藏药，根入药。

羌活（蚕羌）*N. incisum* Ting ex. H. T. Ching

产大通、湟中、乐都、民和。生于高山草甸、高山灌丛、林下，海拔 2700～4200m。中、藏药，根可入药。

当归属 *Angelica* L.

青海当归 *A. nitida* Wolff

产互助、大通。生于灌丛、灌丛草甸、林缘、山坡、河谷，海拔 3100～4050m。中药，根入药。

囊瓣芹属 *Pternopetalum* Franch.

短茎囊瓣芹 *P. brevium* K. T. Fu

产大通。生于林下，海拔 2600m。

羊齿囊瓣芹 *P. filicinum*（Franch.）Hand. – Mazz.

产大通、互助。生于林下，海拔 2600～3560m。

葛缕子属 *Carum* L.

田葛缕子 *C. buriaticum* Turcz.

产西宁、大通、互助、乐都、民和。生于灌丛下、林下、林缘、山坡、路旁、田边，海拔 1700～3610m。嫩叶可食。果实含芳香油，可制香料。中、藏药，果入药。

葛缕子 *C. carvi* L.

原变型 form. *carvi*

广布湟水河流域各地。生于山坡、草地、田边、路边，海拔 2080～4050m。藏药，果入药。

细葛缕子 form. *gracile*（Lindl.）Wolff

产大通、乐都。生于阳坡、山沟、河滩，海拔 2700～3400m。嫩叶可食。果实可提取挥发油。中、藏药，果入药。

东俄芹属 *Tongoloa* Wolff

大东俄芹 *T. elata* Wolff

产大通、互助、湟中。生于林下、山崖、河滩，海拔 2600～3200m。

山茱萸科 Cornaceae

梾木属 *Swida* Opiz

沙梾 *S. bretschneideri*（L'Henry）Sojak

产互助、民和。生于林内、林缘、河畔，海拔 1800～2280m。水土保持树种。

红梾子 *S. hemsleyi*（Schneid. et Wanger.）Sojak

产民和。生于山沟坡地，海拔 2200～2600m。水土保持树种。行道绿化和观赏树种。

鹿蹄草科 Pyrolaceae

鹿蹄草属 *Pyrola*（Tourn.）L.

鹿蹄草 *P. calliantha* H. Andr.

产互助。生于林下，海拔 2600～2800m。

单侧花属 *Orthilia* Rafin.

钝叶单侧花 *O. obtusata*（Turcz.）Hara

产大通。生于林下，海拔 3000～3100m。

杜鹃花科 Ericaceae

北极果属 *Arctostaphylos* Adans.

北极果 *A. alpinus*（L.）Spreng.

产湟中、互助、乐都。生于云杉林下、柳树林下、灌木林中，海拔 2800～4200m。

杜鹃花属 *Rhododendron* L.

烈香杜鹃 *Rh. anthopogonoides* Maxim.

产海晏、大通、湟中、互助、乐都、民和。生于高山阴坡、灌木林中，海拔 3000～3500m。温寒带水土保持树种。枝、叶、花含芳香油，可作高级香料。中、藏药，花、叶、嫩枝入药。

头花杜鹃 *Rh. capitatum* Maxim.

产大通、湟中、互助、平安、乐都。生于高山阴坡灌木林中，海拔 2700～4300m。优良温寒带水土保持树种。幼枝、叶含芳香油，可作高级香料。藏药，花、叶、嫩枝入药。

陇蜀杜鹃（青海杜鹃、枇杷）*Rh. przewalskii* Maxim.

产大通、湟源、湟中、互助、乐都。生于高山阴坡灌木林中，海拔 2600~4000m。温寒带水土保持树种。藏药，花、叶、种子入药。

黄毛杜鹃 *Rh. rufum* Batal.

产民和。生于阴坡，海拔 2800~3200m。温寒带水土保持树种。

百里香鹃 *Rh. thymifolium* Maxim.

产互助、平安、乐都。生于高山阴坡，海拔 2800~3800m。优良温寒带水土保持树种。藏药，花、叶、嫩枝入药。

报春花科 Primulacea

点地梅属 *Androsace* L.

直立点地梅 *A. erecta* Maxim.

产大通、湟源、乐都、民和。生于草坡、河滩、灌丛、草甸，海拔 2600~4000m。藏药，全草入药。

小点地梅 *A. gmelinii*（Gaertn.）Roem. et Schult.

产湟源、湟中、互助。生于草坡、灌丛，海拔 2400~4300m。

西藏点地梅 *A. mariae* Kanitz

产西宁、大通、湟源、互助、乐都、民和。生于林缘、草坡、高山、灌木林中、灌丛、草甸，海拔 2030~4300m。藏药，全草入药。

雅江点地梅 *A. yargongensis* Petitm.

产互助。生于高山草甸，海拔 3500~4300m。

海乳草属 *Glaux* L.

海乳草 *G. maritima* L.

产西宁、大通、民和。生于河滩、沼泽地、高山阴坡、盐碱地、草甸，海拔 2800~4300m。

报春花属 *Primula* L.

大通报春 *Primula farreriana* Balf. f. et Purdon

产大通、互助。生于蔽阴岩缝下，海拔 4000~5000m。

天山报春 *P. nutans* Georgi

产乐都。生于沼泽地、湿地、草坡、草甸，海拔 2700~4300m。

狭萼报春 *P. stenocalyx* Maxim.

产大通、乐都、互助。生于林下、灌丛、阴坡、草地，海拔 2300~4300m。

甘青报春 *P. tangutica* Duthie

产大通、湟中、互助、乐都、民和。生于阴坡湿地、林下草地、灌丛，海拔 2600~4100m。中、藏药，花和种子可入药。

荨麻叶报春 *P. urticifolia* Maxim.

产西宁、大通。生于石灰岩石缝中，海拔 2800~4000m。

岷山报春 *P. woodwardii* Balf. f.

产大通、互助、乐都。生于高山流石滩、高山灌丛、草甸，海拔 3100~4300m。

白花丹科 Plumbaginaceae

鸡娃草属 *Plumbagella* Spach

鸡娃草（小蓝雪花、小蓝花丹）*P. micrantha*（Ledeb.）Spach

产西宁、湟源、互助、乐都。生于荒地、田边、河滩、山坡，海拔 2200～4200m。

补血草属 *Limonium* Mill.

黄花补血草 *L. aureum*（L.）Hill.

var. *aureum* 原变种

产西宁。生于林缘、荒漠、盐碱地、山坡，海拔 2230～4200m。

星毛补血草 var. *potaninii*（Ik.－Gal.）Peng

产西宁、民和。生于山坡、河岸阶地，海拔 2000～2900m。

二色补血草 *L. bicolor*（Bunge）Kuntze

产民和。生于田边，海拔 2000m。

木樨科 Oleaceae

丁香属 *Syringa* L.

紫丁香（轮白）*S. oblata* Lindl.

产民和，青海东部农业区栽培。生于山坡、灌丛，海拔 2050～2500m。花可提取芳香油。庭院、行道绿化和观赏树种。

小叶丁香 *S. pubescens* Turcz.

产互助、民和，青海东部农业区栽培。生于山坡灌丛，海拔 2000～2310m。花可提取芳香油。庭院、行道绿化和观赏树种。

马钱科 Loganiaceae

醉鱼草属 *Buddleja* L.

互叶醉鱼草 *B. alternifolia* Maxim.

产乐都、民和、互助。生于山坡、林下，海拔 1850～3000m。花可提取芳香油。庭院、行道绿化和观赏树种。

龙胆科 Gentianaceae

龙胆属 *Gentiana*（Tourn.）L.

开张龙胆 *G. aperta* Maxim.

产湟中、乐都、民和。生于山坡草地、草滩、沼泽草甸、灌丛下，海拔 2600～4200m。

刺芒龙胆 *G. aristata* Maxim.

产大通、湟源、互助、乐都。生于草坡、河滩、沼泽地、高山草地、灌丛，海拔2900～4300m。中、藏药，全草入药。

白条纹龙胆 *G. burkillii* H. Smith

产民和。生于山坡草地、谷地、沟边，海拔 2200～4300m。

达乌里秦艽 *G. dahurica* Fisch.

产湟源、湟中、互助、乐都。生于草原、阳坡、河谷阶地、林中干旱坡地，海拔

2500 ~ 4300m。

中、藏药，根、花入药。

线叶龙胆 *G. lawrencei* **Burk.**

产湟源、互助。生于高山草甸、山沟草滩，海拔 3050 ~ 4300m。

云雾龙胆 *G. nubigena* **Edgew.**

产乐都、互助。生于高山流水滩、高山草地，海拔 2800 ~ 4300m。藏药，花入药。

祁连龙胆 *G. przewalskii* **Maxim.**

产全省各地高山。生于高山流石滩、灌丛、草甸，海拔 3800 ~ 4300m。中药，全草入药。

假水生龙胆 *G. pseudo – aquatica* **Kusnez.**

产互助。生于河滩、沼泽草甸、灌丛草甸、林下，海拔 2300 ~ 4300m。

偏翅龙胆 *G. pudica* **Maxim.**

产乐都、互助。生于山顶草甸、山坡草地、滩地，海拔 2600 ~ 4200m。

管花秦艽 *G. siphonantha* **Maxim. ex Kusnez**

产湟中、乐都。生于河滩、山坡草地、灌丛中，海拔 3000 ~ 4300m。中药，根入药。

匙叶龙胆 *G. spathulifolia* **Maxim. ex kusnez.**

产大通、湟源。生于高山流石滩、灌丛、草甸，海拔 3800 ~ 3900m。中药，花、叶入药。

鳞叶龙胆 *G. squarrosa* **Ledeb.**

产西宁、互助、乐都草原。生于草原、河滩、草甸，海拔 2230 ~ 3600m。

麻花艽 *G . straminea* **Maxim.**

产大通、湟源、湟中、互助、乐都。生于山坡草地、河滩、灌丛、林缘、高山草甸，海拔 2600 ~ 4300m。中、藏药，根、花或全草入药。

条纹龙胆 *G. striata* **Maxim.**

产湟中、乐都。生于高山灌丛、河谷灌丛，海拔 3200 ~ 3900m。藏药，花入药。

三歧龙胆 *G. tricolor* **Diels et Gilg**

产互助。生于河滩草甸、山坡草地、湖边，海拔 3050 ~ 4300m。

扁蕾属 *Gentianopsis* **Ma**

扁蕾 *G. barbata*（**Froel.**）**Ma**

产大通、湟源、湟中、乐都、民和。生于林间、林缘或草地、沼泽地、河滩、山坡、灌丛，海拔 2700 ~ 4000m。

回旋扁蕾 *G. contorta*（**Royle**）**Ma**

产西宁。生于山坡，海拔 2230 ~ 2500m。

湿生扁蕾 *G. paludosa*（**Hook. f.**）**Ma**

产大通、湟源、湟中、互助、平安、乐都、民和。生于山坡草地、灌丛、河滩，海拔 2400 ~ 4300m。中、藏药，全草入药。

喉毛花属 *Comastoma*（**Wettsh.**）**Toyokuni**

镰萼喉毛花 *C. falcatum*（**Turcz. ex Kar. et Kir.**）**Yoyokuni**

产乐都、互助。生于高山草甸、高山流石滩、山坡草地、沼泽草甸，海拔3200~4300m。

长梗喉毛花 *C. pedunculatum*（Royle ex D. Don）Holub

产互助。生于山坡草地、沼泽草甸、高山草甸，海拔3200~4300m。藏药，全草入药。

喉毛花 *C. pulmonarium*（Turcz.）Toyokuni

产大通、湟源、湟中、互助、乐都、民和。生于林下、草坡、灌丛、高山草地，海拔2600~4300m。

花锚属 *Halenia* Borkh.

椭圆叶花锚 *H. elliptica* D. Don

产湟中、大通、乐都、民和、互助。生于林中空地、林缘、灌丛中、山坡草地、河滩、水边，海拔1900~3800m。

翼萼蔓属 *Pterygocalyx* Maxim.

翼萼蔓 *P. volubilis* Maxim.

产湟源、湟中。生于灌丛中、山坡草丛中，海拔2500~2800m。

假龙胆属 *Gentianella* Monch

黑边假龙胆 *G. azurea*（Bunge）Holub.

产大通、湟中、乐都。生于高山草坡、高山流石滩、草地、湖边沼泽地，海拔2700~4300m。

肋柱花属 *Lomatogonium* A. Br.

合萼肋柱花 *L. gamosepalum*（Burk.）H. Smith

产大通。生于山坡草地、林缘、河滩草地，海拔2900~4300m。

辐状肋柱花 *L. rotatum*（L.）Fries ex Nym.

产湟中、乐都。生于山坡草地、灌丛中，海拔3000~4100m。

獐芽菜属 *Swertia* L.

二叶獐芽菜 *S. bifolia* Betal.

产湟中、乐都。生于草坡、高山流石滩、灌丛，海拔3200~4300m。中、藏药，全草入药。

歧伞獐芽菜 *S. dichotoma* L.

产西宁、大通、湟源、湟中、互助、平安、乐都、民和。生于林缘、林下、草坡、路边、田边、河滩、高山阴坡、高山流石滩、灌木林中、灌丛、草甸，海拔2600~4000m。

红直獐芽菜 *S. erythrosticta* Maxim.

产湟源、湟中、互助、乐都。生于山坡、河滩、林缘中、草坡、河滩，海拔2700~3200m。中药，全草入药

抱茎獐芽菜 *S. franchetiana* H. Smith.

产西宁、大通、平安、乐都。生于林缘、草坡、河滩，海拔2300~3800m。中药，全草入药。

四数獐芽菜 *S. tetraptera* Maxim.

产海晏、大通、湟源、湟中、互助、乐都、民和。生于林下、草坡、山麓、田边，海拔2300~3300m。中药，全草入药

华北獐芽菜 *S. wolfangiana* **Gruning**

产互助。生于高山草甸、阴坡灌丛中，海拔3470~4300m。中药，花入药。

萝藦科 Asclepiadaceae

鹅绒藤属 *Cynanchum* L.

鹅绒藤 *C. chinense* **R. Br.**

产西宁、互助。生于田边、河滩、灌丛、干阳坡，海拔1800~2400m。中药，根、茎或全草入药。

华北白前 *C. hancockianum* （**Maxim.**） **Al. Iljin.**

产民和。生于河滩、沙石地、干旱山坡、岩石缝隙，海拔1700~2100m。藏药，种子或全草入药。

竹灵消 *C. inamoenum* （**Maxim.**） **Loes.**

产民和。生于林缘、林下、路边、田边，海拔2400~3450m。

旋花科 Convolvulaceae

菟丝子属 *Cuscuta* L.

欧洲菟丝子 *C. europaea* **L.**

产湟中、互助、乐都、民和。寄生于其它草本植物上，海拔2500~4300m。藏药，全草入药。

打碗花属 *Calystegia* R. Br.

打碗花 *C. hederacea* **Wall.**

产西宁、民和。生于田边，海拔1800~2230m。

旋花属 *Convolvulus* L.

银灰旋花 *C. ammannii* **Desr.**

产西宁、乐都、民和。生于干旱草坡、草原、荒滩、沼泽边缘，海拔1800~3400m。中药，全草入药。

田旋花（中国旋花、箭叶旋花）*C. arvensis* **L.**

产西宁、大通、湟源、湟中、互助、平安、乐都、民和。生于农田、荒地，是难除的田间杂草，海拔1800~3900m。中药，全草入药。

花葱科 Polemoniaceae

花葱属 *Polemonium* L.

中华花葱 *P. coeruleum* **L.**

产大通、湟中、互助、民和。生于林下、河滩、林中空地，海拔2300~3700m。中药，根及根状茎入药。

紫草科 Boraginaceae

软紫草属 *Arnebia* **Forssk.**

疏花软紫草 *A. szechenyi* **Kanitz**

产西宁。生于干旱山坡、河滩，海拔 1800 ~ 2300m。

紫筒草属 *Stenosolenium* **Turcz.**

紫筒草 *S. saxatiles*（**Pall.**）**Turcz.**

产西宁、民和。生于干旱山坡、半荒漠草原、砾石地，海拔 2000 ~ 2650m。

狼紫草属 *Lycopsis* **L.**

狼紫草 *L. orientalis* **L.**

产西宁、乐都、民和。生于草坡、路边、田边，海拔 1850 ~ 2700m。

附地菜属 *Trigonotis* **Stev.**

附地菜 *T. peduncularis*（**Trev.**）**Benth. ex Baker et Moore**

产大通、乐都、民和。生于林缘、林下、河滩、灌丛、草甸，海拔 2000 ~ 2800m。

祁连山附地菜 *T. petiolaris* **Maxim.**

产大通、湟中、互助、乐都。生于林缘、林下、草坡、灌丛、草甸，海拔 2600 ~ 3400m。

西藏附地菜 *T. tibetica*（**C. B. Clarke**）**Johnst.**

产湟中、乐都。生于河滩灌丛、草甸裸处、圆柏林下，海拔 2500 ~ 4200m。

糙草属 *Asperugo* **L.**

糙草 *A. procumbens* **L.**

产西宁、大通、乐都、民和。生于路边、田边、干旱山坡，海拔 3200 ~ 3900m。

斑种草属 *Bothriospermum* **Bunge**

狭苞斑种草 *B. kusnezowii* **Bunge.**

产西宁、乐都、民和。多生于川水地区的田边或阳坡林下、海拔 1850 ~ 2800m。

鹤虱属 *Lappula* **V. Wolf**

蓝刺鹤虱 *L. consanguinea*（**Fisch. et Mey.**）**Gurke**

生于河滩、干旱山坡或耕地，产西宁、湟源、乐都。生于河滩、干旱山坡或耕地边，种子入药，海拔 2600 ~ 4000m。中药，果实入药。

卵盘鹤虱 *L. redowskii*（**Hornem.**）**Greene.**

产海晏、西宁、互助、乐都、民和。生于草坡、路边、田边，海拔 1800 ~ 3500m。

琉璃草属 *Cynoglossum* **L.**

倒提壶 *C. amabile* **Stapf et Drumm.**

产民和。生于草坡，海拔 2500m。

甘草琉璃草 *C. gansuense* **Y. L. Liu**

产大通、湟源、湟中、乐都。生于林缘、路旁、草坡、路边、河滩，海拔 2300 ~ 2700m。

倒钩琉璃草 *C. wallichii* **G. Don. var.** *glochidiatum*（**Wall. ex Benth.**）**Kazmi.**

产互助、乐都。生于林缘、林下、草坡、路边、田边、河滩，海拔 2600～4000m。

微孔草属 *Microula* Benth.

甘青微孔草 *M. pseudotrichocarpa* W. T. Wang.

产西宁、大通、湟源、湟中、互助、乐都、民和。生于林缘、林下、草坡、路边、田边、河滩、灌丛、干旱山坡、弃耕地，海拔 2300～4300m。

微孔草 *M. sikkimensis*（C. B. Clarke）Hemsl.

产西宁、大通、湟源、湟中、互助、平安、乐都、民和。生于林缘、林下、草坡、路边、田边、河滩、高山阴坡、高山流石滩、灌木林中、灌丛、草甸，海拔 2600～4000m。中药，全草入药。

长叶微孔草 *M. trichocarpa*（Maxim.）Johnst.

产大通、湟源、互助、乐都、民和。生于林缘、林下、草坡、灌丛，海拔 2400～3600m。

长果微孔草 *M. turbinata* W. T. Wang.

产民和。生于林缘、林下、草坡、田边。

齿缘草属 *Eritrichium* Schrad.

针刺齿缘草 *E. acicularum* Lian et J. Q. Wang

产湟源。生于阴坡灌丛，海拔 3300m。

马鞭草科 Verbenaceae

莸属 *Caryopteris* Bunge

唐古特莸 *C. tangutica* Maxim.

产湟源、湟中、互助、平安、乐都、民和。生于草坡、灌丛，海拔 1850～3500m。中药，全草入药。

唇形科 Labiatae

筋骨草属 *Ajuga* L.

白苞筋骨草 *A. lupulina* Maxim.

产西宁、大通、湟源、湟中、互助、平安、乐都、民和。生于草坡、路边、田边、河滩、灌丛、高山草甸，海拔 2900～4300m。中、藏药，全草入药。

薄荷属 *Mentha* L.

野薄荷 *M. haplocalyx* Briq.

产西宁、大通、湟源、乐都、民和。多生于渠边、河岸和路旁潮湿之处，海拔 2600～4000m。藏药，地上部分入药。

香薷属 *Elsholtzia* Willd.

密花香薷 *E. densa* Benth.

var. *densa* 原变种

湟水河流域都有分布。生于山坡、荒地、田边、路旁、河谷、坡地，海拔 2600～4000m。中、藏药，地上部分入药。

细穗香薷 var. *ianthina*（Maxim.） **C. Y. Wu et S. C. Huang**

产大通。生于荒地、田边、山坡，海拔 2300 ~ 3700m。

高原香薷 *E. feddei* **Levl.**

产西宁、互助、民和。生于河滩、田边、荒地、山坡草丛中，海拔 2000 ~ 4100m。

鼠尾草属 *Salvia* L.

甘西鼠尾草 *S. przewalskii* **Maxim.**

产互助、民和。生于林下、草坡、河滩，海拔 1900 ~ 3800m。藏药，全草入药。

黏毛鼠尾草 *S. roborowskii* **Maxim.**

湟水河流域都有分布。生于草坡、路边、田边、河滩，海拔 2800 ~ 4200m。

黄芩属 *Scutellaria* L.

并头黄芩 *S. scordifolia* **Fisch. ex Schrank**

产西宁、大通、湟源、互助、乐都、民和。生于林下、草坡、路边、田边、河滩，海拔 2230 ~ 2800m。

香茶菜属 *Isodon*（Schrad. ex Benth.） Kudo

鄂西香茶菜 *I. henryi*（Hemsl.） **Kudo**

产民和。生于山谷、灌丛中，海拔 2200 ~ 2600m。

夏至草属 *Lagopsis* Bunge ex Benth.

夏至草 *L. supine*（Steph.） **Ik. – Gal. ex Knerr.**

产西宁、湟中、互助、乐都、民和。生于道旁、村边、田畔，海拔 2600 ~ 4000m。中、藏药，花、叶或全草入药。

鼬瓣花属 *Galeopsis* L.

鼬瓣花 *G. bifida* **Boenn.**

产大通、湟中、民和。生于田边、路旁和山坡草地，海拔 1850 ~ 3700m。是主要的田间杂草。

水苏属 *Stachys* L.

甘露子 *S. sieboldii* **Miq.**

产西宁、大通、湟中、互助、乐都、民和。生于林下、草坡、田边、河滩，海拔2000 ~ 4200m。藏药，全草入药。

青兰属 *Dracocephalum* L.

异叶青兰（白蜜罐草）*D. heterophyllum* **Benth.**

产湟水河流域各地。生于林缘、草坡、路边、田边、河滩，海拔 2600 ~ 4300m。

岷山毛建草 *D. purdomii* **W. W. Smith.**

产互助、乐都、民和。生于林下、草坡、河滩，海拔 2000 ~ 3000m。

毛建草 *D. rupestre* **Hance.**

产湟中、互助、乐都、民和。生于林下、灌丛，海拔 2300 ~ 3800m。

甘青青兰 *D. tanguticum* **Maxim.**

产西宁、大通、湟源、湟中、互助、平安、乐都、民和。生于样阳坡、阳坡林下、河谷，海拔 2400~4200m。

裂叶荆芥属 *Schizonepeta* Briq.

多裂叶荆芥 *S. multifida*（L.）Briq.

产西宁。生于林下，海拔 2400~2900m。

荆芥属 *Nepeta* L.

蓝花荆芥 *N. coerulescens* Maxim

产东峡。生于海拔林缘、灌丛，海拔 2700m。

康藏荆芥 *N. prattii* Levl.

产大通、湟源、湟中、互助、乐都、民和。生于草坡、田边、灌丛，海拔 2300~3900m。

糙苏属 *Phlomis* L.

尖齿糙苏 *Ph. dentosa* Franch.

产西宁、互助、乐都、民和。生于河滩、干旱山坡、田边，海拔 1800~2800m。藏药，块根入药。

百里香属 *Thymus* L.

百里香 *Th. mongolicus* Ronn.

产民和。生于河滩、干山坡，海拔 1900~3000m。

风轮菜属 *Clinopodium* L.

灯笼菜 *C. polycephalum*（Vaniot）C. Y. Wu et Hsuan ex Hsu

产民和。生于山谷坡地、山脚下，海拔 2000~2600m。

益母草属 *Leonurus* L.

益母草 *L. japonicus* Houtt.

产乐都、民和。生于田边、水沟边、荒地，海拔 2000~3000m。中、藏药，叶、花、种子或全草入药。

细叶益母草 *L. sibiricus* L.

产西宁、互助、乐都。生于田边和路旁，海拔 2230~2600m。

野芝麻属 *Lamium* L.

宝盖草 *L. amplexicaule* L.

产西宁、湟中、互助、乐都、民和。生于田边、水沟边，海拔 2160~4300m。中药，全草入药。

茄科 Solanaceae

枸杞属 *Lycium* L.

宁夏枸杞（中宁枸杞）*L. barbarum* L.

产西宁、乐都、民和。生于草坡、田边、河谷、水边，海拔 1950~3450m。中、藏药，果入药。

北方枸杞（野枸杞）*L. chinense* Mill. var. *potaninii*（Pojark.）A. M. Lu

产西宁。生于路边、田埂、荒地，海拔 2230～2560m。中、藏药，果入药。

天仙子属 *Hyoscyamus* L.

天仙子 *H. niger* L.

产西宁、湟中、乐都、民和。生于田边、荒地，海拔 1900～3250m。藏药，根、叶、种子入药。

茄属 *Solanum* L.

红果龙葵 *S. alatum* Moench

产乐都。生于水边、荒地，海拔 2000～2500m。

野海茄 *S. japonense* Nakai

产西宁、互助、乐都、民和。生于、河滩灌丛、水边、荒地，海拔 2600～4000m。

山莨菪属 *Anisodus* Link et Otto

山莨菪 *A. tanguticus*（Maxim.）Pasher.

产海晏、湟源、湟中、互助。生于田边、山谷、山坡、村庄附近，海拔 2300～4150m。中、藏药，根、种子入药。

曼陀罗属 *Datura* L.

曼陀罗 *D. stramonium* L.

产西宁。生于荒地、田边，海拔 2000～2500m。中药。

玄参科 Scrophulariaceae

肉果草属 *Lancea* Hook. f. et Thoms.

肉果草（兰石草）*L. tibetica* Hook. f. et Thoms.

湟水河流域都有分布。生于山坡、河滩、草地，海拔 2600～4000m。中、藏药，根、叶、花、果或全草入药。

细穗玄参属 *Scrofella* Maxim.

细穗玄参 *S. chinensis* Maxim.

产平安。生于林缘、河滩草地、沼泽地、高山灌丛，海拔 3100～3900m。

婆婆纳属 *Veronica* L.

北水苦荬 *V. anagallis - aquatica* L.

产西宁、大通、湟源、湟中、互助、民和。生于水中、沼泽地，海拔 2200～3900m。

两裂婆婆纳 *V. biloba* L.

产西宁、大通、互助。生于林下、林缘、灌丛中，海拔 2500～3700m。

毛果婆婆纳 *V. eriogyne* H. Winkl.

产海晏、互助、民和。生于林下、草坡、河滩、高山灌丛、草甸，海拔 2500～4300m。藏药，全草入药。

光果婆婆纳 *V. rockii* Li

产大通、互助、乐都、民和。生于林缘、林下灌丛、林中空地、河滩灌丛，海拔2400～4300m。中、藏药，全草入药。

四川婆婆纳 *V. szechuanica* Batal.

产民和。生于河滩，海拔 2500m。

唐古拉婆婆纳 *V. vandellioides* Maxim.

产民和、乐都、互助。生于林缘、灌丛、河滩林下，海拔 2300~3850m。

玄参属 *Scrophularia* L.

砾玄参 *S. incisa* Weinm.

产民和。生于林缘、干旱山坡、沙质草地，海拔 2550~3400m。

小米草属 *Euphrasia* L.

小米草 *E. pectinata* Ten.

产互助。生于林缘、林下、高山灌丛、草甸潮湿处、山沟流水旁、河滩地，海拔 2200~4300m。

短腺小米草 *E. regelii* Wettst.

产西宁、大通、湟源、湟中、乐都、互助、民和。生于林下、林缘、河滩、灌丛、草甸，海拔 2200~4200m。

大黄花属 *Cymbaria* L.

大黄花 *C. mongolica* Maxim.

产西宁、互助、乐都、民和。生于干旱草坡、田边、滩地，海拔 1800~3200m。

兔耳草属 *Lagotis* Gaertn.

短穗兔耳草 *L. brachystachya* Maxim.

产西宁、湟源。生于河边滩地、阔叶疏林、弃耕地，海拔 2600~4300m。中、藏药，全草入药。

短管兔耳草 *L. brevituba* Maxim.

产大通。生于高山流石滩及其草甸处，海拔 3700~4250m。中、藏药，全草入药。

马先蒿属 *Pedicularis* L.

阿拉善马先蒿 *P. alaschanica* Maxim.

产海晏、西宁、大通、湟源、湟中、互助、平安、乐都。生于干旱阳坡、沙地、路边、田边、河滩、草甸化草原，海拔 2300~4300m。中药，带果全草入药。

鸭首马先蒿 *P. anas* Maxim.

产西宁、平安、乐都。生于高山灌丛、草甸、林缘，海拔 3200~4000m。

短唇马先蒿 *P. brevilabris* Franch.

产大通、互助、乐都。生于林缘灌丛草甸、河滩灌丛下，海拔 2300~4000m。

碎米蕨叶马先蒿 *P. cheilanthifolia* Schrenk

产西宁、大通、互助、乐都。生于杨树林下、云杉林下、路边、河滩、高山灌丛、高山草甸及其破坏处，海拔 2500~4300m。藏药，花或全草入药。

中国马先蒿 *P. chinensis* Maxim.

产海晏、大通、湟源、湟中、互助、乐都。生于河滩草甸、林缘灌丛、灌丛湿处、林间空地湿草地、高山灌丛，海拔 2300~3600m。

甘肃马先蒿 *P. kansuensis* **Maxim.**

subsp. kansuensis 原亚种

产海晏、西宁、大通、湟中、互助、乐都、民和。生于林缘、林下、河滩、草甸、弃耕地、干旱阳坡，海拔 2200~4300m。优良牧草。中、藏药，花或全草入药。

青海马先蒿 *subsp. kokonorica* **Tsoong**

产西宁、互助、民和。生于林缘、林下、河滩、草甸、弃耕地、干旱阳坡，海拔2450~4100m。藏药，花或全草入药。

毛颏马先蒿 *P. lasiophrys* **Maxim.**

产大通、湟中、乐都。生于林缘、林下、草坡、路边、高山流石滩、高山灌丛、沼泽地、草甸，海拔 2500~4300m。

长花马先蒿 *P. longiflora* **Rudolph**

subsp. longiflora 原亚种

产大通。生于沼泽草甸、滩地，海拔 2700~4300m。

斑唇马先蒿 *subsp. tubiformis*（**Klotz.**）**Tsoong**

产海晏、大通、互助、乐都。生于高山灌丛、草甸湿处、河滩灌丛，海拔 2100~4300m。开花前牲畜喜食。中药，全草入药。

藓生马先蒿 *P. muscicola* **Maxim.**

产海晏、大通、湟源、互助、平安、乐都、民和。生于杂木林下或云杉林下、阴湿灌丛、石缝中，海拔 2600~4000m。中、藏药，全草入药。

华马先蒿 *P. oederi* **Vahl var.** *sinensis*（**Maxim.**）**Hurus.**

产海晏、大通、互助、乐都。生于高山灌丛草甸、沼泽草甸土丘及流石滩草甸，海拔 2800~4300m

多齿马先蒿 *P. polyodenta* **Li**

产大通。生于高山草甸，海拔3100m。

青藏马先蒿 *P. przewalskii* **Maxim.**

产大通、互助、乐都。生于高山草甸、灌丛边草甸，海拔 3400~4300m。

大唇马先蒿 *P. rhinanthoides* **Schrenk ex Fisch. et C. A. Mey.** *subsp. labellata*（**Jacq.**）**Tsoong**

产大通、互助。生于林缘溪流处、河滩灌丛、高山草甸湿处、沼泽地，海拔 2700~4300m。中、藏药，花或全草入药。

青甘马先蒿 *P. roborowskii* **Maxim.**

产海晏、湟源、湟中、乐都、民和。生于、林下、灌丛、草甸，海拔 2400~3400m。

草甸马先蒿 *P. roylei* **Maxim.**

产大通、互助。生于高山灌丛、草甸，海拔 3400~4300m。

粗野马先蒿 *P. rudis* **Maxim.**

产大通、湟中、平安、民和。生于林缘、林下、草坡、灌丛，海拔 2000~3700m。

穗花马先蒿 *P. spicata* **Pall.**

乐都、民和。生于林缘、林下、草坡、河滩，海拔 2600~4000m。

团花马先蒿 *P. sphaerantha* **Tsoong**

产互助、乐都。生于高山草甸灌丛及乱石碓，海拔 3200 ~ 4200m。

三叶马先蒿 *P. ternate* **Maxim.**

产大通、湟中、乐都。生于高山灌丛、河滩林下、草甸，海拔 3000 ~ 4300m。

轮叶马先蒿 *P. verticillata* **L.**

subsp. *verticillata* 原亚种

产大通、湟中。生于山坡阳面、河滩、灌丛、草甸，海拔 3380 ~ 4300m。

唐古特马先蒿 *subsp. tangutica*（**Bonati**）**Tsoong.**

产海晏、大通、互助、乐都。生于灌丛、山坡草甸及河边，海拔 3060 ~ 4380m。

紫威科 Bignoniaceae

角蒿属 *Incarvillea* **Juss.**

密花角蒿 *I. compacta* **Maxim.**

产海晏、西宁、大通、湟源、湟中、互助、平安、乐都、民和。生于石质阳坡，海拔 2600 ~ 4000m。中药，种子和根入药。

黄花角蒿 *I. sinensis* **Lam.** var. *przewalskii*（**Batal.**）**C. Y. Wu et W. C. Yin**

产西宁、乐都、民和。生于干旱山坡、山坡灌丛地、干燥处，海拔 1950 ~ 2540m。

列当科 Orobanchaceae

草苁蓉属 *Boschniakia* **C. A. Mey. ex Bongard**

丁座草 *B. himalaica* **Hook. f. et Thoms.**

产大通、湟中、互助、乐都。常寄生于青海杜鹃的根上，海拔 2600 ~ 4000m。中、藏药，全草入药。

列当属 *Orobanche* **L.**

列当 *O. coerulesens* **Steph.**

产西宁、互助。常寄生于蒿属植物的根上，海拔 2300 ~ 4300m。

车前科 Plantaginaceae

车前属 *Plantago* **L.**

车前 *P. asiatica* **L.**

产西宁、大通、互助、乐都。生于路边、河滩、阴坡灌丛，海拔 2300 ~ 4100m。全草可作饲料。中、藏药，全草入药。

平车前 *P. depressa* **Willd.**

产西宁、大通、湟中、互助、乐都、民和。生于草坡、路边、田边、灌丛草甸，海拔 2300 ~ 4100m。中、藏药，全草入药。

条叶车前 *P. lessingii* **Fisch. et C. A. Mey.**

产西宁、乐都、民和。生于草坡、路边、田边，海拔 1800 ~ 3200m。

大车前 *P. major* **L.**

产西宁、乐都、民和。生于林缘、路边、河滩、河边，海拔 1790 ~ 3200m。中、藏药，全草入药。

茜草科 Rubiaceae

茜草属 *Rubia* L.

茜草 *R. cordifolia* L.

产湟源、湟中、互助、乐都、民和。生于林下、阴坡、河谷、沙丘，海拔 2000 ~ 4200m。根入药。

拉拉藤属 *Galium* L.

刺果猪殃殃 *G. aparine* L. var. *echinospermum*（**Wallr.**）**Cuf.**

产西宁、互助、民和。生于河边、农田、阳坡，海拔 2200 ~ 4200m。

中亚猪殃殃 *G. rivale*（Sibth. et Smith）Griseb.

产大通、湟源、乐都。生于林缘、阴坡林下、灌丛，海拔 2800 ~ 3500m。藏药，地上部分入药。

准葛尔拉拉藤 *G. soongoricum* Schrenk.

产海晏、西宁、乐都。生于林下、河滩、山坡灌丛，海拔 2600 ~ 4000m。

蓬子菜 *G. verum* L.

var. *verum*. 原变种

产大通、湟源、乐都、民和。生于高山草甸灌丛、草坡、路边、河滩，海拔 2100 ~ 4300m。中、藏药，根或全草入药。

毛果蓬子菜 **var. *trachycarpum* DC.**

产大通。生于草坡、路边、田边、河滩，海拔 2900 ~ 3500m。

忍冬科 Caprifoliaceae

接骨木属 *Sambucus* L.

血满草 *S. adnata* Wall. ex DC.

产大通、互助、乐都、民和。生于草坡、河滩、沟边，海拔 1800 ~ 2600m。藏药，全草入药。

莛子藨属 *Triosteum* L.

莛子藨 *T. pinnatifidum* Maxim.

产大通、湟中、互助、乐都、民和。生于山坡灌丛、林下，海拔 2500 ~ 3700m。果实可食。

荚蒾属 *Viburnum* L.

蒙古荚蒾（白条）*V. mongolicum*（Pall.）Rehd.

产西宁、大通、湟源、互助、平安、乐都、民和。生于林下、草坡、路边，海拔2300 ~ 2700m。水土保持树种。

忍冬属 *Lonicera* L.

窄叶蓝果忍冬（鸽子嘴）*L. caerulea* var. *edulis* Turcz. ex Herd.

产大通、互助、民和。生于林缘、林下、河谷、灌丛，海拔 2400 ~ 2800m。水土保持树种。果实可食。

金花忍冬 *L. chrysantha* **Turcz. ex Ledeb.**

产西宁、大通、互助、乐都、民和。生于林缘灌丛、林下及河谷，海拔 2230~2700m。水土保持树种。种子可榨油。

刚毛忍冬（子弹把子）*L. hispida* **Pall. ex Roem. et Schultz.**

产大通、湟源、互助、乐都、民和。生于林缘、草坡、河谷、灌丛，海拔 2450~4100m。水土保持树种。

小叶忍冬 *L. microphylla* **Walld. ex Roem. et Schultz.**

产大通、湟源、互助、乐都、民和。生于林缘、草坡、河谷，海拔 2300~3900m。水土保持树种。藏药，全草入药。

红脉忍冬 *L. nervosa* **Maxim.**

产大通、湟源、互助、乐都、民和。生于林下、山坡灌丛、山谷，海拔 2200~3100m。水土保持树种。藏药，果入药。

红花岩生忍冬（变种）*L. rupicola* **Hook. f. et Thoms var.** *syringantha*（**Maxim.**）**Zabel**

产大通、湟源、湟中、互助、乐都、民和。生于草坡、河滩，海拔 2600~3800m。

红花忍冬（牛筋条）*L. syringantha* **Maxim.**

产海晏。生于草坡、河滩，海拔 2600~4300m。水土保持树种。中药，茎枝入药。

四川忍冬 *L. szechuanica* **Batal.**

产乐都。生于山谷、山坡，海拔 2800~4100m。水土保持树种。

唐古特忍冬 *L. tangutica* **Maxim.**

产西宁、大通、互助、乐都、民和。生于林缘、、山坡、河谷，海拔 2450~3750m。水土保持树种。

华西忍冬 *L. webbiana* **Wall. ex DC.**

产民和。生于林下、灌丛中，海拔 2000~4200m。水土保持树种。

五福花科 Adoxaceae

五福花属 *Adoxa* L.

五福花 *A. moschatellina* L.

产海晏、大通、互助。生于林下灌丛，海拔 2600~3600m。

败酱科 Valerianaceae

缬草属 *Valeriana* L.

细花缬草 *V. meonantha* C. Y. Cheng et H. B. Chen.

产互助、乐都。生于林缘灌丛、林下，海拔 2300~3800m。

缬草 *V. officinalis* L.

产大通。生于疏林下、灌丛、草甸，海拔 2700~3000m。

缬草 *V. pseudofficinalis* C. Y. Chen.

产湟源、湟中、互助、乐都、民和。生于林下、灌丛、草甸，海拔 2600~4000m。

小缬草 *V. tangutica* Batal.

产互助、乐都。生于林下、田边、灌丛，海拔 2800~4300m。中、藏药，根入药。

川续断科 Dipsacaceae

刺续断属 *Morina* L.

白花刺参 *M. alba* Hand. – Mazz.

产互助、乐都。生于草坡、灌丛，海拔 2800 ~ 4300m。中、藏药，根、种子或带根幼苗入药。

圆萼摩芩草 *M. chinensis*（Bat.）Diels

产大通、乐都。生于河滩、山坡、灌丛、林中空地，海拔 2200 ~ 4300m。藏药，种子或全草入药。

青海刺参 *M. kokonorica* Hao

大通。生于山坡草地、稀疏灌丛中，海拔 2600 ~ 3400m。

川续断属 *Dipsacus* L.

日本续断 *D. japonicus* Miq.

产平安、乐都、民和。生于山坡、河滩、水沟边，海拔 1850 ~ 2800m。

桔梗科 Campanulaceae

党参属 *Codonopsis*

党参 *C. pilosula*（Franch.）Nannf.

产民和。东部农业区一些地方栽培。生于灌丛，海拔 2000 ~ 2500m。中、藏药，根入药。

绿花党参 *C. viridiflora* Maxim.

产湟中、互助、乐都、民和。生于林下、田边、河滩、山坡、灌丛，海拔 2750 ~ 3800m。

风玲草属 *Campanula* L.

钻裂风玲草 *C. aristata* Wall.

产湟中。生于高山流石滩、灌丛中、高山草甸、山坡草地，海拔 3200 ~ 4300m。

沙参属 *Adenophora* Fisch.

喜马拉雅沙参 *A. himalayana* Feer

产大通、乐都、互助。生于林中、灌丛中、山坡草地，海拔 2400 ~ 4300m。

泡沙参 *A. potaninii* Korsh.

产西宁、大通、湟源、湟中、互助、乐都、民和。生于田边、阳山坡、灌丛，海拔 1900 ~ 2900m。根含淀粉，供食用或酿酒。中药，根入药。

长柱沙参 *A. stenanthia*（Ledeb.）Kitag.

产西宁、大通、湟源、湟中、互助、乐都、民和。生于草坡、路边、田边、河滩边，海拔 2600 ~ 3900m。

菊科 Compositae

狗娃花属 *Heteropappus* Less.

阿尔泰狗娃花 *H. altaicus*（Willd）Novopokr.

产西宁、大通、湟源、湟中、互助、平安、乐都、民和。生于河滩、山坡、荒地，海拔1800~4150m。中、藏药，根、花或全草入药。

园齿狗娃花 *H. crenatifolius*（Hand. - Mazz.）Griers.

产西宁、大通、湟源、互助。生于草坡、田边、河滩，海拔2230~4000m。藏药，花或全草入药。

紫菀属 *Aster* L.

三褶脉紫菀 *A. ageratoides* Turcz.

产大通、互助、平安、乐都、民和。生于林下、田边、河滩、灌丛，海拔2500~2850m。中药，全草入药。

星舌紫菀 *A. asteroids*（DC.）O. Kuntze

产大通。生于高山草甸、灌丛中，海拔3900m。中药，花入药。

重冠紫菀 *A. diplostephioides*（DC.）C. B. Clarke

产大通、湟中、平安。生于灌丛、草甸、滩地、河谷阶地，海拔2600~4000m。中、藏药，花序入药。

狭苞紫菀 *A. farreri* W. W. Smith et J. F. Jeffr.

产湟源、湟中、互助、乐都、民和。生于林下、高山草甸、灌丛，海拔2600~3200m。藏药，花序入药。

灰木紫菀 *A. poliothamnus* Diels

产湟源、湟中、乐都、民和。生于干旱山坡、峡谷阳坡石崖上和林间空地，海拔2500~3800m。中药，花入药。

飞蓬属 *Erigeron* L.

飞蓬 *E. acer* L.

产湟中、互助、民和。生于草坡、田边、河滩、灌丛，海拔2500~3800m。

火绒草属 *Leontopodium* R. Br.

美头火绒草 *L. calocephalum*（Franch.）Beauv.

产湟中、互助、乐都。生于河滩、山坡、高山草甸、灌丛，海拔2600~3900m。

戟叶火绒草 *L. dedekensii*（Bur. et Franch.）Beauv.

产大通、平安、乐都、民和。生于林下、河谷、山坡、灌丛，海拔2380~4300m。中药，全草入药，作艾灸用；藏药，花序及地上部分入药。

香芸火绒草 *L. haplophylloides* Hand. - Mazz.

产西宁、大通、湟中、互助、乐都。生于灌丛、阳坡、阳坡石崖上，海拔2600~3800m。藏药，花序及地上部分入药。

火绒草 *L. leontopodioides*（Willd.）Beauv.

产西宁、互助、乐都、民和。生于林缘、草坡、河滩、水边，海拔1700~3600m。中、藏药，花序及地上部分入药。

矮火绒草 *L. nanum*（Hook. f. et Thoms.）Hand. - Mazz.

产互助。生于山坡、山谷滩地、滨湖沙地，海拔3200~4300m。

黄白火绒草 *L. ochroleucum* Beauv.

产海晏。生于路旁、沼泽草甸、山顶草甸，海拔 3300～4300m。

银叶火绒草 *L. souliei* **Beauv.**

产大通、互助、乐都。生于河滩、高山草甸、高山乱石滩、山坡，海拔 3700～4300m。

香青属 *Anaphalis* DC.

黄腺香青 *A. aureo - punctate* **Lingelsh. et Borza**

产大通、湟中、互助、乐都、民和。生于林下、草滩、山坡、灌丛，海拔 1850～4000m。

青海香青 *A. bicolor*（**Franch.**）**Diels var.** *kokonorica* **Ling**

产平安、乐都、互助。生于干山坡、阳坡石缝中、灌丛中、河滩，海拔 2400～3800m。

玲玲香青 *A. hancockii* **Maxim.**

产大通、湟中、互助、乐都。生于河滩草地、山谷、山坡、灌丛、高山草甸，海拔 2800～4200m。花序含芳香油，可作调香原料。中、藏药，全草入药。

淡黄香青 *A. flavescens* **Hand. - Mazz.**

产西宁、大通、互助、乐都。生于河滩、山坡、高山草坡、高山流石滩，海拔 2200～4300m。

乳白香青 *A. lactea* **Maxim.**

产海晏、大通、湟源、湟中、互助、乐都、民和。生于林缘、林下、草坡、田边、山谷滩地、山坡草甸、高山草甸、灌丛，海拔 2600～4300m。中、藏药，全草入药。

绿色宽翅香青 *A. latialata* **Ling et Y. L. Chen var.** *viridis*（**Hand. - Mazz.**）**Ling et Y. L. Chen**

产湟中。生于山坡、灌丛、林下，海拔 2700～3800m。

珠光香青 *A. margaritacea*（**L.**）**Benth. et Hook. f.**

产湟中、互助、乐都、民和。生于田边、河滩、山坡、灌丛，海拔 1900～3000m。

天名精属 *Carpesium* L.

矮生天名精 *C. humile* **C. Winkl.**

产民和、互助。生于山谷、灌丛中、林缘，海拔 2300～2800m。

高原天名精（高原金挖耳）*C. lipskyi* **C. Winkl.**

产大通、湟中、互助、乐都。生于林缘、田边、河滩，海拔 2500～3700m。中药，全草入药。

旋覆花属 *Inula* L.

旋覆花（金佛草）*I. japonica* **Thunb.**

产西宁、乐都、民和。生于田边、水边，海拔 1900～2600m。中、藏药，头状花序、根、叶入药。

蓼子朴 *I. salsoloides*（**Turcz.**）**Ostenf.**

产西宁、民和。生于河滩、沙丘、湖边沙地、水边，海拔 1880～3000m。优良固沙植物。优质牧草。中药，全草入药。

苍耳属 *Xanthium* L.

苍耳 *X. sibiricum* **Patrin ex Widder.**

湟水河流域都有分布。生于水边、路边、田边、荒地，海拔 1800~3700m。中药，全草入药。

鬼针草属 *Bidens* L.

狼杷草 *B. tripartita* L.

产西宁、湟源。生于水中，海拔 2230~2500m。中药，全草入药。

短舌菊属 *Brachanthemum* DC.

星毛短舌菊 *B. pulvinatum*（Hand. – Mazz.）Shih

产西宁。生于洪积扇、干河滩、干旱山坡、盐碱地，海拔 2300~3800m。

菊属 *Dendranthema*（DC.）Des Moul.

小红菊 *D. chanetii*（Levl.）Shih.

产互助、民和。生于河滩、山坡，海拔 1800~2500m。观赏花卉。中药，花入药。

小甘菊属 *Cancrinia* Kar. et Kir.

灌木小甘菊 *C. maximowiczii* C. Winkl.

产西宁、互助。生于干河滩、干旱山坡，海拔 1850~3900m。优良水土保持树种。秋季牧草。

亚菊属 *Ajania* Poljak.

灌木亚菊 *A. fruticulosa*（Ledeb.）Poljak.

产西宁、乐都。生于干旱山坡、荒地，海拔 2000~2830m。

丝裂亚菊 *A. nematoloba*（Hand. – Mazz.）Ling et Shih

产西宁。生于干旱山坡，海拔 2400m。

细裂亚菊 *A. przewalskii* Poljak.

产湟中。生于山坡灌丛、山坡草地、河谷阶地，海拔 3000~3950m。

柳叶亚菊 *A. salicifolia*（Mattf.）Poljak.

产大通、湟中、互助、乐都、民和。生于林缘、路边、田边、山坡灌丛，海拔 2450~3440m。

细叶亚菊（细叶菊艾）*A. tenuifolia*（Jacq.）Tzvel.

产大通、湟源、互助、乐都。生于河滩、草甸裸地、多石山坡，海拔 3000~4300m。

蒿属 *Artemisia* L.

阿坝蒿 *A. abaensis* Y. R. Ling et Z. Y. Zhao

产大通、平安。生于田边、灌丛，海拔 2600~2700m。

碱蒿 *A. anethifolia* Web. ex Stechm.

产西宁。生于林缘、林下、草坡、路边、田边、河滩、高山阴坡、高山流石滩、灌木林中、灌丛、草甸，海拔 2230~3230m。

黄花蒿（青蒿）*A. annua* L.

产西宁、乐都。生于山坡、草地、荒地、田边，海拔 2230~3100m。民间在春季常以艾的地上部分与薄荷等具有芳香味的植物共煮，用其汁液洗澡，防治皮肤疾病。中药，叶（称艾叶）入药。

艾 *A. argyi* Levl. et Van.

产西宁。生于田边，海拔 2000~2230m。

米蒿 *A. dalai - lamae* Krasch.

产海晏、西宁、平安、乐都。生于干山坡、荒漠、洪积扇，海拔 2300~3800m。

沙蒿 *A. desertorum* Spreng.

产西宁、大通、湟中、互助、乐都。生于林缘、田边、滩地、山坡、河岸、湖滨，海拔 2400~4300m。

冷蒿 *A. frigida* Willd.

产西宁、互助、平安、乐都。生于干旱山坡、沙滩、河岸阶地，海拔 2230~4300m。优良牧草。中、藏药，全草入药。

白叶蒿 *A. leucophylla*（Turcz. ex Bess.）C. B. Clarke

产西宁、大通、湟源、湟中、互助、平安、乐都、民和。生于林缘、林下、草坡、路边、田边、河滩、高山阴坡、高山流石滩、灌木林中、灌丛、草甸，海拔 2600~4000m。

蒙古蒿 *A. mongolica*（Fisch. ex Bess.）Nakai

产西宁、大通、湟中、互助、乐都。生于林缘、田边、河边、山坡，海拔 2000~3200m。秋季牧草。

小球花蒿 *A. moorcroftiana* Wall. ex DC.

产湟源、乐都。生于草坡、田边、河滩、阳坡岩石间，海拔 2900~4300m。

西南牡蒿 *A. parviflora* Buch. - Ham. ex Roxb.

产大通、乐都、民和。生于山坡、山顶、河岸，海拔 1850~2700m。

纤梗蒿 *A. pewzowi* C. Winkl.

产湟源、乐都。生于干旱山坡、滩地、草原，海拔 2560~4000m。

灰苞蒿 *A. roxburghiana* Bess.

产西宁、大通、乐都。生于林缘、草坡、田边、河边、灌丛，海拔 2200~4000m。

白莲蒿 *A. sacrorum* Ledeb.

var. *sacrorum* 原变种

产西宁、大通、互助、平安、乐都。生于林缘、田边、河滩、山坡，海拔 2300~3420m。

密毛白莲蒿 var. *messerschmidtiana*（Bess.）Y. R. Ling

产大通。生于阳坡或半阳坡草地，海拔 2300~2700m. 中药，全草入药。

猪毛蒿 *A. scoparia* Waldst. et Kir.

产西宁、互助、乐都。生于田边、山坡、荒地，海拔 2230~3600m。海东农家有栽植。中、藏药，全草入药。

大籽蒿 *A. sieversiana* Ehrhart. et Willd.

湟水河流域都有分布。生于林缘、草坡、田边、河滩、半阴坡、荒地、林中空地，海拔 2000~4300m。中、藏药，花期全草入药。

牛尾蒿 *A. subdigitata* Mattf.

产大通、互助、乐都。生于田边、河滩、河谷阶地，海拔 2200~3800m。中、藏药，干燥的地上部分入药。

阴地蒿 *A. sylvatica* **Maxim.**

产大通。生于林缘、山坡，海拔 2400m。

甘青蒿 *A. tangutica* **Pamp.**

产西宁、大通、互助、平安、乐都。生于林缘、田边、河滩、山谷，海拔 2000~2900m。

毛莲蒿 *A. vestita* **Wall. ex Bess.**

产西宁、大通、湟中、互助、乐都。生于林缘、林下、路边、田边、河边、阳山坡，海拔 2400~3900m。藏药，全草入药。

腺毛蒿 *A. viscida*（**Mattf.**）**Pamp.**

产乐都。生于河边，海拔 2500m。

栉叶蒿属 *Neopallasia* Poljak.

栉叶蒿 *N. pectinata*（**Pall.**）**Poljak.**

产西宁。生于干河滩、荒漠、山坡、荒地，海拔 2100~2600m。优良牧草。中药，全草入药。

毛冠菊属 *Nannoglottis* Maxim.

毛冠菊 *N. carpesioides* **Maxim.**

产乐都、民和。生于林下、灌丛，海拔 2400~3400m。

多榔菊属 *Doronicum* L.

多榔菊 *D. stenoglossum* **Maxim.**

产湟中、互助。生于灌丛中、林下，海拔 2700~4200m。

款冬属 *Tussilago* L.

款冬（九尽草）*T. farfara* **L.**

产东部农业区。生于河旁、山坡，海拔 2500m。

蜂斗菜属 *Petasites* Mill.

毛裂蜂斗菜 *P. tricholobus* **Franch.**

产民和。生于林下、灌丛中、山坡湿地，海拔 2000~4000m。

蟹甲草属 *Cacalia* L.

三角叶蟹甲草 *C. deltophylla*（**Maxim.**）**Mattf.**

产湟中、互助、乐都。生于林下、草坡、河滩，海拔 2450~3850m。

蛛毛蟹甲草 *C. roborowskii*（**Maxim.**）**Ling**

产西宁、大通、湟源、湟中、互助、乐都、民和。生于田边、水边、山坡、灌丛、林下，海拔 2230~2800m。

华蟹甲草属 *Sinacalia* H. Robins. et Bretell.

华蟹甲草 *S. tangutica*（**Maxim.**）**B. Nord.**

产大通、互助、乐都、民和。生于林缘、林下、河滩、水边，海拔 2300~2800m。

千里光属 *Senecio* L.

额河千里光 *S. argunensis* **Turcz.**

产西宁、湟源、湟中、互助、乐都。生于路边、田边、河滩、水边，海拔 2230 ~ 2600m。中药，全草入药。

高原千里光 *S. diversipinnus* **Ling**

产大通、互助、乐都。生于林缘、林下、河滩草地、山谷坡地，海拔 2300 ~ 4000m。藏药，全草入药。

北千里光 *S. dubitabilis* **C. Jeffr. et Y. L. Chen**

产大通、互助。生于河边、田边、山坡、荒地，海拔 2450 ~ 2900m。

密伞千里光 *S. faberi* **Hemsl.**

产大通。生于灌丛、林缘、林下、山坡草地，海拔 2500 ~ 2800m。

红轮千里光 *S. flammeus* **Turcz. ex DC.**

产大通。生于灌丛草甸、林下，海拔 2500 ~ 3100m

狗舌草 *S. kirilowii* **Turcz. ex DC.**

产大通。生于山坡、草甸，海拔 2800m。

天山千里光 *S. thianschanicus* **Regel et Schmalh.**

产湟源、互助、乐都。生于林缘、、河滩、水边、山谷、山顶、灌丛，海拔 2700 ~ 4300m。

橐吾属 *Ligularia* Cass.

掌叶橐吾 *L. przewalskii*（**Maxim.**）**Diels**

产西宁、大通、湟源、湟中、互助、平安、乐都、民和。生于林缘、灌丛、河谷草地，海拔 2000 ~ 3900m。中药，花及叶入药。

箭叶橐吾 *L. sagitta*（**Maxim.**）**Mattf.**

产西宁、大通、互助。生于林缘、山坡、灌丛，海拔 1950 ~ 3600m。中、藏药，根、叶入药。

唐古特橐吾 *L. tangotorum* **Pojark.**

产互助、平安、乐都、民和。生于林下、山坡、灌丛，海拔 2700 ~ 4000m。

黄帚橐吾 *L. virgaurea*（**Maxim.**）**Mattf.**

产海晏、大通。生于草坡，海拔 3200 ~ 4000m。中药，嫩苗入药。

垂头菊属 *Cremanthodium* Benth.

盘花垂头菊 *C. discoideum* **Maxim.**

产湟水河流域各地高山。生于高山草地、灌丛中，海拔 3000 ~ 4300m。中药，全草入药。

车前状垂头菊 *C. ellisii*（**Hook. f.**）**Kitam.**

产湟水河流域各地高山。生于高山草地、流石滩，海拔 3500 ~ 4300m。中药，全草入药。

牛蒡属 *Arctium* L.

牛蒡（毛然然）*A. lappa* **L.**

产西宁、大通、湟源、湟中、互助、平安、乐都、民和。生于路边、田边、荒地、河滩、水边、山坡草地，海拔 1800 ~ 2500m。中、藏药，根、果入药。

黄缨菊属 *Xanthopappus* C. Winkl.

黄缨菊（黄冠菊、九头妖）*X. subacaulis* C. Winkl.

产西宁、互助。生于阳坡草地，海拔 2230～4250m。

蓟属 *Cirsium* Mill.

藏蓟 *C. lanatum* （Roxb. ex Willd.）Spreng.

产民和。生于荒地、农田、河滩，海拔 1800～3290m。

刺儿菜（马刺盖）*C. setosum* （Willd.）M. Bieb.

产西宁、大通、互助、乐都、民和。生于荒地、农田、沟边，海拔 1800～2700m。田间杂草。中、藏药，全草入药。

葵花大蓟 *C. souliei* （Franch.）Mattf

产大通、互助、乐都。生于河滩荒地、高山草地、退化草滩，海拔 2500～4300m。

飞廉属 *Carduus* L.

节毛飞廉 *C. acanthoides* L.

产大通。生于山坡、田埂，海拔 2370～3020m. 中药，根或全草入药。

飞廉（大马刺盖）*C. crispus* L.

产西宁、乐都、民和。生于荒地、山坡、田边，海拔 2230～4000m。中、藏药，种子、根或带根幼苗入药。

蝟菊属 *Olgaea* L.

青海鳍蓟 *O. tangutica* Iljin

产西宁、大通、互助、乐都、民和。生于田边、山坡、山坡灌丛，海拔 1900～2700m。

风毛菊属 *Saussurea* DC.

草地风毛菊 *S. amara* （L.）DC.

产西宁、湟中。生于田边、山谷、水边，海拔 2230～2500m。中药，全草入药。

褐毛风毛菊 *S. brunneopilosa* Hand. – Mazz.

产乐都、互助。生于高山碎石地、高山草甸、灌丛、滩地，海拔 3000～4300m。

灰白风毛菊 *S. cana* Ledeb.

产西宁、互助、平安。生于干旱山坡、谷地，海拔 2100～2700m。

仁昌风毛菊 *S. chingiana* Hand. – Mazz.

产大通、湟中、互助、乐都。生于林下、草坡、林间、田边、河边，海拔 2600～3450m。

柳兰叶风毛菊 *S. epilobioides* Maxim.

产互助、乐都、民和。生于山坡草丛、灌丛，海拔 2500～4200m。中、藏药，全草入药。

球苞雪莲 *S. globosa* Chen

产湟源、互助。生于山坡草甸、滩低、沼泽草甸、灌丛中，海拔 3160～4300m。

长毛风毛菊 *S. hieracioides* Hook. f.

产西宁、大通、湟源、湟中、互助、平安、乐都、民和。生于林缘、林下、草坡、路边、田边、河滩、高山阴坡、高山流石滩、灌木林中、灌丛、草甸，海拔2600~4000m。

重齿风毛菊 *S. katochaete* **Maxim.**

产湟中、乐都、互助。生于河滩、灌丛、高山草甸、高山流石滩，海拔2800~4300m。藏药，花、根或全草入药。

水母雪兔子（水母雪莲）*S. medusa* **Maxim.**

产大通、湟源、湟中、互助。生于高山流石滩，海拔3700~4300m。中、藏药，全草入药。

披针叶风毛菊 *S. minuta* **C. Winkl.**

产互助、乐都。生于高山草甸、高山流石滩、灌丛，海拔3500~4300m。中、藏药，花序或全草入药。

华北风毛菊 *S. mongolica*（**Franch.**）**Franch.**

产乐都、民和。生于林缘、山坡，海拔2700~2800m。

瑞苓草（黑紫风毛菊）*S. nigrescens* **Maxim.**

产大通、湟中、互助、乐都。生于山坡草地、灌丛，海拔2900~3950m。中药，全草入药。

小花风毛菊 *S. parviflora*（**Poir.**）**DC.**

产大通、湟源、湟中、互助、乐都。生于林下、灌丛、草坡、谷地，海拔2300~3400m。

褐花雪莲 *S. phaeantha* **Maxim.**

产湟中、互助、乐都。生于沼泽地、高山草甸、高山流石滩、灌丛中，海拔3300~4300m。

弯齿风毛菊 *S. przewalskii* **Maxim.**

产湟源、湟中、互助、乐都。生于林下、阴坡、杜鹃林下，海拔3000~4300m。

星状雪兔子（星状雪兔子）*S. stella* **Maxim.**

产互助。生于河滩草地、水旁、阴湿山坡、沼泽草甸，海拔2450~4300m。中、藏药，全草入药。

美丽风毛菊 *S. superba* **Anth.**

产互助、乐都。生于草坡、滩地、河滩、高山草甸，海拔2850~4300m。中药，根入药。

林生风毛菊 *S. sylvatica* **Maxim.**

产大通、湟中。生于林下、草坡、灌丛，海拔2700~4200m。

唐古特雪莲 *S. tangutica* **Maxim.**

产大通、湟源、湟中、互助。生于高山草甸、高山流石滩，海拔3800~4300m。中、藏药，根或全草入药。

乌苏里风毛菊 *S. ussuriensis* **Maxim.**

产湟中。于林下、灌丛中，海拔2400~2900m。

麻花头属 *Serratula* L.

缢苞麻花头 *S. strangulata* **Iljin**

产西宁、大通、湟中、互助、乐都、民和。生于田边、水沟边，海拔2230~3200m。

漏芦属 *Leuzea* DC.

漏芦 *L. uniflora*（L.）Holub.

产乐都、民和。生于阳坡、田边，海拔 2300～2400m。

帚菊属 *Pertya* Sch. – Bip.

两色帚菊 *P. discolor* Rehd.

产民和。生于林下、灌丛中，海拔 2000～3300m。中药，花入药。

大丁草属 *Leibinitzia* Cass.

大丁草 *L. anandria*（L.）Nakai

产大通。生山坡，海拔 2200～2600m。

鸦葱属 *Scorzonera* L.

鸦葱 *S. austriaca* Willd.

产西宁、大通、互助、民和。生于干旱山坡、田边，海拔 2200～3400m。中药，根状茎或全草入药。

毛连菜属 *Picris* L.

毛连菜 *P. japonica* Thunb.

产西宁、大通、湟源、乐都、民和。生于田边、河滩、山坡，海拔 2230～3800m。

蒲公英属 *Taraxacum* Wigg.

多裂蒲公英 *T. dissectum*（Ledeb.）Ledeb.

产西宁、民和。生于林下、草坡、山坡，海拔 2230～3200m。

亚洲蒲公英 *T. leucanthum*（Ledeb.）Ledeb.

湟水河流域都有分布。生于河滩、山坡、高山草甸，海拔 2600～4300m。

川甘蒲公英 *T. lugubre* Dahlst.

产大通、互助。生于山坡、碎石地、草坡、滩地，海拔 2500～4300m。

蒲公英 *T. mongolicum* Hand. – Mazz.

湟水河流域都有分布。生于荒地、水边、田边、路边、山坡、草地，全草入药。中、藏药，全草入药。

苦苣菜属 *Sonchus* L.

苣荬菜（苦苦菜）*S. arvensis* L.

湟水河流域都有分布。生于田边、荒地、水沟边、山坡湿地，海拔 2000～4000m。中药，全草入药。

苦苣菜 *S. oleraceus* L.

产西宁、大通、乐都。生于田边、荒地，海拔 2230～3450m。中药，全草入药。

绢毛菊属 *Soroseris* Stebb.

糖芥绢毛菊 *S. erysimoides*（Hand. – Mazz.）Shih

湟水河流域都有分布。生于高山草地、高山灌丛，海拔 3300～4300m。中、藏药，全草入药。

毛鳞菊属 *Chaetoseris* Shih

祁连毛鳞菊 *C. qiliangshanensis* S. W. Liu et T. N. Ho

产互助。生于林下、河边，海拔 2100～2300m。

川甘毛鳞菊 *C. roborowskii*（**Maxim.**）**Shih**

产乐都、民和。生于林缘、林下、草坡、田边、灌丛，海拔 2300～3700m。

乳苣属 *Mulgedium* Cass. Emend.

乳苣 *M. tataricum*（**L.**）**DC.**

产西宁、乐都、民和。生于田边、沙滩、山坡，海拔 1800～2900m。

还阳参属 *Crepis* L.

还阳参 *C. crocea*（**Lam.**）**Babc.**

产西宁、乐都。生于沙丘、荒地、水沟边、田边，海拔 2230～3300m。

弯茎还阳参 *C. flexuosa*（**Ledeb.**）**C. B. Clarke**

产互助。生于田边、河滩、山坡、沙地、湖边，海拔 2600～4000m。

小苦荬属 *Ixeridium*（**A. Gray**）**Tzvel.**

窄叶小苦菜 *I. gramineum*（**Fisch.**）**Tzvel.**

产西宁、大通、湟源、湟中、互助、平安、乐都、民和。生于河旁、田边、山坡，海拔 1850～3900m。

黄瓜菜属 *Paraixeris* Nakai

黄瓜菜 *P. denticulate*（**Houtt.**）**Nakai**

产互助。生于山坡、林下，海拔 2000～2500m。

黄鹌菜属 *Youngia* Cass.

无茎黄鹌菜 *Y. simulatrix*（**Babc.**）**Babc. et Stebb.**

产乐都。生于河滩、沙地、沼泽地、山坡甸，海拔 3100～4300m。

细叶黄鹌菜 *Y. tenuifolia*（**Willd.**）**Babc. et Stebb.**

产大通、湟源。生于阳坡、岩石间，海拔 2300～3700m。

香蒲科 Typhaceae

香蒲属 *Typha* L.

狭叶香蒲 *T. angustifolia* L.

产西宁、大通、湟源、湟中、平安、乐都、互助。生于淡水池、湖边、水渠边，海拔 2200～2800m。

无苞香蒲 *T. laxmanii* lepech.

产湟中、乐都、互助。生于淡水池、湖泊、水渠边，海拔 2200～2800m。

眼子菜科 Potamogetonaceae

水麦冬属 *Triglochin* L.

海韭菜 *T. maritima* L.

产湟水流域各地。生于沼泽、湖边、湿地、滩地、河流，海拔 2200～4300m。中、藏药，全草入药。

水麦冬 *T. palustre* **L.**

产湟水流域各地。生于沼泽、湖泊、湿地、滩地，海拔 2200～4300m。中药，全草药用。

眼子菜属 *Potamogeton* L.

菹草 *P. crispus* **L.**

产西宁、大通、湟中。生于淡水池泽，海拔 2700～4300m。

眼子菜 *P. distinctus* **A. Bennett**

产西宁。生于淡水池、湖泊和河滩，海拔 2300m。

光叶眼子菜 *P. lucens* **L.**

产西宁、大通、平安。生于淡水池泽、河滩，海拔 2300m。

浮叶眼子菜 *P. natans* **L.**

产西宁。生于淡水池、湖泊，海拔 2300m。

篦齿眼子菜 *P. pectinatus* **L.**

产湟水流域各地。生于池塘、湖泊和河滩，海拔 2800～3300m。中、藏药，全草入药。

茨藻科 Najadaceae

角果藻属 *Zannichellia* L.

角果藻 *Z. palustris* **L.**

产湟中、民和。生于淡水或半咸水湖泊、沼泽，海拔 2200～3300m。

冰沼草科 Scheuchzeriaceae

冰沼草属 *Scheuchzeria* L.

冰沼草 *S. palustris* **L.**

产湟水流域各地。生于湿地。

泽泻科 Alismataceae

泽泻属 *Alisma* L.

泽泻 *A. orientale*（**Sam.**）**Juzepcz.**

产互助。生于沼泽、河滩，海拔 2200～4300m。

慈姑属 *Sagittaria* L.

野慈姑 *S. trifolia* **L.**

产西宁、大通、平安。生于沼泽、河滩，海拔 2300m。

禾本科 Gramineae

芦苇属 *Phragmites* Trin.

芦苇 *Ph. australis*（**Cav.**）**Trin. ex Steud.**

产西宁、大通。生于沼泽、河滩、湖边、田边，海拔 2000～3200m。优良的固提及使沼泽变干的植物。根茎可熬糖和酿酒用。幼嫩茎秆为优良饲料。中药，根茎、茎秆、叶、花序入药。

臭草属 *Melica* L.

柴达木臭草 *M. kozlovii* Tzvel.

产西宁、大通、乐都、民和。生于山坡、路旁、谷底湿处,海拔2000～3830m。

甘肃臭草 *M. przewalskyi* Rosher.

产大通、湟源、湟中、互助。生于林下、灌丛、路旁,海拔2300～4100m。

臭草 *M. scabrosa* Trin.

产西宁、大通、民和、互助。生于山坡、荒野、路旁,海拔1800～2560m。

青甘臭草 *M. tangutorum* Tzvel.

产西宁、大通。生于山脚阳坡、河谷山坡,海拔2230～3150m。

抱草 *M. virgata* Turcz.

产西宁。生于山坡、风化岩石缝间,海拔2248～3900m。

羊茅属 *Festuca* L.

短叶羊茅 *F. brachyphylla* Schult. et Schult f.

产大通. 生于高山草甸、山坡、河漫滩、碎石地,海拔2700～4300m。

矮羊茅 *F. coelestis*(St. – Yves)Krecz. et Bobr.

产大通。生于高山草甸、山坡草地、灌丛、林缘、河滩,海拔2900～4300m。

玉龙羊茅 *F. forrestii*(St. – Yves)Rev.

产海晏。生于高山草甸、阳坡、沟谷、草地,海拔3200～4300m。

素羊茅 *F. modesta* Steud.

产大通、湟源、乐都、互助。生于山坡林缘、灌丛草甸、山沟林下,海拔2300～4300m。优质牧草。

毛桴羊茅 *F. kirilovii* Steud.

产海晏、乐都、大通、湟中、互助、乐都。生于阳坡、灌丛草甸、林下草丛、河滩、河谷,海拔2150～4300m。

微药羊茅 *F. nitidula* Stapf

产海晏、互助、大通。生于高山草甸、河滩湿草地、灌丛,海拔2500～4300m。

中华羊茅 *F. sinensis* Keng ex S. L. Lu

产西宁、大通、湟中、互助、乐都。生于湿草地、林缘、山坡、山谷、草甸,海拔2150～4800m。高寒地区优质牧草。

早熟禾属 *Poa* L.

高原早熟禾 *P. alpigena*(Blytt)Lindm.

产海晏、西宁、乐都、互助、乐都。生于高山草甸、高山草地、林下草地、河漫滩、河旁,海拔2230～4300m。优良牧草。

细叶早熟禾 *P. angustifolia* L.

产乐都、民和。生于河滩、山坡,海拔1700～3800m。

早熟禾 *P. annua* L.

产湟中、乐都、互助。生于田间、地埂、河滩、路旁,海拔2800～4300m。优良牧草。

渐尖早熟禾 *P. attenuata* Trin.

产乐都。生于高山草甸、河旁沙滩、山坡灌丛，海拔 2160～4300m。

波密早熟禾 *P. bomiensis* **C. Ling**

产大通、湟中。生于山谷、河滩、草地、灌丛、高山草甸、山麓、山坡，海拔 3810～4300m。

垂枝早熟禾 *P. declinata* **Keng ex L. Liou**

产西宁、乐都、互助。生于河旁草地、林缘、河滩、山坡，海拔 2450～3600m。

纤弱早熟禾 *P. malaca* **Keng ex P. C. Kuo**

产西宁、湟中、互助、乐都。生于林下、山坡、灌丛、河旁、林缘，海拔 2300～3950m。

小药早熟禾 *P. micrandra* **Keng ex P. C. Kuo**

产民和。生于河滩，海拔 2000m。

山地早熟禾 *P. orinosa* **Keng ex P. C. Kuo**

产西宁、大通。生于高山草地、河滩、灌丛，海拔 2400～4300m。

少叶早熟禾 *P. paucifolia* **Keng ex L. Liou**

产西宁、乐都、民和、互助。生于石质山坡、山沟林下、河滩、草甸，海拔 1800～3600m。

宿生早熟禾 *P. perennis* **Keng ex L. Liou**

产湟中。生于山坡、草甸、灌丛、滩地，海拔 2800～4300m。

疏穗早熟禾 *P. polycolea* **Stapf**

产大通。生于阴坡疏林下，海拔 3700～4100m。

草地早熟禾 *P. pratensis* **L.**

产西宁、大通、乐都、互助、乐都。生于山坡草地、草原、灌丛、河漫滩、林下、路旁，海拔 2080～4300m。优良牧草。

假泽早熟禾 *P. pseudopalustris* **Keng**

产湟中。生于林缘、河滩，海拔 2480～3400m。

青海早熟禾 *P. rossbergiana* **Hao**

产平安。生于草甸、灌丛、高山山坡、河旁湿地，海拔 3200～4300m。

华灰早熟禾 *P. sinoglauca* **Ohwi**

产大通、乐都、民和、互助。生于干旱山坡、草地、林下、灌丛、草甸，海拔 2600～4300m。优良牧草。

四川早熟禾 *P. szechuensis* **Rendle**

产乐都、民和、互助。生于林下、草甸、山沟、河滩、林缘，海拔 1850～4100m。

西藏早熟禾 *P. tibetica* **Munro ex Stapf**

产西宁、大通。生于山坡草地、河滩、河边湿地，海拔 2500～4300m。优良牧草。

套鞘早熟禾 *P. tunicata* **Keng ex C. Ling**

产西宁、民和、湟中、互助、乐都。生于山沟林下、河滩草地、田边、路旁草地、林缘，海拔 3100～3700m。

碱茅属 *Puccinellia* **Parl.**

展穗碱茅 *P. diffusa* **Krecz.**

产民和。生于河旁砾石地、碱草滩，1900～4300m。

碱茅 *P. distans*（L.）**Parl.**

产西宁、湟中、民和。生于沟边、路旁、草丛、河旁、林下，海拔1900～4300m。

微药碱茅 *P. micrandra*（Keng）**Keng ex S. L. Chen**

产西宁。生于渠旁、路旁草丛、田边，海拔2230～3100m。

星星草 *P. tenuiflora*（Griseb.）**Scribn. et Merr.**

产海晏、西宁、民和。生于河滩、水旁、田边、水渠旁、芨芨草滩，海拔1850～4000m。

沿沟草属 *Catabrosa* Beauv.

沿沟草 *C. aquatica*（L.）**Beauv.**

产西宁、大通。生于水旁、湿地，海拔2230～4000m。

黑麦草属 *Lolium* L.

黑麦草 *L. perenne* **L.**

产西宁。生于田边，海拔2250～3100m。

毒麦 *L. temulentum* **L.**

产乐都。田边生长。

雀麦属 *Bromus* L.

扁穗雀麦 *B. catharticus* **Vahl.**

湟水河流域均有。优质牧草。

无芒雀麦 *B. inermis* **Leyss.**

产西宁、互助。生于路旁、山坡草地，海拔2230～3800m。固定沙丘植物。优质牧草。

雀麦 *B. japonicus* **Thunb.**

产湟中、乐都。生于山坡草地、田边、林缘、河漫滩，海拔2420～3200m。

大雀麦 *B. magnus* **Keng**

产西宁。生于林缘、水边，海拔2250～3440m。

多节雀麦 *B. plurinodis* **Keng ex L. Liou**

产大通、乐都、互助。生于沟边、林下、阴坡灌丛，海拔2700～3900m。

旱雀麦 *B. tectorum* **L.**

产大通、湟中、互助、乐都。生于山坡、河滩、田边，海拔2300～4200m。防风固沙植物。优质牧草。

短柄草属 *Brachypodium* Beauv.

短柄草 *B. sylvaticum*（Huds.）**Beauv.**

var. *sylvaticum* 原变种

产湟中、互助。生于林缘灌丛或林下，海拔2300～4300m。

细株短柄草 **var. *gracile***（Weigel）**Keng**

产大通、老爷山。生于灌丛、草地，海拔2450～3200m。

鹅观草属 *Roegneria* C. Koch

毛盘鹅观草 *R. barbicalla* **Ohwi**

var. *barbicalla* 原变种

产民和。生于林缘，海拔 2000m。

毛盘鹅观草 var. *pubifolia* Keng et S. L. Chen

产西宁。生于山坡草地，海拔 2600～3100m。

短颖鹅观草 *R. breviglumis* Keng et S. L. Chen

产湟源、乐都、互助。生于路旁、河旁、灌丛、草甸、山坡、草地、林缘，海拔3000～4500m。优良牧草。

短柄鹅观草 *R. brevipes* Keng et S. L. Chen

产乐都。生于山坡、草甸，海拔 3200～4300m。

岷山鹅观草 *R. dura*（Keng）Keng et S. L. Chen

产互助。生于山坡、草地，海拔 3000～5400m。

光穗鹅观草 *R. glaberrima* Keng et S. L. Chen

产西宁。生于林缘，海拔 2300m。

矮鹅观草 *R. humilis* Keng et S. L. Chen

产海晏。生于路旁，海拔 3200m。

光花鹅观草 *R. leiantha* Keng et S. L. Chen

产大通。生于河旁、水旁，海拔 2300～3200m。

垂穗鹅观草 *R. nutans*（Keng）Keng et S. L. Chen

产乐都。生于山坡、草甸、林缘、灌丛、河谷，海拔 2800～4300m。优良牧草。

扭轴鹅观草 *R. schrenkiana*（Fisch. et Mey.）Nevski

产湟中。生于山坡草甸、河滩，海拔 3700～4100m。

中华鹅观草 *R. sinica* Keng et S. L. Chen

产乐都。生于山坡、草原、田边，海拔 2200～3600m。

肃草 *R. stricta* Keng et S. L. Chen

产湟中、乐都、互助。生于山坡、草地、沟谷、林缘、河滩，海拔 2200～3800m。

直穗鹅观草 *R. turczaninovii*（Drob.）Nevski

产乐都。生于林下、河谷，海拔 2600m。

多变鹅观草 *R. varia* Keng er S. L. Chen

产乐都。生于水旁、林缘，海拔 2900～3300m。

以礼草属 *Kengyilia* Yen et J. L. Yang

大颖草 *K. grandiglumis*（Keng et S. L. Chen）J. L. Yang，Yen et Baum

产海晏、互助。生于山坡、草地、河滩、峡谷、沙丘、湖岸、田边，海拔 2300～4100m。

善变以礼草 *K. hirsuta*（Keng et S. L. Chen）J. L. Yang，Yen et Baum var. *variabilis*（Keng et S. L. Chen）L. B. Cai

产海晏、湟源。生于阳坡，海拔 3000m。

青海以礼草 *K. kokonorica*（Keng et S. L. Chen）J. L. Yang，Yen et Baum

产源。生于草原、砾石地、河旁，海拔 3200～4200m。

大河坝黑药草 *K. melanthera*（Keng）J. L. Yang，Yen et Baum var. *tahopaica*（Keng et

S. L. Chen）S. L. Chen

产大通。生于山坡、灌丛、草地、河旁，海拔 2700～4300m。

偃麦草属 *Elytrigia* Desv.

偃麦草 *E. repens*（L.）Nevski

产西宁。生于山坡草地，海拔 2400m。

冰草属 *Agropyron* J. Gaertn.

冰草 *A. cristatum*（L.）J. Gaertn.

var. *cristatum* 原变种

产西宁。生于干燥山坡、草滩、沙地、山谷，海拔 2800～4300m。水土保持草类。优质牧草。中药，带菌果穗入药。

光穗冰草 var. *pectiniforme*（Roem. et Schult.）H. L. Yang

产民和。生于山坡，海拔 2300m。

披碱草属 *Elymus* L.

短芒披碱草 *E. brachyaristatus* A. Löve

产西宁。生于山坡草地、河旁，海拔 2700～4300m。优质牧草。

圆柱披碱草 *E. cylindricus*（Franch.）Honda

产西宁、大通、民和。生于山沟、沟谷、林缘、路边，海拔 1800～3800m。

披碱草 *E. dahuricus* Turcz. ex Griseb.

湟水河流域均有。生于山坡、草原、林缘、灌丛、路旁、河渠边，海拔 1800～4100m。优质牧草。

垂穗披碱草 *E. nutans* Griseb.

湟水河流域均有分布。生于山坡、草原、林缘、灌丛、田边、路旁、河渠，海拔2600～4300m。优质牧草。

老芒麦 *E. sibiricus* L.

湟水河流域均有。生于山坡、林缘、灌丛、路旁、沟谷，海拔 2200～4100m。优质牧草。

西宁披碱草 *E. xiningensis* L. B. Cai

产西宁。生于阳坡，海拔 2600m。

赖草属 *Leymus* Hochst.

窄颖赖草 *L. angustus*（Trin.）Pilger

产大通。生于阳坡、河滩、草地，海拔 2280m。

弯曲赖草（冰草）*L. flexus* L. B. Cai

产西宁。生于山坡、渠边、荒地，海拔 2200～4000m。

赖草 *L. secalinus*（Georgi）Tzvel.

产西宁、大通、湟源、湟中、平安、乐都、互助。生于山坡草地、河滩、林缘路旁，海拔 1900～4300m。优良牧草。

新麦草属 *Psathrostachys* Nevski

单花新麦草 *P. kronenburgii*（Hack.）Nevski

产西宁、乐都。生于山坡、河边、田边，海拔 2100～3200m。

大麦属 *Hordeum* L.

小药大麦 *H. roshevitzii* Bowden

产西宁、湟源。生于湖岸、河滩、林缘、山坡、草地，海拔 2300～3200m。

洽草属 *Koeleria* Pers.

洽草 *K. cristata*（L.）Pers.

产西宁、大通、湟源、湟中、平安、乐都、互助。生于林缘、灌丛、山坡草地、草原、河边、路旁，海拔 2320～4000m。优良牧草。

芒洽草 *K. litvinowii* Dom.

产西宁、大通、民和、乐都、互助、湟中。生于山坡、草地、林缘、河滩、灌丛、山坡草甸，海拔 2230～4300m。优良牧草。

三毛草属 *Trisetum* Pers.

长穗三毛草 *T. clarkei*（Hook. f.）R. R. Stewart

产西宁、大通、民和、乐都、互助、湟中。生于高山林下、灌丛、山坡草地、草原，海拔 2850～4300m。

西伯利亚三毛草 *T. sibiricum* Rupr.

var. *spicatum* 原变种

产海晏、大通、湟中、乐都、互助。生于山坡草地、草原、灌丛、草甸，海拔 2900～4000m。优良牧草。

蒙古穗三毛 **var. *mongolicum*（Hult.）P. C. Kuo et Z. L. Wu**

产大通。生于高山草原、山坡草地、流石地，海拔 2900～4300m。

异燕麦属 *Helictotrichon* Bess.

高异燕麦 *H. altius*（Hitchc.）Ohwi

产民和。生于山坡草地、阴坡、灌丛中，海拔 2500～3400m。

光花异燕麦 *H. leianthum*（Keng）Ohwi

产大通。生于林下，海拔 2300m。

藏异燕麦 *H. tibeticum*（Roshev.）Holub

湟水河流域都有分布。生于高山草地或灌丛地带，海拔 2860～4300m。优质牧草。

变绿异燕麦 *H. virescens*（Nees ex Steud.）Henr.

产民和。生于山坡草地、林缘滩地，海拔 2000～2900m。

发草属 *Deschampsia* Beauv.

发草 *D. caespitosa*（L.）Beauv.

var. *caespitosa* 原变种

产大通、湟中、湟源、乐都、民和、互助。生于高山草甸、灌丛、河滩地、林缘，海拔 2300～4300m。优质牧草。

小穗发草 **var. *microstachya* Roshev.**

产大通、湟源。生于河滩、灌丛、海拔 3100～3600m。

穗发草 *D. koelerioides* **Regel**

产大通。生于高山灌丛草甸、山坡草地、河漫滩、灌丛间，海拔 3200～4300m。

滨发草 *D. littoralis*（**Gaud.**）**Reuter.**

产大通。生于高山草甸、灌丛、河滩、林下，海拔 3400～4300m。

毛蕊草属 *Duthiea* Hack.

毛蕊草 *D. brachypodia*（**P. Candargy**）**Keng et Keng f.**

产大通。生于山坡草地、灌丛中，海拔 3260～4300m。

茅香属 *Hierochloe* R. Br.

光稃香草 *H. glabra* **Trin.**

产西宁、大通。生于山坡湿地、河滩、灌丛，海拔 2200～3800m。

茅香 *H. odorata*（**L.**）**Beauv.**

产西宁。生于水旁、阴坡、河滩和湿草地，海拔 2900～4300m。

看麦娘属 *Alopecurus* L.

苇状看麦娘 *A. arundinaceus* **Poir.**

产西宁。生于山坡草地、水溪旁，海拔 2250～2800m。

拂子茅属 *Calamagrostis* Adans.

拂子茅 *C. epigeios*（**L.**）**Roth**

产西宁。生于沟渠旁，海拔 2300～3200m。

短芒拂子茅 *C. hedinii* **Pilger**

产西宁。生于水旁，海拔 2230～4200m。

假苇拂子茅 *C. pseudophragmites*（**Hall. f.**）**Koel.**

产西宁、大通、湟源、民和、乐都、互助。生于山坡草地、河岸阴湿之处，海拔1650～3900m。防沙固提材料。优质牧草。

野青茅属 *Deyeuxia* Clarion

野青茅 *D. arundinacea*（**L.**）**Beauv.**

产互助。生于林缘，海拔 2800～3300m。

黄花野青茅 *D. flavens* **Keng**

产大通、湟源、乐都、互助。生于高山草甸、林间草地、河谷草丛、灌丛中，海拔2800～4300m。

糙野青茅 *D. scabrescens*（**Griseb.**）**Munro ex Duthie**

产大通、民和、互助。生于高山草地、林下、灌丛、山坡、河滩，海拔 2300～4300m。

剪股颖属 *Agrostis* L.

巨序剪股颖 *A. gigantea* **Roth.**

产西宁、大通、乐都、民和、互助。生于河滩、灌丛、林下、山坡、路边和草地上，海拔 1850～3600m。

甘青剪股颖 *A. hugoniana* **Rendle**

var. *hugoniana* 原变种

产湟中、大通、乐都。生于灌丛、高山草甸、河滩、林缘，海拔 2500 ~ 4200m。

川西剪股颖 var. *aristata* Keng ex Y. C. Yang

产乐都、民和、互助。生于灌丛、高山草甸、河滩，海拔 2600 ~ 3380m。

小花剪股颖 *A. micrantha* Steud.

产互助。生于林缘、草甸、河滩，海拔 2600 ~ 3380m。

疏花剪股颖 *A. perlaxa* Pilger

产湟中、互助。生于灌丛、林下、林缘、河谷阶地、洪积扇湿润地，海拔 2400 ~ 3600m。

棒头草属 *Polypogon* Desf.

长芒棒头草 *P. monspeliensis*（L.）Desf.

产西宁、乐都、民和。生于河滩、湿地、水旁，海拔 1800 ~ 3050m。

菵草属 *Beckmannia* Host.

菵草 *B. syzigachne*（Steud.）Fern.

产西宁、大通、乐都、民和、互助。生于水沟边、林缘、路旁草丛，海拔 2225 ~ 3600m。优质牧草。

落芒草属 *Oryzopsis* Michx.

落芒草 *O. munroi* Stapf ex Hook. f.

产西宁、大通、互助。生于高山灌丛、林缘、山地阳坡、田边，海拔 2230 ~ 4100m。优良牧草。

藏落芒草 *O. tibetica*（Roshev.）P. C. Kuo

产西宁、大通、互助。生于山坡草地、阳坡、河边草地、山麓田边，海拔 2100 ~ 3900m。优良牧草。

针茅属 *Stipa* L.

异针茅 *S. aliena* Keng

产大通。生于山坡草甸、阳坡灌丛、冲积扇及河谷阶地，海拔 3100 ~ 4300m。

狼针草 *S. baicalensis* Roshev.

产大通。生于山坡草地，海拔 2900 ~ 3100m。

短花针茅 *S. breviflora* Griseb.

产海晏、西宁、湟源、乐都、民和。生于浅山阳坡、石质山坡、河谷阶地，海拔 2230 ~ 3800m。荒漠地区优良牧草。

长芒草 *S. bungeana* Trin.

产西宁、乐都、民和、平安、互助。生于石质山坡、黄土丘陵、河谷阶地、路旁，海拔 1800 ~ 3900m。优良牧草。

丝颖针茅 *S. capillacea* Keng

产大通。生于高山灌丛、高寒草原、高山草甸、山坡草甸，海拔 2900 ~ 4200m。高寒草原或高寒草甸地区优良牧草。

大针茅 *S. grandis* P. Smirn.

产乐都。生于干山坡、干草原，海拔 2700 ~ 3400m。亚洲中部草原亚区最具代表性的建群种之一。优良牧草。

西北针茅 *S. krylovii* **Roshev.**

产海晏、西宁、平安、乐都、互助。生于山坡、平滩地、河谷阶地、冲积扇，海拔 2200 ~ 3900m。优良牧草。

疏花针茅 *S. penicillata* **Hand. – Mazz.**

产大通。生于林缘、阳坡、河谷，海拔 3100 ~ 4300m。优良牧草。

甘青针茅 *S. przewalskyi* **Roshev.**

产西宁、大通、民和、乐都、互助。生于林缘，山坡草甸、路旁，海拔 2900 ~ 4200m。优良牧草。

紫花针茅 *S. purpurea* **Griseb**

产乐都。生于浅山阳坡、半阳坡，海拔 2700 ~ 4300m。

戈壁针茅 *S. tianschanica* **Roshev. var.** *gobica*（**Roshev.**）**P. C. Kuo et Y. H. Sun**

产西宁、大通、民和、平安、互助、湟源。生于干山坡、砾石堆上、戈壁滩上，海拔 2200 ~ 3900m。

芨芨草属 *Achnatherum* Beauv.

细叶芨芨草 *A. chingii*（**Hitchc.**）**Keng ex P. C. Kuo**

产大通、乐都、互助。生于山地林下、草地，海拔 2170 ~ 3800m。

远东芨芨草 *A. extremiorientale*（**Hara**）**Keng ex P. C. Kuo**

产乐都、互助。生于山坡草地、林缘、灌丛，海拔 2330 ~ 3400m。

醉马草（药草）*A. inebrians*（**Hance**）**Keng ex Tzvel.**

产西宁、大通、湟源、湟中、平安、乐都、互助、民和。生于山坡草地、田边、路旁、草丛、河滩、高山灌丛，海拔 1900 ~ 3700m。为有毒植物。

光药芨芨草 *A. psilantherum* **Keng ex Tzvel.**

产海晏、西宁、大通、湟源、互助。生于山坡草地、河岸草丛、河滩，海拔 2300 ~ 4050m。

毛颖芨芨草 *A. pubicalyx*（**Ohwi**）**Keng ex P. C. Kuo**

产互助。生于林下，海拔 2700m。

芨芨草 *A. splendens*（**Trin.**）**Nevski**

产海晏、西宁、民和、乐都。生于碱性土壤的山坡草地，能耐干旱，海拔 1900 ~ 4100m。优良水土保持草类。优质牧草。纸浆原料。

羽茅 *A. sibiricum*（**L.**）**Keng ex Tzvel.**

产民和。生于山坡草地、林缘，海拔 2200 ~ 3400m。

细柄茅属 *Ptilagrostis* Griseb.

双叉细柄茅 *P. dichotoma* **Keng ex Tzvel.**

产大通、互助。生于高山草甸、山坡草地、河滩、灌丛，海拔 3200 ~ 4300m。优良牧草。

钝基草属 *Timouria* Roshev.

钝基草 *T. saposhnicowii* **Roshev.**

产西宁。生于干山坡，海拔 2350 ~ 3600m。

冠毛草属 *Stephanachne* **Keng**

冠毛草 *S. pappophorea*（Hack.）**Keng**

产西宁。生于干山坡、干河滩、干草原及路旁，海拔 2230 ~ 3600m。优良牧草。

三蕊草属 *Sinochasea* **Keng**

三蕊草 *S. trigyna* **Keng**

产海晏。生于干山坡、干草原、干河滩及路旁，海拔 2230 ~ 3600m。优良牧草。

九顶草属 *Enneapogon* **Desv. ex Beauv.**

冠芒草 *E. brachystachyus*（**Jaub. et Spach**）**Stapf**

产乐都。生于山坡、河滩，海拔 1890 ~ 3200m。优质牧草。

画眉草属 *Eragrostis* **Wolf**

大画眉草 *E. cilianensis*（**All.**）**Link ex Vignolo – lutati**

产西宁、乐都。生于荒漠草原、田边、路旁，海拔 1880 ~ 2800m。

小画眉草 *E. minor* **Host**

产西宁。生于荒漠草原、田边、路旁，海拔 2200 ~ 2600m。

黑穗画眉草 *E. nigra* **Nees ex Steud.**

产乐都、民和。生于山坡草地、黄土丘陵、田间、路旁，海拔 1200 ~ 3600m。

固沙草属 *Orinus* **Hitchc.**

青海固沙草 *O. kokonorica*（Hao）**Keng ex Tzvel.**

产海晏、西宁、乐都。生于干旱山坡、高山草原，海拔 2230 ~ 4300m。优良固沙植物。优质牧草。

隐子草属 *Cleistogenes* **Keng**

无芒隐子草 *C. songorica*（**Roshev.**）**Ohwi**

产西宁。生于干山坡、河滩，海拔 2400 ~ 2800m。

虎尾草属 *Chloris* **Sw.**

虎尾草 *Ch. vrigata* **Sw.**

产西宁、乐都、民和。生于路旁荒野、河岸沙地，海拔 1850 ~ 2600m。

三芒草属 *Aristida* **L.**

三刺草 *A. triseta* **Keng**

产大通、乐都、互助。生于山坡草地、干旱草原、灌丛林下，海拔 2700 ~ 4300m。

锋芒草属 *Tragus* **Hall.**

虱子草 *T. berteronianus* **Schult.**

产西宁、乐都。生于山坡，海拔 2230 ~ 2800m。

稗属 *Echinochloa* **Beauv.**

稗 *E. crusgalli*（L.）**Beauv.**

var. *crusgalli* 原变种

产西宁。生于水旁、山坡、田边，海拔 2225~2520m。

无芒稗 var. *mitis*（Pursh）Peterm.

产西宁、乐都。生于水旁、路边草地，海拔 2200~2600m。

马唐属 *Digitaria* Hall.

紫马唐 *D. violascens* Link

产西宁。生于路旁、田边，海拔 2260m。

狗尾草属 *Setaria* Beauv.

金色狗尾草 *S. glauca*（L.）Beauv.

产西宁、乐都。生于水旁、路旁、田边，海拔 2100~2500m。

狗尾草 *S. viridis*（L.）Beauv.

subsp. *viridis* 原亚种

产西宁、乐都、民和。生于山坡、河滩、田边、水旁，海拔 1800~3600m。茎、叶可作饲料。中药，全草入药。

巨大狗尾草 subsp. *pycnocoma*（Steud.）Tzvel.

产西宁。生于田边、水旁，海拔 1800~3610m。

狼尾草属 *Pennisetum* Rich.

白草 *P. centrasiaticum* Tzvel.

湟水河流域都有分布。生于山坡、河滩、田边、灌丛、路旁、水旁，海拔 1850~4000m。

中型狼尾草 *P. longissimum* S. L. Chen et Y. X. Jin ex S. L. Chen var. *intermedium* S. L. Chen et Y. X. Jin ex S. L. Chen

产西宁、互助。生于路旁、田边、山坡，海拔 2230~3800m。

莎草科 Cyperaceae

藨草属 *Scirpus* L.

双柱头藨草 *S. distigmaticus*（Kükenth）Tang et Wang

产大通、民和、互助。生于高山草原、平缓阳坡、半旱阳坡或湿地，海拔 2550~4300m。牧草。

扁杆藨草 *S. planiculmis* F. Schmidt.

产西宁。生于水旁湿地、浅水处，海拔 1600~2820m。中药，块茎入药。

细杆藨草 *S. setaceus* L.

产西宁、民和。生于河滩、水中或沼泽地，海拔 1900~3900m。

扁穗草属 *Blysmus* Panz.

华扁穗草 *B. sinocompressus* Tang et Wang

湟水河流域都有分布。生于溪边、沼泽及湿草地，海拔 1900~4200m。

嵩草属 *Kobresia* Willd.

嵩草 *K. bellardii*（All.）Degl.

湟水河流域都有分布。生于高山草甸、山坡、灌丛、谷地、林下、滩地，海拔 2100~

4500m。牧草。

线叶嵩草 *K. capillifolia*（Decne.）**C. B. Clarke**

湟水河流域都有分布。生于高山草甸、山坡、灌丛、山麓、林间、滩地，海拔 2490 ~ 4300m。优良牧草。

细叶嵩草 *K. filifolia*（Turcz.）**C. B. Clarke**

产乐都、互助。生于高山草甸、山坡、灌丛、谷地、林下、滩地、丘陵、山顶，海拔 2400 ~4200m

禾叶嵩草 *K. graminifolia* **C. B. Clarke**

产乐都。生于山顶、山坡、灌丛、草甸，海拔 3600 ~4300m。牧草。

矮生嵩草 *K. humilis*（C. A. Mey. ex Trautv.）**Serg**.

产乐都、互助。生于高山草甸、山坡、灌丛、谷地、林下、滩地、丘陵、草原、沼泽草甸，海拔 2500 ~4300m。优良牧草。

短轴嵩草 *K. prattii* **C. B. Clarke**

产大通、乐都、互助。生于高山草甸、山坡、灌丛、草甸、滩地，海拔 3200 ~4300m。优良牧草。

高山嵩草 *K. pygmeae* **C. B. Clarke**

湟水河流域都有分布。生于河滩、草甸、山坡、山顶、沟谷、砾石堆、灌丛，海拔 3200 ~4300m。优良牧草。

喜马拉雅嵩草 *K. royleana*（Nees）**Boeck**

湟水河流域都有分布。生于高山草甸、山坡、灌丛、河谷、河旁、湖旁、林下、沼泽草甸，海拔 2800 ~4300m。牧草。

窄果嵩草 *K. stenocarpa*（Kar. et Kir.）**Steud**.

产大通。生于湖边、河滩草甸，海拔 3200 ~3400m。

苔草属 *Carex* L.

团穗苔草 *C. agglomerata* **C. B. Clarke**

产互助。生于山沟林下、山谷阴处、山坡灌丛，海拔 1900 ~3000m。

祁连苔草 *C. allivescens* **V. Krecz**. 产互助。

生于山沟、林下，海拔 2300 ~2800m。

北疆苔草 *C. arcatica* **Meinsh**.

产互助。生于沼泽地、河岸阶地、水旁，海拔 2680 ~3250m。

黑褐苔草 *C. atrofusca* **Schkuhr** *subsp. minor*（Boott.）**T. Koyama**

湟水河流域都有分布。生于山坡草甸、河滩、灌丛草甸，海拔 2600 ~4300m。牧草。

青绿苔草 *C. breviculmis* **R. Br**.

产民和。生于河滩，海拔 2000m。

藏东苔草 *C. cardiolepis* **Nees**

产互助、民和。生于山坡林下、灌丛中、河滩草地、砾石地，海拔 2600 ~4300m。

绿穗苔草 *C. chlorostachys* **Steven**

产互助、民和。生于河滩湿草地、沼泽地、山沟林下或山坡上，海拔 1900 ~3100m。

密生苔草 *C. crebra* **V. Krecz**.

产大通、乐都、互助。生于山坡、河谷、河滩、林下、灌丛中，海拔 2300～4300m。牧草。

白颖苔草（亚种）*C. duriuscula* C. A. Mey. *subsp. rigescens*（Franch.） S. Y. Liang et Y. C. Tang

产西宁、大通、民和、互助。生于山坡、田边，是良好的牧草。

无脉苔草 *C. enervis* C. A. Mey.

产互助。生于山坡、沼泽、沼泽草甸，海拔 2500～4300m。

箭叶苔草 *C. ensifolia*（Turcz. ex Gorodk.） V. Krecz.

产大通。生于湖边、河滩、沼泽草甸或阳坡，海拔 2300～4200m。

点叶苔草 *C. hancockiana* Maxim.

产大通、互助。

伊凡苔草 *C. ivanovae* Egorova

湟水河流域都有分布。生于干旱草原、草甸中，海拔 2600～4300m。优良牧草。

甘肃苔草 *C. kansuensis* Nelmes.

湟水河流域都有分布。生于高山草地或林缘灌丛，海拔 2700～4300m。牧草。

披针苔草 *C. lanceolata* Boott

产互助。生于林缘、林下，海拔 2600～2700m。

膨囊苔草 *C. lehmanii* Drejer

产大通、民和、互助、乐都。生于沟边、林下、山坡草地，海拔 2200～4300m。

青藏苔草 *C. moorcroftii* Falc. ex Boott

湟水河流域都有分布。生于河滩、阴坡湿地，海拔 2100～4300m。牧草。

圆囊苔草 *C. orbicularis* Boott

产西宁、互助。生于沟边、湖旁、沼泽、草甸，海拔 2800～4100m。牧草。

红棕苔草 *C. przewalskii* Egorova

产海晏。生于高山草甸、河滩草甸、沟边、灌丛下，海拔 2500～4300m。牧草。

糙喙苔草 *C. scabrirostris* Kükenth.

产大通、乐都、湟中、民和。生于林下或林缘灌丛中，海拔 2600～4300m。牧草。

紫喙苔草 *C. serreana* Hand. – Mazz.

产大通。生于林下或潮湿处，海拔 1990～4500m。

干生苔草 *C. supina* Willd. ex Wahlenb.

产大通、民和、乐都。生于阳坡、河滩、灌丛中、林下，海拔 2300～4300m。

泽库苔草 *C. zekuensis* Y. C. Yang

产湟中、乐都。生于山坡草地、阳坡、林下、水旁、路旁，海拔 2800～3900m。

天南星科 Araceae

菖蒲属 *Acorus* L.

菖蒲 *A. calamus* L.

产民和。生于水旁、沼泽湿地，海拔 2200～2500m。

天南星属 *Arisaema* Mart.

一把伞南星 *A. erubescens*（Wall.） Schott

产民和。生于林下，海拔2300m。中药，块茎及全草入药。

隐序南星 *A. wardii* Marq. et Shaw

产民和。生于林下，海拔2300m。

浮萍科 Lemnaceae

浮萍属 *Lemna* L.

浮萍 *L. minor* L.

产民和。生于淡水池、湖泊、沼泽，海拔2200~2800m。

品萍 *L. trisulca* L.

产民和、乐都。生于淡水池、湖泊、沼泽，海拔2200~2800m。

紫萍属 *Spirodela* Schleid.

紫萍 *S. polyrrhiza*（L.）Schleid.

产民和。生于淡水池、湖泊、沼泽，海拔2200~2800m。

灯心草科 Juncaceae

地杨梅属 *Luzula* DC.

多花地杨梅 *L. multiflora*（Retz.）Lej.

产大通、互助。生于高山灌丛、高山草甸，海拔2800~3500m。

灯心草属 *Juncus* L.

葱状灯心草 *J. allioides* Franch.

产大通、平安、互助。生于高山灌丛、林缘，海拔3200~3800m。

走茎灯心草 *J. amplifolius* A. Camus

产民和、互助。生于高山草地、林缘，海拔2300~2800m。

节状灯心草 *J. articulatus* L.

产西宁。生于湖旁、沟渠等湿地，海拔2300m。

小灯心草 *J. bufonius* L.

湟水河流域都有分布。生于河滩、渠旁、沼泽或湿地，海拔2200~4300m。

栗花灯心草 *J. castaneus* Smith

湟水河流域都有分布。生于高山灌丛、草地，海拔3500~4300m。

灯心草 *J. effusus* L.

产民和、互助、乐都。生于池塘、湖旁、沟渠，海拔2100~2300m。

细灯心草 *J. heptopotamicus* V. Krecz. et Gontsch

产西宁。生于湖旁、沟渠等湿地，海拔2300~2800m。

川甘灯心草 *J. leucanthus* Royle ex D. Don

产互助。生于高山灌丛、草甸，海拔3500~4300m。

单枝灯心草 *J. potaninii* Buchen.

产湟源、互助、乐都。生于高山灌丛、林缘、林下，海拔2800~3500m。

长柱灯心草 *J. przewalskii* Buchen.

产互助。生于高山灌丛、草甸，海拔3200~4200m。牧草

唐古特灯心草 **J. tanguticus G. Sam**

产互助。生于高山灌丛、草甸，海拔 3200~3600m。

展苞灯心草 **J. thomsonii Buchen.**

湟水河流域都有分布。生于高山灌丛、草甸，海拔 3200~4200m。牧草。

西藏灯心草 **J. tibeticus Egor.**

产乐都、互助。生于高山灌丛、草地，海拔 2800~3500m。

贴苞灯心草 **J. triglumis L.**

产大通、平安、互助。生于高山灌丛、草甸，海拔 3200~3800m。

百合科 Liliaceae

天门冬属 Asparagns L.

攀援天门冬 **A. brachyphyllus Turcz.**

产西宁、湟源、乐都、互助。生于山坡、田边、草滩，海拔 2230~3700m。中药，根入药。

羊齿天门冬 **A. filicinus Ham. ex D. Don**

产民和。生于林下、林缘、山坡，海拔 2200~3750m。中、藏药，块根入药。

戈壁天门冬 **A. gobicus Ivan. ex Grubov**

产乐都。生于干旱山坡，海拔 2300~3200m。中药，全草入药。

长花天门冬（鸡马桩）**A. longiflorus Franch.**

产大通、西宁、湟源、湟中、乐都、互助。生于林下、河岸或林缘灌丛中，海拔2230~3800m。嫩茎可食，为高级滋补品。藏药，根入药。

青海天门冬 **A. przewalskii N. A. Ivon. ex Grubov**

产西宁、互助。生于灌木丛，海拔 2200~2500m。

黄精属 Polygonatum Mill.

卷叶黄精 **P. cirrhifolium（Wall.）Royle**

产海晏、西宁、互助、湟中、湟源、民和、乐都、平安。生于林下和林缘灌丛中，海拔 2400~3900m。中、藏药，根状茎入药。

大苞黄精 **P. megaphyllum P. Y. Li**

产互助。生于灌丛中，海拔 1900~2500m。中药，根状茎入药。

玉竹 **P. odoratum（Mill.）Druce**

产大通、民和、互助。生于林下和林缘灌丛中，海拔 2200~2800m。中药，根状茎入药。

轮叶黄精 **P. verticillatum（L.）All.**

产乐都、民和、互助。生于林下、林缘、山坡草地、灌丛、河滩草甸，海拔 2400~3800m。中、藏药，根状茎入药。

扭柄花属 Streptopus Michx.

扭柄花 **S. obtusatus Fassett**

产民和、互助。生于林下，海拔 2000~2400m。

舞鹤草属 *Maianthemum* Web.

舞鹤草 *M. bifolium*（L.）F. W.

产互助、湟中、乐都、民和。生于林下，海拔 1900～2800m。中药，全草入药。

鹿药属 *Smilacina* Desf.

管花鹿药 *S. henryi*（Baker）Wang et Tang

产大通。生于桦林下，海拔 2500m。

合瓣鹿药 *S. tubifera* Batal.

产民和。生于林下，海拔 2500m。

葱属 *Allium* L.

镰叶韭 *A. carolinianum* DC.

产海晏。生于高山流水滩、山间滩地、冲积扇、干山坡疏林地下，海拔 2900～4300m。全株可食。

野葱 *A. chrysanthum* Regel

产乐都、互助。生于高山草甸、高山灌丛，海拔 3200～3600m。

折被韭 *A. chrysocephalum* Regel

产湟中。生于高山草甸、高山灌丛，海拔 3400～4300m。全株可食，代替韭菜。

天蓝韭 *A. cyaneum* Regel

产乐都、互助。生于高山流石堆、山顶草甸、灌丛草甸，海拔 2900～4800m。全株可食，代替韭菜。

金头韭 *A. herderianum* Regel

产乐都。生于干旱山坡、干草原、灌丛中，海拔 3100～3850m。鳞茎可食，代替蒜。

卵叶韭 *A. ovalifolium* Hand. – Mazz.

产民和、互助。生于林下、灌丛，海拔 2000～2700m。

碱韭 *A. polyrhizum* Turcz. ex Regel

产海晏、湟源、互助。生于干旱山坡、草原、滩地、盐湖地、河滩，海拔 2700～3800m。茎叶可食。

青甘韭 *A. przewalskianum* Regel

产海晏、互助、湟中、乐都。生于干旱的山坡、草地和岩石缝中，海拔 2300～4300m。藏药，全草入药。

高山韭 *A. sikkimense* Baker

产湟中、互助。生于山坡灌丛中、高山草甸、林缘，海拔 2900～4300m。藏药，全草入药。

唐古韭 *A. tanguticum* Regel

产海晏、西宁、乐都、互助。生于阳坡、灌丛、林下、滩地，海拔 2300～3500m。鳞茎可食，代替蒜。

细叶韭 *A. tenuissimum* L.

产乐都、民和。生于干旱山坡，海拔 1800～3600m。

贝母属 *Fritillaria* L.

甘肃贝母 *F. przewalskii* **Maxim. ex Batal.**

产湟中、互助、乐都、民和。生于高山灌丛、草地、林缘，海拔2400~4300m。中药，花粉、鳞茎入药。

百合属 *Lilium* L.

山丹（细叶百合）*L. Pumilum* **DC.**

产西宁、互助、湟中、湟源、大通、民和、乐都、平安。生于向阳的山坡草地、田边，海拔1900~3500m。藏药，鳞茎入药。

顶冰花属 *Gagea* Salisb.

少花顶冰花 *G. pauciflora* **Turcz.**

产西宁。生于山坡灌丛、草丛、河滩，海拔2300~4300m。

洼瓣花属 *Lloydia* Salisb.

洼瓣花 *L. serotina* （L.）**Rechb.**

产互助。生于高山草甸、山坡灌丛、山坡岩石缝中，海拔2600~4100m。中药，全草入药。

薯蓣科 Dioscoreaceae

薯蓣属 *Dioscorea* L.

穿龙薯蓣 *D. niponica* **Makino**

产互助。生于林下、林缘，海拔2500~2700m。中药，根状茎入药。

鸢尾科 Iridaceae

射干属 *Belamcanda* Adans.

射干 *B. chinensis* （L.）**DC.**

产民和。生于林下、林缘，海拔2300m。中药，根状茎入药。

野鸢尾属 *Pardanthopsis* W. Lenz.

野鸢尾 *P. dichotoma* （Pall.）**W. Lenz.**

产民和。生于山坡、草地，海拔2300m。

鸢尾属 *Iris* L.

锐果鸢尾 *I. goniocarpa* **Baker**

var. *goniocarpa* 原变种

产互助、湟中、湟源、民和、乐都、平安。生于高山草地，海拔2400~3500m。

大锐果鸢尾 **var. *grossa* Y. T. Zhao**

产民和。生于灌丛草甸，海拔2600~3200m。

细锐果鸢尾 **var. *tenella* Y. T. Zhao**

产互助。生于灌丛草甸，海拔2600~3200m。

马蔺（马莲）*I. lactea* **Pall. var. *chinensis*（Fisch.）Koidz.**

湟水河流域均有分布。生于干旱山坡、高山草地、荒地、湿地，海拔2200~4300m。中、藏药，种子入药。

天山鸢尾 *I. loczyi* Kanitz.

湟水河流域均有分布。生于干旱山坡、寒漠，海拔 2200 ～ 4300m。

准葛尔鸢尾 *I. songarica* Schrenk.

产湟中。生于高山草地，海拔 3200 ～ 4000m。

兰科 Orchidaceae

杓兰属 *Cypripedium* L.

黄花杓兰 *C. flavum* Hunt et Summerh.

产民和。生于山坡林下，海拔 2360 ～ 2650m。

毛杓兰 *C. franchetii* Wilson

产大通、乐都、互助。生于山坡林下、灌丛、河滩地，海拔 2500 ～ 3900m。

山西杓兰 *C. shanxiense* S. C. Chen

产大通、民和、互助。生于山坡林下、灌丛或草丛中，海拔 2200 ～ 2700m。

红门兰属 *Orchis* L.

广布红门兰 *O. chusua* D. Don

产湟中、互助、乐都、民和。生于山坡林下、灌丛、河滩草地，海拔 2000 ～ 4000m。

卵唇红门兰 *O. cyclochila*（Franch. et Sav.）Maxim.

产湟中、互助、民和。生于山坡林下、灌丛，海拔 2800 ～ 2900m。

宽叶红门兰 *O. latifolia* L.

产海晏、民和。生于山坡灌丛、河滩草地，海拔 2950 ～ 3700m。中、藏药，块茎入药。

北方红门兰 *O. roborovskii* Maxim.

产湟源、湟中。生于山坡林下、灌丛，海拔 2500 ～ 3230m。

河北红门兰 *O. tschiliensis*（Schltr.）Soo

产互助。生于山坡林下、灌丛、山麓草地，海拔 3000 ～ 4200m。

舌唇兰属 *Platanthera* L. C. Rich.

二叶舌唇兰 *P. chlorantha* Cust. ex Reichb

产大通。生于山坡林下、灌丛中。中药，块茎入药。

细距舌唇兰 *P. metabifolia* F. Maekawa

产互助。生于山坡、河边林下，海拔 2100 ～ 2260m。

凹舌兰属 *Coeloglossum* Hartm.

凹舌兰 *C. viride*（L.）Hartm.

产大通、湟中、乐都、民和、互助。生于山坡林下、灌丛、林缘、草地上，海拔2300 ～ 4300m。藏药，块茎入药。

蜻蜓兰属 *Tulotis* Rafin.

蜻蜓兰 *T. asiatica* Hara

产大通、互助、湟中。生于山坡、沟谷林下、灌丛，海拔 2300 ～ 3700m。

角盘兰属 *Herminium* L.

裂瓣角盘兰 *H. alaschanicum* Maxim.

产海晏、大通、互助、湟中、乐都。生于山坡、沟谷林下、灌丛，海拔2300~3700m。藏药，块茎入药。

角盘兰 *H. monorchis*（L.）R. Br.

产大通、湟源、民和、互助、湟中。生于山坡林下、林缘、灌丛、河滩、沼泽地，海拔2300~4300m。中药，全草入药。

兜被兰属 *Neottianthe* Schltr.

二叶兜被兰 *N. cucullata*（L.）Schltr.

产大通、乐都、湟中、互助。生于林下和林缘灌丛中，海拔2260~3100m。中药，块根入药。

一叶兜被兰 *N. monophylla*（Ames et Schltr.）Schltr.

产互助。生于山坡林下，海拔2000~2160m。

玉凤花属 *Habenaria* Willd.

西藏玉凤花 *H. tibetica* Schltr. ex Limpricht.

产大通、湟中、乐都。生于山坡林下、灌丛、沟边、岩石缝，海拔3000~3600m。

对叶兰属 *Listera* R. Br.

对叶兰 *L. puberula* Maxim.

产大通、互助、湟中、民和。生于山坡林下、林缘、沟谷灌丛下，海拔2000~3200m。

鸟巢兰属 *Neottia* Guett.

尖唇鸟巢兰 *N. acuminata* Schltr.

产互助、乐都。生于山坡云杉林或杂木林下，海拔2220~3400m。

堪察加鸟巢兰 *N. camtschatea*（L.）Reichb. f.

产大通、互助。生于山坡、沟谷林下，海拔2190~2600m。

火烧兰属 *Epipactis* Zinn.

小花火烧兰 *E. helleborine*（L.）Crantz.

产西、大通、互助、湟源、湟中。生于山坡林下、林缘草地，海拔2230~2800m。

绶草属 *Spiranthes* L. C. Rich.

绶草 *S. sinensis*（Pers.）Ames

产西宁、大通、互助、湟中、湟源、乐都、民和。生于林下和草地、河岸草丛中，海拔1900~2260m。中、藏药，块茎或全草入药

斑叶兰属 *Goodyera* R. Br.

小斑叶兰 *G. repens*（L.）R. Br.

产大通、互助。生于山坡林下阴湿处、沟谷林下，海拔2190~3500m。

沼兰属 *Malaxis* Soland. ex Sw.

沼兰 *M. monophyllos*（L.）Sw.

产大通、湟源、互助、湟中、民和。生于山坡林下、林缘路旁、灌丛和草地上，海拔2000~4100m。

珊瑚兰属 *Corallorrhiza* Gagnebin

珊瑚兰 *C. trifida* Chat.

产大通。生于山坡林下、灌丛中，海拔2190~3950m。

二、湟水流域栽培植物名录

裸子植物门 GYMNOSPERMAE

松科 Pinaceae

云杉属 *Picea* Dietr

紫果云杉 *P. purpurea* Mast.

湟中、民和。生于阴坡、林中，海拔 2380～4100m。西宁有栽培。优良乡土造林树种。木材材质坚韧，可作建材。四季常绿，树形优美，亦可为观赏树种。

青海云杉（泡松、松树）*P. crassifolia* Kom.

流域各县均有分布，生于河谷、阴坡、山坡，海拔 2400～3700m。优良乡土造林树种。木材材质坚韧，可作建材。四季常绿，树形优美，亦可为观赏树种。

青杆 *P. wilsonii* Mast.

产互助，生于阴坡，海拔 1800～3600m。西宁地区有栽培。优良乡土造林树种。木材材质坚韧，可作建材。四季常绿，树形优美，亦可为观赏树种。

落叶松属 *Larix* Mill.

兴安落叶松（一齐松）*L. gmelini*（Rupr.）Kuz.

大通东峡林场 1973 年引种于林缘及苗圃（海拔 2700m）。表现为强度喜光、耐寒、对土壤适应性较强。木材材质坚韧，可作建材。

华北落叶松（红杆、黄杆）*L. principis - rupprechtii* Mayr

西宁、大通 20 世纪 60 年代引种栽培，海拔 2240～3150m。现流域各县均有栽培。树干可割取树脂；树皮含鞣质，可提取栲胶；木材材质坚韧，可作建材。

黄花落叶松（长白落叶松）*L. olgensis* Henry

大通东峡林场 1973 年引进栽培于云杉林缘，海拔 2700m。木材材质坚韧，可作建材。

日本落叶松 *L. kaempferi*（Lamb.）Carr.

大通东峡林场 1975 年引种于云杉林缘，海拔 2700m。生长较好，并在该场建立了种子园。木材材质坚韧，可作建材。

雪松属 *Cedrus* Trew

雪松 *C. deodara*（Roxb.）G. Don

西宁 1980 年引种栽培于庭院、路边，海拔 2200～2250m。著名庭院、行道绿化观赏树种。

松属 *Pinus* L.

华山松 *P. armandi* Franch.

产民和。生于沟谷林中，海拔2200～2600m。优良乡土造林树种。木材材质坚韧，可作建材。四季常绿，树形优美，亦可为观赏树种。种子可供食用。

樟子松 *P. sylvestris* L. var. *mongolica* Litv.

西宁、大通引种栽培于庭院、山地半阳坡。海拔2300～2700 m。木材材质坚韧，可作建材。四季常绿，树形优美，亦可为观赏树种。

油松（黑松、短叶松）*P. tabulaeformis* Carr.

产西宁、互助、乐都。生于山坡、河边，海拔2000～2800m。优良乡土造林树种。木材材质坚韧，可作建材。四季常绿，树形优美，亦可为观赏树种。

柏科 Cupressaceae

圆柏属 *Sabina* Mill.

祁连圆柏（柏树、柏香树）*S. przewalskii* Kom.

分布于流域各县。生于阳坡、半阳坡、河谷、山沟林下、林缘、山脊、岩石缝隙、沙石滩，海拔2250～4200m。优良乡土造林树种。木材材质坚韧，可作建材。四季常绿，树形优美，亦可为观赏树种。带枝嫩叶入药。

高山柏 *S. squamata*（Buch.－Hamilt.）Ant.

产西宁。生于山顶、沟低、河边，海拔2240～3000m。乡土造林树种。木材材质坚韧，可作建材。四季常绿，树形优美，亦可为观赏树种。带枝嫩叶入药。

侧柏属 *Platycladus* Spach.

侧柏 *P. orientalis*（L.）Franco

西宁、海东地区有栽培。比较成功的引种树种，木材材质坚韧，可作建材。四季常绿，树形优美，亦可为观赏树种。种子、带枝嫩叶入药。

刺柏属 *Juniperus* L.

刺柏 *J. formosana* Hayata

产民和。生于山坡、河谷、林下，海拔2080～2900m。乡土造林树种。木材材质坚韧，可作建材。四季常绿，树形优美，亦可为观赏树种。

被子植物门 ANGIOSPERMAE

杨柳科 Salicaeeae

杨属 *Populus* L.

新疆杨 *P. alba* L. var. *pyramidalis* Bunge

流域各县均有栽培。造林或行道绿化树种；木材可作建材。树皮可提取栲胶。

北京杨 *P.* ×*beijingensis* W. Y. Hsu.

海东地区有栽培。造林或行道绿化树种；木材可作建材。

加杨 *P.* ×*canadensis* Moench.

西宁有栽培。造林或行道绿化树种；木材可作建材。树皮可提取栲胶。

青杨（家白杨、大叶柳 原变种）*P. cathayana* Rehd. var. *cathayana*

产西宁、大通、湟源、湟中、乐都、民和、互助。生于山坡、山谷中，海拔 2200 ~ 3900m。乡土造林树种；木材可作建材；嫩芽供药用。

宽叶青杨（变种）*P. cathayana* **Rehd. var.** *latifolia*（**C. Wang et C. Y. Yu**）**C. Wang et Tung**

产西宁、湟中、民和、互助。生于山坡、山谷中，海拔 1650 ~ 2760m。造林或行道绿化树种；木材可作建材。

二白杨 *P. gansuensis* **C. Wang et H. L. Yang**

产民和。造林或行道绿化树种；木材可作建材；树皮可提取栲胶。

河北杨 *P. hopeiensis* **Hu et Chow**

西宁、民和有栽培。造林或行道绿化树种；木材可作建材。

箭杆杨 *P. nigra* **L. var.** *thevestina*（**Dode**）**Bean.**

海东地区有栽培。造林或行道绿化树种；木材可作建材。

青甘杨 *P. przewalskii* **Maxim.**

产西宁、湟源、民和、互助。生于山谷、河滩中，海拔 1560 ~ 2900m。造林或行道绿化树种；木材可作建材。

小青杨 *P. pseudo – simonii* **Kitag.**

西宁有栽培。造林或行道绿化树种；木材可作建材。

小叶杨 *P. simonii* **Carr.**

产于西宁、大通、湟源、湟中、互助、乐都、民和。生于山谷溪流边。海拔 1900 ~ 3350m。造林或行道绿化树种；树皮含鞣质，可提取栲胶；木材可作建材。

毛白杨 *P. tomentosa* **Carr.**

西宁有栽培。造林或行道绿化树种；树皮含鞣质，可提取栲胶；木材可作建材。

小钻杨 *P.* × *xiaozhuanica* **W. Y. Hsu et Liang**

民和有栽培。造林或行道绿化树种；木材可作建材。

山杨（山白杨）*P. davidiana* **Dode**

产西宁、大通、湟中、互助、乐都、民和。生于山坡、山脊和沟谷地，海拔 2000 ~ 3200m。乡土造林树种；木材供造纸；中药，树皮、树根、叶入药；树皮可提取栲胶。

波氏杨（冬瓜杨）*P. purdomii* **Rehd.**

var. *purdomii* 原变种

产西宁、互助。生于山坡、山谷及河流两岸，海拔 2400 ~ 2800m。乡土造林树种；木材可作建材。

光皮冬瓜杨 var. *rockii*（Rehd.）C. F. Fang et H. L. Yang

产互助。生于山坡、山谷及溪流边，海拔 3000m。乡土造林树种；木材可作建材。

柳属 *Salix* **L.**

白柳 *S. alba* **L.**

西宁有栽培。水土保持树种。

垂柳（垂枝柳、河柳）*S. babylonica* **L.**

西宁有栽培. 水土保持树种。树皮含鞣质，可提取栲胶；中药，叶、花、果、树皮、枝、根皮入药。

胡桃科 Juglandaceae

胡桃属 *Juglans* L.

核桃 *J regia* L.

产西宁、民和。多为院宅、田园、渠道栽培，海拔 1650～2200m。种仁可食，亦作药用，亦可榨油食用。

榆科 Ulmaceae

榆属 *Ulmus* L.

旱榆 *U. glaucescens* Franch.

产西宁（栽培）、民和。生于山坡、石崖上，海拔 1650～2200m。水土保持树种；乡土造林树种。中药，嫩果（榆钱）入药；藏药，树皮入药。

欧洲白榆 *U. laevis* Pall.

西宁有栽培，海拔 2200～2400m. 行道绿化树种。

白榆（榆树）*U. pumila* L.

西宁和海东地区都有栽培。生于河谷阶地、河滩、路边、渠边，海拔 1650～2400m。水土保持树种；乡土造林树种。

桑科 Moraceae

桑属 *Morus* L.

桑 *M. alba* L.

海东地区庭院栽培. 中药，全草入药；藏药，果实入药。

大麻属 *Cannabis* L.

大麻 *C. sativa* L.

产西宁、乐都、民和、互助。生于田埂、农田、林缘灌丛中，海拔 2200～2800m。一般为栽培，也常逸为野生。茎皮纤维发达，可制麻。

蓼科 Polygonaceae

荞麦属 *Fagopyrum* G.

荞麦 *F. esculentum* Moench.

产西宁及海东各县，广为栽培，并逸为野生。海拔 2100～2600 m。中药，全草入药。果实富含淀粉，供食用。

蓼属 *Polygonum* L.

何首乌 *P. multiflorum* Thoms.

西宁有栽培，海拔 2200～2300 m。中药，块根、茎、叶入药。

藜科 Chenopodiaceae

菠菜属 *Spinacia* L.

菠菜 *S. oleracea* L.

海东地区有栽培，为常见蔬菜。

甜菜属 *Beta* L.

甜菜 *B. vulgaris* L.

海东地区有栽培，为常见蔬菜。

苋科 Amaranthaceae

青葙属 *Celosia* L.

鸡冠花 *C. cristata* L.

西宁和海东有栽培。海拔 1800～2300m。中药，花、种子入药。

苋属 *Amaranthus* L.

千穗谷 *A. hypochondriacus* L.

西宁有栽培。海拔 2300m。观赏植物。

繁穗苋 *A. paniculatus* L.

产西宁、平安。生于田边、地边、荒地。海拔 2100～2800m。

反枝苋 *A. retroflexus* L.

产西宁、平安、民和。生于路边、田边和荒野山坡。

苋 *A. tricolor* L.

西宁有栽培。茎、叶可食。中药，全草入药。

罂粟科 Papaveraceae

花菱草属 *Eschscholtzia* Cham.

花菱草 *E. californa* Cham.

西宁有栽培。

罂粟属 *Papaver* L.

虞美人 *P. rhoeas* L.

西宁、大通、乐都均有栽培。观赏花卉。中药，花入药。

罂粟 *P. somniferum* L.

西宁、大通有栽培（过去有零星分布）。藏药，花入药。

荷包牡丹属 *Dicentra* Bernh.

荷包牡丹 *D. spectabilis*（L.）Lem.

产西宁，庭院有栽培。观赏花卉。

十字花科 Cruciferae

芸苔属 *Brassica* L.

油菜 *B. campestris* L.

本省广泛栽培。海拔 1700～3700m。主要的油料作物。

青菜 *B. chinensis* L.

西宁和海东有栽培。常见蔬菜。

欧洲油菜 *B. napus* L.

西宁、乐都、民和有栽培。主要的油料作物。

花椰菜（变种）*B. oleracea* L. var. *botrytis* L.

西宁和海东有栽培。常见蔬菜。

甘蓝（变种）*B. oleracea* L. var. *capitata* L.

西宁和海东有栽培。常见蔬菜。

芥菜（原变种）*B. juncea*（L.）Czern. var *juncea*

西宁和海东有栽培。常见蔬菜。

白菜 *B. pekinensis*（Lour.）Rupe.

西宁和海东有栽培。常见蔬菜。

芜菁 *B. rapa* L.

半农半牧地区和海东地区脑山有栽培。

萝卜属 *Raphanus* L.

萝卜 *R. sativus* L.

西宁和海东广泛栽培。常见蔬菜。中药，种子入药。

屈曲花属 *Iberis* L.

屈曲花 *I. amara* L.

西宁有栽培。观赏花卉。

披针叶屈曲花 *I. intermedia* Guersent

西宁有栽培。观赏花卉。

蔷薇科 Rosaceae

珍珠梅属 *Sorbaria*（Ser.）A. Br. ex. Aschers.

华北珍珠梅 *S. kirilowii*（Regel）Maxim.

产互助、民和．生于山坡阳处、灌木林。海东有栽培种，可作庭院观赏树种。海拔1800～2900m。

鲜卑花属 *Sibiraea* Maxim.

窄叶鲜卑花 *S. angustata*（Rehd.）Hand. – Mazz.

产海晏、大通、互助、湟源、湟中、平安、乐都。生于山坡、草地、林缘。海拔2500～4300m。水土保持树种。

鲜卑花 *S. laevigata*（L.）Maxim.

产海晏、西宁、大通、互助、民和、湟中、乐都。生于高山、溪边、林缘和灌丛中。海拔2300～4000m。水土保持树种。

栒子属 *Cotoneaster* B. Ehrh

尖叶栒子 *C. acuminatus* Lindl.

产大通、民和、湟源、乐都，生于山坡灌丛、白桦林，海拔2000～3800m。

灰栒子 *C. acutifolius* Turcz.

产大通、互助、湟源、乐都、民和。生于山坡、草地、林缘、河谷林中。海拔2100～3800m。水土保持树种．中药，枝、叶入药。

匍匐栒子 *C. adpressus* Bois.

产大通、互助、湟源、平安、乐都、民和。生于山脊、山坡、草地、林缘。海拔2500～4300m。藏药，茎、叶、果入药。水土保持树种。本种平卧岩壁间，入秋红果累累，适作园林装饰树种。

川康栒子 *C. ambiguus* Rehd. et Wils.

产民和，生于山坡、林缘，海拔 2500～2700m。水土保持树种。

散生栒子 *C. divaricatus* Rehd. et Wils.

产乐都，生于山坡、河谷、林缘，海拔 3000～3900m。水土保持树种。

水栒子（栒子）*C. multiflorus* Bunge.

产西宁、大通、互助、湟源、湟中、平安、民和。生于山坡、草地、林缘、水边。海拔 2500～4300m。水土保持树种。可作观赏树种。藏药，茎、叶、果入药。

毛叶水栒子 *C. submultiflorus* Popov

产大通、互助、湟源、湟中、平安、乐都、民和。生于山坡、草地、林缘。海拔 2500～4300m。

西北栒子 *A. zabelii* Schneid.

产大通。生于林缘灌丛中，海拔 2600m。水土保持树种。

山楂属 *Crataegus* L.

山楂 *C. kansuensis* Wils.

产西宁、湟源、民和，生于山坡、林缘或庭院栽培，海拔 2100～2800m。水土保持树种。可作观赏树种。中药，果实入药。

花楸属 *Sorbus* L.

陕甘花楸 *S. koehneana* Schneid.

产西宁、大通、湟中、湟源、平安、乐都、民和、互助，生于山区杂木林中或林缘。海拔 2500～3000m。水土保持树种。可作观赏树种。

四川花楸 *S. setschwanensis*（Schneid.）Koehne

产大通、东峡、老爷山、娘娘山。生于河谷两岸灌木林或林下，海拔 2300～2750m。

太白花楸 *S. tapashana* Schneid.

产大通、民和、湟中，生于山坡林下，海拔 2300～3800m。水土保持树种。可作观赏树种。

天山花楸（皂角）*S. tianschanica* Rupr.

产大通、互助、湟源、乐都。生于山坡、林内、林缘。海拔 2300～3600m。水土保持树种。可作观赏树种。中药，茎、果实入药。

梨属 *Pyrus* L.

杜梨 *P. betulaefolia* Bunge

西宁和海东有栽培。果实可生食。

白梨 *P. bretschneideri* Rehd.

西宁和海东有栽培。果实可生食。

新疆梨 *P. sinkiangensis* Yü

西宁和海东有栽培。果实可生食。

楸子梨（楸子）*P. ussuriensis* Moxim.

西宁和海东有栽培。果实可生食。中药，果实、叶入药。

苹果属 *Malus* Mill.

花红 *M. asiatica* Nakai

海东有栽培。果实可生食，亦可入药。

山荆子 *M. baccata*（L.）Borkh.

大通新城苗圃有栽培。观赏树种。

毛山荆子 *M. manshurica*（Maxim.）Kom.

西宁、民和有栽培。观赏树种。

楸子 *M. prunifolia*（Willd.）Borkh.

西宁和海东有栽培。果实可生食。

苹果 *M. pumila* Mill.

西宁和海东有栽培。果实可生食，亦可入药。

海棠花 *M. spectabilis*（Ait.）Borkh.

海东有栽培。果实可生食。景观树种。

花叶海棠（涩枣子）*M. transitoria*（Batalim）Schneid.

产西宁、湟中、湟源、民和、互助，生于山坡丛林中、河滩沟谷灌丛，海拔2000～3700m。景观树种。

蔷薇属 *Rosa* L.

月季花 *R. chinensis* Jacq.

湟水流域广泛栽培。著名观赏树种。

陕西蔷薇 *R. giraldii* Crép.

产西宁、大通、湟源、互助，生于山坡、林下灌丛、河滩，海拔2300～3100m。水土保持树种。可作观赏树种。

细梗蔷薇 *R. graciliflora* Rehd. et Wils.

产大通、湟源、湟中、乐都，生于云杉林下或灌丛中，海拔2700～3700m。水土保持树种。可作观赏树种。

黄蔷薇 *R. hugonis* Hemsl.

产西宁、民和、互助。生于山坡灌丛或庭院栽培，海拔2200～2600m。水土保持树种。可作观赏树种。

华西蔷薇 *R. moyesii* Hemsl. et Wils.

产西宁、大通、湟中、湟源、乐都、民和、互助，生于山坡、河谷或灌丛中。海拔2100～3500m。水土保持树种。可作观赏树种。

峨眉蔷薇（狼牙刺）*R. omeiensis* Rolfe

产西宁、大通、湟中、湟源、乐都、民和、互助，生于阴坡林内、林缘、灌丛及河谷山坡上。海拔2300～3900m。水土保持树种。可作观赏树种。根皮含鞣质，可提制栲胶。中药，果实入药。

玫瑰（刺玫）*R. rugosa* Thunb.

西宁和海东有栽培。著名观赏树种。鲜花瓣含芳香油，有极佳的香气，用途很广。中药，花入药。

刺梗蔷薇 *R. setipoda* Hemsl.

产互助，生于海拔灌丛，海拔 2100m。水土保持树种。可作观赏树种。

扁刺蔷薇 *R. sweginzowii* Koehne

产西宁、大通、互助、湟源、湟中、民和。生于山坡、草地、林缘、水边。海拔1800～3200m。水土保持树种。可作观赏树种。藏药，茎枝入药。

秦岭蔷薇（狼牙棒）*R. tsinglingensis* Pax et Hoffm

产大通（东峡林区），生于林缘灌丛中。海拔 2400～2800m。水土保持树种。可作观赏树种。

小叶蔷薇（红刺玫 原变种）*R. willmottiae* Hemsl. var. *willmottiae*

产西宁、大通、互助。生于山坡、沟谷或灌丛中。海拔 2600～3000m。水土保持树种。可作观赏树种。

黄刺玫（原变型）*R. xanthina* Lindl. f. *xanthina*

西宁和海东有栽培。可作观赏树种。

棣棠花属 *Kerria* DC.

棣棠花 *K. japonica*（L.）DC.

西宁有栽培。观赏树种。

拔 2000～2400m。

委陵菜属 *Potentilla* L.

金露梅（黄鞭麻 原变种）*P. fruticosa* L. var. *fruticosa*

产湟水流域各地。生于山坡沟谷或林缘灌丛中。海拔 2500～3000m。优良水土保持树种。可作观赏树种。叶、果含鞣质，可提制栲胶。中药，花、叶入药。

银露梅（白鞭麻 原变种）*P. glabra* Lodd. var. *glabra*

产大通、乐都、互助。生于山坡、河滩、灌丛、林缘，海拔 2400～4200m。优良水土保持树种。

小叶金露梅（原变种）*P. parvifolia* Fisch. var *parvifolia*

产湟水流域各地。生于高山草甸、林缘、灌丛、河滩、沟谷山坡。海拔 2230～4300m。水土保持树种。可作观赏树种。

臭樱属 *Maddenia* Hook. f. et Thoms.

四川臭樱 *M. hypoxantha* Koehne

产民和，生于山坡、灌丛。海拔 2300～2600m。西宁有栽培。

樱属 *Cerasus* Mill.

刺毛樱桃 *C. setulosa*（Batal.）Yü et Li

产民和，生于山坡灌丛中，海拔 2500～2600m。水土保持树种。可作观赏树种。

托叶樱桃（缠条）*C. stipulacea*（Maxim）Yü et Li

产互助、大通、乐都、湟源、民和，生于山坡林下、河滩、灌丛，海拔 2000～3450m。水土保持树种。可作观赏树种。

毛樱桃（野樱桃）*C. tomentosa*（Thunb.）Wall.

产西宁、互助.生于沟谷、林下和林缘灌丛中。海拔2200～2950m。水土保持树种。可作观赏树种。中药，果实、核、叶入药。

川西樱桃 *C. trichostoma*（Koehne）yü et Li

产大通，生于山坡、林下、林缘，海拔2400～3950m。水土保持树种。可作观赏树种。

稠李属 *Padus* Mill.

稠李 *P. racemosa*（Lam.）Gilib.

产民和，生于山坡灌丛中，海拔2200～2600m。西宁有栽培。水土保持树种。可作观赏树种。

桃属 *Amygdalus* L.

山桃 *A. davidiana*（Carr.）Vos ex Henry

西宁、乐都、民和有栽培。水土保持树种。可作观赏树种。

甘肃桃 *A. kansuensis*（Rehd.）Skeels

产民和，生于山坡林内，海拔1700～2200m。水土保持树种。可作观赏树种。

桃 *A. persica* L.

西宁和海东有栽培。水土保持树种。可作观赏树种。果实可食。中药，果实入药；藏药，种仁入药。

榆叶梅 *A. triloba*（Lindl.）Ricker

西宁和海东有栽培.著名观赏树种。

杏属 *Armeniaca* Mill.

山杏 *A. sibirica*（L.）Lam.

西宁和海东地区有栽培。水土保持树种。可作观赏树种。

杏 *A. vulgaris* Lam.

西宁和海东地区有栽培。水土保持树种。可作观赏树种。果实可食。藏药，种仁入药。

李属 *Prunus* L.

李 *P. salicina* Lindl.

西宁和海东地区有栽培。可作观赏树种。果实可食。

豆科 Leguminosae

皂荚属 *Gleditsia* L.

皂荚 *G. sinensis* Lam.

西宁有栽培。可作观赏树种。

槐属 *Sophora* L.

槐（原变种）*S. japonica* L. var *japonica*

西宁和海东地区有栽培。水土保持树种。

草木樨属 *Melilotus* Mill.

白花草木樨 *M. albus* Desr.

西宁和海东地区有栽培。

草木樨（野苜蓿）*M. suaveolens* Ledeb.

西宁和海东地区有栽培或逸生。喜生于河滩、沟谷等低湿或轻度盐化的草甸中，耐旱性强，是荒山种草的优良草种。海拔 2000～2550m。中、藏药，全草入药。

胡卢巴属 *Trigonella* L.

胡卢巴 *T. foenum - graecum* L.

西宁和海东地区有栽培，叶可食。优质牧草。中、藏药，种子入药。

苜蓿属 *Medicago* L.

紫花苜蓿 *M. sativa* L.

西宁和海东地区有栽培。优质牧草。

车轴草属 *Trifolium* L.

草莓车轴草 *T. fragiferum* L.

西宁有栽培。优良牧草。

杂草车轴草 *T. hybridum* L.

西宁有栽培。优质牧草。

绛车轴草 *T. incarnatum* L.

西宁有栽培。优质牧草。

红车轴草 *T. pratense* L.

西宁有栽培。优质牧草。

白车轴草 *T. repens* L.

西宁有栽培。优质牧草。中药，全草入药。

紫穗槐属 *Amorpha* L.

紫穗槐 *A. fruticosa* L.

西宁和海东地区有栽培。海拔 2283 m。水土保持树种。根部有根瘤菌，可改良土壤。

紫藤属 *Wisteria* Nutt.

紫藤 *W. sinensis*（sims）Sweet

西宁有栽培。

刺槐属 *Robinia* L.

刺槐 *R. pseudoacacia* L.

西宁和海东地区有栽培。

锦鸡儿属 *Caragana* Fabr

沙地锦鸡儿（原变型）*C. davazamcii* Sancz.

西宁和海东地区有栽培。水土保持树种。

柠条锦鸡儿 *C. korshinskii* Kom.

西宁、大通、互助、民和有栽培。水土保持树种。

小叶锦鸡儿 *C. microphylla* Lam.

西宁和海东地区有栽培。水土保持树种。

树锦鸡儿 *C. sibirica* Fabr.
西宁有栽培。水土保持树种。

黄芪属 *Astragalus* L.

蒙古黄芪 *A. membranaceus* Bunge var. *mongholicus*（Bunge）Hsiao
西宁有栽培。中、藏药，根、花入药。

驴食豆属 *Onobrychis* Mill.

红豆草 *O. viciifolia* Scop.
西宁、平安、民和有栽培。

鹰嘴豆属 *Cicer* L

鹰嘴豆 *C. arietinum* L.
海东有栽培。种子供食用。

兵豆属 *Lens* Mill.

兵豆 *L. culinaris* Medic.
民和有栽培。

豌豆属 *Pisum* L.

豌豆 *P. sativum* L.
本省有栽培。藏药，带花的地上部分入药。

野豌豆属 *Vicia* L.

蚕豆（大豆）*V. faba* L.
本省有栽培。主要农作物。中药，果荚、种壳、种子、叶入药。
救荒野豌豆 *V. sativa* L.
海东有栽培。
长柔毛野豌豆 *V. villosa* Roth
海东有栽培。

大豆属 *Glycine* Willd.

大豆（黄豆）*G. max*（L.）Merr.
西宁、大通、民和有栽培。

菜豆属 *Phaseolus* L.

菜豆 *Ph. vulgaris* L.
西宁和海东地区有栽培。

豇豆属 *Vigna* Savi

饭豇豆 *V. cylindrica*（L.）Skeels
西宁和海东地区有栽培。
豇豆 *V. sinensis*（L.）Endl.
西宁、乐都、民和有栽培。中药，种子入药。

旱金莲科 Tropaeolaceae

旱金莲属 *Tropaeolum* L.

旱金莲 *T. majus* L.

西宁和海东地区有栽培。观赏花卉。中药，全草入药。

亚麻科 Linaceae

亚麻属 *Linum* L.

亚麻 *L. usitatissimum* L.

海晏、西宁、大通、湟源、湟中、互助、平安、乐都、民和有栽培或逸为野生。中、藏药，种子入药。

芸香科 Rutaceae

花椒属 *Zanthoxylum* L.

花椒 *Z. bungeanum* Maxim.

产海东地区。生于山坡、山沟林缘及河边或庭院栽培，海拔 1600～2400m。其他地区有栽培。果皮为常用调味品。种子可榨油。中、藏药，果实入药。

苦木科 Simaroubaceae

臭椿属 *Ailanthus* Desf.

臭椿 *A. altissima*（Mill.）Swingle

西宁有栽培。木材可制家具。中药，根皮、树皮、果皮入药。

楝科 Meliaceae

香椿属 *Toona* J. Roem.

香椿 *T. sinensis*（A. Juss.）J. Roem.

西宁和海东地区有栽培。嫩叶可食。

大戟科 Euphorbiaceae

大戟属 *Euphorbia* L.

续随子 *E. lathyris* L.

西宁有栽培

蓖麻属 *Ricinus* L.

蓖麻 *R. communis* L.

西宁和海东地区有栽培。种仁含油率达70%，可制优良的润滑油。中药，种子入药。

漆树科 Anacardiaceae

盐肤木属 *Rhus* L.

火炬树 *Rh. typhina* L.

西宁有栽培。观赏树种。

卫矛科 Celastraceae

卫矛属 *Euonymus* L.

卫矛 *E. alatus*（Thunb.）Sieb.

产互助，生于山坡林内。海拔1800~2300m。水土保持树种。

丝棉木 *E. bungeanus* Maxim.

西宁有栽培。行道绿化和观赏树种。

栓翅卫矛 *E. phellomanus* Loes. ex Diels

西宁有栽培。行道绿化和观赏树种。

槭树科 Aceraceae

槭属 *Acer* L.

五尖槭 *A. maximowiczii* Pax.

产民和，生于山坡、河谷林缘、或疏林中。1800~2600m。水土保持树种。

岑叶槭 *A. negundo* L.

西宁和海东有栽培。行道绿化和观赏树种。

桦叶四蕊槭（变种）*A. tetramerum* Pax var. *betulifolium*（Fang）Fang

产互助，生于林下，西宁有栽培。行道绿化和观赏树种。

元宝槭 *A. truncatum* Bunge

西宁和海东有栽培。行道绿化和观赏树种。

无患子科 Sapindaceae

文冠果属 *Xanthoceras* Bunge

文冠果（木瓜）*X. sorbifolia* Bunge

产西宁、乐都，生于林缘，海拔2200m。也栽培于庭院或苗圃。行道绿化和观赏树种。藏药，树干及枝条入药。

凤仙花科 Balsaminaceae

凤仙花属 *Impatiens* L.

凤仙花 *I. balsamina* L.

西宁和海东有栽培。观赏花卉。中药，种子入药。

鼠李科 Rhamnaceae

枣属 *Ziziphus* Mill.

无刺枣 *Z. jujuba* Mill. var. *inemmis*（Bunge）Rehd.

民和有栽培。果实可食。优良密源植物。中药，果实入药。

葡萄科 Vitaceae

葡萄属 *Vitis* L.

葡萄 *V. vinifera* L.

西宁、民和有栽培。果实可食，并可制葡萄干或酿葡萄酒。藏药，果实入药。

椴树科 Tiliaceae

椴树属 *Tilia* L.

网脉椴 *T. dictyoneura* V. Engl. ex Schneid.
西宁有栽培。行道绿化和观赏树种。

锦葵科 Malvaceae

木槿属 *Hibiscus* L.

光籽木槿 *H. leiospermus* K. T. Fu et C. C. Fu.
西宁有栽培。行道绿化和观赏树种。

苘麻属 *Abutilon* Mill.

苘麻 *A. theophrasti* Medic.
海东有栽培。中药，根及全草入药。

锦葵属 *Malva* L.

锦葵 *M. sinensis* Cav.
西宁、大通有栽培。

蜀葵属 *Althaea* L.

蜀葵 *A. rosea*（L.）Cav.
西宁及海东地区有栽培。中、藏药，花、果入药。

柽柳科 Tamaricaceae

柽柳属 *Tamarix* L.

柽柳 *T. chinensis* Lour.
西宁有栽培。行道绿化和观赏树种。

堇菜科 Violaceae

堇菜属 *Viola* L.

三色堇菜 *V. tricolor* L.
西宁和海东有栽培。

胡颓子科 Elaeagnaceae

胡颓子属 *Elaeagnus* L.

沙枣 *E. angustifolia* L.
产西宁、海东。生于田边、道旁、河岸阶地，海拔 2080~2900m。常为栽培植物，也有野生。果可食；花有浓烈香味。优良防风固沙树种。

尖果沙枣 *E. oxycarpa* Schlecht.
西宁和海东地区有栽培。果可食；花有浓烈香味。优良防风固沙树种。

沙棘属 *Hippophae* L.

西藏沙棘（酸达列、十字稞、鸡爪柳）*H. thibetana* Schlecht
产海东。生于高山草地、灌丛、河漫滩、河谷、阶地，常与高山柳、金露梅混生。海拔 2900~4300m。优良水土保持树种。果可食，可制饮料，可酿酒。藏药，果入药。

肋果沙棘（大头黑刺）*H. neurocarpa* S. W. Liu et T. N. He

产大通。生于河谷，海拔3100m。面积约有200亩，多雄株，雌株结实极少、喜光、耐严寒。果可食，可制饮料，可酿酒。藏药，果入药。

中国沙棘（黑刺 亚种）*H. rhamnoides* L. subsp. *sinensis* Rousi

产湟水流域各地。生于高山灌丛、河谷两岸、阶地、河滩，海拔1800～3800m。果可食，可制饮料，可酿酒。中、藏药，果入药。

柳叶菜科 Onagraceae

月见草属 *Oenothera* L.

待霄草 *O. odorata* Jacq.

西宁有栽培。

柳兰属 *Chamaenerion* Seguier

柳兰 *Ch. angustifolium*（L.）Scop.

产大通、互助、湟中、民和、乐都、平安，生于林缘、林下、灌丛、砾石中，花色艳丽，可作庭院观赏植物。海拔2150～3800m。极佳的蜜源植物。

五加科 Araliaceae

人参属 *Panax* L.

人参 *P. ginseng* C . A. Mey.

互助有栽培。著名中药，根入药。

楤木属 *Aralia* L.

楤木（原变种）*A. chinensis* L. var. *chinensis*

西宁有栽培。行道绿化和观赏树种。中药，根皮和茎皮入药。

伞形科 Umbelliferae

芫荽属 *Coriandrum* L.

芫荽 *C. sativum* L.

西宁和海东地区有栽培。常见蔬菜。果实可提取芳香油。中、藏药，茎、叶、果入药。

当归属 *Angelica* L.

白芷 *A. dahurica*（Fisch. ex Hoffm.）Benth. et Hook. f. ex. Franch. et Savat

西宁有栽培。中、藏药：根或干燥的地上部分入药。

茴香属 *Foeniculum* Mill.

茴香 *F. vulgare* Mill.

西宁和海东地区有栽培。藏药，果实或全草入药。

木樨科 Oleaceae

连翘属 *Forsythia* Vahl

连翘 *F. suspensa*（Thunb.）Vahl

青海东部农业区栽培，且历史长久。行道绿化和观赏树种。中药，果实入药。

丁香属 *Syringa* L.

白丁香 *S. oblate* Lindl. var. *affinis* (Henry) Lingelsh.

西宁有栽培。花可提取芳香油。庭院、行道绿化和观赏树种。

紫丁香（轮白）*S. oblata* Lindl.

产民和。生于山坡、灌丛，海拔 2050～2500m，青海东部农业区栽培。花可提取芳香油。庭院、行道绿化和观赏树种。

小叶丁香 *S. pubescens* Turcz.

产互助、民和。生于山坡灌丛，海拔 2000～2310m。青海东部农业区栽培。花可提取芳香油。庭院、行道绿化和观赏树种。

暴马丁香 *S. reticulata* (Blume) Hara var. *amurensis* (Rupr.) Pringl.

青海东部农业区栽培，且历史长久。花可提取芳香油。庭院、行道绿化和观赏树种。藏药，木质部心材入药。

马钱科 Loganiaceae

醉鱼草属 *Buddleja* L.

互叶醉鱼草 *B. alternifolia* Maxim.

产乐都、民和、互助。生于山坡、林下，海拔 1850～3000m。花可提取芳香油。庭院、行道绿化和观赏树种。

龙胆科 Gentianaceae

花锚属 *Halenia* Borkh.

椭圆叶花锚 *H. elliptica* D. Don

产大通、湟源、湟中、互助、乐都、民和。生于山坡、草地，河滩或林缘灌丛中，海拔 1900～4000m。本种在西宁栽培成功。中、藏药，全草入药。

夹竹桃科 Apocynaceae

夹竹桃属 *Nerium* L.

夹竹桃 *N. indicum* Mill.

湟水河流域都有栽培。常见观赏花卉。全株有毒，误食能致死。种子含油量 58.5%，可作润滑油。

萝藦科 Asclepiadaceae

杠柳属 *Periploca* L.

杠柳 *P. sepium* Bunge

西宁有栽培。

旋花科 Convolvulaceae

牵牛属 *Pharbitis* Choisy

圆叶牵牛 *Ph. purpurea* (L.) Voigt.

湟水河流域都有栽培。观赏花卉。中药，种子入药。

紫草科 Boraginaceae

聚合草属 *Symphytum* L.

聚合草 *S. officinale* L.
西宁有栽培。

茄科 Solanaceae

烟草属 *Nicotiana* L.

烟草 *N. tabacum* L.
乐都、民和有栽培。

茄属 *Solanum* L.

茄（茄子）*S. melongena* L.
东部农业区栽培。果实为常见蔬菜。
马铃薯（洋芋、阳芋）*S. tuberosum* L.
青海广为栽培。为重要经济作物。

番茄属 *Lycopersicon* Mill.

番茄 *L. esculentum* Mill.
东部农业区栽培。果实为常见蔬菜。

辣椒属 *Capsium* L.

辣椒 *C. annuum* L.
东部农业区栽培。果实为常见蔬菜。

忍冬科 Caprifoliaceae

荚蒾属 *Viburnum* L.

香荚蒾（探春）*V. farreri* W. T. Steara
西宁及东部农业区栽培。观赏树种。

葫芦科 Cucurbitaceae

南瓜属 *Cucurbita* L.

南瓜 *C. moschata*（Duch. ex Lam.）Duch. ex Poiret
东部农业区有栽培。果实为常见蔬菜。种子可榨油或炒食。叶可提取天然食用绿色素。
西葫芦（菜瓜）*C. pepo* L.
东部农业区有栽培。果实为常见蔬菜。

西瓜属 *Citrullus* Schrad

西瓜 *C. lanatus*（Thunb.）Matsum. et Nakai.
东部农业区一些地方栽培。果肉多汁甘甜，为鲜美水果。种子可榨油或炒食。中药，果皮入药。

黄瓜属 *Cucumis* L.

甜瓜（香瓜）*C. melo* L.

东部农业区一些地方栽培。果肉多汁甘甜，为鲜美水果。种子可榨油或炒食。中药，种子和瓜蒂（果梗）入药。

黄瓜 *C. sativus* L.

东部农业区有栽培。果实多汁甘甜，为鲜美水果、蔬菜。中药，果实入药。

菊科 Compositae

旋覆花属 *Inula* L.

总状土木香 *I. racemosa* Hook. f.

东部地区有栽植。藏药，根入药。

向日葵属 *Helianthus* L.

向日葵 *H. annuus* L.

东部农业区栽培。种子含油量40% ~ 50%，可食，可榨油。中药，根及茎髓入药。

菊芋（洋姜）*H. tuberosus* L.

东部农业区栽培。块茎为常见的蔬菜。中药，块茎、茎、叶入药。

百日菊属 *Zinnia* L.

百日菊 *Z. elegans* Jacq.

东部农业区栽培。观赏花卉。

大丽花属 *Dahlia* Cav.

大丽花 *D. pinnata* Cav.

东部农业区栽培。观赏花卉，世界名花之一。

金鸡菊属 *Coreopsis* L.

两色金鸡菊 *C. tinctoria* Nutt.

东部农业区栽培。全草入药。

秋英属 *Cosmos* Cav.

秋英 *C. bipinnata* Cav.

东部农业区栽培。观赏花卉。

万寿菊属 *Tagetes* L.

万寿菊 *T. erecta* L.

东部农业区栽培。观赏花卉。

孔雀草 *T. patula* L.

东部农业区栽培。观赏花卉。

蓍属 *Achillea* L.

高山蓍 *A. alpina* L.

产大通、湟中。生于河滩、水边，也可栽培于庭院中，海拔1800 ~ 2500m。茎、叶含芳香油，可作调香原料。中药，全草入药。

菊属 *Dendranthema*（DC.）Des Moul.

菊花 *D. morifolium*（Ramat.）Tzvel.

东部农业区栽培。观赏花卉。中药，花序入药。

金盏菊属 *Calendula* L.

金盏菊 *C. officinalis* L.

湟水河流域有栽培。中、藏药，花入药。

红花属 *Carthamus* L.

红花 *C. tinctorius* L.

湟水河流域有栽植。中、藏药，花入药。

莴苣属 *Lactuca* L.

莴苣（莴笋）*L. sativa* L.

湟水河流域都有分布。常见蔬菜。

禾本科 Gramineae

小麦属 *Triticum* L.

小麦 *T. aestivum* L

湟水河流域均有栽培。

大麦属 *Hordeum* L.

大麦 *H. vulgare* L. emend. Bowden subsp. *vulgare*

湟水河流域广泛栽培的粮食作物。谷粒为制啤酒和麦芽糖的原料。中药，谷粒入药。

Avena L. 燕麦属

燕麦 *A. sativa* L.

湟水河流域均有载培。优质饲料。

野牛草属 *Buchloe* Engelm.

野牛草 *B. dactyloides*（Nutt. ）Engelm.

西宁地区有栽培。

黍属 *Panicum* L.

稷 *P. miliaceum* L.

西宁和海东地区有栽培。藏药，种子入药。

玉蜀黍属 *Zea* L.

玉米 *Z. mays* L.

湟水河流域均有栽培。常见农作物。

百合科 Liliaceae

天门冬属 *Asparagns* L.

石刁柏 *A. officinalis* L.

西宁有栽培。幼嫩鲜苗可食。

萱草属 *Hemerocallis* L.

黄花菜 *H. citrina* Baroni

西宁有栽培。

北萱草 *H. esculenta koidz.*

产民和、互助。生于林缘灌丛中、沟谷、草地，海拔2100～2250m。西宁有栽培。观赏花卉。

葱属 *Allium* L.

洋葱 *A. cepa* L.

湟水河流域均有栽培。鳞茎作蔬菜。

葱 *A. fistulosum* L.

湟水河流域均有分布。常见蔬菜。中、藏药，全草入药。

蒜 *A. sativum* L.

湟水河流域均有栽培。常见蔬菜。中药，鳞茎入药。

韭 *A. tuberosum* Rottl.

湟水河流域均有栽培。中药，种子及全草入药。

百合属 *Lilium* L.

川百合 *L. davidii* Duchate

西宁和海东地区有栽培。

鸢尾科 Iridaceae

唐菖蒲属 *Gladiolus* L.

唐菖蒲 *G. gandavensis* Van Houtte

西宁、湟中、湟源、大通、民和、乐都有栽培。观赏花卉。

鸢尾属 *Iris* L.

德国鸢尾 *I. germanica* L.

西宁和乐都有栽培。观赏花卉。

鸢尾 *I. tectorum* Maxim.

产西宁、湟中、大通、民和、乐都有栽培。观赏花卉。

三、湟水流域野生动物名录

鱼纲 PISCES

鲤形目 CYPRINIFORMES

鲤科 Cyprinidae

黄河雅罗鱼 *Leuciscus chuanchicus*（鲤鱼、白鱼）分布于湟水流域各支流。

大刺鮈 *Acanthogobio guentheri*（金鱼）分布于湟水流域。

花斑裸鲤 *Gymnocypris scolistomus* 较为耐寒、耐碱，抗缺氧，分布于黄河上游干支流。

厚唇裸重唇鱼 *Gymnodiptychus pachycheilus* Herzenstein（厚唇重唇鱼、麻鱼）分布西宁湟水干支流。

黄河裸裂尻鱼 *Schiizopygopsis pylzovi* Kessler（小嘴湟鱼）分布于大通、湟中、西宁市水域。

鳅科 Coditidae

巩乃斯高原鳅 *Triplophysa*（*T.*）*kungessana*（舌板头）分布于湟水流域的淡水。

黄河高原鳅 *Triplophysa*（*T.*）*pappenhemi*（舌板头）分布于湟水流域的淡水。

甘肃高原鳅 *Triplophysa*（*T.*）*robusta*（舌板、狗鱼）分布于西宁、互助等湟水各支流。

细体高原鳅 *Triplophysa leptosoma*（Herzenstein）分布于黄河上游各支流。

背斑高原鳅 *Triplophysa dorsonotata*（Kessler）分布于黄河上游干支流。

北方花鳅 *Cobitis granoei* Rendahl（泥钻子）分布于西宁、湟中人工湖中。

两栖纲 AMPHIBIA

无尾目 SALIENTIA

蟾蜍科 Bufonidae

岷山蟾蜍 *Bufo bufo minshanicus* Steineger（癞瓜子、癞蛤蟆）分布于西宁、湟中、互助、大通、平安、乐都、民和。

Bufo raddei Strauch 花背蟾蜍（麻癞呱、癞蛤蟆）分布于西宁、湟中、湟源、互助、大通、平安、乐都、民和。

蛙科 Ranidae

中国林蛙 *Rana chensinensis* David（蛤蟆、青蛙）分布于西宁、湟中、互助、大通、平安、乐都、民和。

爬行纲 REPTILIA

蜥蜴目 LACERTIFORMES

蜥蜴科 Lacertidae

丽斑麻蜥 *Eremias argus peters*（蝎虎子、蛇虎子）　分布于西宁、湟中等周边半荒漠及北山一带。

密点麻蜥 *Eremias multiocellata* Guenther（蛇虎子、蝎虎子、麻蛇子、四脚蛇）　分布于西宁、湟中、互助、大通、平安、乐都、民和。

蛇目 SERPENTIFORMES

游蛇科 Colubrdae

枕纹锦蛇 *Elaphe dione*（白条锦蛇、麻蛇）　分布于西宁、大通。

鸟纲 AVES

鹳形目 CICONIIFORMES

鹭科 Ardeidae

苍鹭 *Ardea cineaea* Linnaeus（青庄、灰鹭、老等）　分布于西宁、民和。

大白鹭 *Egretta alba*（白鹭鸶、风漂公子、大白鹤、白庄）　分布于西宁、民和、乐都。

黑鹳 *Ciconia nigra*（乌鹳、锅鹳、黑巨鸡）　分布于东部农业区、湟水流域。

雁形目 ANSERIFORMES

鸭科 Anatidae

斑嘴鸭 *Anas poecilorhyncha*（谷鸭、火燎鸭、黄嘴尖鸭）　在迁徙期见于湟水谷。

凤头潜鸭 *Aythya fuligula*（凤头鸭子）　遍布流域各水体。

鹊鸭 *Bucephala clangula*　分布于西宁。

普通秋沙鸭 *Mergus merganser*　分布于海晏，西宁动物园人工湖亦有饲养。

隼形目 FALCONIFORMES

鹰科 Accipitridae

鸢 *Milvus korschun*　栖息于城镇、乡村、山地、田野。

雀鹰 *Accipiter nisus*（鹞子）　栖息于山地、平原、农田、林区，湟水流域及东部农业区。

大鵟 *Buteo hemilasius*（豪豹、花豹、白鹭豹）　分布于西宁、乐都、互助等地的山地、草原，动物园也有饲养。

金雕 *Aquila chrysaetos*（鹫雕、洁白雕、红头雕）　青海东部有分布，动物园也有饲养。

秃鹫 *Aegypius monachus*（狗头雕、坐山雕）　青海东部有分布，动物园也有饲养。

胡兀鹫 *Gypaetus barbatus*（大胡子雕、髭兀鹫）　西宁周边地区的高山有少量分布，动物园也有饲养。

白尾鹞 *Circus cyaneus*（灰鹰、白抓、鸡鹞、灰鹞）　湟水流域有少量的分布。

隼科 Falconidae

猎隼 *Falco cherrug milvipes*（猎鹰、兔鹰、鹘子）　分布于湟水流域的山地、河谷、农田及草地。

燕隼 *Falco subbuteo*（青条子、土鹘、蚂蚱鹰）　西宁、互助、乐都、湟源等地有分布。

红隼 *Falco tinnunculus*（茶隼、红鹰、黄鹰、红鹘子）　西宁、互助、乐都、湟源等有分布。

鸡形目 GALLIFORMES

松鸡科 Tetraonidae

斑尾榛鸡 *Tetrastes sewerzowi*（松鸡）　互助有分布。

雉科 Phasianibdae

石鸡 *Alectoris graeca graeca*（嘎嘎鸡、红腿鸡、尕拉鸡）　青海东部农业区浅山常见。

斑翅山鹑 *Perdix dauuricae*（沙斑鸡、斑鸡子）　湟水流域林区有分布。

高原山鹑 *Perdix hodgsoniae*（沙拌鸡）　湟水流域林区有分布。

血雉 *Lthaginis cruentus beicki*（血鸡、太白鸡、松花鸡、绿鸡、柳鸡）　分布西宁、互助。

蓝马鸡 *Crossoptilon auritum*（角鸡、松鸡、马鸡）　湟水流域林区天然分布，亦人工饲养。

环颈雉 *Phasianus colchicus strauchi*（野鸡、山鸡、雉鸡）　湟水流域广为分布。

鹤形目 GRUIFORMES

鹤科 Gruidae

灰鹤 *Grus grus*（大雁）　迁徙期间东部地区可见。

鸨科 Otidae

大鸨 *Otis tarda Linnaeus*（地鵏、野雁、独豹、羊鹬）　分布于西宁、大通。

鸻形目 CHARADRIIFORMES

鹬科 Scolopacidae

红脚鹬 *Tringa tetanus tetanus*（赤足鹬、东方红腿、红腿）　东部农业区都有分布。

鸥形目 LARIFORMES

鸥科 Laridae

鱼鸥 *Larus ichthyaetus*（大海鸥、海猫子）　东部水体均能见到。

鸽形目 COLUMBIFORMES

鸠鸽科 Columbidae

雪鸽 *Columba leuconota*　湟水流域有分布。

岩鸽 *Columba rupestris Pallas*（野鸽子）　湟水流域广为分布。

原鸽 *Columba livia Gmelin*（野鸽子）　见于湟源、大通等湟水流域。

山斑鸠 *Streptopelia orientalis orientalis*（斑鸠、金背斑鸠、雉鸠）　分布于西宁北山一带，也有人工饲养。

灰斑鸠 *Streptoelia decaocto*　分布于西宁、民和等地的人工林和果园地带。

鹃形目 CUCULIFORMES

杜鹃科 Cuculidac

大杜鹃 *Cuculus canorus bakeri*（鸤鸠、郭公、布谷、喀咕）　分布于东部农业区均的林地、山坡、农田。

鸮形目 STRIGIFORMES

鸱鸮科 Strigidae

纵纹腹小鸮 *Athene noctua impasta*（小猫头鹰）　分布于西宁及东部农业区的林地、石崖、坡地。

长耳鸮 *Asio otus otus*（虎、彪木兔、长耳兔、长耳猫头鹰）　分布西宁、湟源等地的林地、草原，也有人工饲养。

雨燕目 APODIFORMES

雨燕科 Apodidae

楼燕 *Apus apus pekinensis*（大燕子、褐雨燕、北京燕）　西宁、湟源常见。

白腰雨燕 *Apus pacifcus*（大燕子、雨燕、白尾根）　分布于西宁、湟源等。

佛法僧目 CORACIIFORMES

戴胜科 Upupidae

戴胜 *Upupa epops saturata*　湟水流域广为分布。

䴕形目 PICIFORMES

啄木鸟科 Picidae

蚁䴕 *Jynx torquilla chinensis*（鹌、蛇、歪脖、地啄木） 分布于西宁、民和等地。

黑枕绿啄木鸟 *Picus canus kogo*（山啄鸟、山䴕、绿打木） 分布于西宁、湟源、民和等地。

黑啄木鸟 *Dryocopus martius*（赤䴕、臭打木、花啄木、白花啄木） 多见于湟水流域的农业区。

斑啄木鸟 *Dendrocpos major beicki*（花啄木鸟） 见于民和、湟源等地。

雀形目 PASSERIFORMES

百灵科 Alaudidae

长嘴百灵 *Melanocorypha maxima*（大百灵） 东部农业区都有分布。

小沙百灵 *Calandrella rufescens beicki* 多见于西宁及湟水流域，出没于砂地草丛、灌木丛中。

凤头百灵 *Galerida cristata magna*（凤头阿兰） 西宁有分布。

小云雀 *Alauda gulgula inopinata*（大鹨、天鹨、百灵、告天鸟、阿鹨、阿兰、朝天柱） 湟水流域广为分布。

角百灵 *Eremophila alpestris brandti*（花脸百灵） 分布于互助。

燕科 Hirundinidae

灰沙燕 *Riparia riparia tibetana*（土燕、水燕子） 湟水广为分布。

家燕 *Hirundo rustica gutturalis*（燕子、越燕） 湟水广为分布。

金腰燕 *Hirundo daurica gephyra*（巧燕、赤腰燕、花燕儿） 湟水流域有分布。

鹡鸰科 Motacillidae

黄头鹡鸰 *Motacilla citreola calcarata* 湟水流域广为分布。

灰鹡鸰 *Motacilla cinerea robusta*（马兰花儿、黄鸰） 见于民和。

白鹡鸰 *Motacilla alba*（马兰花儿、白颤儿、濒鸰、点水雀、白面鸟） 青海东部地区有分布。

田鹨 *Anthus novaeseelandiae richardi*（大花鹨） 西宁、民和有分布。

树鹨 *Anthus hodgsoni hodgsoni*（木鹨、麦如蓝儿、树鲁�） 湟水流域广为分布。

粉红胸鹨 *Anthus roseatus* 西宁、民和有分布。

水鹨 *Anthus spinoletta coutellii* 西宁、民和有分布。

伯劳科 Laniidae

灰背伯劳 *Lanius tephronotus*（大头鸟、厚嘴伯劳） 西宁、湟源、民和有分布。

楔尾伯劳 *Lanius sphenocercus sphenocercus* 分布于西宁。

椋鸟科 Sturnidae

紫翅椋鸟 *Sturnus vulgaris poltaratskyi*（亚洲椋鸟、黑斑） 见于西宁。

灰椋鸟 *Sturnus cineraceus Temminck*（杜丽雀、高粱头、假画眉） 西宁、湟源、民和有分布。

鸦科 Ccrvidae

松鸦 *Garrulus glandarius kansuensis*（塞皋、屋鸟、橿鸟、山和尚）　见于互助。

灰喜鹊 *Cyanoipca cyana kansuensis*（蓝鹊、山喜鹊、闹山雀）　湟水流域广为分布。

喜鹊 *Pica pica sericer*（鹊、客鹊）　湟水流域广为分布。

褐背拟地鸦 *Pseudopodoces humilis*　湟水流域广为分布。

红嘴山鸦 *Pyrrhocorax pyrrhocorax*（红嘴山老鸦）　湟水流域广为分布。

黄嘴山鸦 *Pyrrhocorax graculus digitatus*（黄嘴黑老鸦）　见于互助。

寒鸦 *Corvus dauuricus pallas*（白脖子老鸦、白颈子老鸦）　分布于西宁、湟源、湟中。

渡鸦 *Corvus corax tibetanus*（大老鸦）　见于西宁。

河乌科 Cinclidae

河乌 *Cinclus cinclus przewalskii*　见于西宁、民和等地。

褐河乌 *Cinclus pallasii Temminck*（水老鸦）　分布于西宁。

鹪鹩科 Troglodytidae

鹪鹩 *Troglodytes troglodytes idius*（巧妇）　见于西宁、大通等地。

岩鹨科 Prunellidae

棕胸岩鹨 *Prunella strophiata*　湟水流域广泛分布。

褐岩鹨 *Prunella fulvescens nanshanica*　湟水流域广泛分布。

鹟科 Muscicapidae

红点颏 *Luscinia calliope*［红喉歌鸲、红脖（♂）、白点颏（♀）］　见于民和、湟源等地。

黑胸歌鸲 *Luscinia pectoralis tschebaiwi*　见于民和等地。

红胁蓝尾鸲 *Tarsiger cyanurs rufilatus*（青鹟、蓝尾欧鸲、蓝尾巴根）　见于民和、互助等地。

赭红尾鸲 *Phoenicurus ochruros rufiventris*（火焰焰）　分布于东部农业区。

黑喉红尾鸲 *Phoenicurus hodgsoni*（火焰焰）　见于西宁、民和等地。

蓝额红尾鸲 *Phoenicurus frontalis*（火焰焰）　分布于互助、湟源、民和等地。

白喉红尾鸲 *Phoenicurus schisticeps*（火焰焰）　湟水流域广为分布。

黑喉石䳭 *Saxicola torquata przewalskii*（野鹟、石栖鸟、谷尾鸟）　见于西宁、民和等地。

沙䳭 *Oenanthe isabellina*　见于湟水流域。

白顶䳭 *Oenanthe hispanica pleschanka*（白头）　分布于东部农业区。

白顶溪鸲 *Chaimarrornis leucocephalus*（白顶水鹟、白顶鹟）　见于民和、湟源、互助等地。

虎斑地鸫 *Zoothera dauma*　见于湟中。

棕背鸫 *Turdus kessleri*　见于海晏。

赤颈鸫 *Turdus ruficillis ruficillis*　见于西宁、大通。

斑鸫 *Turdus naumanni*　见于西宁、民和。

山噪鹛 *Garrulax davidi davidi*　见于西宁、民和、湟源。

橙翅噪鹛 *Garrulax ellioti prjevalskii*　湟水流域农业区、林区常见，动物园人工饲养。

黄腹柳莺 *Phylloscopus affinis*（柳叶儿、绿豆雀）　见于民和。

褐柳莺 *Phylloscopus fuscatus fuscatus*（嘎巴嘴、褐色柳莺）　见于互助。

橙斑翅柳莺 *Phylloscopus pulcher*（柳叶儿、绿豆雀）　见于大通。

黄眉柳莺 *Phylloscopus inornatus mandellii*（树串儿、树叶儿）　见于民和。

黄腰柳莺 *Phylloscopus proregulus proregulus*（柳叶儿、绿豆雀、树串儿）　见于互助、西宁。

极北柳莺 *Phylloscopus borealis borealis*（柳叶儿、绿豆雀、树串儿）　见于西宁

乌嘴柳莺 *Phylloscopus magnirostris*（柳叶儿、绿豆雀）　东部湟水流域有分布。

暗绿柳莺 *Phylloscopus trochiloides obscuratus*（柳叶儿、绿豆雀）　见于大通。

凤头雀鹰 *Lophobasieus elegans*　见于西宁、互助。

山雀科 Paridae

大山雀 *Parus major artatus*（黑、山、白脸山雀）　分布于西宁、民和、湟源。

黑冠山雀 *Parus rubidiventris beavani*（黑）　见于西宁、互助。

褐头山雀 *Parus montanus affinis*　见于西宁、民和。

白眉山雀 *Parus superciliosus*（白眉黑）　见于西宁。

银喉长尾山雀 *Aegithalos caudatus vinaceus*　西宁及湟水流域有分布。

䴓科 Sittidae

红翅旋壁雀 *Tichodrma muraria nepalensis*（爬墙鸟）　见于青海东部。

文鸟科 Ploceidae

［树］麻雀 *Passer montanus saturatus*（家雀、宾雀、老家贼）　湟水流域广为分布。

山麻雀 *Passer rutilans rutilans*（红麻雀）　见于民和。

石雀 *Petronia petronia brevirostris*　见于青海东部。

褐翅雪雀 *Montifringilla adamsi adamsi*　分布于青海东部。

棕背雪雀 *Montifringilla blanfordi dibarbate*　湟水流域广为分布。

黑喉雪雀 *Montifringilla davidiana davidiana*　分布于湟水流域的河谷、农田等地。

雀科 Fringillidae

金翅［雀］*Carduelis sinica sinica*（碛弱鸟、绿雀、黄豆雀、铜铃）　西宁及湟水流域均有分布，公园也有饲养。

黄嘴朱顶雀 *Carduelis flavirostris montanella*（黄嘴雀）　湟水流域有分布。

拟大朱雀 *Carpodacus rubicilloides rubicilloides*　见于大通、西宁。

红胸朱雀 *Carpodacus puniceus longirostris*　西宁及湟水流域均有分布。

沙色朱雀 *Carpodacus synoicus beicki*　见于西宁、民和。

红眉朱雀 *Carpodacus pul cherrimus argyrophrys*　分布于青海东部高山、草地、灌丛及四旁树林中。

白眉朱雀 *Carpodacus thura dubius*　湟水流域有分布。

普通朱雀 *Carpodacus erythrinus roseatus*［红麻料（♂）、青麻料（♀）]　青海东部广为

分布。

红交嘴雀 *Loxia curvirostra*（交啄鸟、青交嘴）　见于湟水流域。

赤胸灰雀 *Pyrrhula erythaca erythaca*　见于民和。

白翅拟蜡嘴雀 *Mycerobas carnipes carnipes*（蜡嘴雀）　见于西宁及湟水流域。

白头鹀 *Emberiza leucocephala fronto*　分布于西宁以上湟水上游。

三道眉草鹀 *Emberiza cioides cioides*（铁雀、山带子、山麻雀、小栗鸡）　见于西宁。

哺乳纲 MAMMALIA

翼手目 CHIROPTERA

蝙蝠科 Vespertilionidae

东方宽耳蝠 *Barbastella leucomelas*（宽耳蝠、阔耳蝠、亚洲阔耳蝠）　曾发现于西宁。

食肉目 CAMIVORA

犬科 Canidae

狼 *Canis lupus*（狼胡子）　湟水流域都有分布。

赤狐 *Vulpes vulpes*（红狐、狐子）　分布西宁及湟水流域。

鼬科 Mustelidae

石貂 *Martes foina*（扫雪）　湟水流域广为分布。

香鼬 *Mustela altaica longstaffi*（香鼠、黄鼠）　湟水流域有分布。

黄鼬 *Mustela sibirica Pallas*（黄鼠狼、黄狼）　分布于湟水流域农业区。

艾虎 *Mustela eversmanni*（臭狗子、臭鼬）　湟水流域广为分布。

水獭 *Lutra lutra*（獭猫）　湟水流域林区水溪中有分布。

狗獾 *Meles meles*（獾猪）　广布于湟水流域。

猫科 Felidae

豹猫 *Felis bengalensis*（山猫、野猫）　湟水流域林区均有分布。

荒漠猫 *Felis bieti*（草猞猁、漠猫）　见于西宁、大通、互助、湟中、乐都、民和、海晏等地。

兔狲 *Felis manul manul*（海青、羊猞猁）　海东地区和西宁市有分布。

鹿科 Cervidae

马麝 *Moschus sifanicus*（獐子、香獐、香子）　湟水流域林缘附近的灌丛中栖居。

马鹿 *Cervus elaphus*（红鹿）　湟水流域林区均有分布，动物园人工饲养。

牛科 Bovida

普氏原羚 *Procapra przewalskii*　海晏天然分布。

盘羊 *Ovis ammon*（大头弯羊、大角羊、羚羊）　分布于湟水流域的高山雪线下缘，动物园也有人工饲养。

岩羊 *Pseudois nayaur*（石羊、蓝羊、大岩羊、大种蓝羊）　互助等地的高山裸露岩石地带，动物园也有人工饲养。

啮齿目 RODENTIA

松鼠科 Sciuridae

黄耳斑鼯鼠 *Petaurista xanthotis*（鼯鼠、灰鼯鼠、高地鼯鼠、大飞鼠、橙足鼯鼠、催生）大通、互助等地针叶林区有分布。

喜马拉雅旱獭 *Marmota himalayana*（哈拉）　湟水流域的高山草甸地带分布。

阿拉善黄鼠 *Spermopkilus alaschanicus*（黄鼠、草原黄鼠、大眼贼）　湟水流域广为分布。

仓鼠科 Cricetidae

长尾仓鼠 *Cricetulus longicaudatus*（搬仓）　广布湟水流域。

小毛足鼠（荒漠毛蹠鼠、毛足鼠）见于海晏。

子午沙鼠 *Meriones meridianus*（黄尾巴老鼠、黄耗子）　湟水流域分布。

高原鼢鼠 *Myospalax baileyi*（瞎老鼠、瞎老、中华鼢鼠）　湟水流域分布于高山的农田、荒地、山坡等地带。

甘肃鼢鼠 *Myospalax cansus*（瞎老鼠、瞎瞎、中华鼢鼠）　湟水流域分布于高山的森林草地。

田鼠科 Arvicolidae

根田鼠 *Microtus oeconomus*（经济田鼠、田鼠）　湟水流域分布于山地、森林、草甸、灌丛等地。

松田鼠 *Pitymys Irene*（拟田鼠、高原田鼠、高原松田鼠）　湟水流域广为分布。

鼠科 Muridae

大林姬鼠 *Apodemus peninsulae*（林姬鼠、朝鲜林姬鼠、黄喉姬鼠）　见于青海东部。

小家鼠 *Mus musculus*（鼷鼠、小鼠、小耗子）　遍及湟水流域的仓库、住房、农田。

褐家鼠 *Rattus norvegicus*（沟鼠、挪威鼠、大家鼠）　分布于湟水流域城镇地区。

跳鼠科 Dipodidae

西伯利亚五趾跳鼠 *Allactaga sibirica*（五指跳鼠、跳兔）　见于海晏。

林跳鼠科 Zapodidae

四川林跳鼠 *Eozapus setchuanus*（森林跳鼠）　分布于湟水流域森林灌丛地带。

兔形目 LAGOMORPHA

鼠兔科 Ochotonidae

红耳鼠兔 *Ochotona erythrotis*（红鼠兔、鸣声鼠、啼鼠）　湟水流域有分布。

高原鼠兔 *Ochotona curzoniae*（黑唇鼠兔、鸣声鼠）　广布湟水流域。

托氏鼠兔 *Ochotona thomasi*（青海鼠兔、狭颅鼠兔、藏鼠兔、祁连藏鼠兔）　湟水流域分布于高山灌丛地带。

甘肃鼠兔 *Ochotona cansus*（黄藏鼠兔、西藏鼠兔、间颅鼠兔、无尾鼠、鸣声鼠）　湟水流域分布于大通、互助等地。

兔科 Leporidae

高原兔 *Lepus oiostolus*（灰尾兔、绒毛兔）　广布于湟水流域。

草兔 *Lepus capensis*（野兔）　广布于湟水流域。

四、湟水流域饲养动物名录

鱼纲 PISCES

鲤形目 CYPRINIFORMES

鲤科 Cyprinidae

青鱼 *Mylopharyngodon piceus*（青鲩、黑鲩、螺蛳鱼）　从省外引进，分布于西宁、湟中、大通的部分水库养殖。

草鱼 *Ctenophary ngodon idellus*（草青、白鲩、草鲩）　从省外引进，湟中淡水湖泊养殖。

麦穗鱼 *Pseudorasbora parva*（罗汉鱼、砂鱼、小鲤鱼）　系青海引进种，分布于西宁、湟中。

条（子）*Hemiculter leucisculus*（*Basilewsky*）　系从省外引进养殖，引入青海东部农业区，湟水流域沿岸淡水区。

团头鲂 *Megalobrama amblycephala*（团头鳊）　系从省外引进养殖，西宁、互助池塘养殖。

鳙 *Aristichthys nobilis*（花鲢、黑鲢、胖头鱼）　系从省外引进养殖，引入青海东部农业区淡水中进行人工养殖。

白鲢 *Hypophthalmicthys molitrix*（鲢子、扁鱼）　系从省外引进养殖，引入青海东部农业区，湟水流域人工养殖。

鲤 *Cyprinus carpio Linnaeus*　系从省外引进养殖，引入青海东部农业区，湟水流域人工养殖。

鲫鱼 *Carassius auratus*（鲫瓜子、鲋鱼、月鲫仔、细头）　系从省外引进养殖，引入青海东部农业区公园人工湖湟水流域水库及池塘人工养殖。

鸟纲 AVES

雁形目 ANSERIFORMES

鸭科 Anatidae

绿头鸭 *Anas platyrhynchos*　人工饲养。

赤麻鸭 *Tadorna ferruginea*　人工饲养。

隼形目 FALCONIFORMES

鹰科 Accipitridae

金雕 *Aquila chrysaetos daphanea*　人工饲养。

草原雕 *Aquila rapax*　人工饲养。

秃鹫 *Gyps fulvus himalayensis*　人工饲养。

髯鹫 *Gyps fulvus*　人工饲养。

胡兀鹫 *Gypaetus barbatus hemachalanus*　人工饲养。

鸡形目 GALLIFORMES

雉科 Phasianibdae

蓝马鸡 *Crossoptilon auritum*　湟水流域林区有天然分布，亦人工饲养。

褐马鸡 *Crossoptilon mantchuricum*　人工饲养。

藏马鸡 *Crossoptilon crlssoptilon*　人工饲养。

环颈雉 *Phasianus colchicus strauchi*　湟水流域广为分布。

鹤形目 GRUIFORMES

鹤科 Gruidae

黑颈鹤 *Grus nigricollis*　人工饲养。

丹顶鹤 *Grus japonensis*　人工饲养。

蓑羽鹤 *Anthropoides virgo*　人工饲养。

灰鹤 *Grus grus*　人工饲养。

鸽形目 COLUMBIFORMES

Columbidae 鸠鸽科

岩鸽 *Columba rupestris rupestris*　湟水流域广为分布。

Strigidae　鸱鸮科

雕鸮 *Bubo bubo tibetanus*　又称猫头鹰 有人工饲养。

长耳鸮 *Asio otus otus*　有人工饲养。

哺乳纲 MAMMALIA

灵长目 PRIMATES

猕猴科 Macaca

猕猴 *Macaca mulatta vestita*　人工饲养。

食肉目 CARNIVORA

犬科 Canidae

青狼 *Canis lupus* 人工饲养。

熊科 Ursidae

马来熊 *Helarctos malayanus* 人工饲养。

北极熊 *Thalactos maritimus* 人工饲养。

黑熊 *Selenarctos thibetanus* 人工饲养。

棕熊 *Urisidae arctos* 人工饲养

马熊 *Urisidae arctos pruinosus* 人工饲养。

猫科 Felidae

小熊猫 *Ailurus fulgens* 人工饲养

荒漠猫 *Felis bieti bieti* 人工饲养。

兔狲 *Felis manul manul* 人工饲养。

豹猫 *Felis bengalensis* 人工饲养。

猞猁 *Lynx lynx isabellinus* 人工饲养。

雪豹 *Panthera uncial* 人工饲养。

金钱豹 *Panthera pardus* 人工饲养。

黑豹 *Panthera pardus fuscus* 人工饲养。

奇蹄目 PERISSODACTYLA

马科 Equidae

藏野驴 *Equidae kiang holdereri* 人工饲养。

偶蹄目 ARTIODACTYLA

鹿科 Cervidae

狍 *Capreolus Capreolus* 人工饲养。

马鹿 *Cervus elaphus kansuensis* 人工饲养。

白唇鹿 *Procapra picticaudata* 人工饲养。

梅花鹿 *Cervus Nippon* 人工饲养。

牛科 Bovidae

盘羊 *Ovis ammon hodgsoni* 人工饲养

野牦牛 *Poephagus mutus* 人工饲养

扭角羚 *Budorcas taxicolor* 人工饲养。

普氏原羚 *Procapra przewalskii* 海晏天然分布，亦人工饲养。

岩羊 *Pseudois nayaur szechuanensis* 人工饲养。

北山羊 *Capra ibex* 人工饲养。

主要参考文献

蔡晓明编著. 2000. 生态系统生态学. 北京：科学出版社

陈桂琛，彭敏，黄荣福，卢学峰. 1994. 祁连山地区植被特征及其分布规律. 植物学报，36（1）：63~72

陈桂琛，彭敏，黄荣福等. 1994. 祁连山地区植被特征及其分布规律. 植物学报，36（1）：63~72

陈庆诚，阎宝琪，舒璞等. 1966. 甘肃省祁连山东段一些高山植物形态 - 生态学特性的观察. 植物生态学与地植物学丛刊，4（1）：39~64

格鲁博夫著；李世英译. 1976. 亚洲中部植物概论. 生物学译丛，3：39~94

海热提，王文兴主编. 2004. 生态环境评价、规划与管理，北京：中国环境科学出版社

韩轶，李吉跃著. 2005. 城市森林综合评价体系与案例研究. 北京：中国环境科学出版社

何兴元，宁祝华主编. 2002. 城市森林生态研究进展. 北京：中国林业出版社

黄杏元，汤勤. 1989. 地理信息系统概论. 北京：高等教育出版社

李渤生，张经纬，王金亭等. 1981. 西藏高山冰缘植被的初步研究. 植物学报，23（2）：132~139

李建树主编. 1998. 中国三北草木繁殖与利用. 北京：中国林业出版社

梁星权主编. 2001. 城市林业. 北京：中国林业出版社

刘尚武，何廷农. 1992. 肋柱花属的系统研究. 植物分类学报，30（4）：289~391

刘尚武，何廷农. 1994. 囊吾属的起源、演化及地理分布. 植物分类学报，32（6）：514~524

刘尚武. 1982. 垂头菊属的分类研究. 高原生物学研究，1：49~59

鲁夫著；仲崇信，陆定安，沈祖安等译. 1964. 历史植物地理学. 北京：科学出版社

彭敏，赵京，陈桂琛. 1989. 青海省东部地区的自然植被. 植物生态学与地植物学学报，13（3）：250~257

齐联. 2005. 城市森林建设要有新理念. 中国绿色时报

青海省农业资源区划办公室. 1995. 青海土种志. 北京：中国农业出版社

青海省农业资源区划办公室. 1997. 青海土壤. 北京：中国农业出版社

青海省水产研究所. 1988. 青海省渔业资源和渔业区划

青海省统计局编. 2004. 青海统计年鉴. 北京：中国统计出版社

青海省统计局编. 2005. 青海统计年鉴. 北京：中国统计出版社

塔赫他间著；黄观程译. 1988. 世界植物区系区划. 北京：科学出版社

托尔马乔夫著；李锡文，宣淑洁译. 1965. 分布区学说原理. 北京：科学出版社

王迪海，赵忠. 2005. 林业生态工程项目施工信息的管理，全国森林培育质量学术研讨会论文集

王迪海. 2002. 基于GIS的森林资源信息管理系统，林业可持续发展与森林分类经营研讨会论文集

王荷生，1993. 植物区系地理. 北京：科学出版社

王金亭. 1988. 青藏高原高山植被的初步研究. 植物生态学与地植物学学报，12（2）：81~89

王礼先，张忠等. 1994. 流域管理信息系统，北京：中国林业出版社

王为义，黄荣福. 1990. 垫状植物对青藏高原高山环境的形态－－生物学适应的研究. 高原生物学集刊

王为义. 1985. 高山植物结构特异性的研究. 高原生物学集刊，（4）：19~32

王文采. 1992. 东亚植物区系的一些分布式样和迁移路线. 植物分类学报，30（1）：1~24

王志国，张云龙，刘徐师等. 2000. 林业生态工程学. 北京：中国林业出版社

王治国，张云龙，刘徐师等. 2000. 林业生态工程学. 北京：中国林业出版社

武红敢. 1998." 3S" 技术在美国林业研究中的最新进展及其应用，世界林业研究

西北师范学院地理系、青海师范学院地理系编著. 1978. 青海省地理. 西宁：青海人民出版社

徐冠华. 1997. 关于发展空间信息技术应用的几个问题. 遥感学报, 1 (1) 2~4

杨士弘编著. 1996. 城市生态环境学. 北京: 科学出版社

姚昌恬著. 2003. 西部大开发林业生态建设发展战略及政策研究. 北京: 中国林业出版社

张荣祖. 青甘地区哺乳动物地理区划问题. 动物学报, 16 (2): 315~321

张新时. 1978. 西藏植被的高原地带性. 植物学报, 20 (2): 140~149

张新时. 1990. 青藏高原的生态地理边缘效应. 中国青藏高原研究会成立大会暨学术讨论会论文

张占勇. 1991. 中国种子植物属的分布区类型专辑. 云南植物研究 (增刊), 4: 1~139, 141~178

张占勇, 王迪海. 2004 年第 3 期. GIS 在林业生态工程项目信息管理中的应用, 陕西林业科技

张占勇, 王迪海. 1992. 东亚植物区系的一些分布式样和迁移路线 (续). 植物分类学报, 30 (2): 97~117

张占勇, 王菏生. 1983. 中国自然地理 (上册). 北京: 科学出版社

张占勇, 武素功, 郎楷永. 1993. 横断山区维管植物 (上册). 北京: 科学出版社

张忠孝编著. 2004. 青海地理. 西宁: 青海人民出版社

郑杰主编. 2003. 青海野生动物资源与管理. 西宁: 青海人民出版社

郑作新. 2002. 中国鸟类系统检索 (第 3 版). 科学出版社

中国科学院西部高原生物研究所编著. 1989. 青海经济动物志, 西宁: 青海人民出版社

中国科学院植物研究所, 中国科学院长春地理研究所. 1988. 西藏植被. 北京: 科学出版社

中国科学院自然区划委员会. 1960. 中国植被区划 (初稿). 北京: 科学出版社

中国可持续发展林业战略研究项目组编. 2002. 中国可持续发展林业战略研究总论. 北京: 中国林业出版社

中国植被编辑委员会. 1980. 中国植被, 613~617, 北京: 科学出版社

中国植被编辑委员会. 1980. 中国植被. 北京: 科学出版社

周立华, 孙世洲, 陈桂琛等. 1990. 青海植被图 (1:1 000 000). 北京: 中国科学技术出版社

周立华, 孙世洲, 陈桂琛等. 1990. 青海植被图 (1:1000000). 北京: 中国科学技术出版社

周生贤主编. 2002. 再造山川秀美的壮举 – – 六大林业重点工程纪实. 北京: 中国林业出版社

周生贤著. 2002. 中国林业的历史性转变. 北京: 中国林业出版社

周兴民, 王质彬, 杜庆. 1987. 青海植被. 西宁: 青海人民出版社